与"一带一路"欧洲650年名校匈牙利（国立）佩奇大学共同探索教授治学

Exploring the Education Teaching with the European 650-Year-old University of Pecs of Hungary (National) Under the One Belt and One Road

建构未来
CONSTRUCT FUTURE

2020 创基金·四校四导师·实验教学课题
中外 22 所知名院校建筑与环境设计专业实践教学作品

第十二届中国建筑装饰卓越人才计划奖
The 12th China Building Decoration Outstanding Talented Award

主 编　　Chief Editor
王 铁　　Wang Tie

中国建筑工业出版社

图书在版编目（CIP）数据

建构未来：2020创基金·四校四导师·实验教学课题中外22所知名院校建筑与环境设计专业实践教学作品 / 王铁主编. —北京：中国建筑工业出版社，2021.8

ISBN 978-7-112-26382-0

Ⅰ.①建… Ⅱ.①王… Ⅲ.①建筑设计—作品集—中国—现代②环境设计—作品集—中国—现代 Ⅳ.①TU206②TU-856

中国版本图书馆CIP数据核字（2021）第143633号

本书是第十二届"四校四导师"实验教学课题的过程记录及成果总结，内含中国高等院校环境设计学科带头人关于设计教育的学术论文。全书对学生和教师来说具有较强的可参考性和实用性，适于高等院校环境设计专业学生、教师参考阅读。

本书副主编：张　月　巴林特　高　比　金　鑫　段邦毅
　　　　　　　李荣智　尚　伟　郑革委　韩　军　贺德坤
　　　　　　　刘　岩　江　波　王双全　赵　宇　赵大鹏
　　　　　　　刘　伟　焦　健　葛　丹　杨　峰
责任编辑：杨　晓　唐　旭
责任校对：王　烨

建构未来

2020创基金·四校四导师·实验教学课题
中外22所知名院校建筑与环境设计专业实践教学作品
主　编　王　铁
*
中国建筑工业出版社出版、发行（北京海淀三里河路9号）
各地新华书店、建筑书店经销
北京锋尚制版有限公司制版
北京富诚彩色印刷有限公司印刷
*
开本：880毫米×1230毫米　1/16　印张：28　字数：1010千字
2021年9月第一版　　2021年9月第一次印刷
定价：468.00元
ISBN 978-7-112-26382-0
　　（37891）

感谢深圳市创想公益基金会
对 2020 创基金·四校四导师·实验教学课题的公益支持

深圳市创想公益基金会，简称"创基金"，成立于2014年，是中国第一家由来自海峡两岸暨香港地区的室内设计师自发成立的公益基金会。

自成立以来，创基金共资助31个项目，助力中国设计教育和设计行业发展。2019年，创基金被深圳市民政局评为AAAA级非公募基金，并持续保持中国基金会透明指数满分评级。

课题院校学术委员会
4&4 Workshop Project Committee

中央美术学院 建筑设计研究院
王铁 教授 院长
Architectural Design and Research Institute, Central Academy of Fine Arts
Prof. Wang Tie, Dean

清华大学 美术学院
张月 教授
Academy of Arts & Design, Tsinghua University
Prof. Zhang Yue

天津美术学院 环境与建筑设计学院
彭军 教授
School of Environment and Architectural Design, Tianjin Academy of Fine Arts
Prof. Peng Jun

佩奇大学 工程与信息学院
金鑫 助理教授
Faculty of Engineer and Information Technology, University of Pecs
A./Prof. Jin Xin

四川美术学院 设计艺术学院
赵宇 教授
Academy of Arts & Design, Sichuan Fine Arts Institute
Prof. Zhao Yu

湖北工业大学 艺术设计学院
郑革委 教授
Academy of Arts & Design, Hubei Industry University
Prof. Zheng Gewei

广西艺术学院 建筑艺术学院
江波 教授
Academy of Arts & Architecture, Guangxi Arts Institute of China
Prof. Jiang Bo

武汉理工大学 艺术设计学院
王双全 教授
College of Art and Design, Wuhan University of Technology
Prof. Wang Shuangquan

吉林艺术学院 设计学院
刘岩 副教授
Academy of Design, Jilin Arts Institute of China
A./Prof. Liu Yan

山东师范大学 美术学院
葛丹 副教授
School of Fine Arts, Shandong Normal University
A./Prof. Ge Dan

内蒙古科技大学 建筑学院
韩军 副教授
College of Architecture, Inner Mongolia University of Science and Technology
A./Prof. Han Jun

青岛理工大学 艺术与设计学院艺术研究所
贺德坤 所长
College of Art and Design Institute of Art, Qingdao University of Science and Technology
He Dekun, Director

湖南师范大学 美术学院
刘伟 教授
Academy of Fine Arts, Hunan Normal University
Prof. Liu Wei

北京林业大学 艺术设计学院
赵大鹏 讲师
School of Art and Design, Beijing Forestry University
Lecturer Zhao Dapeng

齐齐哈尔大学 美术与艺术设计学院
焦健 副教授
Academy of Fine Arts and Art Design, Qiqihar University
A./Prof. Jiao Jian

湖北工业大学 建筑学院
尚伟 讲师
Academy of Architecture, Hubei Industry University
Lecturer. Shang Wei

山东师范大学 美术学院
李荣智 副教授
School of Fine Arts, Shandong Normal University
A./Prof. Li Rongzhi

德国斯图加特大学 建筑学院
杨峰 博士
School of Architecture，University of Stuttgart
Ph.D. Candidates Yang Feng

佩奇大学工程与信息学院
University of Pecs
Faculty of Engineering and Information Technology

"四校四导师"毕业设计实验课题已经纳入佩奇大学建筑教学体系，并正式成为教学日程中的重要部分。课题中获得优秀成绩的同学准许进入佩奇大学工程与信息学院攻读硕士学位。

The 4&4 workshop program is a highlighted event in our educational calendar. Outstanding students get the admission to study for Master's degree in Faculty of Engineering and Information Technology, University of Pecs.

佩奇大学工程与信息学院简介

佩奇大学是匈牙利国立高等教育机构之一，在校生约26000名。早在1367年，匈牙利国王路易斯创建了匈牙利的第一大学——佩奇大学。佩奇大学设有10个学院，在匈牙利高等教育领域起着重要的作用。大学提供多种国际认可的学位教育和科研项目。目前，每年我们接收来自60多个国家的近2000名国际学生。30多年来，我们一直为国际学生提供完整的本科、硕士、博士学位的英语教学课程。

佩奇大学的工程和信息学院是匈牙利最大、最活跃的科技高等教育机构之一，拥有成千上万的学生和40多年的教学经验。此外，我们作为国家科技工程领域的技术堡垒，是匈牙利南部地区最具影响力的教育和科研中心。我们的培养目标是：使我们的毕业生始终处于他们职业领域的领先地位。学院提供与行业接轨的各类课程，并努力让我们的学生掌握将来参加工作所必备的各项技能。在校期间，学生们参与大量的实践活动。我们旨在培养具有综合能力的复合型专业人才，他们充分了解自己的长处和弱点，并能够行之有效地表达自己。通过在校的学习，学生们更加具有批判性思维能力、广阔的视野，并且宽容和善解人意，在他们的职业领域内担当重任并不断创新。

作为匈牙利最大、最活跃的科技领域的高等教育机构之一，我们始终使用得到国际普遍认可的当代教育方式。我们的目标是提供一个灵活的、高质量的专家教育体系结构，从而可以很好地满足学生在技术、文化、艺术方面的要求，同时也顺应了自21世纪以来社会发生巨大转型的欧洲社会。我们理解当代建筑；我们知道过去的建筑教育架构；我们和未来的建筑工程师们一起学习和工作；我们坚持可持续发展；我们重视自然环境；我们专长于建筑教育!我们的教授普遍拥有国际教育或国际工作经验；我们提供语言课程；我们提供国内和国际认可的学位。我们的课程与国际建筑协会有密切的联系与合作，目的是为学生提供灵活且高质量的研究环境。我们与国际多个合作院校彼此提供交换生项目或留学计划，并定期参加国际研讨会和展览。我们大学的硬件设施达到欧洲高校的普遍标准。我们通过实际项目一步一步地引导学生。我们鼓励学生发展个性化的、创造性的技能。

博士院的首要任务是：为已经拥有建筑专业硕士学位的人才和建筑师提供与博洛尼亚相一致的高标准培养项目。博士院是最重要的综合学科研究中心，同时也是研究生的科研研究机构，提供各级学位课程的高等教育。学生通过参加脱产或在职学习形式的博士课程项目达到要求后可拿到建筑博士学位。学院的核心理论方向是经过精心挑选的，并能够体现当代问题的体系结构。我们学院最近的一个项目就是为佩奇市的地标性建筑——古基督教墓群进行遗产保护，并负责再设计（包括施工实施）。该建筑被联合国教科文组织列为世界遗产，博士院为此做出了杰出的贡献并起到关键性的作用。参与该项目的学生们根据自己在此项目中参与的不同工作，将博士论文分别选择了不同的研究方向：古建筑的开发和保护领域、环保、城市发展和建筑设计，等等。学生的论文取得了有价值的研究成果，学院鼓励学生们参与研讨会、申请国际奖学金并发展自己的项目。

我们是遗产保护的研究小组。在过去的近40年里，佩奇的历史为我们的研究提供了大量的课题。在过去的30年里，这些研究取得巨大成功。2010年，佩奇市被授予"欧洲文化之都"的称号。与此同时，早期基督教墓地极其复杂的修复和新馆的建设工作也完成了。我们是空间制造者。第13届威尼斯建筑双年展，匈牙利馆于2012年由我们的博士生设计完成。此事所取得的成功轰动全国，展览期间，我们近500名学生展示了他们的作品模型。我们是国际创新型科研小组。我们为学生们提供接触行业内活跃的领军人物的机会，从而提高他们的实践能力，同时也为行业不断增加具有创新能力的新生代。除此之外，我们还是创造国际最先进的研究成果的主力军，我们将不断更新、发展我们的教育。专业分类：建筑工程设计系、建筑施工系、建筑设计系、城市规划设计系、室内与环境设计系、建筑和视觉研究系。

佩奇大学工程与信息学院
院长 高比
University of Pecs
Faculty of Engineering and Information Technology
Prof. Gabriella Medvegy, Dean

匈牙利布达佩斯城市大学
巴林特 教授 校长
Budapest Metropolitan University
Prof. Balint Bachmann, Rector
23th October 2020

布达佩斯城市大学
Budapest Metropolitan university

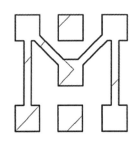

布达佩斯城市大学简介

    布达佩斯城市大学是匈牙利和中欧地区具有规模的私立大学之一，下设3个学院和校区，学历被匈牙利和欧盟认可，同时得到中国教育部的认可（学校原名是BKF，在中国教育部教育涉外监管网排名第六位），该校成立于2001年。在校学生约8000人，其中有国际学生500名左右，分别来自6个大洲70多个国家，大学下辖5个学院，采用ECTS学分制教学。英语授课项目主要集中在主教学楼授课，环境优美，并伴有现代化建筑。由欧盟共同投资的新落成的多功能教学楼是第一座投资近10亿福林的教学楼，学生们可以使用覆盖整个大学的WiFi 网络及电脑室。

    艺术学院坐落在市中心7区Rózsa大街上，该校区在2014年进行过维修和重建。学院提供艺术课程所需的工作室与教室，包括摄影工作室和实验室、摄影师工作室、（电影）剪接室、动漫教室等。大学同时还是世界上极少数具有Leonar 3 Do 实验室及交互3D软件的大学之一，给予学生在真实的空间中学习的机会。

    2016年开始，布达佩斯城市大学开始和中国国际教育研究院（CIIE）沟通，积极来华访问，并于2017年在CIIE的协助下，和中国国内多所大学开展了合作。

    2017年2月27日，第89届奥斯卡金像奖颁奖礼在美国举行，该校教授Kristóf Deák指导的《校合唱团的秘密》获得奥斯卡最佳真人短片奖。

前言·建构未来
Preface · Construct Future

　　这是疫情中一段真实记录，无头无尾中贯穿着师生的坚持，隐形的动力源头就是建构未来。

　　公益课题贵在坚持。回顾实验教学走过12年，今天我们站在两个百年交汇处探索教学，在课题组圆满完成第12届创基金4×4公益实验教学课题收尾工作时，师生面对其成果只有四个字——"坚持、初心"。在深刻理解"一切向科学要答案"的同时，构建智能科技时代高等教育设计学科将伴随新理念迎来新机遇。知己知彼，"学会照镜子"才是探索者的基础，在几年的实验教学中我深深体会到环境设计学科、景观设计专业的短板和特点，客观公正地评价本学科才能知晓应该补充什么。从学科架构到教育背景看师资来源，由于各种原因复杂而多元。从学苗源头看环境设计专业，至今仍然是以特长生群体为主，这是高速发展经济时期的特殊群体，即"艺考生"。转型升级的智能科技时代面对学科新标准，如何融入智慧城市设计广域主题、如何调整高等院校设计教育结构成为今后需要思考的重点，为此培养科技时代智慧城市建设所需要的新人才战略成为第十二届4×4实验教学的使命。以丰富"一带一路"中外师资组团架构、打牢知识结构为智能科技时代新目标，培养社会需要的高质量人才成为本届课题组走向广义设计教育的入场券。

　　几年来实验教学在选择课题上始终结合实际坚持探索，用科学认真的态度选择主题，本届选题锁定在发展中的中国高等院校图书馆升级设计。可以说综合思考后将视角放在学校理由满满，了解校园莫过于师生。智能科技时代探索高等院校图书馆建设升级已经拉开大幕，伴随云空间，万物互联网络科技融媒体的推进改变是必然。应改革开放的需求，校园设施建设在过去40年里冲刺式的加速建设留下很多问题有待解决。当下各省市都设有大学城，选择集中区域腾出土地引导高等院校建设大学城，目的是引进人才，提高综合实力，现已成为城市名片综合实力的象征。回看全国急速建设下的大学城，绝大多数新建校区都是相貌平平，空间结构缺少新校园文化下的大国精气神，更缺少万物互联理念的融入和升级空间附加值，特别是校园图书馆建设依然停留在20年前的观念上。锁定几点对校园图书馆建设进行分析，首先功能分区系统流程依然停留在纸制藏书管理时代理念，管理观念和查阅资料还停留在保有纸制书籍和以数量为荣的年代旧概念，追求藏书数量的思想依然是主流，给图书馆功能分区空间布局造成不科学的浪费，在维护管理方面加重了有图书馆以来一直无法解决的古老问题。当今世界有责任感的大国已将资源与环保、发展与科学作为国家发展的核心问题。随着科技进步，办公理念改变，已经从提倡无纸办公逐渐过渡到网云阅读，人类发展不忘对环境和资源的责任，说明了新文明价值观，为此4×4实验教学课题首选高等院校新图书馆设计升级成为探索课题，这是中外高等院校教授集体看准的方向，抓住新契机将研究课题拓宽到实验教学选题上，证明课题组的实力，紧跟时代、科学育人是高等院校设计教育的目标。今年世界性疫情大爆发，以科学为主导，人类抗击疫情已经一年有余，一切正在发生改变，人们逐渐接受常态化防疫生活，这成为科学居住，形成良好生活方式的加速器。事实证明，在疫情开始期间，防疫的重点和难点就是学校，学生集中、来源复杂问题最为突出，一旦失守，后果不堪设想，为此防疫与新校园建设将成为优先研究主题，这就是选择高等院校图书馆作为年度课题的理由。

　　课题组与每一位责任导师及时沟通、统一思想，把确认选题作为头等大事，针对环境设计学科和景观设计学科学生应掌握的专业知识和设计能力制定课题任务书，提出设计要求重点，场地位于福建泉州市的应用型本科高校泉州信息工程学院，课题具有挑战性。参加课题百分之七十的师生出生在北方，如何给出设计条件和解读任务书成为难点。22所中外高等院校师生共70多人从四面八方齐聚海口，调研消耗经费之大可以想象，压力巨大的同时也是难得的机遇。经客观现实分析后，信心是化解困难的工具。古人做新事物时有一句谚语，"头三脚难踢"，此"三脚"决定课题的成败，信心加上11年实验教学的经验，让课题组全体导师大胆前行。依据教学大纲分步实施"三脚"计划，有序梳理指导学生的方针，开启了本年度实验教学课题。

第一脚：组织师生到泉州现场进行现场调研勘探。出发前责任导师指导学生如何解读任务书，在掌握收集大量资料的基础上到现场进行测量，记录数据，拍照片，亲身感受校园建筑空间的实地感知和真实环境。教会学生如何梳理资料，编写调研报告，抓住地域文化特征进行理解分析。"第一脚"调研的目的是为进入初步方案构思设计和论文写作奠定基础。

第二脚：开题答辩。从40多位学生答辩PPT文件看课题架构定位，80%的硕士研究生都比较规范，不难看出中国高等院校专业评估的成果，学生按步骤完成概念生成，开题第一段的综合分析部分基本呈现模板化表现，如果不报校名分不出是哪一所院校的学生。学生能够在规定的时间里完成并准备框架PPT答辩，但没有突出的作品和论文题目。答辩中学生对于导师提出的问题能够领会和消化部分内容，个别学生虽然存在一定的问题，但根源主要是本科阶段专业基础欠缺的问题。归纳起来最大的问题是学生缺少工科基础和逻辑不清，建筑形态更是存在问题，不重视CAD图纸的专业表达，特别是本科生组学生的问题更加突出，暴露出第二脚的问题。对此课题组导师沟通交流决定针对不同问题的学生进行综合分析找出指导方法。要求研究生把重点放在学术创新和课题的完整性上，要求本科生能够学习掌握正确的设计方法。做到完整表现不丢项，重点放在中期内容成果要求，按课题规定进度完成课题计划。

第三脚：中期答辩。伴随课题不断深入，问题开始更多地显现出来，研究生和本科生学生们在答辩时同样离不开高等院校评估模式，即高等院校环境设计教育教学全国通用模板化表现。学生答辩PPT格式基本上和课题一样无特色，普遍存在广阔分析"大道理"的套路，熟练地对照PPT目不转睛地读每一个字，设计理念没有新意和亮点，作品像普通大三专业设计课作业，用惯性逻辑进行导入导出。此阶段更重要的是暴露出CAD制图基础欠缺的弱点，平、立、剖面图投影不正确，彩平、彩立、功能分析、动线、场地设计、竖向设计、构造理念等问题比比皆是。研究内容基本上是"养老"和"候鸟"为主题，在建筑形态的表达上更是没有创新能力，平平淡淡贯穿始终，可以说没有达到本阶段的教学要求。

头三脚暴露出环境设计学科的要害问题。4×4实验教学课题如何解决学生存在的问题？分析后寻找解决方法是当务之急。课题组导师从源头开始分析环境设计学科教育的发展背景、近几年的本学科教学专业评估留下的主要问题，区分学科架构和知识点后发现本学科群体性掌握的文化艺术知识和工科知识都存在不足。对症下药如何补强是课题组导师的主要任务。不忘初心冷静思考，实事求是解决存在的问题是4×4导师组的传统，导帅分工负责自己的学生，做到手把手地不停指导，共同努力完成课题要求。经过研究增加几次线上指导，在两个多月的指导中学生们大踏步地改变，克服困难，整体质量普遍得到提升，部分同学有了突破性进步。学生们的进步就是我们的价值，这就是4×4实验教学课题组导师为什么要坚持探索的初心，无论遇到什么困难都要坚持探索和寻求改变，增加线上补充答辩确实给同学带来收获。特别是在距离最终答辩还有半个月的那一段时间，在师生的共同努力下设计作品和论文不断反复修改，达到了课题要求。课题组导师终于放心地吐出一口气，相互鼓励是4×4课题的精髓勇气所在，更是值得骄傲的品质。

2020年12月10日初冬季节4×4实验教学迎来了终期答辩、颁奖典礼、作品展览，活动在吉林艺术学院举办。在教学主楼大厅，颁奖典礼在三重奏的音乐声中开始，主持人介绍嘉宾之后，课题组长回顾课题发展和下阶段的规划，在宣布获奖名单时师生激动不已，现场热烈的气氛让冬季的东北披上了春意。在随后的作品展览环节同学们面对自己的作品露出微笑，同学们更是相互点赞，用辛勤的汗水浇灌出的高质量作品在吉林艺术学院成功展出，吉林艺术学院校长郭春方充分肯定了师生成果，提出寄语，鼓励课题今后要继续取得更好的成果。师生在展览大厅欢笑，从导师们的脸上看得出一切都是值得的。

回顾第12届4×4实验教学课题，特别是有创基金捐助以来，课题组师生始终忘不了初心，在每一个人心底都埋藏着对创基金的真诚感谢！4×4集体和受众学生将会永远牢记创基金的公益支持，并在心里化成动力，做出成绩报答社会。不是前言的叙述伴随课题完成抒发感激之情，再次感谢创基金全体理事对课题的无私和慷慨，感谢泉州信息工程学院的赞助，感谢课题组导师的坚持和态度，在疫情之年能够取得这样高质量的成果是公益价值，在2020创基金4×4实验教学课题成果《建构未来》即将出版之际，4×4实验教学的品牌价值是全体师生获得的最高荣誉，严格把关将永远是全体责任导师的信念，爱护课题、不断创新是集体的共同责任。

王铁
2021年7月19日于北京

目 录
Contents

2020创基金（四校四导师）4×4实验教学课题
"高校图书馆建筑与校园景观更新设计"主题设计教案

课题性质：公益自发、中外高校联合、中国建筑装饰协会牵头

实践平台：中国建筑装饰协会、高等院校设计联盟

课题经费：深圳市创想公益基金会、鲁班学院、企业捐赠

教学管理：4×4（四校四导师）课题组

教学监管：创想公益基金会、中国建筑装饰协会

导师资格：相关学科副教授以上职称，讲师不能作为责任导师

学生条件：硕士研究生二年级学生、部分本科四年级学生

指导方式：打通指导，学生不分学校界限，共享师资

选题方式：统一课题，按教学大纲要求，在责任导师指导下分段进行

调研方式：集体调研，导师指导与集体指导，邀请项目规划负责人讲解和互动

教案编制：王铁教授

课题组长：王铁教授、巴林教授（匈牙利）

课题副组长：张月教授、彭军教授、高比教授（匈牙利）、江波教授

实践导师：刘原、吴晞、裴文杰、林学明

课题顾问：石赟

创想公益基金会秘书长：刘晓丹

创想公益基金会副秘书长：冯苏

教学计划制定：王铁教授

行业协会督导：刘原

媒体顾问：赵虎

助理协调：金鑫

教学秘书：胡天宇

国内学生活动：

1．福建省泉州市泉州信息工程学院

2．重庆市四川美术学院

3．吉林省长春市吉林艺术学院

吉林艺术学院学术交流活动：

1．第十二届2020创基金4×4验教学课题终期答辩

2．获奖师生颁奖典礼

3．2020创基金4×4实验教学课题成果学生作品展剪彩

特邀导师（共计15人）：

刘原（中国建筑装饰协会秘书长）、李飒（清华大学美术学院副教授）、唐晔（吉林艺术学院副教授）、曹莉梅（黑龙江建筑职业技术学院副教授）、杨晗（昆明知名设计师）、高颖（天津美术学院教授）、裴文杰（青岛德才建筑装饰设计研究院院长）、石赟（金螳螂建筑装饰设计院院长）、陈华新（山东建筑大学艺术学院教授）、段邦毅（山东师范大学美术学院教授）、韩军（内蒙古理工大学艺术学院副教授）、朱力（中南大学教授）、赵宇（四川美术学院教授）、谭大珂（青岛理工大学艺术与设计学院教授）、齐伟民（吉林建筑大学教授）

课题院校
导师学生
	人居环境与乡村建筑设计研究教学大纲
	课题计划2020年5月开始，2020年12月结束。
	
	课题说明
	1．课题计划内师生采取以往要求，在课题结束后按要求提交成果，在课题组通知的时间内报销，过时间视为放弃。
	2．吉林艺术学院教学活动内容：（1）终期答辩，（2）颁奖典礼，（3）成果展览。
	3．关于课题调研和中期答辩详见以下规定。参加课题的人员必须保证三次国内出席。
	4．特邀导师可根据自己的实际情况自愿选择不少于一场出席答辩，否则无法了解课题的信息。
	
	课题规划流程（国内为三次答辩）
	1．第一段课题第一次中期答辩2020年7月29～31日
	    地点：福建省泉州市
	    承担：泉州信息工程学院
	2．第二段课题答辩2020年10月20～22日
	    地点：重庆市
	    承担：四川美术学院（详见流程）
	3．第三段课题答辩2020年12月6～8日
	    地点：吉林省长春市
	    承担：吉林艺术学院
	4．终期课题答辩2020年12月7日
	    地点：吉林省长春市
	    承担：吉林艺术学院
	
	课题组架构
	组长：
	王铁教授（男），中央美术学院博士生导师、建筑设计研究院长、匈牙利佩奇大学建筑与信息学院博士生导师
	副组长：
	张月教授（男），清华大学美术学院环境艺术设计系硕士生导师（学科带头人）、匈牙利佩奇大学建与信息学院客座教授
	彭军教授（男），天津美术学院环境艺术与建筑设计学院硕士生导师、匈牙利佩奇大学工程与信息技术学院客座教授
		责任导师	院校责任导师：
			王 铁、
			张 月、
			彭 军、
			巴 林、
			高 比、
			金 鑫、
			段邦毅、
			谭大珂、
			郑革委、
			韩 军、
			贺德坤、
			刘 岩、
			王双全、
			刘 伟、
			尚 伟、
			石 赟、
			赵 宇、
			裴文杰、
			江 波、
			焦 健、
			葛 丹、
			李荣智、
			赵大鹏

	委员（排名不分先后）： 赵宇教授（男），四川美术学院硕士生导师 郑革委教授（男），湖北工业大学艺术设计学院硕士生导师（学科带头人） 江波教授（男），广西艺术学院建筑艺术学院 院长、硕士生导师 王双全教授（男），湖北理工大学艺术设计学院院长硕士生导师 刘岩副教授（女），吉林艺术学院环境艺术设计副主任、硕士生导师 李荣智副教授（男），山东师范大学硕士生导师（学科带头人） 金鑫副教授（女），匈牙利佩奇大学建筑与信息学院助教 贺德坤副教授（男），青岛理工大学艺术与设计学院硕士生导师（学科带头人） 葛丹副教授（女），山东师范大学讲师 赵大鹏（男），北京林业大学艺术设计学院环境设计系讲师	实践导师	

课题院校导师学生	刘伟教授（男），湖南师范大学美术学院硕士生导师（学科带头人） 焦健副教授（男），齐齐哈尔大学美术与艺术设计学院硕士生导师（实践中心主任） 段邦毅教授（男），泉州信息工程学院创意设计学院院长 韩军副教授（男），内蒙古科技大学建筑学院 硕士研究生导师 杨峰（男），斯图加特大学建筑学院博士 尚伟（男），湖北工业大学建筑学系主任、教授 黄志杰（男），泉州信息工程学院讲师 高比（女），匈牙利佩奇大学建筑学院教授、副院长 巴林特（男），布达佩斯城市大学建筑学院院长、教授 计划外参加课题人员： 郭龙（男），四川美术学院讲师 孟繁星（男），中央美术学院博士 南振宇（男），中央美术学院博士 课题院校学生名单（请各校导师认真核实填写学生信息）： 1. 中央美术学院建筑学院王铁教授硕士生2名 　　赵雪岑（女），12180500034（研二） 　　高智勇（男），12180500029（研二） 2. 佩奇大学高比教授硕士生2名 　　Benjámin LAKI（男），Master student 　　Dávid HÁNER（男），Master student 3. 四川美术学院赵宇教授硕士生1名 　　梁倩（女），学号2018120169（研二） 4. 广西艺术学院建筑艺术学院江波教授硕士生2名 　　徐帅（女），学号20181413421（研二） 　　闻可欣（女），学号20181413422（研二）	实践导师	
	5. 武汉理工大学艺术设计学院王双全教授硕士生1名 　　杨蕾（女），学号1049731804126（研二） 6. 吉林艺术学院环境艺术设计刘岩副教授硕士生1名 　　丛圣含（男），学号180307117（研二） 　　李博（男），学号180307112（研二） 7. 齐齐哈尔大学焦健副教授硕士生2名 　　穆展羽（男），学号2018918261（研二） 　　丛焘（男），学号2018918260（研二） 8. 泉州信息工程学院段邦毅教授本科生4名 　　刘妙君（女） 　　唐诗艺（女） 　　李国杭（男） 　　黄国檩（男） 9. 青岛理工大学艺术与设计学院贺德坤副教授硕士生1名 　　李珂（女），学号1821130500710（研二） 10. 北京林业大学艺术设计学院赵大鹏讲师硕士生2名 　　张晓文（女），学号3180794（研二） 　　张子慧（女），学号7180808（研二）	相关专业	

课题院校导师学生	11．湖南师范大学刘伟教授硕士生2名 　　　张志成（男），学号201870170897（研二） 　　　刘旺达（男），学号201870170886（研二） 注：由于疫情防控，参加的院校导师有所变动，最终参与院校总计21名学生，特此说明。 课题人员总数架构 导师总数22人 学生总数21人 总计：43人 特别提醒： 1．以上为本年度参加课题人员，请各位责任人确认学校信息和导师与学生姓名，截至2020年5月15日不再增加人员，未确认的学校视为放弃。 2．课题成果必须在2020年12月30日前提交，否则出版社无法按时完成出版计划，影响基金会12月年终总结，将造成捐助资金无法到位。			相关专业	
课程类别	高等学校硕士研究生教学实践课题	课题程序 （分四次）	调研开题：福建省泉州市 中一期答辩：福建省泉州市 中二答辩：重庆市 终期答辩：吉林省长春市	结题 吉林	1．颁奖典礼（国外） 2．按计划提交课题 3．推荐留学（博士）
教学目标	1．课题目标 　　课题设定：新的时代精神要求文化艺术在当前技术变革中找寻新的栖身之所，建筑与环境艺术专业作为技术与艺术共同衍生的相伴学科，是展现艺术与技术相交融的重要载体。泉州信息工程学院以电子信息工程类专业为内核并不断拓展，承载了当下与未来的时代精神，校园面貌也应与之相匹配，给予景观与建筑新的诠释。 2．技能目标 　　掌握风景园林与建筑空间设计的相关原理与建筑场地设计、景观设计的综合原理和表现，学习景观建筑建造的基本原理、规范、标准、法律等常识，培养场地分析、数据统计、调查研究能力，具有研究的学理思想意识。 3．能力目标 　　注重培养学生思考的综合应用能力、团队的协调工作能力、独立的工作能力，同时还要培养学生在工作过程中的执行能力及知识的获取能力。建立在立体思考理论框架下，鼓励学生拓展思维，学会对项目进行研究与实践，用数据、图文说话，重视用理论指导解决相关问题，培养学生具有研究能力和立体思考的思维意识。				
教学方法	1．设计实践 　　指导教师把控课题的研究过程，指导学生细化研究课题计划，展开实验与研究，要针对学生的研究方向提供参考书目，引导和鼓励学生基于项目基础开展研究模式，重视培养学生梳理前期调研资料、分析场地数据的能力。 2．教学方法 　　研究课题围绕共同的主题项目进行展开。过程包括：解读任务书、调研咨询、计划、实施、检查与评价等环节，强调项目开展的前期调研及数据分析。详细计划是开题过程中的重中之重，是研究方法与设计实施的可行性基础，是问题的解决方式的验证与改进条件，是评价研究课题成果的重要标准，遵守可持续发展性、可实施性、生态发展性的原则，有助于提出有价值的问题和未来深化研究的方向。 　　每位学生在开课题前要完成综合梳理，向责任导师汇报调研计划，通过后才能参加下一阶段课题汇报。				

教学内容	课题教学要求（四阶段） 第一阶段：课题预备阶段要求（2020年5月15日～2020年6月中下旬） 本阶段作为泉州开题报告的准备阶段。要求研读任务书，结合课题组提供的资料及网络可查的综合信息把握场地属性并进行初步的方案构思。构思过程包括当地地形气候、交通可达性、功能空间布局等分析及现状问题探究，参考案例分析，可进行初步建筑景观空间草模推敲，手绘草图或软件建模均可。 第二阶段：泉州开题报告成果要求（2020年6月下旬） 开题报告需要制作A3横排版PPT文件，要求逻辑清晰，图文并茂。内容需包括： 1. 场地分析（要求主次分明，突出重点） 2. 参考案例简述（要求说明与场地的关联性） 3. 初步设计思考（需要说明设计切入点、设计内容预期及其合理性与可行性） 4. 初步方案（内容进度不限，可包括功能分区图、交通流线图、草模、平立面图初稿以及手绘效果图等），要求完整展现第一阶段的初步研究与构思过程 第三阶段：北京中期答辩成果要求（2020年6月下旬～2020年7月中旬） 中期答辩要求版面尺寸900mm×1800mm（竖排版），2～4张图纸（无需打印，电脑端展示）。内容包括： 1. 总平面图（1∶1000全校范围或1∶500完整展示设计范围） 2. 各层平面图（1∶200，要求标注定位轴线、各区域平面标高） 3. 立面图（1∶200，要求不少于2张，表现建筑各立面、与地形景观的关系，带标高与定位轴线） 4. 剖面图（1∶200，要求不少于2张，表现建筑内外关系、内部空间形态，带标高与定位轴线） 5. 立体效果图（数量不限，尽量还原当地情境，清晰可辨） 6. 分析图（要求有针对性，以及与设计内容的关联性，数量形式不限） 第四阶段：匈牙利终期答辩成果要求 终期答辩要求版面尺寸900mm×1800mm（竖排版），3～4张图纸，并打印布展（到达匈牙利之后）。
项目 成果	1. 完整论文电子版不少于2万字。每位参与课题的学生在最终提交论文成果时要求：论文框架逻辑清晰，主题观点鲜明，论文研究与设计方案一致，数据与图表完整。 2. 设计方案完整电子版。设计内容完整，提出问题和可行性解决方案，设计要能够反映思路及其过程，论证分析演变规律，综合反映对技术与艺术能力的应用，设计深度为概论表达阶段，要求掌握具有立体思维的研究能力。
参考 书目	1. （日）进士五十八，（日）铃木诚，（日）一场博幸. 乡土景观设计手法［M］. 李树华，杨秀娟，董建军，译. 北京：中国林业出版社，2008. 2. 彭一刚. 传统村镇聚落景观分析［M］. 北京：中国建筑工业出版社，1992. 3. 陈威. 景观新农村［M］. 北京：中国电力出版社，2007. 4. 王铁等. 踏实积累——中国高等院校学科带头人设计教育学术论文［M］. 北京：中国建筑工业出版社，2016. 5. 芦原义信著. 外部空间设计［M］. 尹培桐译. 北京：中国建筑工业出版社，1985. 6. 孙筱祥. 园林设计和园林艺术［M］. 北京：中国建筑工业出版社，2011. 7. （美国）克莱尔·库珀·马库斯，（美国）卡罗琳·弗朗西斯. 人性场所：城市开放空间设计导则［M］. 俞孔坚译. 北京：中国建筑工业出版社，2001. 8. 周维权. 中国古典园林史［M］. 北京：清华大学出版社，2010.

备注	1．课题导师选择高等学校相关学科带头人，具备副教授以上职称（课题组特聘除外），具有指导硕士研究生三年以上的教学经历。学生标注学号，限定研二第二学期学生。
	2．研究课题统一题目"高校图书馆建筑与校园景观更新设计"。5月开题，7月下旬第一次中期答辩，10月第二次中期答辩，12月8日完成研究课题。
	3．境外国立高等院校建筑学专业硕士按本教学大纲要求执行，在课题规定时间内同步进行，集体在指定地点报道。
	4．课题奖项：一等奖3名，二等奖6名，三等奖6名。
	获奖同学在2020年12月中旬报名参加推免考试，通过后按相关要求办理2020年秋季入学博士课程，进入匈牙利佩奇大学工程与信息技术学院攻读博士学位。
	5．参加课题的院校责任导师要认真阅读本课题的要求，承诺遵守课题管理，确认遵守教学大纲后将被视为不能缺席。按规定完成研究课题四个阶段的教学要求，严格指导监督自己学校学生的汇报质量。
	6．课题组强调责任导师必须严格管理，确认本学校学生名单，不能中途换人，课题前期发生的课题费用先由导师垫付，课题结束达到标准方能报销，违反协议的院校，一切费用需由责任导师承担。
	注：本课题2019年底在深圳创想公益基金会年会已通过审核，资金不足部分正在筹集中。相关课题报表正在填写中。为此除特邀导师以外，四次课题费用先由责任导师垫付［报销发票抬头统一为：维尔创（北京）建筑设计研究有限公司］。
	望责任导师严格按教学大纲（即协议）执行报销范围，交通费用以高铁二等座价位为上限，不得突破，公交车、住宿费用限定每人240元（天），在佩奇大学期间的交通费及住宿按统一标准执行。其他计划之外的事宜不在报销范围内，请自行决定。
	2020年12月8日为结题时间，请将票据按人名统计清晰，确认是否提交完整的课题最终排版论文电子文件一份、答辩用PPT电子文件一份，设计作品标明"课题名"、学校、姓名、指导教师，确认后发送到wtgzs@sina.com，过期视为放弃。
	重点强调：
	1．导师在课题期间必须注意课题组信息平台的信息。
	2．相关院校如有其他研究生参加，均为自费，不再说明。
	3．接到教学大纲的导师一周内确认人选。
	4．参加佩奇大学活动人员请发护照首页图片到课题组邮箱sixiaosidaoshi@163.com办理邀请函。
	课题秘书：贺德坤
	最终报销日期至2021年1月4日截止。
	如有信息不准确的部分请修改。各位责任导师收到请确认！

说明：本教案为最终版，责任导师请确认学生姓名、学号，并反馈至课题组秘书处。

责任导师

中央美术学院
王铁 教授

清华大学美术学院
张月 教授

德国斯图加特大学
杨峰 博士

四川美术学院
赵宇 教授

泉州信息工程学院
段邦毅 教授

湖南师范大学
刘伟 教授

齐齐哈尔大学
焦健 副教授

佩奇大学
巴林特 教授

佩奇大学
高比 教授

山东师范大学大学
李荣智 副教授

北京林业大学
赵大鹏 讲师

内蒙古科技大学
韩军 副教授

吉林艺术学院
刘岩 副教授

广西艺术学院
江波 教授

湖北工业大学
郑革委 教授

青岛理工大学
贺德坤 副教授

湖北工业大学
尚伟 讲师

山东师范大学
葛丹 副教授

武汉理工大学
王双全 教授

课题督导

刘原

实践导师

吴晞　　　　　　林学明　　　　　　裴文杰

特邀导师

石赟

设计"无痕"
"Traceless" Design

清华大学美术学院 / 张月 教授
Academy of Fine Arts, Tsinghua University
Prof. Zhang Yue

摘要：设计"无痕"，设计应该是消融于生活，它自身不应该成为一种独立于生活之外的有形存在。它应该是生活本身。设计不应该热衷于阐述和追逐某种"标签"，应该切实贴近生活、融于生活。从设计的社会属性来说，设计师本应该更多关注的是生活中的"人"，而不是"设计"本身。设计与观念艺术本质上不是一种社会范畴，过度追逐观念的设计产生了"跑偏"的后果，混淆了设计与观念艺术的界限。自然不是像有控制的设计一样由有意的选择和计算产生，而是互动与进化的结果。所以自然简单，但却非常有效率。以这样的范式来说，有控制的设计的规则其实是不符合自然规律的。所以，我们甚至可以这样问：有组织、有控制的"设计"是有意义的吗？

关键词："无痕"设计；"无"设计

Abstract: "Traceless" design, design should be dissolved in life, it should not become an independent tangible existence outside life. It should be life itself. Design should not be keen on elaborating and chasing a certain "label", but should be close to and integrated into life. In terms of the social nature of design, designers should have paid more attention to the "people" in life rather than the "design" itself. Design and conceptual art are not a social category in nature. Excessive pursuit of conceptual design leads to deviation, which confuses the boundary between design and conceptual art. Nature is not the result of deliberate selection and calculation as in controlled design, but is the result of interaction and evolution. So it's natural and simple but very efficient. In this paradigm, the rules of controlled design are not natural. So we can even ask: Does organized, controlled "design" make sense?

Keywords: "Traceless" design; "Nothing" design

设计"无痕"，设计应该是消融丁生活，它白身不应该成为一种独立干牛活之外的有形存在。它应该是生活本身。环境良好品质的形成并非简单地只是有管理者或设计者，它是整个生活的参与者共同作用的结果。而公众对环境的影响并非仅仅是被动的反应。所谓的公众素质其实是公众对生活的态度。而这种态度导致的生活模式会最终影响一个人居环境的形态。设计师并不能最终左右它的形态，人居环境的形态归根结底是被生活雕琢出来的，有什么样的居民，就决定了什么样的聚落生活，居民生活最终左右了人居环境的形态。

一、生活是"无痕"的设计

在那些我们乐于徜徉的优美的环境中，每一个地方，不管是繁华热闹的商业街，还是寂静安详的居民区，你常常被打动的不是独特耀眼的设计作品，而是橱窗中看似不经意而又有趣的摆设、与周围环境相得益彰的咖啡座席、门前或窗台上的些许繁花绿意。生活中的点点滴滴都在渗透着精致与美感，但它们又明显不是（也不可能是）通过统一的设计师之手来设定控制。这是一种渗透于生活的和谐共生之美，是发自每一个城市生活参与者内心的、渗透于他们每一个生活细节的自然之美。在这里，环境优美产生的源泉是每个人把自己生活中的细节和品位的优劣都当成了一种需求。整体环境之美是由生活中各个微观活动的细节安排及微观环境的打理汇集而成。它不是为了某时某刻的某种需求而刻意安排的"摆拍"，而是生活的自然流露。环境的美是由生活生长出来的，是涓涓不断的有"源"之水。因此，公众对生活的每一个细节是有持续的品质追求，还是只管满足一时简单粗暴的欲望和占有欲，其结果对于生活环境的影响是有天壤之别的。

设计师和管理者经常一方面把很多全局性的环境问题推诿给所谓的公众素质，诸如交通问题、环境脏乱差问题。而另一方面又经常武断地代替公众思考与决策，以管理者视角的思考、假设计之手、以设计师的名义任意修改环境的秩序与形态，其结果导致的情况往往是破坏了原有城市的风貌，丧失了原来的城市生活生态；设计出的环境与城市生活格格不入，最终其所期望达到的环境风貌因无法长期投入而难以为继。究其核心问题，其实是缺少对环境形态与公众生活模式关系的理解。让设计追求一种没有内生动力的虚假形式，环境成了没有城市生活血肉和生命的躯壳。

在脱离生活自然规则的城镇常常看到的，一方面是城市边缘、危改老旧区域、城中村、落后乡镇等处于无序的失控状态，环境处于脏、乱、差的低劣品质中。另一方面，由管理者或者开发机构主导的，出于经济或某些功利目的，统一以某种人为设定的格调对城市乡村进行的强制性的、规定性的"设计"改造。这种出于统一控制的"设计"尽管短期上可以迅速地改变一个区域的面貌，但这种由缺少对环境、对社会认真思考的设计师与管理者主导的改变，往往是脱离当地生活的一种按照他们臆想的"设定场景"，所谓的优美环境是人为设定出来的。没有生活的根基，没有生活之水的滋养，就像舞台布景一样没有可持续性。这样的被人为设计出来的"优美"的环境，常常结果是经过一段时间的使用后被劣质的生活"蚕食"掉。

从这一点上来说，生活环境优美的根基与核心动力是植根于公众对生活品质的追求和坚持，环境品质的改进是一种自下而上的以公众自发的追求与推动为基础的。设计师只是提供了一种可能性的选择及专业的建造过程，而能否发展与坚持下去，则全看公众对生活的态度选择。从这个意义上来说，生活环境品质的改进不应仅仅靠环境设计相关的专业人士努力，而是要靠参与生活环境的每一位公民。这是一种"无痕"的设计。

二、设计不是"观念"艺术

设计与观念艺术本质上不是一种社会范畴，而脱离生活的设计过度追求观念与风格的表达。过度追逐观念的设计理念产生了跑偏的后果，混淆了设计与观念艺术的界限，使我们很多的设计者走入了误区。他们太想通过设计展现什么，太关注设计本身的观念问题，把设计当成了"观念游戏"，反而忽略了设计本来的基本目的——满足人的需求。在最近这些年，设计逐渐成为公众的热门话题，人们像追逐娱乐明星般追逐设计话题。造就了很多为观念而设计的"伪"设计，热衷于突出自己的"标签"痕迹。因为很多这样的"伪"设计混迹于设计圈，搅乱了设计行业内对设计的本质理解，使很多的设计只是流于观念艺术似的形式表达，而不深究现实问题的解答。这混淆了观念艺术与设计的社会角色定位，也混淆了对一个好设计的评价参考依据。使现在的设计圈内各种流萤般的设计"概念""标签"，令人眼花缭乱的炫目形式满天飞，而真正脚踏实地满足生活需求的设计却悄无声息。人们功利而浮躁地面对设计所应该解决的问题，不是脚踏实地地积累、研究设计方法与技艺，而是投机取巧地期望短平快地借鉴观念艺术的"标签"噱头去维持设计的亢奋"高潮"。

而一个平实、自信、务实、不为声名所累的设计，不会屈从于观念潮流的风来雨去，而是坚持着自己尊重生活的信念，既不僵化固执于传统艺术风格的藩篱，也没有毫无主见地追随风行的潮流观念，非常平和地尊重当下的生活需求。而生活需求本身就非常贴切地融合了传统文化与新发展的对接，使设计看起来非常平和、融于生活，而不是强烈的观念艺术符号。

三、过度的设计

与生活脱节的设计观念导致了另一种现象——设计的过度，它的目的不是生活的本身，而是成为设计师宣示自己观念和品位的工具，带来了设计技艺与手法的滥觞，产生了很多仅仅是为了设计"标签"，而非是为了生活使用本身的设计。这类问题往往以两种方式呈现出来，一种是形式大于需要、形式超过需要的设计。对于它们，寓于无形的设计是不受欢迎的，你必须用大量的设计手法使你的设计看起来很有"设计"感，堆砌手法、堆砌材料、堆砌效果。它们往往是浪费了本不该浪费的资源，或为了保持效果的"痕迹"而导致使用功能打折扣。另一种方式是观念的堆砌，观念大于需要，把本来简单平实的需求冠之以过度的、虚妄的，甚至是子虚乌有的观念，使设计成了观念的附庸。过度设计把设计本身当成了设计的目的，使设计成了"观念"游戏。

但平实"无痕"的设计不会为了宣示某种设计观念和技艺而过度滥用设计技巧。对设计的客观平和态度，设计只是调节生活、改善生活的工具，不是利益鼓噪和观念喧嚣的工具。每一处设计都与生活需求自然贴切，与功能顺理成章地相互融合。

四、有形的设计（控制），还是"无"设计？

现代设计其实是成就于工业化社会的形成，其运行的模式也是工业化社会的操作模式，通过认知、设计、执行来达成某项人类的目的。它寄望于通过对自然、社会规则的认知与把控。对某个事物整体性的全面把握，需要复杂的梳理和对各个环节的理解，并制定关于系统中每个环节要素的规则体系。这需要复杂的计算和逻辑！然后以一种预设的、可控的模式应对所面临的需求和问题，通过预设的程序与工具达成预想的目的。

以今天的视角来看，设计其实是传统经典的"简单科学"的思维方式。现有的设计模式都是有中心、有控制的思维方式。它追求一切尽在掌握，意图穷尽所有事物背后的规则，并希图按照人的意愿控制和达成目的。这需要不断进化复杂化的认知、知识与技术体系。但是，由20世纪后期至当代的科学，发现了自然复杂而不确定的一面。模糊理论、量子理论、概率论等一系列科学为代表的"复杂科学"的发现，改变了传统经典"简单科学"对世界的认知。由这些发现可知，你在任何一个时空点上仍然不可能得知事物的全部，就好比量子的测不准原理，你不可能成为全知的上帝。所以，以设计的操作逻辑，从认知开始我们对事物的把握就是不确定的，因而后续的预设与执行自然也就无法达到完美。

从当代科学对自然的认知，认知然后建立系统去控制，这不是自然的运行方式！自然界不是这样的操作逻辑，自然是靠简单规则联系起来的由无数个体或局部构成的网状系统。自然很简单，每个单一个体只需要简单判断，只需要明确自己跟周围相邻个体的关系，复杂性只是外界环境筛选修剪出来关联的链条。它的复杂性是外界控制的结果，并非某个单体主观有意设定和计算的结果。自然没有设计，自然只是通过简单规则不断累加的结果。自然的关系和秩序是靠简单规则的动态平衡与迭代而产生的，不是有预谋地"设计"出来的。所以自然不是像有控制的设计一样由有意的选择和计算产生，而是互动与进化的结果。因此自然简单但却非常有效率。以这样的范式来说，有控制的设计的规则其实是不符合自然规律的。所以，我们甚至可以这样问：有组织、有控制的"设计"是有意义的吗？

从进化论可知，现有的存在世界就像人类的发展一样，并非是决策和选择的结果。它更多的是演化和迭代的渐进过程。所以历史可能不像我们认为的那样是人主观的选择和决策的结果，可能更多的是自主的进化迭代！人类的选择和决策在这个过程中更像是基因突变那样的不确定偶发事件。人类总是对自己的智力有太高的估计，总希望预知所有、控制所有。但在复杂系统中这几乎是不可能的。在历史的进程中，有目的的决策（设计）与被选择的过程（进化）哪个更具决定性的作用？也就是说我们发展的结果是我们自己决定的，还是被选择的？

观察人类创造的人居聚落环境就可以看出，有两种主要的产生方式——设计和自生长。我们所谓设计（控制）的城市，更多的是人的主观意志在起决定作用。在这里人的因素更多，但是反自然的因素也很多，因此需要更多的资源来维持支撑，也就是资源的消耗更大。而在那些自我生长的缺少控制的城市，城市是自生长的。这里往往更有生机，也更灵活，对资源的消耗也许相对较少。

人类可能高估了设计与决策的力量。试图通过发现几条规则就解决所有问题。这样的方法是否本身就有问题？复杂、效率低而成本高。在自然系统中，规则简单而且是自组织的。无中心、非理性，自组织的自下而上的累加式系统，不需要逻辑和推理，它只是调整和适应。与由智力认知后，通过唯一中心的金字塔式结构控制的一些方式不同，后者需要复杂的规则和有效的管理，但系统的弹性很差。就像集中控制的体系一样，需要有高度智慧的人来管理。而类似网状自组织的体系则具有更大的弹性、效率、适应性。

如果人居环境也是一种自组织的进化系统，那它应该遵从一切自然进化的规律。现实世界中也是如此，那些普遍存在的人居环境，多数不是由有控制的"设计"决定的，或者至少不被设计认知体系认为是优秀的、值得推崇的。但普遍存在的人居环境却从来都是大量存在而又有效的，它们构成了人类聚居环境历史的主体。所以，有控制的"设计"是人类最好的应对自然的途径吗？

智慧时代校园人际交往空间设计的思考
——2020第十二届中国建筑装饰卓越人才计划暨创基金4×4中外高等学校"一带一路"第六届实验教学的感想

Thinking about the Design of Campus Interpersonal Communication Space in the Age of Wisdom

四川美术学院 / 赵宇 教授
Sichuan Fine Arts Institute
Prof. Zhao Yu

摘要：智慧时代已经来临，它促使人们对社会固有形态、社会人际关系的认识发生极大的转变。大学校园作为传统社会人际交流的重要场所，也会面临巨大的变化。借助四校四导师实验教学平台提供的研究案例，文章提出，大学校园图书馆的功能，正在由信息储存检索向社会人际交流转换的观点，以引导图书馆设计向多元的空间发展。

关键词：智慧时代；大学校园；人际交往；空间设计

Abstract: The age of artificial intelligence has come, it leads to a great change in cognitive about the social inherent form and social interpersonal relationship. University campus, as an important place for traditional social interpersonal communication, will also face great changes. Through participating in the interactive teaching of 4×4 experimental teaching project, the author proposes that the function of the university campus library is changing from information storage and retrieval to social interpersonal communication, so as to guide the library design to develop into a multi-dimensional space.

Keywords: Age of artificial intelligence; University campus; Interpersonal communication; Space design

建筑师、丹麦皇家艺术学院建筑学院城市设计系高级讲师扬·盖尔（Jan Gehl）在其专业理论畅销书《交往与空间》中，经过大量观察研究，提出了人们进行户外活动的三种条件，或是三种基本的活动类型——必要性活动、自发性活动和社会性活动，这种归类模式，对应了马斯洛关于人生需求金字塔的层级结构，即人的生理需求（Physiological needs）、安全需求（Safety needs）、爱和归属感（Love-and-belonging，也称社交需求）、尊重（Esteem）和自我实现（Self-actualization）五类。在人类发展的很长时间里，这种人性需求促成了目前世界人居环境主要的空间格局——它既是物资性质的实用性空间与场所，更是能够在精神世界培育共同价值认知的载体，从而使人类脱离原始状态，向多元化高层次方向发展。

一、关于课题

2020年注定是一个不平凡的年份，突如其来的新冠疫情让互通互联的世界突然间紧急刹车，隔离、防控成为关键词，在这种时候，空间中的交往逐渐变得具有了风险和不确定，传统观念上的交往变得艰难，疫情之下的世界变得有隔膜、封闭。已经持续开展12年的"中国建筑装饰卓越人才计划四校四导师实验教学活动"，连续开展了6年的"4×4中外高等学校'一带一路'实验教学活动"，还能不能如期举办？在课题组组长王铁教授的坚持努力之下，在深圳创想公益基金会的支持下，"创基金"2020年第十二届中国建筑装饰卓越人才计划暨4×4中外高等学校"一带一路"第六届实验教学活动依然坚持举办，它既表现了课题组的决心，也得益于科技进步的条件——智慧时代的逐步显现，使教学的模式可以借助远程互联的设备获得进步，可以开展远程教学活动，从而使来自全国各地和外国的十几个学校的师生可以借助互联网络和会议软件进行线上教学。

课题任务以大学校园传统交往空间的焦点——图书馆为命题，对其进行万物互联时代下的空间创新设计。设计对象是福建省泉州信息工程学院的图书馆，它位于泉州信息工程学院中心山体绿地之中，是学生们日常工作学习的最佳公共场所。现有建筑结构为钢筋混凝土框架结构，环形轴网。环形空间的中心为首层平层玻璃框架内庭，同时作为主入口的过渡空间。建筑主体为地上四层空间，二、三、四层均设有屋顶平台，外立面为花岗石贴面。

要求对图书馆建筑及周边景观进行改造升级设计。建筑要在了解现有校园的基础上进行扩建设计，景观以图书馆为中心进行配套设计，图书馆建筑体量、旧与新的巧妙结合是设计重点，内外空间在功能分区和构造体设计上都要考虑协调，外立面表现必须考虑周边环境。课题提出了6点技术性要求：

1. 建筑设计改造以现有图书馆建筑承重结构为参考，新扩建部分基础为独立基础，与旧建筑构造体采取标高连接，竖向交通考虑同平层新旧建筑共用，结构形式可以根据设计条件进行选择。

2. 平面依据以现有图书馆建筑外墙为起点向外9m。

3. 现有图书馆建筑限高24m，扩建部分构造体限高35m，非构造体可以进行调整，总控高度48m。

4. 自然地面与建筑标高以现有图书馆建筑限高±0.000为基准定位，与新扩建的标高同属于一个层面。出于视觉美观设计需求，可达构造体限高48m。

5. 景观设计可根据环境设计需要在不影响校园已有道路的基础上进行适当的扩展，达到学生可控的条件为宜，但要首先考虑图书馆周边，也可根据学生个人能力进行延展，但必须可控。

6. 功能设计内容不限，必须纳入统一的校园导视系统设计考虑。同时要注意，应在保持当前绿地率相对不变的基础上结合当地地形气候条件进行设计，以协调山体绿地的利用率与生态质量。避免大面积的硬化设计。

课题任务书强调，新的时代精神要求文化艺术在当前技术变革中找寻新的栖身之所，建筑与环境艺术专业作为技术与艺术共同衍生的相伴学科，是展现艺术与技术相交融的重要载体。泉州信息工程学院以电子信息工程类专业为内核并不断拓展，承载了当下与未来的时代精神，校园面貌也应与之相匹配，给予景观与建筑新的诠释。纵观校园内建筑景观，地形起伏旷远，路网布局清晰，但现状建筑体量过大，且不同功能建筑及活动场所间的距离较远，交通流线被拉长，因而导致时间增耗。为此研究校园景观环境有助于加强开阔校园美，但现状建筑却相对封闭，建筑空间功能及外立面形式较为传统，缺乏与环境相呼应，在不断扩招的压力下有效利用容积率，增建不足的教学功能是当务之急，课题设计以扩建图书馆及周边的建筑景观改造设计为切入点，对上述思考进行理性回应。

图书馆作为师生工作和课余生活学习的重要场所，在传统的藏书功能之外，必须增加数字信息功能阅读、增加大量的研究空间，增设服务一体化智慧校园包含餐饮、会议、活动等不同功能的服务型空间，从而增加其利用率与活跃度；而如何协调各空间类型便是重点与难点所在。

新增建筑改造应结合当地气候条件与图书馆功能需求进行综合考虑，在保证原有钢混框架结构不变的前提下，对新建筑构造体的结合成为重点。出入口空间、交通流线与内部空间、外围护结构、屋顶平台等都需要进行再设计。特别是扩建部分，优先明确结构形式，把握扩建部分与原有建筑的结构、功能、形式互动关系是设计成败的关键。扩建部分围护结构的材料与工艺选择同样重要，可结合功能与美学进行设计表达。

景观设计如何把握校园地形地貌与图书馆的区位，对交通流线进行梳理是重中之重。绿化设计时，应注意选取本地树种进行空间塑造，充分考虑当地气候特点以及植物生长的特性。

二、人际交往的本质与场所

教学课题的对象是关于大学校园的自由空间的定义，这种空间不同于教室、食堂、宿舍这类必要活动地点，在一定时段会被必需的人群和展开的行为所使用。校园图书馆是选择性活动场所，也即扬·盖尔所称的"自发性活动"场所，是人获取信息交流并产生人际关系的公共场所，针对这种空间的设计，人际交流的相关问题是首要考虑的设计要素。

早期人类与今天我们的生活看似差距很大，但本质上却并没有根本的不同——分工合作，各尽其责。比如，家族中的男人们在天亮以后要外出打猎。当时人们还没有时间的概念，只是依着太阳的升降活动，日出而作，日落而息。饿了就顺手摘个野果充饥，渴了就捧饮溪流泉水，狩猎的目标漫无边界，也许要走很远，也许要露宿山林，所以，家族中的年轻男人一天都是在外度过的，这一点，与今天的上班工作其实没有实质上的区别。跑不动的老人们不会去打猎，只能做一些不需要剧烈活动的捕获，如钓鱼、抓昆虫，等等，这很像退休在家做饭的老人。家族中的女人们也是天刚亮就动身外出采集野果，等太阳升起，天气渐热，接近正午的时候，她们就返回驻地，或缝制衣服，或制作用具，或准备食物。小孩子们则既不打猎，也不钓鱼，更不会缝制，他们就去河边捡石头、贝壳、玉，等等。男人们如果打到猎物，就可以把猎物烤来吃，他们那时不懂得用盐，而猎物不去皮就直接烤来吃。老人们把钓的鱼拿出来，女人把她们采集的果子拿出来，一起加工，分配进食。吃完饭，孩子们把拣到的贝壳之类的东西钻孔，串在一起，这就是装饰品，在所有原始遗址出土地，都会有所发掘。原始人类共同劳动，共同分享，维系着家族和群体的沟通与交流，并逐步成长为原始的社会结构，从而与动物形成明显的分野。

新石器中期的陕西临潼姜寨遗址形象地展示出城市形成以前人类聚落的面貌。它占地5.5公顷，一条2米宽的防护壕沟将其严密保护，并形成圆形的空间特征，东北有道路开口与外界相连接。村落内部由5组主体建筑组成5个相对独立的建筑群体，小房屋围绕主体建筑布置，在每一个建筑群体中形成一个小型广场，以承担家族集体活动功能。这5组建筑群体沿壕沟呈圆环布置，在聚落中心产生了约占整个聚落1/3面积的中心广场，是整个氏族聚落集体活动的场所，原始人在这里举行氏族聚会、节日庆典、出征凯旋、物资分配、供奉祭祀等集体公共活动。姜寨遗址更直接而形象地告诉我们，广场和道路的产生本身是与人类活动密不可分的事实存在，其内在原因与人类的社会群体习性导致的公共环境需要完全一致。从而将人类交往的行为需求转换成空间呈现，支撑人际交流的进步（图1）。

图1　新石器中期的陕西临潼姜寨遗址

三、智慧时代的大学校园人际交往空间

在描述人类文明的典型特征时，常常以最具代表性的生产工具为代表，称为时代，如石器时代、红铜时代、青铜时代、铁器时代、黑暗时代、启蒙时代、蒸汽时代、电气时代、原子时代，等等，"时代"的概念，恰当描述了一段时期社会发展的状态。

在近100年的时间里，人类世界的科技进步超过了过去2000年的总和，社会从电气时代进入信息时代，并在21世纪的今天跨越到智慧时代。

智慧时代是远远超越信息概念的一种"魔术"，它以人工智能为标志，在自动化、计算机、统计概率等传统学科的边际效应的集成运用之外，更多的是互联网、云数据构架下的运用组装技术，它可以没有公认的一般规则，没有基于公理体系的逻辑，更没有严谨的实验验证，更像是一件工具。图像识别、语音识别、无人驾驶、类脑计算、智慧城市、智慧教育、智慧医疗、智慧军事、智慧交通等人工智能技术，正在逼近真实的世界。智慧时代是以云数据和高技术展开的，所谓云数据，就是指世界上各式各样信息的汇总，我们已经能够从网络上获取不限于中国的任何地区可被知道的信息，我们不再像从前那样闭塞，我们可以共享，也有机会共享世界上的各种信息。同时所谓高技术，也简化成以智能手机为代表的小型化信息终端为载体的关于信息交换的科学技术，现实生活中使用智能手机就是参与到这种技术里面的一种方式，这种普及化的高技术使人际交往不可避免地发生巨大的变化。智慧时代，在多种信息技术的支持下，传统人际交流的渠道、方式、载体、场景全部发生变化，交往的虚拟特征逐步明显，实体空间场景在人际交往中的必要性变得模糊，很多时候，信息的流通只需要一部手机就能够完全解决，这就是智慧时代人际交流的趋势。

传统大学图书馆主要具备两个功能，一是信息储备，以拥有的藏书量为衡量标准，藏书多则意味着图书馆的品质高。二是信息检索，图书馆的存量信息能不能向使用者有效释放。因此，传统图书馆在信息资源管理上做了大量研究和实验，形成了完整的管理体系。而智慧时代的来临，正在颠覆传统图书馆的核心功能，云存储将世界的开放信息资源向全世界共享，而云计算则让这种共享成为可能，它最终会导致这样一个结果：去图书馆不一定读书，读书不一定去图书馆。因此，大学校园图书馆，作为非强制性学习空间，应该从传统的知识检索功能向交往空间转换，使图书馆成为师生人际交流的空间场所。

四、课题设计的教学指导

根据扬·盖尔的研究，人的行为活动分为三种性质，第一，必要性活动，它在各种条件下都会发生，比如上学、上班、购物、等人、出差等，这些活动是必要的，它们的发生很少受到物质构成的影响，一年四季在各种条件下都可能进行，相对来说与外部环境关系不大，参与者没有选择的余地。第二，自发性活动，只有在适宜的条件下才会发生，例如散步、呼吸新鲜空气、晒太阳、锻炼等，这些活动只有在外部条件适宜、天气和场所具有吸引力时才发生。这些活动特别有赖于支持活动发生的空间条件——当空间质量不理想时，自发性活动发生的频次减少或时间缩短，或自发性活动消失，只发生必要性活动；当空间环境质量好时，自发性活动的频率增加，随着自发性活动水平的提高，社会性活动的频率也会稳定增长。第三，社会性活动，也即人际交往活动，例如儿童之间的游戏、熟人打招呼或交谈，或者被动式接触——仅仅以视听来感受他人等，人们在同一空间中徘徊、流连，才能引发具有社会学意义的人际交流。这一点特别重要，它说明公共空间具备了必要性活动和自发性活动的条件，才会促成社会性活动。

课题研究案例泉州信息工程学院图书馆，是基于传统定义的大学校园图书馆，且兼具了上层学术接待交流功能，圆环形态完整饱满，内外一体的花岗石使图书馆庄重高贵。这样一个图书馆，与智慧时代大学校园图书馆的契合有相当的距离，事实上，它基本屏蔽了学生的介入——除非必要借书或查阅资料，同学们很不容易进入图书馆，从而导致其周边开放环境的活动量少，无法形成交流核心的状态。

要改变图书馆的现存问题，需要结合智慧时代图书馆的重新定义，一是将信息储存与检索功能置于背景，通过技术手段去实现图书馆信息检索的多元途径，保留原先的藏书借阅空间，使传统图书馆的基本功能得以暂存。二是通过建筑的平面拓展和竖向增殖，提供能够开展校园人际交流活动的空间体，使智慧时代校园图书馆的功能设置由阅读向交流转化，从而形成校园师生自发活动和社会活动的"发生器"。三是在增殖的外部构造体的造型设计上，改变现状外观的庄重华丽，强调个性与变化。在这里，合理性适当让位于艺术感情，通过改扩建契机造成建筑边界的不确定和竖向标高的迷幻，塑造建筑的"矛盾性与复杂性"，在整体风格趋向统一的校园环境中，出现一个通往建造自由的"智慧"建筑外壳，为学校提供一处显眼的地标，为校园的人际交流提供一处热点（图2）。

图2　学生成果（作者：梁倩，指导教师：赵宇）

五、结语

在艰难的2020年，四校课题于泉州信息工程学院开启征程，辗转于四川美术学院，结题于吉林艺术学院，聚集国内国外17所高校建筑或环境设计专业的师生，通过实地与虚拟场景、教室课堂与线上课堂、学生与老师间的校级交叉互动，终于完成了一届不同寻常的跨越式教学，作为亲历者和见证人，我感到骄傲和愉快，也因此写下一些关于在封闭中期盼交往的感想。构想逻辑不连贯、文字描写不成熟，希望大家批评指正。愿2021年改观！

构建4×4实验教学智慧教育新生态

Constructing a New Ecology of 4×4 Experimental Teaching Wisdom Education

青岛理工大学艺术与设计研究所 / 贺德坤 所长
Research Institute of Art and Design, Qingdao University of Technology
Director He Dekun

摘要：非常时期的"宅家教学"，在一定程度上推动了互联网教学新形态的产生和发展，多方参与、多种形式的在线教学，成为新的教学实验支柱。探讨其如何以新的样态对接新时代的新教育，具有重要的现实意义。当前，智慧教育在研究和实践中出现了概念泛化、边界模糊等倾向，而人工智能正以清晰的路径影响和变革着智慧教育生态系统，并针对当前人工智能教育应用场景不明晰的现状，提出了构建智慧教育新生态体系的构想。新生态的"新"指基于全课题理念，有一条智慧教育主线贯通，在智能化支撑下搭建教学框架；"生态"指以课题院校合作教学为核心，辐射校际智能教学，拉动校企智能联动教学的教育生态圈，从而生成合力，在智能化支撑下构建新的教育教学体系。智慧实验教学模式的构建是实现4×4第二个十年转型升级的基础和改革目标，是新时代实验教学智慧教育新生态。

关键词：4×4环境设计实验教学；新生态；智慧教育

Abstract: The special period of "home teaching" has promoted the emergence and development of new forms of network teaching to a certain extent. Multivariate participation and various forms of network teaching have become the new pillar of teaching experiment. Exploring how to use the new form of docking of the new era of new education, has important practical significance. At present, the wisdom of education research and practice appear the trend of concept of generalization and fuzzy boundaries, but the artificial intelligence is making the influences and changes to the wisdom education ecological system with clear path, and based on the status quo of artificial intelligence application scenario is not clear put forward the concept of ecological system of the new education wisdom. "New" of "new ecology" refers to building a teaching framework with the support of intelligence through the main line of intelligent education based on the concept of the whole subject. "Ecology" refers to the core theme of the cooperative teaching mode between universities, radiating the intelligent teaching between schools, pulling the education ecosystem of the intelligent linkage teaching between schools and enterprises, so as to generate joint force and construct a new education and teaching system supported by intelligence. Constructing intelligent experimental teaching mode is the basis and reform goal of realizing the transformation and upgrading in the second decade of 4×4, and it is the new ecology of intelligent experimental teaching in the new period.

Keywords: 4×4 Environmental design experiment teaching; The new ecological; Intelligent education

中国建筑装饰协会自2008年年底与国内重点高等院校环境设计学科共同创立名校名企实验教学平台，先后设立建筑装饰卓越人才计划奖，暨中国高等学校环境设计专业4×4实验教学课题、历史建筑实考课题。4×4实验教学已成功走过十二届，历史建筑实考课题已成功完成三届，两项学术课题的成功证明了中国建筑装饰协会的平台价值，特别是中外高等院校战略合作平台的选择具有时代价值，课题得到了国内外高等院校和广大的设计研究机构、企业同仁的广泛认可和高度评价。我院已连续8年参与此课题，经过多年的努力，我院已充分获得课题组认可，成为课题核心院校，课题平台也多年获得学校领导一致认可，为环境设计专业发展作出了积极贡献。通过与

"一带一路"沿线国家在高等教育相关领域开展深入课题合作契机，拓展以教授治学理念为核心价值，共同探索培养全学科优秀高端知识型人才、服务于"一带一路"沿线国家将成为4×4实验教学课题未来十年的发展目标，课题打破了中外高等院校间的教学壁垒，共同研究城乡环境建筑设计课题已成为全体课题组成员的共识，邀请中国建筑科学研究院建研科技股份有限公司与课题组合作，在中国建筑装饰协会设计委员会的主导下，探索人民对美好生活的需求是课题价值的奋斗目标理念，去实现中国建筑装饰卓越人才计划奖近中远期健康有序发展的战略使命价值。

深化教育大数据应用、支撑引领教育教学改革，是国家教育现代化建设的重要内容。随着信息技术的不断发展、5G时代的到来，"互联网+教育"成为智能时代新趋势，涌现出了一系列的教育信息化产品，网络课程、慕课、创客等信息化教学手段层出不穷，为教育改革发展提供了新的动能和元素。本文主要围绕智慧实验方式，深入探讨这种智慧互动型学习能否全面提升4×4实验教学质量，助力传统教学模式，进一步明确4×4实验教学第二个十年改革目标，从而重构4×4智慧实验教学新生态。

一、4×4实验教学现状

"4×4环境设计实验教学课题"是2008年年底由中央美术学院王铁教授担纲，联合清华大学美术学院张月教授和天津美术学院彭军教授创立的"3+1"名校教授实验教学模式发展而来。邀请社会名企名师组成实践导师与各高校责任导师组成教学共同体，学生在导师组共同指导下完成毕业设计作品。课题组鼓励参加课题院校共同拟题、选题，自由组合，无界限交叉指导学生完成设计实践项目；探索从知识型人才入手，紧密与社会实践相结合的多维教学模式，打造三位一体的导师团队，即"责任导师、实践导师、青年教师"的实验教学指导团队。

教育信息化是构建智慧社会教育新生态的推动力。当前教育信息化在大数据、人工智能等新兴信息技术的融合推动下，"互联网+教育"、智能教育等成为当前教育信息化的新阶段特征，教育信息化正在推动智慧教育新生态的构建。智慧教育是两个或两个以上课题院校通过智慧硬件环境平台、智慧软件系统、智慧资源共享、物联网、智慧课程体系以及智慧人才库等方式，实现人力、物力、财力等方面的优化整合，以达到共同提升教学水平及可持续发展的目标。智慧教育是教育新生态发展的新策略，其重要特征为教育资源的时时共享和处处联通。其中，智慧教育共同体及其智慧教学体系探索成为教育变革的一个重要方面。结合本次特殊时期"4×4环境设计实验教学"的网络教学经验以及智慧教学探索实践，就目前智慧教学的发展，笔者梳理出以下几点问题：

1. 官方扶持与政策指导不足，缺乏导向性

民间自发的公益教学的规范发展需要政府的帮助和支持。当前政府对其重视不够，院校合作多是自发形成，政府仅是辅助性和象征性参与。另外，目前政府相关部门的考核评估、绩效考核、职称评审等政策对行业协会和民间自发组织的合作教学成果认可度不高，也不适合民间院校合作教学发展的需要。

2. 实验教学仅停留于传统化课题模式，缺乏智慧教学环境

随着智能时代的到来，教育已不再是"终结性教育"，而是一种终身教育，因此，其目标更应该注重个体能力的培养，包括方法能力、专业能力及社会能力等，培养学习者可持续发展的学习实践能力。它不单是传递知识，更重视知识的处理和转换，以实践教学为中心，注重解决问题的能力培养，强调学习者的创新能力、专业素养、服务意识与道德素质等教育。传统学科化课题的封闭式课堂教学、单向传输式理论教学，导致实验教学课题仅停留在传统化课题模式，缺乏智慧教学环境。

3. 智慧教学理念不成熟，教学方式单一，缺乏有效性

科学有效的教学理念是保证4×4实验教学课题长久发展的动力源。目前院校智慧化教学还尚处于探索阶段，多数停留在草拟构思层面，没有进一步把构思落实到行动。即使初步制定了具体的智慧教学机制，各院校也缺乏有效的执行路径，导致智慧教学理念不够成熟，执行松散，缺乏有效性。

二、4×4实验教学智慧教育体系条件

在2017年"十九大"报告中，习近平同志八次提到"互联网"一词，同时也专门提到"网络教育"。教育部关于印发《教育信息化2.0行动计划》的通知，规划了"智慧教育创新发展行动"，设立智慧教育示范区，开展智慧教育探索与实践。

最近几年，生态理念在各行各业都得到了极大响应，高校教育信息化开始呼吁生态可持续发展理念，不少院

校也在积极行动中。比如云资源的生态构建，一是注重原创，包括实训教学录像片、网络课程等；二是一脉相承，注重资源建设的连续性；三是优质共享，建立共享视频点播系统；四是应用广泛，建设各种特色专业资源库，涵盖教学、评价全过程。还有些院校打造生态教学圈，逐步实现线下授课，线上答疑，随时随地进行复习的学习形态。学校引入混合式教学模式，辅助课堂教学。

因此，4×4实验教学需要挖掘潜在资源，打通智慧教学障碍，建立多渠道共融。从智慧教学转向"智慧+"教学，从"技术—社会"视角探讨了"智能+"教学的内涵与特征，创造4×4智慧教学条件。

三、营造4×4实验教学"智慧环境"体系、培育独特的4×4文化生态圈

智慧教学环境的构建是实现教与学方式变革的基础，是实践智慧教育的必然选择。基于当前国内外智慧教育研究现状，提出了"4×4实验教学智慧教育文化生态体系"理念。智慧教育包括智慧环境、智慧素养、智慧融合、智慧人才库四个层次，各层次之间互为补促，不可分割，各层次内部相辅相成，和谐共生。在智慧教育发展过程中，应对智慧教育各层进行合理规划、布局和调控，实现系统的稳定、有序，通过智慧教育生态体系研究有效推进4×4实验教学的发展。

1. 打造智慧环境基础条件

相对于传统的填鸭式的教学模式，服务于教学和科研的校园社交网络的发展，是构建未来更加和谐的教育生态环境的创新尝试。高校的核心任务是提高教育质量、培养创新人才。利用社交网络，学校可以规划更加良性的教育环境，开放的互联网模式把认识、发现、发展世界的机会拓展到参与教与学的每一个人面前，为教育改革发展提供了新的解决方案，也增加了变革的新元素，为智能环境教学创造基础条件。

2. 提升智慧素养能力

通过"专业—学理化"认知素养能力、"专业—专业"协作素养能力、"专业—人"协同素养能力的互相促进，打造三位一体的智慧素养大纲，提升智慧教学素养。

3. 强化智慧融合核心

建立师生之间、学生之间、社会团体与学校之间的有效智慧融合，利用智慧生活、智慧教学、智慧管理、智慧评价平台系统，使学生在潜移默化中受到文化感染，得到意想不到的成长和收获。

四、构造4×4实验教学"智慧人才库"系统

加强课题各院校智库管理体制与运行机制是课题智慧人才库良好发展的制度保障，有必要对其开展深入研究，探究课题智慧人才库的选题策划、日常运营、组织架构、人才引进与管理培养、经费来源和使用情况、成果转化等多个方面内容，为4×4实验教学课题智慧人才库建立健全体制提供更多成功的、有效的经验和理论指导。

1. 建立智慧人才库与其他行为主体的协同合作系统

智慧人才智库建设发展中除了与政府部门、高校关系密切外，还与其他主体，如与其他类型智库、校内院系、企业、基金、媒体、社会公众等产生协同合作关系，因此未来的研究有必要对智库与其他主体的关系开展进一步研究，有助于推动智库健康发展。首先，以智库与各院校内其他院系、研究团队、其他类型的智库作为研究对象，理顺智库与校内研究团队、机构以及其他类型智库间的关系与协同机制，深入探讨、分析、协同建设中存在的问题，以实现智库与它们在研究层面的协作和资源共享。其次，加强智库与企业、基金组织的关系研究，探索有效的资金来源渠道和合作机制，总结和推广智库在资金来源渠道方面，与企业和基金组织合作的成功经验。最后，加强智库与媒体间的关系研究，探索智库研究成果的转化机制和推广渠道，以强化研究成果对社会大众产生的影响，提高成果的流转和使用效率。

2. 强化智慧人才库国别差异

注重对其他国家地区知名智慧人才库的挖掘，介绍更多不同的发展经验，让国内不同发展水平和阶段的智库得以借鉴，指导其能更好更快地发展自身智库。

五、4×4实验教学智慧教育新生态体系建构

智慧教育新生态的特征已经开始显现。在未来应具备什么样的教育生态成为教育创新变革的方向问题以及智慧教育现代化的主要问题。利用智能技术加快推动人才培养模式、教学方法改革，构建新型教育体系。利用智能

技术改革教学方法，打造智能学习的新型教育体系。智能教育的本质是开发智能技术产品并融入教育过程当中，实现教育变革。智能教育是从技术维度对智慧教育生态的定位，是构建智慧教育新体系、新生态的推动力。

1. 构建4×4实验教学智能学习资源服务新生态

人工智能技术促进网络学习资源朝着智能化、虚实融合的方向发展，以为学习者构建高体验、深交互性的虚实融合的学习资源环境为目的，各种智能代理角色通过收集用户信息，分析用户数据，最后根据用户的特征推送智能服务。

2. 构建4×4实验教学教育智力资源服务新生态

通过同步课堂等方式共享智力资源的现象已经普遍存在，并成为互联网教育企业整合智力资源进行在线教育服务的常态。随着智慧教育发展，智能教师与资源能够在知识传授、简单技能训练等方面完成相应的任务，而人类教师将在人际交流、合作能力、创新能力、高级思维、启迪智慧等方面发挥不可替代的作用，人机协同教学是教育的必然选择。各行各业的智慧人员能够以真实或虚拟的形象通过智能化学习环境为学习者提供服务，专职智慧型教师、社会智慧型人才与人工智能教师聚集在一起，共同为培养创新型人才进行服务。

3. 构建4×4实验教学泛在与终身学习新生态

在当今社会、教育和生活背景下，终身学习已成为人们为了实现个体发展以及适应社会发展的需要，随着智能学习资源生态与智力资源服务生态的建立，学习者在社会、家庭、学校等泛在的学习环境中能够获得高体验学习环境以及个性化终身学习服务，在智慧参与者、智慧教育者、智慧学习者中建立一个良好的环境系统。智慧教育体系是一个动态发展的过程，是适合智慧社会经济、政治、科技、文化等发展的新现代教育生态体系。

六、结语

社会转型发展推动了教育的创新变革，形成了智慧化教学新生态。同时，社会转型也是构建智慧社会教育新生态的牵引力。社会向智慧社会的转型提出培养知识型、复合型、创新型、战略型、智慧型的人才，能够体现人工智能与人类智慧相融合的从事社会工作的劳动者的新需要，这是国家教育发展战略给教育提出的人才培养新命题。新的教育生态圈涉及的角色包括各级政府、学校、学习者、相关企业或团体、用人单位等。在这个生态圈中的角色主体要完成自己的职责，相互之间也要有机互动。当然，面对互联网新技术的不断涌现，如何构造一个全新的开放共享、良性互动的教育新生态，依然任重而道远。建立4×4实践教学全时空的教育氛围、全周期教学生态、全方位人才培养的智慧教育新生态势在必行！

智慧校园理念下的中国高校校园空间更新路径探究

Exploration on the Space Renewal Path of Chinese University Campus under the Concept of Smart Campus

湖北工业大学 / 郑革委 教授 硕士生导师
Master Supervisor of Hubei University of Technology
Prof. Zheng Gewei

摘要：在中国建设智慧城市的背景下，随着互联网技术的发展，以5G为代表的数字科技正逐步改变我们的校园生活，影响着校园师生的生活方式、学习方式与沟通方式等，进而校园师生对校园生活空间、学习空间、公共环境空间的要求也发生了很大的改变。高校校园公共空间环境与教学空间已经适应不了因社会与科技的发展带来的变化，智慧校园的建设理念十分契合时代的发展和大学生学习生活及成长的需要。文章对中国高校校园空间形态发展的变化、校园形态变化的成因进行分析，并从生活方式、学习方式及沟通方式三个角度探究数字科技的发展对校园主体——师生的影响，有针对性地提出高校校园环境的更新路径。

关键词：智慧校园；高校校园空间；科技发展；更新路径

Abstract: Under the background of wisdom of the city, with the development of Internet technology, digital technology represented by 5G is changing our campus life, affecting the campus lifestyle, learning style and communication between teachers and students, etc., and the needs of the school teachers and students on campus life space, learning space, public environmental space also have great changes. The campus public space environment and teaching space have not adapt for the development of science and technology and social change, the wisdom campus construction idea fit the development of the times and the needs of the college students' learning to live and grow. This paper analyzes the changes of campus spatial form development and the causes of campus form changes in China, and explores the impact of the development of digital technology on the main body of campus — teachers and students from the perspectives of lifestyle, learning style and communication style, and puts forward the renewal path of campus environment in colleges and universities.

Keywords: Smart campus; University campus space; Science and technology development; Update the path

一、智慧校园理念

当下5G和人工智能技术高速发展，两者作为基础性技术支撑推动着各行各业的发展。人工智能技术切实融入校园，赋能高校的建设与管理。智慧校园是以互联网和人工智能为基础的智能化工作、学习和生活一体化的理念。智慧化校园将各种智能操作系统作为基本载体，运用到教学、科研和校园生活中，并将它们联系在一起。

二、中国高校校园空间形态发展的变化

中华人民共和国成立初期，中国高校的校园空间规划以经济、实用为总方针，不管是建筑群组还是公共空间都极少考虑到人与人的交往，更为注重的是功能性，因此早期的学校各个区域划分明显、功能明确且单一，以向心型为主要形态，大多以一座"工"字形高大主教学楼为主体，配以三合院空间形式的空间广场，校园布局呈对称分布，道路交通以一条主线为对称轴呈现网格状，均衡化、内向化的校园形态就此延展开来。虽然处于现代主义的大背景下，但刚刚遭受大动荡的中国难以承受昂贵的钢和混凝土，所以建筑材料多为砖木混合结构。因此这

一时期的校园布局缺乏个性，特色不鲜明。

1958年至改革开放前，影响院校布局的首要因素——专业划分发生了很大变化，一改之前的单向院校和综合院校的明确界限，尽力缩小划分范围并重新开设了一些基础学科，这一时期的校园形态相继也发生了变化。此时的校园打破了之前严格的功能布局，并大多与工厂、公社合为一体，原本单一、机械的校园布局也逐渐开始体现学校和地域的特点。但由于"文化大革命"的影响，校园规划很长时间处于杂乱无章和无序设计的状况。

改革开放后，中国高校课程恢复了多样性，与之相继而来的就是之前单一学科单栋楼的模式演化成了多种学课交叉进行的综合性大楼或者建筑群，生活服务设施与教学建筑相结合，这对于联系教学活动与社会活动起到了很好的便利作用，并且也使校园布局呈现多种可能性。同时，随着研究所的建立，也使之前以基础技能为导向的工厂与教学楼相结合的方式转化成了以研究为标准的研究型空间形态，这一时期的校园规划没有单一中心，也没有对称轴，而是采用灵活式、园林化布局。校园主入口也不迎合中轴线设立几何中心或者广场，而以人流为导向规划。公共空间也注意自由曲折，强调自然和谐，同时硬质的景观例如雕塑也逐渐向软质的景观过渡，形成不同层次的交往空间。交通道路建构分车道、步道等功能，形成完整的校园道路等级体系。校园整体规划也更加注重校园本身的建筑风格、历史文化和使用者心理，成为统一的、注重设计的校园形态。

20世纪末至当前是一个全球信息化的时代，校园规划理念追求与世界同步和突出地域性文化，这时采用自由布局的方法，打破了对称、工整的格局，达到形式多样、错落有致的布局。公共空间作为校园主要的交通、活动场所，一般被设计在校园的中心轴的相关网格上，交通道路和公共空间的交叉、叠合可以增加院系之间更多的交往活动。这个时期的校园中心也已经完全摆脱了之前单一的中心模式，而是根据需求的变化、更多学科的发展，建立起了一个立体的网络体系，具有开放、交流、多元等新特征。

三、影响校园形态变化的成因

首先，城市化进程的加快会影响到校园形态的发展，早期校园规划缺少对人文主义的考虑，营造了大景观和轴线景观，留出大量使用率较低的景观绿地，使得校园规划在空间结构、布局等方面出现土地资源浪费使用的现象。同时大部分校园建设时期，城市发展水平有限，整体开发强度较低，建设成本也较高，空间体系较为单一。而城市化的进程加快，土地利用率和建设水平势必提高，其规划也就更加细致入微；其次，教育体制的改变会影响到校园空间变化，教育模式的转变会使校园空间环境也随之变化。经济科技的全球化发展会产生出新的教育思想和模式，随之会使校园空间和建筑形式发生变化；最后，使用人群的改变也会改变大学校园的形态演进。现在大学生的生理和心理的需求与较早时期的大学生有很大的不同。传统的教育方式都是老师授课，学生被动听课。而现在更多的模式是老师与学生处在同一地位，相互合作学习才是新时代的需求。当下科技的高速发展更是影响到校园师生的生活方式、行为方式和沟通方式，智慧校园的理念对高校校园教学研及生活休闲空间提出了新的要求。总而言之，影响校园形态变化的根本原因是经济的变化与科技的发展，加以政治、文化、设计思潮等各方面的影响，才会衍生出各种不同的校园形态。

四、数字科技的发展对校园主体的影响

以下将从生活方式、行为方式、沟通方式三个角度解读数字科技对于大学师生校园生活的影响。

1.对校园师生生活方式的影响

生活方式可以分为衣食住行四种，从居住环境来看，大多数学生在校内居住，居住环境较为集中，居住方式也以学校提供的宿舍为主，5G等网络科技的发展使学习方式变得更加多元，不再局限于图书馆教室等区域，学生宿舍也不再只是住宿空间，它也可能是一个共享学习空间、娱乐空间或者交流空间。线上学习软件的兴起使学习不再局限于固定的物理空间，外卖平台的扩张使宿舍承担起一部分餐饮的功能，网络社交平台出现，使线下聚会更容易组织，这无疑都对宿舍空间提出了新的要求，而信息技术的发展将会使住宿空间有更多的可能，这也对传统学生住宿空间功能及住宿空间的规划提出了更高的要求。

衣。本文主要是从购物方式的角度探讨，电子商务的快速发展使网上购物现已成为日常生活中的一部分。由于地理环境的限制，大多建成的新校园远离市中心，距离商业区也有一定距离，校园内能提供的商业场所有限，很难满足学生日常的需求。学生群体是追求个性的一类群体，他们对于时尚的敏感程度远高于其他社会群体，但由于消费水平的限制，对价格较为敏感。电子商务的出现正好弥补了从地理环境、更新频率、价格因素等方面带

来的缺陷，成为学生一族新的消费方式。当下各个高校大量出现的快递中转站以及在校园无序穿行的快递小哥严重地影响了校园空间环境质量和正常的校园生活。在高校校园更新的过程中，校园空间规划如何适应电子商务对校园学习生活带来的变化是一个新的课题与挑战。

食。目前校园对于用餐空间和生态环境空间提出更多元化的需求。传统意义上，食堂只有就餐功能，随着"互联网+食堂"概念的进一步发展，对于就餐环境的升级成为当今高校食堂发展新的亮点，如一些学校在食堂增设互联网娱乐设施，设置活动空间，赋予食堂新的功能。在服务体验方面，运用信息技术网上点餐，下课取餐已经在部分院校成为一种新的就餐方式，如疫情期间，湖北工业大学西区食堂利用微信小程序平台，开发了线上点餐，线下取餐的功能，缓解了用餐高峰期食堂人员过于密集的问题，为疫情防控常态化提供了有效途径，同时也为广大师生提供了生活上的便利。随着技术的发展，运用大数据为学生推荐个性化餐食，满足不同人群的需求，在用餐高峰期平衡堂食与外带的人流量，提高食堂运行效率，解决高峰期用餐拥堵的问题，将是未来食堂所必须解决的问题。外卖行业的兴起使学生除了食堂外有了更多的选择，越来越多的同学选择将餐食带回宿舍，现有的住宿环境缺乏摆放外卖的空间，用于用餐的活动空间也极其有限，面对未来多种形式的用餐需求，传统的饮食空间也面临新的挑战。

行。中国高校面积差异较大，师生对于出行的需求也存在差异，一些面积较大的校园，学生寝室与课堂之间存在较远的距离，自行车成为解决这一需求最直接的工具。校内共享单车出行以上下课时段为高峰期，呈现出使用频率高、出行时间短、出行距离短的特征。5G网络能带来更快的定位和解锁服务，运用AI计算可以为单车在校园内的部署提供建议，在不影响正常交通的同时提升单车的使用率。在部分面积较大的院校，也出现使用网约车上课的情况。但目前各高校无序停放的共享单车严重影响了校园的交通秩序及校园空间质量，这也恰恰说明传统的校园空间规划已不适应数字科技高速发展的校园生活。如何平衡校园现有规划和同学们的出行需求，利用信息技术合理地引导单车的摆放，抑或是在校园更新过程中给出新的解决方案，都是当下急需解决的问题。

2. 对校园主体行为方式的影响

从行为方式来看，建筑师扬·盖尔在其经典著作《交往与空间》中，把人类在公共空间内的行为活动划分为三种：一是必要性活动，二是自发性活动，三是社会性活动。

就大学生而言，必要性活动围绕学习和生活展开，例如师生自习研讨，课余休息及娱乐放松，在校园空间内静思与欣赏，在操场上运动。学习方面，技术的发展让远程上课成为可能，5G呈现高速度的特性，学生的体验感将极大程度地提升，而低延时的特性能保证师生互动画面的同步，给教学带来更好的体验。而5G带来的万物互联和重构安全等特征，保证上课的完整体验，使学生或是老师可以身在不同的场所而共同上课。学生查找资料，获取文献也因移动互联网变得更为便捷。手机知网、专业性网站、应用程序成为学生获取信息的渠道。网课的出现，平衡了教育资源分配不均的问题，使优秀的课程得以更广泛地传播。学习的场所也不再局限于图书馆与教室等场所。通过网络的互动，拉近了学生和老师之间的距离，使学生和老师更像是合作和相互学习的关系，解决传统教育缺乏互动的问题。

相比于必要性活动，自发性活动存在极大的个人主观性，这种主观性会在某些环境条件下产生，并为了达到其意愿进行自主活动。例如去运动场运动、散步、坐下聊天、放松、晒太阳等，这些活动呈现出随机性、稳定性、自发性的特征。根据行为对于环境敏感程度的不同，将自发性活动分为休闲活动和学习活动两种类型。校内的休闲行为偏向低密度和集中的空间态势，对空间边界有一定的需求，集中在学校的公共绿地、运动场等场所，需要可供休闲娱乐的设施。学习活动偏向于集中与分散两种空间态势，空间具有明显的边界和领域性，要有一定的辅助设施。在一些高校的图书馆会专门设置电子阅览室满足学生的需求。

社会性活动是在自发性活动的基础上，依赖他人共同完成"连锁性"行为活动，同时大学生的主要校园社交活动也由此产生。这类行为活动带有很强的计划性和兼容性。对场地的要求也较为多变，根据不同的参与人数选择相应的场地，对场地的要求具有灵活性。

3. 对校园主体沟通方式的影响

从沟通方式上看，可分为学生与学生之间的沟通、学生与老师之间的沟通、学生老师与环境之间的沟通三种形式。学生与学生之间的沟通是最为常见的沟通形式，场景也最为丰富，可按场景分为课堂、校园、宿舍等。学生与学生在课堂上的互动，多围绕课堂内容而展开，5G所呈现出的高速率的特征，将极大地丰富学生们的沟通方式，学生也可以根据需求自行进行线上讨论。校园是学生们的生活场所，绝大多数行为都发生在这个区域。例如在运动场上的运动，或是在校园内与同学散步，抑或是三五成群在校园内的小聚会，都对场所提出了一定的要求。球场可采用线上预约的机制，解决高峰期打球的需求，校园内部可以根据人员流动，分析出人流聚集点，适当增加座椅等休闲设施，也可在校园中设置一些下沉式的小型空间，满足小型聚会的需要。宿舍已经成为学生社交的又一重要场所，遗憾的是，这种社交因为场地的限制常以单间宿舍的学生为单位，宿舍与宿舍之间的联系并不紧密，通过线上线下的游戏可加强学生之间的联系，一些热门话题常成为打开彼此之间隔阂的钥匙。这些场景都需要空间作为载体，这显然是高校校园更新过程中宿舍更新必须要考虑的。

学生与老师之间的沟通多集中在课堂上，受疫情影响，线上教育发展迅速，线上教育解决了传统课堂必须同处同一空间的问题，利用互联网将多个身处不同空间的师生联系起来，对于上课的空间要求也更为灵活。5G网络所拥有的高速率、低延迟的特征，使老师甚至可以邀请大洋彼岸的师生一起参与到课堂中，做到跨国交流。

师生与环境的沟通多指师生与校园环境之间的沟通。校园景观是凸显校园文化特色的重要载体，好的校园景观能突显学校特色的同时丰富人的精神世界，给人带来美的享受。与环境的沟通还可细分为被动的沟通或是主动的沟通。被动的沟通强调游览的结果，可归于体验式景观。主动的沟通强调游览的过程，更注重参与者主观上的感受，可归于互动景观。一些高校通过校园景观的设置，给人带来五感上的体验，在满足教育功能需求的同时，满足人的精神引领需求。高校的互动景观中，科学和技术是一个重要的切入点，可以创建具有自身特色的景观，促进高校文化的传播。通过公共建筑、公共景观空间的设计以及植物绿化和设施在校园中营造人文气氛，使公共空间促进人们的交流、沟通与学习，这是大学空间拥有的独特特征，是大学发展的基础和灵魂。

五、高校校园空间更新路径

随着科学技术的发展，高校校园空间环境建设在日益完善。校园环境不仅仅指学习环境、生活环境，也指工作环境和精神环境，每一环境都是相互联系、相互影响的。大学校园空间是高校师生活动的载体，除科研、教学之外，其他时间人们都是喜欢相对放松的，如散步、运动、游戏、沟通、约会、餐饮等。大学校园内的教学楼、自习室、图书馆、公寓、食堂、景观小品等属于公共空间功能区的划分，强化了校园运营的合理性，便利了师生在校园内的学习和生活。

1. 校园公共空间的科技性

在新时代的高校校园，校园公共空间的更新设计要体现出科技性的原则。公共空间具有流动性强和不确定性的特点。目前，学校师生的生活方式都发生了巨大的变化，他们对于精神文化上的需求也日渐增长。同样，对于校园内的公共空间与环境的要求也开始增多。在校园公共空间更新中，利用先进的科技手法来塑造校园公共空间，才能颠覆传统的交互式校园公共艺术品设计。

2. 学习空间的智能性

在人工智能背景下的学习空间应当具有智能性。学习空间泛指以学习为目的的基本空间，且分为实体性的学习空间和虚拟性的学习空间。实体性的学习空间，例如图书馆、自习室、实验室等。虚拟性的学习空间，例如网络授课平台和云课堂等。就实体性的学习空间而言，智能性体现在人工智能能更好地服务于使用学习空间的主体。例如，学习空间中利用行为识别技术，上课前调整好讲台和座椅高度且提前设置室内温度、灯光亮度和空间湿度。

3. 住宿空间的复合性

高校是城市知识和创意的产出地，其中学生宿舍是高校校园内人群较高密度的区域之一。在校园更新中学生宿舍通常不能被广泛地重视，数字技术高速发展促使大学生形成不同的个性和不同的生活习惯。在高校更新中应打破传统单间宿舍空间形态的桎梏，适应学生多元化、个性化的居住和生活模式，也可以在宿舍内部创造兴趣爱好聚集的共享空间。当下的专业知识的学习应当是多学科交叉学习，而宿舍作为学生聚集地，居住着不同专业的学生，除了传统的师生授受的方式之外，在宿舍更新的过程中应当将不同专业的学生通过空间载体聚集在一起，从而形成多样专业知识的交换。在宿舍设施多媒体自习室，通过智能系统预约自习室举办知识交流沙龙。外卖行业的兴起使学生除了食堂外有了更多的选择，越来越多的同学选择将餐食带回宿舍。打破单一的宿舍空间形态，营造共享空间。例如共享餐厅、共享自习室、共享会议室等，切实地形成空间上的互动、行为上的复合。

4. 教学空间的信息化

随着互联网技术的发展与普及，数字化模式早已变为当今社会知识传播的主要途径，校园信息化适应知识科学传播的需要，信息化技术在高等学校建筑设计中得以运用。教学空间信息化给大学生带来诸多便利，可以及时收到学校发布的信息，便于学生自己查询课程信息、成绩等。随着网络技术的不断发展，网络技术将成为高等学校建筑基础设施建立的重要模式。

　　5. 校园空间更新的综合性

　　校园更新的内容是包括建筑设计、景观设计、室内设计和展示设计等在内的综合性更新。在未来高等学校校园中，在5G、人工智能的背景下，通过大数据和智能计算，教书育人不仅是课本的传授，教学楼也不纯粹是教学空间，而是全面的、包含各种复杂性功能的综合体。校园内所有的建筑、景观被组织连接，来满足授课、交流研究、休息游憩等需求。

六、结语

　　在信息技术快速发展的新时代，5G、人工智能等逐步被广泛应用，科学教育也进入了一个全新发展时期，随之而来的是人们对校园空间需求的改变。学校建筑不仅是一个教学的地方，其发展也应与时俱进、与时代相融合，对于高校校园空间更新要考虑环境空间形态对学生学习的督促性以及使用者之间的交流性。在以存量规划为主导的城市发展进程中，随着互联网技术的发展，以5G为代表的数字科技正逐步改变着我们的校园生活，匹配智慧校园建设将是高校校园空间更新的新趋势。

再谈设计与表达
Remarks on Design and Expression

内蒙古科技大学建筑学院 / 韩军 副教授
College of Architecture, Inner Mongolia University of Science and Technology
A/Prof. Han Jun

摘要：实验教学的特点就是不同于课堂教学，它能让学生更直接地接触到社会实践，即实战型设计训练。它具有一定复杂性、不确定性的实践尝试，这样的训练可以发现日常课堂教学中存在的问题，从而更好地调整和修正教学培养中的不足。设计过程是考查学生对题目（任务书）的认识理解能力，即由大脑完成设计构思及生成方法，也可以说看其发现问题的立足点、思路方向及后面的分析问题、解决问题的策略能力。这是一个由内心思考到外部呈现表达的行为过程，呈现表达则是通过语言能力实现，它包含两个方面：一是学生的语言组织表述能力，另一个是图示语言表述能力。精彩的设计思路、设计想法得靠精彩表达来呈现，统称为设计与表达能力。它是对学生设计思维逻辑性、解决问题策略性的直接评判，学生在设计方面和表达方面所呈现出来的状态好坏、认识深浅、方法对错与能力高低，反映出的根本问题是学生的研究能力水平。研究能力也可简称为研究力，大家都知道研究力的培养非常重要，是评判教学培养是否达到合格的标准。研究生阶段重要的学习任务就是对研究能力的培养，基于在实验教学中显现出的学生研究力方面存在的问题，是本文为什么要再谈设计与表达的原因所在。

关键词：实验教学；设计与表达；逻辑性；研究力；教学培养

Abstract: The characteristic of experimental teaching is different from classroom teaching, which enables students to be more directly exposed to social practice, namely practical design training. Since the training has a certain complexity and uncertainty in practice, it is helpful to discover the problems in daily classroom teaching, so as to better adjust and correct the deficiencies in teaching training. Additionally, the process of design is to examine the students' ability to understand the topic or the task book, that is, the design concept and methods generated in their mind, which can also be said to look at how they find out the foothold of the problems, their way of thinking, as well as their strategic ability in the subsequent analysis and problem-solving. Moreover, this is a behavioral process from inner thinking to external presentation and expression, achieved through language ability, and it contains two aspects. One is the student's language organization and expression ability, and the other is the graphic language expression ability. It is a direct assessment of students' design thinking logic and problem-solving strategies. And the good or bad status that the students present while designing or expressing, the depth of their understanding, their methods and competence, will all reflect a fundamental fact, which is their research ability level. The cultivation of research ability is crucially important, since it can be seen as a standard to measure whether the teaching training meets the eligibility. Hence, a vital learning task for the postgraduates is the cultivation of their research ability. Based on the problems in the research ability of students revealed in the experimental teaching, this is why this article will lay a discussion on the topic of design and expression more.

Keywords: Experimental teaching; Design and expression; Logic; Research ability; Teaching training

一、实验教学更像试金石

4×4实验教学课题活动经过12年的探索，从一开始针对本科环境设计专业的实验教学活动演变成现今的针对研究生阶段的该专业的实验教学活动，从最初的每年3+1的四所国内艺术类院校，发展为今天的每年中外十几所艺术、工科类院校，学院的背景各不相同，这种不同性也显现出各自院校教学培养上的差异，可以说参差不齐。4×4实验教学的特点是打破院校间的壁垒，采取统一题目下责任导师为主与课题组全体导师相辅的统一指导教学形式，这种联合教学方式是开放型的，各院校间通过差异比较，很容易发现自身的不足，无论学生还是教师。

实验教学活动采用的题目基本上是真题假做，这种相对实操性训练有利于学生们进入社会专职机构后能顺利上手。本届课题是一个在真实的基地上，对原有图书馆建筑实施扩建改造设计方面的题目，任务书给的条件比较宽泛，但要保证新旧建筑的结合要符合规划和建筑规范的要求，另外，在功能空间规划和空间尺度营造方面要有前瞻性、多元性，以满足人性化、智能化的5G时代图书馆的使用需求。这个题目看似具体，实则抽象，有一定的挑战性，要求学生具备较全面的专业知识基础和广泛的信息储备和敏感的洞察能力，这其实也是课题组有意识地锻炼学生建立全学科复合型培养的用意所在。

实验教学的特点就是不同于课堂教学，让学生更直接地接触到社会实践，而且是有一定复杂性、不确定性的实践尝试，这样的训练可以发现课堂教学中的问题，从而更好地调整和修正课堂教学中的不足。本次题目具有发散性较强的特点，对学生来讲存在一定的难度，在整个完成过程中突显出许多问题，值得我们深思。

二、实验教学活动中的设计与表达

"设计与表达"在本科教学培养中是一门以技法训练为主的课程，对设计构思方面的讲授内容较少，主要是针对建筑、景观、室内空间及家具、人物、植物、山石等对象、物品的各种手绘表现，有些院校也将透视画法编入该课程当中，通过这门课的训练，对设计课中学生表达设计思想很有帮助，方便快捷，对于完成快题设计和将来从事专业工作都十分有益，对于没有造型基础的工科类院校的学生，该门课程训练尤为重要。建筑设计、环境设计中都需要有造型能力来辅助实现，这门课就是以提升造型能力而设置的，重点以表现物象的形态、透视、色彩、虚实、质感等要素关系。无论是临摹还是写生训练，基本以还原对象的技法训练为主，相对来讲还是比较机械的，有灵性或基础较好的学生能有一定的主观风格或调性方面的发挥，所以往往被动性较大，有些表达方式甚至是模式化背下来的。

这里所谈的"设计与表达"不是指前面所述的课程或内容，而是对应字面的深层含义，是讲实验教学活动中学生在设计方面和表达方面所呈现出来的状态。这里的"设计"是指对题目（任务书）的认识理解能力，即由大脑完成的设计构思及生成方法，也可以说发现问题的立足点、思路方向及后面的分析问题、解决问题的策略。"表达"则是指语言表述能力，包含两个方面：一是学生的语言组织表述能力，另一个是图示语言的表述能力，这个能力不单纯是手绘能力强就可以达到的，所以此"设计与表达"非前面所说的课程"设计与表达"。

课题从开题汇报开始，中间有两到三次的中期汇报均是以学生上台进行7分钟PPT汇报的形式来完成的（结题汇报10分钟），所以学生整个过程都在讲述自己的设计想法并结合图文来呈现阶段成果，如何在短短几分钟之内既把设计思路想法及过程讲解清楚，又把相应的内容以清晰明了的图文形式来呈现展示，需要具备很好的语言表述能力和图示语言能力，也就是指表达能力。

我们先说说语言表述能力。限时完成每一阶段的设计成果的讲述，口齿清楚、条理清晰、过程完整、轻松自信等要素是必备的要求，保证具有清晰完整的逻辑性是前提，所以优秀的语言表达能力需要平时有效的积累训练，因为心理素质的培养也十分重要。接下来再说说图示语言能力，既然也称其为一种语言，那它应具备上述语言表述应有的那些特点，不过是通过图示来表达的。图示形式基本是图文并茂，前期阶段基本以背景图片、资料图表、图片、概念草图、分析草图等开始，进而是各阶段设计进程的推演表达、模型演变、推进深化及平立剖CAD图、各空间的模型、效果图呈现等图示语言表达，前后结合是对表达能力要求的总体概述。事实证明，课题完成的优秀与否，光有表达的优秀是不够的，因为设计思路和解决策略才是关键。设计思路是整个设计的灵魂，是能否正确认识问题的本质进而合理解决目标问题的关键，是实现理想设计的核心。

"设计与表达"从字面上看是两个词，两个意思，其实是一个行为的内与外的呈现，设计思想是靠大脑对外界客观设计对象的需求所产生的策略应对想法，是一种内心活动行为，大脑储备的知识、信息与经验的量越大、越丰富，所产生的应对策略与方法就越快捷、越多样、越合理、越科学、越精彩，但是再精彩的设计思路、设计想法都得靠表达来呈现，表达是靠手通过相应的材料、设备完成图形、图表、文字、符号等信息的传递，结合语言的描述来把内心的设计想法逐一呈现，是设计过程的一种外部表象行为。实地测绘、调研等身体力行的全机能活动行为也属于信息资料收集过程中的一部分，所以"设计与表达"是学生课题汇报一个完整的行为过程。

三、设计与表达反映出的研究力

那么，这里为什么要提到"设计与表达"呢？是因为设计与表达能力的高低反映出学生的根本问题，是研究能力的水平体现，研究能力也可简称为研究力。研究生阶段重要的学习任务就是培养研究能力，研究力的作用非常大，它是人们认识问题、发现问题、分析问题到解决问题能力的直接体现，也是评判学生是否达到专业培养合格的标准。研究一定是主动地去发现问题，而不被动地等答案，作为一名研究生如何锻炼自己发现问题的能力，除了需要研究的驱动力之外，还要有好奇心和质疑感的培养。对于研究能力而言，从不同层面、角度上基本可以分为：定向能力、理论思维能力、创造能力、动手实践能力、评价分析能力等。

1．定向能力是要求研究者在面对大量不同领域、不同方向的研究问题时准确抓住所要研究的方向，不仅能准确判断该课题的特点、难点、突破点，而且也能够充分调动自己知识能量的储备，即人们常说的"远见卓识"，也可以称"立意清新"。在本届实验教学课题活动中，同学们在开题阶段所表现出的定向能力存在很大问题：首先大部分同学对设计任务书的认知与解读不够，对设计对象与设计需求不能准确地定位设计方向，在立足点、立意点方面大都不够清晰，也就是说设计的思路、想法出现了问题，说明知识的储备量、信息量不够，以及被平时学习训练中养成的思维方法所局限，在语言表述中也存在不流畅、不清晰的现象，所以开题汇报所呈现的"设计与表达"十分不理想，整改是必然的，另外，疫情原因造成的线上开题，给辅导带来很多的不方便，着实让学生们感到压力不小。

2．理论思维能力是研究者能在纷繁复杂的现象中，把某个现象本质提炼出来并准确地把握问题的实质，同时善于从一个基本思想导出一系列新的见解，善于从理论上探讨问题。4×4实验教学一直秉承理论与实践相结合，即理论指导设计，设计支撑理论的教学方式。结题终期汇报的形式是命题论文与命题设计结合在一起汇报的，虽然从开题到结题一路走来学生们已经过众多导师的指导帮助，个人成果已做过多次调整、修改，但在汇报中仍然看到不少同学欠缺理论思维能力，如一些类似"基于xx理论下的xx设计研究"，有的听完汇报后会发现其所借鉴的理论与研究过程或设计中所用理论方法差距很大，有的研究过程甚至与结论没有太大关联，不知道做了那么多工作为的是什么，有的是全过程下来不知道为什么要引用某个理论，等等，没有真正把握住问题的实质，推演过程生硬、套路，缺少逻辑性，由基本理论导出的新见解往往是主观认识下的自我实现。

3．创造能力是指产生新思想、发现和创造新事物的能力。研究者要善于借助直觉、联想和想象以发现问题和解决问题，富于开拓创新精神，敢于突破原有理论框架，从新的角度和高度分析研究问题。这个能力要求其实与本次实验课题的立意非常一致，就是想在常规设计命题中加入一些超前意识，或称为"不定性发挥"，锻炼学生面对5G万物互联时代的到来，开拓创新、大胆构想，勇于从不同角度投入设计研究，希望能够在设计中看到充满新思想的创意作品，既能满足各方面规范要求，又能符合任务书的目标。同时，也希望在论文研究结论中看到新的研究亮点、新的设计原则、新的设计方法应用等，但通过最终的结果，我们发现大部分同学在这方面的能力是不足的。创新、突破不是天马行空、随性发挥，也不是找个符号概念追踪溯源、求意求境，它同样需要首先认清问题的本质，也就是正确认识问题、发现问题，还要依靠知识的储备量、信息量，然后是应该具备一定的天分、灵性，缺少这些条件就不可能具备好的创造能力，实际上课题汇报中看到不少这类现象。

4．动手实践能力是研究者运用一定的方法手段，进行有意识、有目的的制作呈现的物质活动能力。在设计活动过程中，图示表达语言体现这方面的能力。在这次实验课题汇报过程中，匈牙利佩奇大学的学生在图示表达中表现非常出色，其实在往届的活动中，佩奇大学的学生们这方面的表现一直很优秀。首先是图感方面，在图底关系处理上无论色彩还是构图，均十分雅致，很有美感，另外图示表达方面对设计思路的推演，往往是一图一示，虽然处理手法有些概念抽象，但理念清晰、过程明了、目标明确；在规范要求方面往往是做到严格遵守、严谨表达，并有应对实操处理问题的应用体现。这种深化设计研究涉及建筑结构、通风光照、生态环保、雨水排收等具体解决问题的方法与表达，其最终呈现的设计效果也是令人耳目一新的。尽管他们讲的是英语，语言还不多，但生动明了的图示表达，让观者清楚地知道他们发现问题、分析问题、解决问题的全过程；相比之下，不少中国学生虽做了大量的图形、图表和严谨的模型搭建，在处理手法上就显得平淡、拖拉，甚至不明白，在语言表述上很少能做到言简意赅，关键是对解决问题的方法、手段，有些甚至都没有表达清楚。

5．评价分析能力是指综合力和判断力，包括客观公正的对自己和他人科研过程、科研成果的评价分析。这方面的训练要求学生要有更高的站点和更全面的知识储备，因为如果不具备这个能力，作为环境设计专业的学生怎么判断一个设计作品的好与坏呢？也无法比较自己与他人的设计优劣，最关键是发现不了自己存在的问题，所以无法做到自我完善、提升的实现。可以说对于优秀的名家作品鉴赏，也不大可能有正确的认识和深层的思考，产生的认识看法也是依据他人的评价，而并非自身的认识总结。在这方面本次活动中也显露出一些问题，有些同学的研究现状分析、案例提取分析及研究成果分析等方面，存在对位偏差、概念不清、目标错误、结论模糊等现象。

2020 创基金 4×4 实验教学课题院校名录   表 1

序号	参加课题院校	所属	教师背景	学生背景
1	中央美术学院	国立学校	工学、文学、艺术学	工学科学位
2	清华大学美术学院	国立学校	文学、工学、多学科	文学科学位
3	匈牙利国立佩奇大学信息工程学院	国立学校	工学、文学、多学科	工学科学位
4	匈牙利布达佩斯城市大学	民办学校	文学	文学科学位
5	四川美术学院	市立学校	文学	文学科学位
6	湖北工业大学	省立学校	文学、工学	文学科学位
7	吉林艺术学院设计学院	省立学校	文学	文学科学位
8	广西艺术学院建筑艺术学院	省立学校	文学	文学科学位
9	山东师范大学美术学院	省立学校	文学	文学科学位
10	北京林业大学艺术设计学院	省立学校	文学、工学、多学科	文学科学位
11	武汉理工大学艺术设计学院	市立学校	文学、工学、多学科	文学科学位
12	齐齐哈尔大学美术与艺术设计学院	省立学校	文学、多学科	文学科学位
13	湖南师范大学美术学院	省立学校	文学	文学科学位
14	青岛理工大学艺术与设计学院	市立学校	文学、工学、多学科	文学科学位
15	内蒙古科技大学建筑学院	省立学校	文学、工学、多学科	工学科学位
16	泉州信息工程学院创意设计学院	市立学校	文学、工学、多学科	文学科学位

注：课题组院校排列不分先后。

四、实验教学研究带来的思考

通过实验教学活动发现学生在"设计与表达"能力上的不足，实质上反映出的是研究能力上的欠缺，更是日常教学培养中存在的问题，针对如何提升教学培养的质量提出以下思考。

1. 提高设计认识是基础。4×4实验教学在以往的课题活动中，课题组组长王铁教授反复强调的是加强建筑规范意识、制图规范意识，这方面尤其是在对艺术学背景的导师和学生提出要加强工科专业能力的培养。这次课题组成员单位由16所工学与艺术学不同背景类型的院校组成，虽然上述强调的问题依然存在，但更为突出的一个共性问题是对设计认识不清，即设计的立足与取向盲目的问题。这是基础，如果这个不提升，后面的所做皆为徒劳。

2. 加强设计与表达能力的培养。前面已经详细论述了学生中存在"设计与表达能力"上的不足，实质上反映出研究能力上的欠缺，这是日常教学培养中存在的问题，基于它的重要性原则，建议专门设置一门"设计与表达素质"课，科学组织课程内容与形式，也可以线上线下结合，关键是对知识兴趣点的培养、文学美学素养的培养、良好心理素质的培养、沟通表述能力的培养、名家名品鉴赏能力的培养，等等，通过素质能力的提升带动自觉产生研究意识，从而带动研究力的提升。本科设置为必修课程，研究生设置为选修课程，如有可能也定为必修课程。

3. 强调研究力能力培养的意识。4×4课题活动是针对研究生的实验教学培养，但通过设计实践存在的问题发现，研究力的缺失是本科阶段基础没打好的原因所在。在本科的教学培养中，更重视的是对理论知识的掌握和对各知识点在技能转化上的运用能力，没有培养学生对待理论知识的主动性，即认识问题、分析问题、解决问题方面的好奇心和探索欲的培养，教师一味地只是教，没有更多地培养学生学习应怎样去学及怎样去做，缺少研究意识的培养，所以学生面对设计研究时往往是不知道从何下手，因为不能清晰准确地发现问题，更不知道真正要解决什么问题，作为研究或设计的重要环节分析过程，想必也是走走形式和常规套路，无法真正做到掌握，所以本科阶段研究力的培养应当作为基本能力的一项考核内容。

五、结语

4×4实验教学课题活动担负着多种使命，它既是设计教育前行路上的探索者、先头兵，积极发现教学中存在的问题，及时发出提醒、告诫信息；它又是日常课堂教学的监督官，总结问题之后总要拿出一些提升、整改意见，来监督以后的教学工作有没有改进；它还是学生与社会、企业和晋升学习院校间的联络官，每年都为学生与社会各界及中外院校间建立便捷通道，以满足双方的各自所需。这些使命中不单纯是对学生的培养，还肩负着对年轻教师的提升培养以及各导师间、院校间的学习交流与提升作用，所以说，实验教学课题一直的坚持不懈，本身的意义就是对研究能力不断提升的持续努力！

空间创意与实验课题研究
——以泉州信息工程学院图书馆建筑更新设计为例

Research on Space Creativity and Experimental Topics

—Take the Renewal Design of the Library of Quanzhou Institute of Information Engineering as an Example

广西艺术学院 / 江波 教授

Guangxi University of Arts

Prof. Jiang Bo

摘要：本文是关于高校图书馆建筑景观更新改造设计应用研究，创意设计思维路径由图书馆的功能和文化内涵直指传统文字、图书、书院、教学与现代图书馆的关系，并且思考当下的高校教育、信息社会、互联网科技文化相互关系的影响和取向。针对图书馆的空间营造，确定关照当下、面向未来的定位，以更好地在高校人才培养任务中起到积极的支撑作用。

关键词：实验教学；公共空间；地域文化；网络科技；智慧空间

Abstract: This article is about the application research of university library building landscape renovation design, creative design thinking path by the function of the library and cultural connotation is pointing to the relationship between traditional text, books, the academy, teaching and modern library, and thinking about the influence of the present college education, the information society and the relationship between Internet technology and culture. In view of the space construction of the library, take care of the current and future-oriented positioning, so as to play an active supporting role in the task of personnel training in colleges and universities better.

Keywords: Experimental teaching; Public space; Regional culture; Network science and technology; Intelligent space

中国建筑装饰卓越人才计划、创基金四校四导师实验教学课题已经举办了12届，今年实验教学课题为泉州信息工程学院图书馆建筑与景观更新设计。新的时代精神要求文化艺术在当前技术变革中找寻新的栖身之所，建筑与环境艺术专业作为技术与艺术共同衍生的相伴学科，是展现艺术与技术相交融的重要载体。泉州信息工程学院以电子信息工程类专业为内核并不断拓展，承载了当下与未来的时代精神，校园面貌也应与之相匹配，给予景观与建筑新的诠释。

本人带领了两位2018级研究生参加了2020第十二届中国建筑装饰卓越人才计划暨中外高等学校第六届"一带一路"4×4实验教学课题。课题时间从2020年4月开始至12月结束，因为今年突发了新冠疫情所以没有能够到现场进行前期调研考察，实验教学课题设计的开题也是线上进行，10月下旬中期答辩在四川美术学院进行，直至12月上旬在吉林艺术学院圆满完成课题终期答辩。

一、图书与图书馆的发展

这次的课题虽然说是图书馆空间改造设计，但也使我们从另一个层面了解了文字的发展，以及文字和知识与图书馆的密切关系。

传统文化源远流长，也蕴藏着巨大的智慧，传统文化的形式丰富多样，可以归类为物质形态和非物质形态两大类。文字就是可以阅读的物质形态，而音乐的鸣唱就属于非物质形态（当然还有口口相传的民间说书等民俗传唱文化），传统文化无论是物质的、非物质的都是不可替代的无价之宝，我们应当有挖掘、保护、传承和运用的责任，而在保护与传承方面，图书馆无疑是最为重要的载体。

文字是图书主要表达的依托，反之图书更是文字的重要载体。人类的知识、人类的智慧、人类的历史得益于图书的记载而流传世代。历史上中外不乏具有大智慧以及知识技术经验的名著，如《仪礼》《史记》《周易》《天工开物》《文心雕龙》《罗马史》《理想王国》《形而上学》《伦理学》等著作，这些文献如灯塔般引领着人类的前行，继往开来，奔向未来。

既然有图书，就要有收藏和研读的地方，中国的教育、藏书始于书房书院，在中国一千多年前就有了书院建制，书院具有人才培养、学术研究、文化传播的功能。传统的书院师生关系和谐融洽，朝夕相处地研究学问，师生共同营造一个有益于进行人文教育的良好氛围。教学是书院最核心的功能，藏书是书院与生俱来的本质属性，而图书馆也就脱胎于书院的功能形式，高等学校图书馆为高等学校教学和科学研究服务的重要场所。12世纪欧洲出现了大学图书馆，巴黎大学和牛津大学的图书馆被视为欧洲大学图书馆的先驱。到了18世纪，世界各国大学纷纷建立图书馆，大学图书馆得到了广泛普及，时至19世纪末20世纪初中国开始出现近代大学图书馆，北京大学图书馆是中国规模最大的大学图书馆。高等学校图书馆担负着为教学和科研服务的双重任务，是培养人才和开展科学研究的重要基地。在大学里作为知识的海洋、智慧的仓库的图书馆，更是学子们意气风发、扬帆起航的港湾。同时图书馆也是地域文化的一个重要场所，传承中国传统书院的教师言行身教、师生研学共同体的优良传统，是将传统文化遗产打造成为地域文化、社区文化的重要基地，也是一所学校最具代表性的地标建筑。

二、应用实操之理论思辨

图书馆的作用在高校人才教育培养对学生研究创意思维与实用模式要素的具体流程中是非常重要的环节，对于高校图书馆建筑空间的设计就要了解其作用与功能性。对高校人才教育培养状态的把握应该主要通过对两个层面进行了解分析，一个是宏观上的学科教育定位，另一个是教学方法与模式问题。第一个层面决定当下与未来学科专业教育的发展方向，第二个层面决定人才培养方向的实施与品质的可行性问题，两个层面有许多相互作用因素，而图书馆就是很重要的交点。

1. 高校教育路径与背景的多元性

在当今社会迅猛发展的时代，中国高校人才教育背景的调研除了反映出各行业发展本身的现象，也对各个学科专业教育的发展定位提出了一些值得思考的问题，各学科专业人才成长的路径明显地出现多维趋势，尽管作为国家统一管理的高等专业教学模式变化不大，但各类社会及民间资源以多样的方式提供了丰富的职业发展路径。我国高校教育除了由国家公办结合民营教育机构，还有图书馆智库网络讯息教育机构共存的局面。这些呈现了开放性自由与多元的教学成才模式与传统高校集合或并行，实现为国家提供更多丰富的专业人才的可能性。

2. 人才培养的持续性教育担当

信息时代社会知识的更新与技术演变明显变快，所谓一次性"一劳永逸"的教育模式根本不存在，新的发展观念、新的技术应用层出不穷，这些都深刻地影响高校人才教育。所以高校执业教师的知识不可能"一劳永逸"，必须不断持续地通过各种方式获得新的技能、发现新的视角、掌握新的技术才能是称职的教师，并且也应该强化这个过程以加强个人的知识更新、技术换代，积极完善构建持续的终身化的专业教育体系。这些与知识库的图书馆图书、互联网息息相关。

3. 学科专业教育的跨界成果

纵观历史长河可看出，在艺术、设计界各种跨学科背景是艺术家、设计师的存在状态，很多知名的设计大师也并非是原本的专业。历史上著名的意大利画家达·芬奇同时跨界成为发明家、医学家、生物学家、建筑工程师。恰恰是他们跨界的状态成就了他们自身的专业学术特色。当代的跨界大师有安藤忠雄、诺曼·福斯特、扎哈·哈迪德、林徽因、贾伟、陈幼坚、马岩松等，时代进入21世纪，随着世界各类高新科技的发展，如信息技术、媒体技术、智能化技术、3D打印技术等越来越多地融入各行各业、高校各学科中来，使高校教育跨界的教学平台、学科融合的教学体系、专业界限的交叉与模糊性，成为各学科专业教学关注和发展的新的方向。尤其是在综合性大学设置的设计学科专业，更应利用多学科的交叉优势，从其他学科的技术与理念发展反馈本专业，使设计学科专业的发展不仅是一种纯粹的艺术风格和虚无空间理论的教条，而是紧跟时代与科技进步的交叉实用智慧模式。所以，要充分运用好图书馆各个学科的集散地的作用。

4. 人才出口需求差异化的教学模式

现在全球化的大潮中城乡建设千城一面、万村一貌同质化现象严重，然而不光是城市建设方面，在学校人才教育培养方面同样是相互模仿的同质化模式。很多院校专业教育的定位存在着很多问题，同时教学评估体系标准单一，大多数院校并没有成熟的独立思考，没有自己的定位，没有突出的学术特点与积累，没有地域性的人才培养特色，造成了互相模仿的发展同质化。图书馆也是地域文化特色的仓库，各个学校应根据自身的学术和教育资源优势，确立自己独特的学科专业教学发展定位和教学培养模式，从而培养出适合本地发展的应用型人才。

三、高校智库空间的取向

人类进入21世纪面对新的时代，互联网的迅速、高效、便捷使社会产生了深刻的变化而繁衍出新的业态，这些充分地满足了人们日常丰富的需求，同时也给传统实体店形成巨大的冲击，不仅仅是引起商业模式的改变、建筑业经营方式的改变，也可能深远地影响建筑的空间行为模式，而行为的改变一定会关联改变空间模式，令人们在空间的拥有和归属上发生不同于传统的变化，也会在空间和时间的定义上对传统人们的衣、食、住、行进行重新的定义。这一切都是互联网时代空间变革的开始，甚至传统空间的拥有权也会随之弱化。而重要的是倘若你对新的时代与技术发展不敏感，将无法应对未来时代与技术发展所带来的各种挑战。这种评价标准及行业技巧，回看在中国环境设计学科教育的万象中，宜建立严谨的治学态度，在青年教师群中鼓励有探索精神的科研人群，扶植具备知识与实践能力的教师，培养大量的具有全学科思考能力的拔尖教师人才，让环境设计学科真正成为名副其实的一级学科是我等的追求。

随着人类智能化的迅猛发展，中国经济近百年以来进入了引领世界经济潮流的位置，特别是电子商务、互联网金融、智能化产业、人脸识别等技术，中国已经是站在世界前列。面对这些，作为高校必须认真面对，虽然有很大的压力，然而从另一个角度也给我们带来了思考，激发了调整和转型的认知与决策。这个时期是整个社会、经济和文教科技都在发生巨大变化的时期，所以各行业都需要做好应对的策略，作为社会人才智力储备基地的高校教育必须走在行业实践的前面，通过理念、方法和眼界的突破创新，给行业的发展带来充分的人才需求，形成新的动力。

高校许多空间具有多层次、多性质定义，除了个人的私密空间，许多场合可以确定为公共空间，那么公共空间同样具有其特定的内涵定义。它可以是原有的，也可以进行"打造"，注入特性，这也就是所谓的"地方重塑"的概念。公共空间遵循并强化在社会转型、城镇化进程中从人文环境建设到社会文明程度提升、从人文关怀到人的幸福指数提升的作用，以实现地方环境、人文精神的重塑。怎么来进行地方重塑呢？我们可以运用传统的"因地制宜，因势利导，因人而异"的方法来打造表现。

首先是"因地制宜"。公共空间本身的性质决定了它必须和当地的实际情况相结合来制定它的范畴，也就是说公共空间应该是带着特性在当地的土壤中生长，而形成其他空间不可替代的特性。第二是"因势利导"。因势利导实际上是顺民意而为之，所谓的民意就是当地的民众长期以来形成的共识，应该顺其势而导之，这如同在滔滔的大江里面驾舟，如果小舟逆水而上就会有倾覆的可能，如果顺其水势驾其舟，则可以顺利地驶达彼岸。第三为"因人而异"。所谓因人而异，指的是受众问题，面对不同的受众就应采取不同的策略方法，其结果也是大不一样。

公共空间营造是一门艺术，是对人及环境驾驭和对社会资源能力的一种调度综合的考验。因地制宜的重塑方式是公共空间的一种智慧和方法论。公共空间的营造研究主要有四个基本要素、三项内容及其特性的研究思维和方法。四个要素首先是核心理念。这个核心理念是由公共空间的性质决定的，也就是说地方精神的重塑是公共空间的核心理念。在整个公共空间过程当中，实际上最为注重环境与实际功能的改善。而地方精神的重塑是公共空间的核心理念，在经济全球一体化背景下，地方经济发展过程中受到的外来文化冲击影响很大。地方文化的挖掘，可引发当地民众对文化的归属感，增强文化自信、重塑地方精神是公共空间的任务和核心理念。第二个基本要素即公共性、在地性、艺术性。公共性是通过人的语言和行动，形成共存的一种相互联系，公共空间首先应该凸显它的公共性；在地性就是不可复制性，"非此地不可"的意思，不是说离开这个地方、离开这个背景也毫无疑义；公共空间的艺术性是一种必不可少的审美诉求的属性。公共性是公共空间的本质，在地性是公共空间的一种形式，艺术性是公共空间的一个属性。作为公共空间，它包含着三个层面的物态，即原住民、政府和工作者（科研、旅者），在公共空间的整个过程中有着其价值的体现。通过政府的主持和服务来贯彻为民众服务的宗旨，才有其存在的价值，而作为民众和研究者在实际中要提升自己的文化、学术水准，追求更美好的生活，这就是公共空间存在的真正价值体现。这三个方面都从各自在公共空间中的不同角色和不同的价值取向构架起公共空间这样一个相互关系共同体。在这里政府应该以政策提供相关的支持，建立一个资讯丰富的公共空间，让民众将自身的需求便捷地达到实现自我价值的认同，和谐地以民众自觉实现追求来完善整个公共空间的质量和价值。

四、课题设计研究

针对泉州信息工程学院图书馆建筑与景观更新设计这个课题，在满足图书馆最基本的功能的同时，还要考虑其建筑形态的文化内涵寓意与象征性。一方水土养一方人，一方文化造就一方社会。人类在自然中有适者生存的生态规律，在"顺应""适者"中创造了历史，创造了文化并且带上了明显地域特征的烙印。地域文化是特定区域的生态、民俗、传统、习惯等文明表现。它在一定的地域范围内与环境相融合，因而打上了地域的烙印，具有独特性。如北京的四合院、西北的窑洞、草原的蒙古包、安徽徽派建筑、闽南土楼、岭南骑楼和西南的干阑建筑吊脚楼，等等，这些都是不可替代的、地域特征明显的建筑艺术形态。"设计问题实则是文化问题。即便是全球化的时代，设计产品的视觉表象下仍然蕴含的是一个民族的文化话语权的表达。"（李超德，《设计的文化立场》第13页）设计活动是围绕着人而展开的，同时不仅是对人的关怀，更是一种态度，是多层次的关照以及地域文化的体现与发展定位，延伸到社会价值、文化价值、经济价值、审美价值的高度来作出决策应用。

通常建筑所营造出的内外空间场所与周边环境的关系往往处于一种毫不关联的状态，那么建筑内部以及所在周边区块的"场域性"的诉求是不容忽视的，"场域性"这一概念更强调从全局来看待建筑各个空间与周边环境之间的融合共生关系。应充分发掘它们之间的联动性，并使它们之间形成一种具有内在逻辑性以及连续性的存在形式，用一种明确指向的方式定义、增强场地的空间属性；建筑在与"场域"内人流、物质流、信息流之多元化"能量"的共同作用下所生成的内外空间场所形成有效融合。抑或是通过对现有场地状况的补充和提升从而达到对场地"能量场"的一种再引导和利用。目的是通过对场地"能量"的挖掘与捕捉以及与这些元素的交互，模糊彼此的界限来实现相互间逐渐的渗透和转化。

泉州信息工程学院图书馆的改造设计应该从几个方面考虑应用元素：第一是图书馆的特性；第二是学校文化；第三是地域性。同时还要考虑马上到来的互联网5G时代。从外观利用数码信息形态造型的渐变元素来表现信息工程学院的文化形象，同时也是互联网的视觉符号表达。另外上半部分有展开的翅膀以及刺桐树花朵的形态。展开的翅膀，寓意高校学子鹏程万里、前途无量；刺桐树花是泉州当地的植物。

图书馆的建筑内部空间应该更多地考虑空间的通透性，也就是创造更多的二维平面层，以几何学的一种平面的方式通过对现有空间进行引导，对内外部空间运用掀起、压低面层的手法创造出更多视线上的"地面"，使建筑空间与周边环境产生一种更具有交互性的开放式的关照。同时还要营造更多的公共性层次，这些层次可以加强人从校园地面到建筑空间内新平面的自由流动，从而弥补校园环境中建筑内部空间与周边环境空间的断层，从而使建筑空间真正变为"场域"的一部分。

几个造型别致的多层次楼梯廊桥体现了一种应力的视觉效果，多维的开放体系使由室外进入室内的人流可以通过走廊、楼梯和天桥的叠加与连接进行水平或垂直方向的自由走动。这是一种对二维平面的立体空间处理的方式，通过创造足够多的"面层"来实现建筑内部共享空间相互关照的对话。

人们可以清晰地感受到这些悬浮的、具有极强雕塑感的体块所具备的建筑内部空间形态的艺术性，这种移动方式也同样实现了曾经对城乡街区的体验转化。室内大厅空间通过对垂直和水平移动方向的解构，恢复了建筑内部空间被忽视的一些原则，唤起了建筑空间的人文归属性的温度感。这就是图书馆的内部格局与功能的多元融合的状态，不同的空间可以作为阅读、视听、研讨、网络平台甚至休息和社交的场所，有些空间之间不必设明显的隔断，使各个区域有较好的贯穿联系，人的移动在流畅的过程中使视线也同样可以贯穿连续性，并提供了人们穿越空间场地的一种畅通、优雅的体验方式。这些就是通过创意设计更新完成现代生活方式下的传统文化再生，赋予当代及未来图书馆建筑智慧空间的新举措。

五、结语

此次课题的设计目的在于聚力当前高校教育的综合能力，并深刻探索疫情之下智能科技时代智慧校园和新基建的无限可能。创新设计是用设计思维来解决社会问题的方法论，以设计来改变社会，提升人们的生活质量，让设计更多、更好地服务大众，体现设计的价值和责任。特别是进入信息时代，优秀的设计应该更多地关注社会，利用设计创新整合社会资源、组织技术力量，有效地形成设计驱动型的技术创新、文化创新，创造出体现当下以及未来的智慧平台。

　　四校四导师实验教学课题是中国教育界的一个创举，是课题组组长王铁教授呕心沥血坚持了12年的公益活动，后来加入的创基金设计教育助力计划资助更使课题如虎添翼，促成课题成果更加辉煌。中国建筑装饰卓越人才计划奖暨创基金"4×4"实践教学课题是架起院校与院校之间、院校与企业之间的研学互动桥梁，建立高质量的院校之间、院校与企业之间的教学联盟体系，形成了多维度、多角度培养知识型与应用型人才教学的新模式，打造校企合作共赢平台，从国内联合教学走向国际联合教学，为国家"一带一路"教育创新发展作出了重要贡献。

应用型高校设计教育模式的再思考
Rethinking the Design Education Mode of Applied Colleges

泉州信息工程学院 / 黄志杰 讲师
Quanzhou University of Information Engineering
Lecturer Huang Zhijie

摘要：在国家重点推进"双一流"和高职高专院校建设、智能科技时代即将到来、疫情期间传统设计教学模式弊端再次被放大的大背景下，面对市场环境和企业用人需求，应用型高校的培养模式如何解决学生的可持续成长要求成了当务之急。中国设计教育模式所导致的问题难以应对当下行业的发展需求，存在教学与应用严重脱节的问题，借鉴四校四导师实验教学课题的成果，为应用型高校设计教育模式寻找新的路径。

关键词：应用型高校；设计教育；人才培养

Abstract: As the country focuses on promoting the construction of double first-class and higher vocational colleges, the era of intelligent technology is coming, and the disadvantages of traditional design teaching models have been magnified again during the epidemic. Faced with the market environment and the needs of enterprises, the application how to solve the sustainable growth requirements of students in the training model of high-level universities has become a top priority. The problems caused by China's design education model are difficult to cope with the development needs of the current industry, and there is a serious disconnection between teaching and application. Learning from the results of the 4×4 experimental teaching project, we can find a new path for application-oriented universities to design education models.

Keywords: Applied universities; Design education; Talent training

一、若有所思

2020年，是人类文明发展历史上一个重要的标记点，是中国传统文化的复兴元年，也是设计教育行业的又一次迭代。入职三年，带的第一届学生毕业在即，眼看他们将走入职场，步入社会，除欣喜之情外，更多的是对他们前途的担忧。对应用型高校而言，社会对其毕业生的接纳度、市场对设计专业人才的需求度、行业对从业人员的满意度皆不太友好。究其缘由，多方面因素造成应用型本科毕业生高不成、低不就的现状。

导致以上情况的原因有很多，比如说很多院校都实行课堂面授式的教育，将学生的思维禁锢在学校和课堂上，学生上交的作业也只是纸上谈兵，丝毫没有从实际问题出发，这就是"概念性设计"教学模式。这种模式导致学生在方案输出的过程中仅仅是凭空想象，没有任何的现实意义与实战经验，最后导致情感决定了逻辑，形式大于功能。其弊端，阻碍了学生对于专业知识的学习热情和生长方向的掌控，自己提出的设计方案都是流于形式，没有从当代工艺、技术及应用的实际情况出发，缺少逻辑支撑，导致整个方案"站不住脚"。在这种"概念性设计"教学模式中，培养方案里只有少量的基础实践类课程，没有办法培养出学生的实战能力，实习实践课程也是流于式样，走马观花，没有办法将理论知识进行精确输出。因疫情影响，在上半年国内院校全部采用线上教学的方式进行授课，这些问题再一次被放大。

我国专业院校设计学科长期以来在大学生培养方案上都存在着理论和实践不统一、教学和实际应用步伐不一致、培养目的不明确等问题；在地方上，由于地方市场和地方经济的局限性，导致地方上的应用型高校中设计专业学生所需要的实践环境受到阻碍，而高校培养人才计划与当地需要人才的企业、行业配合不紧密；在专业院校中，各个院校除了因为在同一个系统内进行的工作联系，相互进行的学术讨论沟通机会太少，更没有和相关企业以及国外院校进行教学交流的机会。这就使得在这个科技高速发展的互联网时代，各高校进行的设计类教学中，出现了闭门造车的问题，并且这种情况普遍存在。

受疫情影响，虽说线上授课是暂时性的迫不得已，其间一直在思考当下设计专业教师在培养体系中的定位，随着以智能科技为动力引领的万物互联时代的到来，学生在课余休息时间可以通过购买网课，来弥补自己的不足，或者是寻找自己的爱好，这种主动地进行知识摄取的方式已经成为当下年轻人主要的学习方式之一。这种形式是对传统教育方式的挑战，面对这样的现实状况和知识快速更替的技术条件，学校与教师将如何作为值得我们思考。

二、投石问路

现今，在以提质量、抓内涵为主题的中国高等院校教育中，需加大三方面任务的建设："双一流"建设、现代职业教育建设以及应用型转型建设。在这三大任务中，对于"双一流"和现代职业教育的建设任务，国家正在大力推进，努力通过政策深化、教育改革等方式逐级发展。但是身处中间的应用型转型建设，也就是高水平应用大学建设的情况不容乐观，政策导向的结果收效甚微。

人们经常把大学放在一起比较，将其划分为一流大学、二流大学和三流学校。大家都认为，二流、三流的高校只要紧跟一流大学的步伐，就可以提高自身的教学水平，这只是主观上的感受，实际上并不符合逻辑，与教学规律和教学目标不匹配。首先，一流大学拥有着其他院校不具备的雄厚师资、优秀生源以及充足的教学、科研经费，且一流高校一般都建立在发达城市，容易和各个企业合力培养优秀的复合型人才；其次，一流大学毕业的学生眼光较高，就业第一选择都会在发达城市，那么发展建设中的城市所需要的人才往往还是来源于二流、三流高校。如果二、三流地方院校盲目跟随一流大学的步伐，那么这些地方院校将会丢失自己原本培养人才的特色，盲目追求和一流大学培养方案一致，会丧失自己的优势。实际上，一流大学并不是被评出来的，而是因为长久的学术积累和学科建设以及在业界中的影响得来的，这些因素都是源于"人"：首先是学生自身能力和对社会的贡献程度；其次是教师的专业水平和教研能力；最后就是学校掌舵人的情操、眼界以及胸怀。

面对应用型高校设计教育转型困难，后疫情时期线上课程教学常态化发展，教师及学苗工科知识、逻辑思维、理性分析能力普遍较低的种种情境，我们该何去何从值得思考。

在这样的情况下，2020"四校四导师"实践教学实验课题为我们提供了借鉴性。"四校四导师"模式是国际化的本硕直通人才培养模式，是坚持了12年的跨校际联合培养教学。从最开始的4所院校到如今的17所中外高校，与以往不同，今年课题组除了设置研究生组之外，还设有应用型本科组，因此在强调培养学生前期调研、数据分析和理论研究能力的同时，技术与应用方面的指标被再次提出并重视。此次课题项目任务书的制定结合疫情对建筑及空间设计提出了要求，以高校功能性逐渐式微的传统型图书馆为载体，结合智能科技时代的建筑空间设计取向，输出符合时代背景和具有一定前瞻性的设计方案。

从课题项目的成果可以看出，学生们通过长达半年、四个阶段（实地调研、开题答辩、中期答辩和终期汇报）的学习与交流，对自己在基地中发现的问题进行了系统的理论与实践研究，形成了专业研究性论文与报告，输出了符合课题要求的设计方案。

"四校四导师"实验教学课题是基于目前设计教育行业发展现状推出的实验性项目，该项目改变了传统的、封闭的教学模式，该模式不仅仅将教学变成跨国家、跨高校、跨企业的高学历组团式培养路径，还给设计学科的教育前景带来了新的机遇。每一次教学课题项目的调整，背后都经历过无数次的反思与推导。在这个教学课题项目里，不同高校的教师、学生和设计师一同努力，创造出一片学术交流、互融的和谐氛围。在不同的教学理念和多元化教学方式的教导下，以实践案例为载体，接轨高校、协会、行业及企业，严格贯彻"做中学、学中做"的教学理念，激发学生的主观能动性，教学成果业绩斐然。

课题组组长王铁教授和多位设计教育界前辈，都希望就中国目前的发展形势，率先建立有利于中国设计教育发展的培养计划和平台。所以课题组不断地在不同高校文化背景、不同地域情况、不同人才培养方案下进行探索与开发，确保实验结果能够给中国设计教育的发展起到良性作用。通过不同的培养方式，可以明显看出参与课题的各所高校在设计教育改革之后的成果，这应该是近年来中国设计教育行业最有意义、影响力最大的实验活动，它受到了行业、院校、企业以及各个社会机构的支持、参与和关注。课题成果为高校的设计专业教学改革提供了强有力的支撑，为设计教学新模式的孵化提供了充足的保障，为产、学、研的有机结合提供了新的路径。

三、确定目标

设计教育是应用型学科，它是追随社会的脚步、基于实际情况而发展的一门学科。只有了解根源上的问题，才能够找到办法解决问题。"四校四导师"教育课题由王铁教授主导，该课题实际上就是通过不同方式方法对当前设计教育行业出现的问题进行试探性解决和摸索。四校四导师争取和各高校联合、与国际高校合作、让行业企业积极参与，是针对当代人才培养方案进行的教学实验课题项目。

1. 确定培养模式

在我国近二十年设计教育学科发展过程中，对于设计学科应用型人才的培养模式还没有深层次突破，没有成功和国际上的设计学科接轨，所以我国现代设计学科的发展远远比不上发达国家。设计学科的培养模式需要从实际出发，紧密联系学苗学情，在培养逻辑思维能力的同时，还需要注重提升其实践动手能力。而当前大多数院校施行的设计人才培养模式缺乏实践模块，从而导致教育出来的学生往往都是纸上谈兵，方案输出能力停留在"虚拟设计"阶段，没有任何实战力。所以我国必须重视设计教学模式的问题，要从设计技能、设计实践以及实践教学的角度出发，强化学生实战能力，为学生建立起合理的应用型知识体系与结构，从而可以放心让学生走出校门，从容对接工作岗位，最大限度地适应社会和行业需求。

2. 确定课程结构

设计实际上有其规律，它是学科与学科之间通过交叉产生的，所以设计学科也应该通过其规律进行培养模式的搭建和课程结构的设立。在进行课程结构搭建时，需要遵从规律，厘清不同学科之间通识基础课、专业基础课和专业核心课程之间的关系，尽可能打破专业与学科之间的壁垒，通过同一个项目进行不同专业方向的多维度教学，进行多元化培养。这种模式使得不同专业之间的共同点被放大，打破了不同专业和课程之间的束缚，有利于进行综合性人才的培养。所以，在进行课程结构设置时，需要保证通识基础课程扎实、专业基础课程面广、专业核心课程精干，在这样的课程结构下，才有利于应用型人才的成长。

3. 确定教学方法

明确教学方法是设计教育中的重要一环，只有确定和教学目标相适应的教学方法，才能更好地实现教学目标、达成教学理念、提升教学成果。教学方式实际上是教师传授知识的媒介，因此，教学方法是否科学合理直接关系到教学质量。举例来说，德国包豪斯在进行教学时，主要是通过教师和技术人员合作进行教学授课，并且授课地点不仅仅拘泥于课堂，大部分时间是在工作室。这样不刻板的教学方式可以更好地加强学生的动手实践能力，他们认为要想做好设计师，首先要从学徒开始，再到工人，最后才能成为设计师，即先要成为一个匠人，进而才能成为一个艺人。目前，我国的设计教育还没能够与国际设计教育的思想接轨，由于单一的院校封闭教学模式，没有办法很好地开发学生的创造性思维和动手实践能力，学生一直在课堂上被动接受知识，这就导致设计学科人才培养模式产生了恶性循环，阻碍其发展。

四、乘风破浪

从"四校四导师"实验教学课题中，我们得到了启发，在进行培养方案制订及教学模式设计时应该考虑应用型高校的特点，结合实际情况，进而开发一个新的模式——设计工作坊教学模式。

设计工作坊教学模式实际上是输出型应用性教育，是通过实践的方式获得专业知识从而提升专业素质。"工作坊"即动手实践的地方，在这种教学模式下，教师将实际项目以及各个层面的科研项目、实地项目作为课程载体，直接带学生进入项目中，通过不断解决在实战过程中所遇到的问题，让学生累积实操经验，巩固基础理论知识，加深对专业的认知。设计工作坊教学模式的核心在于它是对学生进行由实践到理论的倒推式培养，是产教融合的创新型应用人才培养模式，结合当今时代发展的人才需求，利用多种实践训练方法，建立突破传统封闭教学模式的人才培养平台。

设计工作坊教学模式通过以下几方面开展教学任务：

1. 在教学过程中，聘请国内拥有丰富实践教学经验的专家及教授进行授课；学校和企业之间加强合作，让学生真切了解企业的运行机制，以及企业对于设计师的素质需求；通过和国内一流院校工作室的沟通互动，汲取经验；加强与国际强校的学术交流，在交流的过程中产生文化碰撞，可以更好地开阔学生视野，打破传统教育模式，用课题作为知识载体，把项目作为传递路径，以竞赛结果作为评分参照，最后根据学分进行课程评价，实现理论实践一体化学习。

2．在和各个高校工作室以及各个名企合作教学时，要尽可能根据各方资源，让学生进行多元化知识探索，了解不同院校、企业的设计理念的差异。学会相互合作、相互学习、相互促进，尽可能实现资源最大化共享。

3．设计工作坊教学模式中的"工作坊"也是一个教学组织，它是通过具体课题组成的专任教师、兼职教师以及项目签约教师小组。在课题进展过程中，教师团队具有灵活性，可根据项目进程的具体情况进行机动搭配。

4．设计工作坊教学模式是创新型应用性教育模式，所以它区别于传统意义上的课堂教学以及讲座等方式，它是通过学生自主实践，在实践过程中不断发现问题进而有针对性地解决问题的教学活动。在这种教学模式中，不是传统的单向的知识输出，而是师生之间共同的知识学习；在实际课题进程中，教师通过引导的方式，让学生自主进行课题探究，自己思考解决问题的方法，最大化提升学生的自主学习能力。

在创意工作坊的每个学生参与的课题，都是根据地方经济发展的实际情况而提出的，甚至还包括国家层面的急需课题，在这种课题下进行实践学习，可以开阔学生的眼界，提高学生专业素养，让学生在实践过程中认识到扎实的基础知识和过硬的专业技能其重要性，进一步明确学习目标，达成导向。

五、结语

信息的高度发达与科技的飞速发展致使传统应试教育模式下输出的人才没有太多的实用价值，打破壁垒、学科交叉、接轨科技成为设计学科不断融合、进化和更新的路径。无论何种教学模式，都是针对当下新生问题的探索，以适应社会飞速发展的人才需求。2020年疫情笼罩下的设计教育无力感只是其瓶颈的一个缩影，面对5G时代全新的设计课题，我们没有太多的先例可供借鉴，必须对自身发展所面临的问题有清醒的认知，前行的路上我们必须具有前瞻性。

参考文献

[1] 童慧明．膨胀与退化——中国设计教育的当代危机[J]．装饰，2008（04）．

[2] 胡文娟，沈榆．设计实践教育环节的必要性——以德国教育方式为例[J]．设计，2015（19）．

[3] （日）田中一光著．在设计中行走[M]．北京：人民出版社，2018．

跨越维度：德国室内设计学科概述及对学科跨维度合作教学的思考

Across Dimensions: Overview of German Interior Design Discipline and Thoughts on Cross-dimensional Cooperation Teaching

德国斯图加特大学建筑与城市规划学院 / 杨峰 博士

School of Architecture and Urban Planning, University of Stuttgart

Dr. Yang Feng

摘要：通过对德国室内设计的发展、教育以及设计实践的概述，笔者以德国建筑学与城市规划专业在大学教学中的跨维度教育模式以及该模式在设计实践中所起的作用为例，结合当前室内设计实践的情况，提出了对室内设计教学中跨维度的思考。

关键词：德国室内设计；室内设计实践；跨学科；跨维度；合作教学

Through an overview of the development, education and design practice of German interior design, taking the cross-dimensional education model of German architecture and urban planning in university teaching and the role of this model in design practice as examples, the author combined the current situation of interior design practice, and put forward a cross-dimensional thinking on interior design teaching.

Keywords: German interior design; Interior design practice; Interdisciplinary; Interdimension; Cooperative teaching

一、室内设计发展概述

直到19世纪末现代意义上的室内设计师的形象才慢慢浮现。在此之前，这项任务主要由艺术家、建筑师和手工匠人承担，其服务对象也只是占少数的特权群体。

工业革命后随着资产阶级的日益繁荣，人们对其居住环境也有了更高的美学上的要求，以装饰性为主导的室内设计在19世纪末20世纪初以新艺术运动的形式达到了高峰。随后，作为最早的反装饰运动，倡导更加客观和严谨的德意志制造联盟（Deutsche Werkbund）和包豪斯（Bauhaus）在20世纪初登上历史舞台。从19世纪20年代开始，室内设计师开始承担越来越多的工作，但主要仍集中于地面、墙面等表层的设计以及家具的选择与摆设上。

维特鲁威称建筑学为"所有艺术之母"。在其影蔽下，德国的室内设计直到第二次世界大战之后，才成功确立了自己的独立性，从专业形象上与建筑学分离，拥有了自己的大学学习课程，成为德国建筑师协会下独立的学科。其"室内设计师"的称谓则受到法律保护。比如在拜仁州，只有通过成功完成至少三年室内设计专业的相关研究以获得学士或硕士学位，并提供至少两年工作经验的证明，才可以申请建筑师协会下室内设计师的职位资格。截至2020年1月1日，在德国工作的室内设计师总数约为6600名。

二、室内设计教育

相较于超过60所高校开设有建筑学专业课程，德国目前提供本科及硕士课程的室内设计专业的高校并不多，只有16所，其中3所为艺术学院，其他均为应用技术大学（Hochschule），其毕业学位为文学学士和文学硕士。在德国，应用技术大学（Hochschule）与综合性大学（Universität）的差别主要在于：应用技术大学是传统上以应用为导向的教育机构，其提供的专业范围较小，教学偏重于相应学科领域的实践；综合性大学有权授予博士学位，传统上在教学和研究中将重心放在理论方法上，所提供的专业范围则更加广泛。在博洛尼亚进程（Bologna-

Prozess)① 开始后，特别是随着学士硕士双层学制的转变，二者的差距开始逐渐缩小。

从斯图加特应用技术大学室内设计专业本科课程的设置看，学生在完成了设计、表达、技术和知识等基础课程后，其教学侧重于空间和家具两个设计方向上。

三、中德设计实践比较

从室内设计具体项目实践的情况看，中德有一定的差异，多数情况下建筑师与室内设计师对项目涉及的程度不同。

在中国，尽管有越来越多的中小型项目由建筑事务所执行到底，但基于以前体制上的原因以及项目的规模，大多数建筑师的工作在某种程度上多止于所谓的"毛坯房"阶段，之后则由室内设计师来继续完成设计、材料选择等后续的硬、软装工作。

在德国，建筑师一般对项目的完成度更高些，所交付的新建建筑基本上可以达到直接使用的程度。比如公共建筑中地面、顶棚及墙面的设计及材料选择等多由建筑师完成，灯光由建筑师与灯光设计师或室内设计师中期配合，家具及软装部分则更多由室内设计师后续完成或由委托方自己决定。德国新建商品住宅的交付完成度也较高，水电管线、卫浴、地板、墙面多已完成（施工阶段地面及卫浴材料一般会给业主提供几种选择的可能），厨房的水电接口也均已完成，住户只需自行选择并安装橱柜。除了新建建筑，在旧建筑改造中建筑师在室内部分也负责很大比例的工作。

四、跨越专业的维度以及对合作教学的思考

在人口增长停滞的工业化国家，新建建筑物逐渐少于需要改造、翻新和现代化的建筑物。在经济高速发展的中国，随着城市新增建设用地的逐渐减少，这一趋势在未来也会逐步显现。从这个角度讲，室内设计会变得越来越重要。从另一个方面而言，这也对现有室内设计的知识领域提出了更高的要求，换句话说会更多地向原建筑学的知识范围倾斜。这一要求不仅是在美学范畴上，更包含了传统建筑设计和建造层面上比如对现有建筑在功能、空间上的整体把握与重新设计，在技术层面上对于建筑结构、建筑物理、建筑材料等相关知识的掌握及利用。比如《拜仁州建筑条例》第61条第4章节第4款规定了室内设计师有权对其委托项目相关的建筑物进行结构变更，这同时也赋予了室内设计师相应的责任。再进一步至城市及社会层面，对空间的可适应性设计、通用性设计以及对空间与人不同行为模式之间相互影响等课题的思考，均是对学科现有知识领域的有益扩充。

从城市规划至建筑学再到室内设计，尽管学科所涉及的维度不同、研究侧重不同，但其知识构架并非截然分开。跨维度的学习会对知识构架带来有益的补充。比如德国在大学教育中城市规划及建筑学专业在专业划分上并非是隔离的。以斯图加特大学建筑与规划学院传统学制（Diplom②）的课程构架为例，在其基础学习阶段（Vordiplom）学生必须全面学习建筑学及城市规划专业的相关基础知识并通过考试。在专业学习阶段（Hauptdiplom），建筑学及城市规划两个方向均需修满规定的学分后，学生才可以根据自己的兴趣选择往某个专业进一步学习并最终以该专业方向毕业。这一教育模式在学生毕业后的建筑师生涯中发挥出极为重要的作用。由于德国在城市的规划与发展中极为强调对城市文脉的尊重，因此在建筑方案的投标中建筑物在城市规划的层面是否合理是极为重要的评标要素。跨维度的教育模式为建筑师提供了基本的城市规划的能力，该能力又进一步促进了城市文脉的合理延续与发展。这一模式理应也同样适宜于建筑学与室内设计之间。

这次的4×4课题是一次跨越设计学科维度的充满挑战的尝试，相信学生从中得到了诸多有益的启发。4×4教学课题经过十多年的发展，不仅仅是跨越了国内高校之间的合作教学，更是跨越中国与欧洲在专业领域及文化上的合作与交流，并且其规模还在不断地扩大。通过合作教学，不仅学生之间可以通过交流互补不足，导师之间也可以在不同的教学体系、学制以及行业发展中相互借鉴，进一步补全自己教学体系中的短板。这种互赢，我想既是4×4教学课题十多年所不懈追求的，也恰是"一带一路"所倡导的。

---

① 博洛尼亚进程是一项正在进行的以建立统一的欧洲高等教育领域为目的的高等教育改革。其宣言于1999年由29位欧洲教育部长在意大利博洛尼亚签署。目前参与进程的国家已扩大到47个。其内容主要为建立易理解并易比较的学位系统、转为学士硕士双层学制系统、引入学分制度、在质量有保障的领域扩大欧洲合作等。

② Diplom是德国引入学士硕士双层学制系统之前的传统学制体系，分为Vordiplom（以基础课程为主，近似于本科阶段）及Hauptdiplom（以专业课程为主，近似于硕士阶段）。新的双层学制也架构在传统Diplom学制的基础上。

参考文献

[1] Bayerische Architektenkammer. Fachrichtung Innenarchitektur: Die Innenarchitektin, der Innenarchitekt. Ein Beruf-viele Aufgaben[OL]．[2021-01-02]．https://www.byak.de/architektenkammer/fachrichtungen/innenarchitektur.html.

[2] Bundesarchitektenkammer-BAK. Berufsbilder der Fachrichtungen: Innenarchitekten[OL]．[2021-01-02]. https://www.bak.de/architekten/berufsbilder-der-fachrichtungen/innenarchitekten/.

[3] Bund deutscher innenarchitekten bdia. Studiengang Innenarchitektur-Hochschulen in Deutschland [OL]．[2021-01-02]．https://bdia.de/hochschulfuehrer/.

CDIO模式下的环境设计专业教学与实践体系探析
——基于2020四校四导师教学实践课题

Analysis on the Teaching and Practice System of Environmental Design Major under CDIO Mode
—Based on the National "four colleges, four Tutors" Experimental teaching Practice of Graduation Design in 2020

武汉理工大学 / 王双全 教授
Wuhan University of Technology
Prof. Wang Shuangquan

摘要：随着中国经济的快速发展，社会对环境设计专业人才的综合素养要求越来越高，现行的环境设计专业人才培养方式经过三十多年的洗礼，急需改革和发展。实践是环境设计专业的基本特征，也是环境设计专业教育改革的重点和难点。CDIO 模式下的环境设计专业教学与实践体系旨在完善环境设计专业教学、科研与实践一体化机制，推进人才培养模式改革与实践，使环境设计专业人才培养较好地融入CDIO工程教育理念，走艺术教育和工程教育紧密结合之路。本文以4×4实验教学课题为例，探讨运用CDIO模式对"新文科"背景下环境设计专业教学与实践体系进行系统改革，为环境设计专业培养社会需要的应用型人才。

关键词：CDIO模式；工程教育；人才培养模式；实践教学

Abstract: With the rapid development of Chinese economy, the society has higher and higher requirements on the comprehensive quality of environmental design professionals. After more than 30 years of baptism, the current training mode of environmental design professionals is in urgent need of reform and development. Practice is not only the basic feature of environmental design specialty, but also the key and difficult point of educational reform of environmental design specialty. The teaching and practice system of environmental design specialty under CDIO mode aims to improve the integration mechanism of teaching, scientific research and practice of environmental design specialty, promote the reform and practice of talent training mode, make the talent training of environmental design specialty better integrate into CDIO Engineering Education Concept, and take the road of closely combining art education and engineering education. Taking the national "four colleges, four tutors" as an example, this paper discusses the systematic reform of the teaching and practice system of environmental design specialty under the background of "new liberal arts" by using CDIO mode, so as to cultivate applied talents for environmental design specialty.

Keyword: CDIO mode; Engineering education; Talent training mode; Practice teaching

一、环境设计专业教学与实践体系面临新挑战

在信息化背景下，环境设计教育紧随我国设计产业发展的脚步。一方面社会对环境设计人才的专业素质和综合素养提出了更高的要求，另一方面，高校环境设计专业培养需要解构传统的教育方法和教学模式，顺应信息时代的技术要求、探索重构环境设计专业课程适合的教学方法。然而近年来由于不注重实践，高校环艺专业所培养的毕业生难以适应现实工程设计领域的需要，毕业生就业率有所下降。与此同时，很多大型设计企业也纷纷将其急需的工程师必备素质要求列出相关条目。为弥合公司设计生产人才需要与高校教育的矛盾，调整高校环境设计人才培养方案迫在眉睫。因此在充分调研的基础上，对于社会所需求的人才类型、特点的科学预见、准确把握，

改进专业培养模式的探索与实践，并培养出社会急需的高端人才具有重要的意义。同时，我国倡导的"一带一路"的快速推进以及全球进程加快，市场需要高校培养出大批应用型工程技术人才，更急需一批杰出的工程技术领军人才和拔尖创新人才，这也成为目前环境设计专业人才培养的艰巨任务。在这一任务下，环境设计专业教学与实践环节在人才培养中所具有的重要使命就显而易见了。

二、环境设计专业教学与实践体系需要运用CDIO模式作进一步探索

CDIO即构思（Conceive）、设计（Design）、实现（Implement）和运作（Operate），是以工程项目的研发和实际操作运行为载体。全球有近百所顶尖大学采用CDIO的教学大纲和教学理念，欧美发达国家制定了多条具体可行的CDIO工程教学理念标准和机关评估细则，在这一教学理念下培养的学生实现了社会与学校无缝接轨，满足市场对人才的需求，深受企业广泛欢迎。

近年来，我国环境设计专业教育工作者也积极探索实践CDIO教育模式，逐渐形成了一些工作室制、校企联合、国际协同等多样化培养模式。而与国外发达国家相比较，我国高校对环境设计专业的应用人才和艺术型人才的培养目标模糊不清，缺乏工程教育严谨的系统性。目前，国内高校关于环境设计专业应用型工程技术人才培养模式这一领域的研究和实践，在人才专业能力标准、教学模式改革、教学质量评价与考核、企业与科研院所联合培养的参与度和有效度等许多问题尚处于"边实践、边摸索、再实践、再摸索"的阶段。高校之间也存在较大差异，尤其对于环境设计专业培养目标是工程技术人才的定位缺乏正确认识，很多教学理念还停留在20世纪。通过四校四导师这样一个教学活动平台，不仅勇于探索并应用CDIO的教学模式，同时还带领全体课题组师生走出艺术院校设计教育传统模板化的老套教学，打破高校之间的教学壁垒。完善了艺术类工程应用型人才培养的教学体系，促进了环境设计专业学科的跨越式发展。

三、基于CDIO工程教学理念下的环境设计专业教学与实践体系改革

CDIO工程教育理念主导的个人能力、工程基本知识、系统工程能力、团队合作能力，正是目前市场对环境设计专业人才能力的根本需求。因此，按照CDIO工程教育理念改革环境设计专业，构建构思—设计—实现—操作四位一体的教学，对学生将来创业、创新具有极其重要的影响。

在四校四导师教学课题中，来自国内外17所高校的师生共同参与同一个课题设计，不同教学背景和办学基础的院校之间相互分享教学资源和经验，共同交叉辅导学生完成设计实践与论文写作。实践表明，在当前就业环境下，培养面向未来的环境设计专业高层次复合型人才尤为必要，具有紧迫性和创新性，对促进教学工作、提高教学质量，同样有着极其重要的作用。为此，根据CDIO模式理念，笔者结合自身多年教学和管理经验，在环境设计专业教学与实践体系中进行了新的探索和尝试。具体如下：

1. 依据工科院校学科整体优势和社会人才需求调整环境设计课程构思方案，确立四个能力的需求为专业培养目标

（1）强调学生"在学中做，在做中学"，推动学生专业基础知识与艺术思想的良性结合，注重学生理论联系实际，培养其动手能力和独立思维能力；解决实际问题的能力和综合协调能力；独立创新能力与团队协作能力的统一和协调。如在四校课题活动过程中，带领学生深入项目实地考察，培养学生将理论运用到实际项目的能力，根据学习规律采取渐进的方式，使学生的能力逐渐提高。突出复合型人才的目标，探求环境设计专业创新型人才培养的最佳方式和有效途径，从而提升学生良好的工程人才素质和创新能力，使学生成为专业知识扎实、学术视野宽阔、工程能力突出、团队意识强并且务实肯干的优秀专业人才。运用在本校的课程体系中则体现在坚持通识教育的同时，强化本学科的专业素质培养，结合学校建筑学科的优势，强化专业主干、细分专业方向。结合时代对于环境设计人才综合素质的需求，继续强化和完善环境设计专业的课程体系框架。

（2）教学模式上充分体现理论知识、实践和研究一体化，并达到从被动学习书本知识向主动学习和提升综合能力的变革，突出学生主动获取知识、使用知识和创新能力的培养。从四校四导师实验教学课题开题、调研，再到深入细化设计的过程中，学生们遇到了很多专业技能和基础知识上的问题，通过泉州的实际案例着重培养学生主动探索新知识和自主创新的能力，也让我们思考解决该问题的策略。在以环境设计专业为主干的核心课程基础上，通过扩大学生实践和实习课程的课时，鼓励学生积极参与项目实践来达到这一教学效果。

2．强化课程设计改革课程体系建设

（1）以基础教育→专业教育→实践教育三个阶段为主线建设环境设计专业的课程体系。以专业理论和课程设计为主干，同时注重技能、文化感知、实践并行，强调技术细节→课程专业基础→学科知识逐步推进，重点建设在实践基础下环境设计的相关理论课程，梳理选修课和必修课的关系，并做出取舍，完善实践课程细节管理措施，既强化专业主干课程，又将学生建立在实践基础上对创新和创业能力进行拓展。

（2）系统建设专业课程群。根据"学中做"的理论构建环境设计整体教学框架，在实践的平台上整合课程群学科。首先，专业课程群的建设需教师对相关课程的专业知识进行理顺和归纳，从而建立良好的课程体系纵向联系，知识的传授方式也就能循序渐进。教学时结合工程实际，学生就容易掌握专业理论知识，快速提高专业素养。其次，教学组织的合理性和高效能是环境设计专业培养目标的根本要求。建立在CDIO理念下的各阶段专业课程群必须明确各梯次教学过程中的教学组织和能力目标培养的具体要求。通过设计理论基础、景观设计、室内设计、实践创新、毕业设计等课程群的依次推进，最终达到复合型能力培养的目标。

3．探索校企联合教学的课程设计模式

（1）在四校教学环节中的导师团队除了国内外高校的学科带头人和知名教授联合参与，还配备有知名设计企业专业人士共同交叉辅导学生完成设计实践与论文写作。实践说明，学校的课程教学过程全面对外开放显得尤为重要。因此要积极与科研院所以及大中型相关企业建立校企合作机制，让资深专业人士参与本科教学，并与学生广泛沟通，使学生了解社会对专业能力的要求，加深他们对环境设计专业的深度认知。

（2）基于项目实践，改革教学内容。环境设计专业的室内设计和景观设计的部分教学任务课题必须来源于真实项目，同时内容也应有示范性和前沿性，为学生了解当前专业发展状况和项目实施的流程提供实践机会。

本届四校四导师实践教学课题旨在开创出新的教学方式，课题关键词是：构建具备当代人文内涵的智慧校园、打造校园丰富的学习环境，选址为泉州信息工程学院，为满足智慧城市、智慧校园融媒体时代扩建图书馆，拓宽功能以适应教学发展。基于这一具有挑战性的实践项目，带领学生对当地政策法规进行认真解读，加强学生对场地的了解，增强学生对设计内容的感性认知和直观体验，成为整个实践课题落地的前提和基础。

（3）加强校内外实践教学。加大校内外实习基地建设，促进校企合作，同时建立专业实习、毕业设计的相关流程和考核标准，使学生在专业实践项目中逐步形成系统解决问题的综合能力，帮助他们建立进行科学研究的技术路线，培养他们的学科敏感度。各项数据都表明，在当前就业环境下，面向未来的环境设计专业高层次人才在解决实际项目问题上的能力显得尤为必要，具有紧迫性和创新性，对促进教学工作、提高教学质量，同样有着极其重要的作用。

4．建立课程设置评价体系

（1）逐步完善教学机制。在教学、实践与科研一体化的基础上，建立倡导式、开放式的教育机制，进一步深化国际交流和联合培养，促进机制的进一步发展和完善。

（2）在突出专业特色的基础上，建立科学合理的课程设置评价体系。

（3）尝试建立新的课程设置评价体系，通过跨学科、跨校的新课程评价方式，使教学核心素养目标具体化、细致化。

5．课程内容加强实践环节，科研促进教学

通过四校四导师实验教学，结合学科的发展和市场人才的需求，更新环境设计专业教学中的课程内容，注重知识的专业基础性、前沿性，依据CDIO教学理念，按照发现问题、研究问题、解决问题进行教学内容组织，坚决杜绝因人设课的现象。

（1）积极开展环境设计专业前沿知识内容的教学，使学生的专业视野通过教学得到提升和开拓，培养学生的创新与创业能力。

（2）强化和改革实践课程教学，改变原来实践课程走过场、流于形式的不良现象，对实践课程内容要求有详细的可行的实施计划，保证学生充分参与实践。

（3）科研促进教学。鼓励教师将相关科研成果及其应用实例引入本科课程教学内容，增强学生科技创新意识，促进学生掌握专业前沿知识。

（4）加强国际化交流，增强专业竞争力。打破传统艺术设计教育重理论轻实践的束缚，注重与国际最新观念的对接，全面提升教师和学生的国际经验和超前观念，从而进一步提升学生的创造力。同时，依托学校的整体优势，加强学术交流，推动学科交叉，形成跨学科的研究项目，从而拓展学生的国际化视野。

6. 实验和工程实践教学效果的提升——到企业、科研院所去学习，在真实环境下培养卓越工程师和科研后备人才

CDIO教育理念的核心是工程实践，环境设计专业人才培养一定要联系实际工程。因此让学生在"做中学"，强化参与实际工程的动手能力、团队能力的培养，到企业进行工程项目训练的目的是为了加强学生工程实践及专业创新的效率和质量。依靠工作室实验、企业实训、课程设计和毕业设计等实践性的教学环节来培养学生工程实践能力。依据学生学习知识的认识规律及掌握知识的逻辑体系，环境设计专业学生工程实践能力培养分为三个步骤：

（1）工程基础培养。培养学生的基本专业技能需要重点关注，在课题设计过程中发现学生普遍对行业标准和技术要求的把握存在一定问题，如对设计规范和建筑使用功能的知识缺乏重视等。因此学校学生培养过程中需通过认知实践和课程实践使学生认识到工程实践的目的意义，树立工程精神的意识，同时建立和完善相关实践教学的课程内容设计，强调技能掌握的要点。

（2）专业知识的应用培养。结合室内设计和景观设计两个方向的专业理论特点，学生在具体工程项目参数的要求下，运用多门课程知识和实际工程软件技能解决项目问题，使理论知识转化为应用技术。

（3）系统工程能力的培养。以教师工作室和企业的实际工程项目为目标，让环境设计专业学生在真实的工程背景下，系统运用所学的专业知识，发现问题、分析问题、解决问题，在项目实践中提升学生的科研能力和团队协作能力。

四、结语

当今时代，高校的人才培养已不应仅停留在课本知识，应将以往的以书面考核为主，转变为强调结果的考核，尝试实验和工程实践教学的改革。四校四导师实验课题本身就依托设计理论、系列课程设计、专题设计与训练、创新实验、毕业设计（论文）共五个层次，贯穿学生教学全过程。以学科交叉与专业综合为基础，开展基于团队的环境设计专业毕业设计及论文改革，采用企业导师和校内导师联合指导的方式，全面培养学生的实践创新能力、团队协作能力，提高学术国际化视野，促进环境设计专业毕业生综合素养的全面提高，以期改变环境设计专业传统的人才培养模式，通过四校四导师实验教学课题，构建环境设计专业基于CDIO工程培养模式的教学体系，倡导新的教学理念和研究性的教学方法的运用。这是对环境设计专业人才培养模式一次新的尝试，更为推动高等工程教育艺术人才培养方式改革提供借鉴和参考。

参考文献

[1] 周冬梅. 基于CDIO理念的国际贸易实务课程教学改革实践[J]. 人力资源管理，2011（12）.

[2] 杨丽珠. 药理学"六模块"递进式实践教学体系的构建[J]. 齐齐哈尔医学院学报，2013（24）.

[3] 张大良. 形成高校和行业企业联合培养人才的新机制——教育部高等教育司司长张大良谈卓越工程师教育培养计划[N]. 中国教育报，2011-03-05.

[4] 洪成文. CDIO：美国麻省理工学院工程教育的经典模式——基于对 CDIO 课程大纲的解读[J]. 理工高教研究，2009（04）.

[5] 陆小华，熊光晶. CDIO 大纲与工程创新型人才培养[J]. 高等教育研究学报，2008（04）.

[6] 熊光晶，陈珠琳. 设计导向的工程教育改革理念[J]. 高等工程教育研究，2007（06）.

[7] 熊光晶. 以工程能力培养为导向的工程教育改革研究[J]. 理工高教研究，2010（03）.

联合教学模式下高等学校教师角色社会化实践
The Practice of Social Roles among Higher Educational Teachers under the Mode of Joint Teaching

北京林业大学 / 赵大鹏
Beijing Forestry University
Zhao Dapeng

摘要：2020年新冠疫情在全球范围肆虐，绝大多数领域都受到了严重的冲击，高等教育亦不能独善其身，传统的教学模式被挑战。疫情中师生在空间上被分离，相互间的交流沟通效率较低，两方心理都承受着巨大的压力。在艰难的情境下，仍有一支多校联合团队：创基金"4×4"实践教学课题组，在核心教师的带领下，以令人叹服的毅力十几年如一日地坚守在教育第一线，尽最大的努力确保教学渠道的畅通。得益于全体师生的投入，结题作品体现出了高于预期的品质，更难能可贵的是，学生的不安情绪在课题的进展中得到了缓解。其凸显了"4×4"实践教学模式的先进性，证明了课题组所有教师辛勤付出的价值，实践了高校教师的多种职责，尤其是社会化职责。"4×4"实践教学课题如黑暗中一盏明亮的灯塔，驱散了师生心中的阴霾，是中国乃至世界高等教育领域独一无二的范本。

关键词：联合教学；高校教师；社会化角色；创基金"4×4"实践教学课题

Abstract: In the year of 2020, COVID-19 is raging around the world while most fields have been severely impacted. Higher education is not immune to it, and the traditional teaching mode is being challenged. During the epidemic, teachers and students were separated from each other in space with low efficiency communication. Both sides were under great psychological pressure. There is still a multi-university joint team: The "4×4" Practical teaching research group who sticks to the front line of education with admirable perseverance for more than ten years due to the leadership of the core professors, providing executable teaching channels under the plight. Driven by the strive of all the teachers and students, the quality of final words is more optimal than expected. What is more, the students' uneasiness is relieved in the progress of the project. It highlights the advancement of "4×4" practical teaching mode. The value of all teachers' hard work is proved by means of practicing the various responsibilities of university teachers, especially the social roles. "4×4" practical teaching project can be regarded as a bright beacon in the darkness that dispels the haze in the deep soul of teachers and students, then turns into a unique model for higher education in China and even the whole world.

Keywords: Joint teaching; Higher educational teachers; Social roles; Chuang Foundation "Four × Four" practical workshop

一、创基金"4×4"实践教学课题背景

1. 创基金"4×4"实践教学课题核心教学团队

为了打破中国各高校之间的学术壁垒，整合优质的教育资源，进而为培养设计类人才提供更充分、全面的保障，在深圳创基金的支持下，由中央美术学院王铁教授、清华美术学院张月教授领衔，联合国内外多所优秀高等院校，于2009年发起了"四校四导师"联合实验教学活动。在2020年，也就是"四校"活动的第十二个年头，共有来自中国、匈牙利、美国的17所高校参加（表1），"四校"已经形成了一套成熟且稳定的联合教学体系。

序号	参与高校名称	高校英文名	参与教师	教师职称
1	中央美术学院	Central Academy of Fine Arts	王铁	教授
2	清华大学	Tsinghua University	张月	教授
3	匈牙利佩奇大学	University of Pecs	高比	教授
4	匈牙利布达佩斯大都会大学	Budapest Metropolitan University	巴林特	教授
5	美国丹佛大都会州立大学	Metropolitan State University of Denver	黄悦	
6	四川美术学院	Sichuan Fine Arts Institute	赵宇	教授
7	湖北工业大学	Hubei University of Technology	郑革委，尚伟	教授
8	吉林艺术学院	Jilin University of the Arts	刘岩	副教授
9	广西艺术学院	Guangxi Arts Institute	江波	教授
10	山东师范大学	Shandong Normal University	李荣智	副教授
11	北京林业大学	Beijing Forestry University	赵大鹏	讲师
12	武汉理工大学	Wuhan University of Technology	王双全	教授
13	齐齐哈尔大学	Qiqihaer University	焦健	副教授
14	湖南师范大学	Hunan Normal University	刘伟	教授
15	青岛理工大学	Qingdao University of Technology	贺德坤	副教授
16	内蒙古科技大学	Inner Mongolia University of Science&Technology	韩军	副教授
17	泉州信息工程学院	Quanzhou Institute of Information Engineering	段邦毅	教授

2．创基金"4×4"实践教学课题社会导师团队

"四校"活动坚持教授治学，重视校际、校企、国际合作教学为主的多维教学模式，探索责任导师、名企名导、青年教师组合指导教学的三位一体化导师团队，鼓励参加课题院校学生共同选题，紧密与社会实践相结合，以实际工程项目为课题背景，培养学术型、研究型和实践型的复合型优质人才。活动经常邀请国内外知名一线设计师分享经验，在教学中以设计单位的实际完成项目为解读案例，充分将实践知识融入其中，使学生能深刻理解每次课题设计的重要性及实际项目实施过程中的具体流程。

3．创基金"4×4"实践教学课题活动宗旨

（1）以学生为中心

"四校"活动从公益的视角出发，吸纳学科内最优秀、勤奋的学子参与其中，目的单纯而明确：为有理想、有抱负的学生打造一个水准高、无障碍的交流平台。通过活动让学生开阔视野、增长知识，为今后的探索研究、服务社会打下基础。这种着眼于学生切身利益的思想，体现了所有参与课题教师的担当，在疫情蔓延的困境中，为学生困惑的内心提供了坚强有力的依靠。

（2）与时俱进、不断创新

经过前三次科技革命的洗礼，信息时代已经悄然到来，区块链、物联网渐渐成为生活中不可或缺的组成部分。面对技术爆炸，环境设计专业应该如何发展，一直是课题组关注的重要议题。通过12年的教学实践，课题组一直尝试将全学科理念教学和培养目标逐渐展开，引导学生掌握进入新科技时代所需掌握的相关知识。为了呼应这一主旨，今年的设计主题被定为智慧图书馆，探索深度较之以往有了很大的升级。

在此背景下，本次课题对各名指导教师的要求同样比之前更为严格。面对压力，每一名导师都尽量争取时间充实自己，并出色地完成了对学生的指导工作，以实际行动为学生做出了表率。

二、高等学校教师的社会角色

教师是教育系统中知识经验的所有者和传授者。老师的角色职能在于把人类社会所积累的知识经验传授给教育系统中的学生，使他们获得一定的知识、技能和行为规范，形成一定的心理结构和健全人格，使人类社会得以延续和发展。

中国素有"尊师重教"的优良传统。早在两千多年前，荀子就曾把教师与苍天、大地、君王、父母相提并论，进而指出："国将兴，比贵师而重傅"；"国将衰，必贱师而轻傅"。时光流转，随着历史车轮的滚动向前，今天人们已越来越清醒地认识到，教师的职业已经成为关系到一个国家的发展、民族的生存以致在国际上处于何等地位的重要角色。当代教师的职责和使命比以往任何时候都显得重要，在信息爆炸的趋势下，社会对教师的素质与能力也提出了更高的要求，教师在工作和生活中均面临着严峻的挑战。

在当今的教学情境下，教师与学生的交流早已不仅限于校园内的专业授课，教师对学生的影响也不仅取决于其专业能力与学术水平。学生对教师作为社会成员的行为和表现都充满了好奇，在如今信息高度发达的时代，学生能够通过各种途径了解到教师的思想和动态。作为"人类灵魂的工程师"，教师需要回应新时代的要求与趋势，全方位地把控好自身的言谈举止，为学生树立积极、正面的典范。

教师的社会地位决定了教师所扮演的社会角色。教师任务的多样化决定了教师社会角色的多样性。教师的地位是崇高的，作用是多方面的，一个人如果想做一个符合社会要求的合格社会成员，就必须学会角色扮演，那么一个人如果想做一个符合社会要求的合格教师，就必须学会根据不同的教育任务，扮演不同的社会角色。

三、创基金"4×4"实践教学中教师社会化角色实践

在2020年的创基金"4×4"实践教学中，课题组的所有教师在疫情等各方面的压力下，克服重重困难坚守在辅导学生课题设计的第一线。在整个课题进行的过程中，每名教师不仅在学术、专业领域对学生进行指导，在生活上、心理上同样给予了关怀和照顾，以身作则，用实际行动实践了高校教师多重社会身份的作用。主要体现在以下几个方面：

1. 教师是人类文化科学知识的传授者

教师这一职业有别于其他各种职业的最显著标志，乃是知识、原理和技能的传授者，培养解决问题能力的辅助者，并成为某一学科的专家。2020年的设计课题不同于以往，不仅要求在建筑学知识理论的范畴内思考，还需要结合现代科技探索设计中更多的可能性，在图书馆的升级中有机融入通信、网络、生物或其他自然科学领域的最新成果。新的要求给师生提出了新的挑战。对于教师来说，首先提升自身对新技术的理解和认知，才能进一步帮助、引导学生完成设计成果。然而，这仅仅是教师辅导任务的第一步，正所谓"授人以鱼不如授人以渔"，教师在掌握某一方面的学科知识后，还要认真钻研研究方法，思考采用何种手段对知识进行清晰表达和组织以便于学生理解接受。课题辅导中，教师们结合自己的经验和感悟，不断循循善诱地告知学生需以研究者的视角分析、解读任务书，并耐心教授研究的方法、思路，让学生的设计方向逐渐明朗。其中体现出了教学过程中"传道、授业、解惑"的重要意义。

2. 教师是年轻一代个性的塑造者

一个人如何发展，朝什么方向发展，在很大程度上取决于教师的引导和培养。教师不仅传授知识，开发智力，而且还要根据学生自身的特点，分析、引导和培养学生的发展方向。

2020年是多灾多难的一年，在新冠疫情大范围爆发的背景下，社会运行的模式较之正常情况发生了极大的变化，学生对学习的内容产生了困惑，对个人发展前途感到了迷茫。在常规高等教育体系内，学生与学校、教师的互动极为有限，内心的焦虑很难通过所在学校的教学系统化解。"4×4"教学则为参与课题的学生提供了更为全面的关怀。教师们以满腔热情给予学生充分的关心和爱护，结合各自多年的教学经验和社会阅历为学生创造良好的教育环境，随时关注学生的思想动态，敏感地捕捉学生在设计中显示出来的积极因素，适时给予有效的指引。即便遇到看似难以化解的障碍，也会通过团队的力量，运用多种灵活的渠道，春风化雨般地帮助学生解决，通过亲力亲为的示范行动，达到塑造年轻一代个性的目的。

3. 教师是学生集体的管理者

"4×4"实践教学是多校联合的教学活动，是一个具有相当体量的团队。为了保证体系稳定、有效的运行，制定相应的管理制度是必不可少的手段。尤其是面对来自世界各地背景不同的学生，对他们进行必要的领导和管理是课题组一贯的要求。"4×4"实践教学课题无私地为学生提供了成长的平台，作为基本的参与条件，学生应当自觉、主动地遵守课题组所制定的规章制度，而各校的教师需要起到监督、督促各自学生按课题规则活动的作用。在疫情较为严重的阶段，由于多种原因，出现过学生不能安心思考设计课题，影响工作进度的情况。发现这种迹象后，绝大多数教师能够主动承担起责任，心怀课题组的委托，对学生施加有权威性的影响，承担领导行为，及时帮助学生纠正思想上的偏差。这种基本的管理不仅让学生重新将精力集中在专业学习中，还传递了社会的价值系统，并以此为基础对学生行为的正误给予评判，为学生了解毕业后的生活、认识社会打下基础。教师对自身权利的使用，对学生的领导方式本身必然会对学生的人格特征和行为方式产生直接的影响。权利，也是一种教育。

4. 教师是学生心目中的楷模

教师担负着传递社会和文化价值观与准则的任务，他们自己就时常被学生看作是代表或具有这种价值观的人。在学生心目中，教师是一个楷模，是一个未来应该不断准追的目标。因此，教师对于学生不仅应是社会道德准则的传递者，更是社会道德准则的体现者。

在"4×4"实践教学过程中，各校教师都严于律己，通过自己的言传身教向学生传递社会的道德行为准则。包括专业教学在内，与学生的交谈过程中，教师们时常以最真挚的感情宣扬社会主义的价值观、爱国主义精神、中华民族传统文化等符合社会期待的积极议题；以热情的态度表现对真理的追求、对偏见的厌恶，帮助学生抵制低级趣味、消极思想的侵蚀。在一些细节的处理上，课题组同样精益求精，严格要求教师注意仪表体态、言行举止、容貌服饰等日常形象，耳濡目染地对学生的心灵产生深刻而久远的影响。正如俄国教育家乌申斯基所说："教师个人的范例，对于青年人的心灵，是任何东西都不可能代替的最有用的阳光。"榜样的作用是无穷的，诸多"4×4"实践教学课题组的教师们因其渊博的知识体系、严谨的学术作风、优雅的言谈举止，在学生中收获了众多"粉丝"。

5. 教师是学生的"心理调节者"

世界组织认为，"健康不单是指没有疾病，而且还要有良好的生理、心理状态以及正常的社会适应"。在生理学、心理学层面探讨的心理状态，非相关专业的教师很难界定，但是学生的日常所表现出来的情绪状态，教师通过细心观察在一定程度上能对学生的基本情况形成判断。

2020年的"4×4"实践教学在新冠疫情肆虐的环境下展开，在活动的各阶段进程中都充满不确定性，学生的心理难免受到大环境的影响。为了稳定学生的心理，课题组多次组织线上会议，并根据疫情防控实际情况，以极大的勇气和信心安排线下汇报和辅导。其目的就是通过尽量多的沟通交流，消除教学渠道不畅通造成的师生间的陌生感，让教师多面对面地鼓励学生，最大限度地缓解学生担心因准备不充分暴露问题而不愿过多与教师交流、缺乏自信的消极心态；教师在每一次的会议中都会创造一种自由和宽容的学术气氛，即使提出一些尖锐的点评，也会以婉转、幽默的方式表达出来，让学生在轻松的环境下得到指点，进而成长和进步。

四、总结

"4×4"实践教学是一个时间长、空间跨度大的综合性交流活动，2020年的课题历时八个月时间，足迹遍及中国多个城市，最终在雪国长春为第十二届活动画上了圆满的句号。回顾本次的教学，在艰困的环境下有太多的感动和难忘的瞬间，也留下了些许的遗憾，但是课题组的教师们无私而辛勤的付出和坚定执着的教学实践充分诠释了教师这一职业的意义和价值，必定在中国乃至世界的联合教学史上留下浓墨重彩的一笔。

本文以高等教育心理学一书中"高等学校教师的社会角色"一节的论述为蓝本，对2020年"4×4"实践教学进行分析总结，希望在今后的活动中，所有教师再接再厉，在保持现今高水准教学状态的前提下，还能不断改进提升。在各校教师交流的过程中，相互取长补短，谦虚地学习借鉴，让教师这一高度社会化的职业发挥出更为重要的作用。尤其是通过榜样的力量带动整个教学团队的进步，促进"4×4"实践教学项目稳定、健康、可持续地发展。

图1

图2

参考文献

[1] 朱文彬，赵淑文．高等教育心理学[M]．北京：首都师范大学出版社，2019.

[2] 傅树京．高等教育学[M]．北京：首都师范大学出版社，2016.

[3] 王铁．同步探索：2019创基金·四校四导师·实验教学课题 中外17 所知名院校建筑与环境设计专业实践教学作品[M]．北京：中国建筑工业出版社，2020.

[4] 王铁．门里门外：2017创基金·四校四导师·实验教学课题中国高等院校环境设计学科带头人论设计教育学术论文[M]．北京：中国建筑工业出版社，2018.

[5] 李晓侠．探究高等教育心理学与高校教师素质的作用[J]．亚太教育，2016（31）：80.

[6] Pradeep A. Dhillon. International Organizations and Education[J]．International Encyclopedia of the Social & Behavioral Sciences (Second Edition)，2015:538-541.

数字科技变革背景下环境设计专业的教学思考

Thoughts on the Teaching of Environmental Design under the Background of Digital Technology Reform

山东师范大学美术学院 / 葛丹 副教授

School of Fine Arts, Shandong Normal University

A./Prof. Ge Dan

摘要：数字技术驱动的创新在推动国家经济发展的同时，也潜移默化地改变了人们的生活和生产方式，改变了环境设计的工作方式和设计方法。以实践能力培养为主的环境设计教育，由知识传输导向的教学模式正逐步转变为由设计与科研并肩引领知识增长的教学模式。四校四导师实验教学课题为参与的师生提供了设计研究的机会与平台。

关键词：数字技术；信息时代；实践能力；实验教学

Abstract: While the innovation driven by digital technology promotes national economic development, it also subtly changes people's life and production methods, and changes the working methods of environmental design. Environmental design education, which focuses on the cultivation of practical ability, is gradually changing from a teaching model oriented by knowledge transmission to a teaching model where design and scientific research lead the growth of knowledge. The experimental teaching project of 4×4 workshop provides an opportunity and platform for design & research for participating teachers and students.

Keywords: Digital technology; Information age; Practical ability; Experimental teaching

2020年是充满了不安和挑战的一年，新冠疫情给全球经济敲了暂停键，也进一步推动了数字科技在日常生活中的普及应用，人们的生活方式也随之发生了显著的变化。面对着日新月异的数字技术更新，以及数字时代人的生存环境和生活方式的变化，以研究人居环境为己任的环境设计专业，不得不思考该如何适应这种变化，环境设计专业的教学又该如何面对新的挑战？

一、数字技术的快速发展和应用带来的生产、生活方式变革

数字技术是对20世纪90年代以来出现的各类计算机和信息技术的统称，泛指通过将复杂多变的信息转变为可度量的数字、数据，进而转码为能够被计算机识别的二进制代码，利用计算机进行运算并使结果以数据图表等形式可视化的技术手段。

可以说人类经历着一场划时代的革命，数字化、信息化、网络化，是时代变革的趋势，从工业社会转变为信息社会是历史的进程。数字技术驱动的创新成为国家经济发展的推动力，也潜移默化地重塑着人的认知与思维方式，改变了人们的生活和生产方式，也更新了社会关系的内容，让社会充满了更多可能性。新冠疫情的突然爆发显化了全球一体化的现实，也突显了健康问题的重要性，气候变化、人口爆炸、资源短缺、经济危机等问题都是我们将要甚至正在面对的危机。

潘昌侯先生曾提出"环境之于艺术，是为了借艺术现实之桥去求索生活理想和人生价值"的观点，在进入数字时代的当下，生活的理想和人生的价值已经不同于20世纪工业生产时代，环境设计专业有必要更深入地探讨在数字科技变革和生态文明建设双重背景下人与环境的互动方式、人的环境体验和生活理想，并通过艺术的手段呈现出满足人的需求和可持续发展需求的理想空间。

二、以实践能力培养为主的环境设计教育

国际现代环境设计教育发端于100年前的包豪斯，是在标准化工业生产的时代背景下，以为普通大众提供产品和生活环境为目标，伴随着现代化城市的发展而兴起的。当时的主流技术是机电时代的能源、动力、结构和材料技术。包豪斯的先驱们准确地洞察了时代的广泛需求，用哲学的方法抽象了众多工业商品的普遍属性，强调技术和艺术的结合，建立了一整套全新的现代设计理念、人才培养模式和基于共性技术的技能训练，培养了能够满足行业需求和现代城市生活需求的设计人才，其经典作品和当时建立的课程体系影响至今。

国内的环境设计教育开始于20世纪50年代的中央工艺美术学院室内装饰系，历经了多次更名：建筑装饰（1961年）、建筑美术（1962年）、建筑装饰美术（1964年）、工业美术（1975年）、室内设计（1984年）、环境艺术系（1988年）、环境艺术设计系（1999年），最终在2011年国务院学位委员会、教育部印发的《学位授予和人才培养学科目录》中，以环境设计学科方向为名，位列设计学一级学科之下。

从以界面装饰为空间形象特征，到以空间设计作为整体形象表现，再到以科技为先导真正实现绿色设计，随着专业名称的更迭，环境设计的研究内容不断拓展，与周边建筑学、城市规划、景观设计、社会学、生态学等多个学科都联系紧密。然而，学科边界不断拓展的同时，学科的内核也不断模糊。一方面，环境设计的对象包括建筑室内外空间、景观环境和城市公共空间，范围宽泛，且不单独对应某种特定的职业，导致环境设计专业的培养目标一度定位于培养"通才"，与社会职业分工逐渐细化的现实有了很大的偏差。另一方面，作为一种应用艺术，创意思维和概念表达能力的训练一直是环境设计人才培养的核心，但这种培养总是与师徒传承、可意会不可言传的感性培养方式相关，缺少理性精神和逻辑思考的过程，设计最终结果的优劣存在很大的偶然性。

2011年吴良镛院士提出"人居环境科学"概念，整合了建筑学、城乡规划学、风景园林学等学科的方法，组成一个体系开放的学科群，建立以人居环境建设为核心的空间规划设计实践模式，来创造性地解决实践中复杂而模糊的问题。环境设计作为组成学科之一，面临的机遇和挑战同在。

实践性、应用性一直是环境设计学科的突出特点，随着我国整体城市化增速的逐渐放缓，粗放型发展被精细化发展取代，社会对环境的需求从有无转变为好坏，很多建成环境如老旧小区，面临着环境质量的升级改造，关注环境整体质量和人的空间感受的环境设计专业，其实是迎来了更大的发展空间。因此，在教育教学过程中，学生仅仅掌握基本理论知识并不够，必须进行专业实践练习，与实际工程项目紧密结合。师生在基于个案的基础上，分析并反思设计的过程，寻找个案之间的联系和共性特征，总结具有共性的设计方法和过程，进而指导更广泛的设计实践，是设计教学应该延伸的方向。通过实践学会运用技能、理解感性知识、挖掘和发展实践操作能力，才能培养出具有创造性设计思维、能够解决实际问题的设计师，适应社会和市场对专业人才的需求。

三、适应技术和社会变革的环境设计教学

伴随着信息技术、互联网平台和服务经济的发展，人的生存方式和生活方式发生了翻天覆地的改变，生态环境、粮食安全、老龄化、健康问题逐渐成为全球关注的话题。设计师需要掌握和了解的技术远远超出了工业革命之后的技术领域，从只关注功能的空间实现，扩展到绿色与可持续设计等多方面。

图1　课题组师生集体前往泉州信息工程学院现场调研

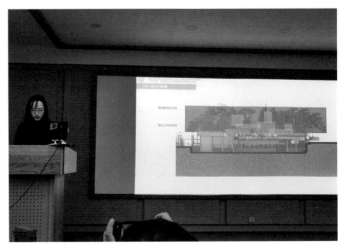

图2　赵雪岑同学进行课题终期汇报

数字技术的出现，极大地改变了环境设计的工作方式和设计方法，日益成熟的信息技术、层出不穷的新材料和新工艺，为设计和建造提供了更多、更好的工具和方法。20世纪90年代末期，数字技术率先在建筑学专业中得以应用，出现了物理环境分析技术、参数化设计、运算生成设计、建筑信息模型（BIM）等各种新技术。随后数字技术进入城市规划领域，许多复杂的城市经济、生态和社会问题，借助相关理论和数字技术的分析得以可视化，使人们对城市空间和运行规律有了更深的理解。时至今日，数字技术在建筑和景观设计中的应用已覆盖了前期分析、设计构思、设计表达、数字建造、设计评价和后期管理维护的设计全过程。

　　信息时代，数字技术赋予空间环境新的价值，环境不仅是具有审美意义的物质空间，还可以成为人体验生活的场所，具有产生意义的价值。因此，人与空间、环境的关系可以作为环境设计的核心内容，以人的行为和空间体验来整合相关学科领域的知识，通过情感化的设计来调节物质要素与人的行为之间的关系，实现环境功能和品质的提升。

　　设计的内容不再局限于物质实体空间的设计，可以是任何与人的空间感受相关的设计，比如虚拟展示空间的设计、游戏或电影场景设计，等等；设计的过程也不再是设计师—使用者的单一线性过程，而可以是多专业、多用户参与的协作式设计，设计的结果也未必是一个最优化的设计方案，而是一系列的设计策略，其结果可以跟随实际情况的变化而动态调整。

　　随着实践领域的拓展，对设计效果的验证和反馈显得十分必要，知识传输导向的教学模式正逐步转变为由设计与科研并肩引领知识增长的教学模式。这是因为利用数字技术对信息进行综合分析和运算，比人脑的运算更加高效、理性和客观，可以揭示很多之前无法挖掘的规律，解释曾经只是模糊感觉的感性经验，帮助设计师更好地认知环境空间，发现并处理复杂环境中的复杂问题，从而提高设计的效率和科学合理性。

　　设计作为一种观察世界、发现问题、解决问题、创造体验、产生新价值的思维方式和行事方式，其思维方式也可以像IT程序一样，逐步迭代，问题和可能的解决方案被同时探索、制定和评估。参数化设计是一种由下而上、过程化的设计思想，不仅可以用在造型设计上，更是可以作为一种方法，用于分析和应对复杂而模糊的现实问题。它将来源于前期分析阶段及项目本身的需求产生的多个参数进行选择和组合，每个参变量控制或表明设计结果的某种重要性质，通过建立各种各个参数之间相互约束的逻辑关系，构建出系统的设计逻辑，通过改变参变量的值来调整设计结果，使其更为合理。参数化设计既可以由局部参数的逻辑关系推导整体结构，也可以利用全局参数对整体进行控制，还可以根据需要混合使用。

图3　巴林特先生在线上会议中发言

四、面向数字技术变革趋势的实践课题

四校四导师实验教学课题12年来一直坚持联合教学模式，有助于激发学生的竞争意识、提高学生的学习积极性。联合教学的讲评机制和最后的评优机制，为学生增加了一定的竞争压力，学生在查找资料、设计方案、探讨细节上明显比完成平时的课程作业要认真细致。来自不同学校的学生通过长达半年的多次交流，开阔了设计视野，提升了设计水平，通过实践巩固了理论学习和技能。

疫情之下，四校课题组并未因此停滞，在2020年4月20日由视频形式开始，课题组的师生通过线上，互相鼓励，坚信我们定能战胜病毒，并以做好自身的专业和课题为疫情之战助力。在疫情有所缓和之后，克服困难，集体前往泉州进行基地的现场调研，前往重庆进行中期检查汇报，最终于2020年12月在长春完成了课题的终期汇报和课题成果展览。回顾整个历程，虽然由于疫情原因，匈牙利的师生未能来到中国，课题组最终的结题也未能在匈牙利举行，但是通过线上会议与线下会议相结合的方式，所有的师生都得以参与全部教学环节，呈现出了高质量的设计作品，这种为公益活动努力的精神与国家、人民共同抗击疫情的精神是同源的。

今年课题的选题是对泉州信息工程学院图书馆的改造，数字技术变革背景下，大学精神象征的图书馆在物质空间形态方面会呈现出何种变化，是本次课题探讨的重点，也是课题组面对新的信息技术、面向未来数字时代进行环境设计的一次尝试，对于老师和学生都是一次新的挑战。大家在经历了迷茫期和挫败感之后，从不同的角度对未来图书馆进行了构想，也许思考尚不成熟，也不像以往的实践课题有很强的落地性，但是已迈出了向前的一步，这种努力本身已弥足珍贵。

佛格尔（Craig Vogel）曾说，今天毕业的学生不再仅凭一纸证书踏入某种终生职业，学生需要的行业执照每五到十年就需要更新一次，活跃的设计师必须敏锐地捕捉专业发展的新趋势，用改变来重构已有的知识能力。相信经过此次教学课题历练的同学们，获得的不仅是专业技能的提升和专业知识的补充，更多的是思维方式的转变和解决复杂、模糊问题的综合能力的提升。

参考文献

[1] 郑曙旸．中国环境设计研究60年[J]．装饰，2019（10）．
[2] 娄永琪．全球知识网络时代的新环境设计[J]．装饰，南京艺术学院学报（美术与设计），2017（02）．
[3] 娄永琪．设计的疆域拓展与范式转型[J]．装饰，时代建筑，2017（11）．
[4] 辛向阳．设计教育改革中的3C：语境、内容和经历[J]．装饰，2016（07）．

图4　课题成果展览现场

日本建筑学专业建筑学课程体系的研究

A Study on the New Architecture Curriculum System for Japanese Architecture Majors

湖北工业大学 / 尚伟

Hubei University of Technology

Shang Wei

摘要：创基金4×4（四校四导师）课题是以中外高等院校合作教学探索为目标，国内重点高等院校环境设计学科与建筑学科为对象，12年来不断促使教学研究向更高质量方向迈进的实验教学平台。作为经济、文化、科技三者结合的产物，日本当代建筑创造了建筑史上划时代的作品，也培养出了一代又一代的建筑学专家、建筑教育家和评论家，这一切都离不开日本对建筑学教育的注重。从19世纪末开始日本高等院校的建筑学教育经过不断变革，建设了大批具有国际水平的建筑学专业高等院校。近年来，日本的建筑学教育以国际建筑资格为目标，并针对现有建筑学教育的问题，对一些国立大学原有的课程体系进行了一系列的变革。分析当代日本建筑学教育课程体系，总结其经验以供我们借鉴和深思。

关键词：日本建筑学教育；课程体系；多元化教育方式

Abstract: Chuang-Foundation 4×4 workshop is an experimental teaching platform based on the cooperative teaching exploration of Chinese and foreign universities and colleges, and the environmental design disciplines and architecture disciplines of domestic key universities and colleges. Over the past 12 years, it has continuously promoted teaching research to a higher quality direction. As the product of the combination of economy, culture, science and technology, Japanese contemporary architecture has created epoch-making works in the history of architecture and cultivated generations of architectural experts, educators and critics, all of which cannot be separated from Japan's attention to architectural education. Since the end of the 19th century, architecture education in Japanese colleges and universities has been continuously reformed, and a large number of architectural colleges and universities with international level have been built. In recent years, the architectural education in Japan aims at the qualification of internationally funded architecture, and aiming at the problems of existing architectural education, it has carried out a series of reforms to the original curriculum system of some national universities. This paper analyzes the curriculum system of contemporary Japanese architecture education and summarizes its experience for us to learn from and think deeply.

Keywords: Japan architecture education; Course system; Diversified education mode

一、研究的背景和目的

20世纪50年代战后经济恢复期直至80年代日本经济高速发展期，日本经济和科学技术的迅猛发展促进了建筑的现代化；从1920年直至21世纪的今天，通过五代日本建筑师的不懈努力，日本的建筑形式由完全西化的现代主义逐步转向具有日本东方特色的现代主义建筑，使日本建筑屹立于世界建筑领域，散发着璀璨的光芒。

在建筑技术快速发展的同时，日本涌现了许多杰出的建筑师与学者，以浅田孝为中心，以菊竹清训、黑川纪章、槙文彦等为代表的建筑理论学派提出了一些新的建筑设计理论；以丹下健三为首，安藤忠雄、妹岛和世、西泽立卫、伊东丰雄等为代表的建筑设计派荣获了6座普利兹克奖。这些国际性的硕果除了应归功于经济的快速发展、个人的不懈努力，还不得不归功于日本大学有效的建筑学教育体制与方法，特别是近年来日本在这方面有许多新的尝试与探索，取得了很大的进展。在日本建筑学教育界占有重要地位的东京大学、北海道大学、名古屋工业大学、京都大学等一些具有老牌建筑学专业的高校以国际建筑资格为目标，并对原有的教育课程体系进行了一系列的变革，还不断涌现出许多新观点、新立意、新方法，他们在建筑设计、城市规划等学科的教育领域都有出色的研究成果，这些成果在亚洲乃至世界都是比较领先的。

本文通过对日本的东京大学、北海道大学、名古屋工业大学等院校近年来建筑学专业的教育特点的分析，进行总结、整理与归纳，挖掘它们成功的一面，以期对4×4课题和我国环境设计学与建筑学教育有所启迪。

二、研究方法

本文分析了日本建筑学课程体系的现状和将面临的课题，总结了一些日本建筑学中具有代表性的大学课程体系、本硕连读的教育事例、其他先进国家事例、医学部教育模式在建筑学教育中的实践经验。

1. 统计日本建筑教育界具有代表性的老牌大学的建筑学教育现状和传统教学课程，探索日本建筑学教育的现状和课题。

2. 整理一些经过教育改革后，具有代表性的国立大学的教学课程体系。

3. 比较法国、比利时、德国、葡萄牙的建筑学教育课程体系，综合日本建筑学教育现状和课题，总结出符合建筑学发展新需要的国际化教育课程体系。

三、日本建筑学教育的现状和课题

第二次世界大战后，日本经济之所以能以惊人的速度发展，其重要理由之一就是教育改革。由明治维新到1945年，日本效仿欧美谋求近代化，长期以来是以旧帝国大学为象征的培养方式，由国家主导统一教育，利用近百年的时间赶上了欧美的水平。建筑学教育课程体系也经过几次大变革，在建筑史、建筑设计、城市设计、空间设计等各方面都建立了完整的建筑学课程体系，培养了大批的建筑学人才。而今后的建筑学教育，由于社会的快速发展和建筑发展的多元化，应培养超过目前水平、具有更高能力的人才。

在以世界性研究和教育基地、培养高级专业性职业人才、综合性基础教育、社会贡献功能四项原则为特色的教学过程中，出现了课程模式单一导致缺乏学习动机、学生绘图技能低下、就业渠道单一、企业管理能力不足等众多问题。针对这些问题拟定了一系列提议：

1. 从知识灌输型教育到技能重视型教育的转变。

2. 课堂教学方式多样化，促进学习动机。

3. 学习和培养新时代"川上阶段"的知识和能力。

4. 由单一职业养成型教育到多元化职业养成型教育的转变。

5. 注重社会奉献精神、伦理道德、管理能力的培养。

为谋求与国际建筑资格接轨，结合UIA（国际建筑师协会）对建筑学教育的提议，日本建筑学经过一系列改革，将科学研究与实践教学相融合，通过理论、知识、手法三方面提倡建筑学课程分为七大领域来实现教育方式多样化。

四、新型建筑学课程体系

1. 课堂教学时间的变革

传统的90分钟为一堂课的课堂教学时间无法满足建筑学学习的现场实习、实地调研、研讨会等需要长时间、集中教学的教学要求。所以，金泽工业大学和东京电机大学采取了课堂短时间制和一年三学期制教学改革。①课堂教学时间的缩短提升了学生的注意力和理解力；②三学期制与普通的两学期制相比，少数科目可进行短期集中式教学。然而，自由的课堂时间组织方式导致了教师教育方法要求多样化的难题。

2. 定制型教学

采用定制型教学的6所大学（日本千叶大学、日本近畿大学、日本工学院大学、日本女子大学、日本东北艺术工科大学、日本庆应义塾大学）采用：①为提高多样化职能培养，采取专业课程专家负责制的教育方式；②强化专业领域，融合其他课程的教育模式；③将建筑学划分为设计系和构造系，由并存教学分化为独自教学。根据不同的专业技术知识进行加强教育。

3．统合型教育

在日本，建筑学被划分到社会工学，属于综合性的学科，涉及理、工、文、艺诸多领域，要求学生知识面宽广，并且有较强的形象思维能力和图形表达能力。要求学生善于感性创造，锻炼其较强的使用工具、动手能力；还要培养良好的数学、英语、历史、美术的基础。北海道大学、名古屋工业大学虽然没有改革课堂教学时间，但增加了讲座、设计连堂课，而且为了应对复杂的课程设计，要求全体教师学习多样化的教学方式。

4．研讨式教学

和歌山大学、前桥工业大学、足利工业大学三所大学于本科教学和各研究室同时展开研讨式教学方式，并分为校内教学和校外教学。校外教学联合该地区的市民和产业界，采取产·学·市民的共同研讨的方式教学。将校外教学作为学生和社会的接触点，使学生积累大量的社会实践经验，贯彻了实践与理论教育相结合的教育理论。在校内研讨式教学中，对某一课题进行多次反复的讨论以提高讨论的深度和精度，而教师作为研讨会的引导者而不是讨论者。研讨式教学出现了以下弊端：①由于探讨时间较长、校外研讨要利用市民和产业界休息时间的特点，研讨会一般只能集中在周六日或者节假日；②参与人员复杂，需要教师做好联络工作；③课程成绩的评定比较困难；④适合少数人教学，学生数太多会导致研讨混乱。研讨式教学的成果得到了日本各类大学的肯定并积极推广，首先要确保在课堂教学时间的自由化。

5．旅行式教学

千叶大学、三重大学、芝浦工业大学等六所大学利用暑假分别对京都·奈良的古建筑、东京的近现代建筑、国外的城市与建筑开展旅行式教学课程。要求学生在旅行前对调研对象进行课前自学，在旅行结束后提交报告。

6．实习型教学

日本要将建筑学教育与国际资格接轨，大力度地推行了实习型教学。根据神户大学等六所大学的课程要求，本科生基本每学期都要参加学校安排的实习学习任务。成绩的评定方法并不是根据学生提交的实习报告而是实习单位的评价。为了调动学生的学习积极性，本科生毕业必须要满足学校实习学分的要求。

7．职能教育

日本医学部课程的自由度非常高，从小组的研讨、示范教学的理论教学到观摩、实验、模拟体验等实践教学采用了多样的教学方法，从而达到医学的职能教育目标。日本建筑学也在探讨注重职能教育的可行性。

五、结论

以上，总结了通过分析当代日本建筑学教育课程体系、日本关于建筑学教育特点、近年来日本建筑学教育改革经验，结合4×4课题探索新型教学模式的任务，针对我国高等院校环境设计学与建筑学教育传统模板化的教学方式，提出几点关于新型教学课程体系建议：

1．教育目标设定性的教育程序体系化。

2．注重发现问题、解决问题型学习方式的教育方法。

3．对统合教育的重视。

4．由传统的"理论课和设计课"向研讨会、体验型讲座、少人数精英化教育等多元化教育方式的转变。

参考文献

[1] 蔡军．近年来日本关于建筑史学教育特点的分析[J]．建筑教育，2002（11）．

[2] 马越彻．日本高等教育改革：回顾与展望[J]．高等教育研究，2002（01）．

5G时代背景下设计与教学的探讨
Discussion on Design and Teaching in 5G Era

湖南师范大学美术学院 / 刘伟 教授
Fine Arts College of Hunan Normal University
Prof.Liu Wei
湖南师范大学美术学院 / 刘欣 研究生
Academy of Fine Arts of Hunan Normal University
Graduate Student Liu Xin

摘要：2020创基金4×4一带一路中外实验教学课题是以泉州信息工程学院图书馆为题，考虑其建筑与景观的更新设计。在中国"一带一路"的大背景和5G时代新科技变革的大格局下，进行一场中外合作的教学交流课题，是为了更好地在以强调实践环节的课题中比较国内外教学模式的异同，并由此进行互补学习与拓展视野。在"引进来"的同时，也别忘了"走出去"。我们也需要悉心思考我国的历史文化并将老祖宗留下的智慧运用在设计实践中。总之，立足文化与科技，坚持设计实践，是我们课题的核心要义。

关键词：交流；科技；设计实践；互补学习；能量场建构

Abstract: The 4×4 experimental teaching project in 2020 is based on the library of Quanzhou Information Engineering College. In China's "the Belt and Road Initiative" background and the new pattern of technological change in the 5G era, it is conducted to better compare the similarities and differences between domestic and foreign teaching modes in the emphasis on practical links, and thus complement each other's learning and expand their horizons. While "bringing in", don't forget "going out". We also need to think about our history and culture, and use the wisdom left by our ancestors in the design practice. In short, based on culture and technology, adhere to the design practice, it is the core of our subject.

Keywords: Exchange; Science and technology; Design practice; Complementary learning; Energy field construction

一、中外合作的实践探索

在多年的教学生涯中，笔者既从事设计教学，又坚持设计实践，以二者结合的教学模式培养符合时代发展需求的设计人才。在世界经济全球化程度不断深入发展的今天，高等教育制度和人才质量面临严峻的考验。习近平同志提出的共建"丝绸之路经济带"和"21世纪海上丝绸之路"，两个倡议构想一起被写入党中央深化改革重要部署文件当中，两个倡议合称为"一带一路"倡议。"一带一路"倡议不仅会在很大程度上促进我国政治和经济的迅速发展，还会带动相应文化的发展。利用"一带一路"倡议，在沿线国家进行相关的大学教育文化交流与合作，开展相应的培训班及研讨会活动，对于我国高层次人才队伍的建设和学术交流都有着重要的价值。

人类社会即将开始5G高速无线通信方式，紧随而来的，将是万物并网、万物互联的物联网数字文明时期。5G的基本特征是：任何地方都有网络信号，流量巨大并交互通畅。物联网的基本特征是：全在线、全云化、智能终端、无缝体验，也就是万物都时刻在线并交互信息，万物都能显示文本并语音播放以及输出视频画面，甚至是三维立体的。显然，许许多多的事情都将因此改变，工作方式、生活方式、交流方式、学习方式等。因此，笔者认为在"一带一路"发展的关键背景和5G时代科学大发展、学科大变革的时代，研究中外合作教学交流模式，能够激发学生的创新活力，有利于充分利用国内外先进资源培养更高层次的设计人才。经过各种各样的办学模式和实验过程，伴随世界高等教育互动交流，当下国家和地区的教育交流已经成为常态，也同时遇到了共同都要面对的问题，探索合作改变了教学场所的传统观念，跨地域游学邀请对方到自己的学校进行合作教学，网络视频教学无界，5G运用已成为常态化，探索跨地域高等院校教育的共享资源和认知走向国际化，伴随各地区高等教育的主体、智能科技和交流在不知不觉中融入彼此教学。如何在5G开始之际就把握好高等教育，特别是教育方式的发展思路与方向，这是一个具有划时代意义的现实课题。

二、国内外教学模式分析

一所优秀的艺术设计学院，是以培养符合时代需要的设计人才为最终目的的，而成熟的艺术设计教育一定离不开人的思想与行为这两方面的成熟。鉴于此，如何通过先进的艺术设计教育理念将学生培养为对当今社会有用的人才是艺术设计学院面临的首要任务。

1. 国内教育模式现存问题

尽管我们能够清晰地体验到我国的艺术设计教育在实际教学中不断向前发展，但我们也发现其中有不少事倍功半的"改革"。在笔者看来，目前我国艺术设计教育中存在的问题主要有以下几点。

（1）对研究生的学习性质认识不够

研究生的学习与中小学和本科生的学习有着明显的差异，有着非常强的独立性。斯皮罗等人认为，学习可分为两种：初级学习和高级学习。初级学习的内容是公认的重要概念和事实，由教师把这些简约化的知识传授给学生，目标是学生能在测试中把它们重现出来。高级学习则要求学生把握概念的复杂性，并能灵活运用到具体情境中。因此，研究生的教学应把这一学习性质作为出发点。如果研究生的教学形成了教学理念落后、教学内容滞后或教学内容一成不变，多数教师的讲义多年如一，没有一点科学发展的气息，便很难激发研究生学习、科研的兴趣。

（2）教学方式古板，评价机制不合理

一是知识传授型教学，教师讲课的方式依然是"满堂灌"或者"一言堂"；二是导师指导方式不合理，比较粗放，"放养式"指导研究生的情况较多；三是教学上只注重向学生传授知识而忽略了学生本身的兴趣，忽略了培养学生的创新和创作能力，研究生在课堂上基本上除了听没有其他活动。

（3）合作交流学习缺失

现在的科学研究课题规模往往比较庞大，需要不同领域、不同层次的科学研究人员共同合作才能完成，这就要求科研人员有较强的沟通、交流合作能力。这也正是本课题中所强调的。

（4）缺乏鲜明的教学理念

从本质上看，造型艺术更多的是一种个人行为，是个性化的自我表现；而艺术设计是以市场为基础的，是以产品为对象并为消费群体服务的，它解决的是人和物之间的关系，使物尽其用，以满足人的生理和心理需求。由此可见，艺术设计学是介于侧重感性的造型艺术学和侧重理性的工程类学科之间的一门学科，为它专门设置的教育模式必然不能如前者般主观，同时也不可拘束于过多的量化指标。

2. 国外设计教育模式的可取之处

（1）以"大平台"基础上的学分制为前提，强调设计艺术专业学生的综合素质，体现设计艺术学的交叉学科属性。欧洲设计艺术院校都实行"学分制"，学分制"大平台"是建立在整个社会的基础上，不同高校之间学分互认，目的是从设计艺术学的交叉学科属性出发，培养学生的综合素质。

（2）灵活多样的教学方式、考试方式，激发学生的设计潜能。

（3）专业基础教学与项目教学结合，在学生掌握专业基础知识的条件下，培养学生的综合设计实践能力。

三、开创新型教学交流方式

当前，研究生教育肩负着培养我国高素质、高层次科研人才的重任，也是我国高等教育中十分重要的环节。研究生的教育水平和培养质量是影响研究生科研能力的重要因素，如何增强研究生的科研能力，提升研究生教育质量，是多数教育工作者长期以来一直关注的问题。研究生教育的提高不是从单方面来解决的，而是需要各方面的共同努力，其中研究生教学对研究生教育的提升起着尤为重要的作用。

锁定目标精准定位探讨教学是智慧中国的起点。我们的卓越人才计划4×4实验教学，就是基于对研究生教育的思考进行的。在中国"一带一路"和国际互联互通的大背景下，我们日趋注重与国外的交流。在日常教学中笔者也常常思考国际整体的设计环境对教学交流的影响，此次，有幸能借助中国建筑装饰卓越人才计划4×4实验教学的平台，基于设计实践，选用泉州信息工程学院图书馆为题，与国内外优秀学生一起，思考走出艺术院校设计教育传统模板化教学方式，开创出新的教学交流方式。在泉州信息工程学院图书馆建筑与景观更新设计这个项目中由国内外高校学生联合完成，在这个过程中，合作与个人的发挥之间碰撞，相互之间的灵感交流，带动学生们的积极性，在完成项目的同时有更多的收获。笔者认为此次教学活动从下面三个方面对我们应对教学模式的变化具有现实意义的帮助。

1．完善教学方式、更新教学方法

教学方法是指以教师和学生为实现教学目的、完成教学任务所采用的方式和手段的总称，包括教师的教法和教师指导下的学生的学法。疫情期间，以线上课题汇报的形式与外国学生进行相互交流与学习，在教学方式以及交流模式上都有所突破。为之后线上国内外学术交流的教学形式奠定了基础。

2．提高学术水平与学术影响力

整合资源，加强顶层设计，构建与学校办学目标定位相适应的对外合作与交流体系，在整体提升的基础上，实现重点突破，能够进一步推动学校学术水平。整个学习与交流的过程中，目标清晰，与学校定位相符合。

3．合作进行重点突破克服学术难题

国内高校要坚持合作办学的发展培养模式的本土化和国际化并重，既要符合国际培养模式，也要代表我国专业教育方向。通过中外科技合作项目，搭建科研共享服务平台，可刺激科技创新，解决科技难题，提升学术水平。在合作办学中，应该摆脱科研依附，深化科研交流，致力于培养复合型创新型人才。因此，在合作项目培养中，国内高校应以培养具有坚实的理论知识和系统的专业知识，能够独立从事研究和解决重大技术问题、取得创新型成果的复合型人才为目标，深化课程和实践教学改革，加强质量工程建设；以提高学生实践创新能力为目标，加强教学实验平台建设；组建具有科研方向交叉互补的境内外导师组，联合指导研究生的科学研究及毕业论文，组成该项目的学术委员会，负责教学及论文质量的评估和保障。

此次的项目合作，为国内外的合作与交流提供了一个很好的平台，在实践过程中不但提高了学生的创作热情，同时这种教学方式使国内外学生之间能够长短互补，更加有效地弥补学生的短板，提高整体教学水平和质量。从另一方面来看，这次的4×4实践教学还加强填补了学生的学习缺欠问题，让学生受益，在毕业之前，让更多的年轻教师在教学方法上受益。实践教学强调集中名校学科带头人，联合设计研究机构知名设计师，在行业协会的牵头下进行有序探索。了解行业设计发展动态是高等院校教师培养学生综合能力的基础，掌握专业设计标准和法规，教学才能建立在学理化、规范化的平台上。为此课题要求学生设计作品要做到系统性、规范性、完整性，严格要求图示表达，理解CAD，正确表达平面图、立面图、剖面图，比例尺度要一致，培养自己空间维度转换能力。因为设计表达是完整的审美价值观，要求安全、科学、技术、艺术相结合，要求正确理解相关法规，图示表现不能有死角，所以综合能力很重要。

目前中国高等教育环境设计教育方向虽然已经积累了一定实战经验，但是要想真正走出亚洲、走向世界，没有综合设计理论体系的支撑是不可能的，高品质学理化创新需要综合能力的教师，实践证明教师若没有强大的理论支撑，设计实践将出现"爆米花"现象，只能给大家带来一瞬间的视觉快感。随着中国大众审美水平和文化水平的进一步提高，关注的目标不再仅仅是视觉上的感觉，人们开始更多关注从内而外地表现作品内涵。所以说，现在的设计理论需要升级，向中国智能靠近。加大研究能力板块，需要更多知名企业高素质的设计骨干，向具有研究能力的高素质设计专家型平台迈进，目标是结束设计师的"文盲"时代。为此八年来课题在中国建筑装饰协会设计委员会的牵头下，把握方向，搭建出让更多具有研究能力的院校与设计师共享平台，形成新理论价值体系，创造出更具内涵的实验教学课题案例，这就是全体课题组教师培养具有研究能力学者型设计师的价值观。

四、教学交流中对传统文化的思考

当然，在"引进来"的同时，也别忘了"走出去"。我国是有悠久历史的文明古国，有博大进深的历史文化。在这璀璨的历史文化里，有着许多能够影响我们当代设计理念发展的东西。笔者一直很看重我们的优秀传统文化。比如，生命感是中国文化里面最深刻的东西。一个家一个民族的终极自信在于自身生命的永续流传，我们文化里面最看重的部分也是最高深的部分就是将生命的平衡与延绵不断作为一切价值的终极判断。在现代设计之中怎么体现并且形成我们东方的设计系统，才能在将来突破西方设计系统，创建一套根植于东方文化的设计系统，成为世界设计的主流趋势呢？对生命的整体存在有益才能形成主导，只有方向是正确的才能成为主导。不论前路是否多崎，唯有正确的方向才能让人生存下来，也才能让人的生活更美好，人类共同的梦想就是对世间美好的向往。

我将自己的教学理念与落地项目实施相结合，引导学生朝良性方向发展。同时形成了自己的一套教学理论，并根据实际情况不同，进行指导。主要表现为以下方面。

1. 知行合一，体验生活中的美好

设计源于生活，通过教学把美学融入日常生活当中。如茶空间美学，把审美落地，通过品茶、闻香、抚琴、插花，将美追溯到生活的日常，在体验与生活审美教学中就能感受到一种美好。在做课题任务的同时培养对美的欣赏，在生活中体验美好无处不在，使得学生将审美意识转换成一种日常习惯，深刻影响到学生的日常生活中去。然后在设计中下意识将这些审美落实到项目中去。

在平时的课程中，针对此次项目，带领学生进行实地考察，对同类景观场景进行实地感受，亲身体验设计带来的环境美和自然之美。体验美、发现美、设计美是从事设计行业的基本素养。

2. 空间设计的本质是寻根溯源，探讨空间设计的本质

让学生理解空间设计——即能量场的构建。在设计实践中，笔者常常探讨空间布局的形态，理解传统风水概念。空间是能量场的呈现形式，而能量是支撑人的生存、生活的一个系统。建筑的作用是给人的生活提供一个空间次序和规则，构建一个相对恒定的导向系统，是我们自己的行为习惯对应的空间形态，从空间中可以看到人的常态生活。我们主导的光线、材质、空间、形状、色彩、声音、香味、触觉都是一种工具，都是用来构建人生存所需的能量系统的，而构筑原点在人的内心，心生万象。所以你有什么样的心态气场、能量场，就构建出什么样的空间状态。

五、结语

西方文化强调个性和个人英雄主义，每一个人都是独立的个体。而中华文化讲究共性和集体共生，既思考自己，还要思考别人；既思考现在，还要思考将来和传承过去，永远把自己看作历史中间的一个环节，社会之中的一个个体。我们选择正能量的，选择导向符合整体的最终利益状态，建立最好的设计价值目标。

在与国外高校合作交流的过程中，能够深入了解到西方的设计教育体系与设计理念，唯有足够了解，才能在设计教育的方向上有正确的判断，目标清晰，方向正确，对生命的整体存在有益才能形成主导，才能在现代设计之中体现并且形成我们东方的设计系统，创建一套根植于东方文化的设计系统。

设计学科是应用型的学科。在中国国力日渐强大的今天，5G等新技术具有广泛的前景和动力。发现问题就要寻找解决的方法，"四校四导师"实验教学课题下一步的重点目标将放在培养具有理论研究能力的设计人才上，在高校培养出更多具有理论研究能力的一线设计师，同时加强对年轻教师的培养，坚持教育是为国家培养人才道路，因为国家更需要这样具有科技思维和人文素养的综合性人才。

设计教育"环境意识"观念探析

Analysis on the Concept of "Environmental Awareness" in Design Education

吉林艺术学院 / 刘岩 副教授 硕士生导师
Jilin University of the Arts
A./Prof. Liu Yan, Master Instructor

摘要：设计在进入21世纪之后，随着高度信息化，当下图形技术、仿真技术、多媒体技术、网络技术等方面迅猛发展，设计行业更是呈现出多元性和复合性的特点，每一个流派、每一种风格相互交融，各种传统文化和现代文明相互交融，文化的多元化发展已经成为世界范围内的一个重要趋势。世界的高速发展使各种学科及流派相互渗透，技术与艺术、传统与现代已经融合。设计的复合性、多元性使设计形式语言风格和设计理念不断突破，形成多样的设计语言体现。"大环境意识"的设计理念在现代设计中的作用尤为重要，无论是在城市设计、环境设计、建筑设计，还是产品设计都要以理性和科技为核心，"环境意识"为设计核心原则贯穿于设计作品之中。根据世界设计领域的发展状态结合中国设计教育的现状，阐述"环境意识"在设计中的作用和意义。

关键词：环境意识；设计理念；设计教育；设计方法

Abstract: After entering the 21st century, with the highly informatization, the graphics technology, simulation technology, multimedia technology and network technology develop in high speed, the design industry but also presents the characteristics of diversity and compound, every school, each kind of style blend mutually, all kinds of traditional culture and modern civilization blend mutually, the diversity of culture development has become an important trend of the world. With the rapid development of the world, various disciplines and schools permeate each other, technology and art, tradition and modernity have been integrated. The compound and pluralism of design make the design form language style and design concept break through constantly, forming a variety of design language embodiment. The design concept of "environmental consciousness" plays a particularly important role in modern design. No matter in urban design, environmental design, architectural design, or product design, rationality and technology should be at the core. "Environmental consciousness" as the core principle of design runs through the design works. According to the development of the world design field and the current situation of design education in China, this paper expounds the role and significance of "environmental awareness" in design.

Keywords: Environmental awareness; Design concept; Design education; Design method

一、中国设计教育"环境意识"设计理念的重要性

"环境意识"是指设计师在设计活动中对设计内容相关联的客观事物世界所反映的各个方面和所包含的内容、与设计行为相关联的客观存在，决定着设计师的意识，反映到设计行为中形成设计成果。它受到政治、经济、文化和科学的制约和影响。我们应该意识到对"环境意识"观念的研究和理解得越多就越能够把握住设计的本质，使设计更接近完美。

创基金"4×4"实践教学课题是架起院校与院校之间、院校与企业之间的互动交流，从多角度培养知识型与应用型人才教学模式的研究与实践，打造校企合作共赢平台，建立高质量的院校之间、院校与企业之间的教学联盟体系，解决知识型与应用型人才的转化周期。贯彻落实教育部培养卓越人才的落地教学方式，为企业输送更多的合格青年设计师。高校环境设计专业"4×4"实践教学课题平台的建设与改革，有助于培养学生艺术设计与创

作方面的专业知识和专业技能的创新思维，使学生具有创新能力和设计实践能力，能在艺术设计相关工作部门从事专业设计和管理等方面的工作。通过课题教学平台使学生与实际工程项目进行对接，把相应的理论设计思想联系实际，为培养学生具有"环境意识"能力奠定坚实的基础。

二、"环境意识"设计教育理念的启发

我们强调设计师在设计活动中"环境意识"对设计目标所关联的环境因素，"环境意识"为设计师提供了实现设计和解决问题的目标和方法。环境因素既是客观存在的，又是一种相互关系；既是物质的，又是精神的。设计师在此方面无论在自身主观条件抑或客观的外因素都应对设计意识形态进行理解和剖析，提升设计意识，完成设计任务。

三、设计教育理念延展"独立彻思"

当代人文科学的发展使设计师更加重视个性的发展，强调自身的文化特点，并使设计领域出现了多元化的趋势，设计市场空前活跃。国内设计市场多元化的背后，也有着盲目追捧时尚的潮流，更有设计表现个人主义，过度强调个性的现象。设计教育强调设计师具有"环境意识"的"独立彻思"设计思维。

1. "独立彻思"解析

思考的自主性，而不是盲从。为了达到科学性的认识或设计出具有创新性的优秀作品而不屈服于任何社会因素的压力。也就是说设计思考具有自主性要求，具有勇于创新和追求真理的精神，同时并不意味着对有益的意见和观点的排斥。设计思考的彻底性，不是盲于应付设计。这种彻底性不能因为名或利的诱惑，更不会因为来自于领导或政府的压力而改变。这种彻底性应来自于设计师作为一个"人"所具有的对这个世界中未知领域一种探询的执着，来自于设计师科学严谨的专业精神。"独立彻思"决不会以所谓的"专业"自居而蒙蔽自己的专业视野；它的一切思维和行动都是针对实质性的设计问题、设计本源性的问题，改善人类生存环境的种种问题。"独立彻思"决不会逃避由于所研究问题的艰巨而带来的挑战性。由于"独立彻思"以不断探究设计的真实性、科学性为唯一宗旨，"独立彻思"下的研究目标和创作目标在于提出问题或发现一种新的视点而并非给出一个终结性的完美作品。"独立彻思"之所以将设计师尚不够完美的研究或创作结果如实地呈现出来，是基于设计师本质的职责：一切设计活动都只有一个目的，那就是对于设计问题进行思索并在创作中不断探询以接近完整或者完美设计成果，每一件设计作品都是设计师改变现实世界、了解未知世界的一次努力。

基于上述的原因，"独立彻思"下的创新不是不知所云的纯形式上的行式翻新，不是毫无缘由的天马行空的诉说。真正的创新是基于个体生命主体自觉地在发展着的变幻莫测的世界中对于人生意义的根本性反思；是基于联系过去与未来的现世人生坐标与价值序列的本真意义上的建构；是最朴质却又最真实的源于生命原动力的自主意识下的发现身边存在的问题并解决问题。设计问题小到怎样设计一个曲别针，大到怎样去设计一个建筑、规划一个城市。真正的创新本质是一种现代的大环境意识，它不带有任何偏见，它是一种勇于吸收新事物而使自己强大的坦荡的价值观念。

2. "独立彻思"对于我们的意义

设计师要在社会文化发展的潮流中从当代角度重新阐述，反思旧观念，我们需要激情、力量和勇气认识时代变化，从不同角度思索建筑乃至民族及整个人类社会发展的契机，重新审视自己的价值观和行为方式以适应时代，并奋力走在时代的前列。

四、设计教育与环境观念的相互关系

在当今商品经济的大潮下，在日益市场化的大环境中，国内建筑设计师忙于应付设计任务，缺乏学术研究的经历。建筑理论与思想作用于大规模工程建设案例贫乏。面对WTO所带来的国内建筑市场的日益国际化，包括建筑文化在内的中华文化复兴的历史使命，我们怎能长久地沉迷于麻木的大同小异的批量生产和低水准模仿的大量"作品"所带来的"肤浅成就感"之中呢？我们需要创新，首先需要创新的自觉，它来源于主体自觉下独立自主的彻底思考。建筑师不能代替哲学家、社会学家；建筑环境设计若要创新恐怕达不到哲学上的创新要求，或更宏观一点来看需要整个民族精神的更新，所以设计师应秉着独立自主的彻底思考的真正"做事"的精神，完成设计师的使命。四校实验教学课题秉承设计教育的本质，确立明确的专业发展方向与就业目标，强调职业岗位技能和职

业精神培养，通过设计思维识别价值，通过设计语言传递价值，通过设计技巧发现价值。

五、中国设计多元化发展的必然性

当今社会科技文化迅猛发展，不断满足人们日益增长的物质和精神需要。因此我们需要不断地扩大再生产，不断地获得更多的利润，不断地进行消费，消费主义充斥在当今社会的每一个角落。在消费世界中，设计创新呈现出一种解体和离散的状态，其中设计创新的精神也同样成为人们消费的对象，设计创新很有可能违背最初所具有的含义，创新只是被作为风格或行式符号而被消费。所以在设计活动中的"创新"被每一位设计师的潜在自觉和努力刻意加以实现，也就是说，创新虽然不是设计活动的全部理念，但在当前基本上显示设计活动的文化逻辑和设计动因。当代社会的生活形式丰富多彩，发展的趋势多种多样，随着市场经济的不断发展和完善，消费文化作为人们的一种生活观念和方式，已经理所当然地成为当代大众生活的一个重要特征。生活在现今社会中的设计师毫无例外地受到消费文化的影响和支配，那么这种文化业态就会直接或间接地作用于设计师的作品中，成为新的价值观和精神取向。影响消费文化的因素有两个方面：一个是市场机制；另一个就是大众文化。网络传媒已经形成了庞大的产业链，网络传媒市场要求速度与规模，这是市场利益的驱动，也必然影响设计唯"新"是从。现代传媒技术的发展使消费文化的普及成为常态。商品和消费方式由于市场的作用，在消费文化的情境中不但不会湮没精英设计，而且还会促进精英设计不断并迅速创新而立足于市场。然而技术和经济的发展为大众对设计消费的需求成为可能，于是出现了设计作品的抄袭和复制。只有通过设计教育形成良好的职业技能和职业精神，才能通过市场引导建立起设计师、设计作品和消费者之间的良性循环。新能源和材料的诞生及运用为设计带来了全新的发展，设计的内部和外部环境发生了变化，市场的概念应运而生，消费者的需求，经济利益的追求，成本的降低，设计的受众、要求和目的都发生了变化。设计需遵循若干原则才能塑造出系统性的解决方案，驾驭社会、交互、环境和政治等诸多因素，依据设计原则、规范对人、空间和各种动因进行恰当组合。动因可能包括科学技术支持、服务等要素，社会人文以及声、光等环境元素。设计师需要介入项目的调查阶段，从而能够在设计的过程中理解参与方的切实体验，在保留原有设计概念的前提下将这些需求转化为解决方案，为设计作指导。设计师更应该通过组织跨学科学习进行综合研讨，从中发现可能的问题环节，然后将构思和精力集中在这些环节之上，进而改进设计，得到完善的设计流程体验。

六、结语

每一位设计师都兼具艺术家与商人的双重身份。无论是拥有自己的设计工作室，还是企业设计师，抑或作为兼职的自由设计师，他们的这种特质包含在设计实践的各个方面。设计师必须具有持续而旺盛的创新能力，同时还要具备商业素质。"无论是被扣以商人的帽子，还是被冠以艺术家的头衔，都不妨碍设计师对概念与创新的追求"，基于概念的创新不局限于任何形式，能跨越任何设计的载体，有些设计的任务是创造独一无二的产品，有些项目则要求其有独特的逻辑分析或提供清晰的评估方法，无论是哪种情况，设计师都需要对设计项目进行评估、分析与构思，进行具有环境意识的独立自主的思考。

论环境设计方向艺术硕士研究生设计能力的培养
On the Cultivation of Design Ability of Postgraduates of Art Design in the Direction of Environmental Design

山东师范大学美术学院 / 李荣智 副教授
School of Fine Arts, Shandong Normal University
A./Prof. Li Rongzhi

摘要：艺术硕士研究生教育是以科研推动教学的研究式教育，要更加注重专业方向的实践能力和科学研究能力的培养。如何在社会设计实践中，充分发挥研究生的主观能动性，调动其对学科研究的积极性和创造性，培养其科研创新能力和设计实践能力？四校实验教学课题通过研究型设计、平台化教学和科学思维能力的培养给出了新的教育思路和方法。

关键词：设计能力；研究型设计；科学思维

Abstract: The postgraduate education of Art Design is a research-based education that promotes teaching through scientific research. It should pay more attention to the cultivation of practical ability and scientific research ability in the professional direction. How to give full play to the subjective initiative of graduate students in the practice of social design, mobilize their enthusiasm and creativity in subject research, and cultivate their scientific research and innovation capabilities and design practice capabilitie? The 4×4 workshop gives new educational ideas and methods through research design, platform teaching and scientific thinking.

Keywords: Design ability; Research-oriented design; Scientific thinking

环境设计是科学与艺术相结合的学科，充满创意的艺术思维与强调逻辑的科学思维在设计过程中同时存在，同样重要。因此，对学生设计思维和能力的培养是环境设计专业教学的主要目标。在本科阶段，设计能力的培养和训练多是以不同专题设计课程的形式完成，通过对场地的分析、综合，结合自己的理解形成设计概念，进而将概念转化为空间形式，以图纸或模型的方式呈现出最终的设计效果。通过模拟设计实践过程的操作训练，让学生熟悉设计的过程和不同设计阶段的工作内容和思维方式，对于初学者快速建立专业概念，掌握设计流程，培养一定的设计能力，效果非常好。对于艺术硕士研究生的培养，仅是设计流程的熟悉、停留在纸面的设计空想，或者简单的工程设计实践，对其设计能力和综合素质的培养还远远不够。

在我国高等教育体系内，研究生教育是以科研推动教学的研究式教育，与本科阶段的专业基础学习不同，研究生阶段要更加注重专业方向的实践能力和科学研究能力的培养。导师对于研究生培养质量的提高具有至关重要的作用，是学生研究和学习的引路人。面对城乡建设中存在的多种现实问题，如何在社会实践中，充分发挥研究生的主观能动性，调动其对学科研究的积极性和创造性，培养其科研创新能力和设计实践能力，是每一位导师必须思考的问题。

走过12个年头的四校实验教学课题，坚持探索如何提高和拓展设计教育的成效，在发展变化中不断丰富内涵，拓展了参与教学课题的导师们的视野，也为研究生设计能力和综合素质的培养筑就了一条特别的路径。

一、选题

科技已成为全世界经济发展、社会进步的重要推动力，并逐渐渗透到人们日常生活的方方面面，改变了长久以来形成的生产、生活方式的惯性。环境设计研究生作为未来人居环境空间的创造者之一，需要从更高的层面看待设计，心怀家国天下，主动了解科技前沿知识，观察科技发展带来的生活方式的细微改变，怀揣着改造社会、让生活更美好的理念，了解使用者还未能表达出的行为和空间需求，从真实的需求入手，创造出具有灵魂的作品。这种作为设计师的社会责任感，是四校实验教学课题宏观视野的重要体现。

2020年的四校实验课题在疫情之下，克服种种困难，通过线上会议、线下调研相结合的方式，圆满完成了本年度的教学活动，体现出了师生们在困难面前坚持工作、持续努力的职业责任感和对专业的热爱。课题选择了泉州信息工程学院图书馆及周边环境的改造，通过设计探索数字技术影响下的新的阅读行为和适应科技发展的阅读空间形态，将5G等前沿技术与大学生群体的学习和交往活动结合起来，既有学术前沿性，又有非常强的社会实践意义。从最终的设计成果来看，参与设计过程的研究生们分别从信息技术的空间传播特点、大学生群体社会交往需求、电子书与纸质书的存放方式等方面，对未来的阅读活动空间进行了探索，成果不同于一般的工程项目方案，注重了科技对生活方式的改变，人类对生态环境态度的改变等方面，具有非常大的实验意味。

二、教学模式

四校实验教学课题历经十多年的发展，已经摸索出一个相对成熟的教学模式。其集合十数所国内外高校的教授群体，对参与课题研究生的设计全过程进行集体指导是设计教育界的高端配置，每个学生都可以得到其他学校老师的具体指导，这种指导不同于日常的课程教学，而是在一个共同推进的设计过程中，师生们有机会近距离长时间地交流，了解不同的设计方法和表达方式，开阔视野、增长见识的同时，也打开了创意大门，各种出乎意料的想法得以生长发芽。

一个年度的实验教学过程虽然选题不同，但大概都分为开题、现场调研、初期检查、中期检查和成果展示等几个环节，每个时间节点，学生们都要以汇报的形式，呈现自己的设计成果，表述自己的思考过程。要达成比较好的汇报效果，完全呈现自己的所思所想，就要求学生在线性的设计过程中停下来，重新审视自己的设计，梳理其设计和思考过程中的逻辑性，在反思中发现问题，修正设计。同时，面对数十人的导师团，思路清晰地陈述自己的方案，本身就锻炼了学生的表达能力，提高了综合素质。

三、科学思维

作为设计实践的实验性教学，四校教学的理念不只是培养学生的创意思维和技术手段，而是以设计研究为依据、目的和方法，设计实践还是一个培养研究能力和科学思维的过程。环境设计专业的学生通常在艺术创意思维和表达方面有着较大的优势，但科学思维方面存在一定的不足。科学思维对于深入解决设计问题有良好的推动作用，也有助于提高工作效率，是设计能力的一个重要组成部分，对于环境设计方向的研究生来说尤其重要。

在教学环节中，对学生科学思维能力的培养，主要是训练学生用科学系统的方法分析场地、社会背景，注重培养其问题解决的能力和批判性思维能力。四校实验教学课题在设计过程中，要求学生对场地的分析有理有据，对设计成果的得出有清晰的逻辑过程，引导学生在设计实践中关注现实问题，并将拟解决的问题简化、抽象为一个科学问题，通过对这个问题相关理论和限定因素的研究，可以得出具有一定普遍意义的科学结论。通过这个分析和提炼的过程，能够对客观世界的因果关系，对空间形式作出合理的说明，并能一定程度上预测未来的发展态势。

设计实践和研究有着不同的特点，设计是创造性的实践活动，最终会形成一个物质实体成果（方案图纸、视频或建筑实物），而研究是通过逻辑推理和经验判断，寻求对事物的认知，并分析成因，最终会形成一个分析的过程和理论性的结论。设计和研究是可以结合的，设计可以作为研究的一部分，为研究服务，研究也可以作为设计的一个过程，为设计成果提供依据。

在今年的课题教学中，大部分同学根据自己对课题的理解给出了精彩纷呈的优秀作业，但也有个别同学作业存在或多或少的问题，例如专业基础不扎实、设计能力不足、研究深度不够、设计思维固化，等等，同时也有同学通过极大的工作量和深入扎实的研究给出了令人印象深刻的近乎完美的作品。在未来图书馆的选题中，胡天宇同学基于对5G信息传播技术的理论研究，找到了建筑结构和空间与信号传输强弱的相关性，构建了基于信号最佳传输效能的建筑结构形式和建筑外观形态，体现出科学而严谨的研究态度和踏实认真的专业设计能力，作品本身既有科学的分析应用，又有充满艺术性和专业性的环境设计构思。因此，他对未来图书馆的构想，不是基于个人创意想象的结果，而是基于严谨的科学分析过程，是在反复试验的基础上得出的最佳形态。其设计过程与科学研究过程具有相似性，在形态构成和方案表达方面又融入了艺术化表现的特点，体现了研究型设计的特点。

总的来说，参与实验教学课题的研究生在以王铁教授为首的导师组辛勤努力和无私奉献下，在严峻的疫情形势下，经过6个月困难艰苦的教学实践过程，得到了系统的专业训练和不同教学理念的影响，在前沿性学术课题的推动下，主动探索了包括地域文化、社会发展、科学技术和生态保护等多方面的理论知识，构想了各种不同的途径来思考未来图书馆和大学校园环境的可能性，在此过程中，得到了科学思维能力、沟通交流能力和独立完成综合性设计项目的能力等多方面综合素质的培养，也呈现了超出一般课程作业质量的设计成果。

　　作为人居环境科学学科群的重要组成部分，加强环境设计方向研究生教育设计能力的培养，是对国家"新工科"建设战略的积极回应，是高等教育应对技术革新和科技革命的积极行动，也是拓展设计专业的内涵、突显创新价值、培养创新人才的重要举措。四校实验课题为研究生设计能力和综合素质培养提供了一个新的思路和模式，这个探索在日后还会继续推进，通过与前沿技术的深入对接，与人工智能等新工科的交叉融合，拓展对学生知识体系和能力培养的研究，推动环境设计方向研究生教育的发展。

参与课题学生

Benjámin LAKI

Dávid HÁNER

赵雪岑

高智勇

丛圣含

丛焘

张晓文

梁倩

杨蕾

闻可欣

张志成

李博

黄国樑

张子慧

李珂

李国杭

刘妙君

刘旺达

唐诗艺

穆展羽

徐帅

学生获奖名单

The Winners

一等奖
1. Benjámin LAKI,
   Dávid HÁNER
2. 赵雪岑

The Frist Prize
1. Benjámin LAKI,
   Dávid HÁNER
2. Zhao Xuecen

二等奖
1. 杨蕾
2. 高智勇
3. 丛圣含
4. 梁倩
5. 黄国樑
6. 张晓文

The Second Prize
1. Yang Lei
2. Gao Zhiyong
3. Cong Shenghan
4. Liang Qian
5. Huang Guoliang
6. Zhang Xiaowen

三等奖
1. 李国杭
2. 唐诗艺
3. 刘妙君
4. 张子慧
5. 李博
6. 李珂

The Thrid Prize
1. Li Guohang
2. Tang Shiyi
3. Liu Miaojun
4. Zhang Zihui
5. Li Bo
6. Li Ke

佳作奖
1. 刘旺达
2. 张志成
3. 丛焘
4. 穆展羽
5. 徐帅
6. 闻可欣

The Fine Prize
1. Liu Wangda
2. Zhang Zhicheng
3. Cong Tao
4. Mu Zhanyu
5. Xu Shuai
6. Wen Kexin

一等奖学生获奖作品
Works of the First Prize Winning Students

泉州信息工程学院图书馆改造设计
Reconstruction and Design of Library of Quanzhou Institute of Information Engineering

佩奇大学
University of Pécs

Benjámin LAKI、Dávid HÁNER

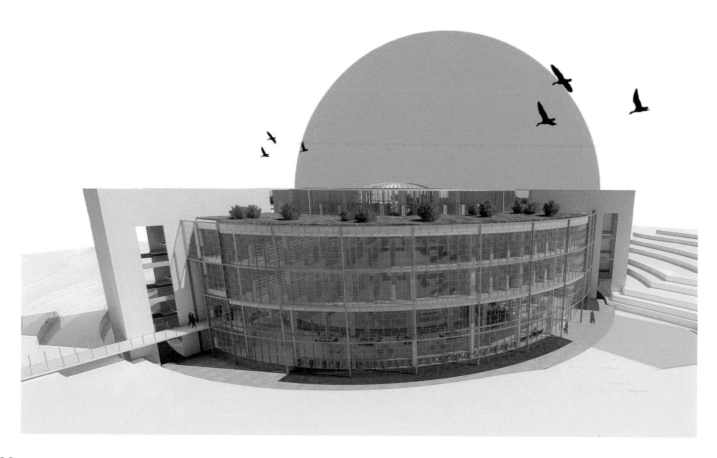

CONCEPT

Our concept based on an interesting space creation between interior and exterior, inner green and outdoor green areas. One of the main aspect in our design is the use of plants in the building to raise the rate of well being. After the function analysis, we collected the necessary, and useful secondary functions. We made function group by noise level, and public-private being. According to these groups and these decisions, we created the function connections. As a result the main elements of our design project are the main lobby or lounge, the reading spaces and the research spaces.

main principle

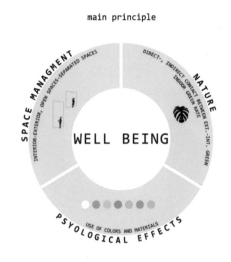

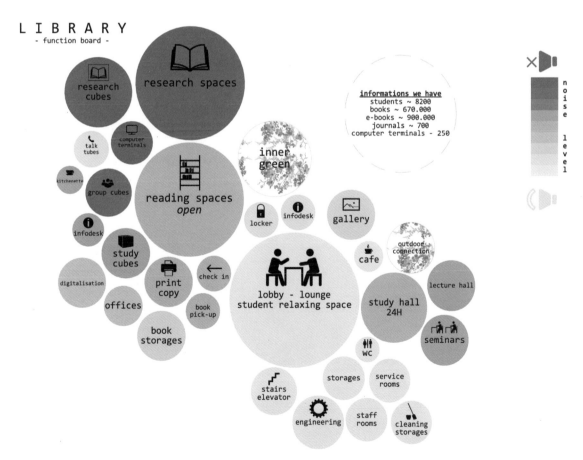

CONCEPT

functions distribution on different levels

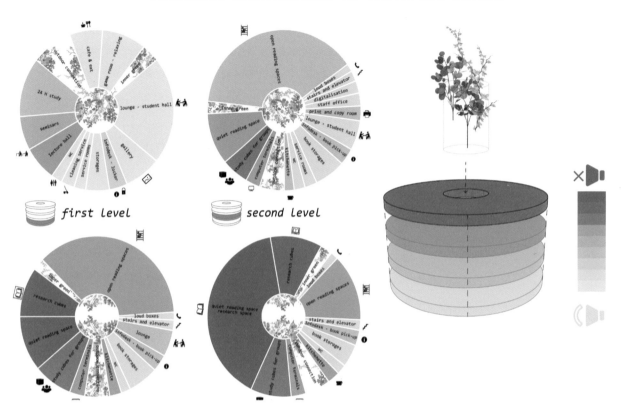

first level

second level

concept of the entrances
-schema illustration-

secondary from the dormitories

main entrance

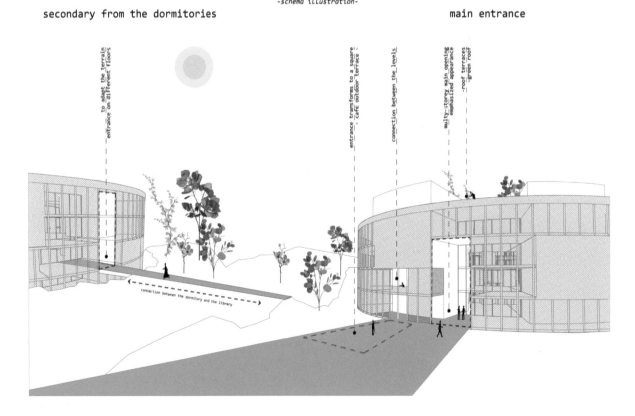

CONCEPT
Floor Distribution and Green Areas

    The most important aim of our concept was to create spaces in connection with the inner or outer gardens as much as we can. To reach this goal we placed the biggest green in the middle of the building, and we placed other smaller green areas in the interior as well as on the roof. We pay attention to the surrounding green also.

    Based on these efforts, we formed this floor distribution. Our design program made extension the existing building form to reach a full circle outline.

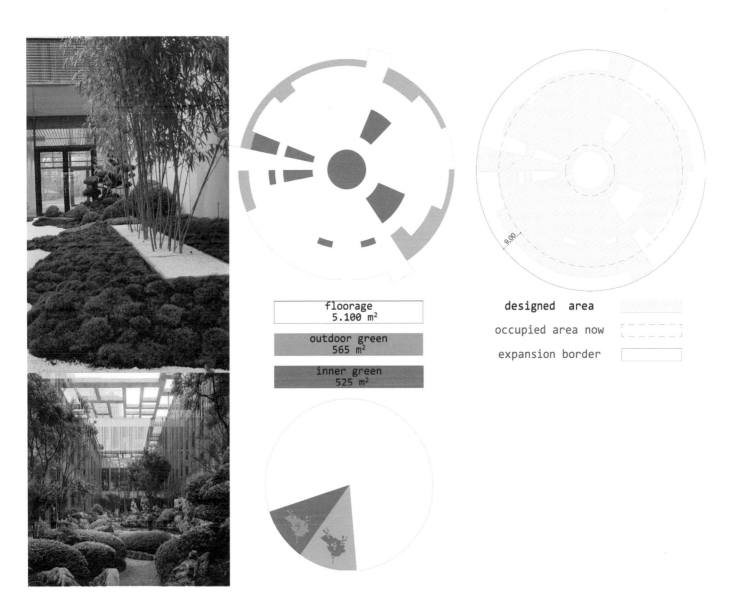

floorage
5.100 m²

outdoor green
565 m²

inner green
525 m²

designed area

occupied area now

expansion border

9.00

CONCEPT
Natural Light and Use of Rainwater

Natural light has a main role in the middle of the building, the middle atrium would collect a lot of light and make the inner spaces brighter. We would like to use a kind of wire mesh material around the building which make it homogeneous and give a shading system to the library.

We know that this is a subtropical area where has a lot of rain in the year. So we are thinking about to use the rain water in the house as a graywater for toilets and the gardens irrigation system, furthermore it would be a good idea for the unnecessary water to drainage it to the lake, make a waterfall from the top of the cliff or just feed the lake. The rainwater would be collect on the roof and drain it in a column system in the middle.

CONCEPT OF THE NATURAL LIGHT

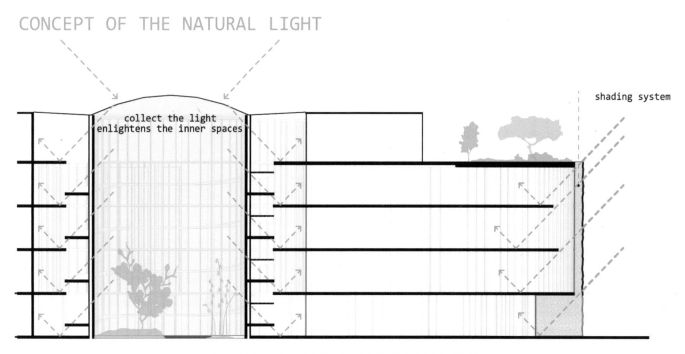

CONCEPT OF USING THE RAINWATER

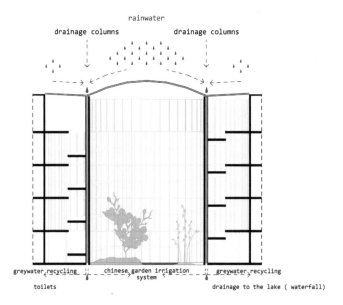

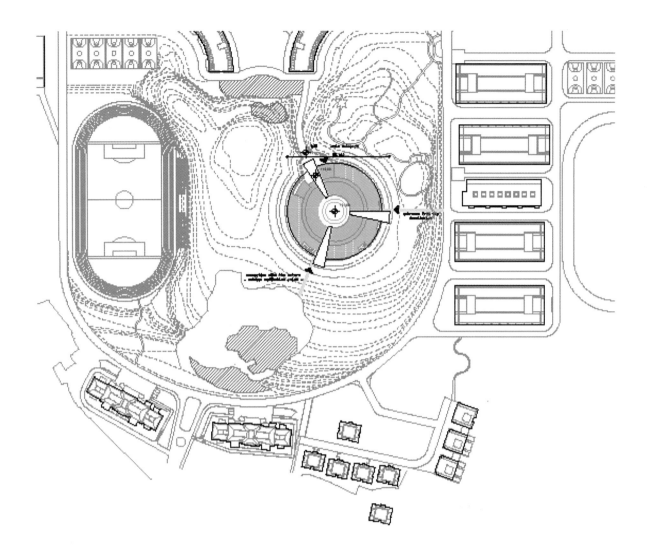

SITE PLAN

The width of the house did not change that much, however we designed three strange elements which penetrate into the main building what indicate entrances of library. The primary entrance come from main buildings of the University.

We made two bridges for other entrances, one comes from dormitories to the first floor, the other one is from the cliffside.

FINCTION DISTRIBUTIONS OF DIFFERENT LEVELS

These show the function OD distribution of each floor. Our building is called Jenga House because of its function system, we place the functions as smaller or bigger masses in the building. These moves are out or in on the facade. The functions are connected by two corridor. There is one inner the building, next to the spiral ramp system and another one in the middle which runs across every functions, sometimes as a bridge above the green areas. We have three closed mass which penetrate into the building. In these there are the secondly functions as storages, staff rooms, services and staircases. Outdoor of the building there are a circular sidewalk, staircases and covered bicycle storages. These big masses show the entrances into the building as powerful towers.

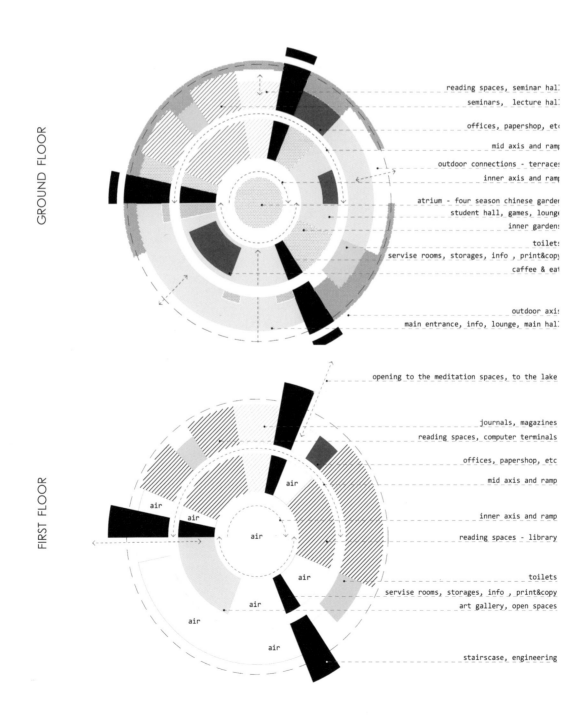

GROUND FLOOR

reading spaces, seminar hal
seminars, lecture hal
offices, papershop, etc
mid axis and ramp
outdoor connections - terraces
inner axis and ramp
atrium - four season chinese garden
student hall, games, lounge
inner gardens
toilets
servise rooms, storages, info , print&copy
caffee & eat
outdoor axis
main entrance, info, lounge, main hal

FIRST FLOOR

opening to the meditation spaces, to the lake
journals, magazines
reading spaces, computer terminals
offices, papershop, etc
mid axis and ramp
inner axis and ramp
reading spaces - library
toilets
servise rooms, storages, info , print&copy
art gallery, open spaces
staircase, engineering

air
air
air
air
air
air
air
air

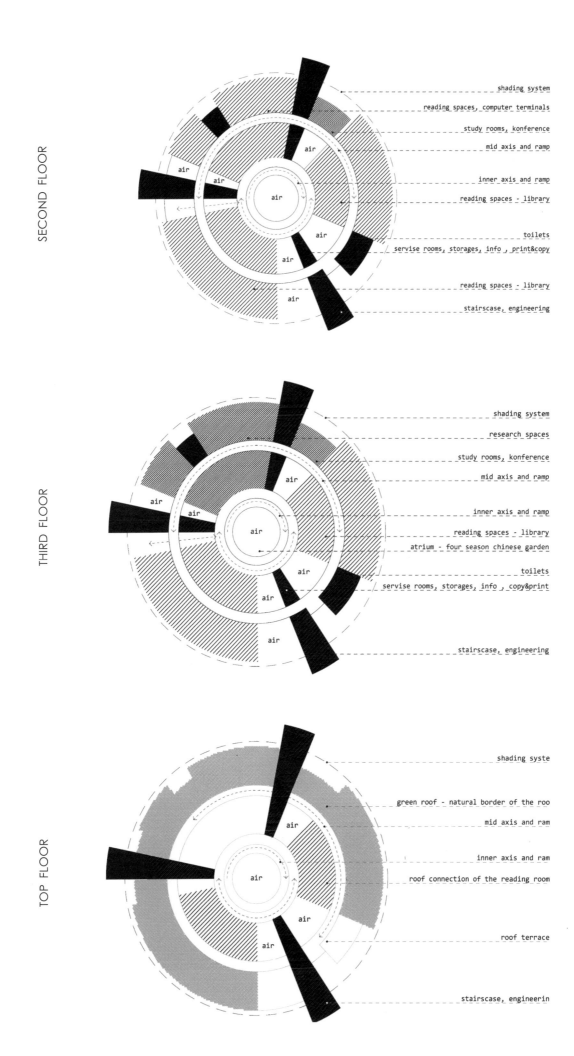

SECOND FLOOR

shading system
reading spaces, computer terminals
study rooms, konference
mid_axis and ramp

inner_axis and ramp
reading spaces - library

toilets
servise rooms, storages, info , print&copy

reading spaces - library

stairscase, engineering

THIRD FLOOR

shading system
research spaces
study rooms, konference
mid_axis and ramp

inner_axis and ramp
reading spaces - library
atrium - four season chinese garden

toilets
servise rooms, storages, info , copy&print

stairscase, engineering

TOP FLOOR

shading syste

green roof - natural border of the roo
mid axis and ram

inner axis and ram
roof connection of the reading room

roof terrace

stairscase, engineerin

FLOORS

In the ground floor there is a big entrance hall, registration and info desk, coffee&eat bar with outdoor connection, toilets (which are in the same place before the new design). There is also a big student hall with a bar, kitchenette and outdoor connection, where students can relaxing and playing games. Next is a papershop where students can print&copy as well, mechanical rooms, four seminar rooms which can use as conference or lecture hall as well, and it includes a reading seminar hall which have a terrace. There are the green areas which use as a little inner park, In the middle there is the four season chinese garden which is also open for everyone. Finally there is the circular inner corridor with the ramp and "lock yourself" cabinets.

In the first floor there are two entrances, one from the dormitories which runs into the main hall with a gallery, exhibition space and info desk. The corridor which runs across every functions appear as a bridge in these areas. You also can find toilets as well, and in this floor you can find the first reading spaces with computer terminals, and an area where you can find the magazines and journals.

The second floor is more quietly. There are big reading spaces, with study rooms.

The third floor is similar with the second one, but here you can find a research room where you can work on your studies as well.

In the roof there are big green areas which also work as natural protection zones against falling. Furthermore there are two reading space connected with the third floor with a gallery, and the green areas are used as an outdoor connection.

GROUND FLOOR

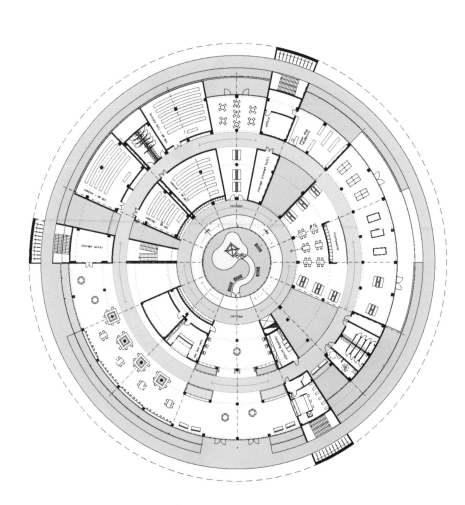

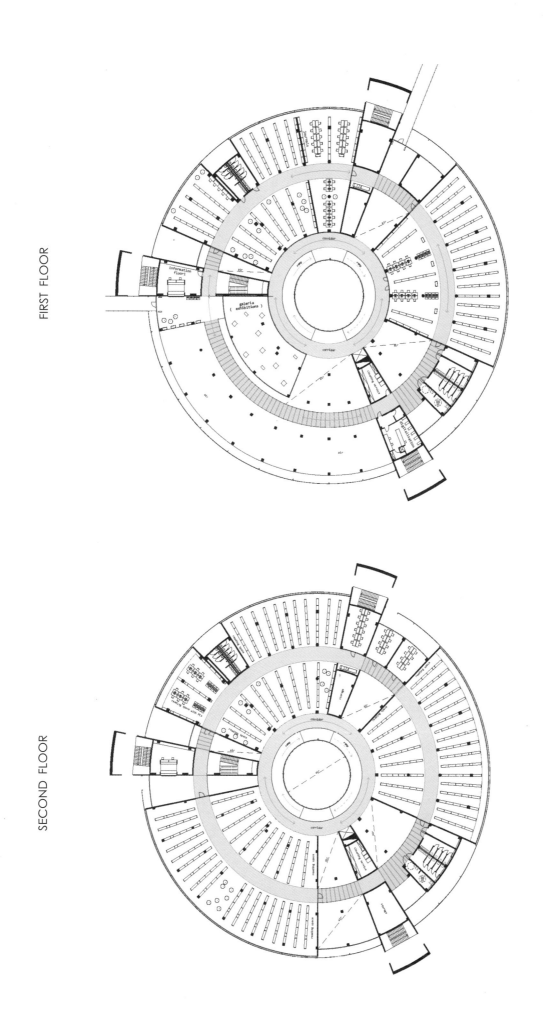

FIRST FLOOR

SECOND FLOOR

THIRD FLOOR

TOP FLOOR

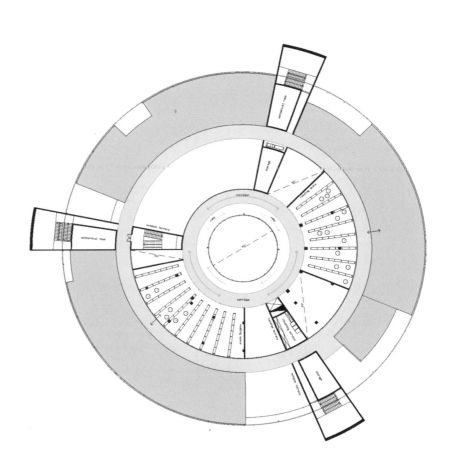

INTERIOR DESIGN

After analisys we collected colors and materials with appropriate meanings and effects. Based on that research we used these materials as our interior design discipline.

interior design

colors

 gray : security stability, maturity

 white : fresh, simlicity, cleanliness, purity

 tone of yellow : joy, energy, cheerfullness,

 tone of green : growth, health, relaxation, nature

 tone of blue : peace, stability, calmness, confidence

interior design

materials

 carpet : to be friendlier in the reading and research places

 white plaster : to look everything clean and bright

 wood : warm texture, good connection with the plants, furnitures and wall covers

 concrete : radiates stability and the grey color makes us calmer

 plants : plants make the interior mor cosy and has good relation with our well-being level

VIZUALIZATIONS

SECTION AND DETAIL PLAN

In our building we created one storey and double storey spaces and it results interesting space-connetions and exicting space-experienses. The atrium at the center of the building makes exicting transparency between functions and different levels, and the atrium has an important role in solar gain, and ventillation system. In our sections inner greens and top floor gardens are also well obvservable.

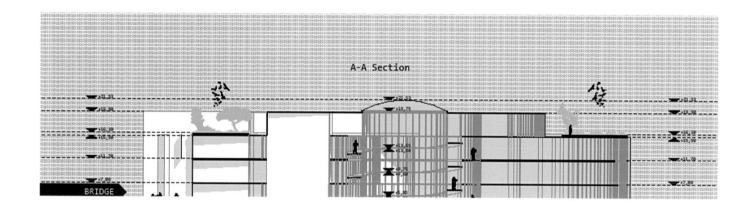

A-A Section

BRIDGE

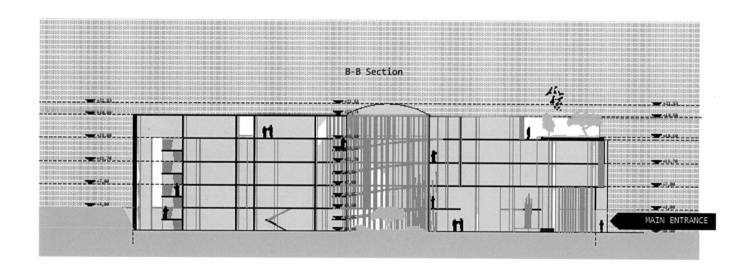

B-B Section

MAIN ENTRANCE

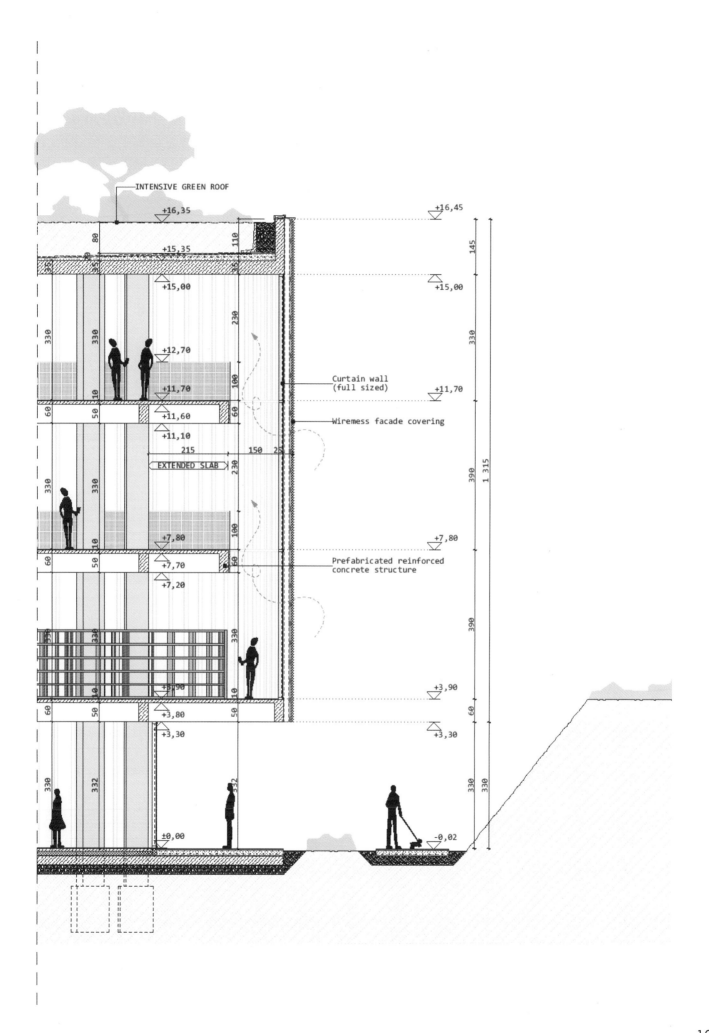

INTENSIVE GREEN ROOF

+16,35   +16,45

+15,35

+15,00   +15,00

Curtain wall
(full sized)

+12,70

+11,70   +11,70

+11,60

+11,10

Wiremess facade covering

215   150   25

EXTENDED SLAB

+7,80   +7,80

+7,70

Prefabricated reinforced
concrete structure

+7,20

+3,90   +3,90

+3,80

+3,30   +3,30

±0,00   -0,02

FACADES

Around the building we use wire mesh as a second facade which makes the building homogeneous and gives a shading system, but allows the ventillation system work well.

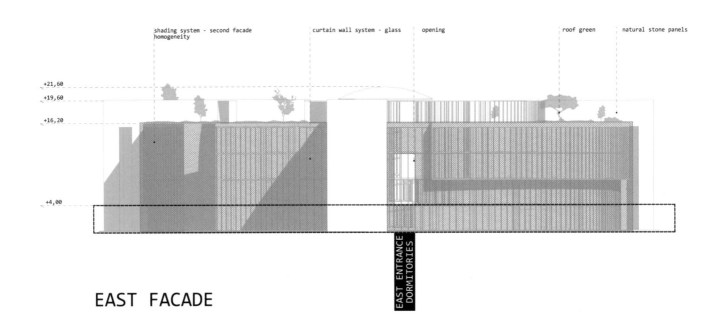

EAST FACADE

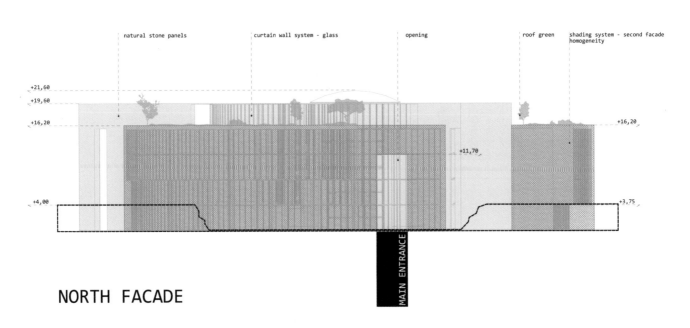

NORTH FACADE

VIZUALIZATIONS

公共健康视角下的大学校园空间设计研究

Research on Campus Space Design from the Perspective of Public Health

泉州信息工程学院校园改造设计

Campus Reconstruction Design of Quanzhou University of Information Engineering

中央美术学院
赵雪岑
China Central Academy of Fine Arts
Zhao Xuecen

姓　　名：赵雪岑 硕士研究生二年级
导　　师：王铁 教授
学　　校：中央美术学院建筑学院
专　　业：风景园林学
学　　号：12180500034
备　　注：1. 论文　2. 设计

公共健康视角下的大学校园空间设计研究
Research on Campus Space Design from the Perspective of Public Health

摘要：伴随着社会的发展，信息化水平的不断提高，高等院校校园的生活模式相对过去二十年已经发生了天翻地覆的变化。首先是过去的校园规划与景观格局无法满足当下需求，逐渐暴露出各种问题；其次是社会环境的变化，尤其是互联网经济的影响以及大学生行为模式的变化，对新科技时代的大学校园提出了更高的空间诉求；更重要的是，一场突如其来的疫情让我们深刻意识到，校园空间的设计亟需完善对于公共健康问题的考虑。如何在保障校园公共健康的基础上，使公共空间的利用率增加、特色增强是值得思考的问题。本文从公共健康的视角出发，以泉州信息工程学院为案例，探讨了当代大学校园空间设计的方法，以期为同类型的设计提供指导性的方向和思路。

关键词：大学校园；空间设计；公共健康；建筑更新；景观

Abstract: With the development of society and the continuous improvement of information level, the life style of colleges and universities campus has undergone tremendous changes in the past two decades. Firstly, the past campus planning and landscape pattern can not meet the current needs, and gradually exposed various problems. Secondly, with the changes of social environment, especially the influence of Internet economy and the change of the behavior model of college students, it puts forward a higher space demand for the university campus in the new technology era. More importantly, a sudden epidemic makes us deeply aware that the design of campus space needs to be improved, and public health issues need to be considered. It is worth thinking about how to increase the utilization rate and enhance the characteristics of the landscape in the space on the basis of ensuring the public health of the campus. From the perspective of public health, taking Quanzhou University of information engineering as a case, this paper discusses a kind of methods of contemporary university campus space design, in order to provide guidance direction and ideas for the same type of design.

Keywords: University campus; Space design; Public health; Architectural renewal; Landscape

第1章 绪论

1.1 研究的缘起和背景

2020年伊始，一场疫情带来的危机使人类社会的各个方面遭受了重创，同时，也使人们更加深刻地意识到建成环境与公共健康之间的关系。在此背景下，由于大学校园使用人群的庞杂性和流动的密集性，使其成为疫情防控环节中最脆弱的一环，更重要的是网络教学无法从根本上代替面授教育的形式，因此这让我们不得不去关注校园健康环境塑造的完整性以及校园空间规划体系的可持续性。

大学校园空间不仅承载着师生休闲活动和观景赏色的功能，更是塑造校园健康环境的基础。回望过去的校园环境建设，以现代城市规划和城市设计中的大多数理论为主导进行规划设计的大学校园屡见不鲜，但从大学校园的本质来看其同样具有特殊性和不可同质化的特征。我们不仅要推动智慧教育的实现，更要注重健康环境的建设，并以此为线索，呈现出新时代大学校园的独有特色。

1.2 研究目的及意义

从整体上看，目前国内现有的从公共健康视角出发对高校校园空间进行的研究还不具备足够的视域性和深度，多数的学术探讨和理论实践都倾向于对校园中的建筑和景观分门别类叙述，缺乏一体化的研究视域。

健康视角的研究对于大学的校园空间环境建设提供了新的视角，促进了适用于当代大学校园空间更新设计手法的多元化，使校园内的空间不再仅仅是提供休憩、观赏和生态性能的公共空间，也是建立防疫防灾体系和校园健康体系的基础，在疫情期间仍然能够保持人与人之间交流沟通的可能性、空间与空间之间功能融合的延展性以及校园环境与教育环境之间不断耦合的回环性。

本研究的目的有两个，一是通过对公共健康视角在新时代的内涵和意义作出的研究总结，提出了针对大学校园空间环境建设可能的思考方向，为实践项目作铺垫；二是通过对实践项目的设计和总结，以期为未来大学校园空间的设计提供思路和策略。

本研究的意义从理论上看可以补充大学校园空间环境建设的理论体系，从实践上看能够为此后的实践案例提供蓝本。

1.3　国内外研究现状

1.3.1　国内研究现状

在国内近五年的文献研究中，以公共健康为切入点对校园空间进行的研究数量有限，其中刘灵、江立敏撰写的《后疫情期基础教育校园设计思考——打造校园内部安全岛》（建筑实践，2020）一文中提出由疫情推动的网络教学形式相较真实课堂仍然具有多方面的劣势，而校园应作为安全岛，应尽可能地让师生活动自如，且能应对今后满足开学条件前提下的其他流行传染病侵扰；具体措施有校园入口分流、冗余空间备用、建立双走廊体系、加强通风系统建设以及对医疗和卫生空间进行可持续性的改造。而以"健康"为视角进行的研究数量很多，其一般聚焦于景观设计领域，具有代表性的如韦金君所著《基于健康视角的大学校园恢复性环境研究与空间优化》（深圳大学，2019）以"恢复性环境"为理论切入点，认为将恢复性环境与大学校园空间环境结合起来研究，对于解决社会公共健康问题具有重要意义；赵珂所著《公共健康视角下可参与性景观设计研究》（南京艺术学院，2020）通过梳理国内外基于公共健康领域进行的景观研究并引入可参与性景观的设计方法，对实践案例做出了指导；《校园中的可持续景观设计研究》（杨酉，城市地理，2016）、《通感在康复景观设计中的应用研究》（李同予等，城市建筑，2018）、《以精神复愈为目标的校园景观设计研究》（邢璐，中国矿业大学，2018）分别从应对非传染性疾病、心理健康疾病以及环境可持续发展方面阐述了景观设计的原则和方法。

此外，国内对健康环境与公共空间耦合的实践研究多聚焦于社区、康复型医院、养老院等项目，如龙湖新壹城颐年公寓中的康复花园（图1）、吕元祥建筑师事务所设计的余兆麒健康生活中心（图2）等，也有以健康为主题的办公空间设计，如乐平基金会总部的新办公室（图3）等。

图1　龙湖新壹城颐年公寓
（来源：http://www.greenview.com.cn/case/）

图2　余兆麒健康生活中心
（来源：http://www.rlphk.com/chi/）

图3　乐平基金会总部的新办公室
（来源：http://www.peoples-architecture.com/）

1.3.2　国外研究现状

国外对公共健康领域的研究来源于人类历史上遭遇的多次重大瘟疫灾害。由于那时医学尚不发达，园林仍为贵族私人所享用，因此人们对城市空间与传染病之间的关系还未有认知。随着社会前进、经济发展，人们逐渐认识到公共环境和瘟疫传播之间存在密切的联系，于是倡导健康城市的理念应运而生，并随之出现了众多相关的法案、理论和城市运动（表1）。

此外，克莱尔·库珀·马科斯的《康复花园》，集中介绍了国外设计师运用康复景观的理念和经验，以及康复景观比较认可的设计原则；《设计结合医疗——医疗花园和康复景观》《为所有人服务的园林》《为健康而设计——

伊丽莎白及诺娜·埃文斯康复花园设计及其启示》等书籍介绍了一些国外受到认可的康复景观的案例。出于公共健康目的，较早的健康景观项目较少，其中有代表性的有：风景园林设计师卡比尔设计的位于孟加拉国首都达卡贫民区内的希望平台；弗拉维奥·詹克斯和麦克斯·罗姆设计的位于布宜诺斯艾利斯的静安社区，利用内部或边缘空间产生新的公共空间，等等，促进了城市公共健康的良性发展。

国外研究现状 表 1

时间	国家	名称	内容
1848年	英国	《公共卫生法》	成为公共卫生史上的里程碑之一，也催生了一系列公共卫生理论的诞生，从而推动了"英国公园运动"的开展，促进了城市建设发展
1909年	美国	《芝加哥规划》	倡导改善湖滨空间并保障公众使用，拓展现有的公园和林荫大道系统，设定森林保护区，由此掀起了城市美化运动
1984年	—	健康城市运动	世界卫生组织根据"Healthy Toronto 2000"公约，提出"健康城市"的概念和原则，并转化为促进健康建设的全球性计划
2010年	美国	《纽约市城市公共健康空间设计导则》	旨在通过规划设计创造健康空间环境。随后在美国很多城市的发展规划里，将"韧性"的概念引入城市建设

可见，国外对于公共健康的研究着眼于更加宏观的层面，涉及校园规划的案例时，强调校园一体化的设计，主张对校园既有环境进行充分研究并选择弹性、可持续的绿色校园建设方式。如密歇根大学的校园规划指导呈现出依照周期持续调整、包含大量研究报告以及规划富有弹性的特点，其对前期规划以及校园规划的研究翔实丰富；同时校园规划更新导则文件不拘泥于具体的建筑设计，以框架式的、弹性的城市设计导则的形式来指导校园未来的更新建设。校园规划呈多元化的趋势，运用多样化的校园规划模式；校园与城市相互融合互动；强调校园规划是一种动态的设计过程；注重校园外部空间的塑造，重视多种多样的交往形式。

1.4 研究方法

1. 调研法

对泉州信息工程学院校园中的景观空间进行实地调研。在调研结束后做梳理总结，提出对更新设计具有指导性的关键词。

2. 实践法

通过资料梳理和现状调研提出设计思路。

3. 案例分析法

借助互联网渠道搜索近3～5年内针对应用型高校校园空间的设计与优化方案，并做详细的梳理，提取具备信息时代特征和符合高校特点的案例，做纵横比较与案例分析。

4. 文献阅读法

借助图书馆、档案馆等文献检索渠道，对调研和检索到的在研究范围内的案例调取详细的图纸和设计资料，以便于提升论文研究理论体系的完整性与系统性。

第2章　相关概念和理论基础

2.1　相关概念的界定

2.1.1　健康与公共健康

"健康"一词的基本解释主要为人体有发育良好、机能正常的生理功能，心理健全和对社会的适应能力良好，同样也可以代表实物的情况正常，没有缺陷。世卫组织提出了著名的"三维健康"概念：即健康从单一的身体健康（一个维度）发展为身心健康（两个维度），然后是身体、心理和社会健康（三个维度）。这也就是说，健康不仅是没有患病或者身体不虚弱，而且是身心和社会共同良性发展的完美状态。

"公共健康"与"健康"相比，将其关注的范围扩大至整个国家和社会的层面，是指公众的健康，而不是针对个体而言的，公共健康实际上应该被认为是一个整体的概念。"公共健康"的概念要求人们需要超越公共卫生和医疗管理领域的一些传统认识，而赋予其更多的公共社会经济意义和内涵。综合以上，公共健康的定义可以被定义为由社会共同努力来维护和促进的公众的健康。

2.1.2 大学校园空间

"校园"（campus）一词来源于拉丁语，意为一个连绵不断的绿色的场地，18世纪后期，campus一词用来描述普林斯顿大学的校园环境，之后用来专指学院或大学的校园。其词意分为三个层面：一是对绿色的场地进行界定；二是指建筑物结合周边绿地景观的氛围；三是其在任何环境中都可作为相对固定部分。由于校园与城市存在密切的地缘关系，所以校园属性中也渗入了城市性、社会性的成分，其规划、建筑和景观均需做整体考虑。校园包括教室、宿舍、食堂、操场、广场等公共空间，有效利用校园公共空间可以在丰富使用者日常生活的同时，对身体健康同样具备积极作用。

2.2 相关研究理论基础

2.2.1 注意力恢复理论

1980年，该理论由Stephen Kaplan和Rachel提出，Kaplan夫妇解释，疲惫的精神状态会分散人的注意力，导致注意力的无法集中，其要点即缓解压力；并且说明了景观是一种软性吸引，其不仅不需要耗费我们的注意力，还有助于注意力的恢复。注意力恢复理论证明，自然环境不仅能够恢复人们的注意力，还能满足人们对自然的审美需求，更能明显减轻人们精神上的疲劳。健康景观在城市空间中营造自然和谐氛围的环境给人体带来的主要促进作用之一就是舒缓压力，注意力恢复理论是对健康景观发展实质作用的论证。

2.2.2 恢复性环境理论

Stephen Kaplan的注意力恢复理论认为人们常常感到精神疲劳，并寻求自然环境作为恢复他们专注力的场所。恢复性环境是指能够更好地帮助人们从心理疲劳或生理疲劳中恢复过来的环境，也称复愈性环境。对于多数人群来说，自然环境都属于恢复性环境的范畴，而社会个体比较倾向的环境种类也是恢复性环境。恢复性环境的四项特质（延展性、远离性、相容性、魅力性）如果人为排列的方式不同，则会形成各不相同的环境形态，一般来说，拥有恢复性特质类别越多的环境，其强度越高，恢复能力也越高，尤其对心理上的影响更大。换句话说，景观环境满足以上条件，就会对人体产生健康效益。恢复性环境理论是健康景观发展的重要理论基础。

2.2.3 环境行为心理学理论

人的行为与所处物质环境之间的关系是环境行为心理学的主要研究内容。经验、行动等都属于行为的范畴，环境分为三个类型：物质、社会和文化环境。这两者之间的相互关系是这门学科的主要研究对象。在环境设计中，存在三个心理因素：感觉、行为和心理倾向。只有当我们了解了人的行为和情感需求后，才能设计出一个与人的条件相关的环境。

环境行为心理学的主要研究内容是努力改善人与环境之间的关系。在设计层面，对当前环境的理解、对人心理的把握、对需求的认知是一个重点。对三者的结合进行思考，在设计时才能考虑到同学们对环境需求的不同层次。对于校园消极空间的激活与优化，环境行为心理学的关注角度首先应是在校学生，只有通过对心理规律的分析，才能充分掌握学生的行为规律。对于校园景观的营造来说，设计出符合学生心理及行为的校园环境对提升景观的亲和力至关重要。

2.2.4 需求层次理论（图4）

美国心理学家马斯洛的"基本需求层次理论"，由高到低将不同的需求分为5个层次，每个人处于不同时期以及境遇的不同，他的需求都是随着外界影响而变化的。同时因为每个人的生活背景、文化教育及个人经历不同，在需求认知的层面上也不相同，面对相同的景观，不同的人也会产生不同的情景联想。就高校校园环境更新设计而言，设计者需要从基地调研出发，充分地研究理解校园使用者的心理需求及行为活动，设计出满足师生需求的校园开放空间，同时满足师生物质和精神方面的需求。

2.2.5 交往与空间理论

交往所起到的纽带作用是维持社会整体稳定发展的关键。交往的距离及事件的关联性是一种传媒介质。在校园空间设计中首要任务就是以校园空间环境

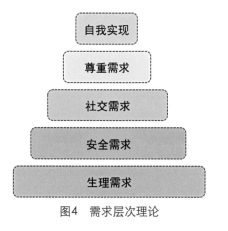

图4 需求层次理论

作为媒体，创造学生之间、师生之间的广泛交流。通过交往要达到的目的可以划分为信息交流、情感互递、施加影响三类。

　　丹麦城市设计师扬·盖尔在1971年出版了书籍《交往与空间》。书中将一般情况下人的户外活动分为三类：必要性、自发性和社会性活动（表2）。按照书中论述的观点，也可将大学生在校园中的户外活动类型概括为这三类。大学生的必要性活动包括日常上课、下课、吃饭等，对环境要求不高，三者之间的路线是必要性活动发生的主要场所；自发性活动包括步行、运动、社交、观看、住宿、阅读等，这些活动发生的弹性较大，需要较高的环境要求，良好的环境可以延长活动时间；大学校园里的社会性活动是指社团活动、小团体活动、文娱活动等。不同类型活动的发生是由物理环境引导而决定的，并且环境对活动有启发、促进和限制作用。

校园的活动类型

表 2

活动类型	学生活动	空间需求	心理需求
必要性活动	日常上课、下课、吃饭等	对环境要求不高，三者之间的路线是必要性活动发生的主要场所	要求易达、安全、舒适
自发性活动	步行、运动、社交、观看、住宿、阅读等	这些活动发生的弹性较大，需要较高的环境要求，良好的环境可以延长活动时间	有被尊重的需求，希望公平、民主地参与到学校活动和学校建设中
社会性活动	社团活动、小团体活动、文娱活动等	是在公共空间中有赖于他人参与的各种活动，对环境要求相对较低	看重友情，渴望被理解，追求现代、个性、时尚的生活方式

2.3　本章小结

　　本章对"健康与公共健康"和"大学校园空间"的概念做了界定，同时呈现了文章中涉及的相关理论：注意力恢复理论、恢复性环境理论、环境行为心理学理论、交往与空间理论。为后文对大学校园的健康环境设计研究打下了基础。

第3章　大学校园的健康空间塑造研究

3.1　校园规划格局优化

　　改革开放后，国家城市化进程不断提速，人口越发密集，导致城市边界不断扩大，高校校园位置自然而然地由城市外围进入市区范围。同时，随着高等教育模式不断变革，办学理念推陈出新，对校园使用功能的需求也不同以往，原有的校园空间格局已无法满足新时代高校的办学需求。面对困境，高校当前主要采用两类方式进行改善。一类是通过置换学校用地，在城市其他位置另建全新校园，进行整体搬迁；或保留原有校区，在城市他处建设校园分部，形成多校区并存格局。此两种方式均通过新建用地走出困局。另一类则是在原有校区基础上进行改造更新，不断完善。此类方式因不改变用地面积，所以较于前者较为繁杂，但全球性能源危机尚在，推翻重建既有的高校校园，很可能造成资源浪费，甚至破坏当地区域文脉。因此，对应用型高校的校园来说进行更新设计是最优解。

　　从公共健康的视角看，构建多尺度、多层次绿色弹性校园空间，耦合建筑体系和公共空间体系，不同层级之间有序衔接，功能空间多元化利用，或是节约用地、优化景观和调适灾害的最好途径。构建多尺度、多层次的校园空间的关键在于对原有校园的组团、区域、节点按照功能需求，对灾害的防控等级、需要建设的规模等级、绿化与各类公共空间和公共服务设施的耦合等级等进行分类分级的规划设计和建设，并合理控制其建设规模和密度，平时满足师生日常健身、休闲、实训教学的需求，灾时满足对灾害的分类分级疏散、避险、隔离和通行需求。同时注重局部小气候的形成，从生态角度与城市规划系统中的通风廊道相契合，满足疫情防控的自然性通风需求。

3.2　校园景观塑造

　　校园景观空间是校园公共空间中最富灵活性的空间类型之一，是满足师生及其他使用人群休憩、锻炼、游览、交往，以及举办各类集体文化活动的场所，对保持使用者健康、调节身心健康有不可替代的积极作用。其构成要素和基本特征如下：

1. 构成要素

校园健康景观一般强调重建人的精神情绪与环境的内在联系，是一个包含很多构成要素的复杂系统，其中主要包括使用主体和环境客体两大类要素。

主体要素：主要是指从使用人群的活动角度来说，人与健康景观的互动包括主动和被动两种形式，主体要素间的主动与被动形式是相互的。主动形式，指人的主动参与体验，包括运动、活动、人际社会交往等，其中还涵盖对植物、活动、空间的探索；被动形式，指人的感官系统被动地接受来自外部环境传达的信息，例如环境对人的视觉、嗅觉、触觉、味觉和听觉等感官的刺激。

客体要素：从环境的构成来说，健康景观是通过人为利用自然要素，通过多样的感受刺激以及创造支持使用的空间，为使用者营造一个可以支持其与环境产生互动的空间场所。除了满足机体的使用外，对自主活动还有绝对的诱发性，包括对五感的刺激和心灵感受的刺激，使环境丰富，满足多样使用机会；后者要求将无障碍环境作为设计基础，提供可以满足各种使用需求的设施物，以支持活动产生。

2. 基本特征

拥有健康安全的自然环境、稳定持续的生态环境，使景观构成要素对人类的身心健康呈现积极的状态，满足人的健康需求，其中包括：生理健康需求、心理健康需求以及日常的社会交往需求，能提供安全无障碍的文娱健身设施，促进人们进行适当的户外活动；景观类型多样化，营造富于创新、变化、动态的景观空间，合理组织空间布局，增加社会交往的机会，促进群体和个人之间的相互交流；具有精神寄托意义的景观，有助于人们缓解压力；展示正确的健康理念，维持社会健康状况良好，推动其可持续发展。

大学校园环境的景观设计不同于一般的城市建筑景观设计，每个学校都有不同的发展历史、不同的条件资源、不同的行业特色，所以大学校园在景观设计时还承担了积淀学校文化、体现学校内涵、凸显精神价值等作用，在建设或改造校园环境时需要进一步优化校园绿化景观规划设计的功能，对于景观环境的视觉、生态、效益、行为与人文都要充分考虑。因此，从师生行为需求层面出发，其设计策略如下：提高校园环境的安全性和可达性、增加"半公共化"的景观设施、丰富户外绿色微空间类型、设置舒适安全的交通系统等；从突出校园文化特色出发，其设计策略如下：韧性景观与户外实训空间结合、运用多媒体技术增加校园场景多样性、植入可参与型的景观空间等。

3.3 校园公共空间设计原则

1. 生态可持续原则

1980年，联合国呼吁："必须研究自然的、社会的、生态的、经济的以及利用自然资源过程中的基本关系，确保全球的可持续发展。"要求健康的校园空间设计重视景观生态的健康性，建筑符合低能耗的要求，坚持生态可持续的原则。不应违背环境的生态性过度开发土地，造成生态环境的破坏。要在尽可能保护原有生态环境的基础上，考虑自然植物和水体对调节人体健康的效益，最大限度地发挥植物的生态功能和环境的可持续性，创造人与自然和谐、可持续发展的健康环境。

2. 心理适应性原则

心理适应主要指适应环境的能力，一个人是否能尽快地适应新环境，除了与他心理适应性高低有关外，还和他所处的空间环境有直接的关系，心理适应决定了人们在空间场所中逗留的可能和逗留时间的长短。利用自然环境促进精神世界的健康，正是景观促进人体健康效益的关键因素。

健康空间的营造，要充分考虑使用者的心理需求。只有当人们从心底接受一个空间环境，这个空间环境才能对人有所作用。以人为中心，在环境设计中考虑行为学、心理学的影响。基于使用者的心理诉求，满足人们对空间环境私密性、安全性和日常交流的基本要求，有助于人们形成良好的社交关系，促进心理健康。

3. 生理适应性原则

关注健康的校园空间应尽可能地利用空间元素，增加人们与自然环境接触的机会，通过视觉、嗅觉、触觉、听觉等感官上与公共空间的接触，刺激人们在生理上的感受，从而有利于人们释放压力。遵循生理适应性的原则，应该重视环境的改善，包括减少空气污染、加强废水垃圾等污染物处理、提高绿化率从而更好地使人们融入自然，有益于使用者的身体健康。

4．社会适应性原则

社会适应性，主要指人与人、人与社会的关系和适应，指使用者通过在景观环境中充分地释放自身情绪，包括紧张、压抑以及不安全感，以帮助使用者舒缓身心，更多的是强调社会交往。当代社会信息飞速发展，人们通过网络、电视等新闻媒体便可以获得大量的信息和知识，大量的高密度建筑也使得邻里之间缺乏交往的时间和足够的交往空间。这就要求校园的空间设计尽可能多地提供符合人们交往行为习惯的空间，从而增进社会交往，满足社会性需求。

5．通用可识性原则

通用可识性原则包含两方面：通用性和可识性。通用性是指尽可能地设计面向所有群体的一种创造设计。营造一个能被所有人使用的空间，非健康群体、亚健康和健康人群都可以在这个空间中满足生理、心理的需求，以达到促进健康、恢复健康、保持健康的目的。可识性要求健康空间在设计时根据不同使用需求营造具有明显特征的环境，通过材质、色彩、形式等元素的不同处理方式，明确划分和丰富空间等级、空间层次，增强公共空间的可识性，以提高空间的使用率。

3.4 案例研究

3.4.1 沈阳建筑大学"稻田景观"（图5～图7）

北京大学俞孔坚教授在沈阳建筑大学校园内设计实施的"稻田景观"是农业景观介入城市空间的经典范例。采用乡土景观元素，营造出具有生产性的校园环境。项目利用了基地原本肥沃的土地条件，将水稻、乡土植物和当地农作物作为景观元素运用在环境设计中，在校园中形成了独特的、具有生产性功能的景观。

沈阳建筑大学"稻田景观"一方面向师生们展示了劳动收获的全过程，另一方面让师生们有了亲自体验劳作的机会。在农田中设立的读书台，也为学生们创造了一个学习和交流的空间。"稻田景观"不仅改善了学校的生态环境、微气候，也培育了人们尊重劳动果实的健康理念，提供的社会交往空间更是让师生们从心底感悟自然界万物的因果变化，是一种对人体身心、公共环境都起到健康作用的健康景观。

| 图5 | 图6 | 图7 |

（来源：http://Landscape.cn/Landscape192277.html）

3.4.2 Orygen and OYH Parkville大楼（图8～图11）

Orygen and OYH Parkville大楼是一个青少年心理健康设施，通过包容性和通用性的设计，创造了一系列具有安全保障的空间。这些空间欢迎着每一位青少年，在这里，所有年轻人都享有足够的选择权，都能够为自己代言。

| 图8 | 图9 | 图10 | 图11 |

（来源：http://www.rlphk.com/chi/）

项目探讨的是如何设计一个既注重功能性，又注重人体体验的健康场所，并希望能改变许多患有精神疾病的澳大利亚年轻人及其家人们的日常生活。

通过全方位的设计，进一步保护了青少年的思想、感受和优先权，从青少年的角度出发，借青少年之手，为青少年提供一系列服务。同时，本项目也是工作人员与有特殊生活经验的年轻人及其家人，以及没有特殊生活经验的年轻人之间共同协商之后的成果。

3.5 本章小结

本章主要从校园规划格局优化、校园景观环境塑造、校园公共空间设计原则三个方面对大学校园的空间设计方法进行研究。从研究结果来看，大学校园的健康性环境塑造是必要的和紧迫的，研究兼顾了公共健康安全和大学校园的教育特色，具有可行性和建设性，为后文的实践研究提供理论依据。

第4章 泉州信息工程学院校园空间设计研究

4.1 项目概况

4.1.1 项目设计内容

泉州信息工程学院校园空间更新设计的主要内容包括：项目范围内的校园空间系统的优化；建筑形态、功能的重构；景观物质要素的丰富以及弹性发展能力的建构。项目范围为泉州信息工程学院内，坐落在教学科研综合楼、实验办公综合楼、学术交流中心、研发办公楼、一般教学楼、学生宿舍和一些附属建筑环绕起来的校园空间内，其中也包含一座需要被改造的图书馆以及一处校园内主要的运动场地。

4.1.2 宏观区域概况（图12）

1. 地理区位

泉州，是福建省东南沿海地级市，北接福州，南临厦门，东侧远眺台湾岛，现辖鲤城区、丰泽区、洛江区、泉港区、晋江市、石狮市、南安市、惠安县、安溪县、永春县、德化县、金门县和泉州经济技术开发区、泉州台

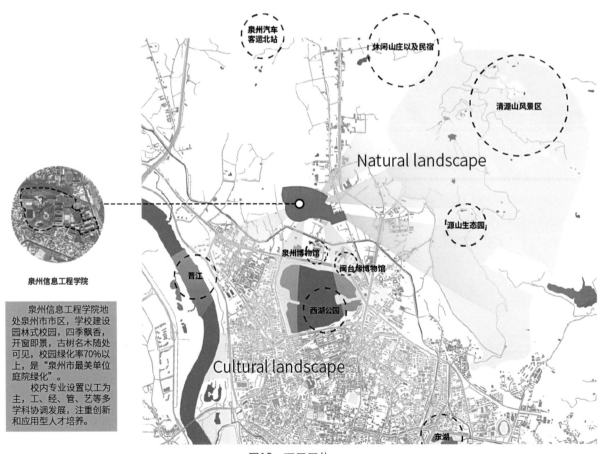

图12 项目区位

商投资区，市域面积约11000平方公里。城市名片众多，为国家首批历史文化名城、首届东亚文化之都、海上丝绸之路起点，还被列入国家"一带一路"战略的21世纪海上丝绸之路先行区。

泉州市域面积较大，区、市、县以及开发区均有分布。就现有规划来看，初步形成了以环泉湾核心区为核心，以湄洲湾南岸区域和环围头湾区域为两翼，以周围其他区县为小型支点的格局；依托交通系统和居住功能、旅游资源等，形成了战略提升带、战略预留带和战略辐射带；同时，针对城市发展定位，形成了北、中、南三大工业片区。

2．自然环境

泉州市地貌类型复杂多样，地势西北高，东南低，由内地至沿海逐渐下降。地处低纬度，东临台湾海峡，属亚热带海洋性季风气候，气候条件优越。年平均气温18～20℃，无霜期310天以上，年降雨量1000～1800mm，年平均日照达1900～2000小时。泉州市土地资源丰富，耕地有限。境内溪流密布，晋江、洛阳江为泉州市主要河流，全市多年平均水资源总量为96.3亿立方米。由于气候条件优越，泉州市土地面积的60%为林地，森林覆盖率稳定在58.7%，野生动植物资源也十分丰富。

3．社会发展

历史上，泉州有上千年海外交通史，作为中世纪"海上丝绸之路"的起点，起源于南朝，发展于唐朝；自唐代开埠，即为南方四大对外通商口岸之一；宋、元时期跃居四大港之首，成为世界性经济文化中心，被誉为"东方第一大港"，与埃及亚历山大港齐名，形成一条连接亚、非、欧、美的海上大动脉。泉州人口主体构成为中原河洛人，西晋年间定居于泉州晋江、洛阳江两岸；而经济开发则最早起源于周秦时期古闽越人，儒商文化在泉州经济文化中占有重要地位。

4.1.3　泉州信息工程学院概况

1．院校简介

泉州信息工程学院（Quanzhou University of Information Engineering）地处泉州，致力于培养德智体美劳全面发展的"实基础、强能力、能创新、高素质"的高级应用型人才，是经国家教育部批准成立的全日制应用型本科大学。其建校历史可以追溯到2002年泉州信息职业技术学院的创建；在随后的2004年4月，泉州信息职业技术学院成为经福建省人民政府批准创办、具有独立颁发国家承认学历的一所普通高等院校；2014年5月16日，教育部批准同意在泉州信息职业技术学院的基础上建立泉州信息工程学院，实施本科教育；2014年9月学院5个首批本科专业开始招生。

2．区位概况

泉州信息工程学院（图13）位于泉州市丰泽区西北角处，校园总面积约15.2公顷。从空间结构上看，学校西临丰州北峰组团，南靠中心区域组团，北侧和南侧被清源山风景名胜区环绕，且处于战略辐射带和战略提升带之间，具备规划上的战略优势。

从交通上看，学校东有博东路，南有博后路，西有宏旗路；周围环绕村庄建设用地，除主要城市干道外，道路大多窄小稠密；1公里范围内分布4个公交车站，公共交通通勤条件略差；2～3公里内分布有城市快速路，城市交通通勤条件正常；3～5公里内分布有泉州火车站和泉州客运北站，城省际通勤条件较好。

从学校周边用地性质来看，北侧和南侧以村庄建设用地为主，西侧以公园和二类住宅用地为主，东侧以村庄安置用地、综合公园和交通枢纽用地。

从自然环境来看，学校紧邻清源山风景名胜区并划归为清源山的外围城景协调区，同时在上位规划中也处于环城绿带上以及两条绿色廊道之间，自然条件优渥，景观生态规划地位重要。

从公共服务设施上看，学校处于"西湖市级博物馆公共文化中心"的中心区域，周围5公里内环布江南区级公共文化中心、古城片区区级公共文化中心以及3个区级公共体育设施组团，社会文化和公共服务系统便捷。

图13　泉州信息工程学院校园
（来源：项目资料）

117

4.2 现状调研

4.2.1 校园规划现状

泉州信息工程学院始建于2002年，前身为泉州信息职业技术学院。至2020年共建设了两期。规划总用地约228亩，总建筑面积约8.96万平方米，容积率为0.59，建筑密度14.6。校园的规划用地范围属于自然生态绵延区，地形高差在40～50米之间，用地形状大致呈现斜向的不规则梯形，南北最宽处约515米，西北—东南方向长约1006米。

从校园现有的规划中可以体现出规划者顺应地形地貌、与景观环境有机融合的思想，即现有的规划围绕校园内面积最大的自然山体景观展开，因此建筑组团呈现零散状排布，略显细碎和均置化；校园风貌的重点是位于西侧的山体景观，在这里形成了一条南北走向的景观轴线，但也受地形影响，校园内由东向西不断抬高，坡度也较大，极易造成交通不便，也易使东西两侧校园的使用率形成较大差异。

4.2.2 校园空间格局

研究范围（图14）内北侧为教学科研综合楼和实验办公综合楼，西侧和南侧为一般教学楼、学术交流中心、研发办公楼以及一些附属建筑，东侧为主要的学生宿舍区。整体的空间格局可分为三层主要的系统。第一层为景观系统，约占研究面积的70%，包含一处运动场地；第二层为建筑系统，约占研究面积的20%，包含了教学科研综合楼、实验办公综合楼、图书馆建筑、运动场地附属建筑、一处单层宿舍楼，以及1、2、3、4号宿舍楼；第三层为道路系统，约占研究面积的10%，现有的道路规划层次明确，将项目范围内的建筑和景观联系在一起，使三层系统构成整体。

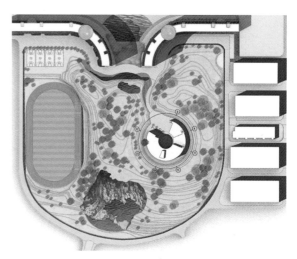

图14 研究范围
（来源：项目资料）

4.2.3 景观环境

泉信校园依山而建，属山体景观，整体呈现出自然做功的面貌，可登至山顶俯瞰校园风貌。校园植被覆盖率较高，山体植被生长茂盛，绿化率达70%以上，且种类多，生长状况好。教学楼和实训楼背后有大块闲置草坪，植被日常维护、修剪与管理情况极佳。

研究范围内的空间地形起伏很大，图书馆建筑则位于整个校园的制高点，地形由以图书馆为基点的中心逐步向四周降低，最高处海拔高度为44米，因此图书馆极具地标性特征和良好的视域条件（图15）。从空间关系上看，还有一条南北向的明确的景观轴线，建筑和景观近乎对称地分布在轴线两侧，由北至南串联起叠水景观、石雕小品、平心亭以及一处带有池塘的自然山体，具有不可多得的环境优势。

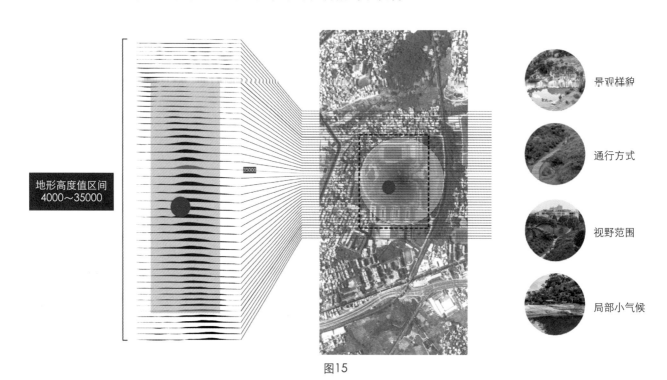

地形高度值区间
4000～35000

35000

景观样貌

通行方式

视野范围

局部小气候

图15

4.2.4 建筑关系

泉州信息工程学院的一期校园规划于2014年竣工；二期校园规划至2016年竣工，建筑的建造时间短，风格相对统一。由于地形影响，建筑呈向心状环绕分布在山体景观周围，这种排布方式使建筑与建筑之间、建筑与景观之间的关系趋向平均。

本次研究范围内的待改造的建筑是泉州信息工程学院图书馆（图16），该馆建于2002年，新图书馆2.52万多平方米，馆藏图书96.96万余册，是泉信学子日常工作学习的最佳公共场所。现有建筑结构为钢筋混凝土框架结构，环形轴网。环形空间的中心为首层平层玻璃框架内庭，同时作为主入口的过渡空间。建筑主体为地上四层空间，二、三、四层均设有屋顶平台，外立面为花岗石贴面。

图16　泉州信息工程学院图书馆
（来源：项目资料）

1. 建筑光环境研究（表3）

建筑光环境研究　　　　　　　　　　　　　　　　　　　　　　　　　　　表3

建筑楼层	被遮挡角度	内容1	内容2	内容3	内容4
一层	被遮挡角度 63°	遮挡后年光照时间（小时）：660	今年全年光照少于2小时（天）：192	今年全年光照少于5小时（天）：365	春分3月20日可以光照（小时）：1.6
		夏至6月21日可以光照（小时）：4	秋分9月22日可以光照（小时）：1.6	冬至12月21日可以光照（小时）：0	大寒1月20日可以光照（小时）：0
二层	被遮挡角度 45°	遮挡后年光照时间（小时）：1021	今年全年光照少于2小时（天）：79	今年全年光照少于5小时（天）：160	春分3月20日可以光照（小时）：5.2
		夏至6月21日可以光照（小时）：6.8	秋分9月22日可以光照（小时）：5.2	冬至12月21日可以光照（小时）：0	大寒1月20日可以光照（小时）：0
三层	被遮挡角度 -57°	遮挡后年光照时间（小时）：1621	今年全年光照少于2小时（天）：6	今年全年光照少于5小时（天）：33	春分3月20日可以光照（小时）：13.2
		夏至6月21日可以光照（小时）：14.8	秋分9月22日可以光照（小时）：13.2	冬至12月21日可以光照（小时）：11.6	大寒1月20日可以光照（小时）：12
四层	被遮挡角度 -57°	遮挡后年光照时间（小时）：1621	今年全年光照少于2小时（天）：6	今年全年光照少于5小时（天）：33	春分3月20日可以光照（小时）：13.2
		夏至6月21日可以光照（小时）：14.8	秋分9月22日可以光照（小时）：13.2	冬至12月21日可以光照（小时）：11.6	大寒1月20日可以光照（小时）：12

2. 建筑结构以及功能（图17）

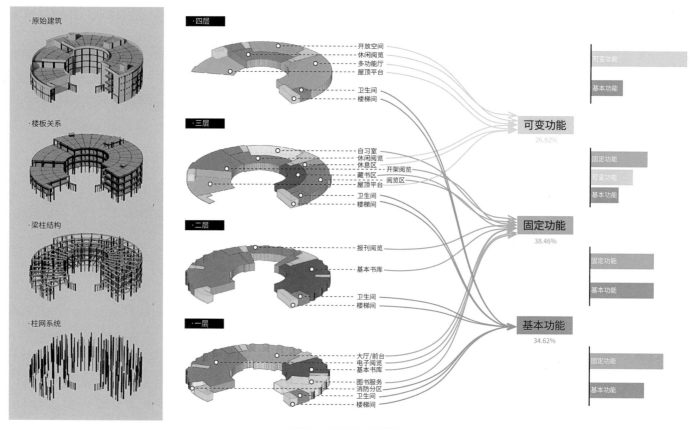

图17 结构及功能分析

4.2.5 道路交通

研究范围内涉及的校园入口2个（东北门和南门）、校园主干道路1条（环山路）、校园次干道以及园路小径若干条。从现状条件来看，整体校园交通道路脉络清晰，环山路于自然山体周围呈环状建设，形成环形主干道，可供机动车通行；各功能建筑沿环形交通主干道分布；学生宿舍区位于校园东侧，交通道路为主干道分支出来的三条次干道，平行分布汇成一条主干道，可通往校园的东北正大门，并与博东路相接；正大门入口交通道路实行人车分离，进入校园，左侧为人行道，右侧行驶车辆。校园西南边设有校园后门，通往博后路。

4.3 背景总结与现状分析

4.3.1 背景总结（表4）

表4

背景		现象	影响
疫情之后的校园公共健康问题		校园空间需要优化	注重安全社交距离 突出校园环境的特殊性
互联网与物联网的发展		学生的学习方式改变	出现泛在学习行为
图书馆的使用价值发生更迭		图书馆的空间需要提供更多活动的可能性	单一空间向复合空间转变 单一活动类型向多元转变
应用型大学的特性	教学特性	①注重实践技能和应用能力的培养 ②输出服务于生产、建设、管理一线的高层次技术应用型人才 ③关注应用研发创新、区域发展	校园设计的需求和重点： ①关注高效的设计 ②空间丰富
	学生活动特性	①课业充实，休闲时间少 ②实践较多，学习能力强 ③联结企业，社交需求多	③提供足够的个人私密性空间 ④承载多样的社交空间 ⑤校园可达性高，功能便捷

4.3.2　现状优势

1．生态景观良好，为校园可持续发展打下基础。

泉州信息工程学院总体校园环境优越，功能区分明。学校自建校以来创建并打造了宜人的校园生态环境，为周围教学建筑提供了优质的共享绿色景观，也为校园的可持续发展以及绿色生态内涵建立奠定了基础。

2．人车分流系统合理，为室外活动提供了保障。

泉信校园内实行人车分流，对于缓解校园交通压力和避免安全隐患起到了重要的作用；同时，合理规划人车动线，也可使校园景观被完整欣赏，为塑造移步易景的景观廊道和小品提供了延伸空间；也给校园内户外空间的活动带来了安全保障。

3．校园风貌普通，更利于塑造应用型高校的校园特色。

泉州信息工程学院是一座山水式校园，而校园环境中极为重要的因子之一就是植物景观。学校正处在发展过程当中，校园绿地植物景观还没有来得及进行变化或适应学校的发展，导致种类单调、配置单一、植物季相不明显。总的来说，就是只满足了校园环境最基础的绿化和观赏需求，造成了校园空间风貌的普遍和同质化；但因此也使新的、具备特色的校园空间风貌能够更容易地在此形成。

4．建筑视野极佳，具有地标性。

4.3.3　现状劣势

1．对公共健康问题关注不足。

2．建筑与景观各自孤立，且尺度偏大。

位于校园北侧的两栋综合楼以及图书馆的建筑尺度较大，但其形式和风格与校园内的山地景观毫无关联，显得空旷而冷漠。现有规划看似利用了校园内的地形高差，实则没有考虑到人们实际的使用感受，从校园正门东北门走向图书馆经历的坡度最大值为13%，在规范中我国城市道路的最大纵坡是8%，公路是9%，城市中我们一般可见到的最大坡度是12%。因此，依山而建的天然景观肌理对日常使用者来说并不友好。同时，缺少能够遮阴的乔木，反而使校园中心地带的使用率降低；图书馆前的硬质空间与周围景观也是孤立的，无法营造出适宜进行交流、互动的公共空间。

3．缺乏户外公共设施和完备的照明系统。

由于地形地貌较为特殊，研究范围内的道路坡度大且拐点较多，极易形成视觉盲区；虽然在山体景观区域有大面积的绿化草坪，但公共设施以及道路不足，导致除必要的通过性人流之外并未有人驻留；目前的照明系统仍然不完善，图书馆周围以及诸多景观密集区域的照明设施数量严重不足；泉州日照时间长，大面积的自然景观缺乏配备相应数量的遮阳和休憩设施。

4．校园空间无法对接该校未来的教育环境发展。

泉州信息工程学院寻求转型发展的契机也是我国对创新型、科技型人才迫切需求的时期，从其历史沿革可以看出其在学院布局、教学专业设置、特色教学模式等方面与其他本科院校存在根本的不同；在未来，泉州信息工程学院还将走向智慧校园的建设，那么校园内部网络的升级改造则是必要过程，同时还应注重围绕学生的学习与实践，配套建设多媒体教学系统、电子实训室、数字图书馆等完整的服务系统，以此满足学生的学习生活需求。这对学校的规划建设有着前所未有的挑战。

反观已有的校园环境，其侧重点在于按照面积去规划建筑并完成功能和校园总体的设计，而不是从需求出发，考虑高校教育特点和使用人群的行为活动特点。即使在不久的将来校园中能够实现网络信号的全覆盖，也仍然无法满足教育新基建的建设和配套需求，不能从根本上推动学校实现数字化的教育。

5．校园环境无法满足使用者的多层次需求。

泉州信息工程学院校园呈现了一所传统大学的校园面貌，校园景观功能单一，其问题核心在于设计者在规划设计之初，并未充分将景观参与者本身的变化及其需求变化考虑到位，导致空间未被有效利用，景观现状逐步与需求脱节。简单来说，就是缺乏对应用型学科的特点分析以及校园使用人群的需求分析。应用型高校具有自身的独特性，其校园使用人群主要有学生、教师、工作人员、社会企业人员。与普通大学不同的是，应用型高校需要与企业建立紧密的合作关系，因此校园的主要使用人群比一般高校的范围更大；同时，学科设置更偏重实践技能的训练，因此，学生的课业以及日常学习交流活动不仅局限在教室和课堂，他们对于校园空间多元化有硬性的需求。因此，当前泉州信息工程学院的校园环境是无法满足未来主体使用人群的核心需求的。

4.4 总体设计理念

4.4.1 提出问题

1. 如何在保障校园公共健康的前提下，实现图书馆在新的历史时期应有的价值？
2. 如何建构泉州信息工程学院的校园特色？
3. 如何呼应新时代的学习模式？

4.4.2 思路与原则

1. 具备前瞻性——以创新为内驱力，激发校园活力。
2. 富有创新性——着力打造教育新基建落地应用的示范试点区域。
3. 突出特色性——突出应用型高校办学理念，重塑校园文化。
4. 提高参与性——营造人性化开放场所，促进交流活动。
5. 融合地域性——彰显新时代地域特色，延续精神文脉。
6. 保持生态性——尊重原有景观肌理，合理利用现有资源。

4.4.3 总体设计策略

1. 保障校园公共健康安全。
2. 回应新时代的校园活动模式。
3. 塑造泉州信息工程学院校园特色。

4.4.4 设计策略总结

1. 校园外部环境优化策略

在自然环境优化方面，需要：

（1）提高绿化率。提高大学校园环境整体绿化率，无论是对大学校园的使用者还是校园周边视线可及区域的城市居民来说，都享受到很高的绿视率，缓解视觉疲劳，放松情绪，达到身心恢复的效果。研究表明，压力的缓解程度并不是随着绿视率的升高而不断升高的，它们之间的比率呈倒 U 形，这个关系显示出当树木密度过高时，人们的视线将被遮挡，会导致安全感缺失，引起内心恐慌。人们既偏好绿色景观，也偏好开敞的视野，所以最佳的树木覆盖率为 24%～34%。

（2）合理配置景观植物。景观植物的种类、丰富程度、配置方法，不仅关系到景观的形态美感、围合出的空间质量，还会影响景观环境的空气质量以及噪声隔绝程度等。在自然景观的设计中应注意乔灌木、草坪、水体等相结合，从纵向和横向的两个方向同时进行考虑。利用各种植物的不同色彩、形状、用途，合理地选取，搭配出三季有花、四季常青的自然植物群落，营造出一个个舒适宜人、亲近自然的小空间。

（3）合理应用水体。水体景观主要有点状、线状、面状等不同类型。合理布置水体能够使空间层次变得丰富、很好地组织和引导景观流线，还可以在视觉上保持空间联系，同时又划分、界定了空间。同时，也应酌情增加亲水设施，亲水设施包括亲水平台、石阶驳岸、水中汀步、水边栈道等，经过精心设计的亲水设施，不仅增加了景观环境的多样性，还有助于安全的亲水行为的发生，以及促进社交行为的发生。

在景观设施方面，需要：

（1）完善和建造园林小品。园林小品包括景观家具、景观建筑等。园林小品可以点缀景观环境，还可以烘托景观氛围，体现景观的内涵，合理巧妙地运用园林小品，可以提高景观环境的观赏价值以及实用价值，不仅可以满足人们的审美需求，还可以支持人们进行恢复性行为，提升空间体验感。

（2）增加活动设施。除了大型活动场所外，大学校园户外环境需要设计一些尺度宜人、具有魅力性的活动空间，配置相应的活动设施，为使用者提供开展各种娱乐健身活动的机会，促进生理、心理和社会健康。活动设施包括器材设施以及硬质活动场地。将器材和硬质场地结合设计，打造成趣味活动区域，结合休闲区域，可以吸引人们停留，搭配不同的色彩，营造欢乐的活动氛围，也可以提高场地的吸引力。户外活动空间还需要适量的植物，以提供阴凉可休憩的地方，同时保证活动设施的完整性、安全性和实用性。

在道路交通的良好通达方面，需要：

（1）保证通行质量。遵循校园使用者的行为特点，校园中的交通设计需要遵循连续性、可达性的原则。

（2）丰富道路景观。自然化的景观路径营造出随自然不断变化的环境空间，并设置一些景观节点，给过往的人们提供能够停留的空间，丰富道路空间的层次，使行走在其中的人们产生良好的体验感。

在公共空间的多层次建构方面，应注意：健康的环境需要得到高效的利用，才能体现出其价值，因此顺应人们的心理需求，提高人们对环境的满意度，是非常重要的。大学校园户外空间环境设计应该考虑私密性和公共性两方面的需求，通常这两者之间是没有明确的划分标准的，例如人们可能会在公共空间开展一些活动，发生的行为活动性质有的是私密的，有的是半开放的，有的是完全开放的。校园户外环境的设计，应当根据需求设置出有层次的空间，将空间变得多样化，增强空间体验感，例如进行群体性的娱乐活动需要大的开敞空间，而进行一些聊天、休息等活动，则偏向选择相对私密的空间。公共性空间边界较为开放，对周围的使用者具有良好的展示面，呈现出欢迎的态度，而私密性空间则较为含蓄，与外部的直接联系相比开放空间更弱，但也不能太过隔离，否则会令使用者失去安全感。根据领域感和安全感需求，在不同层次的公共空间之间应设置明显的边界和过渡，常见的方法有设置高差、改变铺装、设立标志物以及通过其他景观小品的方式对空间领域的变化进行暗示。

2．建筑环境优化策略

在空间布局方面，需要：

（1）合理划分。在建筑设计中，需要考虑到合理的动静分区，使人们在进行不同类型的活动时不互相干扰。从平面布置考虑，大的交往空间放在中心位置，其他空间围绕布置。从垂直方向布置考虑，往往将安静的空间布置在上层，而交往性公共空间布置在下层。室内家具的布置也起到了空间的划分和围合的作用，满足不同人群的行为和心理需求。

（2）注重材质与色彩运用。色彩的应用常常与材质结合起来，不同的色彩会引起不同的情感反应，材料的应用和本身的色彩也会影响到使用的舒适感。如深圳大学图书馆南馆的自习室室内色彩由黑、白、灰组成，营造了安静的氛围。特伦特大学的活动中心以灰色为主，选用彩色的家具来烘托活动中心活泼的氛围，地面采用工作地毯，有减少部分噪声的作用。Boots 图书馆中庭空间的主要色彩是原木色，白色和原木色的搭配给人以柔和温暖的感觉，深灰绿色的地毯避免了天光的反射，彩色的家具给空间增添了活泼的气氛，整个空间配色沉稳又不失活力。

在室内优化方面，需要：

（1）控制和减少噪声。减少噪声的最直接方法是从声源处控制，在现有条件下如果难以对声源进行控制，那么就应该在其传播过程中进行干预，例如在设计时适当增加空间隔断，避免大体量的贯通空间的出现，并且采用吸声和隔声的材料。

（2）增加自然采光。室内的光源主要有自然光源和人工光源，人们通常对自然采光的关注度更高。通过调研可以发现，在空位充足的情况下，人们偏向选择坐在窗边，不仅是因为边界带来的安全感，同时也是对自然光的趋向性。因此可以通过适当的提高窗墙比、增加天窗、设置采光庭院空间等手法加强自然采光，并通过对玻璃、立面材质等处理，使进入室内的自然光变得更加柔和，同时还要注意避免直射光和眩光带来的危害。

（3）改善热环境。热环境的调节方法，主要有主动调节方式与被动调节方式两种。主动方式主要是冬季加设采暖，夏季加设空调。被动措施主要是加强围护结构热工性能和提高自然通风。

（4）增加自然元素。有关研究人员发现，在室内布置有关自然的物体，对人们的身心恢复有益。例如可以在室内摆放植物盆栽或者假的植物模型，可以降低自主唤醒水平、改善情绪、生理保健等；在室内摆放关于自然景观的图像，可以显著地缓解人们的认知疲劳；在室内布置中，还可以利用观赏鱼缸、室内假山水等水元素设施，可以起到平衡人们情绪和促进健康的作用。

（5）增加自然空间。自然环境被认为是最具有恢复效果的环境，在建筑设计中，可以考虑设计渗透自然的空间环境，提高使用者亲近自然的机会，可以是直接接触的，或是视线接触的，这些都有利于人们缓解压力，保持健康。这些空间包括中庭花园、屋顶花园，以及一些架空的或者半开敞的灰空间等。

4.5 本章小结

本章主要对泉州信息工程学院进行了以公共健康视角切入的设计研究。从区域环境研究到项目范围内的现状调研，系统梳理了项目中空间环境的优势和劣势，并以此为基础提出总体设计理念和设计策略，以期为同类型的大学校园设计提供借鉴和参考。

结语

环境对人类身心健康的效益一直延续至今，无论是东方还是西方的发展研究，都意识到了环境的重要性。随着社会经济的发展，人们进一步意识到社会交往和积极生活方式的重要性。在这一发展过程中，随着健康含义的延伸，健康空间从针对非健康人群的设计，慢慢发展成面向全体人群的一种空间类型。

大学校园空间作为构筑当代大学生健康发展、快乐成长之梦的摇篮，更应具备良好的生态环境和空间氛围，这是保证师生身体健康的前提，也是校园发挥健康效益的物质基础，有助于师生正常的生理、心理调节及有效从事教学、学习。

关注健康的校园空间设计是对校园中生态环境建设、场地空间规划和社会环境的认识与思考。为营造健康的校园空间环境，引领广大学子向着更加健康的生活环境和生活方式前进，需要社会各个领域为之共同努力。

参考文献

[1] 向科. 大学校园规划的"复杂性"设计导向及策略分析[J]. 新建筑，2009（05）：10-16.

[2] 刘晖，董芦笛. 生态环境营造与景观设计[J]. 中国园林，2008（8）：50-54.

[3] 杨星星，宋艳菊. 设计心理学[M]. 湖南：国防科技大学出版社，2005.

[4] 黄凌宇. 大学校园户外空间功能多元化营造研究[D]. 福建农林大学，2015.

[5] C. 威廉姆·布鲁贝克. 学校规划设计[M]. 中国电力出版社，2006.

[6] （美）伊恩·伦诺克斯·麦克哈格. 设计结合自然[M]. 天津：天津大学出版社，2006.

[7] 吴磊. 高校校园景观环境的心理修复功能探究——以重庆文理学院星湖校区景观规划设计为例[J]. 安徽建筑大学学报，2017，25（03）：82-86.

[8] 钱驰. 基于人群行为心理健康需求的城市社区公园设计研究[D]. 重庆大学，2017.

[9] Garett Sansom, Kent E. Portney. Sustainable Cities, Policies and Healthy Cities[J]. Integrating Human Health into Urban and Transport Planning, 2019: 31-49.

[10] Christopher Coutts. Green Infrastructure and Public Health[M]. London: Routledge, 2016: 70-172.

[11] Jo Barton, Mike Rogerson. The importance of green space for mental health [J]. BJPsych International, 2017, 14(4): 79-81.

[12] 刘灵，江立敏. 后疫情期基础教育校园设计思考——打造校园内部安全岛[J]. 建筑实践，2020，（05）：36-41.

[13] 韦金君. 基于健康视角的大学校园恢复性环境研究与空间优化[D]. 深圳大学，2019.

[14] 熊冬兰，卢梅，朱钰，李本华. 高职院校实训基地建设与校园绿化结合模式的探索与应用——以黔西南民族职业技术学院为例[J]. 现代园艺，2020，43（13）：198-199.

[15] 阳建强，朱雨溪，刘芳奇，王铭瑞. 面向后疫情时代的城市更新[J]. 西部人居环境学刊，2020，35（05）：25-30.

泉州信息工程学院校园改造设计
Campus Reconstruction Design of Quanzhou University of Information Engineering
"CYBERSEED" ——后疫情时代的校园空间再设计

一、图书馆建筑设计
1. 概念生成

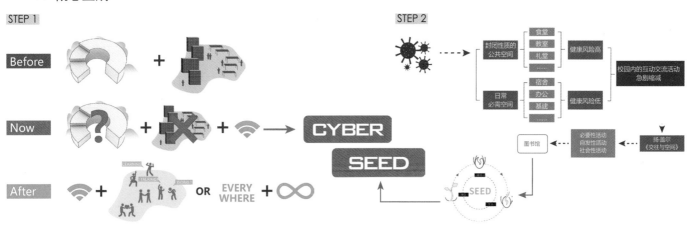

概念生成

2. 设计生成

STEP 1-破土 原有建筑 - 打破原有的封闭外壳，将建筑与环境相融合

STEP 2-生长 划分空间类型，保障公共健康，建立交流模式

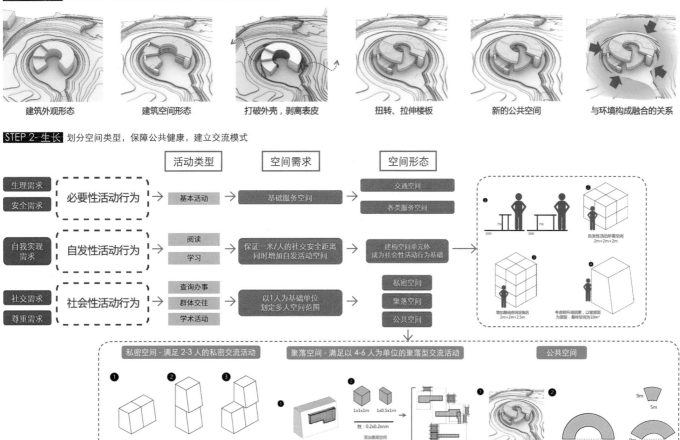

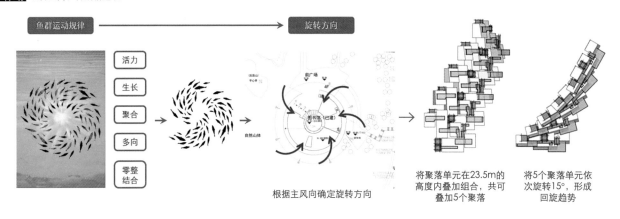

设计生成

根据主风向确定旋转方向

将聚落单元在23.5m的高度内叠加组合，共可叠加5个聚落

将5个聚落单元依次旋转15°，形成回旋趋势

3. 图书馆效果

效果图

4. 图书馆1～5层功能

图例： 基础服务 商业 办事 休息会客 展览 藏书 观景 多媒体服务

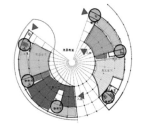

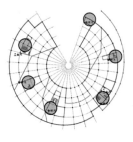

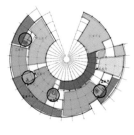

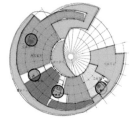

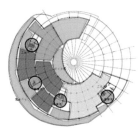

一层平面图　　　　　二层平面图　　　　　三层平面图　　　　　四层平面图　　　　　五层平面图

二、景观空间

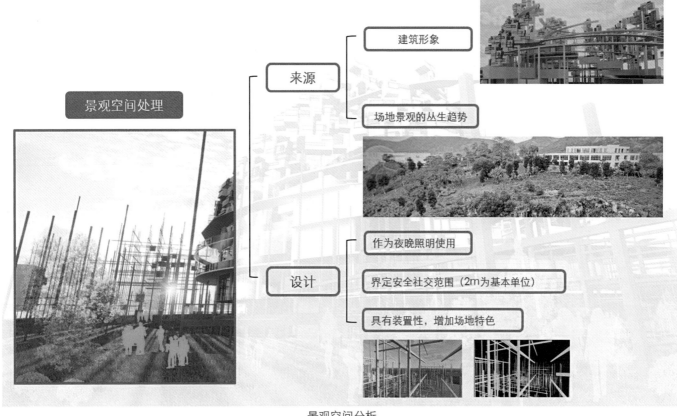

景观空间分析

三、校园空间格局

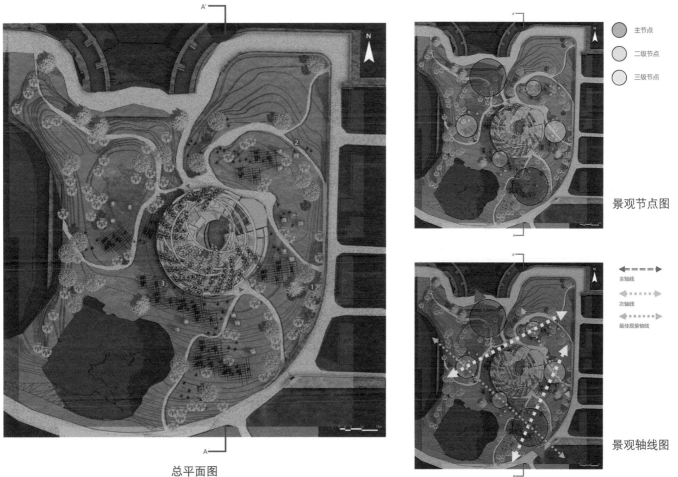

总平面图

景观节点图

景观轴线图

四、效果图

校园环境更新

图书馆与校园夜景

图书馆

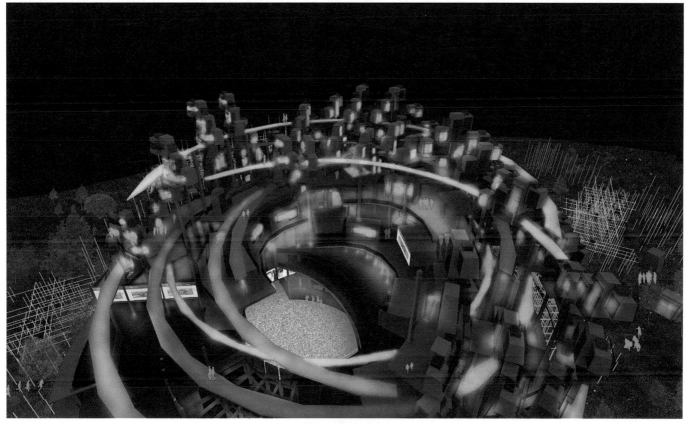

图书馆与校园夜景

二等奖学生获奖作品
Works of the Second Prize Winning Students

基于互动理念的校园公共空间景观设计研究
——以泉州信息工程学院为例

The Research on the Campus Public Space Landscape
Design Based on Interactive Concept
—A Case Study of Landscape Design of Quanzhou
University of Information Engineering

泉州信息工程学院图书馆空间设计
The Library Design of Quanzhou University of Information
Engineering

武汉理工大学
杨蕾
Wuhan University of Technology
Yang Lei

姓　名：杨蕾 硕士研究生二年级
导　师：王双全 教授
学　校：武汉理工大学艺术与设计
　　　　学院
专　业：环境设计
学　号：1049731804126
备　注：1. 论文　2. 设计

基于互动理念的校园公共空间景观设计研究
——以泉州信息工程学院为例

The Research on the Campus Public Space Landscape Design Based on Interactive Concept
—A Case Study of Landscape Design of Quanzhou University of Information Engineering

摘要：随着科学技术日新月异的发展，5G技术也搭乘着科技高速发展的列车驶入校园，为师生们进行多方位体验提供了种种可能。人们的体验发生了翻天覆地的变化：由单一体验向双向交互式体验转变，被动式的接受信息让位于交互式的交流方式，用户体验的交互时代已经来临。公共空间景观作为校园中最有活力的地方，是校园生活中重要的部分，因此新的时代背景下校园公共空间景观设计是校园和师生的迫切需求。本文的研究对象为校园公共空间景观，通过对互动景观设计方法的探讨和实例分析，将其运用于泉州信息工程学院的校园景观设计中，以期切实为在校师生提供一个生活舒适、氛围浓厚的大学校园景观环境。

关键词：景观设计；公共空间；互动理念；校园景观

Abstract: With the rapid development of science and technology, 5G technology also takes the high-speed development of science and technology into the campus, for teachers and students to carry out multi-faceted experience provides a variety of possibilities. People's experiences have changed dramatically: from a single experience to a two-way interactive experience, passive acceptance of information gives way to interactive communication, and the era of user experience interaction has arrived. As the most dynamic place on campus, public space landscape is an important part of campus life, so the design of campus public space landscape is an urgent need for campus, teachers and students under the background of the new era. The object of this paper is the campus public space landscape, through the discussion and example analysis of interactive landscape design methods, it is applied to the campus landscape design of Quanzhou Institute of Information Engineering, in order to provide students and teachers with a comfortable life, strong atmosphere of the university campus landscape environment.

Keywords: Landscape design; Public space; Interactive concept; Campus landscape

第1章 绪论

1.1 研究背景

高校公共空间与我们校园生活密切相关，高校学生特定的心理及学生生活与行动的群体决定了公共空间在高校规划中的重要性。而目前校园公共空间景观设计出现体验感和归属感缺失、使用率低等问题，容易被孤立甚至荒废，故本文希望在校园公共空间景观环境的设计上进行分析和研究，希望通过设计改善校园景观环境中存在的"有景无人，人无所去"的现象，提高校园公共空间的实效性、功能性和教育性，使师生真正拥有设施完善、环境优美、陶冶情操的校园景观环境。

1.2 研究目的及意义

在我国大学校园公共空间景观中的设计大部分存在流程化、规范化，没有自己独特的校园景观，同时由于一些空间设计不合理，造成景观空间无人问津的"惨淡"现象，浪费了资源和土地。尤其在我国短期创造大学校园的大环境下，对于景观设计更要注重景观的互动性，良好的大学校园公共空间景观环境在提高学生的文化素养、塑造学生健康向上的精神品格方面扮演着至关重要的角色。本文通过研究互动理论在景观设计中的重要作用，基于互动理论的景观设计，结合设计心理学、认知心理学等相关学科的理论知识，并借鉴一些互动景观设计实例，寻求基于互动理论的校园公共空间景观设计的方法和策略，希望能通过本文拓宽我们的校园景观设计思维，丰富校园景观设计的表现，同时结合相关理论研究对泉州信息工程学院的公共空间景观环境进行设计。最终针对大学校园公共空间景观设计提出建议。

基于互动理论的景观设计更加契合地考虑到人与环境的需求，寻求人与环境的和谐并存，更加合理地考虑到校园空间服务对象——校园的师生的需求，营造校园景观的自然性与人文性，增强对校园景观环境的认同感、归属感。想要培养高层次的人才，不仅要重视教师课堂讲授、学生自学这两方面的作用，更要关注到作为精神文化载体的校园环境所占据的不可替代的地位。

1.3 国内外研究现状

1.3.1 国内互动景观研究现状

我国古代在园林规划上已经有了互动的概念，例如说古人所说的"步移景异，天人合一"，这些概念都是人与自然的关系以及人与自然的互动。古人在规划园林的时候，特别注意使用者所需的心静，因此要营造一个幽静的环境，使静谧的氛围与使用者的心境产生共鸣，这就是景观与人之间良好的互动。我国古代园林在世界上独树一帜，在北宋时期达到鼎盛，当时游园活动非常流行，从皇帝到普通老百姓都积极参与游园活动，人们非常注重与园林的互动性，而北宋的游园活动更是集建筑、文学、花木、山水为一体的美学互动过程。

在现代景观设计中，梅瑶炯是互动景观设计的代表人物，她在其发表的《论互动园林：趣味交流与自发参与——城市园林的一种预期发展方向》论文中认为："互动园林是一种重视人类活动与园林景观相互作用的园林营建方式和存在方式。在她的研究中得出互动园林的常用设计手法有时空换位、好奇心、亲情交流、串联场地、角色扮演、打破永恒、户外造梦元素这七种。"

吴晓华在互动型景观研究中把声、光、电等设计元素放入园林研究中，得出互动性景观研究不仅包括视觉、听觉，还应包括触觉、嗅觉、味觉，综合五种感官多方位的体验来考虑设计。

葛坚认为在传统的城市景观设计中人们通常只局限注重视觉要素的设计，这一问题的发现为城市景观设计提供新的研究热点，这极大丰富了城市开放空间的设计手法与手段，对人的各种感官与园林景观的互动起到启迪作用。

李开然在《组景序列所表现的现象学景观：中国传统景观感知体验模式和现代性》中说道："中国传统园林的组景序列所表现的现象学景观模式是注重感知和体验园林的典范。"

姚雪艳在《我国城市住区互动景观营造研究》中把景观中的互动分为"人—人、人—植物、人—动物"这三层关系来研究景观中的互动性，她将人放入景观之中，跳出了从外围的思考模式去思考景观。

1.3.2 国外互动景观研究现状

在国外，约翰·西蒙兹·巴里·斯塔克在《景观设计学》中认为："我们最重要的本能——生存的原因和成功的关键——是特有的感知和推断的能力，感知（使一个人察觉自己所有状况和适用条件）和推断（通过推理得到一个恰当方法）是规划的灵魂。"从20世纪70年代开始，欧美很多国家的景观设计师开始关注景观的生态设计，努力打造人与自然的良好互动。Urban Movement Design事务所设计的LTNIRE/UNITE夏口互动装置在2012年度青年建筑师项目中获奖，装置位于MAXXI广场，它的功能是给当地的市民提供能良好放松身体的设施，市民可以通过一条回收橡胶道接近这组按照人体工程学原理制造的座椅。座椅是长条形环绕着道路的，而其形状是不断变化的，变化的依据来源于人体工程学。设计师的设计灵感来源于瑜伽，人们可以在这长条形座椅中找到自己最喜欢的舒适的位置，座椅的上方还设置有喷雾器可以加湿，这个互动型的座椅装置体现了心理和生理上的和谐统一。设计师Damn Roosegaarde是一名交互景观设计师，他主要是通过科技让人们更加关注自然，拉近人与自然的关系，他的代表作品沙丘位于荷兰鹿特丹马尔斯河的一个隧道中，设计的主要思路是用灯光仿造草的形态，"草"会对人的行为作出不同程度的反应，设计师Damn Roosegaarde提取了自然中风吹草动的现象，并将其用科技的手法放大，把人替换成了风，形成了人与景观之间的互动。

1.4 研究方法

本论文采用理论结合设计的创作方式，并用理论来支撑设计的研究方法。在选题及思考阶段提出问题、在参阅资料和调研考察阶段发现问题、在设计实践中分析问题，并通过有效的方法解决问题，坚持将理论与实际设计有机结合。

1. 实证调研法：对国外著名大学以及中国上海、浙江、台湾地区的多所新建和改建校园进行实地考察，获取第一手资料，并通过现代的互联网信息对国内外有特色的大学校园公共空间景观环境进行研究，以期发现大学校园公共空间景观的特点和存在的问题，思考改造和设计的方向。

2．文献研究法：通过对包含相关理论的国内外书籍和相关文献的深层次研读和深入研究，对大学校园公共空间景观环境的特点进行分析，并结合环境学、景观学、心理学等领域知识和文化传统进行学习。

3．比较分析法：从国内外优秀的校园公共空间景观创作中选取一些可供借鉴的实例进行研究，分析设计者对大学校园公共空间景观的理解、把握和处理方式并运用到本设计方案中，进一步完善设计中所提出的设计理念和设计手法。

4．实地调查法：对泉州信息工程学院景观进行调研，了解地形现状和自然资源，对周边环境进行勘测，进行图片采集，对场地植被、水文、地势等情况进行数据采集。并查阅相关资料，熟悉场地生态环境、生物多样性、植物群落、径流变化等生态环境情况，对以后的规划设计提供借鉴之处。

5．多学科交叉研究法：将设计艺术学、风景园林学、社会学等相关原理和研究视角相互移植与交叉借用进行研究。

第2章　相关理论和概念基础

2.1　相关理论基础

2.1.1　互动理论

互动，即指物体之间可以相互发生作用或变化的过程。在相互发生作用的过程中有主体与客体之分。在校园公共空间景观设计中，发生作用的主体是人，客体则是指校园公共空间中的景观以及校园公共空间景观空间的周边环境。人作为互动的主体，是具有流动性的，可以与各种客体之间进行互动，从而实现人与人、人与景观，以及人与景观空间周边环境的互动。这些互动关系不仅有外在形式上的交流，而且有文化、生态等内在层面上的影响和延续。

社会学在 19 世纪就应用互动的概念来解释社会学现象，并形成了具有丰富理论内容的"社会互动论"学说。德国哲学家康德认为，空间中同时存在的物质决定着互动形式的产生。一般而言是两个具有相互作用力的主体彼此作用的持续动态过程，两者在相互影响和改变中共同进步，抑或互有得失。由此可见，互动不是单方面的影响，双方相辅相成。

互动理论的提出，旨在针对现代社会人与人之间、人与其他生物之间关系淡漠的现状，呼吁人们从身边的生存环境开始，与他人、他性物交流，并从中体会身心愉悦感受的交互过程，由此构成的景观即是社会关系融洽、生态关系调和的"互动型景观"。从国内外许多优秀高校建设中，都会找到与互动设计相关的创意及实例，它们或提倡人与人的互动关系，或讲究人与自然的和谐共生。因此可以判断，如果在高校景观设计的过程引入互动理念，能够防止和克服一些目前景观设计中存在的某些问题。因此将互动型景观的营造作为改善高校环境建设弊病的方法之一，并对其展开更为具体、深入的针对性研究，有助于创建健康、生态的校园景观及和谐友好的生活、学习氛围。

2.1.2　环境行为学理论

环境行为学的侧重点主要在人与环境之间，其理论对环境与人的和谐共处具有十分重要的意义。通过环境行为学的指导，解决景观设计中人与景观、人与环境之间的关系问题其本质就是环境行为学的核心。景观设计需要更好地把握人的心理及生理特征，在设计中充分考虑人的需求与需要以应对所处景观环境能够满足不同层次群体的使用需求，使所处景观空间更加人性化，具有体验感。环境行为学能够将看不见的影响因素通过实实在在的景观表达出来并加以利用。

2.1.3　景观生态学原理

景观生态学主要谈论空间格局的相互作用与相互影响。在景观设计中，需通过景观生态学的原理与系统方法研究其机构与功能，通过生态学的方法优化其格局，调整结构从而对生态进行保护。此外，景观生态学强调人与自然的关系，并将人与自然与景观格局相结合考虑，研究其发展的规律以及相互的作用。

2.1.4　功能与形式共生理论

在包容与和谐的现代空间设计中，景观空间功能与形式的共生具有十分重要的现实意义。对设计师来说，应把公共空间作为一个系统，综合考虑生态、园林、建筑、文化、艺术、美学等诸多因素并将其统一起来，强调空间形式与功能的实现，关注功能与形式共生的过程，最终达到整体和谐的空间设计目标。坚持以人为本，关注人性化的设计是功能与形式相互依存的目标达成的重要体现。

2.2 相关概念基础

2.2.1 校园公共空间

随着人们对教育以及教育环境更加重视，校园规划中越来越注重公共空间的设计，其中最突出的就是开放空间的多样化。高校校园公共空间是面向大众使用并且区别于教学空间与科研空间的，这些空间具有开放性、交往性和多层次性。

校园公共空间景观结构要求各要素之间组织有序并形成一个完整系统。而各部分之间的相互连接决定了各要素的位置和构成方式。校园是一个包括工作、生活、交流、休息等多个行为活动在内的环境。很多人对于校园的印象和认识是以公共空间的景观环境作为依据的。然而，校园公共空间的景观实际是由形态、功能、意象、场所意义等很多层面组成，它们之间相互作渗透，共同构成校园景观公共空间系统的整体结构。

2.2.2 校园公共空间景观

校园公共景观空间最终目的是引导校园中师生之间的交流和人与自然环境的融合，学生作为校园的主体群体对于环境景观的需求必定是深入他们内心、行为、精神等方面的空间。恶劣环境既可以给精神和行为带来负面影响，也可以给心理与生理带来不良效应，而学生置身的校园景观的特定空间，常常被设计者所忽视，被简单地理解为种些花草就可以了。但是随着现代教育模式的开放化，校园环境对学生的身心起到潜移默化的影响，他们需要良好的交通、学习、休闲和美学欣赏等层次的景观空间。通过学生内心的变化，我们应该注意到他们在课外活动时需要能够随意地交流、偶遇、娱乐、思考的空间。

2.2.3 互动景观

互动景观符合景观设计的要求，但它侧重"互动"，即景观与参与者之间的相互作用，它更关注人的体验感和参与感。瓦多雷认为，对于一处风景的根本享受，源自人们在其中动起来之后不断变化的体验。盖瑞特·埃克博在他的著作《为生活的景观》中也提到，无视人的三维空间体验的形式都无生命力。一处好的景观不仅能供人欣赏，更重要的是它能让人们参与进来，引发情感共鸣，使人获得更多独特体验。互动能产生积极影响和消极影响，而互动景观设计追求积极影响最大化。互动景观设计以人为本，使人通过多感官参与体验景观，极大加强了人与景观的联系。

第3章 校园公共空间景观类型及设计分析

3.1 校园公共空间景观类型

3.1.1 特色性景观空间

校园的入口区域与城市交接最近的地方，越来越受到重视，其景观空间设计应服务于校园内部，更能为城市景观增光添彩。其设计的好坏影响着校园的整体面貌和城市的形象。有特色的大学景观空间入口区域可能沉淀大学历史、校园文脉等。对于景观规划应该更多地关注师生、外来人员的生活和精神需求，营造一个畅通、有朝气、舒适的校园入口区景观环境。一些标志性的景观空间，是校园的特色之一，也是校园文化传承的一个纽带。标志性景观是指校园中具有地标作用的景观场景，其一般与周围环境形成鲜明对比而使空间突出，形成校园的一个中心。

3.1.2 功能性景观空间

同济大学的一项调研结果表明，现今大学生认为最缺乏的学习空间应该是"沉思、独处的空间"和"小规模学习研究的场所"，这表明当代大学生对个体研究空间的渴望越来越强烈。课余学生们都想找一个具有领域感和私密性强的地方来学习，丰富自己的知识涵养。例如：伯克利校园图书馆顺山坡呈台地状，在部分地下图书馆上部建造了屋顶花园，并且有电梯上下通行，非常方便。楼顶设置了可供人们坐椅的休闲设施，形成了校园的"起居室"以供学生们交往、学习、休闲。这里可以有良好的自然采光和自然通风环境，形成与自然亲密接触的景观。学生们站在高处可以四处观望，看到他人的活动，结合绿化休闲设施形成良好的视觉景观。

3.1.3 网路景观空间

校园道路是指校园中组织教学、安排生活所必需的车辆、行人交通往来的道路，是连接校园各组成部分，并与城市道路相贯通的交通纽带。校园道路网是校园公共景观环境的子空间，是校园不可或缺的空间。道路景观的有效塑造可以直接体现校园的整体风貌、文化内涵，是景观集中体现的主要载体。校园道路景观是在校园道路中由地形、植物、建筑物、构筑物、绿化与小品等围合而成的各种物理形态。作为校园景观的一部分，校园道路景观不是单纯的道路空间的扩展、眺望，也不是对道路两旁建筑物的评价，而是在道路环境扩展中，景观构成要素之间，以及和周边环境的整体之间的组织关系的艺术。因此校园的道路系统建设，要充分发挥它的线性、传播的综合价值，创造和培育具有多种功能的校园道路景观体系。因此要积极引导"人车共存"的景观空间建设。这样才能真正使校园中的各种道路景观形成一种有机的生活网络。

3.2 校园公共空间景观设计存在的问题

大学校园景观规模与城市景观及区域景观的规模相比要小一些，但是景观设计内容及功能却一点不少。绿地、广场、植物乃至校园内特殊的群体、言行举止都组成了富有校园特色的景观。因此，在校园景观中不仅是传统意义上自然、建筑、文化艺术、绿化等组成的景观，同时还有因人群互动产生的无形景观。与传统景观的"静"相比，通过人群互动而产生的景观更具动态，两者相结合产生动静对比之美，为校园景观环境添色。同时校园景观的主要服务主体是人，人在校园环境中学习和成长，相互成全、相互发展。

1. 校园公共空间景观没有整体统一的设计

最初校园设计者遵循当代设计风格，仅满足校园使用主体基本工作、学习、生活、研究的需求进行空间景观设计，但校园公共空间空间不是整体统一的，存在从属性的交往空间，缺乏整体统一的设计。

2. 自然性不足

目前校园景观设计模式通常是采用几何状绿地布局，绿化树种大多采用常绿的松柏类树种，这种格局显得过于简单，缺少师法自然给人以诗情画意的意境。合理的景观设计依托自身的环境条件，充分利用原有的地貌、地势、水系、植被，巧妙构思，精心策划，营造出效法自然的校园景观。

3. 动态性不足

我国现有的大学校园创建于不同的历史年代，经历了不同的沧桑巨变。当代国内校园的景观规划设计在时间上是动态的，但是在空间上的发展却是一成不变的，当一次规划设计完成以后，不会再考虑日后景观的增加或者改动，多年如一日的模样，对于不合理的景观空间不会进行再次合理设计。

3.3 校园公共空间景观设计原则

1. 因地制宜的生态性原则

因地制宜是景观设计中必须遵循的设计原则之一，核心就是在不毁坏、不影响生态环境的前提下，根据客观存在的自然地形、地貌以及自然产物，通过景观设计的手法，最终达到自然环境与景观设计的高度融合。

2. 以人为本原则

"以人为本"思想的重点在于尊重、理解、关心人。遵循以人为木思想原则创造校园环境即重在关注学生与教师的身心需求，从而进行校园公共景观空间设计。在大学校园公共空间景观设计中应创造出满足人身心需求的校园生活学习环境，其中安全便捷的校园环境与自由、平等、开放的校园氛围尤为重要。在景观设计中我们不仅要保证校内交通的安全、方便与通畅，还要将单调的交通步行空间变为多层次交往空间，从学校师生的身心需求出发满足师生的学习空间、运动空间及休闲空间，保证交往空间的良好发展。

3. 空间多样性和整体性原则

校园景观空间以及其功能类型应满足师生个体与群体对校园景观空间不同的需求，应尽量丰富空间的层次与功能，并满足其整体性。同一个校园景观空间被不同的人或群体使用时，就会产生不同的空间功能分区，而每个功能分区的人群在使用时，应尽可能地避免对共同使用景观空间的人的干扰。比如，师生在进行户外实践教学的同时，可能会影响到同在空间中休憩、学习的学生。这就要求景观必须通过设计手段的改变来减少这种相互影响的情况的发生。比如在空间内利用植物的垂直绿化功能分割功能分区、在同一空间内利用高差或地形的错落增加空间的功能性。再如通过铺地材质以及形式的变化改变景观活动空间的使用条件，引导人们进行活动。在大的景观空间内形成小的空间分割，既能达到空间多样性，也可以做到空间的整体相统一。

4．安全性原则

安全问题是一切景观设计最基本的要求之一，安全与每一个校园景观的使用者息息相关，自然也是设计的重中之重。在人身安全和人身利益有所保障的情况下才能够安心地投入学习和工作中去，所以不管是在教学区、体育活动区，还是在生活区等任何一个角落都不能存在安全隐患，做到师生们安全第一。比如，减少校园中人流量较少地区的绿化密度，选用较为通透的植物配置。在大面积湖景、水系旁必须有相应的防止落水的围栏或者急救设施。交通流线上采用机动车、非机动车道与人行道分流措施，优化道路系统，合理配置公共服务设施。再如，据调查研究，灯光与人群的结合是抑制犯罪的重要方法之一，故可以增加夜晚照明时长以及照明亮度来提高安全，必要时安装天网系统对意图犯罪的人进行威慑。

5．智慧互动原则

随着信息化时代的来临，智慧是未来城市景观发展的主线，高校景观也在不断更新，以人的需求为导向逐步进行升级，智慧校园建设是高校信息化的高级形态，与之匹配的景观空间环境也应秉持智慧互动理念，因地制宜进行设计，增强高校使用者与校园空间的互动联通，最终目的是为了增强高校中师生的体验感知，促进人们对于高校的归属感与认同感，创造出以人为本的公共景观空间。

第4章 基于互动理论的校园公共空间景观设计

4.1 校园公共空间景观的互动理念需求分析

4.1.1 校园景观设计互动性的需求

著名建筑家安藤忠雄曾经说过："通过自己的感受来体验空间，这一点比什么都重要，要进行有深度的思考过程，是与自己进行'对话'交流的过程，在内与外、西方与东方、抽象与具象、单纯性与复杂性两性之间，渗入自己的意志而升华……"校园公共空间的互动体验更加注重"以人为本，以身体之，以心验之"，是集功能、服务、艺术与技术、空间环境、物质和时间等的综合体。大学校园作为一个重要的育人场所和科研场所，应该是一个充满活力的空间，不应是静态的、无生气的，也不应忽略人性化需求。学生们需要通过互动景观的设计营造个性化的校园环境来激发好奇心，增强求知欲望，这不仅有利于形成良好的校园氛围，同时在精神上对学生产生潜移默化的推动作用，给学生营造一个更好的学习成长环境。

4.1.2 互动体验在校园公共空间的重要性

体验能更好地提供满足于用户的服务，人们愿意为体验付费，进而促进消费，从而为赢得激烈的市场竞争增加砝码。比如当下国内外流行的各种主题餐厅、酒吧、影院、旅馆等，都是将各种体验因子注入空间环境设计中。在校园公共空间中，互动性的主体是人，人们对景观设计互动性的需求是动态发展的，随着时代的变化和人群的更新及技术革新，会不断产生新的需求及交互方式，尤其在大学校园这样一个促使学生蓬勃成长的空间更需要引起长期关注，不断为校园环境注入新的能量，将设计与新技术、新材料结合，使校园景观走向智能化，保证校园互动景观的持续发展。

4.2 互动景观类型

4.2.1 多感官结合型

英语中 Interact 这个词的意思是互动、相互作用的意思，互动是一种使对象之间相互作用而使彼此发生积极改变的过程。也就是说互动双方彼此之间相互影响，相互作用，从而产生新的交流与互动。"互动景观"的概念也就是景观与体验者之间的互动关系，这种互动景观将引导体验者自发地参与到景观之中，从而产生一种有趣味的交流。

"互动景观"强调了一种"以人为本"的概念，强调了人的动态存在与"互动景观"之间的吸引关系，通过前期的景观设计与植物配置安排，在不经意间引导体验者开发身体的潜能，通过身体的感觉器官和头脑思考所产生的行为，与景观进行交流，最终达到人与景观的互动体验。

4.2.2 互动景观装置

20世纪中叶之后，随着人类踏入后现代景观社会，作为一种典型的综合性艺术形式，装置艺术逐渐成为一种新的美学样式。美国艺术批评家安东尼·詹森准确定义了装置艺术："按照解构主义的观点，世界就是'文本'，装置艺术可以被看作是这种观念的完美宣示……"装置所创造的新奇的环境，引发观众的记忆，产生以记忆形式出现的经验，观众借助于自己的理解，又进一步强化这种经验。

一般而言，实现互动景观装置按照技术的方式可以分为机械动力式、声光电（传感）混合式、数字化三种类型。

1. 机械动力式互动景观装置

机械动力式互动景观装置尚且停留在物理性层面，与观者的互动也是初级的触摸式的生理性互动。荷兰动态雕塑家西奥·詹森创作的《海滩怪兽》就是类似的作品（图1）。中国也有这种类型的装置，比如江苏无锡灵山的《九龙灌浴》。

2. 声光电（传感）混合式互动景观装置

在很大程度上，声光电混合式互动景观装置依托于传感技术的发展，这类作品主要是通过传感器捕捉和接收外界产生的气流、声音或动作的变化，以此改变作品原本的状态，并向新的形态发展，通常由传感器、控制器、执行器构成。通过传感技术，使得声、光和电等元素得以引入，如此，互动性的实现方式及效果就变得更加丰富了，因为艺术家不再满足于让观者被动欣赏或互动，而是借由作品营造和构建场景，观者可以主动进入其中进行互动。

3. 数字化互动景观装置

数字化互动景观装置是多个学科交叉作用的结果，涉及声音、图形以及动态雕塑等多种媒介和领域，比如《皇冠喷泉》（图2）。这件位于芝加哥千禧公园广场的作品是由两座相对而立的玻璃瀑布砖墙组成，大理石的中间是面积巨大的黑色地板，上面流淌着薄薄的一层水。玻璃墙上是利用电脑控制的 LED 画面，艺术家约姆·普郎萨将记录下来的市民面部形象进行了循环播放处理，这些形象都来源于芝加哥本地市民，共有 1000 位，年龄、种族和阶层皆有不同。在播放市民形象的同时还不时穿插金字塔以及撒尿小童的趣味性影像。

图1　西奥·詹森《海滩怪兽》（图片来自网络）

图2　约姆·普朗萨《皇冠喷泉》（图片来自网络）

4.2.3　概念互动

概念互动的重点在于景观设计者的前期设计引导和概念表达，只有设计者把设计的概念清晰地传达给使用者，他们才能感受这种互动景观的特别之处。设计概念具有很强烈的引导性，令使用者在此环境中能够不断地体验新奇的感受或者产生某种情感，从而达到促进使用者放松舒适的目的。例如，沙迦双年展上，有一位做景观的美国设计师，他建造了一个大的方盒子，顶部是开敞的，参与者进入这个空间，抬头望天，天是一幅画。人们平时抬头也能看到天空，但从这样被框定的角度来看，是全然不同的。设计师帮助观众欣赏大自然，最重要的是，天空不是每天都一样，每次抬头看，都有新的感受。天气不同，感受也不同。这就有别于平时看到的雕塑，每次看都是相同的，并不会有其他新的触动。这种设计概念本身就是基于不断变化的元素，是能够让使用者不断更新感受的互动式景观。

4.3 校园公共空间互动景观的设计方法

4.3.1 强调互动主体的参与体验

互动设计注重"人在其中"的作用，其中包括视觉感知和身心体验两个方面。城市公园的景观装置设计应该在设计时将可参与性考虑在内，增加人们的可参与活动，以此使公众在互动体验的过程中，不仅在视觉上进行享受，而且从知觉、听觉等感官上参与体验式的创造，从而达到心理和生理的双重满足。

4.3.2 注重景观与公共空间共生关系

在校园景观设计中，首先要密切结合场地所在区域的地形地貌等自然环境和文化资源，通过思想和观念的巧妙介入，因地制宜、合理布局，以此启发师生们重新思考和认识日常生活中被我们忽视的自然环境，从而达到与自然和谐共融、自由而豁达的良好效果。

四川美术学院以"自然景观"为主题，营造乡土文化景观，使校园景观与自然环境共生，学校保留场地的原有记忆，尊重场地自然、人文印记和地域文化，通过在原有自然景观要素的基础上进行设计，营造出了富有特色的高品质校园环境，使校园成为传承文化、陶冶情操、净化心灵的圣地（图3、图4）。

图3 四川美术学院校园公共空间景观1

图4 四川美术学院校园公共空间景观2

4.3.3 结合现代科技的智慧景观

随着人类需求的发展、技术和风格的不断变化，景观设计的趋势也在不断地发展，而且这个趋势与我们的生活息息相关。我们需要重新认识景观行业，不断地改进来促进它的发展。景观是美好生活的基础，可以通过创新的技术、可持续发展的价值，来激励生活、激发生活。现在已经出现了第五代无线技术，包括计算机视觉、混合现实、人工智能等，这些都是未来很重要的变化趋势。景观设计也在向新时代转变，智慧景观就是当下的一个新潮流。

在智慧景观中运用的技术，主要是现代信息技术，也就是通常所说的数字技术。数字景观可以说是智慧景观的主体。东南大学建筑学院景观学系主任成玉宁教授认为，数字景观方法与技术可以助力风景园林研究、设计、营建与管控全过程，让规划设计方案的生成更具科学性与理性。从手工模型、电脑建模到虚拟现实，数字技术与方法的运用，可以突破传统设计中表现手法、建设材料、施工人员与工具等的限制，极大地释放园林景观规划设计师的创造力。

如今，很多设计公司都开始在智慧景观这一新领域进行探索，智慧景观无论在国内还是国外都处于起步阶段。国外的智慧景观更加专注于生态功能，而国内的智慧景观除了生态功能外，还包含着趣味性在其中。由隈研吾城市设计事务所承揽外观与部分内观设计监理，如树木一般覆盖有"EcoVeil"的丰岛区政府新办公楼，作为象征新生的丰岛区的绿色建筑备受瞩目。所谓"EcoVeil"，就是以植栽为中心，结合有太阳能电池板与日照控制百叶等的环境调节面板，它不仅可以形成绿色景观，还有助于降低能源负荷（图5）。根据一项到2050年减少75%温室气体排放的气候能源计划，vincent callebaut建筑公司承担了一个研究和开发项目，研究高层建筑的作用。这项名为"2050年巴黎智慧城市"的提案提出了八种不同的绿色塔楼类型，每种类型都将自然元素和可再生能源融合在大都市"密集的城市结构"中（图6）。每座塔将提供三种类型的可再生能源：白天，两座巨大的光伏和热太阳能屏障将产生电力和热水。晚上，一个可逆的水电抽水蓄能站将使城市的瀑布从塔顶流出，从而避免了需要电池来储存产生的电力。最后，花园阳台将围绕有人居住的楼层，通过光净化和生物堆肥得到清洁再生水。

图5　丰岛区政府新办公楼（图片来自网络）

图6　法国未来智能塔（图片来自网络）

　　国内的智慧景观如全国第一家AI科技主题公园——海淀公园，海淀公园的智能步道，在起点、中间点、终点三处位置分别设有人脸识别杆。在完成注册后，无需佩戴硬件装备，通过人脸识别技术即可自动记录在步道内的运动数据。终点处的智能步道排行榜能够展示单圈最快速度、累计运动时长、累计运动里程排行榜等数据。通过关注"AI未来公园"微信公众号或者在排行榜屏幕处刷脸均可获取个人运动数据。在公园西门古色古香的"承露亭"，人们还能在休憩的时候看看新闻、听听歌。作为智能亭，它搭载了百度对话式人工智能操作系统。这一操作系统让人们可以像朋友一样和智能亭进行交流互动，体验影音娱乐、信息查询、聊天休闲、生活服务、出行路况、实用工具、知识教育等多种功能（图7）。成都江滩公园作为锦江绿道的重要节点，设计师策划打造"智慧景观"全新互动区域，以智慧互动设施与周边生态紧密融合，将新技术、新形式融入设计之中，打造集文化、休闲、娱乐、产业于一体的极具"造血"能力的综合性城市公园，以更多元的生活场景、更丰富的绿道景观呈现在市民眼前，为市民带来一种全新的多感官体验（图8）。

图7　海淀公园（图片来自网络）

图8　成都江滩公园（图片来自网络）

第5章 泉州信息工程学院校园景观设计

5.1 泉州信息工程学院项目概况

5.1.1 项目地理位置

泉州信息工程学院位于国家首批历史文化名城、东亚文化之都、海上丝绸之路起点——泉州市市区。泉州市地处中国华东地区，北承福州，南接厦门，东望台湾岛，属亚热带海洋性季风气候，气候条件优越，气温高，光热丰富，降水充沛。冬半年主要受蒙古冷高压楔控制，盛行偏北风，气温低，干燥少雨；夏半年主要受副热带高压影响，盛行偏南风，气温高，湿润多雨。学校与中国闽台缘博物馆、泉州博物馆、西湖公园相隔咫尺（图9）。

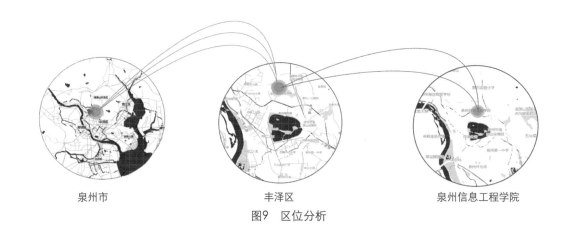

| 泉州市 | 丰泽区 | 泉州信息工程学院 |

图9 区位分析

5.1.2 基地现状分析

校园依山而建，因地制宜，属山体景观，可登至山顶俯瞰校园景观。校园植被覆盖率较高，绿化率达70%以上。且植物茂盛、种类多，生长状况好。教学楼和实训楼背后有大块闲置草坪，植被日常维护、修剪与管理情况极佳。

整体校园交通道路脉络清晰，校园主干道围合成一个环形交通，各功能建筑沿环形交通主干道分布；学生宿舍区位于校园东侧，交通道路为主干道分支出来的三条次干道，平行分布汇成一条主干道，可通往校园东北正大门，与博东路相接；正大门入口交通道路实行人车分离，进入校园左侧为人行道，右侧供车辆行驶。校园西南边设有校园后门，通往博后路（图10）。

图10 校园公共空间环境现状

泉州信息工程学院图书馆建于2002年，现有馆舍建筑面积近1.79万平方米，普通阅览室座位1475位，多媒体电子阅览室拥有250台电脑终端供读者访问图书馆资源和网络资源。图书馆采用"全开放、大流通、藏借阅合一"的管理模式。现有建筑结构为钢筋混凝土框架结构，环形轴网。环形空间的中心为首层平层玻璃框架内庭，同时作为主入口的过渡空间。建筑主体为地上四层空间，二、三、四层均设有屋顶平台，外立面为花岗石贴面。

5.2 总体布局思路分析

5.2.1 设计理念

信息化背景下的校园设计以及校园图书馆空间设计面临着由纸本阅览——电子阅览——信息共享阅览——泛学习空间的历程。除了正式非正式的学习空间外，还需要存在虚拟的体验空间、超级教室、多媒体以及影音学习空间等。现有的功能空间已经不能满足目前学生和老师的使用需求。因此，面向未来的图书馆景观空间设计应该是走向情景化，更强调体验的。

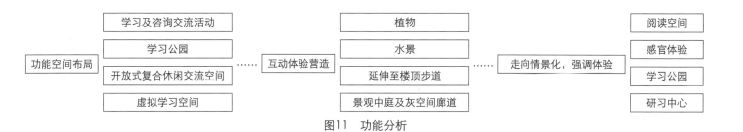

图11 功能分析

通过对互动理论在公共空间景观中的应用，达到增强人与校园景观之间的互动，强调人的动态存在与空间之间相互吸引的关系，引导体验者自发地参与到景观之中。实现人与人、人与景观以及人与景观空间周边环境的互动交流。这些互动关系不仅可以激活校园行为，形成外在形式上的交流，还有着文化、生态等内在层面上的影响和延续。

5.2.2 方法构思

1. 互动体验的营造

（1）植物设计：植物景观是一个空间形象的基本色调。在公共环境中，用植物营造景观不是简单选择一些树种、考虑平、立面构成的设计以及色彩如何搭配，对于现代景观设计师而言，更重要的是在进行植物品种配置的时候考虑到"以人为本"，营造出符合公共环境中人们行为以及心理需求的植物景观。满足人们参与到植物景观中去，为人们的精神生活创造优美的景观载体。与此同时，不同时节的植物景观也为体验者带来不一样的互动体验。

（2）水景设计：人类自古爱好滨水而居，亲水性是与生俱来的特性。水景在互动景观的营造上有着不可忽略的作用，在设计中运用不同形态的水体引发不同人群参与的心理感受，例如在图书馆空间入口处设置一片静水，形成良好的倒影效果，给人以诗意、轻盈的视觉感受。在步道延伸处根据地形条件设计落水景观，同时在室内空间设置浅浅的流水景观，不仅可以将休闲阅览区域与展厅区分开，同时也使环境更富有个性与动感。

（3）道路设计：在新建区域二层平台设置户外步道，蜿蜒穿过顶层空间的室内，延伸至原有屋顶空间。不仅增强了人们在空间中的体验感，同时提供了交流和互动行为的空间。

2. 空间布局

（1）增加空间的流动性和通透性：使空间之间相互渗透，甚至从室内延伸到外部，保证最少的阻隔。通过视线的穿透，让内部空间的张力产生视觉的秩序感和延伸感，并让这种通透的视觉感受跟随空间的变化流动起来。

（2）走廊和过道的再利用：走廊是人人都要通过的空间，通常都是匆匆而过，很少会停留，在设计中把它和休闲阅览区、沟通交流区结合在一起，使之融合成为开放式复合休闲交流空间，有效利用灰空间，使"空间赋能于学习"。

（3）开辟视听区、多功能教室、虚拟学习空间、社团服务等，真正以"人为中心"，抓住使用者的心理，使空间更具吸引力，从而更直接、迅速地传递多元化的信息，实现人与人、人与物、人与环境相互联系的多重互动体验。

3. 结合现代科技

科学技术为人们进行多方位的体验提供了种种可能，新材料和新的工艺技术也给景观布局和施工效率带来了巨大的改变。与此同时，我们还可以通过VR技术模拟图书馆系统管理场景以及构建VR仿真全景图书馆，这都使得图书馆中的现代化管理系统变得更加全面，也让读者享受到更加优质的体验。

结语

1. 总结

校园景观空间应该着重把握参与者与环境的体验和互动性，一个能够得到参与者情感认同并且可以与参与者情感认知上进行交流的环境才是合理的校园环境空间。因此我们在进行校园公共空间景观设计时，应该充分考虑使用者和参与者的各种需求，增强人与人、人与景观环境、人与自然的交流互动。基于互动理论的校园公共空间景观设计就是了解景观环境参与者具体的情感需求，然后通过对校园公共空间景观环境构成元素的优化使环境空间可以满足环境参与者的情感需求、行为需求，参与者处在景观环境空间中能够与环境达到情感上互动的景观设计。

2．不足与展望

虽然文章阐释了一些将互动景观运用到校园公共空间设计中的方法，但由于研究时间和研究水平所限，文中部分内容没有完全开展，有待深化研究，所有这些缺陷与遗憾都将作为今后的研究方向，有待进一步的研究。

参考文献

[1]（美）特里博．现代景观[M]．中国建筑工业出版社，2008．

[2] 林墨飞，李禹．互动型高校景观营造探究[J]．美苑，2010（04）：50-51．

[3]（美）麦克哈格．设计结合自然[M]．天津大学出版社，2005．

[4] [日]原研哉．设计中的设计[M]．朱锷，译．济南：山东人民出版社，2006．

[5]（美）奇普·沙利文著．庭园与气候[M]．中国建筑工业出版社，2005．

[6] [美]阿尔伯特，J．拉特得奇 著．大众行为与公园设计[M]．中国建筑工业出版社，1990．

[7] 李晶晶．互动性设计在校园景观设计中的研究应用[D]．福建师范大学，2015．

[8] 姚雪艳．我国城市住区互动景观营造研究[D]．同济大学，2007．

[9] 朱绚绚．大学校园景观的整体设计[D]．重庆大学，2009．

[10] 李小彤．图书馆空间环境体验设计研究[D]．南京林业大学，2015．

[11] 张煜子．多感官体验式互动景观的研究[D]．南京工业大学，2012．

[12] 胡欣萌，彭军．基于互动理论的现代城市公园景观装置艺术的设计研究——以长沙中航山水间社区公园设计为例[J]．工业设计，2019（12）：74-75．

[13] 王向荣．生态与艺术的结合——德国景观设计师彼得·拉茨的景观设计理论与实践[J]．中国园林，2001（02）：50-52．

[14] 王向荣，张晋石．人类和自然共生的舞台——荷兰景观设计师高伊策的设计作品[J]．中国园林，2002（03）：70-73．

[15] 梅瑶炯，刘定华．论互动园林：趣味交流与自发参与——城市园林的一种预期发展方向[J]．中国园林．2006（11）．

泉州信息工程学院图书馆空间设计
The Library Design of Quanzhou University of Information Engineering

区位介绍

　　泉州信息工程学院位于福建省泉州市，是经教育部批准成立的全日制应用型本科院校。泉州地处中国华东地区，北承福州，南接厦门，东望台湾岛，属亚热带海洋性季风气候，气候条件优越；闽南话为主要方言，并存莆仙话、客家话等多种方言，常住外来人口达204万人。作为首批国家历史文化名城，泉州是联合国唯一认定的海上丝绸之路的起点，列入国家"一带一路"战略21世纪海上丝绸之路先行区。

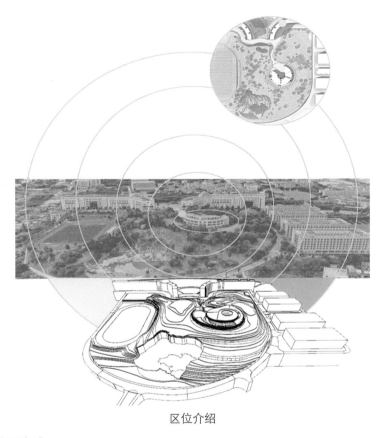

区位介绍

总平面图

模型生成

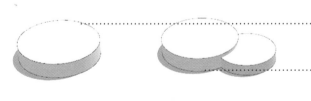

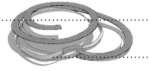

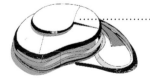

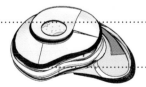

说明
1. 现有图书馆功能：报纸阅览区、电子阅读区、读者休息区、基础图书馆、多功能厅
2. 将原有图书馆功能整合，根据加建所需的功能在场地新增功能体块
3. 增加步道贯通整个图书馆建筑
4. 完善建筑轮廓，增加每层内部空间及灰空间
5. 将新旧空间整合，步道从二层连通至顶层
6. 置入中庭和天井采光

体块推敲

内部空间

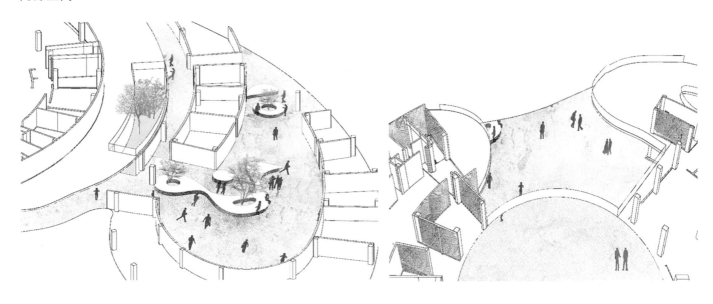

效果图

高校图书馆建筑更新设计的思维表达研究

Research on Thinking Expression of Architectural Renewal Design of University Library

自然而然有氧数字化图书馆

Naturally Aerobic Digital Library

吉林艺术学院
丛圣含
Jilin University of The Arts
Cong Shenghan

姓　名：丛圣含　硕士研究生三年级
导　师：刘岩　副教授
学　校：吉林艺术学院
专　业：环境艺术设计
学　号：180307117
备　注：1. 论文　2. 设计

高校图书馆建筑更新设计的思维表达研究

Research on Thinking Expression of Architectural Renewal Design of University Library

摘要：设计是把一种设想通过合理的规划、周密的计划、通过各种方式表达出来的过程。人类通过劳动改造世界，创造文明，创造物质财富和精神财富，而最基础、最主要的创造活动是造物。设计便是造物活动进行预先的计划，可以把任何造物活动的计划技术和计划过程理解为设计。设计的核心是创造性思维，在面临各种各样的实际问题时，创造性地解决问题，是设计的内涵。高校图书馆是每所高校的必备设施，随着时代的发展，藏书量已经不是衡量一座图书馆功能齐全与否的唯一标准，现今已添加了信息化程度、阅读便利程度等因素。一座优秀的、功能齐全的图书馆，体现的是设计者的文化倾向与功底、思维形式与灵感，务求实用；图书馆建筑的外观体现的是设计者的美术能力和审美水平，图书馆往往会成为某一区域的地标性建筑，务求美观；图书馆本就是公益设施，本身具有文化符号的性质，其文化性又要求实用性、美观性和文化性和谐统一。

关键词：设计；高校图书馆；思维

Abstract: Design is the process of putting an idea through reasonable planning, careful planning, and expression in various ways. Through labor, human beings transform the world, create civilization, create material wealth and spiritual wealth, and the most basic and main creative activity is creation. Design is the advance planning of creation activities, and the planning techniques and planning process of any creation activity can be understood as design. The core of design is creative thinking. In the face of various practical problems, creative problem-solving is the connotation of design. University library is a necessary facility for every university. With the development of the times, the volume of books is not the only standard to measure whether a library is fully functional or not. Nowadays, factors such as information degree and reading convenience have been added. An excellent library with complete functions reflects the designers' cultural tendency and foundation, thinking form and inspiration, and strives for practicality. The appearance of the library building reflects the designers' artistic ability and aesthetic level. The library will often become a landmark building in a certain area to seek for beauty. Library is the public welfare facilities, itself has the nature of cultural symbols, its cultural, but also requires practicality, aesthetics and cultural harmony and unity.

Keywords: Design; University library; Thinking

第1章 绪论

1.1 课题背景及研究目的

1.1.1 课题背景

图书馆的发展历史悠久。在远古时代，人们依靠结绳的方法记录。文字能够记录人类的知识和思想。这些记录逐渐演变成文档，并据此出现以保存它们。随着社会的发展，各种知识产品越来越多，书籍和档案馆也逐渐分离和管理，以利于分类，这时就出现了独立的图书馆。图书馆已经成为知识成就和精神产物的存放地，在当今我国需要积极发展经济和人才的今天，图书馆的建设和正常运转尤为重要。为了便于统计和建设图书馆，1974年颁布了《国际图书馆统计标准》，按标准将图书馆分为六类。图书馆在各地之间扮演着不同的角色，以自己的方式为社会服务，发挥着重要作用。一旦确定了图书馆的规模、功能和服务范围，就可以明确定义其位置、设施、资源、文件类型和专家。中国公共图书馆的发展历史悠久，但发展停滞不前，近年来，在政府的大力支持下，图书馆的发展得到了改善。中国的公共图书馆有一个明确的建设目标，围绕这个目标，各级公共图书馆的主要功能是提供图书阅读和借阅服务，为各种机构和个人提供信息服务，保存本地文献以及建立独特的收藏。近年来，根据世界图书馆的发展趋势，中国开始了图书馆的全面改革，以发展更全面的图书馆和提供更全面的服务。

1.1.2 研究目的

1999年底《中华人民共和国高等教育法》颁布后，教育部制定了《面向21世纪教育振兴计划》，国务院还召开了第三届全国教育和劳工大会，普通高等学校开始大规模扩招。高等教育进入快速发展时期。随着入学人数的增加，从1998年的1022所大学和600万名学生增长到2006年的1909所大学和3000万名学生。这导致了学校建筑的严重短缺，为了解决这个问题，大学必须选择重建地点或发展分支学校。学校的三大支柱之一，即学校图书馆，由于其建筑面积不足，已成为学区的核心建设项目，并且已经修建了许多学校的地标性建筑。十多年过去了，回头看这些建筑物，其中许多面临各种问题，限制并阻碍了图书馆的发展。那么如何才能将我们的图书馆建设成为拥有美丽外观和全面内部服务的图书馆呢？这是所有图书馆员都在思考的问题。

1.2 主要研究内容

1.2.1 概念界定

设计灵感作为设计活动的开始是非常重要的，"设计思维与方法"课程的教育目标是指导学生使用合理、科学和有效的方法来清除设计难题并解决感知设计过程中出现的问题。

设计灵感（Inspiration）是人们在思考过程中认知跳跃的一种心理现象。新观念突然之间相互联系，成为人们大脑中的新观念。设计灵感似乎是随机上升的，但并不是凭空产生的，它有强大的目的。作为创意活动的主题，人们需要澄清创意活动要解决的问题，以便他们找到快速提高效率的方法。

设计灵感有其自身的特点。设计思维功能包括：

（1）随机性和偶然性。设计灵感无处不在，不仅限于时间和空间。

（2）公平。设计精神对每个人都是公平的，不受地理、种族、财富或贫穷和阶级的限制。

（3）价值。设计灵感可以创造商业价值并成为产品。

（4）流动性。有必要养成及时记录的习惯，以免忘记设计灵感突然出现的情况。

1.2.2 研究内容

本文的研究内容为高校图书馆建筑更新设计的思维表达研究。

首先从三大方面阐述了建筑设计的思维形式，即设计的思维形成因素、设计的思维形式以及设计的思维特征，接下来说明了建筑设计的思维表达，分为以下几部分展开：设定设计目标、发现设计问题、设计成果体现、大师作品启发，然后运用至实例中，设计实践——泉州信息工程学院图书馆建筑更新设计，包括泉州信息工程学院图书馆建筑更新设计任务解析、高校图书馆建筑更新设计的思维表达设计启发、图书馆建筑设计原型限制对设计的客观性分析、高校图书馆建筑更新设计中的思维表达，最后说明了新时代高校图书馆建筑设计的发展趋势。

1.3 本课题研究现状

1. 国内研究现状

国内研究认为高校图书馆建筑设计必须面对现实，立足长远，将面临的实际情况和将来的设想结合起来，在统一规划、科学设计的基础上，综合考虑学校的人力、物力、财力，根据轻重缓急，确定先建什么、后建什么，不仅实现图书馆造型完整统一、功能合理齐全，而且为将来的扩建创造条件，留有余地，实现可持续发展。

国内很多学者们对于学科服务的必要性研究主要围绕以下几个方面：优质的文献保障体系与高质量的信息服务对于学科建设来说必不可少，学科服务搞得好可以促进学科建设的发展，进而可以作为创建一流大学的突破口；用户的信息环境发生了剧变，一方面网络信息的易获取性大大影响了用户获取信息的习惯，冲击了图书馆作为传统信息中心的地位，作为信息资源、信息服务和教学科研支撑的大学图书馆正面临着如何定位和发展的问题；以读者为中心已经成为很多图书馆服务工作的宗旨，当前学科分支日益细化，各类信息呈指数增长，阻碍了用户便捷、有效地利用信息，信息知识的获取更需要专业的指导。

2. 国外研究现状

国外大学图书馆的建筑模型使用简单的几何形状来创建现代实用的公共图书馆，并且模型与周围环境相协调。它充分体现了公共图书馆的特点，为残疾人提供了一系列服务设施，如视障者阅览室、儿童阅览室以及各种团体的其他设施，并设有开放阅览空间、电子阅览室和特别阅览室。另有新书外卖书店、餐厅、沟通培训、行政管理和其他服务区域，为有不同需求的人们提供服务。图书馆周围的景观环境具有人性化的设计，例如游泳池、知识走廊、休息区和绿色景观。越来越多的国外大学越来越重视科学服务，许多外国专家也提出了针对主题服务的技术解决方案，例如Araby Greene，使用SQL Server和ASPNET技术提供主题服务指南。在《虚拟环境下的学科馆员——对英国大学的调查研究》中，"Web 2.0技术（例如RSS支持、博客、维基等）有助于在虚拟环境中方便地获取资源"。《高校图书馆提供密集的研究》指出图书馆应采用新的UAEU使用策略、数字内容以及信息和通信技术（ICT），并充分考虑将图书馆研究存储在密集型大学中。在第七届亚洲数字图书馆国际会议（ICADL）中，介绍了导航数据库建设的进展，提出了互联网资源导航数据库核心领域建设的目标原理和内容，以及基于互联网的资源技术标准。

3．国内外研究现状

近年来国内外高校对图书馆的建设发展极为重视，尤其是在固有的图书馆建筑更新方向，对现有资源合理规划，更新建设显得格外重要，国内外一流高校多会注重以下几个方面：

重视资源建设。资源是图书馆存在、发展与开展服务的根基。内容主要为：充实馆藏，建立跨学科的实体馆藏和不同格式的虚拟馆藏；强调存取，应当支持各种移动便携设备，使用户能够在任何时间、任何地点、任何设备上检索并使用图书馆的资源，一些图书馆还明确提出优化发现与传递系统、图书馆网站和服务平台的性能，同时，多数图书馆支持研究资源的开放获取；重视资源的数字化与长期保存；资源共建共享；建设机构知识库，收集、保存并促进对学校研究成果的利用。

空间智能拓展。基于网络的资源和服务正在快速扩张，但并不表明师生对物理空间的使用有所减少，而且由于用户的研究行为、教学与学习模式等的变化，传统的图书馆空间越来越无法满足需要，对此，各馆纷纷审视、评估现有空间环境的利用状况，或与师生共同规划图书馆空间，主要改变体现在：调整物理空间，各馆根据评估结果和需求调研，增设信息共享空间、个人和团体研究室、人文科学实验室、培训室等空间，或者扩建附属建筑物；打造虚拟图书馆，实施基于学科的数字学术中心计划，以适应用户日益复杂的需求，促进知识发现和知识创造；升级配套设施，采购与研究、学习相关的技术设备，提供灵活、舒适的基础设施，提升用户体验；举办各种活动，如讲座、展览等，促进用户参与，充分利用图书馆空间。

支持教学。教学服务是大学图书馆的重要职能之一。支持师生的教授与学习，提供教学相关的软硬件设备、基础设施、馆藏资源、新技术设备、空间需求等；强调信息素养教育，使用户学会有效地发现、评估、组织、管理、利用和创造信息，这些大学图书馆普遍采用嵌入式教学的方法，通过与教师、各个院系多方面的合作，创造性地将图书馆教育服务整合到大学的课程体系结构中，提高用户的信息素养技能。

注重服务。大学图书馆是为大学师生的研究、教学和学习活动提供服务而存在的。研究服务，与研究人员合作，深入了解他们的需求，为研究人员提供高水平的咨询服务、设计创新服务以加强各学科研究和跨学科研究之间的链接；数字化服务，主要体现在数字化内容和数字化工具两个层面，将服务与专长嵌入系统和工具中，支持教学与科研；基础服务，根据用户需求调整开放时间，完善自助设备等。

1.4　研究方法与构架

1.4.1　研究方法

1．文献研究法

高校图书馆建筑更新设计灵感的思维表达研究涉及不同的学科，对于高校图书馆建筑设计本身而言，需要从文化背景、建筑理论、建筑思潮等因素进行分析。其次涉及心理学科，需要阅读有关灵感研究的相关文献，故通过查阅图书馆相关文献、知网以及各大院校官网等途径收集并且整理理论资料进行分析。

2．案例分析法

不仅仅停留在文字理论的推导想象中，还将会通过大量建成的高校图书馆或者已规划的方案进行分析论证，来支持本课题的研究。

3．访谈法

思维是偏于个人化的研究，故掌握高校图书馆建筑设计师的观点进行演绎推导是非常关键的，本文将对有研究价值的图书馆所在高校所有接受的访谈进行收集总结，探究其建筑更新设计的思维表达。

4．实地考察法

为了能够获得高校图书馆建筑设计的一手资料，所以对许多高校图书馆已经建成的或展览的项目进行实地考察，由于经费有限，故选取吉林大学图书馆以及北京大学图书馆进行考察，旨在能够设身处地地站在高校的立场上思考，合理地探究其思维真实的状况。

5. 图解分析法

针对论文的架构、论证的信息以及高校图书馆建筑更新设计的作品进行图解，以期能够更加充分地论证本文的观点。

1.4.2 文章框架

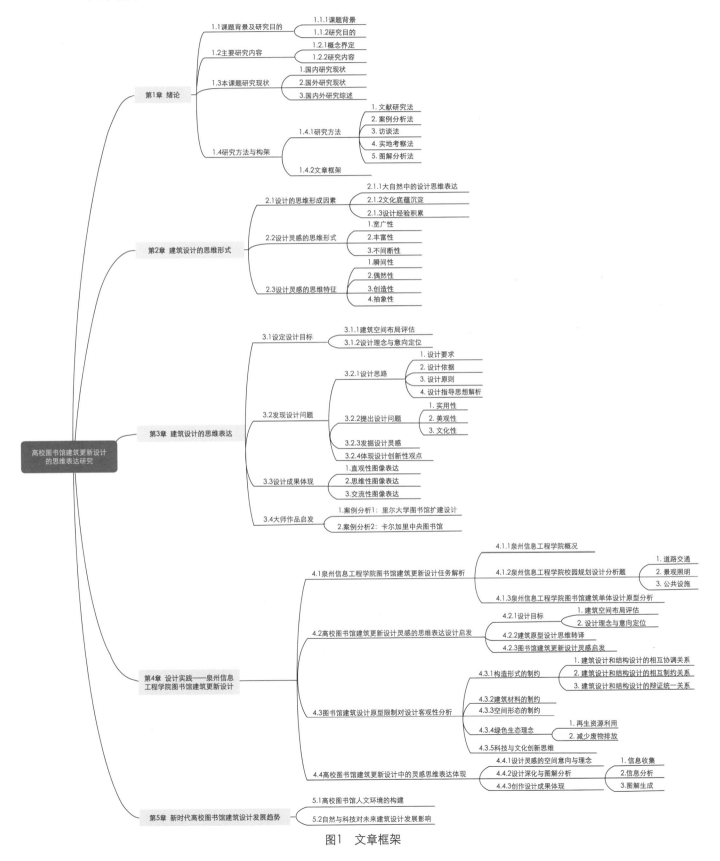

图1 文章框架

第2章 建筑设计的思维形式

2.1 设计思维形成的因素

2.1.1 大自然中的设计思维表达

大自然是所有神奇生物的来源，它的颜色、形状和结构将人们带入一个不寻常的世界，而又不会失去灵感的支持。尤其对于设计师而言，自然是无限创造力的源泉。所有天然材料都可以激发创造力，并贯穿整个设计过程，也可以用作特殊的创作背景。设计师在各种自然视觉成分影响下，不断通过创造力进行变革，创造出栩栩如生的设计。什么是自然元素？它是关于自然及其所有形式的一切的集合。它不仅限于物质要素，例如生态系统中的生物，而且还包括自然发展过程中的非物质要素。简而言之，自然元素包括空间、时间、精神和物质。自然元素可以用两种方式表示在设计中：象征性和抽象性。象征性符号通过照片、逼真的插图，或生物轮廓、颜色、纹理和形状的复制品显示对象的原始形状；抽象性符号使用点、线和平面来概括、夸大、扭曲或纠正自然。找到的对象的原始颜色，形状和结构。通常人类运用创造力通过多种渠道观察、提取和表达自然的灵感。

2.1.2 文化底蕴沉淀

在这个充满新创意时代，充满活力的设计营造了浓郁的文化氛围，融合了文化思维和设计师的观念，同时也是继承文化和教育公众的媒介。人们可以在原始青花瓷器的精美设计中，体验将知识型内省的"儒教"和蒙古语的"绿白"美学相结合的文化特征；在北京"鸟巢"和"水立方"的现代设计中，可以理解结合了"天堂和圆形空间"的区域概念与西方后现代主义设计概念的文化凤凰，所有这些经典设计都具有深厚的底蕴。"文化遗产是文化的本质。它是人类文明与进步过程中凝聚和升华的最基本的思想、价值观和思维方式。"

2.1.3 设计经验积累

在年轻设计师中，许多人经常追求技术而忽略设计的本质。如果更改现有的设计和美学概念，则很难适应新的思想和材料。通过各种肤浅的现象，我们可以看到为什么有些设计师的设计生命是常青的，有些是短暂的，有些是没有个性的。设计行业是世界万物之间的因果关系，这种现象不可避免地与内部因素有关。我们所有人和设计行业的每个人都面临着一个不断学习、不断积累和不断思考的过程，这个过程是微妙和定量的，只有定量积累才能带来质的突破。

2.2 设计的思维形式

1. 宽广性

开放乐观地面对新观点并积极主动是建筑设计思维迸发的重要行为，是其灵感不断迸发的核心原因。积极情绪也是建筑更新设计获得创造性观点的前提之一，它与灵感思维的宽广性相互作用，让建筑设计师面对一个观点或场景时能够以积极的情绪去面对，或者在积极情绪下能够更开放地面对困难挑战，进而产生创造性的观点。对建筑设计师而言，其积极情绪主要包括乐观和面对事物的敬畏之心。

2. 丰富性

空间序列与路径转折意味着建筑空间不应局限于静态视觉，而是要作为一个动态序列，以整体连续的过程去体验。建筑的丰富性在于其节奏的把握，艺术理论家康定斯基说：点本质上是最简单的形，"我们会认为点是最小的，且是圆的。"实际上，点是多样的，方形、圆形、规则形、不规则形等都可以是点的形式，是相对的，"比如对于大海来说船就是点，对于宇宙来说地球就是点。"自然形态中任何物体缩小到一定程度都能成为不同形态的点，点具有方向性和目标性，以画面中的大小、位置来呈现"几何上的主体"。"它也可以作为画面视觉中心、力的中心，平衡画面，起到调和作用"，可以是实点，也可以是虚点，可以作为主体呈现，也可以作为次体出现，"关键是选择符合自己所需的。"线主要分为直线和曲线。"线在建筑作品结构中极富有表现力，成为建筑作品主要造型手段之一。"同样有虚线和实线之分，这与点的概念和用途有相似之处。"线有时是隐藏的，或是分割画面的，黄金分割定律就是线段分割时产生美的价值与规律。"同时线具有方向性与形式美感，给人强烈的情感色彩和心理暗示，也常起视线引导作用。线同时富有装饰性，是造型力很强的一种线条，我们经常会利用线条表现物象的外部特征与内在气质，它在建筑作品造型中较为灵活。无论哪种线条，哪种不同的视觉感受节奏等，线条的提炼都能给人形式美感与艺术感。线作为主体的情况比较少，主要用来分割面积空间，形成新的空间层次。

3. 不间断性

不间断性的设计思路配合建筑更新设计师自身的责任感和坚持的品质，采取踊跃的设计行动，并最终将创造性观点转化为创造性的作品，将其独创成果汇聚到高校图书馆设计中，将进一步促进高校图书馆建筑更新设计设立更高的具体目标，并最终进入灵感的下一轮迸发。所以，更新设计不知疲倦的持续行动将会使设计灵感不断生成，最终激发源源不断的灵感。

2.3 设计的思维特征

1. 瞬间性

由于它不是通过简单地遵循意识领域中的常规逻辑过程而形成的，因此，启发性直觉思维所产生的思维过程、规则、要素和思维过程并不能由自我意识清楚地表达，"可意会不可言传"。

2. 创造性

创造性，是非常具有开创性意义的思维，带领我们认识新的领域、开拓新的成果，同时也代表了思维的最高形式。创造性思维以思考、理解、感知、联想、记忆等五大能力作为基础，并且以探索性、求新性与综合性为高级心理活动的主要特征，并且只有在人类的身上才会有绝大多数的体现。创造性思维的一项研究成果必须要经过很长时间的实验、反复地对比、刻苦地学习，甚至经历多次失败的挫折才能取得，而创造性思维能力的培养所具备的条件需要经过自身长期不断地积累知识、历练素质。在产生创造性思维的过程中，多样的推理、想象、联想、直觉等思维活动，缺一不可。

3. 发散性

发散思维使得我们在遇到问题时能够多方向、多层次、多结构、多侧面甚至全方位地去进行思考，从而使得我们在探索答案的过程中，不受到现有知识条件的限制，也没有传统方法的束缚。其本身的思维路线是开放性、扩散性的。解决问题的方法是千变万化的，在不同的方法、不同的路径中去探索和选择，相同的问题也可以存在着多样的解决方式。

4. 抽象性

在直觉性思考的过程中，潜意识或意识领域总是伴随着思想形象运动的存在。没有图像的暗示和启发，就不会有思想的顿悟。这种思维方式与设计师的日常生活经验有关，有经验的设计师将更深入地进行抽象思维。

第3章 建筑设计的思维表达

3.1 设定设计目标

3.1.1 建筑空间布局评估

新型高校图书馆职能的扩展需要多元空间形式的支持。按不同的分类形式可以将高校图书馆空间分为不同的空间类型。阅览空间按文献类型可分为印刷型、视听型、网络型等空间；学习空间按信息获取方式可分为自主型、合作型和探究性等空间；服务空间按服务方式可分为信息型、文献型和辅助型等空间。

3.1.2 设计理念与意向定位

基于设计新大学图书馆的理念，本文拟从空间划分、空间结构、空间形式、空间环境和空间特征等多个角度探索应用型大学图书馆的设计策略。例如协调阅读和学习空间，平衡现有文档和电子文档以及将服务空间中的实体转换为虚拟实体。试图建立一个可以最大限度地提高学生自主性的空间，将大学图书馆空间视为由多种信息源组成的复合体，并提出了三种组织方法：线状、面状和体状。在空间形成部分将大学图书馆空间分解为各个方面的独立使用功能。在声音、灯光、颜色和徽标的细节方面，增强大学图书馆的空间设计策略。最后，在空间特征方面呈现出新大学图书馆空间必须在精神层面表达的各种内部特征。

3.2 设计问题发现

3.2.1 设计思路

1. 设计要求

图书馆的设计既要体现图书馆的主要功能，还要在现有图书馆的基础上进行革新，方便各个群体进行相关活动，包括提供图书阅览和外借服务，为各类机构和个人提供信息服务，保存地方文献，建设特色馆藏，为各类教育提供支持，强化社区活动中心等。

2. 设计依据

在当今的"互联网+"时代，人人都是移动网络参与者的大环境下，"网红打卡地"这种场地形态向图书馆伸出了"橄榄枝"，传统的图书馆虽然还能为人们提供必要的基本功能，但是已经无法满足人们在审美、心理需要、社交、休闲等方面的需求，钟书阁、西西弗等新型图书馆开始崛起，西南大学、深圳大学等知名高校也依次开设了功能多元化的图书馆，所以设计更加美观、功能更加强大的图书馆是时代提出的要求，所以必须慎重对待。

3．设计原则

在符合新时代功能需求的设计框架下，兼顾美观、功能、建筑容积、土地经济性、结构合理性、环保性等原则。与此同时建筑设计首先必须满足使用要求，根据建筑物的使用目的，按照相应的设计规范进行设计。比如：空间要求、环保要求、采光要求、消防要求及结构的耐久要求、抗震要求等。正确选用建筑材料，合理安排使用空间，合理设计结构和构造，考虑方便施工、缩短工期，实现经济目的的同时也要考虑建筑设计的美观性。

4．设计指导思想解析

符合本校文化底蕴，参考本校历史文化，结合本校学子的研讨需求以及现代审美的需求，以及院校所在的区域的气候特点、建筑特色和人文习俗等，将足够强的区域民族文化融入建筑设计当中。

3.2.2　提出设计问题

1．实用性

图书馆作为供师生借阅资料和学习的场所，这一点是一直未改变的，所以此次图书馆设计首要考虑的是它的使用方面，合理的建设布局是能够更好地推进功能使用率的。功能分区、管理理念、使用流程这些都离不开建筑设计的理念，空间的合理利用也是关键问题之一，合理性和科学性是建筑设计的前提。

2．美观性

在实用的基础上进行美观设计，内外设计要体现学校的理念，遵守学校的初衷，结合校风校貌，面向新时代去设计。在保留优秀的传统设计的同时，在此基础上进行设计重生，无论历史长短，经过洗礼的总是能被接受的。美观性也要遵守这一原则，突破创新也要有据可依。

3．文化性

学校作为文化输出的重要场所，对一些不适合学校的因素要适当摒弃，突出文化特色。在保持图书馆功能性的同时，设计处理上要遵循院校特有的文化属性，形成目之所及的院校文化精神和风格。

3.2.3　发掘设计思维

设计思维来源于自然景观、生活阅历，或者是对于某种文化的理解。灵感是源于一瞬间的迸发，更多的是细节的累积。细节来源于生活之中，而生活意味着习惯，无论是一个区域，还是一座城市或者一个国家，生活习惯往往就是民族思想意识。设计之所以有"灵感发掘"这一说法，就是因为好的设计作品是在大多受众能够接触的基调下进行的，要有出处、有渊源地进行设计创新，否则理念的提出就是凭空捏造，虽有心，但不足以落实。厚重的历史文化传承来自于人们不断创新和适应的生活环境，如果将这一点作为灵感发掘的基石，那么设计的理念就会更加敦实、可靠，具有说服力。

3.2.4　体现设计创新性观点

在发现图书馆不便大家研讨的问题后，结合本校学子的研讨需求，笔者对潜在的思维框架进行质疑思考，最终以积极开放的态度为前提，得出了在室外也可以建造研讨空间的创造性观点。

3.3　设计成果体现

1．直观性图像表达

建筑动画通常基于建筑设计图、地理位置、建筑物外观、建筑物室内装饰、景观花园和辅助设施，配合风、雨、雷鸣、日出、日落等，一方面将设计成果以预设状态来展现，以方便呈现设计初衷；另一方面能够借此使设计受众更好地理解设计主题和用意，在建筑环境以及建筑物的整体结构中动态展现。

2．思维性图像表达

一个建筑的好坏，最重要的是它最终呈现在我们面前的形态，而这个形态需要设计师们付出艰辛的努力，想要真正地了解一个建筑作品，最重要的就是要了解建筑的思维过程。在建筑设计中，用图解进行思维表达的方式主要有两种，草图和展示各阶段成果的正图（即建筑制图）。两者的区别在于，一个是设计思维活动的动态成果，其特点是模糊性和不确定性；而另一个是设计思维活动的静态成果，其特点就是准确性和完整性。

图2

3.4 大师作品启发

1. 案例分析1：里尔大学图书馆扩建设计

前瞻性的教育对时代性的要求极高，而深知这一点的法国教育部长久以来致力于投资、支持创新型大学技术教育设施的建设。这些硬件上改革的重要目标之一，便是反思过时的教育理念。而无论是科技的进步，还是包括学生与教学团体在内的教育机构与公众间沟通方式的改变，都促使人们开始重新思考传统大学图书馆的建筑形式。为了适应当下的教育形式，面对未来无数的挑战与可能性，一系列的教学机构改革已经悄然开展，而这座全新的创新型学习中心便是其中的项目之一。建筑于2016年9月正式开放，迎接与新学期一同到来的新老学生。这座辨识度极高的圆形建筑位于里尔大学校园中央，由柯布西耶的弟子Noël Le Maresquier于20世纪60年代中期设计。作为盛极一时的研究和学习场所，这座图书馆逐渐老化的已不仅仅是建筑结构。

建筑的主体结构以及其独树一帜的建筑意象得到了完整的保留，一层空间以相应的圆弧形态向外伸展，将城市景观与建筑功能融为一体。舒展的一层空间内包括了一个活动场地、咖啡厅以及用于向公众发布最新科研成果的会场"Xperium"。这些似乎并不起眼的空间却让这座传统的图书馆摇身一变，转化为了具有现代意义的"学习中心"。

2. 案例分析2：卡尔加里中央图书馆

2018年11月1日，由Snhetta和DIALOG设计的新中央图书馆正式揭幕。图书馆的扩展面积为240000平方英尺。预计每年访问的游客数量将翻一番。未来，图书馆将在这个快速发展的城市中扮演非常重要的角色。动态的三层玻璃幕墙采用模块化的六角形图案构造，欢迎图书馆中的每个人。这些六角形图案交替分布在外部曲面上的玻璃和闪闪发光的铝板上。形态的一部分可能看起来像一本打开的书、一片雪花或两个相连的房屋。最重要的是，整个外观非常统一，因此任何外观都可以视为正面。甚至在图书馆内部，这种"统一"的视觉效果仍在继续，这反映在图书馆的视觉识别和道路标志设计中，以实现图书馆设计的包容性。更活跃的公共活动区域位于较低的楼层，并逐渐从较低的楼层过渡到较安静的学习区域。在底层，围绕建筑物提供了一系列多功能空间，以改善建筑物内部和外部之间的连通性。位于一楼的儿童图书馆还设有一个游戏室，为儿童的手工艺品、绘画、早期识字和室内游戏体验提供了空间。

第4章　设计实践——泉州信息工程学院图书馆建筑更新设计

4.1 泉州信息工程学院图书馆建筑更新设计任务解析

4.1.1 泉州信息工程学院概况

泉州信息工程学院是经教育部批准成立的全日制应用型本科高校。位于历史文化名城——泉州市，中国主要风景名胜区清源山南麓，也是中国著名的闽台缘博物馆的所在地。丰富的自然景观和人文景观相得益彰，使其成为理想的学习场所。

建校以来，国家的教育政策得到全面贯彻，严格控制教师素质，始终贯彻"以人为本，道德至上，全面发展"的办学理念，强调师生的实践能力。近年来，泉州信息工程学院参与了全国和各省的各种

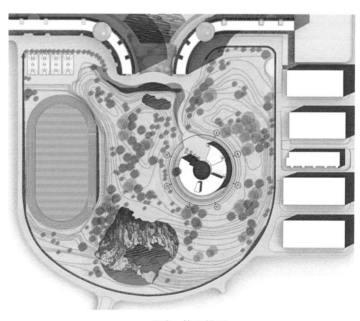

图3　校园模型

活动，经常在比赛中获奖。

4.1.2　泉州信息工程学院校园规划设计分析

1．道路交通

整体校园交通道路脉络清晰，校园主干道围合成一个环形交通，各功能建筑沿环形交通主干道分布；学生宿舍区位于校园东侧，交通道路为主干道分支出来的三条次干道，平行分布汇成一条主干道，可通往校园东北正大门，与博东路相接；正大门入口交通道路实行人车分离，左侧为人行道，右侧供车辆行驶。校园西南边设有校园后门，通往博后路（该后门景观视觉效果较差）。

2．景观照明

照明情况较差，因为属于山体景观，道路转弯拐点比较多，路灯设置的数量不够，夜晚有很多盲点，造成安全隐患。

3．公共设施

校园主干道垃圾桶、公共座椅和遮阳实施数量较少，且缺乏地方特色，学生生活的大众环境细节做得不足。大环境公共设施的完善有利于营造良好的环境氛围，公共环境的特色设计也是宣扬精神的体现和环境文化的引导。

4.1.3　泉州信息工程学院图书馆建筑单体设计原型分析

建筑设计概念必须纳入客观存在的"环境"和"意图"的主观概念。一方面，有必要分析环境对建筑物的可能影响；另一方面，有必要分析建筑物在自然环境中的预期状况。自然景观由建筑物根据当地条件的视野、地形的起伏、水面的宽度和变形组成。如果建筑物处于自然风景区，应使建筑物同自然环境相协调。例如中国驻联邦德国大使馆建于波恩的名胜古迹区中，基地地势起伏，古树参天，按波恩市政当局要求，不能砍一棵树。为了保护环境，将五座四合院分散建在丛林之中，成为建筑与环境结合的良好范例。

4.2　高校图书馆建筑更新设计的思维表达设计启发

4.2.1　设计目标

1．建筑空间布局评估

新型高校图书馆职能的扩展需要多元空间形式的支持。按不同的分类形式可以将高校图书馆空间分为不同的空间类型。阅览空间按文献类型可分为印刷型、视听型、网络型等空间；学习空间按信息获取方式可分为自主型、合作型和探究型等空间；服务空间按服务方式可分为信息型、文献型和辅助型等空间。

2．设计理念与意向定位

在新型高校图书馆设计指导思想的基础上，从空间区划、空间结构、空间形式、空间环境和空间特质等不同角度寻求适应新型高校图书馆的设计策略。空间区划重点讨论了图书馆中各主要空间的分配比例，如阅览空间和学习空间的协调、传统文献和电子文献的平衡以及服务空间由实体向虚体的转化关系。空间结构方面希望建立能够最大限度扩展学生自主性的空间，并将高校图书馆空间视作多个信息源组成的综合体，提出线状、面状和体状三种组织方式。空间形式部分将高校图书馆空间从不同侧面分解为独立的使用功能，如各种不同文献类型空间、不同信息获取方式空间和不同信息服务方式空间，强调针对不同空间的多元化设计。空间环境则从声、光、色及标识等细节方面完善高校图书馆空间设计策略。最后，空间特质则在精神层面提出新型高校图书馆空间所要表达的各种内在气质。

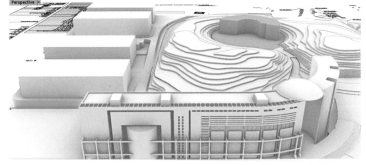

图4　校园平面图

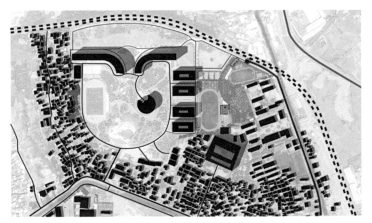

图5　平面肌理图

<table>
<tr><td>图6</td><td>图7</td></tr>
</table>

4.2.2 建筑原型设计思维转译

一个富有启发的建筑设计思维是追求建筑设计的客观性和必然性。所谓的设计是被主观理解的，其中有个别的喜好与否，然而是否有机能、材料是否使用得很好、是否合理，任谁都能够理解。一旦在异域中进行设计，要想让文化与宗教等背景都不同的人们理解自己的想法，内容的容易理解与否及客观性就变得非常重要。所以建筑设计中最重要的资质就是自己做的工作能够具备多少的客观性与必然性，而这也是建筑更新设计中一直追寻的思维转译。在客观性的追求上，建筑设计是解决问题的。也就是说，思考的不只是形状，而是通过分析具体的问题来做成项目，追求解决问题后自然出现的形状。每一个项目都是根据建筑系统进行评估的，这个系统嵌入设计中，同时又被转换成意想不到的东西。在对建筑设计必然性的追求上，谋求与周边环境和特定地域相适应的产品与体系，并尽可能使用可再生或当地出产的材料。

4.2.3 图书馆建筑更新设计启发

灵感包含启发成分，即被启发，也就是说状态灵感是由特定的诱发刺激所唤起的，并使个体趋向于预定目标。本节所研究的就是启发成分。进一步来说，前期的积淀内容是所有可能诱发刺激的集合，是灵感迸发的根本原因。但这些刺激并不都是特定的刺激，大部分不足以让灵感迸发。所以要解析建筑设计灵感迸发的导火索，并考察各要素之间的关系。其中富有启发激励功能的设计目标能够促使创造性观点的产生，极致发挥的内在品质作为催化剂将一部分积淀内容转化为创造性观点，有的则参与调控灵感迸发的进程，而独辟蹊径的思维意识配合内在品质的参与，最终能够激发具体的建筑设计灵感。

4.3 图书馆建筑设计原型限制对设计思维客观性分析

4.3.1 构造形式的制约

建筑设计和结构设计应相互协调。总的来说，建筑设计往往更注重建筑物的美观设计，尤其是时代经济的现代建筑设计，它们具有创新的思想，并且在某种程度上人们的精神和视觉享受是起点。结构设计主要以实用主义原则为基础，以人的安全为出发点。结构设计通常需要专业的技术支持，而现代建筑设计的技术基础通常通过结构设计来体现。

建筑设计与结构设计共同承担建筑工程设计、初步设计、技术设计和施工图设计等综合设计。建筑物的建筑功能和艺术追求通常取决于建筑物的结构。它是建筑物最重要的元素之一。建筑物的美观和质量在某种程度上取决于建筑设计和结构设计。融合了建筑设计和结构设计的建筑物通常会创造出独特的融合。在实际的建筑工程设计中，建筑设计师要基于创新思想，结构设计与其相辅相成，以创造出具有独特艺术风格的高品质建筑。

随着时代经济的发展和人们生活水平的提高，人们对精神享受和安全越来越重视，以便更好地适应时代的发展方向。建筑业逐渐趋于发展美学和艺术风格。同时，为了更好地确保建筑业的长期稳定发展，对建筑结构的技术设计要求越来越严格，设计师越来越重视建筑结构。整个建筑结构中最重要的元素之一就是建筑组件，而建筑物的成败通常是通过检查建筑物的美观和质量来实现的。在建设项目的实际设计中，有必要将建筑功能要求与建筑结构要求结合起来，从根本上促进建筑业的整体发展。简而言之，社会发展和进步对建筑发展具有重大影响，从根本上说，建筑设计与结构设计之间存在辩证统一的关系。

4.3.2 建筑材料的制约

建筑材料价格是限制项目成本的主要因素，但是购买材料不仅仅是价格的比较，材料质量不同，品牌不同，价格不同，售后服务态度不同，质量保证体系也不同。也就是说，价格的内容和范围是不同的。不同的市场意识、不同的供求关系和不同的需求季节导致不同的材料价格。因此，材料价格的选择不应仅仅基于高低标准，而应注意质量和数量之间的辩证关系。提高建设工程质量，延长建设工程使用寿命，是增加建设资金使用价值的重要手段。

图8

4.3.3 空间形态的制约

空间形式不仅是包括现实空间中的物理形式和虚空形式的有机整体，而且还是对有意识空间中物体存在的主观判断。空间形式强调在空间中特定时间和空间环境中事物形式的整体有机特征的显示，以解释在主观和客观空间中形式的原因、组成、关系、发展和趋势。

4.3.4 绿色生态理念

生态建筑设计从以人为本的设计理论出发，由人、建筑物和自然构成的整体环境开始，并通过设计生态建筑的思想来设计建筑，使人、建筑物和自然的和谐统一达到最佳关系。因此，建筑物和环境有机地结合在一起，为人们创造了一个舒适的空间和小环境，并保护了周围的环境。生态建筑是历史上深层次地回归自然，并依赖于许多相关技术，形成与自然生态平衡的良性循环系统：将建筑物视为生态系统，并通过设计和构造建筑物内部和外部空间中的各种物理因素来系统回收建筑物生态系统内的物质能量。确保高效能、低消耗，减少浪费，减少污染，生态平衡地建筑环境。

1．再生资源利用

节能的技术原理是减少能耗，通过储热等措施提高能源利用效率，并充分利用可再生自然资源，包括太阳能、风能、回收水、海洋能和生物质能。减少对不可再生资源的依赖，在建筑设计中结合不同的气候特征，采用太阳能和通风等节能源措施，利用材料的储热和隔热来减少能耗，改善保温结构的保温隔热性能。

2．减少废物排放

严禁将有毒有害污染物释放到外部环境，必须考虑建筑物周围环境对人体健康的影响以及建筑物室内环境对居住者的健康是否存在危害风险。

4.3.5 科技与文化创新思维

我们研究建筑创新以及科技创新，良好的思维能力是至关重要的，那么具有哪些思维能力才能更好地发展建筑创新以及科技创新？首先是要拥有类比式的思维能力。类比式就是将一个熟悉的事物和不熟悉的事物相互比较，从而了解到这个不熟悉的事物的方法。类比式的思维能力扩展了我们的思维，提升了我们的认知能力，为我们进行建筑创新以及科技创新提供了很好的动力。其次我们要拥有良好的联想式思维能力。联想式思维就是通过一件事物的表面看到更深层的事物。比如：从鲸鱼到潜艇、从蝙蝠到雷达、从变色龙到伪装服等。联想式思维能力是对类比式思维能力的一种发展，对我们的建筑创新以及科技创新具有很重要的作用。

4.4 高校图书馆建筑更新设计中的思维表达体现

4.4.1 设计的空间意象与理念

设计灵感思维来源于自然景观、生活阅历，或者是对于某种文化的理解，灵感是源于一瞬间的迸发。高校图书馆建筑的设计研究除了要满足功能需求以及使功能空间和流线安排合理，建筑师还要关注对形式美感与精神上的艺术追求。由于高校图书馆建筑的文化地位决定了这种追求要超越其他建筑类型，所以建筑师在进行设计的过程中要格外地关注历史文化、地域特性、建筑环境所起到的影响作用。从包含着大量信息的意象出发，采用建筑类型学的设计思维过程来分析意象中信息的类型提取以及信息的类型转换，最终达到意象在高校图书馆建筑中成功表达的目的，这是一个强调逻辑思维的设计过程，也是建筑设计师在踏入社会进行工作之前对自我进行设计方法总结的一个过程。意象对建筑具有重要意义，意象是建筑设计之路的起始。因为意象在文化、历史、社会、哲学、宗教等观念的影响下往往会承载着"意"和"象"，为高校图书馆建筑的设计提供了可以物质化的信息模型，所以用建筑类型学的设计思维逻辑来分析和表达意象，最终完成意象在高校图书馆建筑形象中的体现。这样从高校图书馆建筑意象类型中取得意象信息来源，在设计中考虑人文环境、自然环境、功能与技术因素对博览建筑设计产生的重要影响，通过空间、形体、材料与细部以及结构作为载体，完成意象信息的类型提取过程，最后依据完形学理论运用不同的设计转换手法来实现建筑意象在高校图书馆建筑中的表达。

4.4.2 设计深化与图解分析

有了创造性观点后，笔者将观点进一步深化发展，并以2个不同又相关联的设计方案来实现目标，以此展示设计力量，吸引有户外研讨需求的同学，期望在研讨空间中的大家能够实现资源共享、共同进步。

图解设计也就是"语法构成"，由三部分构成：信息收集、信息分析、图解生成。其特点就是运用简洁的图形语言编码使信息更加清晰易读，从而找出决定性因素的关键信息。这种设计方法扩大了设计师的思考范围，跳出了思维定式，将图解分析直接转化为建筑形式，丰富了原有的现代形式语言。

1. 信息收集

大量数据和背景信息的收集是图解生成的基础。收集信息的过程就是建筑师认知设计对象的过程，不仅包括场地信息、建筑内在组织结构及关系需求、甲方需求，还涉及社会、人文、经济环境等宏观信息。

2. 信息分析

分析就是从特定角度观察，运用特定方法思考。如果说信息收集是充满艰辛的体力劳动，那么信息分析就是极具挑战的智力运作。如何运用理性思维来梳理庞杂的信息，将其简化、规律化并推演出结果是图解生成的关键。首先是对信息进行分类。尝试用一种图示或颜色代表一种分类，将数据转化为符号从而帮助我们更直观地理解。其次是发现问题，例如建筑和基地如何发生联系，功能是否会产生冲突，分析的结果就是问题的呈现。通过判断问题就会生成设计的主导因素，也就是设计的基点。在西雅图图书馆的设计过程中，库哈斯通过对图书借阅行为模式的分析研究发现，随着藏书的不断积累，传统的借阅流线会变得更加复杂，采取哪种流线来消解矛盾？库哈斯放弃常规模式，采用了螺旋上升的平面布置方式，并使用一系列图解来阐释设计，强有力的数据支撑和理论分析构成了建筑的最终轮廓。

3. 图解生成

图解的生成是信息分析直接转化的结果。图解生成的建筑本身就是对基地解释说明的图解，其最后出现的形式具有信息的可读性，可以清楚地演示基地、背景信息及建筑本身的内在组织和关系。图解向图解建筑转变的过程直观而直接，很少考虑形式、构图等传统建筑美学要素。

4.4.3 创作设计成果体现

在发现图书馆不便大家研讨的问题后，结合本校学子的研讨需求，笔者对潜在的思维框架进行质疑思考，最终以积极开放的态度为前提，得出了在室外也可以建造研讨空间的创造性观点。

第5章　新时代高校图书馆建筑设计发展趋势

5.1　高校图书馆人文环境的构建

心理学者与环境学者认为，环境能影响人的行为。如果图书馆为读者创造一个明亮、清新、优雅和整洁的阅读环境，那么一些可以启发、净化和感染人们的未经探索的阅读行为将得到遏制。建设具有浓郁人文氛围的图书馆对于大学生身心发展具有重要意义。大学图书馆拥有优雅、整洁的学习环境和浓郁的学术氛围，是学术和研究的场所，学生可以在那里接受有关其人生观、世界观的教育。图书馆拥有独特、和平、安静、神圣和友好的人文环境，为大学生营造了强烈的阅读氛围，使他们渴望阅读。通过展览画、雕塑和其他艺术形式的人文主义内涵，强调了图书馆的人文主义氛围，使图书馆读者感受到心灵的震撼和美的享受，从而使不耐烦的情绪平静下来。

5.2　自然与科技对未来建筑设计发展影响

中国的建筑业在国民经济中占有非常重要的地位，建筑业、钢铁业和汽车业被视为经济中的三大畜牧业。

邓小平同志提出建筑业最早应在1980年成为国民经济的畜牧业。特别是在第十四届中共全国代表大会上提出建筑业应通过振兴发展与机械电子、石化和汽车制造业一起成为国民经济中的四大畜牧业。

近年来，中国的科学技术水平不断提高，这也影响了中国的建筑技术，中国的建筑技术水平不断提高。新技术可以降低建筑工程的成本，缩短工程时间，并提供高水平的安全保证，可以大大降低建筑工程的风险和成本，促进整个工程项目的发展。伴随着现代科学技术突飞猛进的发展，建筑学历经了其发展历程中最为波澜壮阔的一页——从凡·德维尔德新艺术运动对古典主义的反戈，到德意志制造联盟对机器工业的宣扬，再到柯布西耶"房屋是居住的机器"的宣言，无不有着现代科技的促动。而现代科技的发展对建筑学的影响可以分为两部分：一是科学技术在建筑学领域的直接运用，二是科学观念通过影响社会文化，间接但更加深刻地影响建筑学的理论与观念。

科学发展引发的观念变化是普遍的，这些观念变化对建筑价值的建构产生了深远的影响。受现代科学技术影响的现代建筑崇尚理性美学，注重形式的实用性、功能性和一致性，强调人工建筑与自然的对比，强调人工技术的准确性。人、建筑和环境不再是一个完整的整体，建筑已经从适应环境的人的成长转变为克服和征服环境的方式。今天，许多先锋建筑师团体已将新的科学理论引入建筑。

从某种意义上说，建筑不仅是科学技术观念的融合和表达，而且是科学技术手段的积累和建设。换句话说，技术不仅为体系结构提供了手段和方法，还为概念、思想和价值提供了支持。

自然而然有氧数字化图书馆
Naturally Aerobic Digital Library

项目概况分析

校园整体概况

学校地处国家首批历史文化名城、东亚文化之都、海上丝绸之路起点——泉州市市区，与中国闽台缘博物馆、泉州博物馆、西湖公园相隔咫尺。学校建设园林式校园，四季飘香，开窗即景，古树名木随处可见，校园绿化率70%以上，是"泉州市最美单位庭院绿化"。

图书馆现状

图书馆位于泉州信息工程学院中心山体绿地之中，是泉信学子日常工作和学习的最佳公共场所。现有建筑结构为钢筋混凝土框架结构，环形轴网。环形空间的中心为首层平层玻璃框架内庭，同时作为主入口的过渡空间。建筑主体为地上四层，二、三、四层均设有屋顶平台，外立面为花岗石贴面。

总建筑占地面积：3291.5m²

总建筑面积：9101.32m²

建筑总高度：16.95m

建筑层数：地上4层

结构体系：钢筋混凝土框架结构

校园绿地率：65%

图书馆扩建指标：

扩建后占地面积≤6361.7m²

扩建后总建筑面积≤17590.72m²（容积率不变）

扩建后绿地率≥60%（校园总体指标）

扩建后建筑竖向高度≤48m

扩建后建筑竖向高度（含构造体）≤48m

扩建后建筑层数（不限，限高范围内即可）

主要问题

高校图书馆作为培养复合型人才的信息资源基地，同时承载高校文化和社会多元文化，高校图书馆应不断探索如何顺应时代发展，如何构建有特色的校园图书馆，这是当前学校图书馆建设的新问题。

现状建筑却相对封闭，建筑空间功能及外立面形式较为传统，缺乏与环境相呼应，在不断扩招的压力下有效利用容积率，增建不足的教学功能是当务之急。所以融合整体设计的图像从而进一步深化设计的实质内容，使建筑与人和自然达到和谐统一，让学生融入其中，感知自然的魅力，接受文化的熏陶，汲取精神的食粮。

设计理念

项目实施的背景

随着我国经济的发展，人民生活水平日益提高的同时，我国也面临着越来越严重的生态环境问题。我国当前的生态问题突出表现在：空气污染；森林资源匮乏，林草覆盖率低；水土流失面广量大，土地荒漠化速度加快；水资源严重短缺，且地区分布不均；农村生态环境污染严重等。

人类必须与大自然协调一致，运用知识创造一个更美好的环境，为了现在以及未来的千秋万代，维护并改善人类的环境，业已成为人类必须遵循的崇高目标。

项目设计定位

（1）让图书馆成为相互交流的平台，可作公开课的教室；

（2）融入创新文化产品，进行数字化管理；

（3）最大限度地开设开放空间，形成互动体验。

以原生态、再生、保护自然、科技为主题

现今社会，生态环保的理念已经悄然走进人们的心中，这与当前不断恶化的生态环境有着密切的联系。人们对生态环境的保护意识开始逐渐觉醒，生态理念开始深入人心。生态理念是指人类对于自然生态环境和社会环境的生态资源保护和生态可持续发展观念的认识，涉及人类与自然环境、社会环境的相互关系。而环境设计的中心主题为协调"人—建筑—环境"的相互关系，使其和谐统一，形成完整、和谐、舒适宜人的人类活动空间。

以环境保护为己任的室内环境应该将环境意识贯穿于设计的整个过程，通过原有空间的保留、材质、元素、体验四个方面来进行诠释，将树木分解出各个要素，树皮、树枝、松球、废旧木料等作为元素分别嵌入空间中，遵循"可持续"的原则，提高保护自然的意识，提倡原生态生活，真正做到生态与书香的完美结合。

设计内容

建筑的生长、演变

本次改造结合实际出发，将原有建筑承重结构加固，为扩建建筑提供支撑，同时希望将自然、人文、科技进行结合，通过创建玻璃栈道、预留大型景观观赏区、在建筑体量上开洞等方式为身处建筑之中的人们带来更多的五官感受。

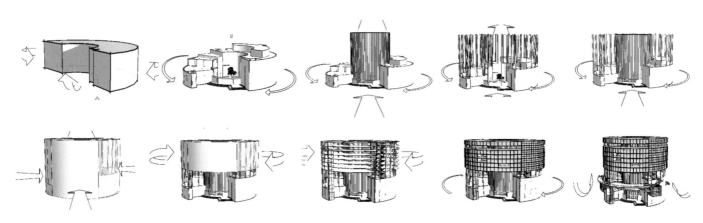

建筑演变示意

设计效果展示

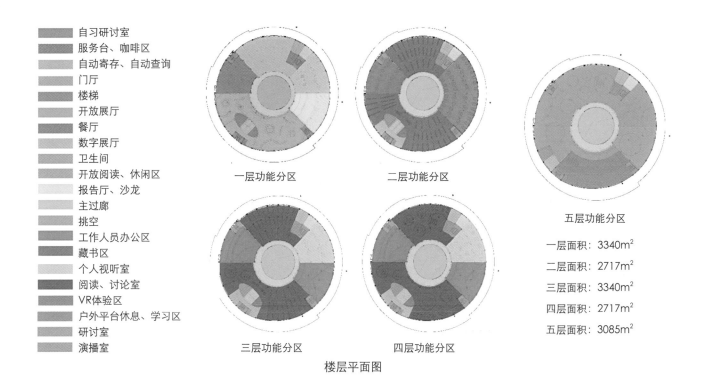

自习研讨室
服务台、咖啡区
自动寄存、自动查询
门厅
楼梯
开放展厅
餐厅
数字展厅
卫生间
开放阅读、休闲区
报告厅、沙龙
主过廊
挑空
工作人员办公区
藏书区
个人视听室
阅读、讨论室
VR体验区
户外平台休息、学习区
研讨室
演播室

一层功能分区　二层功能分区　五层功能分区

三层功能分区　四层功能分区

楼层平面图

一层面积：3340m²

二层面积：2717m²

三层面积：3340m²

四层面积：2717m²

五层面积：3085m²

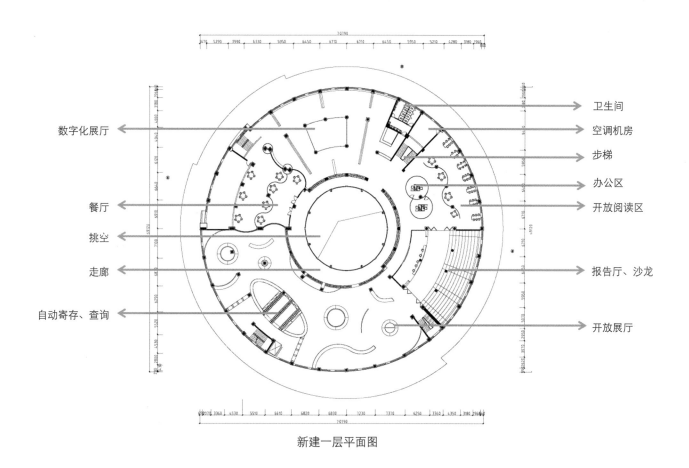

数字化展厅
餐厅
挑空
走廊
自动寄存、查询

卫生间
空调机房
步梯
办公区
开放阅读区
报告厅、沙龙
开放展厅

新建一层平面图

一层主要是开放区域，以展示为主，属于动区。因为一层人流量大，不适合安静地读书。

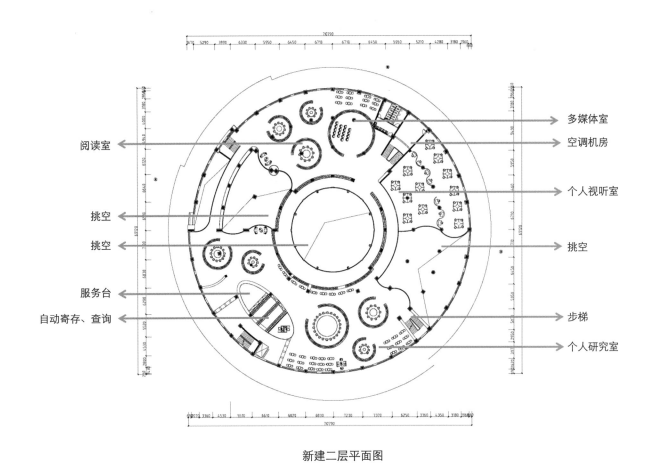

多媒体室

空调机房

个人视听室

挑空

步梯

个人研究室

阅读室

挑空

挑空

服务台

自动寄存、查询

新建二层平面图

二层是半开放区域，以阅读室为主，可进行小范围的讨论，半包围空间也可作为教室使用。

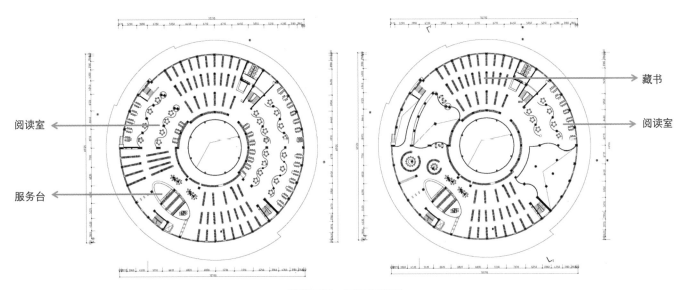

藏书

阅读室

阅读室

服务台

新建三层、四层平面图

三层与四层属于静区，主要功能是藏书与自习室，为学生提供大量书籍，可随时查找翻阅。

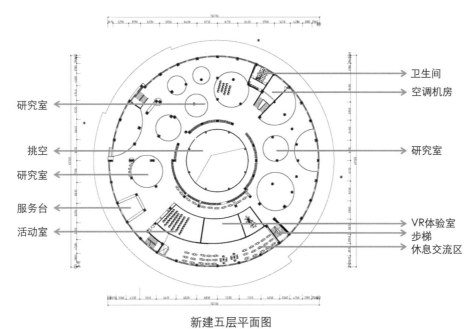

新建五层平面图

卫生间
空调机房
研究室
VR体验室
步梯
休息交流区

研究室
挑空
研究室
服务台
活动室

五层又重新回到动区，以各类研究室、媒体室为主，还设有VR体验区。为增强室内与室外的联系，在此空间内设置一处露台，学习疲惫之时，可到此处休息。

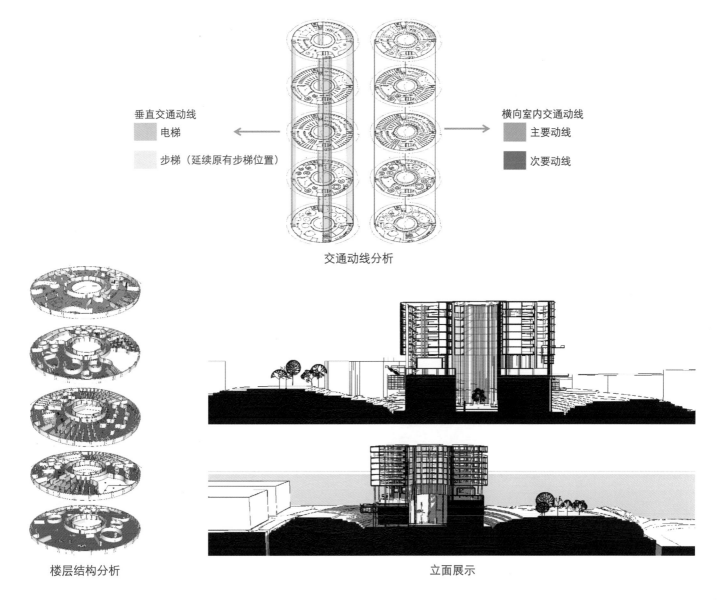

垂直交通动线
　电梯
　步梯（延续原有步梯位置）

横向室内交通动线
　主要动线
　次要动线

交通动线分析

楼层结构分析

立面展示

廊道展示

整体效果展示

基于科技时代下的高校智慧图书馆
University Smart Library in the Era of Science and Technology

泉州信息工程学院图书馆五、六层室内设计
Interior Design of the Fifth and Sixth Floor of Quanzhou University of Information Engineering

泉州信息工程学院
黄国樑
Quanzhou University of Information Engineering
Huang Guoliang

姓　　名：黄国樑　本科四年级
导　　师：段邦毅　教授
　　　　　黄志杰　老师
学　　校：泉州信息工程学院
　　　　　创意设计学院
专　　业：环境设计
学　　号：20170434
备　　注：1. 报告　2. 设计

基于科技时代下的高校智慧图书馆

University Smart Library in the Era of Science and Technology

摘要："智慧"转型是未来高校智慧校园的发展趋势。基于科技时代智慧校园背景下，高校智慧图书馆的建设已成为当前转型的焦点和挑战。书籍是知识传播的媒介，传统图书馆的主要功能是储藏这一媒介，科技时代下产生的电子书、新媒体和影视作品等成为知识传播的新媒介，正逐步替代着书籍的地位，阅读无纸化的时代到来。本文通过四校四导师实验教学课题，展开讨论当代设计实践的现状，对泉州信息学院图书馆建筑外立面和相关的智慧空间如建筑、室内设计、知识交互方式、虚拟空间等，进行设计。

关键词：高校智慧图书馆；知识交互模式；设计实践

Abstract: The transition to "smart" is the development trend of smart campuses in universities in the future. Based on the background of smart campuses in the age of technology, the construction of smart libraries in universities has become the focus and challenge of current transformation. Books are the medium of knowledge dissemination. The main function of traditional libraries is to store this medium. E-books, new media and film and television works produced in the technological age have become new mediums of knowledge dissemination and are gradually replacing the status of books, the era of paperless Reading is coming. In this paper, through the present situation of contemporary discussion and design practice on the experimental teaching topics of four and four workshop, design the exterior facade of the library of Quanzhou Institute of Information and related smart spaces such as architecture, interior design, knowledge interaction methods, virtual space, etc.

Keywords: University smart library; Knowledge interaction mode; Design practice

第1章 绪论

1.1 设计背景及意义

1.1.1 设计背景

基于智能科技时代背景下，智慧社区、智慧校园、智慧交通、智慧企业、智慧医疗等想法纷纷被提出来。作为当代高校的重要组成部分，"智慧图书馆"的概念应运而生。近年来，智慧图书馆的研究取得很大的进步，研究课题更加广泛，研究内容更加具体和深入。例如，龚亚军在《智慧图书馆公共文化服务平台建设研究》一文中，论述了构建由智慧社区系统、智慧经济系统、智慧学习系统组成的综合性公共文化服务平台，支持城市智慧社区、智慧经济、智慧学习的建设和发展，为市民提供更加精致、智慧的体验。

国内外高校图书馆主要作为高校文献资源的保障中心和用户阅读、学习和交流的场所，近几十年来国内外高校图书馆空间功能有着很大的变化，学术交流功能区、高科技展览体验区等被引入高校智慧图书馆空间建设中，这些不同形式的功能区划促进了读者的知识创新和信息交流。根据网络数据调查，2020中国大学排行榜前 20 强高校和部分国外高校图书馆提供的空间功能分区建设情况可划分为 7 个区域，包括综合服务大厅、藏书空间、阅览自习区、第二课堂、科技文化体验区、休闲文化区、虚拟空间。

目前，我国对智慧图书馆的概念还没有统一的定义。他们给出的定义不同于他们自己的研究。例如，从智能建筑的角度看，智慧图书馆是智能技术在图书馆建设中应用而形成的一种现代化建筑，是智慧图书馆与高度自动化管理的数字图书馆的有机结合与创新。从感知计算的角度来看，智慧图书馆=图书馆+物联网+云计算+智能设备+人工智能，通过物联网实现智慧服务和管理。从数字图书馆服务的角度看，充分利用信息技术不仅可以实现各种信息的计算机化，而且可以实现图书资料的远程阅读、预订座位。随着互联网、云计算和知识工作自动化的发展，高校图书馆培育和形成了新的学术交流生态环境，这体现在数字技术和移动互联网的发展上，数字资源数量急剧增加，数字资源的开放越来越重要，自媒体已经成为学术交流的主流。知识服务创新工具丰富了学术交流方式，读者获取信息和交流知识的方式更加多样化，对图书馆文献资源和服务利用率的依赖性降低，图书馆传统服务弱化，信息中心的地位受到影响。但近年来，读者进入图书馆的人数并没有出现下降趋势，说明读者对图书馆空间资源的需求并没有减少，而是对图书馆服务功能的需求发生了变化。高校图书馆空间资源是高校建设的重要组成部分，其空间服务质量和整体形象关系到高校的进步和发展。

1.1.2　项目概况

泉州信息工程学院地处福建省泉州市丰泽区，创建于2002年，其前身是泉州信息职业技术学院，2014年5月16日教育部通过在泉州信息职业技术学院基础上建立泉州信息工程学院的申请，现有校园于2017年新建，校园周边名胜古迹景观有：中国闽台缘博物馆、清源山国家重点风景区、泉州博物馆、西湖公园等。学校建设园林式校园，四季飘香，古树名木随处可见，是"泉州市最美单位庭院绿化"。

绿化率：校园依山而建，因地制宜，属山体景观，可登至山顶俯瞰校园景观。校园植被覆盖率较高，绿化率达70%以上。且植物茂盛、种类多，生长状况好。教学楼和实训楼背后有大块闲置草坪，植被日常维护、修剪与管理情况极佳。

道路交通：整体校园交通道路脉络清晰，校园主干道围合成一个环形交通，各功能建筑沿环形交通主干道分布；学生宿舍区位于校园东侧，交通道路为主干道分支出来的三条次干道，平行分布汇成一条主干道，可通往校园东北正大门，与博东路相接；正大门入口交通道路实行人车分离，进入校园左侧为人行道，右侧供车辆行驶。校园西南边设有校园后门，通往博后路，该后门景观视觉效果较差。

景观照明：照片情况较差，因为属于山体景观，道路转弯拐点比较多，路灯设置的数量还不够，夜晚有很多盲点，造成安全隐患。

公共设施：校园主干道垃圾桶、公共座椅数量较少，且缺乏地方特色。

水景：教学楼和实训楼之间因地制宜建设叠水景观，水池中养有金鱼，周边植被茂盛，风景优美。

技术指标：

总建筑占地面积：3291.5m²

总建筑面积：9101.32m²

建筑总高度：16.95m²

建筑层数：地上4层

结构体系：钢筋混凝土框架结构

校园绿地率：65%

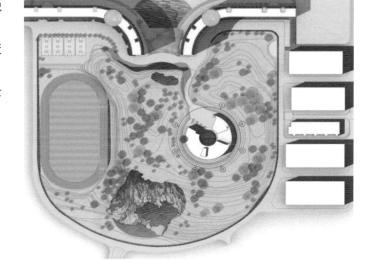

1.1.3　项目意义

深刻理解智能科技时代智慧校园和新基建，打造便携智慧的智慧型图书馆，将万物互联融入图书馆，产生新的交互方式，打破现有传统图书馆系统。当前高校传统图书馆的短板已经无法跟上智能科技时代，如何提升值得深思。高科技、高要求、高标准智慧图书馆将成为智慧校园的硬核。

1.2　国内外高校图书馆现状

1.2.1　国外高校图书馆——以斯坦福大学图书馆为例

作为全美第二大的校园图书馆，其主要模式有个性化智慧服务、不受空间限制、移动访问、图书管理自动化、可视化与虚拟现实技术的利用、沉浸式的学习环境。

1.2.2　国内高校图书馆——以泉州图书馆为例

通过实地考察，其主要模式有感知智慧化、个性化智慧服务，以及开放一体化服务、多维度智慧服务。着重强调"智慧服务模式"，通过这四个板块的服务系统建设一体化的读者平台，更加适应于当代多元化的用户需求与知识交互方式。

第2章　智慧图书馆概述

2.1　智慧图书馆的定义

以传统的实体图书馆和数字图书馆为基础，以物联网为载体，以智慧图书馆员、用户为核心要素，应用科学技术设备，由资源服务向智慧服务转变的图书馆。

2.2　智慧图书馆的特点

全面立体的感知：实现读者充分感知的途径是利用智能数字网络扫描原始的非数字信息，建立数据库，并与所有在线信息资源进行通信。管理员、前台和读者可以通过网络直接管理查询和使用，从而建立起读者立体服务的综合网络，实现知识共享和方便、全面的管理，及时解决读者的各种问题，尽量节省读者时间，提高管理效率，从而大大提高图书馆的整体水平。

泛在的互通互联：智能图书馆可以在三个方面实现泛在交互。24小时营业：读者可以随时获取自己想要的信息，用户的时间限制也被彻底取消。知识共享：智能图书馆可以将海量的信息集中在一起，降低成本投入，从而实现效益最大化。易于使用：智慧图书馆的核心理念是惠民型公共图书馆。通过对信息资源的直观管理，可以为每一位读者提供合理的阅读和学习服务，充分发挥全方位立体智能管理的便利性。智能图书馆利用数字网络技术、无线及无线数字通信技术和智能传感器技术，将资源范围内的所有图书馆、信息传输单位、图书馆管理者和用户连接起来，实现信息的感知、采集、测量、存储和传输。在图书馆远程服务的支持下，读者的学习、生活、工作实现智能协调。总之，智能图书馆的三维互联功能为读者与管理者建立了多维立体的互联关系，消除了管理和使用信息的时间和空间限制，拓展了信息共享的深度和广度。

绿色可持续发展：即形成高效低能耗的"智能环境"。智能图书馆应充分发挥文献资源的共享功能，倡导绿色低碳理念，减少用纸，为读者提供便利。要运用多种方式，强化生态环保宣传理念，增强读者的环保意识。智能图书馆在设计课件时，应考虑污染和低能耗的特点，尽量在内外环境和设施中应用节能环保的材料和技术。同时在软件建设中也应体现可持续发展的理念，科学保护环境。例如，在人力、物力资源的配置和管理方面，采用射频识别电子标签技术，将图书馆的所有设备、建筑物、馆藏、读者和员工证都连接在一起，实现自动识别、程序控制、综合管理，使资源和管理得到优化，降低资源成本，节能减排，通过关键指标的实时监控和自动分析消除安全隐患。

人性化智慧服务：人文精神是图书馆的灵魂。图书馆要产生和发展，必须具有人文精神。所有的图书管理员都不能忘记这一点。当今的图书馆，服务由主动转变为被动，馆员由服务者转变为管理者，忽视了读者的真实需求。智能图书馆除了为读者提供智能化的环境外，还应提供智能化的服务，使读者有更多、更方便的选择。例如，RFID图书馆24小时自助系统，用户不仅可以24小时无限制地借书、还书，还可以选择距离较近的自助还书机，解决了传统图书馆借书、还书时间和地域的限制；图书馆通过宽带通信网、数字电视网和互联网的结合，使用户可以通过手机、电脑、电视等设备享受各种服务功能。除了传统的图书借阅和书目检索外，还有查询回复、导航等新型互动服务，以及在豆瓣、微博等平台分享评论等多种在线互动服务，这会让更多的用户感兴趣，有时间参观图书馆的人可以轻松地借书。智能图书馆不仅在虚拟空间为用户提供人性化的服务，而且在物理空间体现以人为本的理念，为读者提供便捷的交流和共享的学习空间，促进知识共享和思想交流。

2.3　智慧图书馆的构成要素

感知识别层：传感器、二维码标签、阅读终端、监控等；

数据传输层：移动通信（无线局域网络、蓝牙网络、光纤等）；

网络分析层：数据挖掘、数据整合、数据标准化处理；

应用服务层：个性化管理服务、推送技术、智能评价与优化、信息开放平台、环境意识等。

第3章　智慧图书馆的功能分析

3.1　全息智能交互

突破以往平面视觉的绝对感知，全面开启三维体验与交互阶段，数字孪生技术与全息技术两者交互下带来全新的即生式、镜像化、全息态等沉浸式阅读新体验。

3.2　人工智能

人工智能，又称机器智能，是与人和动物的自然智能相对应的机器显示智能。用外行的话说，"人工智能"是用来模仿人类认知功能的机器。

3.3　虚拟技术

虚拟化是将物理资源转换为逻辑上可管理的资源，以打破物理结构之间的障碍。在未来，所有资源都将是透明的,虚拟世界将在各种物理平台上运行,资源的管理将以合理的方式进行,资源的自动分配将得到充分实现,而虚拟化将是实现这一目标的理想工具。

3.4　沉浸式阅读

虚拟现实技术为学习者提供了一个近乎真实的学习环境。在虚拟学习环境的帮助下,学习者可以通过参与互动和练习来提高自己的技能。

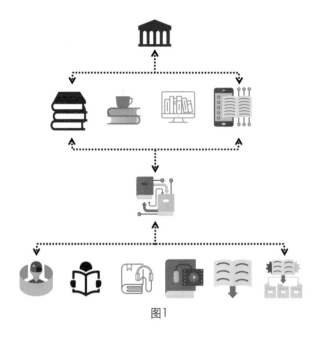

图1

第4章　智慧图书馆空间形态分析

4.1　高校图书馆的空间形态

包括开放复合式阅读空间、多元化学习空间、良好环境的生态空间以及私密和共享结合的空间。

4.2　智慧图书馆的空间形态

1．智能化的物理空间

图书馆的智能物理环境实际上是一个智能空间。普适计算意义上的图书馆智能空间是指通过自然、便捷的交互界面,将计算、信息设备和多模态传感设备嵌入其中,以支持读者方便地获取计算机系统图书馆信息服务的空间。有学者认为,智能图书馆是智能建筑与数字图书馆的有机结合和创新,具有高度的自动化管理。其技术基础主要是以RFID技术为基础,辅以嵌入式计算、信息设备和多模传感设备空间技术。为了实现对图书馆实物设备的智能识别、定位、跟踪、监控和管理,可以通过对图书馆实物设备的智能管理和控制,使图书馆成为一个实时的智能感知系统,如对机械作业环境进行智能化处理,以及对人工作业结果进行感知处理等。

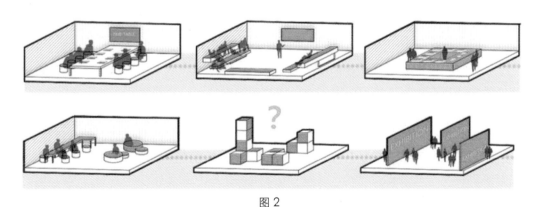

图2

2．普适移动互联网空间

普适移动互联网空间基于虚拟技术和普适计算技术,辅以远程交互技术,它创造了良好的大环境,实现了深度感知和普遍联系,以及信息空间和物理空间的融合。读者可以随时随地透明地获得数字服务,用户可以通过各种智能设备分布式使用服务,通过电话线、电缆、无线局域网等,即在图书馆的智能空间内,为移动用户提供适合当时任务、地点和时间的信息和服务。它不仅实现了时间管理和服务的延伸,而且使图书馆能够随时以各种方式为用户提供信息和服务。通过泛在网络,智能图书馆可以在任何时间、任何地点为任何用户提供图书馆的任何信息资源。目前,许多高校图书馆已经建立或引进了商用移动图书馆系统,利用新技术在数字时代建设图书馆空间,随时随地建立场馆服务模式。读者无论身处图书馆的何处,只要拥有电脑、手机或平板电脑,一切都可以在互联网上完成。

3．虚拟化的情报信息空间

虚拟情报信息空间包含两个相互关联的内容:一是情报信息内容的虚拟化,通常是一种数字化的形式;二是读者使用行为的虚拟化。董晓霞等从感知计算的角度提出,智能图书馆应该是感知智能与数字图书馆服务智能的

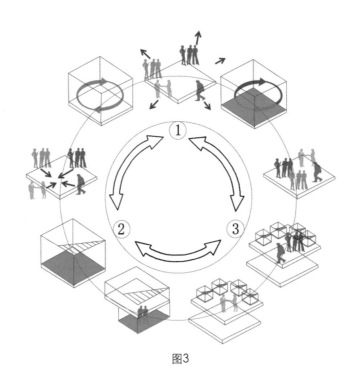

图3

结合。在他们看来，"感性智能是图书馆内部网络的延伸。通过对图书馆建筑环境、文献资源、设备、读者证件的传感器，真正实现人与人、人与物、物与物的对话。"这种感知智能模型就是利用普适计算来实现对智能信息内容的虚拟利用。图书馆可以通过系统感知自动识别读者的位置信息，并根据读者的不同需求提供个性化定制和信息推送服务。例如，国家科学图书馆数字图书馆（NSDL）可以在不同的信息利用过程中为用户提供引导和推送服务，支持用户定制，将信息推送给用户，连接不同兴趣的用户进行交流，从而为用户创造一个数字信息资源的存储和服务空间。国家科学图书馆还建立了个性化服务和专题推送服务框架，支持向科研团队推送最新研究分析数据，为教师提供智能教学信息和知识推送服务。

4．基于集体智慧的知识空间

基于智慧社会条件下，当社会形态出现全面透彻的感知、信息泛在互联、网络空间与物理空间高度智能化融合时，以物联网为载体的存在，为人类智能的进化开辟了新的空间。个体智能受生物学的制约，其感知阈限总是有限的，其单一的思维功能总是难以与机器智能相比。然而，随着计算机的分布式结构，智能传感器不断取代人类的感官，数据、文本、图表、声音和信息不断转换成数字形式，可以在网络空间存储和传输。这样人类个体的智慧就可以在无形中联系起来，从而突破个体智慧的局限性，形成超个体的身体智慧行为，一个更具社会性的人的智慧就是集体智慧。特别是在大数据时代，读者可以掌握和挖掘大量的信息，同时，通过集体智慧构建知识创新平台，将静态知识体系与动态智力创造有机结合起来，形成有利于集体解决问题、集体创造的知识空间，并形成优势互补的新空间生态，协同创新，合作共赢。王波等在《2015年高校图书馆发展》中指出，2015年高校图书馆新增数量呈上升趋势。在科学技术发展和环境变化的背景下，可拓概念库的物理空间重构已成为一种趋势。高校图书馆应在原有的知识空间和利用空间的基础上，对其进行拓展和再造。2015年12月颁布的《高校图书馆条例》提出，图书馆要"优化服务空间，注重用户体验"，创造舒适的环境和可靠的技术设施，图书馆价值的重要性越来越突出。特别是近年来，随着数字信息技术和网络技术的不断创新，许多图书馆面临着减少读者数量和利用图书馆作为自习室的困境。如何吸引读者进入图书馆，如何发挥图书馆物理空间的作用，一直是图书馆员思考和探讨的问题。从最初的信息共享空间到学习共享空间、研究共享空间，再到现在的创造者空间，图书馆的空间重构运动从多个方面重新定义了图书馆。根据龙倩的研究，国内高校图书馆建立了多种空间，如研究室、研讨室、创意空间、多媒体空间等。

4.3 小结

或许未来图书馆的空间变化与现在的信息传播一样，是从物理空间到虚拟空间进化的一个过程，未来图书馆将不具备阅览室的空间结构，只有大部分的交流空间、沉浸式体验空间与休闲空间等。

第5章 设计方法

5.1 设计说明

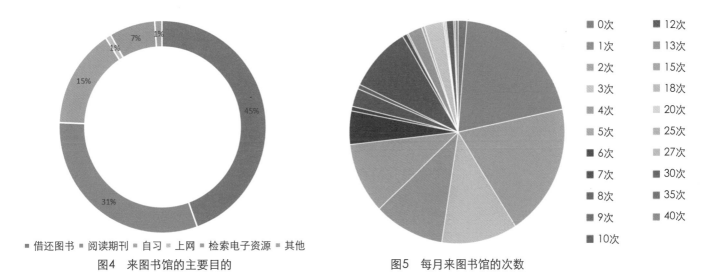

图4 来图书馆的主要目的

图5 每月来图书馆的次数

5.1.1 现场调研数据分析

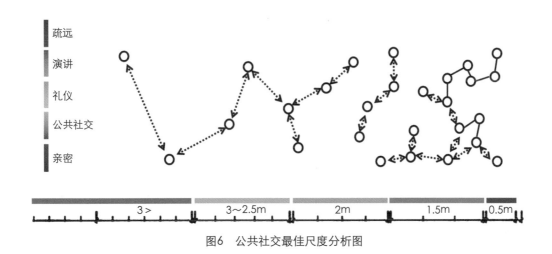

图6 公共社交最佳尺度分析图

通过对现场200位学生的调研得知，每月来图书馆1~3次的同学约占50%，来图书馆的主要目的为借还书、阅读期刊等。说明同学们非必要不来图书馆，或者说图书馆的馆藏、功能、服务等无法很好地满足读者的需求。通过公共社交最佳尺度分析图，可知0.5~1.5米为最合适的公共社交距离。

传统校园图书馆的问题首先表现在"占位子"，使用空间无法满足学生的需求。其次，通过现场调研发现公共交流空间的紧缺也是一大问题。

5.1.2 问题分析

1. 书籍检索借阅方式繁琐，软件硬件设备陈旧，为图书入库编码，效率极低；

2. 图书馆个性化服务力度不足，图书馆侧重点、分类不明确，管理方式缺乏灵活性，无法及时迅速地找到想要的书籍或电子书；

3. 馆内藏书或是学习空间无法跟上需求；

4. 除了阅览空间无交流、休闲等空间。

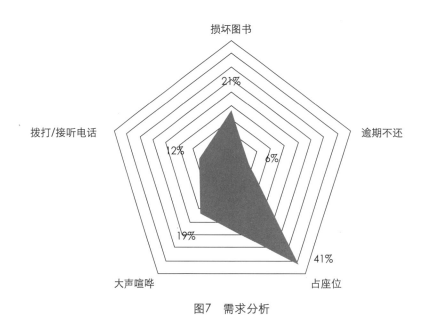

图7　需求分析

结语

1．设计的不足和局限

随着智能技术的发展和互联网的普及，智慧图书馆已成为一个不可改变的趋势，但仍有一些问题需要探索和完善，包括成本难、技术难、安全难、管理难等急需解决的问题。高校图书馆的转型应着眼于提高服务质量，充分发挥信息技术的优势，实现图书馆管理和服务模式的核心。以图书馆馆藏资源建设为基础，满足学生的阅读需求，创新服务模式，提高图书馆服务的针对性，增强馆员的信息服务意识，提高服务质量。探索智慧图书馆的美好未来，促进我国高校图书馆的稳步发展。通过物联网来实现智慧化的服务与管理。

传统图书馆的局限性：

（1）用户的文献需求量与图书馆资源储量之间的局限性；

（2）传统图书馆获取知识的方式单一；

（3）传统图书馆的规模与需求之间的差异矛盾。

智慧图书馆的优越性：

（1）最大限度地满足用户的文献需求量；

（2）提供知识的方式多元化；

（3）创造了全方位的时空服务与读者获取知识的模式。

2．展望

智慧图书馆创造了全新模式的"图书馆"，传统图书馆的建筑形式、服务模式和知识传播的媒介在智慧图书馆中都变换了一个形式。首先，现有的图书馆，以阅览藏书为主，智慧图书馆完全打破现有图书馆的形式，它可以没有阅览空间，更多的是研究、交流的空间。几乎100%的书籍都形成一种电子阅读的媒介与储存方式，不仅仅是电子书，还有立体的多维度的"书"。这样的知识获取方式将完全打破传统图书馆的建筑形态，智慧图书馆体现的是把知识用信息化、电子化的手段来体现，更为生动、多方位地进行解读。

参考文献

[1] 王世伟．智慧社会是智慧图书馆发展的新境界[J]．图书馆杂志，2017，36（12）：9-13.

[2] 赵蕾霞，朱丹，韩曾丽，刘丽华．学术交流新生态下高校图书馆空间功能分区规划建设研究[J]．晋图学刊，2019（02）：68-73.

[3] 郭玲．从数字图书馆到智慧图书馆发展探要[J]．图书馆学刊，2013，35（09）：1-3.

[4] 王彦，田文夫．智慧图书馆环境下高校图书馆空间再造趋势研究[J]．情报探索，2019（03）：107-112.

泉州信息工程学院图书馆五、六层室内设计

Interior Design of the Fifth and Sixth Floor of Quanzhou University of Information Engineering

基地概况

区位分析

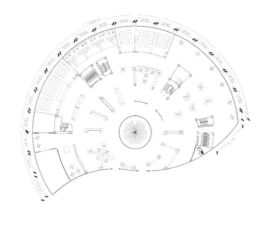

五层平面布置图

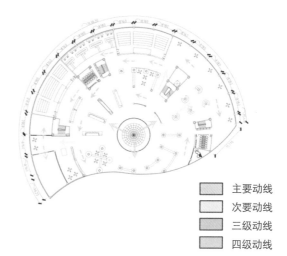

主要动线
次要动线
三级动线
四级动线

五层动线图

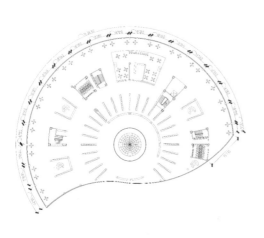

六层平面布置图

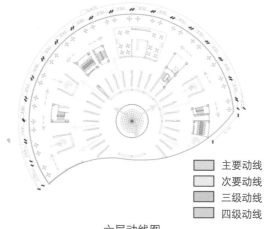

主要动线
次要动线
三级动线
四级动线

六层动线图

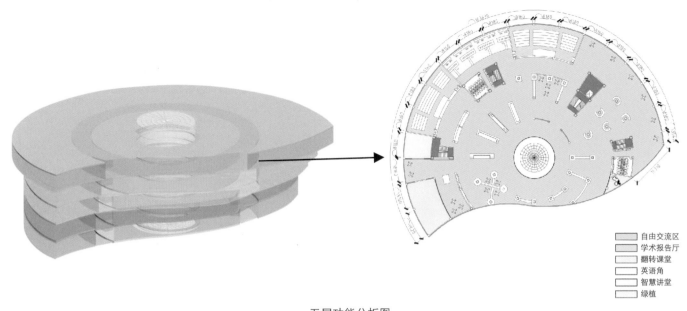

自由交流区
学术报告厅
翻转课堂
英语角
智慧讲堂
绿植

五层功能分析图

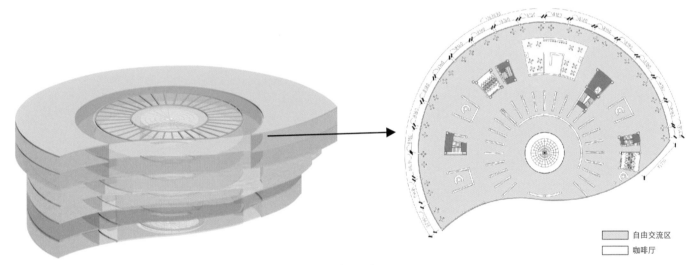

自由交流区
咖啡厅

六层功能分析图

学术报告厅设计效果图展示

高校校园景观设计方法研究
The Method and Research of College Campus Landscape Design

泉州信息工程学院改造设计
Reform Design Practice of Quanzhou University of Information Engineering

中央美术学院
高智勇
Central Academy of Fine Arts
Gao Zhiyong

姓　名：高智勇　硕士研究生二年级
导　师：王铁　教授
学　校：中央美术学院　建筑学院
专　业：风景园林学
学　号：12180500029
备　注：1. 论文　2. 设计

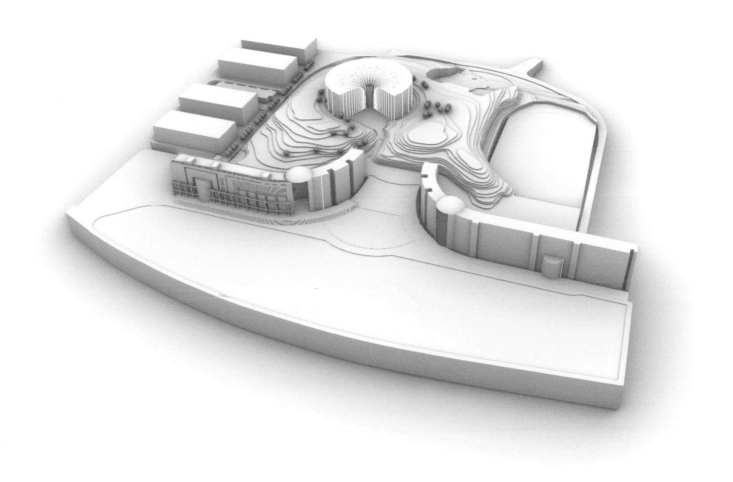

高校校园景观设计方法研究
The Method and Research of College Campus Landscape Design

摘要：高校校园景观作为校园物质与精神环境的重要构成单元，对各类人群有着广泛且深刻的影响，对我国高素质人才的培育以及社会文明的发展进步具有重要意义。基于以上情况，本文进行了以下研究过程：第一部分系统阐述高校校园景观的研究现状和相对应的国内外校园景观发展情况；第二部分阐述了高校校园景观设计对校园环境的影响以及相关理论基础；第三部分通过选取国内外部分优秀的校园景观案例进行调研总结与分析研究，通过横向与纵向综合比较，总结出可供借鉴的校园景观设计经验；第四部分在分析前文相关理论和案例研究的基础上，提出校园景观设计的系列设计原则和策略；第五部分从空间、使用评价、植物等几个层次分析了泉州信息工程学院校园景观中现存的问题，并针对调研发现的问题提出系列优化改进措施。本文的研究价值主要体现在理论与案例实践两个层面：理论上归纳出具有借鉴意义的校园景观设计原则与策略；实践上结合实地调研，对泉州信息工程学院校园景观进行多维度的分析研究，并将相关设计原则与策略应用于此次校园景观改造设计中，以期为我国高校校园景观设计提供一些研究与参考价值。

关键词：高校校园景观；设计原则；景观设计

Abstract: As an important component of the campus material and spiritual environment, the campus landscape of colleges and universities has a wide and profound influence on all kinds of people. It is of great significance to the cultivation of high-quality talents in our country and the development and progress of social civilization. Based on the above situation, this paper carries out the following research process: The first part systematically elaborates the research status of university campus landscape and the corresponding domestic and foreign campus landscape development; The second part explains the impact of university campus landscape design on the campus environment and related theoretical foundations ; The third part selects some excellent campus landscape cases at home and abroad to conduct research, summary and analysis, and through horizontal and vertical comprehensive comparison, summarizes the campus landscape design experience that can be used for reference; The fourth part analyzes the previous related theories and case studies on the basis of this, a series of design principles and strategies for campus landscape design are proposed; The fifth part analyzes the existing problems in the campus landscape of Quanzhou Institute of Information Engineering from several levels such as space, use evaluation, and plants, and proposes a series of optimization and improvement measures. The research value of this article is mainly reflected in two levels of theory and case practice: Theoretically summarizes the principles and strategies of campus landscape design with reference significance; In practice, combined with field research, there is a multi-dimensional analysis of the campus landscape of Quanzhou Institute of Information Engineering Research and apply relevant design principles and strategies to this campus landscape renovation design, in order to provide some research and reference value for the campus landscape design of colleges and universities in my country.

Keywords: College campus landscape; Design principles; Landscape design

第1章　绪论

1.1　选题意义

1.1.1　研究背景

高校校园景观是高等院校教书育人的场所和环境，在学生的素质教育和人才培养中发挥着巨大的作用，同时推动人类社会以及文化精神的发展。当前社会的发展告诉我们，人已经逐渐成为推动社会文明进步与发展最重要的资源。经过几十年的发展，我国高校的教学理念和教学环境都有了很大的发展和进步。同样，高校校园景观作为承载教书育人活动的载体，也发挥着不可替代的作用与价值。但随着时代的发展，新兴的教育理念使得高校教育对校园景观环境提出更高的要求。面向未来的高校校园景观承载了更多的内容与含义，发挥的功能愈加的复杂和多样，需要从人文、历史、科技、生态、绿色、环保、心理感受、功能、空间等多方面进行大学校园设计，探索适合大学校园景观设计的途径和方法。

在20世纪末至21世纪初，为了适应新世纪的人才发展，我国以飞快的速度建设了许多高等教育园区和大型校园。由于这些高速建设的工作，学校的景观得到了迅速的发展，但由于当时时代的限制，不同地区、不同规模的学校设计使用固定的模式，使学校景观的同质化现象严重。而且，当时大学的景观设计也不是很受关注。在设计过程中，往往只进行简单的绿化处理或对室外家具和景观设施进行补充。

随着时代的发展和学生人数的增加，转变教育理念、多样化学生类型、提高学生素养、提高社会对学校教育质量和实践质量的要求，都是大学面对学生的教育要求，既要满足学生的相关文化知识技能的学习要求，又要利于学生的人生观的形成，对价值观等综合素养的养成要求也要满足。高校的教育环境与师生生活娱乐场景有更多的融合和联系。在传统意义上，除了上课活动之外，课外活动也表现出了一定的多样性和必要性，对教师和学生的影响和作用也变得显而易见。

大学校园景观组成了整个学校的生活和教学区域。校园景观作为室外的空间，提供了各种进行功能性活动的场所，为学生提供了更多的机会和多种活动空间。大学越来越注重校园的景观建设了，因为校园景观在学校的教育功能中发挥了重要作用，深度影响了师生的学习、生活方式。

1.1.2 研究价值

通过对大学生校园生活的对比研究，可以认识到学生交流活动空间关系中的相关影响因素，找出潜在的校园景观设计空间中的使用者活动规律。具有环境特色和活力的校园，融合了社会价值和学校价值。为了满足师生的需求，景观设计可以更好地丰富景观功能和环境。校园活动区的主要功能是提供广泛的交流功能和体验，满足师生之间交流和对外交流的要求，是一所学校历史、文化、价值观和学校精神最具特色的校园空间。城市需要自然绿化，校园师生也需要让人放松、快乐的文化空间。

具有功能和价值的校园对学校的成长有着重要的影响。综合活动空间包括多层次的功能和体验。景观功能的目的是为学生的成长和身心发展创造空间。人文历史校园环境对学生的教育意义重大。学生交流室主要由休闲、坐卧、停留、放松、收藏等活动场所组成，学校环境中历史建筑风格与现代校园应互相融合，一个充满历史背景文化和精神寄托的空间，将赋予校园环境以教学意义和精神寄托。

人性化的校园环境应该是以学生为本的校园。综合活动功能空间是学校中最具文化内涵的空间，对学生有着相对重要的影响。综合活动空间的功能布局和环境设计是改善校园环境的设计方法，校园丰富的景观必将吸引众多师生。作为一个自然家园和情感归属的综合性活动空间，它与校园师生关系密切，在提供学习场所的同时，也提供放松心情、情感寄托和精神交流的功能设施和场地。

一个体验丰富的校园具有能够吸引和影响学生的环境。景观作为空间研究的重要组成部分，其作用主要是将其空间体验与综合活动空间设计联系起来，明确情感体验和功能层次并加以衔接。详细了解和观察校园综合活动场所的特点，设计具有情感性和体验性的空间。帮助我们发展景观功能理论的设计方法，提高校园环境设计质量。

1.2 国内外研究现状、文献综述

1.2.1 国内研究现状

我国大学校园设计研究取得了很大的进展和成功，已经出版了许多研究大学校园设计的专著，《校园规划与设计》介绍了多个实际的校园设计案例，从校园整体布局设计、历史传承、地址条件、园林风格、道路规划、动植物生态群落、景观配置等多方面对校园进行了分析；《大学校园群体——城市建筑》对校园空间的多项景观要素、几何形态、空间布局、文化沿革、实践案例分析等进行了描述，清晰地结合了校园景观的整个设计流程，为设计的实践提供了良好的研究案例；同时，校园设计研究是一个涉及艺术、生态、历史等多个领域的研究课题。近年来，对校园景观的研究逐渐引起人们的关注。《大学校园景观》分析和回顾了校园景观的发展和特点，考察了校园总体布局、空间布局和环境景观设施对校园环境的影响。

1.2.2 国外研究现状

国外对校园景观设计的研究：美国的理论家理查德·道贝尔出版了许多专著，例如《校园规划》《校园景观——功能形式实例》等一系列书籍，概述了大学景观的校园景观要素，例如规划设计、景观布局、空间结构设计、景观植被配置、景观设施等，分析研究了大学校园环境的各种问题，其是系统性针对校园景观规划设计研究的理论专著，对校园空间设计规划具有一定的指导作用。

国外大学校园设计研究：工业革命后，国外大学校园的发展在社会经济各方面都得到了迅速发展，经历了社会生产力和普通人生活水平的提高、教育需求的迅速提高。为了把必要的人才引进社会，学校和教育机构都应该秉承包容的理念，学校教育规模应该呈现专业化、精英化的趋势，校园的功能设计应该多元化，强调校园环境与师生的互动交流。

国外关于场所理论的研究：理论家诺伯格·舒尔茨在其著作《空间·建筑》提出了"场所理论"，并阐述了当下空间的定义，定义了环境中的多种空间可能性，并对建筑空间和所有存在空间进行了详细并且有序的对比分析研究。重点关注使用者现实案例中的真实需求，在设计中注重现实生活的体验和感受，并根据用户的实际感受和使用过程对设计进行改造和优化。

国外大学校园发展趋势：开放式校舍是高校校园规划中的重要特点。为了形成学校的学术氛围和良好的环境，校园的设计注重自然美和古今文化平衡，强调所在地的场所文化，尊重师生的行为和活动习惯，并且培养学生自主学习的功能，创造让学生具备学习能力的环境。

1.3 研究对象及范围

1.3.1 校园景观的概念

校园景观是一种与教育、科研、文化相关的园林环境。高校校园景观不仅是教育实践的场所，还是学校的记忆符号，更是国内外各界学术、科研、文化等交流的重要场景之一。景观设计不仅可以提高学校的审美，体现人文历史精神内涵，陶冶学生的气质，促进师生的身心培养，而且对学生的学习、交往活动也有推动作用，景观规划师和建筑师对校园的设计愈发关注。景观就像一个内涵丰富的花园小镇，同时整合现代文化与科技，实现人与自然的和谐，以实现人类活动和高等教育的可持续发展。

1.3.2 大学校园综合活动空间的概念

大学校园功能活动空间是校园景观的主要斑块，积极影响着学生的学习和生活。校园景观活动空间的活动范围广，交通便利，空间类型多样，是一个形状多变、布局灵活的空间。校园内可满足师生户外活动、学术交流、人际交往等生活型城市公园和开放绿地的需要。它具有放松心情、释放压力、发散思维、促进交流的作用。学校的空间特点是融合、舒适、体验感强，学生空间活动范围广，提供多层次、多样化、多层次的校园。校园综合活动空间的尺度一般较小，散落分布在教学区、生活区、活动室、商业区和宿舍区等位置。

1.3.3 综合功能活动空间的景观功能

本文的研究内容是教学区和宿舍区的景观功能设计应用研究，体现了综合活动空间丰富的功能性和包容性。综合活动区的景观设计需要通过对校园使用者的活动交流进行考察分析，可以容纳步行、娱乐等活动空间，同时满足交通便利、功能多样的基础要求，以空间理论的概念作为景观功能研究的基础。景观功能包括使用和体验。景观功能类型有视觉、教育、艺术、生态、环境等。景观功能有多种解释，研究重点包括空间结构、空间需求、空间形式和空间功能等。空间理论对空间的使用和感受的功能有着深刻的阐释，并以此作为深入研究景观功能的内容。

1.4 研究内容以及研究方法

1.4.1 研究内容

本文以校园景观应用实例——泉州信息工程学院景观设计与研究，结合国内外相关理论研究，对比分析了系列高校校园景观案例，并且聚焦分析了国内社会环境下的校园景观适应性问题，突出适合本次实践的设计思路与设计方法，并在此次设计实践中结合使用，研究大学校园景观设计中注重场域文化的智能化、人性化、特色化相关案例，传承校园人文底蕴和深刻内涵的原则框架，综合项目所在地的气候、地形等独特条件，以及对书籍、网络资源的参考和学习，充分发挥专业知识，通过理论与实践相结合，完成设计和论文工作。

1.4.2 研究方法

研究方法上，融合理论与实践，采用文献分析法、实地调研法、问卷调查研究法、案例对比分析法等四种方法。

1．文献分析

根据大学校园景观的使用者人群，分析高校校园景观的相关设计以及功能活动空间，收集设计大学校园功能活动空间相关的文献资料和实际案例。阅读本校景观设计研究范围和相关理论书籍，参考论文的理论基础和设计研究以及相关的设计实例进行分析，整理设计理论和预算，整理学校综合功能活动空间的研究方向以及研究内容，并研究该空间设计的理论背景和设计手法。

2．实地调研

根据研究对象和研究范围，选择具有代表性的校园景观和广泛的实地调查区域。在查阅相关设计经验的文献和实地调研后，对网站进行深入细致的考察。从周边土地条件的利用、周边建筑属性、校园位置条件、校园环境纵轴线、交通和人流情况、噪声状况、学校植被特质、气候和风向、土地和河流、师生不同时期的使用等方面，收集并记录图像，对收集到的现场数据进行总结，分析和了解校园景观和广阔活动领域的设计要点以及现状问题。通过调研实际地理条件情况，总结出设计重点，以弱化校园的区位条件的局限性。

3．问卷调查研究

在实地地理情况的调研中，发放《大学校园景观调查表》与《大学校园环境质量评价表》给师生使用者，对资料中师生行为的活动规则、类型和校园功能空间的使用情况进行了解；通过统计回收的问卷调查表，总结校园空间使用情况、行为活动类型、使用的综合功能活动空间的调查研究结果。

4．案例对比分析

通过对理论系统、设计实际案例、问卷调查、实地调研考察的总结归纳与对比分析，对校园功能活动的设计需求有了一定的了解和掌握；通过文献资料和案例实践得出校园空间的设计策略。

1.5　论文框架结构

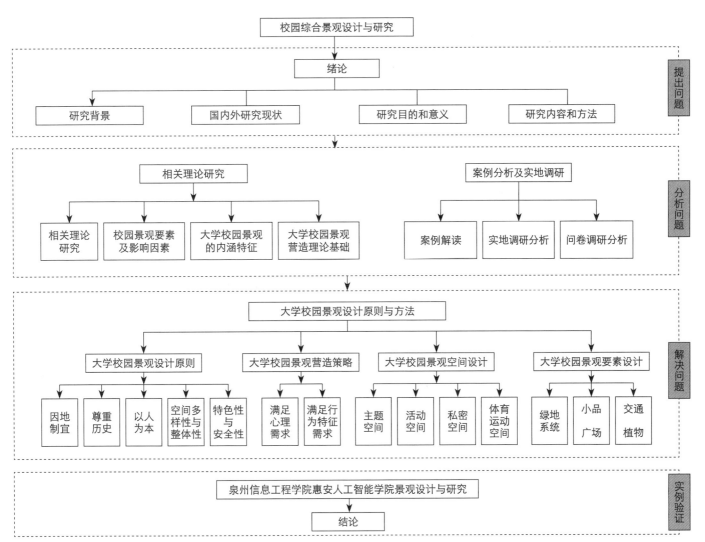

图1

181

第2章 相关理论研究

2.1 高校校园景观相关概念解析

2.1.1 高校的类型

中国高校的类型主要分为三类，分别是文理综合类、理工科技类以及交通军工类。文理综合类是以北京大学为代表的综合性大学，以文科和理科为主要办学特色，该类大学普遍是以文科类为基底的大学。理工科技类以清华大学等一系列院校为代表，在数理化结合的背景下，持续向相关的理科以及工科领域发展。交通军工类则以各类国防以及基础设施背景的专业型院校为代表。

2.1.2 相关概念

1. 大学

大学通常是指普通高等学校，也是一种功能独特的环境场所，与社会文化、科研院所、经济机构以及政治团体相互联系，依靠所属文化历史的传承，融合创新缔造出高水平的学术院校。大学是人类社会高度发展到特定阶段的结果，而且以长期的治学与产研为基础，结合自身的发展和外部多维环境的影响，在时代的积淀下逐步形成其与众不同的内涵特征。

2. 景观

景观两字最初来自于旧约《圣经》，通常定义景观的都是风景意义上的词汇，综合地表环境的风景条件基础，例如城市风貌、森林、绿地等加以诠释。

3. 大学校园景观

大学校园景观反映出校园师生的人文底蕴、精神追求等，它是服务于特定群体的设计产物，作为培育未来人才的孵化器，代表着一个国家的文化趋向和价值主流，反映了国家进行大学教育的目的。师生在这种相互作用下不断形成对应的文化观念和价值观念，拓宽了自己的生活视野，现代人的行动交流方式大多是校园景观所提供的"框架"中的产物，学校的文化景观是历史与传统通过沉淀表现出内涵文化与社会的价值观念，其中蕴涵着巨大的潜意识，学生通过使用景观的功能性空间潜移默化地掌握了所在群体的环境感知和体验，同时也从对应需求的景观配置中领悟到该群体的文化，这样的环境也潜在地影响着学生的情感感知和价值观。

2.1.3 大学校园景观的内容与形式

大学校园景观规模相对于城市景观的规模要小一些，但是景观设计内容及功能却五脏俱全。校园景观环境中的元素包括绿地、构筑物、设施、广场、植被乃至场所内活动的群体，共同构成了具有校园文化内涵的特殊场景。因此，校园景观中的元素不仅包括自然、空间、建筑、设备、绿植等传统意义上的景观构成要素，同时还有因群体内部使用者交流而产生的潜在的人文景观。

与静态的景观相比，使用者互动而产生的景观更具动感，两者通过结合产生动静的对比，为校园景观环境增添与众不同的色彩。大学校园景观首先主要服务的主体是学生，学生在校园环境中学习、娱乐、运动、社交、生活，与校园景观相辅相成。缺失学生的校园景观就仿佛失去了灵魂，而缺乏景观设计的校园环境自然也留不住学生的脚步与目光。丰富多彩的校园空间环境除了具有交流、工作、学习以及休闲的功能外，同时也可多维地展示出大学的治学理念和学生的精神面貌，以达到教书育人的目的。

2.2 大学校园景观要素及影响因素

2.2.1 大学校园景观构成要素

大学校园景观拥有极其复杂的组合系统，是由建筑物、道路、广场、小品、植被、标识系统、水系、公共设施、铺装等要素构成的有机、统一的体系。校园景观环境主要通过上述基本要素组合而成，而校园景观的设计体现就是这些要素按照校园内特殊群体的行为组织发展构成的特殊环境系统。

1. 动态要素：人、交通体系、临时的景观小品、生物等。

2. 静态要素：地理环境、人工设施、影响要素、控制要素。

这些元素在校园的环境中需要综合考虑各种因素，才能形成适宜的校园景观环境。校园景观不能仅仅是广阔的绿地，还应该综合校园特殊群体的具体需求配置必要设施和开放空间，并以这类空间作为相关场所的周边环境设施，形成特定的校园环境。

2.2.2 大学校园景观的影响因素

1. 自然因素

(1) 气候

气候主要包括温度、湿度、蒸发量、降水、风速以及日照强度等。这些自然因素会直接影响校园生态，并且影响校园景观，宏观角度上看，气候在整个校园景观规划中都要予以考虑。开放空间由植被界定了区域感，总的来讲，景观设计效果是由气候决定的。恶劣的气候在一定程度上会限定景观设计，考虑到这样的情况，可以在环境中加入更多的冬季景观。

(2) 植被

气候虽然会限定植被的选择。但是不同种类的植物具备独特的外观和色彩。设计师需要分析各种植物的特性，把相关的概念与植被种植结合起来，形成专属校园环境的优质景观。虽然景观具备多种选择性，但是由于气候的限定，如果不按照自然因素规则选择植被，往往不会获得很好的景观效果。

植被在校园景观中，具备美观、调节温度的功能，这是在建筑物内无法完成的。绿色的植被具有康养效用。正确的设计树木，可以达到降噪并且指引路线的作用。树木通常可以加强建筑的空间结构，但是需要考虑到树木的特性，包括高度、形状、颜色，并且随着时间的推移，树木未来形成的视觉效果是否在预期内，且需要定期维护。校园景观中，为了达到短期效用，如果将树木种植得十分密集，那么随着时间的推移，树木不断生长，则可能达不到原有的预期效果。

(3) 校园布局与周边条件

校园景观是具象的。所在地的状况和特征都是决定景观最终成型的重要因素。利用景观学合理地分配各项用地，包括建筑物的占地面积、停车场、运动场地、休闲场地等。如果尺寸已经基本确定，那么就需要考虑布局和周边环境。通常矩形布局会比单线布局更加灵活并且通透性强，而一块完整的地块更加有利于景观设计效果的呈现。

2. 社会因素

当前科学技术达到了前所未有的水平，科学技术和科学理念是大学发展的支柱，合理的景观设计可以降低使用和维修成本，因此，先进的科学技术与思想在校园景观规划中是十分必要的。

3. 文化因素

文化差异是独特的，它们的魅力来自于"差异"。场所文化是体现校园景观设计的重要因子之一，所在区域环境的发展和大学景观的形成密切相关。利用大学的历史文化可以设计出改善大学生活质量和学习环境的景观环境。在大学校园景观设计实践中，必须选择和完善文化因素来激发文化遗产的传承和发展。精神内涵与文化底蕴的无意识发掘，才可以造就一个富含人文历史气息的校园环境。

2.3 大学校园景观的内涵特征

大学校园是我国实现高等教育和科学研究的重要以及主要场所。它的主要目的是通过培养学生的学习以及实践技能，让受教育的对象能够拥有较强的适应能力和学习能力。校园景观是高校人文环境与自然环境的综合反映。它以自然环境为基础，适应高校活动的需要和人文环境的内涵。它在满足大学活动的需要、代表大学的特殊性、延续历史文脉等方面发挥着重要作用。

2.3.1 具有开放性

开放与共享是现代校园的主题，而大学本身的开放性和公共性又与校园主题相契合，开放式大学校园在充分发挥其景观功能的同时也满足了各类使用者的需求。更重要的是，大学文化中精神上的开放往往比形式上的开放更重要。大学校园建设是一个不断融合和更新的过程，它与外界的优秀文化相结合，最终形成校园景观体系。景观设计能够提高校园的知名度，吸引和接受新文化，并且有利于新观念的形成。

2.3.2 体现校园特色

特色是大学教育与其他大学区别的基础，具有特色的大学往往更有优势。特色主要表现在大学的办学特点、校园文化、学科特点等，在形成这些特征以及抽象和具象组合的同时，将其应用于校园景观设计来创建独特的校园景观，往往能全方位反映大学的影响和特点。

2.4 高校校园景观相关理论

2.4.1 景观生态学原理

由Carl Troll提出的景观生态学相关理论作为一门复杂的综合性科学，其研究重点在于生态和地理的相互作用及主要空间景观设计和地貌学的相辅相成。根据地貌学系统的原则和方法加以研究，通过优化景观和调整其结构以保持地貌。景观生态学强调人与自然之间的联系，同时将人与自然和景观联系起来，从而研究人类与自然和景观的发展模式和相互作用的原理。

2.4.2 环境心理学相关理论

环境心理学的发展相对较短，大约从20世纪60年代后期开始，但它却迅速发展并且广泛传播。它的研究涉及各类学科，包括心理学、人文社会学、人体工程学以及人体行为学等。现代社会的发展主要与人与环境的关系有关，以及城市区域环境和城市中的校园环境问题。城市环境心理研究主要是从生态学、心理学出发，通过改善生活条件进行改造设计或者解决部分环境出现的问题。因此，在生态学、心理学理论的基础上提高环境质量，首先应优化相关构成设施的组成部分，提高环境的质量和活力，促进人类与环境以及人与人之间的相互作用。其次改善环境中空间的各级关系，满足所有人的需要。在校园环境中，学生的心理需求首先得到满足，更有利于创造一个交流和社会化的公共环境，为所有人创造不同类型的学校环境，对加强师生的场域感具有积极和有效的影响。

2.4.3 环境行为学相关理论

环境行为学理论对于人与环境以及人与人的和谐共处具有重要意义，是景观规划中人与空间以及人与自然关系的体现，环境行为学在景观规划中的核心需要充分考虑人的心理和生理特点，来满足使用景观的所有群体在不同层次的需求，使空间更加人性化并且富有活力，环境行为学允许将无形的影响因素有形地表现和运用出来。

2.4.4 城市意象理论

凯文·林奇在其著作《城市意象》中提出的城市意象理论，通过研究城市文化的基调，并且根据原始地域给出的信号，寻找最初的使用者感知内容，将其运用到最新的设计系统中，从而从多向角度让使用者留下深刻的体验。作者总结了五个主要元素，即区域、道路、标志、节点和边界。

将城市意向理论应用于大学校园，以增强学生对校园景观的记忆，提高学生对校园的归属感和空间认同感，从而清楚分辨学校环境和建筑物内外的位置，因此，应以城市意向理论为指导来营造学校景观。

2.4.5 交往与空间理论

在设计校园的景观环境时，人之间的联系也与校园的规划有着不可分割的联系。这一领域的主要理论基础是著名建筑师扬·盖尔的《交往与空间》，人际交往在环境的设计处理中起着至关重要的作用，包括人与人之间、人与人群之间、人与社会之间的关系。人的价值观、世界观以及人生观的发展不会迅速形成，需要通过丰富的意见交流和人际交往来实现。交往中的沟通能够稳定个人、团体和社会的团结。对于社会来说，沟通是观点传播的载体和表达者。社会关系往往是通过特定的媒体或事件之间的联系进行传播。校园景观设计的任务是使各项不同种类的空间成为学生交流的一种手段基础，起到交流感情和传播感情的作用，保证学生可以在学校进行各种形式的交流。

2.5 小节

本章以高校校园景观的相关理论为出发点，在对景观构成元素进行分析的基础上，结合大学校园景观建设的理论基础以及人文内涵，为高校景观设计提供理论支持和调研总结，并为后续的景观设计实践提供相关依据。

第3章 案例分析与实地调研

3.1 案例解读

3.1.1 四川大学

1. 概况

四川大学选址在中国西南区域的四川省会成都市内，占地七千余亩，校园规划始终致力于建设绿色校园和可持续发展校园，校园内有着丰富的历史文化遗存，随着校园环境的不断发展而涌现出诸多景观元素，使四川大学校园进化为一个具有历史文化内涵和良好氛围的人文胜地，坐落于双流区的四川大学江安校区是一所集生态资源、森林景观、信息化为一体的新型高校校园。该校区总占地面积约3000余亩，自然景观与人文景观在这里汇

图2　四川大学江安校区鸟瞰图

聚，校园整体风格特征是通过校园的轴线关系实行功能结构的高度分区，将教学区域、运动区域、阅读区域和办公区域等设置在总长度约2.2千米、宽24米的循环道路上，将校园中心学生宿舍区设在教学区两侧。

2．景观设计理念解读

四川大学将1～2年级本科生和成人教育学生安置于双流江安校区，学生总人数3.5万人。具体校园景观规划理念遵循以下三点：

（1）"山水相间、绿树成林"——生态景观的集中体现，根据校园的综合环境与环境特征，中心系统是"生态园林式校区环境"，核心元素是整合河流、动植物、水面、绿地等各类要素。

（2）"真实有机、规划合理"——景观规划布局特点主要表现为寻找自然合理的规划布局以及空间结构，建筑追求景观群体的空间与景观资源的相互融合。

（3）"循序渐进，稳扎稳打"——开发建设的步骤主要体现在开发建设与环境先行，结合轴向建设与斑块组团式开发的理念，紧凑有序地设置建设期限。

3．总体结构与构思

校园总面积约3000亩，但对于接近4万学生的人口规模来说，校园土地的利用要做到布局合理却依旧紧张。生态化校园的主题之下，需要宽松和紧凑的协调，适当地安排紧张和松弛的统一结构。基地中心被长安江包围，在这种情况下，校园核心加入水文化，总体景观布局秉承"一湖一岛"的中心思想，仿照成都"活水公园"等，建设成了具有意趣、欢乐、惊喜的自然公园。随后扩展到河川、休闲带、植物园等地，开放性景观设计的生态核心贯穿了整个校园，强调对校园"景观生态系统"的设计，使建筑作为环境的场所界限，同时以一个特殊群体的建筑形态出现在开放的景观中，呈现出教学区、学生生活区域、教师休息室围绕着"绿色中心"的生态景观。使用带状结构的教学区，为最大限度地适应功能和绿色带的变化，将生态环境中的"绿色中心"概念扩散到教学区和宿舍区。宿舍区采用了单独并且特别的布局结构，宿舍区是一个巨大的绿地，教师的生活区域采用了带状的结构，在江边形成了巨型的绿色景观带。设计提供了植被和绿地，校园通过两种公共栖息地设置空间，由街道、广场和走廊组成。道路、广场和走廊由西向东，与学生宿舍和"绿色中心"相连，整个学校由一条曲线连接起来。

（1）绿化设计

校园绿化设计的主题是生态，整体的绿化面积占整个校园面积的52%。景观廊道和穿过校园的人行步道融合到周围地区。同时，建筑环境以及相关校园设施融入整体景观环境中，实现景观生态化效果。校园内拥有中国高校校园最长的人行桥——长桥，用来连接图书馆与校园广场，另外，校区景观中还有一座仿照安济桥的白石桥。这座白色的桥在校园景观里像颗白色宝石点缀其中，与明园湖畔独特的桥梁和人工运河形成了独特的校园"桥"文化。

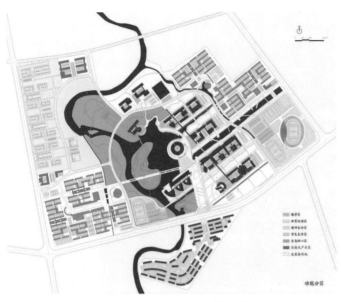
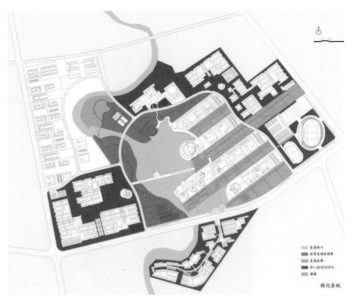

图3 四川大学江安校区功能分布图   图4 四川大学江安校区绿化图

(2) 水景设计

校园水景用地450多亩，使用面积约占校园区域的15%。江安河引入了岷江的支流并且设计其横跨整个景观区域，形成以水文化为中心的生态环境，与绿意盎然的明远湖相眺望。学校还设计了三条人工支流，每一条都以不同的著名校友的名字命名，分别是：德水（朱德）、沫溪（郭沫若）和八渠（巴金），它们在建筑物之间流动，形成"川"字；校园的河水流入明远湖、江安河，之后汇入长江，最终入海，这样的景观紧扣四川大学的百年校训。校园内的河流、活水景观是该校园景观生态系统的核心体现。

图5 四川大学江安校区水景1   图6 四川大学江安校区水景2

(3) 景观标识物

川大南大门内的大型花坛有并排的九棵银杏树，蕴含其中的是四川大学百年传承的文化精神；同样彰显友好与热情的四川大学文化的还有坐立在轴线起端的喷泉。而入校园东侧的景观风格仿照壶口瀑布和黄河，位于东门700米长的轴心景观水道在校门景观的掩映中展现。水道中的水流通过各级阶梯不断循环汇入明远湖中，于水道中追逐嬉戏成千上万只的锦鲤，设计师称其为"戏水之趣"。

(4) 不高山

该景点位于校区生活区的西北角，同时也是江安最有名的景点之一。这座山虽然只是个小丘，却藏在四川大学的后花园里，以"不高"为名，或许是以此名称暗喻"求学者"应该具备山的稳重，同时不能自高自大。不高山附近的河，叫作"不深河"，取自"水不在深"这一古诗词。暂且不去讲究校园山水的景观，仅仅因为名字的与众不同，就够让人流连忘返了。

（5）斑块分析

斑块的定义是组成四川大学校园景观的单位，这样的要素不同于环境本身的特性，是均质性的并且非线性，校园生态系统或多或少通过斑块传递出系统核心理念的相似，不同斑块的大小、形态、场所界限性质及斑块之间的距离关系等空间分布特征组成不同的生态景观带，从而形成外观差异，调节生态系统进程，一定程度上功能丰富的斑块可以促成场地功能用途的多样化，分析斑块的布局规划和分布，就可以了解学校景观设计规划的分布情况。

该校区景观内的斑块主要由绿植区、河流、湖泊、构筑物和铺装广场等组成，其中以校园中心的植被为主，水面主要由江安河和明园湖组成，辅以校园其他区域分布的人工水景观。植被覆盖主要分布在校园中心的北部，即"绿色中心"，生态资源丰富，生态效益良好。校园的整个结构是以生态的"绿色中心"为核心，它通过几个绿色廊道，扩展形成一个网状的绿色系统，作为生态系统的斑块中心。"绿色中心"的生态区、植物区、河边绿化等环境设计景观效果都与自然和谐融合。

校园内不同斑块之间的相互关系采用了相吻合的构成方式，不同的斑块之间的元素不同从而导致其界限被软化并逐渐形成过渡。这种结合形式汇聚了多种素材和色彩。各类型的构筑物以斑纹的形状镶嵌在校园绿地景观中，构筑物之间是整齐的植物和绿色区域，与坚硬性质的森林相融合，同时人工创造的环境与核心自然环境相辅相成。斑块的布局上，植被区位于校园中心，建筑区等硬区围绕核心景观秩序呈几何形分布。围绕"绿色中心"的有学生活动空间、教学建筑、工程培训中心、学院大楼等功能区，为满足师生需求，教学区下方布置安全带，周边绿化也以这种形式布置，相对集中和一体化。广场、步行区、走廊、平台等空间建筑元素将它们紧密地联系在一起，丰富了建筑的空间设计，增强了建筑的连续性和层次感，可以完美地支撑师生的学习、生活活动。

（6）其他

四川大学校园景观不仅风景秀丽，而且是绿色校园的典范。校园内植物品类多，各种园林植物生长态势良好。它充满了生态校园的特色。主要树种有棕榈树和银杏。各类古树名木均标有拉丁文和中文名，校园的垂直绿化构成也很出色。校园空间灵活可互换，配备了满足校园师生生活、学习和休闲时间需要的各种休息和服务设施，除此之外，四川大学校园内还有许多开放式的交流室，可以进行户外学习、交流、集会等，经常受到师生和外国游客的欢迎，空间利用率极高。

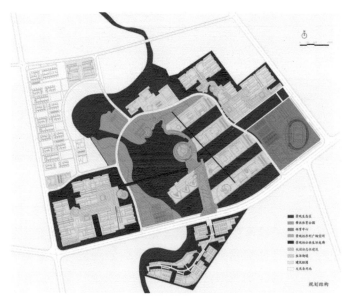

图7　四川大学江安校区结构图

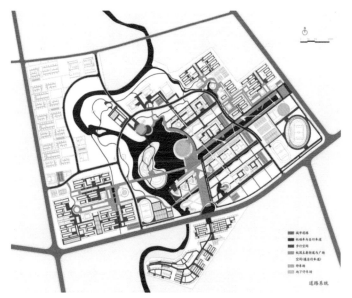

图8　四川大学江安校区路网图

第4章　高校校园景观设计原则

通过前三章的文献综述、理论、案例分析与现场调查研究，归纳了国内外不同类型与特性的优秀校园景观设计案例，通过总结这些校园景观设计案例的成功之处与设计原则，对我们后续的研究具有重要的参考价值。实地调研结合问卷的方法可以准确且真实地从使用者角度分析出校园景观设计与使用者自身需求之间的关系。基于前三章的相关结论与参考，第4章将在前三章调查分析与理论结合的基础上，通过进一步的归纳总结与科学论证，对校园景观设计相关理论原则进行总结，归纳出大学校园景观设计应遵循的系列原则。

鉴于我国近二十年地方院校的持续扩招，大学校园景观设计不仅要满足校园内使用者的基本使用功能，如经济、实用、美观等基本设计原则，同时还要考虑到校园内使用者的精神需求，体现出不同的校园景观特色，从而为相关校园环境使用人群留下潜移默化的深刻影响。这些基础原则体现出校园景观对使用人群生理以及心理等方面的关怀。丰富的校园活动有利于广大师生的身心健康，将其与校园文化、自然环境要素相结合，使其能很好地融入校园景观设计之中，从而促进师生之间的交流与学习。在总结校园景观设计要素的基础上可以总结出不同的校园景观要求。依据这些校园景观设计要求，归纳得到以下校园景观可以借鉴的设计原则。

4.1.1　生态性

因地制宜原则的核心是结合场地现状，通过科学分析得出相关设计规划任务。它是通过对场地所处位置的地理地形条件、动植物生态群落条件、气候气象条件以及历史人文条件等各方面因素综合考虑制定出的相关设计策略。同时需要结合场地现有的景观材料进行适当选择，对存在缺陷的场地环境进行充分的优化与改造，从而营造出适宜的校园景观环境。因地制宜的生态性原则是依据所处场地的各项优劣条件而创新衍生出相对应的有效措施，在进行校园景观生态改造的过程中，可以利用太阳能、风能、地热能、水能以及植物环境等可持续自然资源进行合理改善，使得人工规划改造出来的校园景观与周边自然环境相协调，符合自然景观脉络。依据自然山水环境的形态特征，对人工环境实施改造，在节约自然资源与资金投入的同时，也使得人工校园景观与所处的自然环境相互融合、相互协调统一。

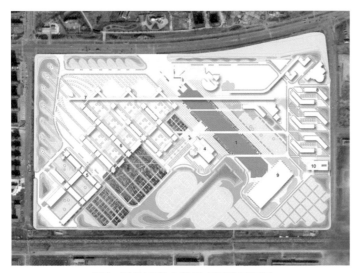

图9　沈阳建筑大学景观设计平面图

图10　沈阳建筑大学水稻景观设计

景观生态学是分析景观类型构成、协调组织和演化进程的多介质综合性复杂学科，通过场地动植物群落、空间分布尺度与生态过程的相互影响，对自然与人工环境中的生态多样性有着巨大的现实意义。景观设计最重要的方法之一就是将景观设计与自然生态环境相结合。比如沈阳建筑大学将水稻结合当地生态条件以及产品类型等，以作为景观设计中的元素，是校园景观中因地制宜将生态性设计原则结合地域性的良好运用。

随着近些年人们生态环境意识的提高，一系列的生态环境问题已逐渐成为各类景观规划必须着重面对的设计挑战。在景观设计中，生态性原则更多地反映在人与自然的和谐共生上。西方的绿色研究主张城市中的绿色景观与室外自然环境的整合，将内外结合为一个有机的景观生态圈，自然作为景观构成的一部分；景观设计则通过对自然环境的改善和提升来塑造出生态多样性的人居活动空间。

一个具有完善生态功能的健康校园对校园里师生的生活和学习有着重要的影响。在大学校园的建设过程中，应根据当地的自然环境景观，优化和改善现有校园环境。同时在设计中应注重生态与人文的结合。在具体实践中，通过将海绵城市等相关理论引入校园生态设计，例如采用透水路面材料增加雨水收集，在道路两侧排水渠设计雨水收集系统，收集来的雨水经过净化可作为校园日常植被的灌溉用水与其他生活用水来使用。

4.1.2 推陈出新的历史文脉原则

"每个个体都与自己所处环境的某个片段、某一部分联系紧密，对所处环境的映像也必然沉沦于脑海最深的记忆之中，意味深长。"这是美国著名建筑理论家凯文·林奇在其著作《城市意象》中的一段话。描述了客体对环境在场所中的感知性。设计都是有相通性的，不同的场景，在我们每一个个体的意识中，都会有所不同。高校校园自身就是一个浓缩的微型社会，在这个微型社会里是一个个使用者与所处环境的真实写照。而校园环境的特点也会成为被使用者记忆的要素，每个人在这个环境中的地位、场所、年龄，各不相同，对于场所感知的判断也就不同。

校园景观为校园历史文脉的发扬具有重大的作用，同时，它也为师生传达了丰富多彩的校园文化。在学习、工作、娱乐、社交、生活等活动中会对师生产生广泛影响，给处于校园环境的群体以明显的时代感和体验感是它的重要意义。而要体现这种时代性就需要从校园的历史文脉中着手，校园景观设计的前提需要发掘与弘扬每个校园所处区域的文化积淀和历史文脉。根据每个校园独特的历史文化积淀，吸收其精华，并将其整合到景观设计实践中，形成符合广大师生需要的校园文脉环境。

校园景观作为保持城市特色、塑造城市风貌、弘扬城市历史文脉的重要构成部分。校园景观设计应厘清所处环境的历史文脉，重视当地景观资源的传承、保护和延续。根据自然生态条件和相关物种植被，将当地风土民俗、历史文化、人文典故等文化软实力融入景观设计中，使校园景观体现出当地的地域文化特色，兼备可识别性和差异性特质。比如四川大学的银杏景观、北京大学的未名湖景观，分别结合本区域的植物特性与历史记忆，从而为大众所熟知，成为所在高校与当地的象征和符号。

在校园景观设计中，还需要处理好新旧校园文化的传承与发展关系，必须深入挖掘校园景观与所处环境以及周围景观的联系，在整体校园环境中通过延续构筑物、绿化景观、硬质景观等体现出的时间与空间脉络，使其能够在繁荣发展的同时与历史文脉相互共生、相互联系。

图11　斯坦福大学文化长廊1

图12　斯坦福大学文化长廊2

4.1.3 人性化原则

人性化的景观设计原则通常是指在设计的前期进程中依据人体的行为习惯、生理构成、心理条件、思维方式等，在满足原有设计基本功能与性能的前提条件下，通过对设计环境的体验感与使用感进行整合，从而让场所空间内使用者的物理需要和精神需要得到充分体现，体现了校园景观设计中对广大师生的物质与精神关怀与普世价值，是对使用者尊严的维护与人性化的体现。

马斯洛理论根据人的生理与心理需要将人类的需求分为生理层面的需求、安全层面的需求、与人交往层面的需求、受他人尊重层面的需要以及自我认定层面的需求。这五种需求关系自下而上从基础到高级，依据金字塔形进行分布，在这个理论中，与人交往层面的需求、受他人尊重层面的需要以及自我认定层面的需求都与人际间的相互交流与认可联系紧密，说明了个体对人情化社会的高度依赖。因此，人性化的校园景观设计应当是通过对校园主体使用者的生理以及心理需求进行深入分析与研究，从而达到满足师生健康生活与学习的必要条件。

　　遵循人性化的设计原则来营造校园环境，即通过关注师生生理以及精神需求来谋划校园景观环境。这就要求在具体的景观设计中，要满足学校交通的便利性、防卫的安全性和文化的包容性。从广大校园环境使用者的切身需求着手，满足活动、工作、学习和休闲娱乐等功能，从而塑造积极的学习和生活氛围。同时，要针对个体间的差异性，考虑少数人的需求，如根据不同宗教信仰和少数残疾人群的生活习惯研究设计景观空间。通过调研和归纳总结，设计出合理的平面布局、生态的植物环境，创造出一个和谐共生、活泼多样的大学景观环境。

图13　悉尼科技大学景观设计　　　　　　　　　　　图14　北京林业大学景观设计

4.1.4　异质性与多样性原则

　　校园景观营造的最终目的是通过人为的设计构思和规划改造，使校园中复杂多变的不同尺度、不同功能的空间与景观环境相协调，最终形成有机的景观共同体。高校校园景观作为所处城市空间的重要有机组成部分，校园内各种类型与功能的建筑与构造体也是城市环境的重要组成部分。而校园景观设计中整体环境的协调需要从空间异质性、功能组织以及多样性等各方面来匹配。

　　空间架构的异质性：景观空间的异质性依赖于相对应的空间尺度，景观中不同类型与规模的斑块体现着构成单体的差异性与复杂性。异质性通常依据对应斑块的类别、数量、尺度、形态、空间变化、节奏序列、不同斑块间的差异性、相同斑块间的相似性来构成。通过对校园整体景观空间框架结构的梳理、重构、整合、创造等，使新旧两种不同类型与特质的空间架构形成从属、并置、互含等和谐的有机融合共生关系。

　　校园景观功能组织的整体协调囊括了景观功能构成以及流线组成两个方面，通过对景观功能与流线组织的增减、重置、合并等塑造手法，使得校园景观新老空间的功能组织和谐统一、高效直接、多元共生，满足校园使用者的物质需求，也符合未来校园景观的发展趋势。

　　景观多样性是对复杂环境中嵌块生物体的重要评价指标，通常包含有景观体块的多样性、生态的多样性和景观构成形式的多样性等多种部分。多样性在景观生态环境构成和演变过程中体现着深刻且重大的价值，是景观设计中最基本的原则之一。校园景观的多样性需要的不光是层次与物质构成的复杂性，而是在相应物质种类丰富性、生态环境复杂性的基础上，规划出复杂多变的植物景观空间环境。这些需要各类型景观环境空间的体现，也需要各类型生物群落组合出更加宜人的生态环境。

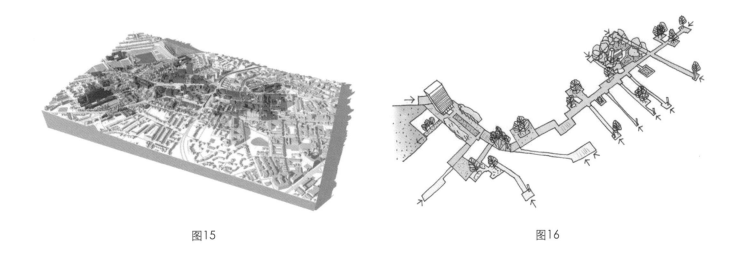

| 图15 | 图16 |

空间的多样性通常包括功能、体块原理、形式构造与配置元素的多样性；功能多样性包括娱乐、洽谈、休憩、运动等不同的用途；形式构造的多样性包括尺度、比例、形态、颜色、材料、构图等多种变化的组合关系；配置的多样性则包括植被、树木、构筑物、自然山水等不同元素。空间多样性是满足校园基本功能的必要条件。校园景观空间的多样性必须满足师生休憩、交通、聚居、活动、社交等多类型功能要求，同时需要满足校园师生不同心理层次的需求变化，而这种空间多样性的塑造可以强化校园环境，积极正向、多元共生的校园环境会最大潜力地促进师生的相关活动，强化高校校园的教育与学习氛围。

通过上述对景观空间的多样性与异质性的研究，可以理解大学校园空间如何满足不同个体与群体校园的需要。不同功能区的人在同一场地的时间段使用时，不可避免地会形成相互干扰。例如，多数户外空间同时兼具师生的运动与学习功能，而多人群的活动可能会对正在同一空间正在休息与学习的人群造成干扰。大的景观空间中划分出一个个独立的空间分隔，可以实现空间的异质性与多样性，也有利于实现整个空间的协调统一。同时，多样性也体现在立面与平面材料的选择上，各类质地、形状、体积和颜色感受会穿越空间的限制，实现形式组合和功能的多样性。

4.1.5　社交性原则

社交是人与人之间产生相互作用的活动。众所周知，跟大自然大部分物种一样，人类是高级的群居动物，教育不仅集中在学生专业能力的提高上，还需要对学生的综合素质进行相应的培养，而良好的社交能力正是综合素质的重要组成部分。高校校园中的社交活动多以师生之间、同学和同学之间的形式出现。这些社交活动可以促进学生之间的相互理解，增进学生之间的同窗情谊，同时学生之间通过交流可以互相帮助、互相学习，也有利于拓宽个人的知识面与信息。优秀的社交活动有利于学生价值观与世界观的养成，使学生在物质与精神层面获得积极发展。社交的方法主要分为两类，一类是面对面的现实社交。另一种是基于网络的虚拟社交。不同形式对社交场

图17

图18

所有着不同的要求。网络社交对社交场所的要求较为自由，任何场地、任何时间都可以随时进行社交。而基于面对面的真实社交则对社交场所有一定的要求，如果是少数人群的社交需求，则社交场所往往需要安静、私密、避免过多噪音干扰的环境。如果是多数人的社交活动，社交场所就需要热闹、充满活力、对噪音容忍度高的环境。现在高校师生的社交方式多以网络社交为主，大部分社交活动以在室内空间进行为主，多是因为校园景观缺乏吸引人群聚集的魅力。所以符合社交性原则的校园景观设计需要满足不同类型、数量、时间区间的社交人群需要，同时，不同社交功能以及社交环境也对会相关设计起作用。空间的布局与划分、人流的控制与组合等各种因素都会影响到社交活动的交流体验与质量。因此，高校校园景观设计要充分遵守社交性原则，为广大师生营造和谐的空间环境，促进校园人群综合素质的提高。

4.1.6 特色性原则

对于每一所大学来说，都应该基于所处城市的历史文化而具有自己独特性。校园景观虽然是构成社会景观的重要内容，但具有不同于社会景观的特点。校园景观依托于所处场地的人文背景和文化风情，与场地的发展和文化有着密切的联系。高校校园作为科技创新和人文思想的摇篮，其思维的进步性要突出于场地景观。校园景观需要激发广大师生锐意进取、促进社会进步。每一所大学由于它们所处的地理位置、发展路径、学科特色等不同，形成了一个个不同风格和理念的校园景观环境。这是一个很好的方向来区分不同大学之间的区别和特色。在大学校园景观设计中，要充分挖掘当地的积淀和历史文脉，并结合大学所处地域的特点，使校园景观呈现出不同于其他高校的独特属性。这些独具特色的校园景观，一方面会成为各个学校区别于其他学校的标志，一定程度上也会成为所属院校的代名词。

不同的高等院校拥有着不同的校园文脉与优势特色，基于此，校园景观设计应遵循凸显校园文脉与创新的特色性原则，可以结合相关校园文创衍生品的多样性与丰富性来突出不同院系的专业特色以及广大师生的创新成果。例如将不同专业的标识通过元素提取、转化、重构，进行三维立体化再创造，或者运用工科类专业废弃的木质或金属材料进行全新的艺术加工，变成全新的公共艺术品，使之焕发全新的生命力，成为贯穿整个校园环境的景观构成体。这些景观构成体在体现设计独创性的同时，也是学生创新精神与成果的体现，从艺术的角度衬托出不同院系与专业之间丰富多彩的文化和艺术建设。特色性是校园景观设计之魂，将特色性设计理念结合多类型的专业植入校园景观设计中，这本身就是一种极具前瞻性与创新性的设计意识，对整体校园景观设计品位的提升起到充满正向的促进作用。

图19   图20   图21

4.1.7 安全性原则

安全是一切设计中的第一，也是最基本的要素，尤其在当前新冠疫情席卷全球的背景下，安全与每一个所处场所环境中的个体密切相关，是校园景观设计中的重中之重。校园师生只有在自身安全与人身利益充分得到保障的前提下才能够全身心地投入学习与工作环境中，这就要求校园环境中的教学、休憩、社交、工作、生活、娱乐、运动等各个区域都不能存在影响到师生正常学习和工作的安全问题。安全性原则在景观设计中主要是由物理环境层面的安全感和心理环境层面的安全感两部分构成。

物理环境的安全主要体现在校园环境建设上，通过对景观质量的把控，增强相关景观结构，使得校园建设的工程质量满足时间维度与空间维度的检验，通过校园景观中防水、抗震、防火以及其他防灾功能的提升，最大可能性地保证校园师生最基本的生理以及精神安全。例如：在交通通行方面，车行道路的路面不宜过窄，弯度不宜过急，坡度不宜太陡，必要条件下需要增设人行道以便行人通过。同时，校园交通流线的组织宜提倡将机动车道、非机动车道与人行步道三部分分流的划分措施，优化校园道路系统，合理配置相关交通服务设施；在植物配置方面，避免种植对人体有害的花草树木，对于担当阻隔或划分空间作用的植物可选择人体不易接触的植物，观赏性的植物则应采取对使用者身体不会造成影响的安全植物。

心理环境安全原则与物理环境则更复杂，需要避免校园景观环境中步行道、活动区、公共区、私密区以及其他区域可能存在的会令所处环境中的师生感到不安与担忧的情况发生。如昏暗不稳定的路灯、幽闭的交通甬道、刺激性的挥发性气味、空旷偏僻的私密空间等。各种场景的空间环境变化会让使用者生理及心理上产生不同体验，安全、舒心、宜人的空间环境是校园中每个师生都希望的。每个个体在进行各类活动时，都希望能不被外界环境所干扰与分心，因此每个个体都需要属于自己、不被打扰的范围和领域，这个领域仿佛无形的"气泡"一样，实质上是一个建筑学中经常出现的词汇——虚空间。个体不同的行为活动，与之接触的对象不同，自然"气泡"这个虚空间的属性也不相同。基于此，校园景观环境室外空间的比例尺度、组合构成关系等都应依据不同使用者对环境的使用需求与认知状况进行具体布置。尽量避免使用不安全、不稳定的形体构成，以及缺乏安全围护的巨型空间等。

4.1.8 整体性原则

校园景观设计具有整体性的原则，景观是一定经济条件下的产物，需要满足特定社会背景的功能以及美观需求，同时要符合自然运行规律，遵循基本的生态原则与要求，与此同时还要处理与之相关的艺术性、人文性等关系。校园景观设计是人类物质与自然生态系统从整体性原则出发的综合设计，而不仅仅是孤立的局部小范围设计。单个景观要素的构成，需要一种多目标的设计流程，是社会物质的需要，也是经济性的需要高质量输出的结果，以及审美层次的艺术性需要，校园景观设计最终目标的实现需要整体性原则的协调组织。

整体性原则是协调景观设计中个体与个体之间、结构与功能之间、模式与过程等各元素之间的关系，使自然要素和周边环境进行有机融合，从而营造出一个和谐自然的校园空间环境，丰富的景观环境涉及诸多方面，如政治、教育、科技、艺术、人文、经济和社会等各类问题，这些要素相辅相成、联系紧密。通过多学科、跨学科间的共同研究与合作相结合，从而保证景观要素之间的和谐共生以及整个自然生态系统的进化演变，营造出功能完善、生态稳定、经济高效的校园景观环境。

独特性体现了不同校园景观环境的复杂性与多样性。不同院系和学科拥有不同的特性，理工科以严谨认真、追求理性的学科特色为主，文科类则以自由活跃、追求感性为特色。针对不同的学科设置，在校园景观设计中要尊重不同的学科特点并结合此类学科特色进行针对性的设计构思。例如针对计算机学院，数码元件和计算机零件能作为设计中的构成元素，通过归纳与提炼的方法与景观相结合，从而体现在校园景观环境中。艺术与文学作为大众实现美的一种途径，追求个性，倡导自己鲜明的特色。艺术系作为校园中独特的存在，景观设计需要营造适合艺术家自由创作的艺术氛围，渲染周围环境，扩大受众范围。同时也可以结合艺术系的创作天赋，让广大校园环境的使用者参与到校园景观的设计中。比如师生创作的装置、雕塑以及手工艺作品等就可以作为校园景观设计的公共艺术装置布置于景观节点中，融入校园整体景观环境，为广大师生创造了充分表现自我、互相交流与学习的途径，既促进了大家的创作热情和意识，同时也优化利用了学校资源，从而实现各院系不同专业的良好交流。

参考文献

[1] 叶徐夫. 大学校园景观规划[M]. 北京：化学工业出版社，2014.

[2] 刘春燕，冯海英. 以人为本促进和谐大学校园的发展[J]. 文教资料，2010.

[3] 王靓. 对空间环境场所精神的营造研究[J]. 工业设计，2016（10）.

[4] 苏芳，郭楠，田朝阳. 景观功能的立足点——中国传统园林建筑本质的哲学思考[J]. 华中建筑，2013（11）.

[5] 张华春，朱慧. 凸显文化教育功能：关于大学校园环境设计的思考[J]. 大学教育科学，2012.

[6] 冯俊. 当代景观里的景观功能[J]. 大众文艺，2013（13）.

[7] 邓明. 回到建筑：从"景观功能"到公共生活[J]. 土木建筑与环境工程，2012（S1）.

[8] 李鸿葆. 当代大学校园个性化景观设计研究[D]. 沈阳航空工业学院，2007.

[9] （美）理查德·P. 多贝尔. 校园景观——功能、形式、实例[M]. 知识产权出版社，2007.

[10] 杨丹. 口袋公园案例研究与启示[J]. 绿色科技，2012（04）.

[11] 孙倩. 大学校园景观规划设计中场所精神的研究[D]. 福建农林大学，2012.

[12] 周逸湖，宋泽方. 大学校园规划与建筑设计[M]. 北京：中国建筑工业出版社，2006.

[13] 姜辉，孙磊磊，万正旸，孙曦. 大学校园群体——城市建筑[M]. 南京：东南大学出版社，2006.

[14] 王义辉. 国内外校园景观设计的比较与研究[D]. 天津科技大学，2010.

[15] 史丽华，胡苏，吴楚乔，赵新铭. 大学校园综合活动空间分析[J]. 低温建筑技术，2011（08）.

[16] 李金凤. 文脉·景观·功能与风景区建筑的形式探讨[D]. 北京林业大学，2006.

[17] （挪威）诺伯格·舒尔茨. 建筑·存在·空间[M]. 北京：中国建筑工业出版社，1990.

[18] 郭红，莫鑫. 诺伯格·舒尔茨的场所理论评析[J]. 四川建筑，2004.

[19] 陈育霞. 诺伯格·舒尔茨的"场所和场所精神"理论及其批判[J]. 长安大学学报（建筑与环境科学版），2003.

[20] 邓波，罗丽，杨宁. 诺伯格·舒尔茨的建筑现象学述评[J]. 科学技术与辩证法，2009.

[21] 诺伯格·舒尔茨. 场所精神——迈向建筑现象学[M]. 武汉：华中科技大学出版社，1995.

泉州信息工程学院改造设计

Reform Design Practice of Quanzhou University of Information Engineering

一、校园概况

1. 校园区位分析

泉州信息工程学院地处国家首批历史文化名城、东亚文化之都泉州市区，泉州简称"鲤"，别名鲤城、刺桐城，隶属福建省。泉州位于福建省东南沿海，南临台湾海峡，地处闽东山地中段和闽东南沿海丘陵平原中段。被马可波罗誉为光明之城，被列入国家"一带一路"战略21世纪海上丝绸之路先行区，是海上丝绸之路的重要起点，为首批国家历史文化名城，被评为"国际花园城市""国家园林城市"。

截至2020年6月，泉州信息工程学院校园占地594.5亩，校舍总面积22.35万平方米，学校建设园林式校园，四季飘香，开窗即景，古树名木随处可见，校园绿化率达70%以上，是"泉州市最美单位庭院绿化"。

区位分析

2. 基地现状分析

（1）使用人群分析

本项目为泉州信息工程学院图书馆建筑与景观更新设计。图书馆位于泉州信息工程学院中心山体绿地之中，是泉信学子日常工作学习的最佳公共场所。现有建筑结构为钢筋混凝土框架结构，环形轴网。环形空间的中心为首层平层玻璃框架内庭，同时作为主入口的过渡空间。建筑主体为地上四层空间，二、三、四层均设有屋顶平台，外立面为花岗石贴面。

（2）气候分析

泉州地处我国低纬度夏热冬暖地区，东经118°，北纬25°，东临海洋，属亚热带海洋性季风气候，气候条件优越，气候资源丰富。主要有如下三个基本气象特征：

①气温高、光热丰富

年平均气温20.7℃，最热月（7月）平均气温达32.5℃，最冷月9℃～13℃。极端最高气温38.7℃，极端最低气温0.1℃，年日照达1900～2000h。

②降水充沛，但时空分布不均匀

全市年平均降水量为1215.8mm，最大年降水量1788mm，多年平均最大日降水量127.7mm。蒸发量：多年平均年水面蒸发量1400mm，多年平均陆地蒸发量630mm，自东南部向西北部递增。干、湿季甚为分明：3～9月降水量占全年的80%，为湿季；10月至翌年2月仅占全年的20%，为干季。降水量年际间变化大，少雨年份降水量不及多雨年份的一半，全年无霜期：360日。

③季风气候显著

常年主导风向为东北，频率为21%，年平均风速3.8m/s，最大风速24m/s，沿海大于6级风日为32天，台风多发生在7~9月，年平均2.3次。雾：年平均雾日为10.6天，多发生在1~5月。冬半年主要受蒙古冷高压楔控制，盛行偏北风，气温低，干燥少雨；夏半年主要受副热带高压影响，盛行偏南风，气温高，湿润多雨。冬、夏半年的气候特征截然不同。基于这些气候特点，本地建筑与景观以夏季隔热节能为主，能耗主要用于夏季制冷降温，故在景观设计上应特别注重隔热和过渡季节自然通风等方面。

（3）植物分析

泉州市植被类型分为：季风常绿阔叶林，针阔混交林，既有大量的热带、亚热带的园林花卉，又有暖温带的植被，在唐代因引入大量刺桐得名"刺桐城"。

山地植被垂直分布可分五个带：海拔100~150米以下的沿海低丘、平原、台地人工植被带，人为干扰因素多，特别是城市绿地的植物季相变化，很大一部分决定于人们营造季相景观水平的高低。150~450米为南亚热带雨林带（基带），以常绿为主色调，秋冬季相变化少。450~1000米为山地叶林带，植被以常绿为主色调，秋冬季相变化少。1000~1500米为黄山松林、山地矮林、常绿落叶阔叶混交林混合带，出现较多落叶树种，呈现季相变化。1500~1856米（山顶）为山地灌木、草甸带，植被秋冬季相变化明显。

场地现状1

场地现状2

3．景观分析

（1）绿化率

校园依山而建，因地制宜，属山体景观，可登至山顶俯瞰校园景观。校园植被覆盖率较高，绿化率达70%以上。且植物茂盛、种类多，生长状况好。教学楼和实训楼背后有大块闲置草坪，植被日常维护、修剪与管理情况极佳。

（2）道路交通

整体校园交通道路脉络清晰，校园主干道围合成一个环形交通，各功能建筑沿环形交通主干道分布；学生宿舍区位于校园东侧，交通道路为主干道分支出来的三条次干道，平行分布汇成一条主干道，可通往校园东北正大门，与博东路相接；正大门入口交通道路实行人车分离，进入校园左侧为人行道，右侧供车辆行驶。校园西南边设有校园后门，通往博后路（该后门景观视觉效果较差）。

（3）景观照明

照片情况较差，因为属于山体景观，道路转弯拐点比较多，路灯设置的数量还不够，夜晚有很多盲点易造成安全隐患。

（4）公共设施

校园主干道垃圾桶、公共座椅数量较少，且缺乏地方特色。

（5）水景

教学楼和实训楼之间因地制宜建设了叠水景观，水池中养有金鱼，周边植被茂盛，风景优美。

4．文脉梳理

2002年，泉州信息职业技术学院成立。2004年，经福建省人民政府批准筹建泉州信息工程学院。2009年，学院被福建省教育厅确定为福建省首批12所闽台"校—校—企"高职联合培养人才试点院校。2012年，学院被中华人民共和国教育部确定为全国"第一批教育信息化试点单位"。2014年5月16日，泉州信息职业技术学院正式升格为泉州信息工程学院。

场地现状3

二、设计构思及定位

1．设计构思

通过对泉州信息工程学院校园现状特色以及校园文脉的总结归纳，结合第3、第4章优秀案例以及系列设计方法等理论，将特色化、人性化校园景观应用到泉州信息工程学院的校园景观设计中去，通过对大学生生理、心理需求的充分了解，设计出具有人性化及关爱的校园景观空间来提升学生之间交往、交流，促使学生在校园中健康发展。除此之外，通过对校园交通路线以及道路的优化设计、合理配置构建出安全、便捷、舒适的校园交通网。作为校园景观最重要的元素之一，校园景观植物的合理配置决定了校园环境的空间层次以及功能的使用，在泉州信息工程学院现有植物基础上，加强植物的竖向设计，把对平面的植物种植景观变为对空间的塑造，抓住植物对人的有益影响，塑造具有地域特色的绿色校园环境。

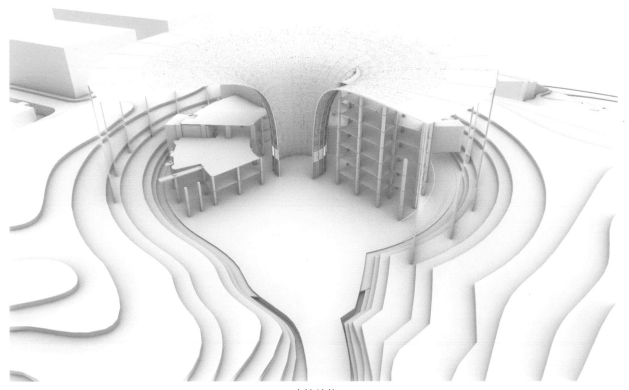

建筑结构

2．设计定位

本方案将空间区域内师生的身心需求放在景观设计的第一位，充分体现景观设计的人性化。其景观空间的功能性与多样性时时刻刻在给使用者带来便利与潜移默化的影响。通过对校园景观空间的合理布局与设计，加强与学生的联系，切实提高校园景观的使用率，将校园文化、学科以及教学理念抽象或具象地融入景观设计中去，为使用者创造出一个富有特色、优美、舒适并有强烈代入感的校园环境，让泉州信息工程学院的校园成为一所能够被铭记的大学。

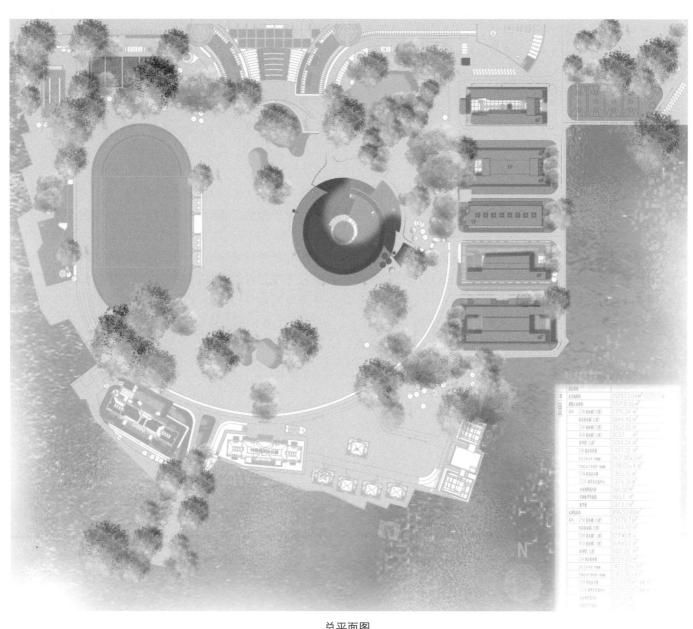

总平面图

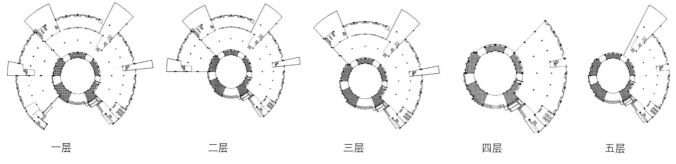

| 一层 | 二层 | 三层 | 四层 | 五层 |

各层平面图

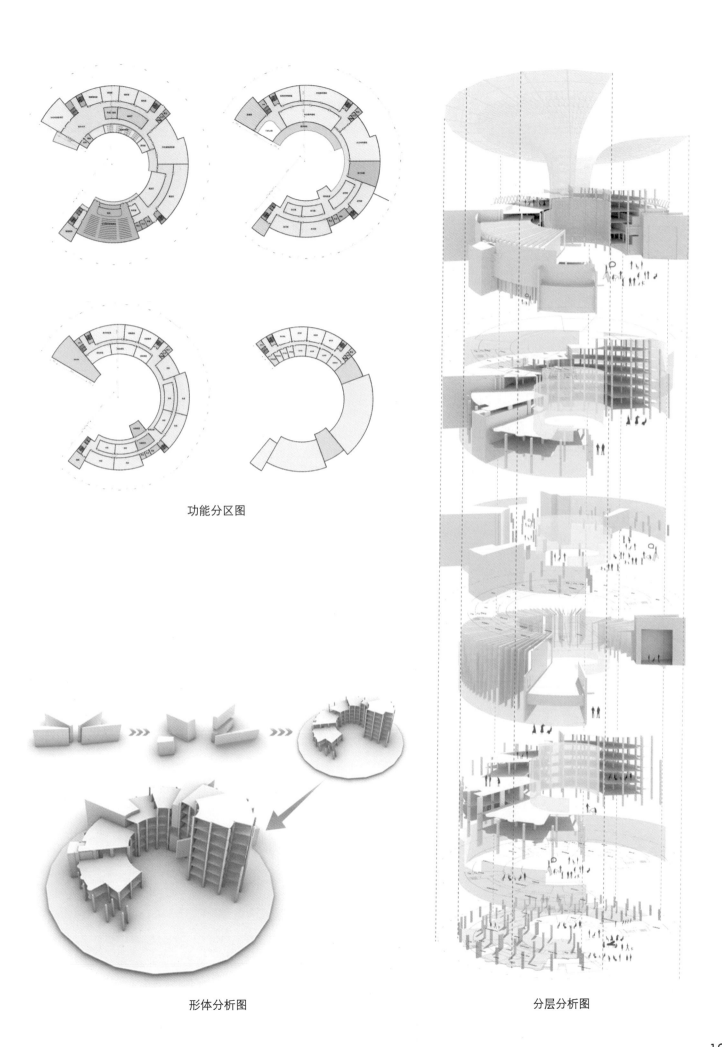

功能分区图

形体分析图

分层分析图

立面图1

立面图2

效果图1

效果图2

效果图3

剖面图1

效果图4

剖面图2

高校图书馆的空间功能拓展与设计研究
Research on Space Function Expansion and Design of University Library

校园"发生器":泉州信息工程学院图书馆空间改造设计
Campus "Generator": Space Reconstruction Design of Quanzhou University of Information Engineering Library

四川美术学院
梁倩
Sichuan Fine Arts Institute
Liang Qian

姓　名：梁倩 硕士研究生三年级
导　师：赵宇 教授
学　校：四川美术学院建筑与环境
　　　　艺术学院
专　业：环境设计
学　号：2018120169
备　注：1. 论文　2. 设计

高校图书馆的空间功能拓展与设计研究
Research on Space Function Expansion and Design of University Library

摘要：信息时代的到来，悄无声息地转变着我们的日常工作和生活的方式，信息的传递不再只依靠纸质媒介，互联网、高科技的运用使我们能快速、便捷地获取大量的信息知识。在时代发展的背景下，高校图书馆作为大学校园里信息储存、发散的集中地，为适应师生不同的使用行为，其空间的功能及特征也在逐渐发生转变。当今高校主张自主、研究、协作的多元学习方式，注重培养学生的自我意识和合作意识。高校图书馆需要充分实现新的学习理念，促使功能空间类型的转变、空间固有界面的模糊以及功能层级关系的重构等。本文以高校图书馆的空间功能作为研究对象，通过梳理高校图书馆的发展脉络，总结高校图书馆目前现存问题，比较分析高校图书馆的设计实践案例，去探索高校图书馆空间功能的拓展策略。

关键词：高校图书馆；空间功能；拓展；校园"发生器"

Abstract: With the advent of high-tech media, we can no longer rely on the rapid transfer of information in our daily life. In the context of the development of the times, the university library, as the concentration of information storage and divergence in the university campus, in order to adapt to the different use behavior of teachers and students, its space function and characteristics are gradually changing. Today's colleges and universities advocate the cultivation of students' awareness of self-study and cooperation. University library needs to fully realize the new learning concept, promote the transformation of the type of functional space, the fuzziness of the inherent interface of space and the reconstruction of the functional hierarchy. This paper takes the space function of university library as the research object, through combing the development context of university library, summarizes the existing problems of university library, compares and analyzes the design practice cases of university library, and explores the expansion strategy of space function of university library.

Keywords: University library; Space function; Expansion; Campus "generator"

第1章 绪论

1.1 课题研究背景

大学图书馆是大学校园的标志和象征，代表着大学和社会的文化前沿，也是学科交叉、学生交流的场所。随着大学图书馆管理方式由闭架管理转向开架管理，以及向信息化、开放化、人性化、个性化、智能化的不断迈进，如今的大学图书馆的空间模式已经发生了巨大的转变。

当下高校的教育理念也是影响图书馆空间功能变化的主要原因。当今高校主张自主、研究、协作的多元学习方式，注重培养学生的自我意识和合作意识。高校图书馆作为校园中一种师生学习工作的场所，需要充分实现新的学习理念，促使功能空间类型的转变、空间固有界面的模糊以及功能层级关系的重构等。

信息技术的进步和学习模式的多元对作为信息资源中心的高校图书馆从功能、空间、服务等方面带来了较大的冲击，高校图书馆不再是单一的藏阅空间，而是需要为读者提供自主学习、研究学习和协作学习的场所。许多早期建成的高等院校图书馆，其空间和结构与目前的使用需求不相适应。众多高校图书馆内部空间暴露出藏书空间过多、功能空间相对单一、空间环境单一、灵活性较差、适用性较差、体验性不佳等问题，且早期高校图书馆自身的功能内容也不能满足现今使用者的新的功能需求，所以在原有建筑中实施空间改造及功能拓展成为高校图书馆更新建设的重要思路。

1.2 研究目的、意义和方法

1.2.1 研究目的及意义

研究目的：本次课题项目是为了探讨未来高校图书馆空间功能拓展发展的实验项目。笔者通过对当代高校图书馆功能演变与设计的研究，结合建筑学与环境行为学理论的最新研究，提出未来适合人们精神文化生活需求的高校图书馆功能空间设计的方法，让更多的人能认识到高校图书馆建筑功能空间所面临的严峻挑战并做出相应的应对策略。

研究意义：本课题基于对实例的研究，提出设计的相关方法，属于应用型设计研究论文。以高校图书馆为研究主体，通过空间功能拓展以及校园公共空间整合延伸的研究，完善高校图书馆空间功能更新理论与方法，提出功能拓展策略及方法，形成新的设计理念。

1.2.2 研究方法

论文主要运用以下三种研究方法：

1. 类比归纳研究法

本文从高校图书馆空间功能拓展设计研究出发，借鉴国内外优秀高校图书馆案例的观念与经验，结合泉州信息工程学院图书馆更新改造设计课题，研究并形成一套高校图书馆空间功能拓展的原则与方法。

2. 文献研究法

笔者通过对万方数据库和中国知网相关文献资料和理论著作进行分析研究，以及对相关建筑网站和网络博文的认真阅览，捕捉国内外关于图书馆空间建设的相关动态，为本文的写作储备和筛选了丰富的理论和素材，通过参考大量文献，对图书馆新功能空间有了一个细致的把握，使得功能优化理论的提出具有理论基础。

3. 案例分析法

通过对国内外具有代表性的案例进行收集，举例论证所研究的问题，理论结合实际，更具有说服性。

1.3 相关研究现状

对于高校图书馆的研究主要分为两部分。一是对图书馆职能的重新定位，认为转型中的高校图书馆不但是作为储藏书籍的地方，而且是承载师生间、学生间学习与交流行为的场所。二是将重点放在信息技术的发展带来的相关服务变化方面，且大部分都集中在高校图书馆对信息技术和协作学习方式回应而产生的新型学习空间，即信息共享空间和学习共享空间，以实现读者间的信息共享和信息交流。

综观国内外相关研究，尚没有专门系统的高校图书馆空间功能拓展理论研究，但国内外在图书馆改扩建上都有大量优秀创作实例。

重要文献综述：

1. 孙澄等著《走向未来的大学图书馆与文教建筑》

1999年至2010年间举行了四届海峡两岸建筑界、图书馆界的学术研讨会。选题和内容十分广泛，涉及图书馆建筑学的各个方面，并向纵深发展，形成关于图书馆建筑设计及技术课题的较为系统的论文集。

2. 姜辉等著《大学校园群体》

《大学校园群体》是"城市建筑"系列丛书的一部分，从"群体"和"形态"两个角度出发，结合国内外大学的优秀案例，讨论了大学校园群体设计的要点和特性。其中一章讨论了大学校园中图书馆建筑的开放性特征，主要包括两个方面：外部空间的开放性和内部空间的开放性，分析了模数式图书馆在空间布局中的灵活性和自由性，对图书馆在校园中的区域位置和形态特点做出了分类阐释。

3. 1994年，由清华大学周逸湖、宋泽方两位教授编著的《高等学校建筑、规划与环境设计》一书，是我国对于大学校园规划设计进行研究的早期专著，其中部分内容涉及校园更新的问题。

4. 20世纪80年代至90年代，关肇邺先生于《建筑学报》先后发表了《尊重历史、尊重环境、为今人服务、为先贤增辉》《重要的是得体，不是豪华与新奇》《百年书城一系文脉》等文章，阐述了在高校图书馆更新中，尊重历史、尊重环境、体现时代精神的主旨观念，主张建筑要符合功能和性质，不盲目追求豪华新奇。

近年来，我国高校图书馆更新设计也越来越多见于学术刊物中。如吴杰的《建筑之"间"——同济大学图书馆改建实录》与《同济大学图书馆改建》；曹涵促的《北大赋予更新改造的旧建筑以新的生命——北京大学图书馆旧馆改造》；包莹的《新旧融合，重塑活力——浅析北京工业大学图书馆改扩建方案设计》；陈识丰的《旧与新——中国地质大学图书馆改扩建设计》；王绍森的《厦门大学图书馆二期扩建设计》等，从不同视角对相关高校图书馆改扩建项目进行了实践研究。

1.4 研究框架

本文主要分为四大章节。全文逻辑框架如图1所示。

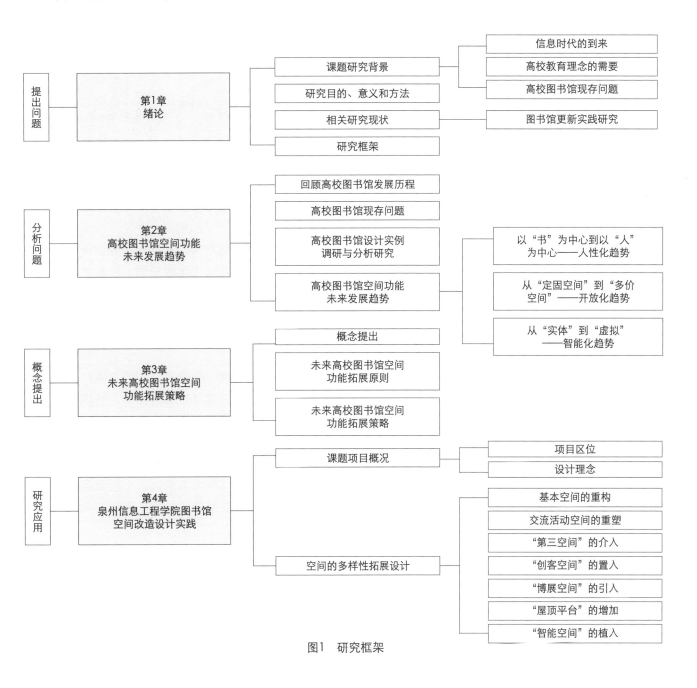

图1 研究框架

第2章 高校图书馆空间功能未来发展趋势

2.1 回顾高校图书馆发展历程

"建筑是形式又是实体,是抽象的和具体的,其意义来自内部特点及其特定的背景",正如罗伯特·文丘里 (Robert Venturi)所说,建筑是复杂和矛盾的统一,而建筑的意义和功能是受所处时代背景影响的。对于建筑师而言,就是在多种需求和因素的复杂矛盾中寻求对立统一。当今建筑理念倡导"人性化"和"个性化",高校图书馆空间功能的设计也会受这两个因素的影响。

高校图书馆的空间模式从单一空间发展为当今的多元复合空间,空间更加复杂化;建筑功能由最初单一的存储资料功能发展为多种功能并存的综合性文化建筑。纵观图书馆的发展历史,科技的进步带动了图书馆的发展,当下信息时代背景下阅览介质的多元化也会对图书馆空间模式带来改变。

随着科学技术的不断发展，大学图书馆经历了由开架到闭架，再由闭架到开架的两次大变革后，在技术迅速发展的今天，正酝酿着第三次变革（图2）。

第一次变革：由开架到闭架，出现了转、借、阅分开，空间功能固定的图书馆。

第二次变革：由闭架转为开架，由单一制转为分部制。传统的设计手法被摒弃，出现了藏、阅空间再次合一的"模数式"图书馆。

处于第三次变革的现代化大学图书馆，随着视听教育、电子计算机、缩微技术的发展，大学图书馆出现了崭新的面貌。图书馆已成为收藏各种形式知识载体和通过这些知识媒介来传播的场所，从而改变了其单独贮藏书刊和通过书刊传播知识的传统概念。

与其他类型图书馆相比，高校图书馆主要为教学、科研服务，与读者的学习模式有着密切联系。在当今社会，信息技术在图书馆中的渗透和融合，实现了读者实时查询并获取信息的需求，同时给读者带来新的阅览方式。并且随着对协作学习模式的重视，高校图书馆也是学术交流的前沿地。高校图书馆不再是只提供藏书和阅览功能的空间，而是一个多元的学术服务机构，除了提供纸质文献、数字文献和阅览空间外，还为读者提供研讨交流、举办讲座、展览报告等功能场所，营造出阅读、学习、交流与互动的环境氛围，空间功能综合性特征体现得较为明显。高校图书馆逐渐成为一个新型的"多元学习中心"和"信息媒体中心"。

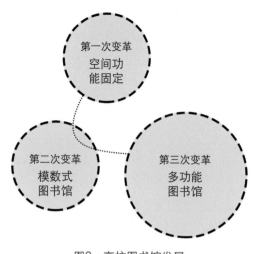

图2　高校图书馆发展

2.2　高校图书馆现存问题

信息技术的进步和学习模式的多元对作为信息资源中心的高校图书馆从功能、空间、服务等方面带来了较大的冲击，高校图书馆不再是单一的藏阅空间，而是需要为读者提供自主学习、研究学习和协作学习的场所。国内现有的大部分高校图书馆不能满足读者多元的学习需求，具体表现在藏书空间过多、功能空间单一、空间环境单一等方面。

1．藏书空间占比过多

由于线上资源的发展，使得读者可以在任意时间、地点通过网络下载电子信息资源，读者不用去查阅纸质文献，甚至不用亲自到馆就能获取所需的相关知识与信息，这使得图书馆的纸质书籍的使用率大幅度降低，相应的藏书空间利用率较低，功能空间造成一定的浪费。

2．功能空间较为单一

在大多高校图书馆中，提供给读者学习的空间主要是阅览空间。但从当代高校教育模式来看，学生的学习行为呈现出多样性的特点，高校图书馆单一的学习空间限制了读者交流讨论的行为发生。为适应读者需求，应增加读者进行个人研究学习、团体研讨学习的空间，以及多媒体视听室，使读者在高校图书馆中不仅能实现与知识、信息间进行交流与沟通，还能实现与其他读者间进行交流与沟通，为读者提供多元、自由、开放的学习环境。

3．空间环境相对单一

现有的大部分高校中，藏书空间通常是并列排布的书架，阅览空间同样是规则排列的正式阅览桌椅，不同的功能空间，其环境没有差异性，大多是相同的色彩和装饰，空间环境易使读者产生学习单调、枯燥的心理感受。随着社会生活水平的提高，读者不仅对物质空间有要求，还会对精神层面有追求。因此在设计时，还需营造空间的文化氛围，能够感受到高校自身的人文精神，使读者在空间中获得认同感和归属感。

2.3　高校图书馆设计实例调研与案例分析研究

2.3.1　四川美术学院逸夫图书馆实地调研

四川美术学院逸夫图书馆总建筑面积约14681平方米，设计构思来自于重庆本土的砖窑、粮仓等类工业建筑，形式简洁、空间均一。建筑垂直于梯田等高线，沿正南北方向布置，与校区保留的田地、鱼塘等农业景观结合，创造出一种田园牧歌式的意境，表达了对历史和场地的敬畏和尊重。

图书馆二层、三层和四层是供读者使用的空间，二层主要是借还书、电子阅览空间，三层和四层主要为藏阅并置模式的学习空间，内部空间层次清晰，学习空间中间为交通空间，两侧为书库空间，最外面为阅览空间。其

| 图书馆入口 | 图书馆露天平台 | 图书馆自习空间 | 图书馆过道 |

图3　四川美术学院图书馆空间现状

中，交通空间较为宽敞，还布置有阅览空间，相比前者受干扰程度较大。在学习区域内，还设有阳台、露台等空间供读者休闲、讨论、交流、诵读等（图3）。

图书馆内部材质天然统一，墙面的清水混凝土、梯间轻盈的木材和连接室内外通透的玻璃，展现出了不一样的对比效果，从古朴中涌现出的后现代主义精神与校园整体环境氛围相得益彰。室内阅览座席大部分为对窗座位，自然光充足，景观视野较好，由于书架将独立座席与交通空间分隔开，受干扰程度较低。但其家具整体造型较为单一，少有变化，缺少趣味性。

整体来说，学习空间体现了多元性、复合性与开放性的空间特征，并且融合了环境对读者的感染作用，具有四川美院特有的场所精神。但是这样环境优美的图书馆，师生的使用频率依旧不是很高，除了查阅文献和考研期间的学习需求，师生不会把图书馆作为工作学习的第一场所。

从实地观察发现，查阅纸质资料的读者在选到中意的书籍后，会选择靠近交通空间的阅览空间进行阅览，而两侧的阅览空间读者通常是进行自习。可见，功能空间的多样性为各种读者行为提供了合适的场所。

从行为数据统计表可看出，读者主要是看书、写作业、交流讨论，以及查阅文献；当需要长时间的交流讨论和诵读时，读者会到阳台区域以避免干扰他人；在学习工作间隙，读者会看风景、玩手机、在座位上小声与同伴说话等。从人群分布来看，靠窗的阅览空间明显比靠近走道的阅览空间受欢迎，通过对比分析得出，主要是后者自然光线不充足、受来往读者的影响较大的原因（表1）。

四川美术学院图书馆二层学习空间读者行为观察表（单位：人）　　　　　　　　　　　　　　　　表 1

行为＼时间	14:30	14:50	15:10	15:30	15:50	16:10	16:30
看书/写作业	14	16	32	31	35	40	40
小声背诵	0	1	1	0	0	0	0
交流讨论	6	4	2	7	4	2	0
查阅文献	2	0	0	0	3	4	2
睡觉	1	2	1	0	0	0	0
观景发呆	0	0	0	0	1	0	0
使用手机	3	1	0	1	3	0	3
使用电脑	2	4	2	0	3	3	5

2.3.2　国外案例分析

1. 加拿大瑞尔斯学习中心大楼

近年来国外新建了不少体现学习行为和需求多元化的高校图书馆。由Snøhetta和Zeidler Partnership Architects合作设计的瑞尔斯学习中心大楼[Student Learning Centre (SLC)]，其灵感来源于古希腊的拱廊和露天集市的聚会空间。基于"没有书的图书馆"这一理念，建筑师设计出一系列空间，既适合自习，也适合团体互动交流。最

图4　加拿大瑞尔斯大学学习中心大楼（图片来源：https://www.gooood.cn/）

重要的是，它鼓励学生创造属于他们自己的空间。作为一个信息时代的图书馆，SLC也鼓励学生与周围的现实环境发生互动。自开放使用至今，每天早上7点到凌晨1点，这座新的颇受欢迎的校园地标一直是各种学生活动的发生地（图4）。

2．瑞士洛桑联邦理工大学劳力士学习中心

由日本著名建筑设计师妹岛和世与西则立卫合作设计的瑞士洛桑联邦理工大学劳力士学习中心，内部空间自由、灵活，没有明确的空间界限，开放的大空间内包含了阅览空间、交流空间、集会空间以及藏书空间等主要空间，各功能空间通过天井组织，并采用缓坡、阶梯、廊道等联系在一起，形成一个多元学习的综合体（图5）。

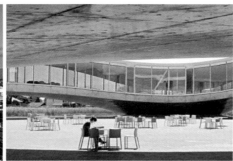

图5　瑞士洛桑联邦理工大学劳力士学习中心（图片来源：http://www.360doc.com/）

在劳力士学习中心的空间营造中，建筑师突破传统图书馆建筑垂直分区式的空间组合方式，利用建筑两层富有动态的混凝土楼板，营造出一个多元水平延展化的全面空间，然后根据空间属性布局各功能空间，形成了同层空间的丰富形态，并且强化了空间的共享交流互动性。

建筑起伏的楼板和屋顶创造富有动感的形态，营造了充满生机与活力的空间氛围。柔和的建筑轮廓与远处的山坡和湖面景观互动交融。建筑室内外空间之间利用通透的玻璃分隔，形成内外空间之间的缓和过渡与渗透呼应。

功能空间设计打破传统，运用为读者提供学习和休闲生活场所的空间分区模式，采用全新的自由、流动式空间的设计强化了建筑室内外空间之间的联系，也促进了空间中人与人之间的交流，同时起伏的楼板、通透的玻璃窗使得建筑空间体验与优美的当地自然风景融合为一。

2.4　高校图书馆空间功能未来发展趋势

2.4.1　以"书"为中心到以"人"为中心——人性化趋势

对于年轻人来说，印象中的图书馆有两种：第一种是摆放着连排的书架，散发着发霉的纸张味的书籍"墓地"，恨不得随手一拿就是一本绝版古董。第二种是大考前的剑拔弩张，不管是学渣还是学霸都一窝蜂地"往里冲"的大空间。一个它端庄肃穆，向往昔致敬却层层落灰；一个它宽大包容，但跟书本好像没什么关系。反而是那些商业中心里熙熙攘攘的文艺书店，成了前卫杂糅的新阅读胜地。究其原因，是因为新信息媒介的入侵。带咖啡厅的书店、电子书和各种阅读App，逐渐成功占据阅读工具排行榜的前列。传统纸质图书馆正在失去它的地位，甚至已经产生了衰落的趋势。首先必须承认的是，人们不再需要到特定的图书馆去获取知识了。这就带来了思考，图书馆是书的容器，还是人的容器？其结果一定是后者。

在中国古代图书馆管理思想中，一个重要的特点就是十分重视人的因素。从20世纪80年代改革开放至今，图书馆以人为本的思想越来越受到图书馆人的关注，在图书馆理论与实践中，体现以人为本的思想，在"读者第一"的服务宗旨下，满足人的需要，实现人的价值，追求人的发展，体现人文关怀，创造美与和谐，已经成为图书馆以人为本思想的重要内容。未来的人性化趋势关注的更多的是人的行为与体验。

读者的行为方式是推动图书馆空间功能改变的动力。处于网络时代的人们都能感受现代技术给人类带来的变化，生活、工作、学习都因网络的发展而发生了翻天覆地的变化。网购、淘宝改变了人们的生活方式，办公自动化改变了人们的工作方式，Google、Ama-aon改变了人们的学习方式，这是毋庸置疑的。当读者需要查找资料时，首先想到的不是图书馆，而是百度、Google时，他们对大学图书馆的认识也逐渐淡薄。有人对现代大学生获取信息的行为进行调查，发现现代大学生有76.5%的学生每天上网超过一个小时，而且利用网络学习、娱乐、生活是普遍现象。利用搜索引擎和专业网站获取知识的比例占57.9%，而利用图书馆提供的专业资源仅占20.4%。由此可知，大学生对于知识的需求已经不依赖图书馆或者说他们已经不习惯利用图书馆来获取信息和知识了。他们到图书馆来的目的也不再是借阅图书、查阅报刊等单纯地寻求知识或资源了。所以图书馆不能再以提供资源为己任，图书馆空间功能必须随读者的行为而改变。

2.4.2　从"固定空间"到"多价空间"——开放化趋势

吴建中先生在《图书馆杂志》2016年第6期专稿文章《走向当代图书馆》中罗列了当代图书馆的五个特征：注重人的需求、注重可接近性、注重开放性、注重生态环境、注重资源融合。笔者认为未来高校图书馆空间功能的开放化趋势包含了其中三点的内容：注重开放化、注重生态环境、注重资源融合都是在设计过程中必须认真考虑的三个因素。

知识必须流动起来才能更加充分地实现其价值。在近现代图书馆发展过程中所经历的从闭架空间模式到开架阅读模式的转变已经在暗示图书馆开放性的功能空间需求。当代高校图书馆需要以开放式空间来吸引读者，拥抱读者。纵观古今，高校图书馆一直在以越来越开放的功能空间来服务读者，应对时代需求。

古罗马哲学家西塞罗有一句非常经典的名言："若图书馆有花园相伴，我别无所求。"这句名言强调的就是图书馆的环境营造，当代高校图书馆除了需要在建筑内部提供健康、舒适、高效的读者使用空间之外，还需要重视外部景观的设计以及建筑与环境的关系，做到建筑与周边环境和谐相处，践行"生态图书馆"建筑理念。

当代图书馆除了需要继续推进优化传统文献资源，还需要拓展新的资源，提供新的功能空间服务。而在国外，十多年前已经开始探索图书馆的个性化、创意化功能空间，有了"主题图书馆""创客空间""城市办公室""概念店"等创新型功能空间。

2.4.3　从"实体"到"虚拟"——智能化趋势

以数字化为前导的计算机、网络通信技术发展一日千里，令人目不暇接。数字化正引导着自人类有史以来一场最为广泛而深刻的技术革命，网络已深深融入日常工作和生活的方方面面。伴随着数字化和网络化大潮的推进，作为知识的殿堂——传统高校图书馆正面临着一次全方位的技术革新，一个集信息储藏、加工、交互与传播于一体的崭新载体——数字图书馆，正脱颖而出。未来图书馆中的纸质书籍文献将会被储藏到专门的档案空间中，取而代之，提供文化服务功能或许将是专门提供自由交流、学习、休闲、活动空间的"无书"图书馆的未来。

当前，有些高校图书馆已经走在了数字化建设的前沿，已经建立了较为完善的信息基础设施，包括原有馆舍的新建、改扩建，初步实现了自动化办公、计算机信息检索、计算机多媒体应用等数字化建设。但是在数字技术不断发展的过程中，高校图书馆的内涵在不断延伸，计算机及网络技术的应用不断地深入，这就决定了高校图书馆要有发展的过程性和功能的兼容性等特点，最终完成高校图书馆的数字化改造，跨入数字化时代。

第3章　未来高校图书馆空间功能拓展策略

3.1　概念提出——校园"发生器"

未来的图书馆，能否摘掉"知识殿堂"的标签，化身成城市中美好事物的"发生器"？设计不需要总是试图去创造一个全新的可能性，想象力可以被已有的经验所触发。除了"阅读"这个固有标签外，图书馆还能为师生带来什么？它能不能成为校园中的新角色，并且是被人们迫切需要的角色？一个知识获取与输出的源头、一个使师生成为创造者的基地、一个展示与接待的场所。

罗永禄副研究馆员有一篇题为《从未来图书馆是什么 看未来图书馆的功能》的报告，首先，他认为未来图书馆既是实体图书馆又是智慧图书馆，既是知识中心、学习中心、交流中心，也是创新中心。一方面，图书馆作为交流场所、文化机构的实体空间特征不会改变，但与此同时，未来图书馆将会成为智慧图书馆，表现为图书馆对读者的感知将更加立体，互联互通将更加广泛、更加智能，图书馆之间和内部的协同将更加高效等特征。

与此相适应，他认为未来图书馆将会继续拓展以下方面的功能：（1）知识服务功能，包括文献采集、收藏和开发利用功能，以及无线网络和有线网络互联功能；（2）信息整合功能，包括信息系统的整合功能和信息资源的整合功能；（3）教育休闲功能；（4）社区服务功能，除了传统的借阅、参考咨询等服务，还会提供职业培训场所、法律咨询、为学生完成作业提供教室、为学前儿童提供托儿服务、举办艺术品展览、开办小型超市、举办读写创意节、建设"概念店"网站等新型服务；（5）创新辅助功能等。以上这些都是图书馆已经在履行的基本功能，但其具体内容和形式将会在未来得到扩充和不断创新。

笔者基于以上的观点，延伸出校园"发生器"这一概念。它是集学习、娱乐为一体的校园综合体，"校园发生器"展示了校园中形态有趣、边界丰富的公共空间叠加起来的空间状态，它可以容纳学生对于校园生活的所有向往，代表的是一种开放、丰富且自由的学习生活状态。

3.2 未来高校图书馆空间功能拓展原则

3.2.1 整体适应性原则

整体适应性原则是指在保留旧建筑特色的前提下，使原建筑适应新时代下各种职能要求，从而达到延长建筑使用寿命、实现图书馆更新改造的目的。

首先，高校既有图书馆建筑本身由于时代久远，不能够适应新时代的发展需求。在更新设计中，应以积极的态度响应最新的时代需求，满足使用者所需的新职能，纳入提升图书馆效率的新技术，即对时代新功能、新需求的适应性。其次，新功能介入时的空间设计应遵从旧建筑内部既有空间的布局规律，尽量争取更高的旧馆空间利用率，即对原有空间结构、空间组织规律、空间尺度的适应性。最后，图书馆更新设计要在充分调研原有建筑特征的基础上，进行技术可能性分析，遵从原有受力特征，针对原有结构体系进行适度的更新设计，避免超出原技术条件下的结构承载能力，即对原有技术条件、结构设备条件的适应性。

3.2.2 环境协调原则

图书馆是整个校园环境的重要组成部分，图书馆的改扩建要注意与校园周边环境的统一，从而保持校园整体风格的一致。图书馆在改造设计时应考虑建筑的生态、可持续等因素的结合。使老建筑更新后仍然可以融合进整体的校园气氛当中。评价较高的图书馆一般具有良好的硬件配套和软实力。良好的硬件配套是指图书馆具有宜人的室内室外环境，室外环境主要是指图书馆周边的植物景观，通过植物配置创造一个宜人的环境；室内环境主要是指图书馆的室内设计、色彩搭配以及各种室内设施。良好的室内室外环境会提高读者的使用体验，为读者带来美好的享受。

图书馆在改扩建过程中要考虑到原有建筑的设计理念、形式等的保留与传承，一方面可以延续建筑所传承的历史信息；另一方面，在更新过程中的新技术、新材质等要注意与原有建筑的协调与统一。

3.2.3 行为适应性原则

图书馆更新设计应深入研究图书馆使用者以及图书馆工作人员对图书馆的使用和舒适性所产生的新的需求，针对新的需求置入新的功能，从行为需求出发，遵从行为适应性原则，尽可能地满足高校师生对图书馆新功能的需求，为使用者以及图书馆工作人员带来更好的体验。

3.3 未来高校图书馆的空间拓展策略

3.3.1 构建人性化特色空间

未来高校图书馆需要引入"生态友好"的空间设计理念，保障图书馆与大自然的和谐关系，能够实现人与自然的友好交流。在图书馆空间设计方面充分发挥想象力，加入新元素，构建人性化特色空间，以培养用户的创造能力，为用户提供轻松自由的阅读环境，消除读者阅读过程中存在的疲劳感，着力打造具有审美特征与艺术气息的高校图书馆空间。

在人性化特色空间中设置领域性较强的空间，如个人研究室、团体研讨室等。这种封闭型空间能够保证读者行为的私密性，不受外界环境的干扰，也保证自身行为不影响他人。同时可以设置全开放的活动空间，如报告厅、露天影院、屋顶平台等，这种开放型空间能增加图书馆对读者的吸引力，激发图书馆的活力。

3.3.2 构建数字化智能空间

高校图书馆学习空间的数字化，主要是通过信息技术与建筑实体空间紧密结合实现的。数字技术和电子设备的广泛应用，使各种智能电子终端转化为服务主体，读者可以通过有网络覆盖的任何地方获取馆藏电子资源，增加了图书馆新的维度。这种改变使高校图书馆学习空间功能发生转型、整体空间结构发生变化，主要体现在空间组织、空间界面等方面。另外，运用数字技术还能创造出富有动态、流动的空间形式。因此，高校图书馆学习空间需考虑到信息技术对其产生的影响，并通过合理的空间设计来引导各类积极行为的发生，才能使高校图书馆的功能与空间更好地适应时代变化。

实现高校图书馆学习空间的智能化必然需要大量的新型智能电子终端，因此设计中，应充分考虑这变化，并与其他专业紧密配合，满足智能化设备对设备空间的需求，为读者提供优质的服务。最终，高校图书馆成为一个提供给读者便捷、舒适的学习工作环境的场所。

3.3.3 构建多维度使用空间

美国建筑师伊利尔·沙利说过："空间——最终还是人类给自身创造并在其中生活的那种艺术环境。"图书馆空间是读者赖以学习、探索的空间，所以图书馆的空间功能一定要从读者需求出发。现今读者对图书馆的需求已经从有明确目标的寻求资源到现在的可有可无，这是对图书馆功能的极大挑战。现在的读者需求是隐性需求大于显形需求，很多读者并不知道自己需要到图书馆做什么，也不知道图书馆能做什么。所以图书馆在规划空间功能前，一定要深度挖掘读者的隐性需求，例如学生需要什么样的学习环境？现在大学生怎样学习？教授的教学模式、学术传播的渠道等具有怎样的特点？从多种方面了解各类读者需求，创造适应教学、学习模式的图书馆空间功能。所以图书馆的空间功能不是一成不变的，要具备可拓展性。要能够在技术发展、读者需求改变时，预测未来新的空间需求，做到可扩充、可调整。

构建多维度使用空间，增加空间功能的多元使用方式，丰富读者在图书馆的行为活动，使"发生器"这一概念得到充分诠释。

第4章　泉州信息工程学院图书馆空间改造设计实践

4.1　项目概况

4.1.1　项目区位

泉州信息工程学院地处国家首批历史文化名城、东亚文化之都、海上丝绸之路起点——泉州市市区，与中国闽台缘博物馆、泉州博物馆、西湖公园相隔咫尺。学校建设园林式校园，四季飘香，开窗即景，古树名木随处可见，校园绿化率达70%以上，是"泉州市最美单位庭院绿化"。

学校的图书馆位于学校的中部位置，北面是实验办公综合楼、教学科研综合楼；南面为研发办公楼；西侧是校园操场；东侧是学生宿舍楼。其所处的地理位置极大地方便了师生的学习与生活（图6）。

4.1.2　图书馆周围道路及景观节点分析

通往图书馆的入口有3个，主要入口为图书馆的正门，师生从教学区域进入图书馆，路经一段上坡路，周边景观环境视线良好；另外两个入口由学生宿舍到达图书馆，学生需要爬一段小山路到达目的地。

图书馆周围的景观节点主要位于主道路两侧，图书馆周围皆是绿化覆盖；师生在去图书馆的路途中可以欣赏到十分优美的景观（图7）。

4.1.3　图书馆概况及内部功能空间布局分析

泉州信息工程学院图书馆建于2002年，现有馆舍建筑面积近1.79万平方米，普通阅览室座位1475位，多媒体电子阅览室拥有250台电脑终端供读者访问图书馆资源和网络资源。图书馆采用"全开放、大流通、藏借阅合一"的管理模式。

图书馆一层空间主要为阅览、借阅功能；二层空间增设了自习室和休闲区；三层空间扩大了休闲区域，还有一个露天观景平台；四层空间以自习和藏书为主。

就目前每层的功能空间来看，自习室、研讨室等个性化阅读空间的布置数量及面积偏少，不能很好地满足师生的多样化需求。

图6　泉州信息工程学院图书馆区位图

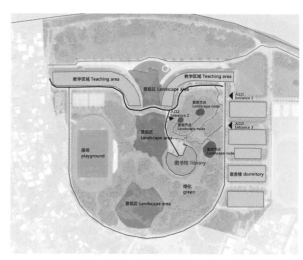

图7　图书馆周围道路及景观节点分析图

4.1.4　现状问题总结

总体来说，泉州信息工程学院图书馆存在问题主要有三点（图8、图9）：

1. 交通通达性不佳

三个入口不论是选择哪一个，师生到达的舒适度都不是最佳的，道路的坡度使人行走得吃力，弯曲的山路使路经变得不是那么快捷，这样势必会出现师生对于图书馆的使用率降低。

2. 景观与建筑界限鲜明

从现场的鸟瞰图可以看到，建筑圆形的边线与周围的地形景观形成了较鲜明的界限。景观和建筑的互动关系变得薄弱，人和景观的环境也随之变弱。

3. 建筑功能单一

泉州信息工程学院图书馆主要有书籍阅览、休闲阅读、户外观景三大功能。在互联网、数字化高速发展的时代，结合高校当下的教育理念，它的功能显得十分单一。

图8　现状照片（图片来源：http://www.qziedu.cn/）

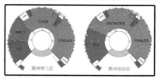

交通通达性不佳　　　　　　　　　景观与建筑界限鲜明　　　　　　　　　建筑功能单一

图9　现状问题分析

4.2 设计理念

本文在研究泉州信息工程学院图书馆的项目设计过程中，主要侧重于遵循读者的基本使用及活动流程、路线、心理等层面的要求来展开空间环境的塑造。在对读者空间进行设计时，创造舒适宜人、开放与私密共存、路径便捷的信息服务、阅览与交往空间，体现出人性化的服务构建、多元化的功能组织、共享化的资源传输是正确引导读者各种行为模式的基本出发点。如何让泉州信息工程学院图书馆成为一个校园综合体，成为学校的核心信息空间，是本文在设计中所追求的本质目标。

4.3 建筑空间功能与形式

为了能在建筑空间体验里将"发生器"这一理念充分体现，不得不思考建筑改造的外观形式和空间功能之间的关系。传统图书馆的模式在功能上更多的是满足知识的获取，而校园"发生器"的模式除了信息的获取、交流和分享以外，还更需要满足师生丰富的校园生活的体验。泉州信息工程学院图书馆原本的建筑空间和户外良好的景观资源还没建立一个深度的互动关系，所以笔者从学生的多样的行为需求和良好的户外景观资源出发，希望在新的改造空间中形成建筑与景观的丰富的过渡空间。图书馆和户外的活动不是分开的，而是一个整体，可以从图书馆内部自由进入户外空间，或者让体验者在不知不觉中进入并使用图书馆。而新改造的建筑的形式，笔者从"发生器"产生联想，放射状、不规则的形态能直观传递出新的校园图书馆的活力指数。故从第二层开始向外扩充平台，形成开放的、半开放的、封闭的空间，形成虚实结合、错落有致、丰富有趣的空间关系。

4.4 空间的多样性拓展设计

4.4.1 基本空间的重构

高校图书馆的基本空间有业务空间、设备空间、书库空间、阅览空间和自助服务空间。本次泉州信息工程学院图书馆改造设计首先将其基本空间进行重新规划，使其更适合师生的行为需求。业务空间、设备空间在原有基础上尽量不做大的变动，适当减少书库空间，增加阅览空间的类型和趣味性，提高自主服务空间的人性化。

4.4.2 交流活动空间的重塑

交流活动空间伴随着图书馆服务模式的"人本位"理念应运而生。在崇尚开放式、自由化交流学习的当代，多样化空间的开放式设计是时代要求。目前，泉信图书馆中交流活动的空间十分有限，且已有交流空间的使用频率不高，师生使用评价不高。对新的交流活动空间的塑造，在环境布置上，选用沙发、休闲桌椅等组合式家具，适当摆放一些书画、花卉、工艺品等，营造一个良好舒适的氛围，让师生可以有全新的优质阅读体验。甚至场地允许的话，还可以设置桌游室、棋牌室等场所，虽然看起来似乎与阅读无关，但是师生们在长时间的阅读思考之后也需要进行身体和思想上的放松调整，而且这些活动也能够锻炼学生们的思维能力、反应能力和交际能力等等。

4.4.3 "第三空间"的介入

高校图书馆功能组织与空间设计中引入"第三空间"是时代需求，符合图书馆功能空间发展的可持续性。开放性的"第三空间"能为读者提供有别于家庭、职场的更加平等、自由以及开放的休闲交流场所，让读者的身心得到彻底放松，同时"第三空间"的引入能够迎合"以知识交流为中心，由书本位向人本位转变"的当代图书馆功能服务理念。此外，"第三空间"的引入可以让读者自由安排功能置入，让读者参与到图书馆的功能设计与空间组织中。"第三空间"可以为读者创造像家园般温馨，同时能获取知识的文化场所。"第三空间"是读者可以放松自我的无拘无束的空间。在这个空间里，读者可以放下来自家庭的羁绊和来自职场的压力，可以根据自身的真正需求进行自由的交流、自在的学习以及其他休闲娱乐行为，即所谓的"最佳场所"。

本次设计根据读者需求提供了咖啡厅、书店、餐厅、冥想空间、健身馆等"第三空间"，相信随着师生的使用，未来高校图书馆将会衍生出更多"第三空间"。

4.4.4 "创客空间"的引入

新时代，高校图书馆不仅是师生的"校园书房""校园客厅"，同时扮演着"创作学习工作室"的职能，为读者提供创作场所。最近几年国外高校图书馆"创客空间"的引入，进一步拓展了这一职能。高校图书馆引入"创客空间"可以为一群科技、文化、艺术爱好者提供创作场所，激发他们的灵感，同时也能提升图书馆的资源利用率。泉州信息工程学院的建筑功能拓展方案将建筑的一、二层作为创客空间的主要功能层，将原有的一层空间墙体打通之后，形成了信息集散中心；二层形成了一些小型空间，作为师生创作、创业、创意的空间，为图书馆增添了不少活力。

4.4.5 "博展空间"的引入

在以往高校图书馆的展览空间主要是展出一些学校和其图书馆的发展历程、校园文化建设所取得的辉煌成就、学校的雄厚实力和未来规划等等。这种展览在一定程度上可以吸引师生更多地了解学校，了解图书馆，对图书馆本身是一种宣传和推广，还可以让师生对图书馆和学校产生一种归属感。

但是在这次研究设计里，"博展空间"更多的是文化思维的交流与碰撞。学校经常举办的一些文学作品以及绘画、雕塑等艺术品的展览，就可以放到图书馆的展览空间里面，这种活动有助于陶冶师生的情操，让他们在闲暇之余来这里进行放松，开阔眼界，提升自己的艺术修养。当学校的一些部门或者社团要举办活动的时候，也可以通过预约的方式使用图书馆展厅，向用户更加直观地展示活动的方式、流程，以及过往取得的优秀成果等等。

还有当图书馆引进了一些新的设备和信息技术时，可以在博展空间中向师生们演示，让师生进行体验，一方面能够帮助师生更好地了解、使用图书馆的新技术和新产品，另一方面也向师生展示了图书馆能够并且愿意为师生提供优质服务的实力和决心。

4.4.6 "屋顶平台"的增加

原泉州信息工程学院图书馆有3层楼设置了屋顶平台，但是其功能单一，只有少量的绿化。笔者认为如果纯粹作为屋顶绿化景观布置，对于建筑自身来说比较浪费。结合论文前期的理论研究与项目功能优化设计，可以为"屋顶平台"新增几种功能。

1. 阅读公园

开放式露天阅读场所的营造为读者提供了集阅读、休闲、交流以及活动功能于一体的独特体验。笔者认为，泉州信息工程学院图书馆亦可利用大面积的屋顶平台营造阅读公园场所，辅助室内阅读场所，为读者提供个性化、休闲化以及多元化的阅读体验。

2. 露天剧场

泉州信息工程学院图书馆可以利用屋顶平台设置露天剧场，举办户外知识讲堂、户外文化艺术展览、户外电影放映以及音乐、戏剧活动，拓展图书馆的文化功能范畴，为读者提供多样化的休闲阅读活动，同时提升邻里关系。

3. 运动乐园

20世纪50年代，柯布西耶在马赛公寓的设计中，为建筑的屋顶平台置入了许多功能，其中一项便是运动设施的引入，来应对城市发展所带来的露天活动场所的缺失。笔者认为泉州信息工程学院图书馆也可以利用屋顶平台设置部分户外运动场地，为师生提供阅读之余的休闲运动体验。

4.4.7 "智能空间"的植入

信息时代高校图书馆中读者的阅读、学习、交往不仅表现为个人行为，还表现为协作、共享等团队行为。图书馆信息智能空间也需要从个人与团队的需求出发来进行建构。本文从大厅区域的展示空间、交通区域的休闲空间、藏阅区域的研讨空间来进行研究。

高校图书馆门厅空间是信息服务与信息交往的重要融合点，是图书资讯展示、校园文化展示、读者社会交际的重要平台。门厅空间是读者对图书馆空间产生认知与感受的第一环境，充分利用门厅空间的信息展示性来创造开放的交往活动环境是设计的关键。

信息时代高校图书馆的交通空间中，往往还存在一些交通与其他功能空间的过渡区域，其可作为读者进行休闲交往的空间。当围绕走廊、坡道、梯段等交通路径来打造"配套"的休闲空间时，读者信息交往行为能更好地展开。

结语

随着科技和互联网的迅猛发展，未来高校图书馆必将迎来各方面的转变，首当其冲的就是图书馆的功能设计和空间布局。无论从哪个角度去设计和创造，只要"从读者出发，以人为本"，都能设计和创造出适应时代发展的高校图书馆。总之，高校图书馆作为知识交流共同体的主体部分，要以培养建立一种"参与、分享、学习"的氛围为最高目标，将高校图书馆建设成为读者最想去、最常去的场所。

参考文献

[1] （美）罗伯特·文丘里著. 建筑的复杂性与矛盾性[M]. 周卜颐，译. 北京：中国建筑工业出版社，1991.

[2] 晃阳. 没有边界的空间——劳力士学习中心[J]. 建筑与文化，2011（4）.

[3] 吴建中. 走向第三代图书馆[J]. 图书馆杂志，2016，35（06）：4-9.

[4] 周亚，孙健，刘敏. 未来图书馆的新形态与新功能——2016年中国图书馆年会基础理论分会场综述[J]. 图书馆，2017（01）：1-8+23.

[5] 杨灵芝. 泛在环境下图书馆服务创新研究[J]. 情报科学，2012，30（03）：347-351+386.

[6] 梁美强. 当代城市公共图书馆功能演变与设计研究[D]. 西安建筑科技大学，2018.

[7] 吴琦磊，江凌，张静. 知识交流共同体——下一代高校图书馆功能设计与空间布局研究[J]. 情报探索，2018（02）：51-54.

[8] 汤宪振. 泛在信息环境下高校图书馆空间功能的拓展研究[J]. 农业图书情报学刊，2016，28（10）：123-126.

[9] 王雪. 当代高校图书馆设计的新趋势[D]. 大连理工大学，2007.

[10] 李小燕. 信息环境下高校图书馆空间功能拓展研究[J]. 科技资讯，2019，17（01）：216+218.

校园"发生器"：泉州信息工程学院图书馆空间改造设计

Campus "Generator": Space Reconstruction Design of Quanzhou university of Information Engineering Library

鸟瞰效果图

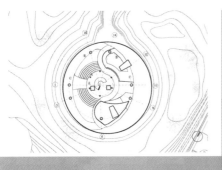

博览空间效果图

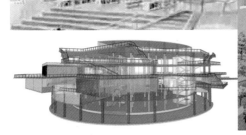

新旧建筑关系示意图

交流活动空间效果图

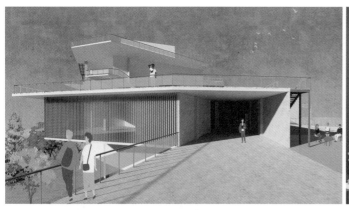

效果图

信息大厅空间效果图

屋顶平台效果图

高校既有图书馆多义化空间营造设计研究
Research on Polysemy Space Construction Design of Existing University Libraries

泉州信息工程学院图书馆改扩建设计
Reconstruction and Expansion Design of Library of Quanzhou University of Information Engineering

北京林业大学艺术设计学院
张晓文
Beijing Forestry University College of Arts and Design
Zhang Xiaowen

姓　名：张晓文　硕士研究生二年级
导　师：赵大鹏　讲师
学　校：北京林业大学
　　　　艺术设计学院
专　业：环境设计
学　号：3180794
备　注：1. 论文　2. 设计

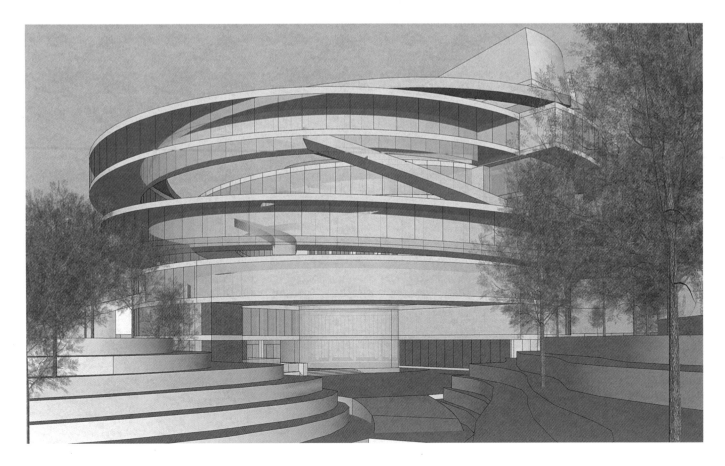

高校既有图书馆多义化空间营造设计研究

Research on Polysemy Space Construction Design of Existing University Libraries

摘要：随着现代化信息技术的飞速发展，图书馆的建设和使命有了更高的要求。读者对图书馆空间的需求不断向多样化发展，这使得图书馆亟须构建多元文化空间，推进深化转型和变革以适应社会和时代的发展。图书馆作为一个空间上活泛、功能上可弹性拓展的开放平台，具有为学生提供知识、储藏资源的基础职能。在转型发展过程中职能趋于混合化，同时旧有、单一、适合安静学习的空间配置无法完全满足读者复合且动态的学习行为，使用人员对空间的差异化感知逻辑使得单调的空间事件转向多元化发展，这一系列矛盾导致使用人群在学习行为与空间预设中产生错位。因此，为满足师生复合且变化的学习需求，将图书馆打造成复合化且有序的学习交流场所已成为新时代图书馆发展转型过程中无法回避的问题。高校图书馆只有进行不断创新，向复合多义化空间模式发展，才能吸引师生前来使用，发挥出其应有的价值与功能。本研究试图通过解决高校既有图书馆的现状问题，以师生使用需求为切入点，对泉州信息工程学院图书馆进行改扩建设计，拓展建筑公共职能，打造一个多层次、开放共享的多义化化空间，激发校园活力，旨在为后续的相关研究奠定基础。

关键词：既有图书馆；空间多义化；改扩建

Abstract: With the rapid development of modern information technology, the construction and mission of library have higher requirements. Readers' demands for library space are constantly developing towards diversification, which makes it urgent for libraries to build a multi-cultural space and promote the deepening transformation to adapt to the development of society and times. As an open platform with active space and flexible function, library has the basic functions of providing knowledge and storing resources for students. Functions tend to be mixed in the process of the transformation of development, at the same time, old, single, suitable for quiet study space configuration can not satisfy the complex and dynamic learning behavior, users' differentiated perception of space make drab space logic events toward diversified development, a series of contradiction produce dislocation in the preset learning behavior and space. Therefore, in order to meet the complex and changing learning needs of teachers and students, building libraries into complex and orderly places for learning and communication has become an unavoidable problem in the development and transformation process of libraries in the new era. Only through continuous innovation and development to the space model of complex polysemy, can university library attract teachers and students to use, and give full play to its due value and function. This study attempts to solve the problems of present situation of the library of colleges and universities and takes the use requirements between teachers and students as the breakthrough point, in reconstruction of quanzhou information engineering college library, expand the building public functions, to build a multi-level, open sharing of polysemy space, activate the campus, to lay the foundation for follow-up study.

Keywords: Existing library; Spatial polysemy; Reconstruction

第1章 绪论

1.1 研究背景

近年来，为符合人才建设需求，各地高校不断扩大招生规模，而校园建筑的使用现状逐渐面临诸多问题。国家为应对高等教育飞速发展的现状，同时也为配合高校的建设发展，出台了相关的政策并实施了一系列教育体制改革。依据现有的"共建、调整、合作、合并"四项方针与校园内部发展情况可以看出，大学校园内的师生需求与建筑功能对应的供需关系与四字方针的建设目标相对来说差别较大。但毫无疑问地说，政策的指导在文化建设层面上做出较好的指引，四项指导方针的提出能够有效地打开目前重复办学的紧张局面，同时还能改善教学的模式以及促进校园发展，但最本质的改变需要设计师与校园管理者联合进行规划建设。

目前，设计师们逐渐意识到校园现状建筑之间的建设规划已经无法有效推动校园活动的开展，其中关于学习空间与其他公共功能区域之间的衔接问题最为突出，因此提出了应当合理地将多种功能综合考虑，对高校建筑做出明确的功能分区，缩短通达时间，提高通行效率。此外，随着经济的高速发展，我国逐步踏入飞速发展的新时代，即网络信息主导的创新时代。新的信息化、科技化的生产方式逐渐代替原有的传统生产方式，大数据引导趋势也愈发明显。2020年新冠疫情的发生，智能城市的建筑也逐渐具体化、形象化，如数字化平台建设、大数据的使用，这同时也成为促进现代校园建设的主要力量。便捷、智能、高效的建筑功能正在成为校园建筑的最终目标，既有图书馆的复合化、多义化是建设智慧校园的题中之意。

1.2 研究目的

本文旨在以智慧城市建设为背景，结合高校既有图书馆的现状问题，通过分析国内外既有图书馆更新改造设计案例，使用对照分析法总结设计经验及设计原则。本文欲通过对高校既有图书馆空间改造的设计研究，寻求更好的设计策略，在提升校园建筑品质的同时形成高效、多义、复合、可持续性的空间模型。希望该文能够为高校既有图书馆改造与研究提供一些有意义的借鉴和思考，为空间设计以及建筑更新提供理论依据和实践措施。

1.3 研究意义

高校既有图书馆的空间多义化设计顺应了时代的发展需求。数字化城市建设对技术的推动，不仅从建筑的内部空间属性上做出转变，同时也在影响建筑外部空间环境，其最终目的在于将建筑内外联合建设，结合校园整体建设定位对建筑的功能做出统筹规划。图书馆空间作为校园内部较大的共享空间之一，对其进行深入研究重要且有必要，这在完善理论和指导实践上均有重要意义。

1. 在理论上：高校图书馆作为校园内部的标志性共享空间，探讨空间的多义化营造可以从理论方面对相关改扩建设计研究进行丰富。虽已有少数针对高校既有图书馆空间改扩建的设计研究理论及实践案例，但基于图书馆与大数据时代的研究角度相对较少，尤以信息化技术的进步与建筑的空间属性拓展二者结合角度的探讨最少。本文将详细探讨既有图书馆的建筑空间对信息技术的应对与反思，寻求建筑功能与使用人群的需求完美结合的设计思路，为这一设计领域提供一些借鉴与思考。

2. 在实践上：高校图书馆的空间更新及功能提升对推进项目实践具有重要的指导意义，同时多义化场所更对教学模式的发展具有重要意义。随着高校扩大招生数量，校园建筑也在应对学生人员变化的同时做出相应的更新建设。建筑改扩建的需求与投入要求我们对高校既有图书馆改扩建项目进行了思考，设计需要结合实际，并了解使用人员需求，同时建筑内部核心更是一个值得集中思考的设计问题。

1.4 研究对象及概念界定

1.4.1 既有图书馆

本文的研究对象为高校既有图书馆。关于既有图书馆的概念界定主要通过图书馆的存在状态进行界定，本文所研究的图书馆指的是校园内部已建成且已为校园内师生承担使用需求的校园图书馆。研究对象不包括以下两种类型：

1. 建筑功能属性复杂且是其他类型既有建筑通过改造再利用改建的图书馆建筑；

2. 附设于其他建筑中的高校图书馆建筑。

本文中所研究的图书馆空间进行的改扩建设计，是指对图书馆进行空间改造及整体建筑的扩建，结合现状建筑的设计需求，在红线范围内对建筑进行改扩建设计。

1.4.2 多义化设计

所谓"多义化"，指的是公共空间的"多义性"。"多义性"最初提及是在《建筑学教程：设计原理》中，作者赫兹伯格以多义一词用来定义很多物件和形式不只是具有单一的功能，还具有额外附加的内涵。该理论起源于设计师们对建筑适应性的研究，是对"形式追随功能"和功能分区等现代主义信条的质疑。其具体定义主要涉及两个方向：（1）空间在不同的时段可容纳不同的功能，即一个空间在某种条件下具有一种或几种主要和外显的功能含义，但同时还具有可以有效改变为其他功能含义的潜质，也就是能够适应功能的变化；（2）空间在同一时段可容纳不同的功能，也就是空间能够容纳或是鼓励多种活动的产生。

依据上述两种定义，可将建筑空间进行区分，依据空间功能属性匹配建筑要素：第一类是功能、形态、数量及拓扑关系特征很强的空间（如专门的作业区域及主要使用功能）；其次是形态相似、功能灵活的空间（如面对公众的活动室、报告厅等）；最后一类指的是形态自由、功能混合度高、数量弹性较大的空间。在图书馆空间的应用中，结合以上分类，第二类空间可为共用提供可能，而第三种空间将承载建筑公共空间的多义化。因此，抓住第三种空间特质进行合理空间规划是设计的关键点。

1.5 国内外相关研究

西方大学校园发展较早，随着现代多元化发展观念的渗透，国外掀起对校园建筑的建设，同时伴随着时间的推移和使用需求的扩展，校园建筑的改扩建热潮逐渐兴起，关于既有建设的理论研究在这一过程中得到充分的丰富和发展。因此，国外关于校园建筑的研究水平比国内要先进和丰富许多，这对于我国高等学校校园理论的研究有着极为重要的借鉴价值与指导意义。总的来说，图书馆建筑的改造更新，是旧建筑改造和城市更新领域的研究分支。一般研究中多将图书馆建筑的改扩建设计纳入建筑工程范围。本课题的文献研究主要涉及以下两个方面：国内外既有建筑与空间更新理论研究，以及与校园相关的城市规划与设计理论。

1.5.1 国外相关理论研究现状

20世纪60年代以后，设计师在规划建筑的设计过程中逐渐加入人文、艺术的设计思想，丰富建筑的设计内涵，因此，新的设计理念也在不断影响旧建筑的改造实践。旧建筑的更新再利用，开始于1964年旧金山旧巧克力厂被劳伦斯·哈普林改造为购物餐饮市场，"建筑再循环"理论首次提出，此后在西方国家既有建筑的循环利用浪潮兴起。

既有建筑优化改造方面，1964年《威尼斯宪章》提及对既有建筑进行循环利用及保护。在此基础上，英国的威廉·莫里斯提出"旧的就是旧的，新的就是新的，在对旧的进行修补或添加时必须展现增补措施的明确可知性，与增补物的时代现代性"的设计理念，同时该理念也被写入《威尼斯宪章》。伴随着劳伦斯·哈普林对建筑设计中材料、技术的探索应用，国外开启对既有建筑进行改扩建的尝试。自20世纪70年代开始，国外关于建筑更新的探索由最开始的大拆大改逐渐向优化循环过渡。其中，在20世纪80年代前后，既有建筑的循环利用成为城市更新的主要方式之一，《建筑性能：功能，保护和修复》一书中详细介绍了此阶段国外关于既有建筑的改造方法以及历史建筑的保护方法。20世纪80年代后期至今，国外既有建筑的更新改造日趋成熟和完善，先进技术发展极大地促动了旧工业建筑的更新改造。

在高校建筑设计领域的理论研究方面，结合现有城市更新起源与大学校园建设的理论研究可以发现，国外的研究相对早于国内。国外高校建筑研究领域中最具威望的建筑理论家理查德·道贝尔在其三部著作《大学校园规划》《大学校园建筑》《大学校园设计》中，深入探讨了高校校园的建设规划方法。其中，在1995年出版的《大学校园建筑》一书中，理查德·道贝尔率先提出了建筑标准化的理论体系，这套体系也是目前国内高校规划和设计的主要参考书目，对于国内校园的规划和建筑设计影响极大。1980年，斯坦福大学教授Paul Venable Turner所编著的《Campus: An American Planning Tradition》是一部美国高校演变发展的历史及社会性研究论著，作者在书中从不同角度出发对美国高校的发展历史进行了较为详细的叙述。2007年，David J. Neuman在其出版的《学院与大学建筑》一书中总结了现有校园建筑中的建设经验，提出了对校园规划的指导方针、建议，作者还针对当下社会的建设需求提出了可持续发展的校园理念，充实了校园建设的理论基础；2014年保罗·罗伯特所著的《大学规划与校园建筑：对尽善尽美的探求》一书中以时间为顺序，审视大学规划与校园建筑的发展历史，通过这些实际案例一逐一剖析所涉及的大学校园，为制定与现实环境完美结合的校园总体规划提供有力指导。国外对于高校更新改造方面的实例有：斯坦福大学的体育馆改造、锡拉丘兹大学语言楼的改造等。在一些发达国家，高校改造方面的观念和手段已达到相当的水平，积累了丰富的经验。

1.5.2 国内相关理论研究现状

对国内来说，由于经济和技术的发展起步较晚，学者们在社会价值观念的影响下一般将政府能力范围内的、在城市长期发展中沉淀下来的既有建筑认定为文物，通常给予既有建筑以有效合理的保护，因此，普遍说来国内对既有建筑进行改扩建的实践研究相对较短，目前还处于探索阶段。关于高校建筑发展、现状分析具体到空间逻辑与建构法则的成果少之又少。吴恽在《城市空间和大学校园》一文中，从日本国立大学校园在历史上的变迁，即从空间形态、空间位置、空间聚集方式等三方面的视点，阐述了大学和城市的相互关系。戴云倩学位论文《中国高校巨构起源及成因分析》通过对国内高校巨构建筑的大量实地调研以及对国内外相关研究资料的详细搜集研究，对其特点进行总结，从教育、城市、建筑三个方面对高校巨构进行详细剖析，阐明其出现的主要根源和成因。张国锋在其学位论文《高校旧建筑更新改造设计与再利用研究》中以高校单体旧建筑更新改造设计与再利用为课题，概述了我国高校的发展概况和当代高校建设面临的现实问题，通过对高校旧建筑更新改造构成的基本体系要素展开研究。《基于再生思想的哈尔滨高校校园建筑改扩建设计研究》一文中，作者阐通过再生思想的哈尔滨高校校园建筑改扩建项目实践，力图为相同地域、相同发展现况下的同类设计项目提供可借鉴的理论指导和方法实践。胡鹏飞在《西北农大中心教学区建筑与环境更新设计研究》中以中心教学区作为更新设计的重心，分析中心教学区的现状和学校在新的教学背景下的多方诉求，对已知影响因素进行再挖掘、对提出的更新设计策略进行深化设计。综上，随着可持续发展、城市更新等政策法规的全面落实、相关学科的建设、旧建筑的改造得到全面开展，改造类型逐渐增多，改造方法借鉴了西方优秀案例，注重地方特色的展现，出现了多元杂糅的现象。

1.5.3　既有建筑更新实例研究

1. 日本行桥市图书馆综合设施

福冈县行桥市位于北九州市东南方向距离大约25公里的京筑地区。针对该图书馆的设计，设计师立足于当地居民的使用需求，同时希望借助此建筑为城市发展增添活力，将其设计为涵盖多种不同元素、同时满足市民活动与支援幼儿教育等多重功能的综合设施。

建筑由下至上，由动转静，功能丰富，如图2所示。下层的主要作用是提升整体建筑的活力，其存在的意义为体现当地文化，吸引居民，打造满足居民集体活动的休闲空间；建筑的上层空间结合地形、建筑的高差，设置了供人们眺望长峡河与远山的阅读区，让人们能够在静谧的环境下小憩或学习。

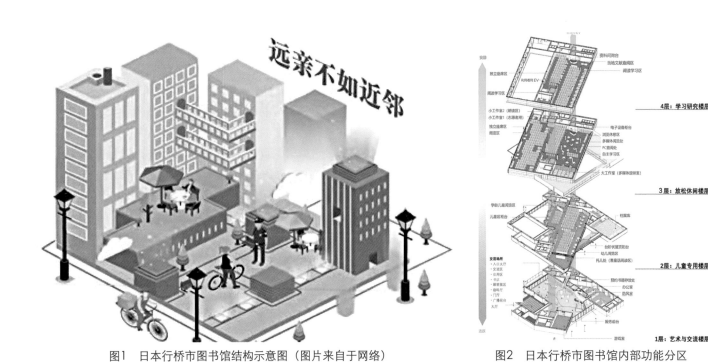

图1　日本行桥市图书馆结构示意图（图片来自于网络）　　　　图2　日本行桥市图书馆内部功能分区

2. 鹿特丹伊拉斯姆斯大学图书馆改造

鹿特丹伊拉斯姆斯大学的图书馆大楼建于1968年，是粗野主义建筑的范例，是这座城市中纪念碑式的建筑。设计师从可持续性和舒适度的角度出发，结合建筑本身的纪念性，对建筑进行改造升级，以满足将来的工作方式需求。由于地理位置的特殊性，该建筑改造后将包含约900个学习空间、50个员工办公空间，以及为大学图书馆和鹿特丹李斯卡宾尼特图书馆提供藏书空间。

外立面中的所有框架都被装有三层玻璃的定制隔热钢框架代替。精选的自然材料和色彩与原始建筑和谐地融为一体，墙壁和圆柱采用清水混凝土，碳素钢做框架，而室内则采用灰色环氧地板、黑色地毯、木板条顶棚以及金属顶棚。

图3 鹿特丹伊拉斯姆斯大学图书馆馆内空间 　　　　　　　图4 鹿特丹伊拉斯姆斯大学图书馆
（图片来自于网络）

3．北京隆福大厦改造

隆福大厦位于北京东城区隆福寺旧址南段，始建于1984年。2012年，设计团队秉承"追求一种渐进式的、生长式的、混搭式的、修补完善式的改造状态"的设计原则，对隆福寺片区进行城市更新设计研究工作，旨在打造一处以文化创意办公为主，在低区和屋顶层配置服务型商业等公共功能的办公综合体。

首先，设计师通过引入街道，将建筑的首层商业空间拆解成几组不同的单元，建筑顶部不同材质的坡屋顶与周边住区达到最大尺度上的融合。其次，考虑到建筑的体量较大，结合平面与结构的双重逻辑，将建筑的东西两个立面的划分延续并强化原来的三组体块，让长向的建筑尺度在视觉上呈现拆解的状态，结合双层幕墙之间的反射作用柔化建筑的体量关系。最后是关于建筑综合体的设计打造。建筑采用的是多种不同属性的公共空间之间的叠加，将办公大堂设置在二层商业之上的三层，以构建低层范围的立体街区。屋顶仿古建筑作为遗存被保留翻新，重新整理屋顶空间的空间层次，优化屋顶设备机位，形成完整集中的可利用空间，重新激活了其场所公共性价值。

图5 隆福大厦（图片来自于网络）

图6 隆福大厦外立面（图片来自于网络）

图7 连接首层至三层的通高扶梯空间
（图片来自于网络）

图8 屋顶空间

1.6 研究方法

本课题研究主要采用文献研究法、实地调研法，以及逻辑分析法与动态研究相结合的方法进行设计分析。

1. 文献研究法

本文通过收集相关学术研究的理论数据和资料，总结国内外高校既有建筑的发展历程、现状以及针对高校既有图书馆更新改造的设计实践。同时借助相关书籍、理论专著以及学术论文收集可供参考借鉴的、有关高校既有建筑的更新改造设计的资料。通过文献研究法，可以广泛地了解与高校图书馆相关的多方面知识，通过和实际案例的参照对比，可以加大课题研究的广度和深度，使研究成果更加全面。

2. 实地调研法

通过实地调研进行背景分析、现场拍照、图纸搜集以及数据整理等方式，对国内现有的既有建筑的更新设计案例的设计水平和措施进行较为深入的了解。借助实地调研的方式，可获得第一手的资料，能够较为充分地了解

226

国内校园既有图书馆更新改造设计的现状，也能够直观清晰地了解设计中存在的问题和不足并进行经验总结，使本文所提出的设计方法更加具有针对性。

3．逻辑分析法

通过分析研究国内外建筑更新以及高校既有建筑改扩建的相关文献资料，归纳总结其研究现状以及理论进展等相关内容，通过整体的研究整理，总结出高校既有建筑与城市更新的关系，并对其发展变化以及其遇到的挑战进行分析，提出高校既有图书馆的设计策略，指引类似的文化建筑类活动中心改扩建理论发展，总结出多项具有现实参考价值的策略。

4．动态研究方法

动态的研究方法强调事物的发展以当下的研究为出发点且形成一种向前连续，具有前瞻性的过程性特点。通过对项目现状的分析，把控其建成后的影响以及在未来一定时期内的作用力。

1.7　研究框架

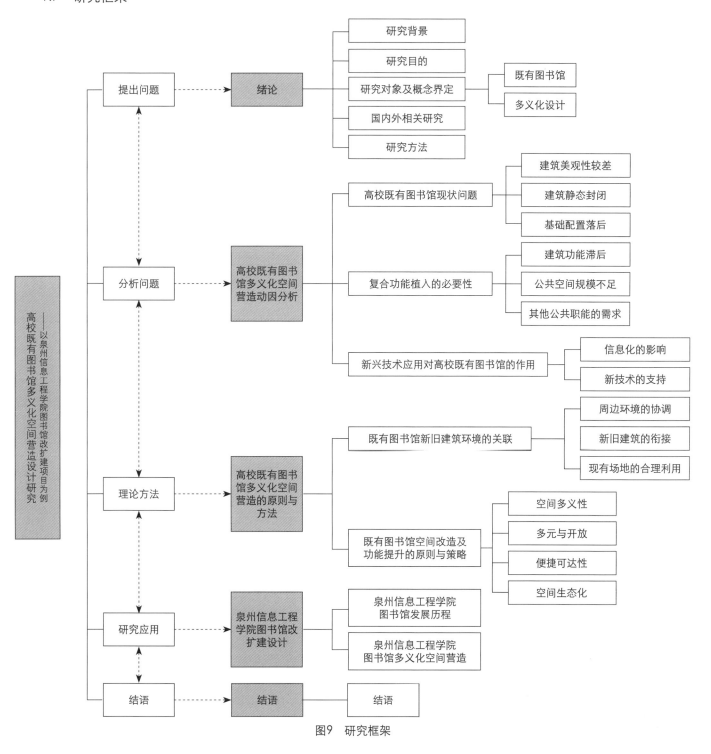

图9　研究框架

第2章　高校既有图书馆多义化空间营造动因分析

2.1　高校既有图书馆现状问题

2.1.1　建筑美观性较差

建筑美观性下降的主要原因在于随着时间的推移和周边校园建筑物的更新发展，高校既有图书馆在经过多年的重复使用之后，建筑形象显得平淡、陈旧。除此之外，建筑陈旧另一方面的原因也体现在地域及气候问题的影响。在案例考察中可以发现，地处于南方的建筑相对北方建筑在使用年限相同的情况下更显老旧，气候环境带来的多重压力会导致既有建筑呈现出不同程度的损耗，这一问题的出现便是导致建筑使用人流量下降的主要原因。自身便具有清楚明晰的辨识度，是校园整体文化的代表性建筑，参与度的降低无疑会对高校整体研学氛围产生影响。高校图书馆的美观程度同时也是校园整体环境质量的代表，当一所高校的建筑美观性呈现出消极、落后、陈旧的状态，毫无疑问会对校园建设产生负面影响。因此，建筑形象亟待更新。

2.1.2　建筑静态封闭

在我国众多的校园建设中，出于对时代的需求和社会建设的整体水平的考虑，一般对高校图书馆的总体印象多为体量较大、承载率较高的建筑。因此早期建设的高校图书馆多以简单、规则的建筑形象呈现，同时校园建设也缺少对校园建设后期周围环境的改变以及新建筑的加建等因素的考虑。如今大多数校园在设计建造过程中，由于校园整体环境布局不断优化，旧建筑无法改变，则导致新旧建筑脱轨、整体校园环境不和谐的现状。旧建筑在周围新建筑的包裹下导致风格落后、形象单一，通达方式被新规划建筑阻断，使用功能难以满足师生使用需求。因此，打破建筑消极、封闭的状态是高校既有图书馆的重要因素之一。

2.1.3　基础配置落后

随着数字科技的不断发展，将数字化技术引入高校图书馆中是现有图书馆的普遍应用方式。由于信息种类的增加，传统形式上的图书馆很难全面地承载知识资源，图书馆早期配置的基础设施无法满足现阶段师生的使用需求，师生获取知识的方式单一化则会导致校园文化创造力低下，整体发展滞后。信息时代催发了多样化的信息获取形式，而现阶段部分既有高校图书馆中图书检索停留在纸质的载体上，这一现状导致师生在使用过程中信息获取率十分低下。而部分高校中也存在配置计算机检索终端的情况，但由于设备配置覆盖面较小，难以满足整体需求，导致需求配置不均衡的问题。因此，现阶段智慧校园的建设需求对高校既有图书馆中多媒体教学设备以及其他的设备管网等基础设施的配置提出了挑战。

2.2　复合功能植入的必要性

2.2.1　建筑功能滞后

随着校园扩招、教育模式改变、时代发展等发展因素的出现，校园既有建筑及设施从使用方面已经无法满足当下校园的建设需求。因此，建筑的室内外规划需要做出进一步调整。现阶段的建筑更新大多追求建筑的外形优化以及既有建筑与校园整体环境的匹配，无法从根本上解决高校师生对建筑的使用需求。整体来看，现阶段部分高校既有图书馆大多仅能保障师生的阅读需求，而从数字化阅读、学生学习活动方面很难提供合适的空间场地，建筑内部空间在功能上的配置与校园整体状态也呈现较大差异，造成了校园建筑空间质量不均衡。

2.2.2　公共空间规模不足

非正式学习空间与环境建设的需求正在迫使建筑做出改变。随着高校师生人数的大幅增加，图书馆的公共空间面积无法容纳更多的师生驻足交谈、休息、学习、嬉戏等，行为活动受到限制的师生往往只能在宿舍或是教学楼完成活动。校园整体参与度降低导致师生的情感交流机会减少，校园凝聚力下降。适当增加校园公共空间对图书馆做出了要求，即在整体功能规划中做到以人为本，在合适的场所内为师生等使用人群打造一处开放公共空间，激发校园活力。

2.2.3　其他公共职能的需求

对于图书馆空间功能的研究不应只停留在阅读功能层面，也应涉及其他公共职能的加入，如交往、研学等。将其他公共功能与建筑基本使用功能良好地融合在一起构成和谐的校园场所是设计转化的必要条件。由于生活方式的转变，师生产生研学之外的活动需要更丰富的空间承载使用需求，如此情况下，校园建筑应具备多样化的身份以适应现阶段需求的转变，图书馆则应该居于功能建设的主体地位，积极打造一处促使师生产生良好归属感、鼓励其交流互动、充满活力甚至能在更广泛的层面上刺激社会互动的场所。

2.3 新兴技术应用对高校既有图书馆的作用

2.3.1 信息化的影响

信息化时代促使建筑的功能、空间、环境发生变革，越来越多"非正式学习空间"渗透到高校图书馆内部，图书馆的内部需求观念发生转变。现阶段部分新建高校图书馆开始将阅览室、会议厅、陈列室、自习教室、讨论室等活动场所加入建筑中，以适应社会的发展和广大师生的需求。这一发展趋势对其他既有图书馆提出了挑战。信息化影响下，师生对图书馆的使用需求不局限于借阅需求，而是逐步向各种社会性活动拓展，比如学术交流活动、认识新朋友，以及参与很多非图书馆行为，如观赏音乐、影片等，同时图书馆也应承载学校的形象展示需求，如文化交流展示。因此适应信息化影响应着眼于建筑功能与建筑质量的提升，满足多样化、高层次的使用需求以提升建筑的使用强度。

2.3.2 新技术的支持

新技术环境下我国高校图书馆的外部环境和内在设施技术也在不断发生着改变，将更先进的技术应用到既有图书馆以及对高校的管理与建设中，满足当前高校教育发展的需求。传统的闭架式图书馆模式中很多空间都是封闭固定的状态，书籍知识老旧，对新版本的图书补充不完善，无法适应学生的现代化发展需求，造成资源的浪费。当下，互联网时代的发展背景对高校图书馆的建设提供较大的帮助，通过收集使用人群对智慧型设备的阅读感受，结合当下可实现的云计算技术、互联网传播技术对图书馆系统进行统一规划及改造，借助智能化设备进行对高校图书馆进行系统的建设，让师生在接受服务的时候能够享受到智能化的优势。在其技术方面可以利用大数据时代的特点，对读者的阅读信息进行详细的分析，然后为图书馆品质营造与功能提升提供建议。

2.4 小结

图书馆建筑改造与校园环境建设一脉相承。因此，本章分别对高校图书馆的现状问题、复合功能的植入进行了必要性的探讨，同时对新兴技术的应用进行分析，建筑的更新与改扩建不仅要建立在建筑的现状问题上，还需要根据现代社会的发展做出对应的调整。

第3章 高校既有图书馆多义化空间营造的原则与方法

3.1 既有图书馆新旧建筑环境的关联

3.1.1 新旧建筑的衔接

既有建筑改扩建中，衔接空间与新旧建筑的合理组合是既有建筑改造更新过程中的关键环节。衔接空间需要依据建筑造型，寻找规律，选择合适的介入方法。新旧建筑的衔接能够保证建筑在改扩建过程中的和谐统一，且新建筑的加入能够在一定程度上反映建筑内部的构造关系及空间组织形式。新旧建筑的衔接同时也应考虑到建筑的美观性，对建筑的外在形象产生一定的积极影响，提升建筑的活力。

建筑中的新旧建筑的组合形式一般有两种呈现方式，一是新旧协调，通过新加建筑，在旧建筑之间建立连接；二是强化对比，这一方式则是借助新建建筑突出旧建筑的特点，保留建筑的特色。这两种建设方法主要可细分为复制、过渡、联想、对比、衬托五种形式。

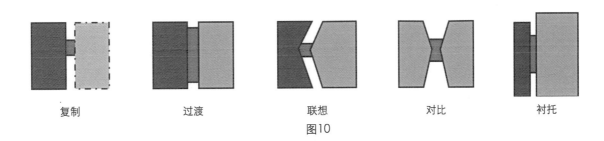

复制　　　　过渡　　　　联想　　　　对比　　　　衬托
图10

3.1.2 建筑周边环境的协调

改扩建中应注重建筑与环境协调共生，即处于不同时代背景下的各类建筑在同一环境下可以相互协调，共生共存。不同外环境承担不同的使用功能和生态作用，在进行功能分区布置时，应当系统考虑，体现整体意象，争取做到建筑内环境与外环境都能够相互协调、有机发展，形成高度的一致感和统一性；新旧空间设计应遵循建筑形式美学规律，把新旧建筑的形象协调作为设计的目标，展示设计者的设计思维，从环境空间角度加以整合，使整体环境既符合用地的现实条件，又能促使建筑与环境融为一体，让所有建筑元素随地形起伏而形成规律。

3.1.3 现有场地的合理利用

建筑在建设之初往往都会依据地形、环境做出适应的建设规划，同时地形、环境地理位置等因素也对建筑的形态、用材以及功能定位、空间布局提出了适应需求。所以，建筑的地形是由合理规划、精心建设而搭建的一处可利用条件，在旧建筑的成长过程中，依附于建筑，并随着建筑及周边环境做出了大量调整。对此，应适度把握现场环境这一成熟条件，结合环境的高差、绿化、坡度走向，对建筑做出改扩建。这一条件既对建筑未来的规划建设提供了有力的思考基础，同时这又是设计开展的一个思路来源：场地承载了校园师生的学习生活，见证了学生的交往生活。因此，有效的、合理的利用场地是促进设计成功的必要条件之一。

3.2 既有图书馆空间改造及功能提升的原则与策略

3.2.1 空间多义性

建筑动态可持续是建立在局部弹性可变的基础上，将未来变动引发的不适应因素产生的影响降低到最低程度。在设计的过程中，对建筑的使用人群、空间需求、空间体量等因素进行深入调研，形成系统数据，借助加建、拆除、替换、改造局部单元的设计方法，在系统化、综合化的基础上，根据使用人群对空间提出的多变的需求，灵活转变空间属性，提供不同的使用方式，增加空间的开放性和包容性。空间内部通过灵活布置可拼接、搭建、移动的构件，组成新的空间模块，加强空间的公共属性，实现资源的对接与空间的共享最大化，为师生活动提供方便和平台，同时以开放形式的空间组成形式催生新的使用方式，以更好地开拓师生的创造力，激发校园文化活力与创新力，形成协同效应。

3.2.2 多元与开放

普通意义上，开阔的空间在建筑中作为重要的节点空间，能够引发使用人群集会、休憩、交流等多样化活动，对提升建筑的内在活力产生积极影响。在建筑的更新改造中可以结合对开放空间的需求，在出入口、大厅、各通行流线交汇处，集中打造相对意义上的开放空间，提升空间参与度。建筑的开放性不仅仅是在建筑空间形态上做出"打开局面"的适应性调整，同时也可抓住校园学科文化多样性这个出发点。大学学科具有复杂、多样的知识特点，正如不同学科所体现的内涵文化，高校内不同学院的建筑体现出不同特质，因此，图书馆作为一个校园多元文化的集合、共享、交融的节点，在建筑建设的层面应该站在宏观角度，充分理解建筑的形态、学科文化、校园定位，以整合与集合文化为目标，体现建筑的多元开放性，寻求功能与建筑改造的平衡点。在充分尊重建筑风貌、延续校园文化的基础上，实现包容与开放在高校图书馆内的个性化彰显。

3.2.3 便捷可达性

建筑出入口宜结合周边环境设施资源形成开放边界，入口的开放性能够增强空间的过渡与收束，增加行进过程中的引导性和指向性，联通建筑的内外部空间。建筑内部流线系统的设计中，需要通过优化布置流线节点、提升空间环境质量等手段，打造层次性、多样性、有活力的通行空间，丰富使用人群的视觉体验；另外，建筑空间之间的便捷可达还需体现在内部空间的一体化设计，实现各楼层、各功能空间之间的快速到达，通过设置连廊、过渡空间等方式整合建筑及其环境部分，不同属性的公共空间的流线以便捷、清晰的形式进行设计。

3.2.4 空间生态化

为了使建筑更好地融入校园，对既有图书馆的生态改造设计，就是要以生态、环保理念为出发点，建筑立面材料可以借助通透化的材料展现，例如玻璃与钢架结构。将生态引到空间内部，与周围环境沟通互融，增强建筑的开放与互动性，能够有效吸引师生、活跃校园气氛；利用环境特点，打造丰富的空间层次，以"生态技术"为支撑，通过对既有图书馆建筑进行维护结构、采光、通风等各方面的节能改造，恢复生机。结合地形条件，借助建筑材料来达到环境的可识别性与可见性，做到环境与建筑内部空间共生，打造建筑与环境的融合性。

3.3 小结

本章讨论了基于空间多义化营造的高校校园改扩建设计策略，首先简述了新旧建筑之间关联的设计方法及手段，其次结合改扩建设计的目标，从空间功能的定义、建筑整体规划设计策略、室内交通流线设计以及室内外环境的联结四个方面探讨了高校既有图书馆建筑的改扩建设计策略，对建筑与环境、建筑与功能、建筑与校园文化的契合进行了具体论述，并提出了设计措施。

第4章　泉州信息工程学院图书馆改扩建设计

4.1　泉州信息工程学院图书馆发展历程

泉州信息工程学院地处国家首批历史文化名城、东亚文化之都、海上丝绸之路起点——泉州市市区，与中国闽台缘博物馆、泉州博物馆、西湖公园相隔咫尺，泉州市是联合国唯一认定的海上丝绸之路起点，列入国家"一带一路"战略的 21 世纪海上丝绸之路先行区，地理气候条件优越，资源丰富，泉州素有"海滨邹鲁""光明之城"的美誉。学校旨在建设园林式校园，四季飘香，开窗即景，古树名木随处可见，校园绿化率达 70% 以上，是"泉州市最美单位庭院绿化"。

4.2　泉州信息工程学院图书馆多义化空间营造

阅览空间是图书馆最重要的空间之一，如何在解决藏书空间与阅览空间需求冲突的基础上，为读者尽可能多地争取更多的阅览空间是本次改扩建设计的重点所在，建立环境与使用者的全方位、多层次的互动。

1. 保留基础配置，打造多义化空间

调研后发现泉州信息工程学院校园中，图书馆具有较大的建筑体量和基础的阅读功能，考虑到师生的使用需求，应合理地保留、恢复、重生图书馆阅读学习等正式学习空间，充分利用改扩建设计条件，以加建、延伸、叠加等方式打造建筑连桥，以错层、连廊增加室内空间，对基础的建筑空间进行合理空间规划，动静分离，借助环境的有利条件，打造合理、开放的多元公共空间，提升建筑的包容度。借助环廊增加师生正式阅读空间、非正式阅读空间，提倡构建混合的空间性质以创造多样化的空间，打造多义化空间。

2. 实行以人的尺度经行的设计，保护建筑环境

建设紧凑型、友好型空间环境，提倡师生提高图书馆使用频率，通过提升公共服务、公共空间的建设，满足图书馆使用者的其他使用需求，提高校园学习活力、书香气息。泉州信息工程学院拥有十分美丽的校园环境，对建筑周边环境合理保留，平衡自然与建设发展之间的关系，为师生打造一处自然家园。建筑位于校园的制高点，合理利用建筑高度，在建筑顶部设置通达连桥，在欣赏风景的同时能够实现不同功能空间之间的快速到达。在除顶层外的四、五、六层空间中，设置了错层构筑，建筑的外表皮采用玻璃及钢铁，一方面降低整体的重量，另一方面能够实现室内外风景的连接，达到人、景互动，激发、促进建筑和使用者及周围环境的交流。不同层次的共享空间在建筑内部创造一个三维的景观休息空间，错层的搭建通过中空构造引进自然光线并促进通风。

3. 建立师生认同，打造活力图书馆

师生需要受欢迎的明确的公共空间来加强面对面的交流，与需求活动特征相匹配的空间特征可以加强师生对于建筑空间的认同感、归属感，校园内也需要一处足够合适的空间来满足师生的活力需求。结合现状场地中庭打造一处开放展厅，促进文化展示与交流。其次是在各楼层的中心边缘设置开放休息区，在不同楼层中各添设一处休息空间，以更好地促进社交、交流的产生。最后提升建筑的开放度，在现有建筑的基础上，增设四处出入口，利用周围环境的高度差，在保证合理的情况下，实现一层到四、五、六层的便捷到达，在严谨结实的框架内，与建筑边缘或结构分离，创超出立体通道，贯通整个建筑，使之达到动与静的平衡。

4.3　小结

本章选取了泉州信息工程学院图书馆改扩建项目进行实例论证。在进行建筑改扩建设计的实践过程中将建筑空间多义化的设计主旨作为有力的理论和实践支撑，针对场地规划、组织功能、空间形态、建筑风格和文化内涵总结设计和表达方法，以期作为一种普适性的设计方法为大学校园建筑改扩建设计项目提供一定的方法论指导。

结语

图书馆作为高校的标志性建筑，是校园的知识载体，是学习、交流和研究的媒介，在信息化社会潮流带动下整体呈现面临用地紧缺、静态封闭、客观功能繁杂和人群多样诉求等困境，既有图书馆的更新改造愈发趋向于综合集约化发展，首要解决的是现有各方面资源的优化、整合与重组。在复杂的表象中总结实用性优质的设计方法，在其基础上营造空间、社区氛围，为高校建设注入新鲜血液。希望此文能够填补国内高校既有图书馆多义化空间设计研究的空白，对今后的高校既有图书馆更新改造设计提供一定的参考。

参考文献

[1] Architects Mikami. Librio 行桥（行桥市图书馆综合设施）/ 三上建筑事务所[Z]．2020.

[2] Dober R P. Campus Architecture: Building in the Groves of Academe[M]．New York: Megraw-Hill(Tx), 1996.

[3] Van den Putte Architecture Urbanism Defesche．鹿特丹伊拉斯姆斯大学图书馆改造 / Defesche Van den Putte architecture + urbanism[Z]．2017.

[4] 白雨尘．风景区酒店外环境设计的地域性表达研究[D]．西安建筑科技大学，2020.

[5] 戴云倩．中国高校巨构起源及成因分析[D]．华侨大学，2004.

[6] 邓爽．书院九号创新工坊环境空间设计与研究[D]．湖南大学，2013.

[7] 郝韵．既有商业建筑外部空间更新改造设计研究[D]．西安建筑科技大学，2019.

[8] 胡鹏飞．西北农大中心教学区建筑与环境更新设计研究[D]．西安建筑科技大学，2020.

[9] 阚斌．基于再生思想的哈尔滨高校校园建筑改扩建设计研究[D]．哈尔滨工业大学，2016.

[10] 卢永红．数字化背景下高校图书馆交流空间浅论[D]．西南交通大学，2016.

[11] 马凯．高校既有图书馆空间改造及功能拓展设计研究[D]．山东建筑大学，2018.

[12] 沈昕．基于建构视角下的高校旧建筑更新再利用设计研究[D]．湖南大学，2014.

[13] 王少潇．博物馆改扩建衔接空间设计研究[D]．华南理工大学，2019.

[14] 吴雨航．高校旧建筑空间改造及光环境设计研究[D]．辽宁科技大学，2020.

[15] 吴恽，Miyamoto Funito. 城市空间和大学校园——以日本国立大学校园空间变迁为例[J]．学术探索，2013（12）：123-126.

[16] 杨洋．浅析吉安卡洛·德卡罗的建筑及思想[J]．山西建筑，2006（22）：21-22.

[17] 张国峰．高校旧建筑更新改造设计与再利用研究[D]．中央美术学院，2010.

[18] 张忠彦．高校既有图书馆更新改造设计研究[D]．华南理工大学，2016.

[19] 中国建筑设计研究院．隆福大厦改造[Z]．2018.

[20] 朱京辉．高校"老建筑"改造及其生态技术研究[D]．山东建筑大学，2010.

泉州信息工程学院图书馆改扩建设计
Reconstruction and Expansion Design of Library of Quanzhou University of Information Engineering

区位信息

　　泉州信息工程学院地处国家首批历史文化名城、东亚文化之都、海上丝绸之路起点——泉州市市区，与中国闽台缘博物馆、泉州博物馆、西湖公园相隔咫尺。学校建设园林式校园，四季飘香，开窗即景，古树名木随处可见，校园绿化率达70%以上，是"泉州市最美单位庭院绿化"。学校成长在泉州的文化沃土上，洋溢着泉州的蓬勃朝气，承载着区域经济社会的发展使命，秉承"知行合一"校训，着力构筑产教融合的应用型创新人才培养平台。泉州市是联合国唯一认定的海上丝绸之路起点，列入国家"一带一路"战略21世纪海上丝绸之路先行区，地理气候条件优越，资源丰富，泉州素有"海滨耶鲁""光明之城"的美誉。

泉州信息工程学院图书馆

校园环境概况

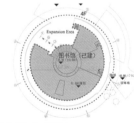

建筑面积

总建筑面积：9101.32m²
建筑总高度：16.95m
建筑层数：地上4层
结构体系：钢筋混凝土框架结构
校园绿地率：65%

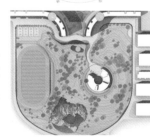

地形高程

地形高差相对较大，最大高差约为17米，南北两侧皆有一处假山石水景观。如何结合地形、地势展示出建筑与校园的景观关系，是设计中最需要解决的问题。

地形坡向

建筑位于校园制高点，南面能够充分地接受光照，且泉州位于亚热带地区气候温和，全面光照充足，设计中应考虑光照的利弊关系。

建筑现状问题

Q：公共空间规模不足
对策：在满足基本功能的基础上，将建筑的公共空间作为考虑重点进行建设。

Q：基础设施配置不足
对策：将图书馆的基础设施进行改善处理，在满足学生的基本需求的基础上，进行延展。

Q：其他复合功能的需求
对策：将简单的餐饮空间、休息空间植入建筑内部，缩短通勤时间，提升效率。

使用人群分析

　　关于校园图书馆的使用人群由于受到校园环境的限制，与社会图书馆不同，主要是在校师生，基本需求主要有阅读、自习、讨论及出于学习目的娱乐活动，同时也还包括教师的教务活动与办公需求、学校的展览场地需求。

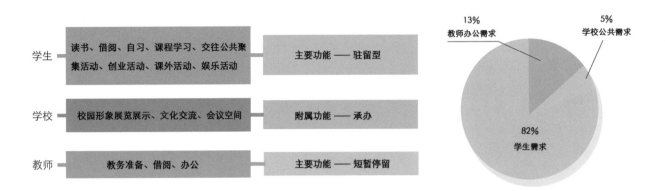

设计策略

　　▲ 美观、合理、舒适的学习环境

　　以人的尺度经行设计建设紧凑型、友好型空间环境，提倡师生提高图书馆使用频率，通过提升公共服务、公共空间的建设，满足图书馆使用者的其他使用需求，提高校园学习活力，营造书香气息。

　　▲ 提供多种选择

　　提供师生在正式阅读空间、非正式阅读空间的不同转换，提倡混合空间性质以创造多样化的空间，打造空间多义化。

　　▲ 保留基础图书馆配置

　　保留、恢复、重生图书馆阅读学习等正式学习空间，充分利用改扩建设计要求，对其他建筑空间进行合理空间规划。

　　▲ 建立活力图书馆

　　师生需要受欢迎的、明确的公共空间来加强面对面的交流，欣赏文化艺术，加强师生参与度，校园内也需要一处足够合适的空间来满足师生的活力需求。

　　▲ 建立师生认同

　　与需求活动特征相匹配的空间特征可以加强师生对于建筑空间的认同感、归属感。

　　▲ 保护建筑环境

　　泉州信息工程学院拥有十分美丽的校园环境，对建筑周边环境合理保留，平衡自然与建设发展之间的关系，为师生打造一处自然家园。

设计思路

　　（1）从空间的维度上，我们可以将能够想象到的所有功能都添加到建筑中。

　　（2）从时间的维度上，缩短各空间之间的通达时间，探求更便捷的体验。

方案设计

现有建筑结构为钢筋混凝土框架结构，环形轴网。环形空间的中心为首层平层玻璃框架内庭，同时作为主入口的过渡空间。建筑主体为地上四层空间，二、三、四层均设有屋顶平台，外立面为花岗石贴面。

因此，设计中借山体环抱建筑的形式，衍化为新建错层环抱旧建筑的形式，增添建筑的整体性与稳定性。

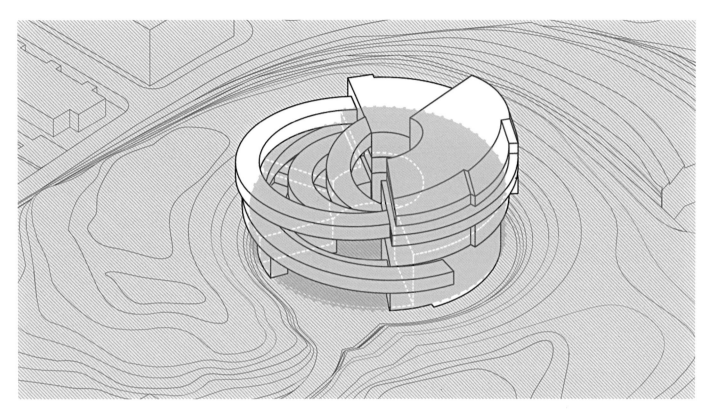

（1）考虑到建筑所处地势与当地的气候环境，借助上升空间解决建筑内部通风问题，避免建筑内部出现闷热的情况。

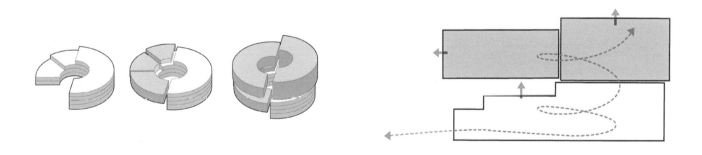

（2）玻璃外墙：①弥补背阴面的采光不足；②让人们的视线聚焦于外面的水面和校园，突出优越的区位条件。

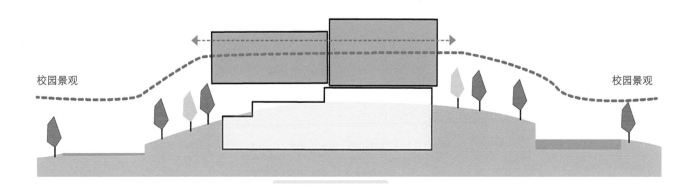

设计演变

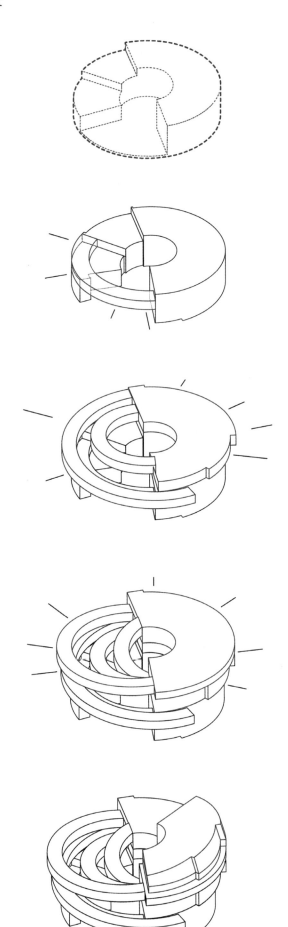

原建筑
不完整圆柱体造型

扩建 — 1.0
借助连廊的衔接增加面积

扩建 — 2.0
四、五层加建的同时将连廊做错层衔接

扩建 — 3.0
六、七层采用错层连廊的衔接

扩建 — 4.0
顶层做倾斜拱腹,提升建筑动感

围合界面设计

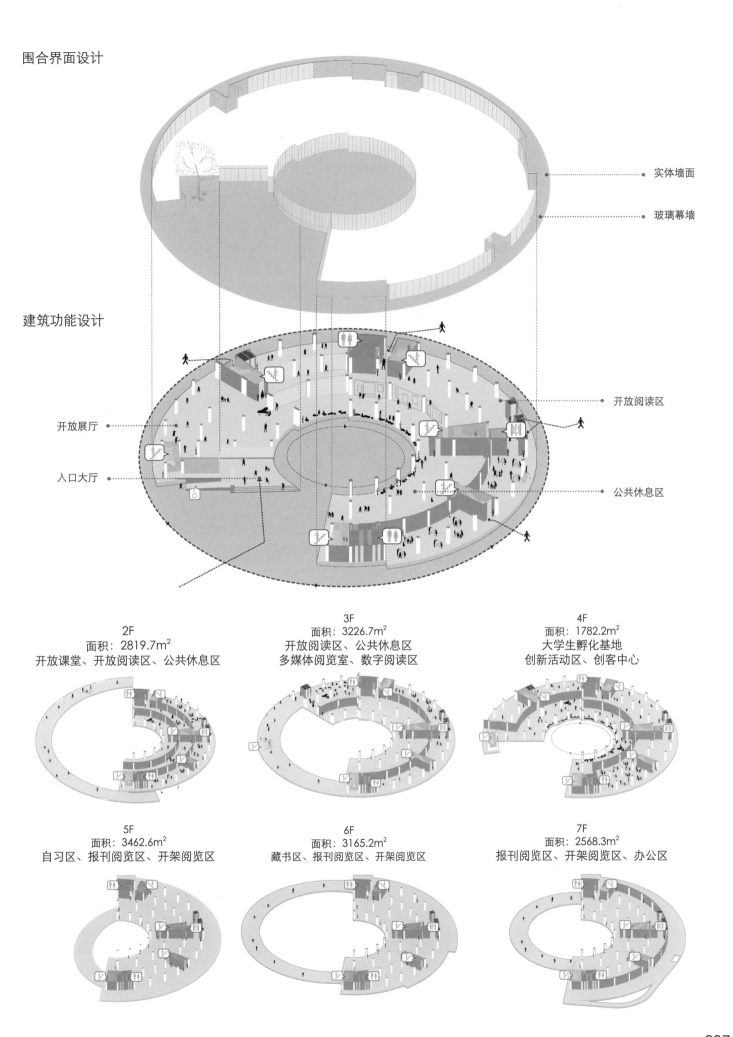

实体墙面

玻璃幕墙

建筑功能设计

开放展厅

入口大厅

开放阅读区

公共休息区

2F
面积: 2819.7m²
开放课堂、开放阅读区、公共休息区

3F
面积: 3226.7m²
开放阅读区、公共休息区
多媒体阅览室、数字阅读区

4F
面积: 1782.2m²
大学生孵化基地
创新活动区、创客中心

5F
面积: 3462.6m²
自习区、报刊阅览区、开架阅览区

6F
面积: 3165.2m²
藏书区、报刊阅览区、开架阅览区

7F
面积: 2568.3m²
报刊阅览区、开架阅览区、办公区

建筑顶层步道设计

　　关于知识的摄取，无论是长
驱直入式的，还是由外而内的缓
慢探索，通过拉伸和盘绕桥梁长
廊，将其重新定义为获取知识的
方式。借助地理位置优势，增加
入口及步道，营造一个动态循环
的空间体验。

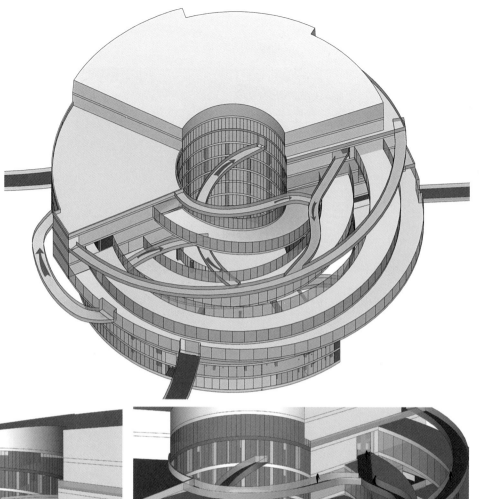

顶层视角1　　　　　　　　　　　　　　　　顶层视角2

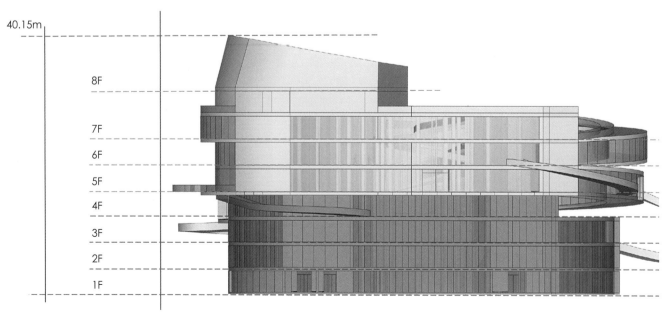

建筑功能设计

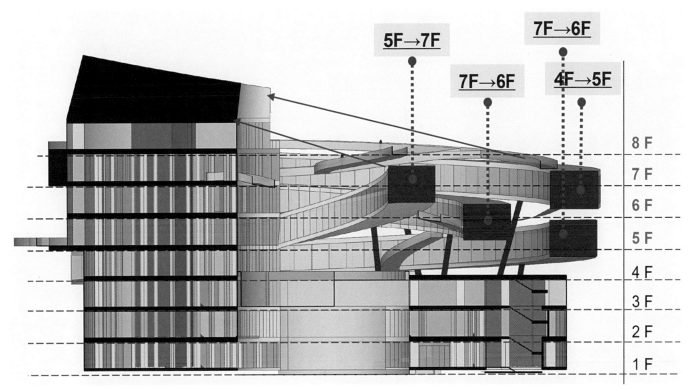

新旧建筑衔接

图书馆正面

图书馆西侧

图书馆入口

三等奖学生获奖作品
Works of the Third Prize Winning Students

智慧时代下高校图书馆建筑形态空间设计
——以泉州信息工程学院图书馆设计为例

Architectural Form Space Design of University Library in the Era of Wisdom

—Take the Library Design of Quanzhou University of Information Engineering as an Example

泉州信息工程学院图书馆整体外观设计

The Overall Appearance Design of the Library of Quanzhou University of Information Engineering

泉州信息工程学院
刘妙君
Quanzhou University of Information Engineering
Liu Miaojun

姓　　名：刘妙君　本科四年级
导　　师：段邦毅　教授
　　　　　黄志杰　老师
学　　校：泉州信息工程学院
　　　　　创意设计学院
专　　业：环境设计
学　　号：20170452
备　　注：1. 报告　2. 设计

智慧时代下高校图书馆建筑形态空间设计
——以泉州信息工程学院图书馆设计为例

Architectural Form Space Design of University Library in the Era of Wisdom

—Take the Library Design of Quanzhou University of Information Engineering as an Example

摘要：高校图书馆作为教学辅助与科学研究的服务中心，同时也是学术交流与文化传播的文化中心，具有服务高校师生等使用者的重要价值。随着"智慧地球"这一新兴词汇的出现，传统图书馆的运营方式已经无法满足使用者的需求，高校图书馆正一步步地走向智慧图书馆的发展道路。如果说书籍的价值体现在于阅读，那么图书馆的价值体现应该来源于读者。如何在满足读者基本阅读需求的前提下更好地提升馆内读者的使用体验，成为当下图书馆转型设计中值得仔细思考的重要问题。随着社会发展水平的转变、科学技术的飞速发展，人们对书籍实施了大规模的数字化工程，越来越多的纸质形式转变成电子书籍，电子书与纸质书并存，阅读即将进入无纸化时代。面对这些变化，高校图书馆的转型也需跟上时代的发展步伐。

关键词：智慧时代；智慧图书馆；高校图书馆；建筑形态

Abstract: University library, as a service center for teaching assistance and scientific research, is also a cultural center for academic exchange and cultural communication. It assumes the important value of serving teachers and students and other users. With the emergence of the new word "smart earth", the operation mode of traditional library has been unable to meet the needs of users. University libraries are gradually moving towards the development road of smart library. If the value of books lies in reading, then the value of libraries should come from readers. How to better improve the use experience of library readers on the premise of meeting the basic reading needs of readers has become an important issue worthy of careful consideration in the current transformation design of libraries. With the change of social development level and the rapid development of science and technology, people have implemented a large-scale digital project for books, and more and more paper forms have been transformed into electronic books. E-books and paper books coexist, and reading is about to enter a paperless era. Facing these changes, the transformation of university library should keep pace with the development of the times.

Keywords: The age of wisdom; Smart library; University library; Architectural form

第1章 绪论

1.1 设计背景

随着人们获取信息的渠道日渐多元化，图书馆不再成为人们获取知识的唯一途径，新兴技术与新媒体的发展使得图书馆传统的文献信息中心地位受到撼动，给高校图书馆的改革与创新提供了新的机遇与挑战。本次课题选择位于福建泉州沃土上的泉州信息工程学院，作为海上丝绸之路起点的城市，其高校承载着区域经济发展的重要使命。新机遇带来的全面思考为学科发展创造了条件，通过2020创基金4×4实验教学课题——泉州信息工程学院图书馆改造，学校将以建设特色鲜明的高水平应用型本科高校为目标，全面提升办学水平，打造安全校园建设，与世界高等教育名校开展合作交流，努力打造成百年名校。

1.2 设计意义

哈佛大学历史学家兼图书馆馆长说过："没有健全的高校图书馆，就没有健全的教育。"这句话充分地体现了高校图书馆在教育界的重要地位。高校图书馆不仅是以藏书和阅览为中心的主要场所，更应是以开放、交流、自主、互动、合作、休闲为一体的综合性空间场所。衡量一个国家的教育和文化是否发达、进步的重要尺度之一是这个国家的大学图书馆系统是否发达。因此，构建具备当代人文内涵的智慧校园、打造校园丰富的学习环境、感知校园时代精神是本次课题的意义所在。

1.3 设计难点及创新点

1.3.1 难点

首先，如何在设计过程中，系统地应用多学科背景知识，综合地调查和阅读，发挥主观能动性，找到客观规律，来定义智慧时代高校图书馆服务创新的内容方面存在困难。其次，智慧时代高校图书馆的创新涉及较多领域、内容和技术，对于技术的理解和把握以及管理创新内容存在困难。

1.3.2 创新点

结合智慧图书馆发展现状和所运用的技术，以及未来建设所要涉及的技术领域，分析智慧化建设中应遵守的原则。并针对智慧图书馆建设中所遇到的问题，进行深入剖析，提出应用于泉州信息工程学院图书馆的可行性方案。分别从"设计整体化"、"设计智慧化"、"设计生态化"三方面对泉州信息工程学院图书馆空间设计进行解析与提炼。

第2章　高校图书馆设计项目分析

2.1 项目介绍

泉州信息工程学院地处福建省泉州市市区，创建于2002年，其前身是泉州信息职业技术学院，2014年5月16日教育部通过在泉州信息职业技术学院基础上建立泉州信息工程学院的申请，现有校园于2017年新建，校园周边名胜古迹景观有中国闽台缘博物馆、清源山国家重点风景区、泉州博物馆、泉州西街、西湖公园等。学校建设园林式校园，四季飘香，古树名木随处可见，是"泉州市最美单位庭院绿化"。

2.2 项目概况

（1）绿化率：校园依山而建，因地制宜，属山体景观，可登至山顶俯瞰校园景观。校园植被覆盖率较高，绿化率达70%以上。且植物茂盛、种类多，生长状况好。教学楼和实训楼背后有大块闲置草坪，植被日常维护、修剪与管理情况极佳。

（2）道路交通：整体校园交通道路脉络清晰，校园主干道围合成一个环形交通，各功能建筑沿环形交通主干道分布；学生宿舍区位于校园东侧，交通道路为主干道分支出来的三条次干道，平行分布汇成一条主干道，可通往校园东北正大门，与博东路相接；正大门入口交通道路实行人车分离，进入校园左侧为人行道，右侧供车辆行驶。校园西南边设有校园后门，通往博后路，该后门景观视觉效果较差。

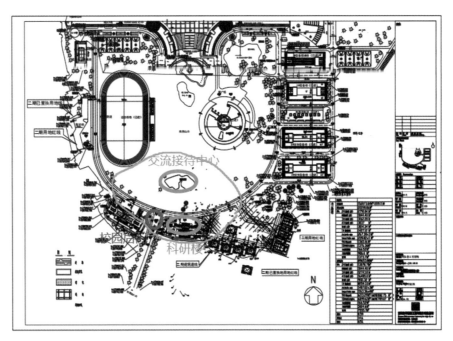

图1　泉州信息工程学院2期总平面布置图

（3）景观照明：照片情况较差，因为属于山体景观，道路转弯拐点比较多，路灯设置的数量还不够，夜晚有很多盲点，造成安全隐患。

（4）公共设施：校园主干道垃圾桶、公共座椅数量较少，且缺乏地方特色。

（5）水景：教学楼和实训楼之间是因地制宜建设的叠水景观，水池中养有金鱼，周边植被茂盛，风景优美。

第3章 智慧时代背景下的图书馆现状

3.1 国内智慧图书馆现状及案例

3.1.1 国内智慧图书馆现状

在国内，智慧图书馆理论性研究才刚刚起步，对相关智慧系统的研究大多还停留在皮毛，而将智慧化系统与智慧图书馆相结合的理论思考就更为少见。近几年来有关智慧图书馆的资料文献数量慢慢增多，智慧图书馆已逐渐变成图书馆发展的社会焦点。

3.1.2 案例分析

以国内南京大学智慧图书馆为例，其正式开通在线读者服务系统，并且推出了一系列全自助服务系统。其智能服务系统的开通适应了智慧时代新形势下高校图书馆服务方式及内容的转变和优化，以全力打造智慧图书馆服务体系。其目标旨在通过各个服务系统的建设和融合，建成一体化的读者服务平台以适应智慧时代多元化的用户需求和信息获取方式，以更好地应对信息技术的发展对图书馆带来的挑战和机遇，更好、更稳地实现图书馆的转型。以产学研合作为主要模式，包括个性化服务、知识发现服务、移动图书馆服务、读者互动服务、学科知识服务。

3.2 国外智慧图书馆现状及案例

3.2.1 国外智慧图书馆现状

国外学者主要从智慧图书馆的定义、特征、原则、作用、手段、对象、评价等视角进行分析。在2003年芬兰奥卢大学图书馆就提出了相关问题，"智慧图书馆"是指能够打破位置空间的限制，并且可以被人们感知到的移动型图书馆，主动为使用者找到最合适的书籍信息。2010年2月，美国图书馆协会专门刊登有关智慧图书馆技术发展的最新信息和进展的周刊。从特征和技术潜力方面分析多种智慧系统，以此作为该领域分析和探讨的学术指南。还有利用调查问卷的形式，对图书馆读者数字资源使用和学习方式进行分析，建议提高图书馆合作化、非正式的功能，从使用者的角度对智慧图书馆的系统进行分析总结。提出基于减少时间权重及矩阵聚类的全新系统管理，可以更好地解决数据稀疏的问题，更好地反映使用者多变的兴趣。

3.2.2 案例分析

以国外乌得勒支大学图书馆为例，图书馆入口与街面处于同一层，周围的店铺和咖啡馆给图书馆增加了生气，跨过一座桥或者走过一座多层停车场就是相邻的校园建筑，这都是图书馆自身的一部分。这座校园的大多数建筑物都在二层的高度上用桥连接在一起，在寒冷的天气，学生可以"无缝"穿过一幢建筑到达另一幢。乌得勒支大学图书馆的设计尽最大可能地提供各种各样的阅读空间，同时它也不缺储藏空间。它可以容纳4200万卷书，并且其中大部分都开架。书架是用来隔出工作空间的，这类工作空间大多数是巨大的连续空间，顶上是封闭的书库以及专业阅览室，因此架上的书籍变成了工作空间的背景幕布，黑色的墙壁衬托着五颜六色的书籍。校园里的学习空间给学生提供了一个可以在课间工作的场所，也为团体合作或者朋友会面创造了条件。空间并没有明确划分，但是学生们常常会坐在最喜欢的位置。有的喜欢在开放的大空间里工作，有的则喜欢缩在书库的小空间里。图书馆不再仅仅是一个存放书籍的地方，它是一个工作场所。在我们这个空间昂贵的世界里，免费使用的工作空间显然很受欢迎。

3.3 图书馆发展所面临的挑战

3.3.1 用户流失困境

随着互联网大数据时代的到来，全球的数据量以每年58%的速度增长，在新媒体搜索引擎的强力冲击下，尽管图书馆电子资源利用率与以前相比，有了很大增幅，但也改变不了图书馆已经丧失了被用户作为资料查找途径的首选地位的事实，同时读者到图书馆阅读和图书借阅量也不断降低。

3.3.2 资源整合困境

目前由于多方面因素的限制，数据开放程度相对较低。就图书馆而言，数字资源运行平台、存储方式、云数据技术各不同，给图书馆整合带来了非常大的困难，即便采取现有新兴数据技术进行整合，还是存在许多问题，难以进行高效的知识数据管理。毫无疑问，正是由于新媒体环境下，传统的数据管理方法已经无法适应当下对数据深度分析的用户需求。

3.3.3 智能搜索困境

搜索引擎是一种计算机特定的程序，根据一定的规律，在对网上的数据信息进行组织和分类处理后，把用户搜索需要的相关数据信息以多种形式展示给用户。搜索引擎被认为是人类与互联网之间最重要的连接方式，能够帮助人类在广阔的信息海洋中快速获取有效信息。虽然，多年来全球各大搜索系统不断发展完善，但总体来说，还属于传统被动式的搜索模式，无法满足当下读者的使用需求。

3.4 图书馆发展带来的机遇

新时代技术的改善和提升，带动着智能搜索引擎搜索效率的大幅度提升，从而为图书馆提供更加个性化和智能化的智能信息服务。随着人工智能技术的不断发展，高校图书馆在智慧阅读系统、智能语音搜索、智慧书籍管理、智慧用户服务等方面将会取得重要成果。

第4章 智慧图书馆概述

4.1 智慧图书馆概念

智慧图书馆的实质是数字惠民，利用信息技术手段来依托，具有互联和便利的特征，强调科学发展。智慧图书馆需要依靠相关技术支撑来提供相对应的智慧服务，将数据资源与使用者建立联系，从而提供个性化、智慧化的图书馆，从整体外观建筑和内在云端数据方面都能够体现智慧服务。

4.2 智慧图书馆发展历程

高校图书馆经历了三个阶段，从传统实体图书馆到数字化图书馆再到复合型图书馆，目前正处于由数字化图书馆、复合型图书馆向智慧图书馆的过渡时期。智慧图书馆是由数字图书馆和复合图书馆融合发展到完善成熟后的全新阶段，是当前图书馆的最高级形态。

4.3 智慧图书馆的特征

智慧图书馆主要包含五个特征，从建筑实体到虚拟服务，体现着智慧图书馆的特色，具体如下：

1. 建筑智慧化。主要包括图书馆的自身建筑、电子设备等。智慧图书馆可将传感器装置嵌入设备中，以方便对设备的实时状态进行管理和监测，实现对设备分析、管理与监控等的智慧化管理功能。利用物联网和传感器等技术，使图书馆的建筑主体等形成云端互联，达到智慧化管理，构建图书馆建筑智慧化系统。

2. 感知智慧化。指以物联网为基础，对图书馆各种资源进行识别装置，利用感知设备达到深层感知的智慧化功能。同时可以利用相关的技术对感知系统设备实现云端串联，最终达到任何时间、地点、物体之间的相互关联。

3. 管理智慧化。图书馆管理智慧化，是指能够对互联实物与虚物信息进行收集整合，从而规范化图书馆工作人员的管理工作，实现更加科学的工作业务及工作流程，真正实现管理智慧化。

4. 服务智慧化。主要涉及两个方面，分别是服务方式与服务内容。一方面将每个独立的系统进行串联，构建管理与决策一体的智慧服务系统，将图书馆的虚拟行为与现实行为结合起来。另一方面通过融合先进信息技术，为读者用户提供量身定制的智慧化服务，积极主动满足读者用户的各样需求，进而改进图书馆的服务方式、服务内容、服务手段及服务效果，为用户提供全面、全方位、准确、立体及个性化服务，真正实现以读者用户为中心。

5. 沟通智慧化。沟通智慧化主要是指通过各种信息技术，依托于发达的通信及感应设备，构建以物联网为支撑的智慧通信沟通系统，实现线上线下、每时每刻的智慧化互动沟通。同时，智慧图书馆还可以开展各图书馆文献之间的信息沟通服务，实现更广泛的信息互通和资源共享。

4.4 整体化设计特点

高校图书馆是读者导向型的建筑群体。按照系统论的观点，一切系统都是由相关元素按照一定的序列、组织、结构所构成的，它们相互作用组成一个完整的体系。高校建筑空间系统也不例外，图书馆建筑作为校园的核心建筑实体，只有用整体性视角讨论内外空间联系的问题，才能形成一个良性的高校校园建筑空间系统。

4.4.1　空间布置的高效性

高效性从宏观上是指高校图书馆所处的位置使读者便于到达的特点，人们对于建筑空间及其布局方式应易于掌握、了解，所以它的视觉通达性也要一目了然；从微观上是指促进信息传播的高效性。现代图书馆的网络化和数字化使读者和信息的接触不再限于图书馆的开放时间和物理空间，省去了图书馆服务等一系列的中间环节，读者和信息的联系更为快捷和直接，此种方式高效地解决了读者在大量的纸质阅读信息中的筛选工作，可见高效性在图书馆建筑中的重要性。本设计在图书馆整体空间设计的高效性上通过中心电梯的设置使建筑空间具有良好的通达性，在空间的组织和交通体系设置上，使空间布局有序合理，交通流线简洁明了。

4.4.2　使用方式的开放性

所谓的开放性，是指建筑空间具有的某种可感知性，是不加任何限制的，从而使读者享有的一种生活学习状态。开放性主要表现为三个特征：易达性，使用者可以方便进出，没有太多的限制因素；大众性，这是一种共享的空间，人与人之间平等，并且没有其他的封闭形式；功能性，空间开放的最终目的还是要读者来使用的，是供人们休息、交流的平台。

4.4.3　节奏把握的序列性

图书馆中序列空间的创造是建筑空间的属性之一，序列性将点、线、面三者相互结合，并且将与之相对应的景观节点、交通流线、交流平台因地制宜地设计出不同特色的空间效果。所建立的空间形态框架，是各功能组织共同作用的结果，这就要求无论是动态的交通空间或者是静态的休闲场所，都要从空间整体效果出发，在和谐的流动中加之跳跃的变化。采用集中竖向交通的空间形式，形成了竖向的多维层次共享空间，加强了空间的节奏与韵律，这种空间形式可以使建筑中庭空间内部最大范围地向公众展开，以此方式表现其空间的序列感。

4.4.4　心灵感受的个性化

楼板边界处理为曲线式界面样态，灵动、流畅的线条穿梭在其间，勾勒出三维的立体式空间曲面，营造出开阔的空间体验，使人感到内部建构体系仿佛是在空间中被表皮包裹下漂浮的云朵，让读者能够感到奇妙的空间变化。

第5章　智慧时代高校图书馆设计实践

5.1　整体化形态设计

本设计追求的目标是既能满足使用者的物质需求，又能使使用者在精神需求上得到良好的情感体验，整体形态主要是针对使用者行为进行设计，从而为学生的活动提供多样的灵活性，使学生能在学习任务繁忙时，会在这里得到心灵释放的空间场所。下面从形式、交通、色彩以及表皮材质等几个方面来阐述图书馆整体空间的设计，将这几个方面有效地结合在图书馆建筑设计中。

5.1.1　形式层面多变

整体外观采用规则的几何形状，对基本几何体量进行切割和增减，在简单的基本几何形基础上，加以某些有机形态的变形之后形成不规则形状，这种规则与不规则的形状构成整体空间的出现，适应了建筑多元空间样态发展的趋势，满足了使用者追求复杂多变的心理诉求。

5.1.2　交通流线顺畅

在图书馆建筑中，整体空间是一种复杂的运动空间，因此空间的主要活动人流线路应该导向明确、主次分明，保持水平人流方向和垂直人流方向上的连续性。相比总建筑面积相同的建筑空间而言，带有中心电梯的交通设施是较为经济的，水平交通空间在建筑中所占的比重较大，可以归纳为半流动的交往空间，中心电梯延伸玻璃楼板，当人们停下来交谈甚至驻足在玻璃楼板上时，这些楼板的作用就不仅是交通的功能，还是一个适合逗留的交流场所，具有重要的连接作用，实现功能的自然过渡和空间的文化性。

5.1.3　色彩搭配和谐

不同的色彩用语言来传递所要表达各自的信息，使人能够有效地被理解与接收。基于色彩对人构成的心理作用，空间色质是指空间的色彩和质感，它传递给人们是可以触摸、可以观察的真实感，在空间尺度决定的气质基调下有种更为细腻和人性化的感受。经过分析，最终选用绿色与白色为主色调搭配少量点缀色作为整体空间的色彩搭配。

5.1.4 表皮创新技术的应用

表皮可以决定个体不同的属性特征，成为能够感知和交流功能的外表层面。不同的信息感应多数情况下由有机体的外部环境传达至内部空间环境，有时也将建筑内部的信息传达到建筑外部。新颖的外立面给人以不一样的视觉体验。图书馆整体空间环境的塑造离不开外观形态、建筑色彩、表皮材质等要素，而材质是建筑形态基本的物质载体，所呈现出的面貌或是简洁或是繁杂，抑或亲切或是温馨，这些特征都需要通过其表面材质去表现出来。无论视觉还是触觉都能给人以细致入微的知觉体验，有其他形式要素不可替代的功效，它也给建筑师提供很大的创作空间。在材质的选择上，将石材、木材、玻璃等材料与颜色配合在一起进行搭配，将合适的材料与舒适的颜色有机地结合在一起，营造出整个图书馆的外观设计。

5.2 物理环境因素的影响

5.2.1 视觉空间环境设计

光线充足的场所能够让人身心舒畅，从某种意义上讲是光空间与实体空间融合和叠合形成的视觉空间。经过视觉而获取的，对光、色、形的知觉，是人类视觉器官的最基本功能。在这大量的视觉信息中，色彩是最重要的一部分内容。在人们所依靠的感官中，视觉感受是最为直观和真实的，因此图书馆的整体基调一定要明确和鲜明。图书馆设计在整体颜色基调上，首先满足视觉冲击对美的需求，使用能引起人们注意的明度和纯度，营造错综复杂的空间效果，其次再加上独具创新的室内空间设计。当学生进入图书馆时，看到的是内部圆形的天井空间打造的一个中庭空间，内心便会豁然开朗，大量的点光源，与整个空间内的高明度基调相呼应，创造出十足的韵律感，尽显神秘性与现代科技所展现的时代性。

5.2.2 听觉空间环境设计

良好的听觉环境，不仅有利于使用者在图书馆静心、高效地学习，还能有效地缓解学习的压力与情绪的过度紧张。声音可以传递气氛，舒缓有节奏的声音可以使人放松、心情愉快；高频持久的声音让人紧张、容易烦躁不安，通过对声音产生和传递的介质的设计，来调整整个空间的声音环境。如果图书馆内的声音处理不当，容易变为刺耳的噪声，在图书馆中庭内的使用功能繁复，容易形成各种步调不一的声音，十分不和谐。由于每层都有相对大的开放空间，所以设计时着重避免了互相的干扰，使中间廊道空间充分发挥其功能。在设计图书馆整体空间时尽可能地控制混响和减小回声，使其不但能满足公共廊道的使用需要，又不影响正常阅览氛围。听觉环境的控制离不开材料的选择及其构造，如室内的地面、桌面等均应选择具有吸声与隔声作用的材料，噪声等级给人的身心危害也是不同的，在整体设计中由于馆内本身的开敞性和流动性特征，可增加室内空气的竖直流动，以此减少噪声的水平干扰。

5.2.3 通风与环境设计

建筑或室内空间周围的气候条件直接影响着空间的品质和舒适度。一个闷热的空间对于在其中生活与工作的人来说都是十分不舒服的，甚至是艰难的。如冷热、干湿、风速、气压等因素，都会对人们舒适度产生影响，所以在通风设计与环境温度上要做综合的考虑。

5.2.4 光照与人工照明

建筑的形、色、质和空间都离不开光，光不仅要满足人们的照明需求，同时要满足人们的审美要求。利用光的艺术和形态，可以让环境、空间变得有意境、有氛围，适应人的心理需求，使人们得到更好的使用感受。

按照光的属性可以分为自然采光与人工照明。从古时候开始，人类社会便对太阳有一种崇拜。整体建筑顶部保留了较大的天窗面积，来自中庭上方的光束，随着天空的变化而变化，形成光与光影之间的变幻，使室内空间产生了戏剧性的变化。如同圣坛上方的细光从窗洞倾泻而下，在阴暗的空间内便形成了神圣的宗教气氛，传达出人类对自然光的信仰，如同万神庙上连接天堂的入口。整体中庭空间引入大量自然光，通过光对中庭空间的塑造，让人感到了空间丰富的质感和动态感。由于图书馆内采光的需要，空间顶部在设计时使用大面积的玻璃天窗和侧窗玻璃幕墙，当天气晴朗时通过室外阳光的照射，能在室内的地面及墙面上呈现出变幻奇妙的光影，使建筑物的体量十分明显，轮廓与细部更加清晰，材料的色彩也变得更加绚丽，结构也像雕塑一般变得质感强烈，同时与图书馆外面的景观形成动态的对照。但光环境过强也会产生眩光，使人感到不适，读者会产生视觉疲劳。所以可以通过反射的方法使光线变得均匀，以此消除强光带来的不适感，使其能很好地削弱最后到达地面的阳光强度，此时到达底部时的光线就变得柔和，容易接受。

结语

1. 设计不足

本设计为泉州信息工程学院图书馆建筑及室内设计，文章主要对其设计方法进行了分析总结，落脚点主要放在空间的应用上，对于智慧化空间的建筑技术方面的方法、空间的再利用与改造层面涉及较少。由于本人所掌握的知识与能力有限，许多细节之处需要深化和完善，设计也尚存一定的局限性。

2. 前景展望

今后的图书馆更多的是网络提供给人们更及时、准确的信息资源，同时空间的舒适与愉悦程度是未来图书馆中首先要考虑的问题，未来图书馆建筑空间的发展趋势，无论建筑还是其他共享空间都要与时代的发展紧密结合，并需要不断地分析总结，才能为使用者设计出人性与智能一体化的方便、舒适、快捷的高校图书馆建筑空间。

参考文献

[1] 李佳智. 高校图书馆建筑中庭空间设计研究[J]. 现代情报，2016.

[2] 王世伟. 未来图书馆的新模式——智慧图书馆[J]. 图书馆建设，2011（12）.

[3] 曾子明. 智慧图书馆个性化推荐服务体系及模式研究[J]. 图书馆杂志，2015（12）.

[4] 肖逸熙. 多媒体时代下图书馆室内环境的转型研究[D]. 东南大学，2019.

[5] 王彩霞. 新媒体时代读者阅读方式变化与图书馆应对策略[J]. 现代情报，2012.

[6] 罗惠敏. 图书馆空间设计理念研究[M]. 北京：社会科学文献出版社，2017.

[7] 吴承霖. 高校图书馆的社群空间环境设计研究[D]. 大连理工大学，2018.

[8] 薛慧芳. 中国古代最高统治层内典籍流通考略[C]. 福建省图书馆学会，2013.

[9]（英）坎贝尔. 图书馆建筑的历史[M]. 杭州：浙江人民美术出版社，2016.

[10]（美）马修·巴特尔斯. 图书馆的故事[M]. 北京：商务印书馆，2013.

[11] 黄白. 高校图书馆的适宜性空间环境设计研究[D]. 南昌大学，2007.

[12] 初景利. 图书馆发展变革与服务转型[M]. 北京：国家图书馆出版社，2012.

[13] 付跃安. 图书馆移动阅读服务策略研究[M]. 北京：社会科学文献出版社，2016.

[14] 欧书亭，苏德毅. 想象图书馆的未来：图书馆与信息机构情境规划[M]. 北京：国家图书馆出版社，2017.

[15] 朱开忠. 图书馆转型研究[M]. 北京：人民邮电出版社，2011.

[16] 杨得鑫. 读者行为引导下高校图书馆学习空间设计研究[D]. 重庆大学，2018.

[17] 陈臣. 基于大数据的图书馆个性化智慧服务体系构建[J]. 情报资料工作，2013（6）：75-79.

[18] 黎春兰，邓仲华. 面向图书馆的云计算研究综述[J]. 图书馆杂志，2014（5）：68-75.

泉州信息工程学院图书馆整体外观设计
The Overall Appearance Design of the library of Quanzhou University of Information Engineering

基地概况

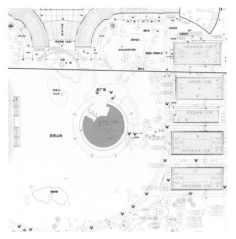

基地周边主要建筑

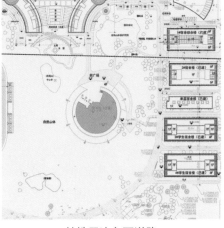

基地周边主要道路

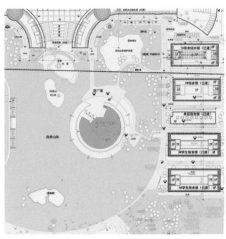

基地周边公共绿地

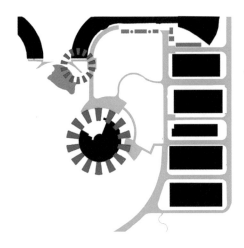

教学楼、实训楼为人流较多的聚集路口

从主校道到图书馆之中共有3条路径

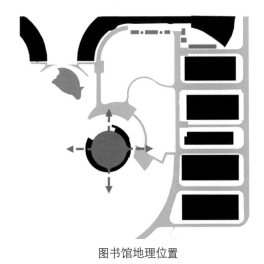

图书馆地理位置

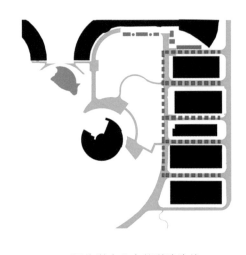

通往学生公寓的道路流线

整体构成

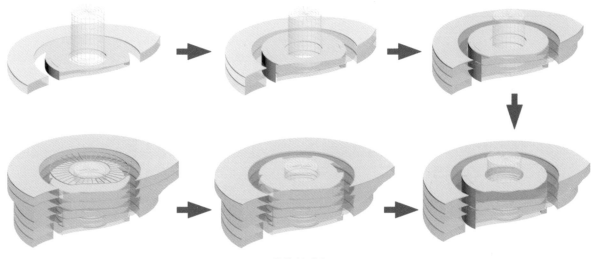

整体构成1

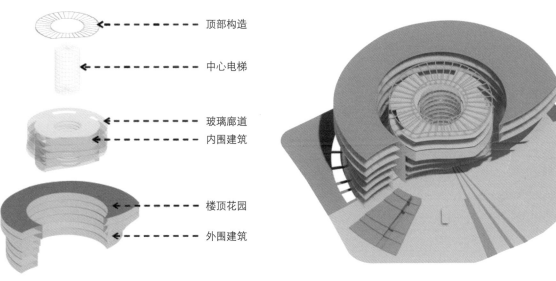

顶部构造

中心电梯

玻璃廊道
内围建筑

楼顶花园

外围建筑

整体构成2

功能分区

咖啡馆、空中花园、休闲文化区

翻转课堂、虚拟空间、学术研讨区、实验室、创客空间

多学科知识提取区

电子阅览室、休闲阅读空间、VR体验空间、个性化阅读空间、交流区、多功能活动区

公共区、研修室

智能前台、虚拟展厅、现实展厅

功能分区图

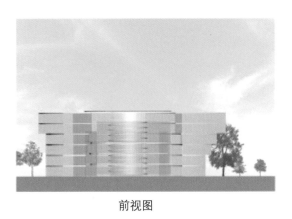

前视图 后视图

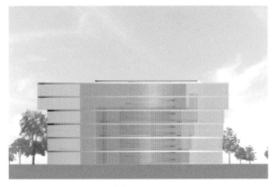

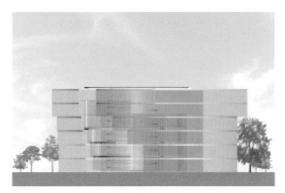

左视图 右视图

立面分析图

整体鸟瞰图

图书馆虚拟现实技术的应用与调研
——以泉州信息工程学院图书馆为例
Application and Investigation of Library Virtual Reality Technology
—Taked the Library of Quanzhou University of Information Engineering as an Example

泉州信息工程学院图书馆室内一、二层设计
Quanzhou University of Information Engineering Design of The First and Second Floor of the Library

泉州信息工程学院
李国杭
Quanzhou University of Information Engineering
Li Guohang

姓　名：李国杭　本科四年级
导　师：段邦毅　教授
　　　　黄志杰　老师
学　校：泉州信息工程学院
　　　　创意设计学院
专　业：环境设计
学　号：20170629
备　注：1. 报告　2. 设计

图书馆虚拟现实技术的应用与调研
——以泉州信息工程学院图书馆为例

Application and Investigation of Library Virtual Reality Technology

—Taked the Library of Quanzhou University of Information Engineering as an Example

摘要：虚拟现实技术是一门新兴的应用科学技术，还处于发展阶段，虚拟现实技术在世界范围内越来越受到重视。本文在基于2020"四校四导师"实验教学课题——泉州信息工程学院智慧图书馆改造的感悟上，介绍了虚拟现实技术在图书馆的应用，分析了虚拟现实技术与图书馆之间的关系，讨论了虚拟现实技术的特点和显示的各种问题，并分析了虚拟现实技术的应用对图书馆资源整合和现场经验的影响。同时分析了智慧图书馆应用的发展方向，以及一些潜在的问题。

关键词：虚拟现实技术；智慧图书馆；实践应用

Abstract: Virtual reality technology is a new applied science and technology, which is still in the development stage. Virtual reality technology has been paid more and more attention in the world. This paper introduces the application of virtual reality technology in the library, analyzes the relationship between virtual reality technology and library, and discusses the characteristics of virtual reality technology and various display problems. It also analyzes the impact of the application of virtual reality technology on library resource integration and field experience. At the same time, it analyzes the development direction of Smart Library application, and some potential problems.

Keywords: Virtual reality technology; Smart library; Practical application

第1章　绪论

1.1　设计背景

随着科技的发展，人们获取信息的渠道变得越来越多样化和便利化，图书馆不再成为人们获取信息的唯一选择与途径，新兴技术与新信息环境的发展使得图书馆传统的文献信息中心地位受到撼动，给高校图书馆服务的改革与创新提供了新的机遇与新的挑战。

1.2　国内外研究现状

1.2.1　国外研究现状

利用虚拟现实技术建立虚拟图书馆及其智能导航是图书馆一项比较成熟的服务。在国外图书馆方面，芬兰奥鲁大学图书馆于2004年借助RFID和无线局域网开发了智能图书馆，旨在帮助用户进行图书搜索和导航。斯坦福大学第二人生的产品为用户提供虚拟讲座、咨询和虚拟展览等服务。

在新加坡国立大学虚拟图书馆的框架下，采用虚拟现实模式语言的虚拟现实环绕系统为读者提供相应的文本、图片或视频。这项技术随后被制作成动画。书中最重要的事件是在休斯敦（美国）的心脏图书馆通过智能手机软件显示。

1.2.2　国内研究现状

在国内图书馆方面，中国国家图书馆的读者可以虚拟地使用特殊设备参观国家图书馆的新大楼，并通过浏览器到国家图书馆内进行虚拟旅行。清华大学图书馆开发的书籍查询系统，可以自动定位一本书的位置，或者查看详细的布局，查看附近图书馆的信息。

我国数字图书馆的出现晚于西方发达国家，20世纪90年代以来，世界上大部分发达国家都在建设智慧图书馆，数字图书馆建设取得了巨大的进步。我国的数字图书馆建设起步较晚，但随着现代科学技术的发展，数字图书馆得到了进一步的发展，并逐步采用虚拟现实技术。2008年，国家成立第一个虚拟图书馆——"虚拟国家图书馆"（NBU）真实系统。

1.3 设计意义

（1）对高等院校图书馆的可持续发展与创新具有重要的现实意义；

（2）对当前智慧图书馆的虚拟现实技术运用现状及其存在的不足进行分析，兼具理论价值实践意义。

1.4 设计价值

在一定程度上丰富了我国关于高校智慧图书馆虚拟现实技术应用的实践。

1.5 设计难点

（1）如何把理论研究与实践应用相结合，从虚拟现实技术的服务内容深度与应用价值来说，涉及比较多领域、内容和技术，对于技术的理解和把握以及服务创新内容的分析存在困难；

（2）如何在设计过程中，系统地应用多学科背景知识，综合地调查和阅读，发挥主观能动性，找到客观规律，来定位智慧时代高等院校图书馆服务创新存在困难。

1.6 图书馆发展所面临的挑战

（1）用户流失困境；

（2）功能单一困境；

（3）智能搜索困境。

1.7 新时代对图书馆发展带来的机遇

虚拟现实技术的改善和提升，将会带动智慧图书馆的应用，从而为智慧图书馆提供更加便捷化、稳定化和智能化的服务奠定了坚实基础。

"图书馆国际合作计划"的项目只需要我们安装系统程序平台组件所提供的网站就可以利用虚拟现实技术来实时显示，一些信息会在有限的时间内进行资源搜索，体验虚拟检索室和阅览室。智慧图书馆的虚拟现实系统由非沉浸式虚拟现实系统和半沉浸式虚拟现实系统组成，使用这两种系统具有明显的优势，它的建设成本相对较低，对用户的计算机终端的硬件要求不是很高，所以它相对容易促进建设。然而，受虚拟环境的图像质量和人机交互方式的限制，用户往往不能完全沉浸在虚拟环境中，其沉浸体验相对较差。目前，虚拟现实技术在图书馆的应用主要集中在导视、收藏的优化分布、阅读者服务的体验等，具有现实性和可行性强的特点，为读者提供了一个独特的阅读环境。从国内外图书馆虚拟现实技术的应用现状来看，虚拟现实技术的应用还处于初级阶段。主要有非沉浸式虚拟现实系统和半沉浸式虚拟现实系统两种虚拟现实科技系统。其主要功能是对传统图书馆服务功能的补充和完善，并没有充分发挥虚拟现实的作用。一些科学技术的应用，如桌面虚拟现实技术、虚拟现实技术等，虚拟环境漫游和图书馆仿真技术的图像质量比较粗糙，漫游模式有限。随着虚拟现实设备研发技术的进一步深入发展，以往价格较高的设备价格将进一步下降，这为沉浸式虚拟现实在高校图书馆的普及提供了机会。

第2章 相关概念解析

2.1 虚拟现实技术的含义

虚拟现实科学技术通俗的说法即是计算机合成的真实世界。在其操作过程中，人完全融入虚拟现实环境中成为行为主体，它涉及计算机图形学、人机交互技术、传感技术、人工智能等领域。

2.2 虚拟现实技术的内涵

第一，虚拟现实是借助于计算机构建真实的情景，是一种虚与实的交融。人在真实世界中是通过眼睛、耳朵、手指、鼻子等器官来实现视觉、触觉、嗅觉等功能的，进入虚拟现实环境，人也要调动这些功能来实现人机互动；

第二，用户可以通过自身的活动来配合计算机的虚拟情境；

第三，虚拟现实要借助于一些传感设备和三维设备来完成交互操作。

2.3 虚拟现实技术的特征

虚拟现实系统有四个特征：多感知性、浸没感、交互性、构想性。因其生成视觉环境和音效的立体性、人机交互的友好性，使人在应用过程中充满了欢欣愉快的体验。虚拟现实科学技术大多运用于高等院校图书馆，学生进入系统查阅资料，就如同在真实的环境中与馆员交流，在人机友好互动中，增长了知识，开阔了视野，愉悦了身心。对于图书馆而言提高了工作效率，加快了与兄弟单位共享资源的速度。

2.3.1 可感知性

可感知性是用户在虚拟现实技术的指引下，通过可穿戴设备，借助虚拟仿真应用平台进行真实模拟和呈现现实社会场景，虚拟场景中的景象能够脱离现实存在而被用户真实感知，凡是不能充分感知用户真实意图的场景，都不能很好地称之为具备虚拟感知性。真实摄影的虚拟扩展场景是真实直观的三维虚拟图像。利用真实感和实现技术，可以同时创建两个不同的虚拟场景，从而创建一个不同于另一个的虚拟图像。用户虚拟下，在虚拟中了解自己的服务范围和空间，在虚拟世界中用户越看越远。在这个平台上，人们可以了解、热爱和利用图书馆，更好地推广图书馆。

2.3.2 交互性

交互性是虚拟现实技术得以深入应用的价值体现。交互的目的在于促进人机之间的交流和联系，参与者可以通过虚拟现实技术所营造的现实场景全程参与和实现个人意愿表达，进而构建现实与虚拟环境场景的互动应用。例如，用户借助图书馆提供的可穿戴设备和计算机虚拟成像技术自由感知三维虚拟环境下的场景应用服务，利用计算机模拟而成的虚拟场景，在图书馆智能载体上实现电子图书翻阅以及人机实时交互。

虚拟现实能够提供永不间断的幻境和空间经验，一个可供阅读建筑数据的设施。当人们读出典型的拼图时，读者可以使用各种VR平台和VR设备，从第一个人的角度，提高他们对建筑和室内环境的感知，同时研究空间设计的创新。VR技术可以从不同类型员工中开启第一个视角，使经典文学变得更具活力和深入。

它包括虚拟现实互动技术：互动图形、字体识别和空间跟踪。仿真定位技术包括激光、红外线和可见光。虚拟是向读者提供一种与真实生活相适应的算法，该算法构建了虚拟世界的坐标，并使算法能够重塑虚拟真实生活的位置。在虚拟世界，通过虚拟世界的读者可以获得建筑、颜色和材质等元素的感觉和认知体验，并与经典作者沟通，以获得书籍的好处。这让读者可以通过包含虚拟现实的虚拟场景，在某一领域内改变季节更替，研究创作模式。

2.3.3 沉浸感

沉浸感是用户借助图书馆提供的 VR 技术、设备及全方位、多功能应用平台，在虚拟场景环境下，通过系列行为指令的输入触发相关虚拟现实应用模块，真实呈现与现实世界无差别的应用场景，进而让用户在计算机仿真系统所构建的虚拟场景中与生理、心理等多重感官遥相呼应，感知虚拟现实技术带来的便捷、快速服务，如用户可借助 VR 眼镜等可穿戴设备在虚拟场景中自由选择图书馆数字资源进行全方位、多元化、立体式阅读，真实沉浸于书海遨游的互动体验之中。

图像和支付的经典用法仅限于作者与读者的单向交流。它可以通过一个虚拟的平台表现出来，使读者，特别是非研究者能够充分感知空间，创造一个认知的场所，为材料的选择进行比较服务，打破刻板印象，使信息更生动、更具吸引力。

2.3.4 构想性

构想性也称想象性，使用者在虚拟空间中可以与周围物体进行互动，可以拓宽认知范围，创造客观世界不存在的场景或不可能发生的环境。构想可以理解为使用者进入虚拟空间，根据自己的感觉与认知能力吸收知识，发散拓宽思维，创立新的概念和环境。

第3章　新时代图书馆中虚拟现实技术的应用

3.1 图书馆引入虚拟现实技术的特殊性

智慧化图书馆与虚拟现实的有效合一，制造出一个虚拟图书馆馆舍，让数字化图书馆的用户仿佛进入一个真实的图书馆，了解图书馆的布局和结构，享受人机互动的虚拟性服务，顺应了时代的需求，也更好地服务了学生。在虚拟教学环境之下，人们可以通过参与者之间的交互和虚拟仿真环境，并认知觉和认知能力帮助他们接触，它有助于启发参与者的思维，以获得各种各样的空间信息和虚拟环境中包含的逻辑信息。学生沉浸在多维信息空间中，能主动在环境中操作，从科技信息技术知识中学习。因为场景真实，可以极大地激发学生的学习兴趣，发挥他们的想象力，达到显著的学习效果。而虚拟"真实"环境往往不仅是单一学科知识的应用，还涉及多学科知识的应用和结合。此时，单一简单学科的虚拟教学难以满足人们需求，需要不同学科的知识教学来应对不同的虚拟场景。高校图书馆在整合各学科教学资源方面具有明显优势。它有着其他高等院校所没有的丰富电子信息资源和完善的网络系统。跨学科三维虚拟教学是其他单一学科难以实现的，在高校图书馆实现是可能的。虚拟实验教学项目的应用与共享不仅是学院各专业的共享，也是高校图书馆虚拟实验项目的联合共享，从而提高高校图书馆持续开放服务的能力。

3.2 图书馆引入虚拟现实技术的必然性

随着科技时代的进步，数字化图书馆的发展和运用，弥补了传统图书馆的不足，方便了用户的阅读。但数字化图书馆也有其弊端，在数字化图书馆里读者很难看到真实的图书馆，也不能和管理人员进行互动，在人和机器的互动频率上不如传统的图书馆。这种情况的存在，使数字化图书馆的服务质量得不到进一步的提高。数字化图书馆和传统的图书馆相比，最明显的不同之处就是数字化图书馆没有馆舍，因此，在高校图书馆中引进虚拟现实技术，就显得尤为必要，新媒体智慧校园建设主要是建立高等院校虚拟环境。通过虚拟现实的沉浸，师生可以感受到高校教学、管理和生活服务的有关信息。这种突破了时间和空间限制的新媒体智慧校园，极大地促进了高校教学资源的远程共享和科研服务的提高。与过去教师坐在教室里的枯燥教学形式相比，虚拟现实技术创造了一种师生都爱听、爱看的教学方式。在虚拟现实技术的帮助下，高校图书馆可以打破传统图书馆服务对象和方法的局限性，并使用虚拟技术弥补当前形势下，图书馆收藏的实用性不强。虚拟的空间是建立在传统校园的基础之上，以拓展现实校园的时间和空间维度，提升传统校园的运行效率，扩展传统校园的业务功能，最终实现教育过程的全面信息化，提高管理水平，增强核心竞争力。

3.3 图书馆引入虚拟现实技术的可行性

随着虚拟现实技术的完善，社会在发展，时代在进步，年轻人的思维模式也会淘汰旧有的程序和机制。虚拟化图书馆因其趣味性、真实性、互动性而成为学生喜闻乐见的方式，使学生带着激情、兴趣进入图书馆，有效提高了图书馆的资源利用率，也体现了高等院校图书馆培养有理想、有文化、具有创新意识的新时代人才的宗旨。在高校教学过程中，往往涉及一些现实生活中危险、难以接近或难以学习的内容，如火山喷发、地震灾害、火灾爆炸等。以往，对于这部分的实验内容，往往采用视频的形式代替实验操作，学生不能直接进入真实的实验现场，由于经验不足，很难感受到对有关教学内容的感性理解。高校图书馆可以利用沉浸式虚拟现实技术来整合这部分内容。在虚拟场景中，学生可以轻而易举地操作之前传统的图书馆无法完成的实验，可以自己将抽象的概念具体化，从而充分发挥沉浸式虚拟教学安全、省心、经济、实用的特点。

第4章　虚拟现实技术在公共图书馆中的应用

沉浸式虚拟现实（VR）为参与者提供了完全沉浸式的体验，让用户感觉自己置身于虚拟世界中，它能更好地展示虚拟现实的效果。相关设备包括头盔式显示器、行走设备、洞穴式立体显示器、数据手套、空间位置跟踪器等。沉浸式虚拟现实的最大特点是：采用封闭的场景和声音系统，将用户的视听感知与外界隔离，使用户完全置身于计算机生成的环境中。它具有高度的沉浸感、高实时性、良好的系统集成和并行处理功能。目前，常见的沉浸式虚拟现实系统有基于头盔的虚拟现实系统、基于驾驶舱的虚拟现实系统、基于投影的虚拟现实系统和基于洞穴的虚拟现实系统。沉浸式虚拟现实与桌面虚拟现实、分布式虚拟现实相比，沉浸式虚拟现实将是未来虚拟现实技术在高校图书馆应用的重要内容之一。

4.1 场景引导服务

计算机网络技术不断革新升级，一方面基于5G/6G蜂窝通信技术性能较以往有了质的突破，技术创新引领并推动了新兴技术在图书馆领域深入研发与应用；另一方面，国家对公共文化建设的投入不断提高，也进一步打开了新兴技术在图书馆中的应用市场，VR已广泛应用于智慧城市以及校园等各个服务领域。以语义网技术、大数据技术、数据挖掘技术为代表的技术应用为图书馆服务效能提供了广泛的技术支撑，利用虚拟现实技术构建虚拟应用场景，已成为图书馆优化服务效能的重要方式之一。

4.2 馆藏定位服务

图书馆可以通过构建虚拟现实场景，将馆藏中的纸质资源进行数据匹配或转换，进而生成可被VR识别和理解的专用数据格式，为用户构建立体、多元化的虚拟馆藏体系。通过提高用户利用 VR 场景进行图书自助查询的积极性，提升虚拟现实技术在图书馆场景服务中的使用。

4.3 信息可视化服务

信息可视化是在计算机仿真设备支持下，借助VR 虚拟成像技术，将传统图书馆馆藏信息资源真实、立体地推送至读者面前，使读者能够更加清晰、直观地掌握信息资源在馆藏空间所处的位置，为快速查找和利用图书馆文献资源提供便捷服务。

4.4 虚拟参考咨询服务

场景遥感技术、可视化技术迭代更新与升级，不仅对传统业务咨询范式带来了质的飞跃，同时也为虚拟现实技术在实时场景中的实践应用奠定了基础。公共图书馆利用虚拟仿真技术构建虚拟平台，将馆员、用户置于虚拟场景之中，虚拟参考咨询员在语音识别、数据挖掘和语义分析基础上，对用户所提出的问题进行判断和筛选，并在精准识别基础上进行数据分析、处理和推送，进而为用户提供更加精准优质的咨询服务。

第5章 设计时需要解决的问题

5.1 理论研究与实践应用脱节

通过梳理国内外有关 VR 应用研究发现，当前图书馆 VR 应用仍处于理论研究与实践探索相结合阶段，国内图书馆场景应用服务缺乏成熟的技术规范和强大的数据运算作为支撑，VR 应用仅以提供虚拟场景漫游、导航、虚拟参考咨询等服务为主，当前研究和关注的焦点仍以技术支持和服务应用为主，缺乏从战略规划角度审视 VR 技术变革与图书馆服务之间的契合关系，较少开发国外"第二人生"（Second Life，简称"SL"）这样为用户提供集资源与服务于一体的统一虚拟平台，即使 VR 典型应用机构，虚拟现实技术提供的服务内容也是以常规服务为主，从虚拟现实技术的服务内容深层次和使用价值来说，VR 技术有很大的发展空间。在教学方面，具有利用率高、成本低、安全性强、易维护等诸多优势，是推动高校"+智慧教育"发展的关键。对"教育"的积极探索是重建教育生态、促进高等教育发展的关键。目前，沉浸式虚拟现实的发展受到了一定的限制，高校图书馆应用中的首要问题是成本问题。沉浸式VR系统的头盔显示器、跟踪装置等设备采购费用较高，维修和保养费用更高。高等院校图书馆使用中的问题是人才技术问题，而人才技术问题比非图书馆技术问题更为重要，沉浸式VR系统、半沉浸式VR系统对高校图书馆员提出了更高的要求。也就是说，非身临其境的VR系统和半身临其境的VR系统都比较容易操作，大学图书馆员只要经过短期的学习与培训，就可以实现熟练操作。为保证沉浸式虚拟现实系统能够长期稳定运行，不仅需要专业人员对设备进行改进，还需要专业人员进行维护。提高沉浸式虚拟现实系统的读者沉浸性和互换性，还需要视觉生成技术的进一步完善。当前非沉浸式虚拟现实系统和半沉浸式虚拟现实系统的大学地图全景技术是图书馆常用的技术，它可以帮助读者尽量在大学图书馆找到自己喜欢的书籍，全景阅读为了展示场景的文化特点，技术的成本低，但沉浸感低、交流经验差。沉浸式VR系统一般采用三维建模技术，具有良好的沉浸性、交互性等特点，但很难实现复杂模型的构建过程，烦琐复杂的交互式虚拟场景具有大量的编程和技术难点。

5.2 成本昂贵，部署难度大

自20世纪提出至今，受技术条件和应用成本限制，VR 技术一直处于应用试验阶段，在图书馆未得到全面普及和推广。 虚拟现实技术是以虚拟仿真技术、无线遥感、高性能移动智能终端等设备为支撑，受数据挖掘、运算处理、三维成像技术与场景环境等因素制约和限制，加上受国内地区间经济发展差异影响，公共图书馆很少有足够的经费投入自主建设或购买，造成 VR 应用与部署在图书馆界的应用迟缓。纵观国内高校和公共图书馆，从应用范围来看，VR 多在经济技术较发达地区的图书馆应用，从应用深度来看，虚拟现实技术与图书馆服务有待进一步融合。

结语

1. 不足

文章主要是对这些设计方法进行分析和总结，落脚点放在空间的应用上，对于智慧化空间的建筑技术方面的方法、空间的再利用与改造层面涉及较少。由于本人所掌握的知识与能力有限，许多细节之处需要深化和完善，设计也尚存一定的局限性。加上虚拟现实技术还在不断发展，技术还不够成熟，所以在应用过程中，要正确分析虚拟现实技术存在的问题。

2．展望

沉浸式虚拟现实技术以众多的优势决定了虚拟现实技术教育领域的重要地位。第一，避免真实实验或操作带来的各种危险，减少真实实验中实验用品的损失；第二，在虚拟实验中获得接近真实实验的学习效果，并根据实验教学发展的需要"引进"新设备，不断扩充新设备；第三，彻底打破空间和时间的限制。通过整合高等院校图书馆的虚拟现实技术资料，可以提高实验效果和效率，充分发挥教学优势；第四，虚拟现实图书馆是未来高等院校图书馆发展的主流趋势，真实的虚拟场景，大大提高了数字化图书馆的趣味性，成为读者喜爱图书馆的理由，也使数字化图书馆的资源得到了充分的利用。因此，高校图书馆应及时顺应潮流，用积极的态度去关注未来虚拟现实技术的发展，跟上"互联网＋"时代下的要求，以大数据为背景环境，充分利用先进的虚拟现实技术，重新构建现代化的数字图书馆服务体系，吸引更多读者，进一步提高我国图书馆的社会地位。

参考文献

[1] 王文韬，谢阳群，李力．虚拟现实技术在图书馆中的应用前景分析[J]．图书馆，2016（5）：10-14，20．

[2] 陈飚．虚拟现实技术在图书馆中的应用[J]．图书馆研究，2013（5）：97-99．

[3] 梁荣贤．虚拟现实技术在图书馆参考咨询中的应用研究[J]．农业图书情报学刊，2013（9）：135-137．

[4] 高义栋，闫秀敏，李欣．沉浸式虚拟现实场馆的设计与实现：以高校思想政治理论课实践教学中红色VR展馆开发为例[J]．电化教育研究，2017（12）：73-78．

[5] 王晨晨．虚拟现实技术及其在图书馆的应用[J]．图书馆学研究（应用版），2018（20）：34-37．

[6] 洪焕椿．如何推广各省图书馆事业[J]．教育通讯，1948，5（2）:18．

[7] 李雪．虚拟现实技术在国家图书馆的应用[J]．科技情报，2009（30）：27-28．

泉州信息工程学院图书馆室内一、二层设计
Quanzhou University of Information Engineering Design of the First and Second Floor of the Library

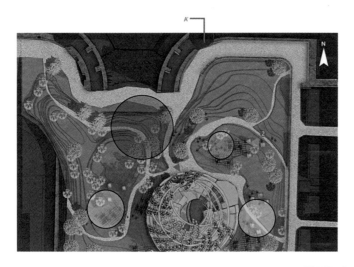

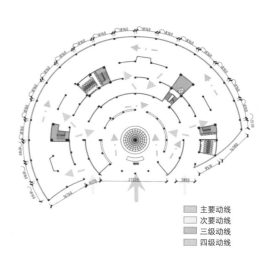

一层平面布置图

主要动线
次要动线
三级动线
四级动线

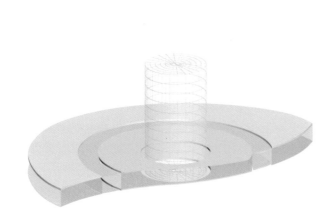

虚拟展厅
智慧咨询台
景观过道
现实展厅

一层功能分析图

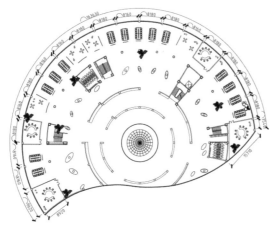

二层平面布置图

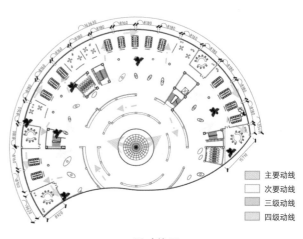

主要动线
次要动线
三级动线
四级动线

二层动线图

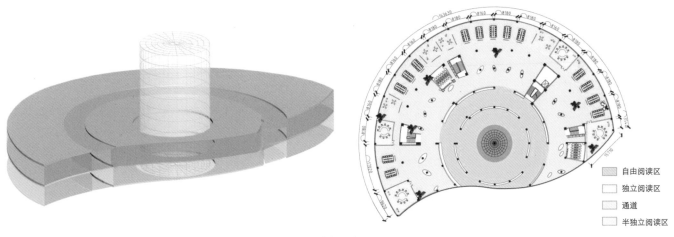

自由阅读区
独立阅读区
通道
半独立阅读区

二层功能分析图

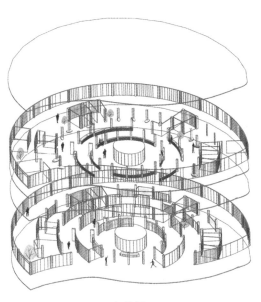

立体图

多功能家具展示图

方案效果图

基于泉信图书馆的智慧化改造：空间设计与服务设计

Based on the Intelligent Transformation of Quanxin Library: Space Design and Service Design

泉州信息工程学院图书馆室内三、四层设计

The Overall Appearance Design of the Library of Quanzhou University of Information Engineering

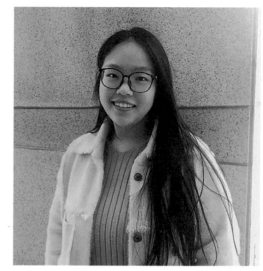

泉州信息工程学院
唐诗艺
Quanzhou University of Information Engineering
Tang shiyi

姓　名：唐诗艺　本科四年级
导　师：段邦毅　教授
　　　　黄志杰　老师
学　校：泉州信息工程学院
　　　　创意设计学院
专　业：环境设计
学　号：20170438
备　注：1. 报告　2. 设计

基于泉信图书馆的智慧化改造：空间设计与服务设计

Based on the Intelligent Transformation of Quanxin Library: Space Design and Service Design

摘要：图书馆作为学校学习资源的重要组成部分，一直以来都是学校的重点建设对象。但由于硬件设施和软件技术的不完善，大部分图书馆始终只是一种图书借阅工具，模式单一，难以吸引学生兴趣。在过去的几年里，大数据应用、云计算、物联网和其他信息技术得到了快速发展。为避免传统图书馆被边缘化，切实提升高校图书馆在教学科研中的作用，对高校图书馆展开智慧转型任务变得迫在眉睫。本文围绕学校特色，从实际出发，以原有传统图书馆改造升级为智慧图书馆切入点，创造一个智慧型的学习环境和学习空间。

关键词：智慧图书馆；空间设计；服务设计

Abstract: As an important part of school learning resources, library has always been the key object of school construction. However, due to the imperfect hardware facilities and software technology, most libraries are always just a book lending tool with a single mode, which is difficult to attract students' interest. In the past several years, there have been rapid developments in big data applications, cloud computing, the Internet of Things and other information technologies. In order to avoid the marginalization of traditional libraries and effectively enhance the role of university libraries in teaching and research, it is urgent to carry out the task of wisdom transformation for university libraries. This paper focuses on the characteristics of the school, starts from the reality, and takes the transformation and upgrading of the original traditional library as the starting point of building the smart library. Creating a intelligent learning environment and learning space becomes the object of focused discussion.

Keywords: Intelligent library; Space design; Service design

第1章 绪论

近年来，随着RFID、物联网、云计算等新一代数字媒体信息技术的发展，以及"智慧＋"思想的提出与兴起，智慧地球、智慧城市等概念不断涌现在人们面前，智慧图书馆也不例外。关于智慧图书馆的理论及实践研究开展得如火如荼。但我国智慧图书馆的建设仍处于初步发展阶段，存在着设施不先进、服务机制不完善等问题。

1.1 设计背景

进入 21 世纪，阅读媒介和阅读方式随着信息化的发展，产生了天翻地覆的改变。人们的信息需求方式发生了变化，学校图书馆不再是学生和教师获得信息资源的唯一地方，网络搜索系统成为学生和教师们更加欢迎的获取资源方式。同时，图书馆的借阅量和到馆人数都在不断下降，图书馆资源大量闲置，甚至引起了学者们对于学校图书馆是否消亡的争论。因此，创造什么形式的学习环境和空间成为聚焦讨论的对象，为了应对传统图书馆面临即将被淘汰的危机，必须提升高校图书馆在教学科研方面的作用和完善图书馆里的设施功能和空间布局，由此，对高校图书馆智慧转型变得迫在眉睫。

1.2 设计意义

在信息技术日新月异的时代，智慧图书馆的服务内容和工作方式将随着时间的推移、技术的创新而发生改变，图书馆不仅仅局限于作为传统的外借和阅览的场所而存在，更将成为学生和教师们的学习、交流、创新、探讨、休闲和娱乐的新空间。学校智慧图书馆将发挥学校"学习中心"的作用，以用户的需求为根本出发点和归宿点，为教师和学生们的学术交流和科学研究提供更加适宜的空间。近年来，学术界对图书馆空间服务模式进行了多维探讨，给出了"信息共享空间""社会公共空间""第三文化空间""知识共享空间""社会创新空间""学术交流空间""知识生活空间""休闲娱乐空间"等多元化的阐释。

1.3　分析方法

1.3.1　文献与资料分析

（1）分析高校智慧图书馆的建筑设计的理论和案例，分析总结高校智慧图书馆当中建筑设计的方法和理论依据。

（2）对图书馆的空间进行调查研究，从而了解高校智慧图书馆对空间的要求。

1.3.2　访谈法

通过访谈的形式，与在校师生进行沟通，直面使用者对于现有图书馆的意见与建议，聆听在校师生的学习需求和场所需求，让使用者参与互动。结合不同年级和不同专业的使用者对于学科学习的诉求，将使用者需求在设计前期纳入主要考虑的内容。

1.3.3　经典案例分析

通过搜集整理国内外智慧图书馆的相关案例，分析比较国内外高校图书馆的差异，借鉴国外优秀的设计经验和设计手法，并总结归纳高校图书馆再设计要点与设计手法，为设计作品提供参考。

第2章　图书馆发展简介与剖析

2.1　国内图书馆发展简介

我国图书馆的发展历史悠久，距今已有3000多年的历史了。早在周代，图书馆就初现雏形。据《史记》记载，老子姓李，名耳，字聃，周守藏室之史也。这个"守藏室"是藏书的地方，"史"是专门管理书籍的官职。纵观我国的图书馆发展历程，可以分为以下三个阶段：古代藏书楼、近代图书馆以及现代图书馆。20世纪80年代以后，我国的图书馆业开始蓬勃发展，书籍的收藏量和阅读量迅猛增长，使得传统纸质图书在管理和借阅方面无法满足现有人群的需要，为了应对新的发展形势，信息技术和数字媒体带来了新契机，使得图书馆发生转型。

2.2　国外图书馆发展简介

公元前3000多年由亚述帝国所建的图书馆，是世界上最早的图书馆。公元前5世纪末，雅典和萨摩斯作为古希腊文化的核心，建立了公共图书馆，对当时社会人才的培养起到了非常重大的意义。欧洲中世纪时期，伴随着基督教的兴起，教会在思想意识和形态上掌握强大的权力，出现了教会图书馆。到了18世纪60年代，工业革命迫切需要大量受教育的工人以及印刷术的广泛应用，导致出版物数量的迅速增加，西方近代公共图书馆开始出现雏形。21世纪初，电子信息技术和计算机技术的高速发展，使图书馆在功能、服务上都得到很大的进步，由此现代图书馆开始出现。

2.3　当代图书馆的剖析

2.3.1　传统图书馆的弊端

传统图书馆受时空限制，难以随时随地查阅信息，而且纸质的书本体积过大，占用空间，信息传递慢。在资源配置上也存在很多的不合理，例如文献书籍种类不均，文献购置低水平重复，资源共享不便，文献利用率也难以提高，投资效益低，在管理上也存在脱节与业务工作的不规范，业务部门之间功能重叠，工作效率不高。

2.3.2　智慧图书馆的优势

可以通过数字化的形式获得所有载体的信息，例如电子杂志图书、声像资料、影视资料、多媒体资料等；用电脑系统管理图书、期刊等信息，更好地为读者服务；利用互联网连接世界，不受时空的限制，信息传递速度快便捷可复制，方便人们共享资源的同时也提高了资源共享的效率。在图书馆的管理方面也一定程度上节约了人力成本和提高了管理效率。

第3章　智慧图书馆的解读

3.1　"智慧图书馆"解析

智慧图书馆由智能地球、智能国家、智能城市、智能校园等概念延伸而来。智慧城市图书馆的概念率先是在一些欧美发达国家通过图书馆界提出，在2003年，芬兰奥卢大学公共图书馆的艾托拉在人机交互进行移动电子设备以及国际交流研讨会上发表了题为《智慧图书馆：基于不同位置可以感知的移动图书馆管理服务》的论文，指出

"智慧图书馆"（Smart Library）是一个不受时间空间环境限制且可被感知的移动图书馆。智能图书馆的核心是智能管理和服务，即"以人为本"的技术和智能建设。结合传统图书馆的优势和智能管理的优势打破时间和空间的限制为人们提供智能服务，实现图书馆资源的合理分配，提高图书馆的管理效率，是未来图书馆的新模式。

3.2 智慧图书馆在我国发展概况

自2005年开始，我国的图书馆也开始由数字移动图书馆到智能图书馆再到智慧图书馆的研究与实践，高校图书馆也相继开通了便捷高效的手机图书馆服务。随着移动技术的飞速发展，图书馆提供了更加个性化、智能化的服务。北京师范大学图书馆整合了移动互联网技术、物联网工程技术、虚拟社会现实经济技术、体感技术、语义检索技术、大数据处理技术等来建设图书馆，能够在满足读者需求的基础上，将信息整理成研究工作报告，给用户管理提供个性化、智慧化的服务。尽管如此，我国的智慧图书馆还处在起步阶段，传统向智慧的转型还不够彻底，究其原因是因为物联网的技术标准问题、智能平台管理操作问题、信息安全管理问题以及智慧图书馆的管理成本问题等。

3.3 智慧图书馆未来的发展趋势

通过物联网技术，让读者与图书馆内的文献资源、服务功能甚至其他读者产生交流。通过物联网技术感知功能，将传统的自主获取方式改造升级为主动智能的信息推送和服务引导。未来的智慧图书馆除了重视信息的传播外还重视学术研究，因此，未来的智慧图书馆将会具备较强的数据采集和分析功能，以及资源的获取整合功能，这样在研究工作上将会更加准确，效率也将会提高。在将来智慧图书馆的发展中，会不断增加和完善其所欠缺的功能和服务。

3.4 智慧图书馆案例分析

3.4.1 国内案例分析

沈阳师范图书馆改变了传统模式，在四层楼的空间内打造4个自助服务区，形成了一个集自助借阅、自助打印、自助还书等为一体的较为完整的服务体系。空间改造的设计理念是：在空间定位上，既与原建筑空间融和，又与新空间布局和谐统一。在空间功能上，围绕学科发展和既定的人才培养目标，实现了使用功能多元化，也充分地表现出其精神功能。在用户需求方面，既充分考虑学科主体用户的文化品位和行为习惯，又考虑普通读者对空间完善、新奇、方便、舒适的心理需求。

3.4.2 国外案例分析

1. 北卡罗来纳州立大学亨特图书馆

在北卡罗来纳州立大学亨特图书馆中，其区别于传统图书馆最大的不同便是采用了自动书籍拣选系统（robotic book retrieval system）。这个自动书籍拣选系统的自动书库平面尺寸为 $15m \times 48.8m$，高约 $15m$，深入地下约 $6m$。自动书籍拣选系统由多个金属盒子密集堆砌而成，容纳了将近 200 万册实体藏书，但只占据传统图书馆藏书面积的九分之一，节省了超过2万平方米的藏书面积，通过系统目录，学习者在5分钟之内便可获取所借图书，大大节省了学习者在图书馆中查书、找书、借书过程中所花费的时间。

在空间服务功能上，一层入口设有科技发展成果展示厅、临时研讨室、学生学习活动区等，方便外部企业员工和高校师生进行协同研究。在图书馆三层的"学习共享空间"内，配置超大触屏屏幕和舒适的沙发座椅，为学校的师生和研究者们建立了一个互动计算技术研发合作平台。除了"学习共享空间"以外还建立了一个可视化实验室和一个创意实验室。

此外，馆内还设有安静阅览室、封闭学习室、3D 打印工作室等等。在提供给小组讨论或个人学习的学习室内，通透的玻璃可以看到学习室里的活动，每间学习室配有计算机设备、白板墙和可以进行远程视频会议的设备设施等。在图书馆的可持续设计要素方面，使用屋顶花园、雨水收集系统、太阳能灯和植物墙等等。

2. 西雅图中央图书馆

西雅图中央图书馆被誉为"21世纪修建的最重要的新型图书馆"。库哈斯在 2004 年设计西雅图中央图书馆时说："信息时代公共图书馆所遭受到的最主要威胁就是公共空间的消亡和数字化于现实社会中的扩张。"针对这两点建筑师试图通过重新梳理建筑的功能，新旧空间在同等合理的基础上展示在图书馆中。为了符合书籍的分类和收藏数量的增加不再干扰图书馆的收藏布局，建筑师将原本无序排列的书架根据图书馆书籍的字母顺序分类排成线性空间，又将这一线性空间盘转拉伸，形成一个螺旋排列的空间，使交通与书籍查阅空间合二为一。在西雅图中央图书馆中呈现出几个特点：无限制交流、灵活布置、社会功能平等的信息获取。在通过对当代图书馆的功能整合和使用人群活动分析之后，库哈斯设计了"5+4"空间组合模式，五个实体空间（停车、办公、会议、书架、管理）和他们之间形成的四个虚体空间（儿童活动、休闲空间、多功能交流空间和阅览空间），组合形成了九个功能区。电梯、自动扶梯串联起各个空间，使用者能快速地到达目的空间。除了功能空间的关系外，库哈斯还考虑到图书馆对自然采光的需要。众所周知，图书馆对自然光线的依赖是很大的，良好的采光条件可以满足使用者们长时间的工作和学习需求。因此，设计师在建筑的外表皮上，选择了大面积的玻璃幕墙和裸露的钢架结构，来保证图书馆大面积的自然光线。

第4章 智慧图书馆空间设计

4.1 图书馆的空间设计

1. 阅读功能空间

在阅读功能空间和藏书空间关系的布局上，采用平行式、方格式、交叉式、放射式等多种布局方式，并打造沉浸式阅读、碎片化阅读、有声阅读等其他新型阅读方式的空间以及由各个不同学院和专业进行分类的专业知识阅读空间。

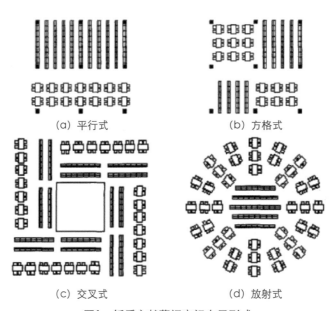

(a) 平行式　　　　　　(b) 方格式

(c) 交叉式　　　　　　(d) 放射式

图1　纸质文献藏阅空间布局形式

2. 学习研讨空间

开辟规模不等的交流研讨空间，考虑到在学习讨论中会产生噪音干扰其他人，将学习研讨空间设置为多种不同规模的独立使用空间，尽量与阅读区域分开；在装修材料上，也选用隔音效果更加的装饰材料。此外，学习研讨空间还配备白板、投影、教学一体机等设备，方便小组讨论、学术交流、教学讨论、社团活动、沙龙等，以交流分享推进知识和技术的创新。

3. 创客功能空间

在高校图书馆再造的过程中，创客空间是不可或缺的。创新者空间的主要特征是知识共享和互助学习。由此，创客空间以创客办公室为中心，同时开设创客讲堂，邀请校友创业榜样、社会创业精英、创业导师来开展讲座或报告来传授创业经验和技术辅导。创意交流区的设置在于鼓励大学生通过讨论交流、协同互助，让思想碰撞产生优秀创意。创意展示区则展示了创客们的学习收获、科研成果以及创意作品等。丰富多样的创意空间培养了学生的创新思维，提升创新创业能力，使创客空间成为创意和智慧的聚集地。

4.2 图书馆的设计目标

1. 整体布局

图书馆的布局应该为了方便读者，整合图书借书、阅读、查询等功能，设置电子阅览室和多媒体教室，为学生的发展提供商务休闲设施的日常生活功能，结合现代社会信息管理技术，采用多功能设计，满足读者高水平的阅读需求。

2. 基础建设

图书馆的基础设施必须人性化，阅读家具应该美观实用，符合人体的基本尺寸和行为习惯。室内家具应尽量保证颜色、材料和风格的一致性。书架和书架之间应该有一些空间，不要太宽或太窄。我们尽量把书刊放在书架的架子里，使图书更容易拿取，也使公众所需要的空间结构能够分离或拆开，来减少不必要的空间压力。

3. 色彩搭配

在图书馆内部色彩的使用中，为了避免混淆颜色和某些强迫性因素使人们的注意力从视线中转移，要为读者们营建一种更舒适、更和谐的环境氛围。图书馆装修搭配需要在色彩调和统一的基础上，讲求图书馆内部装修色调淡雅、统一。图书馆是一个读者可以冷静思考、浏览和获取知识的地方，通常的墙壁、顶部颜色装饰，我们选择淡蓝色或白色，而一楼，更适合使用浅黄色地板或地砖。内部装修的墙面设计，要比天花板的颜色深一些，因而，我们会采取一些中间色调，以防止刺激读者的眼睛，产生疲劳感，与此同时，对比色不宜太过强烈，有助于营造清新、安静、舒适、健康的学习气氛。

4. 灯光照明

图书馆的主要视觉工作有阅读、寻找藏书等。根据人眼的敏感性，必须仔细考虑光的角度和亮度。在选择光源的颜色时，应注意暖色光源和冷色光源的交替配置。必须考虑不同空间设置的光源颜色。照明系统的设计在满足照明标准的同时，应努力提高照明产品的质量，特别注意减少眩光和窗帘反射。有灯光的阅览室和图书馆数量很多，设计将从灯具、照明方法、控制方案、设备、管理与维护等方面采取节能措施。

5. 空气质量

图书馆有大量的人口流动，空气较差，由于人口密集，二氧化碳的浓度比室外要高得多，在里面待久了会觉得胸闷气短，感到身体不适，这不免引起我们的高度重视。因此，图书馆必须保持通风，严格监控空气质量，特别是二氧化碳的含量，为读者提供良好的阅读环境。在保持自然通风的同时，应使用空气净化器过滤掉不良气体，图书馆内的基础设施应定期消毒。

6. 生态系统

图书馆内建设发展绿色生态环境系统，有利于读者身心上更加感到舒适，可以缓解读者的视觉疲劳，改善图书馆内环境。整个生态系统的建设可以为读者创造清新优雅的阅读空间，增强图书馆的吸引力。

7. 绿色工程

在设计过程中，要尽量利用太阳能等清洁能源，合理配置资源设施，增大自然采光面，在消毒杀菌的同时减少电能源的使用，采用节能智能感应灯具，在无人使用的时候可以全部自动熄灭，节省资源。顶层采用屋顶花园设计和雨水收集系统等。

第5章　校园智慧图书馆服务设计

5.1　现有技术支持

智慧图书馆是智能建筑的软硬件和自动化图书馆系统的结合，也是物联网、云计算、大数据和无线网络的集合体。总的来说，智慧图书馆是从智慧感知、智慧计算和智慧交互三个层面出发，来实现智慧图书馆的建设。感知层面技术的实现归根到底还是要依赖物联网技术的发展，在其应用的技术方面主要包括RFID识别技术、体感识别技术、音纹识别技术、二维码识别技术、传感器信息收集技术、普适计算、数据和信号处理技术、安全和隐私技术。以云计算为核心的大数据智能分析、海量数据管理和行为分析技术是实现计算层面技术的关键。而在交互层面的实现上主要依靠移动技术、主动推送技术、社交网络和虚拟现实技术。以5G为代表的移动互联网，通过高速移动的网络，使移动终端以云计算更加高效的进行资源整合，并结合手机的摄像头和芯片，实现了感知层面与交互层面的互动。主动推送技术让人们改变了被动接收信息的窘状，在信息高度泛滥的时代，有效地避免了信息污染，使读者更加高效地获取到自己所需要的信息。社交网络的出现，改变了传统面对面的沟通方式，使信息的传递、更新达到了前所未有的高效和便捷。

5.2 智慧图书馆的服务

1. 自助服务

RFID自助借还系统、自助复印、打印和扫描系统以及大量的自助设备随处可见。全天候开放的无线网络和数字资源、多媒体信息发布系统和实时更新的触摸屏报纸阅读器无处不在。方便读者及时了解和阅读信息。功能设施的人性化安排设计促使读者的自助化和图书馆服务的便捷性大大增强，图书馆的管理成本也得到了节约，优化了人力资源的配置，提高了图书馆管理的服务效率，更好地提高了用户的使用效率。

2. 预约服务

读者需登录预约系统进行网上预约或现场预定，就可免费使用各类空间及设施，形成集学习教学、互动展示、交流研讨、信息传递于一体的新型空间服务。读者可以在登录到预订系统后，根据指定的信息选择图书代理和所需的设备类型选择所需的日期和时间。所有的空间和设施只能提前一天预订，不同类型的空间和设施有不同的最久预订时间。

3. 合作服务

通过交流和教学机制加强与读者的合作；与出版商、图书库、数据库合作。通过定期举办图书杂志展、专题演讲、"电子资源展"、"国家图书馆周"活动，改进图书馆服务的内容和形式；加强与高校的合作，经常邀请知名教授或社会名流做讲座，组织不同主题的小讲座，举办读书读诗会和艺术家座谈会，让学生了解各种新奇的产品或与他人讨论不同的思想，加强图书馆服务的联系。

第6章 设计内容和设计方案

6.1 项目概况

本项目位于中国福建省泉州市丰泽区泉州信息工程学院，其周边主要的自然和人文资源有中国闽台缘博物馆、清源山国家重点风景区、西街、开元寺东西塔等。

项目名称：泉州信息工程学院智慧图书馆改造。

绿化率：校园依山而建，因地制宜，属山体景观，可登至山顶俯瞰校园景观。校园植被覆盖率较高，绿化率达70%以上。且植物茂盛、种类多，生长状况好。

道路交通：整体校园交通道路脉络清晰，校园主干道围合成一个环形交通；交通道路为主干道分支出来的三条次干道，平行分布汇成一主干道可通往校园东北正大门，与博东路相接；正大门入口交通道路实行人车分离，进入校园左侧为人行道，右侧车辆行驶。校园西南边设有校园后门，通往博后路（该后门景观视觉效果较差）。

景观照明：照明情况较差，道路转弯拐点比较多，路灯设置的数量还不够，夜晚有很多盲点，容易造成安全隐患。

公共设施：校园主干道垃圾桶、公共座椅、宣传栏数量较少，且缺乏地方特色。

水景：教学楼和实训楼之间是因地制宜建设的叠水景观，水池中养有金鱼，周边植被茂盛，风景优美。但上层的叠水景观位于弯道处，雨天池水漫过路面，容易造成安全隐患。

6.2 场地具体信息

总建筑占地面积：3291.5m²

总建筑面积：9101.32m²

建筑总高度：16.95m

建筑层数：地上4层

结构体系：钢筋混凝土框架结构

6.3 设计方案

建筑设计改造以现有图书馆建筑承重结构为参考，新扩建部分基础为独立基础与旧建筑构造体，采取标高连接，竖向交通考虑同平层新旧建筑共用，建筑外墙向外扩充9m，在竖向设计上，扩建部分结构高度为30m。

结语

1. 不足之处

自身因素：对部分空间存在观察误差，同时对学习者学习活动和学习习惯的研究还不够深入。

物理空间因素：受到地理位置和建筑体量等方面的限制，部分设计和空间未能在此方案中得到体现。

对于高校智慧图书馆理解、分析以及设计分析、设计实践还不够成熟，但希望通过对此课题进行研究后引发更多的人对智慧图书馆的建设进行思考和重视。

2. 未来展望

图书馆是一个学校不断提高生长的有机体，随着时代的发展，图书馆将变得更加现代化、智慧化、人性化，但图书馆作为知识传播场所的功能不会改变。高校图书馆随着时代和用户的需求的变化，从而转型升级为智慧图书馆，让用户充分体验到一个集学习、研究、创新和娱乐的智慧图书馆，未来我会借鉴国内外典型的智慧图书馆的经验，充分发挥图书馆的潜能，创造出具有创造性和吸引力的空间。从而使智慧图书馆空间布局更加鲜明，设施设备更加齐全，服务手段更加智慧，利用现代信息技术，通过虚实结合，来实现实体空间和虚拟空间相互补充，构建多元化的智慧图书馆。

参考文献

[1] 贺新乾，王颖纯，刘燕权．欧美图书馆智慧服务现状调查研究[J]．图书馆学研究，2017，000（017）：55-62．

[2] 段小虎，张梅，熊伟．重构图书馆空间的认知体系[J]．图书与情报，2013，000（005）：35-38．

[3] 陈静．谈传统图书馆如何面对数字化阅读平台的挑战[J]．黄石艺术学校图书馆．缤纷杏坛，2016（7）．

[4] AITTOLA M, RYHANEN T, OJALA T. Smart library: location-aware mobile library service[C]. International Symposium on Human Computer Interaction with Mobile Devices and Services, 2003: 411-415.

[5] 祝森．大数据时代关于智慧图书馆的几个研究问题的探讨[J]．图书馆情报，2013（5）：126-128．

[6] 罗寰．物联网环境下智慧图书馆的特点、发展现状及前景[J]．电子技术与软件工程，2018，141（19）：24-25．

[7] 康晓丹．构建第三代图书馆的技术思考——以上海大学图书馆为例[G]．大学图书馆学报，2014（1）．

[8] 董光芹．大学图书馆多元空间服务设计研究——以新加坡南洋理工大学图书馆为例[J]．图书馆建设，2018，288（06）：76-82．

[9] 肖铮．新加坡南洋理工大学图书馆交流总结[EB/OL]．[2017-06-12]．

泉州信息工程学院图书馆室内三、四层设计
Interior Design of the Library of the Quanzhou University of Information Engineering

图书馆三、四层方案

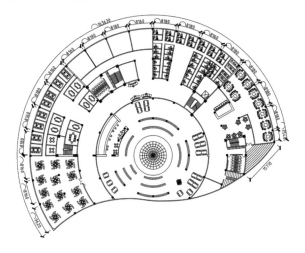

三层平面布置图

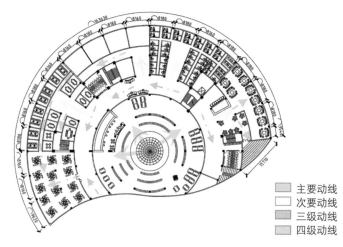

三层动线图

主要动线
次要动线
三级动线
四级动线

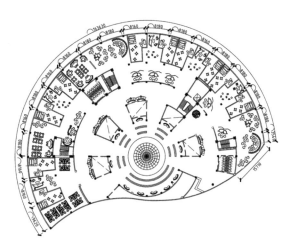

四层平面布置图

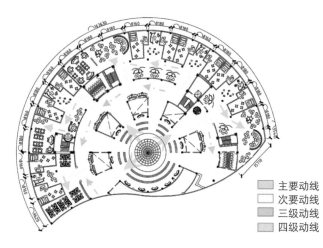

四层动线图

主要动线
次要动线
三级动线
四级动线

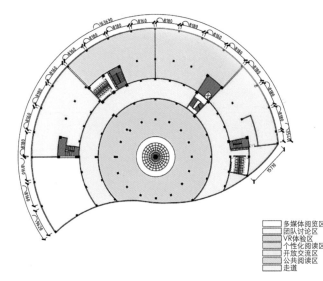

多媒体阅览区
团队讨论区
VR体验区
个性化阅读区
开放交流区
公共阅读区
走道

三层功能分析图

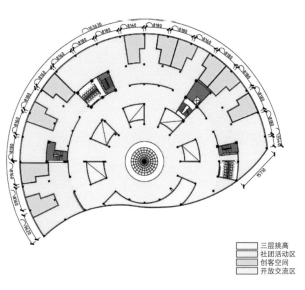

三层挑高
社团活动区
创客空间
开放交流区

四层功能分析图

研讨室效果图

VR虚拟空间效果图

有机建筑理论下的高校图书馆建筑空间改造设计研究
Research on the Architectural Space Reconstruction Design of University Library Based on Organic Building Theory
泉州信息工程学院图书馆改造设计
Reconstruction Design of Library of Quanzhou University of Information Engineering

吉林艺术学院
李博
Jilin University of the Arts
Li Bo

姓　　名：李博　硕士研究生三年级
导　　师：刘岩　副教授
学　　校：吉林艺术学院设计学院
专　　业：艺术设计
学　　号：180307112
备　　注：1．论文　2．设计

有机建筑理论下的高校图书馆建筑空间改造设计研究
Research on the Architectural Space Reconstruction Design of University Library Based on Organic Building Theory

摘要：随着我国进入新时代中国特色主义社会，社会各层面都得到了长足发展。在这样的社会背景下，传统的高校图书馆建筑已难以满足新时代高校师生的使用需求，传统的封闭式图书馆正向着互动式、开放式发生着转变，图书馆内的藏书形式由纸质图书转变为多种形式的电子图书，使用者对图书馆的空间使用需求由单一的阅览转变为多样化的空间需求，这些转变对高校图书馆建筑设计产生了一定的影响。本文以有机建筑理论为研究基础，通过研究有机建筑理论与实践的发展，归纳出有机建筑理论对建筑空间设计的重要意义，提出高校图书馆的有机改造策略。通过阐述有机建筑理论在泉州信息工程学院图书馆改造设计实践中的应用，总结出有机建筑理论对我国高校图书馆建筑改造设计的启示。

关键词：有机建筑；高校图书馆；改造设计

Abstract: With China entering a new era of socialism with Chinese characteristics, all levels of society have been greatly developed. In such a social background, the traditional university library building has been difficult to meet the needs of university teachers and students in the new era. The traditional closed library is changing to interactive and open type. The book collection form in the library has changed from paper books to various forms of e-books, and the space use demand of users has changed from single reading to diversification. These changes have a certain impact on the architectural design of university library. Based on the theory of organic building, this paper summarizes the significance of organic building theory to architectural space design by studying the development of organic building theory and practice, and puts forward the organic transformation strategy of university library. This paper expounds the application of organic building theory in the reconstruction design of Quanzhou University of information engineering library, and summarizes the Enlightenment of organic building theory to the architectural renovation design of university library in China.

Keywords: Organic architecture; University library; Reconstruction design

第1章　绪论

1.1　研究背景

随着我国社会经济的不断发展，我国的高等教育水平也在不断提高。各高校逐年扩大的招生规模与各高校的校园环境与基础设施产生矛盾，传统的高等院校图书馆已难以满足新时代师生的使用需求。首先，多数高校图书馆建成时间较早，建筑结构与内部空间受传统观念影响较深，与当今的使用需求已不相适应。其次，高校图书馆内部空间功能较为单一，难以吸引师生进入馆内学习，也缺乏新时代图书馆信息化、智能化、个性化等诸多特征。另外建筑外立面缺乏新意、缺乏地域文化特征、建筑与周边环境缺乏融合等都是亟待解决的问题。针对这些问题，在原建筑的基础上系统地改建与扩建成为高校图书馆改造的重要途径。

1.2　研究目的与意义

1.2.1　研究目的

本文旨在通过有机建筑理论在既有高校图书馆建筑改造设计中的应用，探讨高校图书馆建筑改造的合理方法，总结高校图书馆建筑空间改造的原则与方法，为设计实践提供方法参考和原则指导。结合实际案例进行具体实践，为今后高校图书馆改造带来新启示。最后阐述有机建筑理论对高校图书馆建筑改造设计的借鉴意义。

1.2.2　研究意义

高校图书馆的建筑改造已有多种设计方法与原则，但尚缺乏以有机建筑理论为视角的专项研究。根据目前的研究成果，首先总结归纳有机建筑理论，找到有机建筑理论与高校图书馆建筑改造设计之间的契合点，扩展现有的研究视角，完善关于高校图书馆建筑改造设计的相关理论。其次通过分析我国高校图书馆建筑改造过程中出现的问题，找到解决问题的合理方法，以改善现有高校师生的学习环境。最后以泉州信息工程学院图书馆改造设计实践为例，结合有机建筑理论，探讨在实际方案中的理论应用方法，为今后的高校图书馆建筑改造设计提供参考。

1.3　国内外研究现状

1.3.1　国内研究现状

1．有机建筑理论的相关文献

本文是在有机建筑理论的基础上进行的研究，掌握有机建筑的概念以及有机建筑理论的起源与发展是进行研究的理论基础。关于有机建筑的概念，王受之在《世界现代建筑史》一书中，总结了有机建筑的起源以及有机建筑的发展，对有机建筑进行了定义。项秉仁在《国外建筑师丛书——赖特》一书中阐述了赖特依据自己的建筑设计提出了"有机建筑"的概念，书中重点介绍了流水别墅，并从建筑的形式与功能、建筑与自然的关系、建筑的整体性等方面对赖特的建筑设计理念进行了阐述。孔宇航在《非线性有机建筑》中从非线性理论应用与转换，有机建筑演化规律，场所、空间、形式与建构这三个层面展开研究，在技术层面上探讨建筑与新技术的有机构成。张广媚于《华中建筑》发表的《赖特与贺林的有机建筑理论与形态解析》一文中，探讨了赖特与贺林的有机建筑思想和建筑形态特征，并在此基础上归纳了有机设计原则。

通过以上文献的梳理得出有机建筑是现代主义建筑运动中的一个重要派别，代表人是美国建筑师F.L.赖特。这个流派认为每一种生物所具有的特殊外貌，是由它能够生存于世的内在因素决定的。同样的，每个建筑的形式、构成，以及与之有关的各种问题的解决，都要依据各自的内在因素来思考，力求合情合理。这种思想的核心就是道法自然，就是要求依照大自然所启示的道理行事，而不是模仿自然。自然界是有机的，因而取名为有机建筑。有机建筑有以下六点原则：①简练应该是艺术性的检验标准；②建筑设计应该风格多种多样，好像人类一样；③建筑应该与它的环境协调，即：一个建筑应该看起来是从那儿成长出来的，并且与周围的环境和谐一致；④建筑的色彩应该和它所在的环境一致，也就是说从环境中采取建筑色彩因素；⑤建筑材料本质的表达；⑥建筑中的精神的统一性和完整性。

2．有关图书馆建筑改造的研究文献

高校图书馆作为校园的知识载体，是学习、交流和研究的媒介，国内学术领域对高校图书馆及高校校园环境规划已有诸多成果。由周逸湖、宋泽方两位教授编著的《高等学校建筑·规划与环境设计》一书，是国内对高校校园规划设计进行研究的早期专著。关肇邺先生于《建筑学报》发表了《百年书城　一系文脉》《重要的是得体，不是豪华与新奇》《尊重历史、尊重环境、为今人服务、为先贤增辉》等文章，阐述了在高校图书馆的改造过程中，要体现时代精神，尊重环境和历史，主张新建空间要符合功能，不盲目追求新奇。王绍森的《厦门大学图书馆二期扩建设计》，吴杰的《同济大学图书馆改建》和《建筑之"间"——同济大学图书馆改建实录》，包莹的《新旧融合，重塑活力——浅析北京工业大学图书馆改扩建方案设计》，高希《现代化图书馆空间设计路径探析——以东南大学李文正图书馆内部改造为例》，翟君建的《高校图书馆建筑空间改造项目实践与探讨——以山东工艺美术学院为例》等文章都从不同的设计视角对高校图书馆的建筑改造设计进行了理论与实践的探究。以上文献从理论与实践的双重视角阐述了我国高校图书馆建筑存在的问题，并通过分析现实的实践案例提出了高校图书馆建筑改造应注意的问题与解决办法，这类文献为本论文对我国高校图书馆建筑的现状分析提供了理论依据。

1.3.2　国外研究现状

国外学术领域对高校校园环境的研究较早，哈特在《赖特筑居——国外建筑大师力作书系》一书中，从多种角度阐述材料、色彩、工艺等设计元素在赖特的住宅设计中的重要意义。肯尼斯·鲍威尔的《旧建筑改造和重建》(*Architecture Reborn: The Conversion and Reconstruction of Old Buildings*) 对不同类型的建筑改造进行了分类阐述，介绍了国外建筑改造过程中出现的问题，对我国建筑改造具有借鉴意义。布伦特·C.布罗林在《建筑与文脉——新老建筑的配合》一书中提出了用"装饰"建立视觉连续性，以协调新老建筑的关系。美国学者理查德·多贝（Richard Dober）做过大量关于校园建筑方面的研究，其中有关高校图书馆改造的有：《校园设计》(*Campus Design*) 与《校园建筑》(*Campus Architecture*)，对不同类型校园建筑进行了设计研究；《校园规划》

（*Campus Planning*），总结了第二次世界大战后各国大学的改造经验。戴维·纽曼的《学院与大学建筑》一书，总结了国外不同地域的各类大学校园建筑改造案例。书中罗列了大量的设计方案图纸和实景照片，对校园建筑改造进行了实例分析。这些国外的高校校园情况虽与本国有所差异，但其中阐述的建立视觉连续性、协调新老建筑的关系等观点都对我国的高校图书馆建筑改造具有借鉴意义。

1.4 研究内容

论文共分为五部分

第一部分：阐述论文的研究背景、研究目的与意义、国内外研究现状、研究内容、研究方法，确立论文初步框架。

第二部分：阐述有机建筑理论的概念、产生的背景、发展过程和设计特征。分析有机建筑理论在建筑空间改造中应用的相关案例，归纳有机建筑特征。

第三部分：在有机建筑理论下对高校图书馆改造设计进行策略研究，提出有机建筑理论下高校图书馆改造的设计重点、应用角度和设计要素。

第四部分：在有机建筑理论的指导下进行实践研究，运用有机建筑理论进行泉州信息工程学院图书馆改造设计，通过打破建筑边界、激活新型功能、统一内外空间等方式实现加建空间与原建筑及周边自然环境的一体化。在实践中验证有机建筑理论，总结方法与经验。

第五部分：总结有机建筑理论对我国高校图书馆建筑改造设计的启示，提出师法自然的改造原则，改造设计要注重原建筑与加建结构的联系，实现自然景色与智能化建筑的有机统一。

1.5 研究方法

1.5.1 文献梳理法

通过利用图书馆藏书、期刊和网络资源等多种方式查阅相关文献，按不同地域及类型对查找到的资料进行梳理，以了解有机建筑理论的研究现状。

1.5.2 案例研究法

通过对典型的有机建筑设计实例进行研究，找到有机建筑的基本共性，总结建筑设计经验。

1.5.3 对比分析法

对比分析法又称比较分析法，是通过对不同个例的比较，寻求其同中之异或异中之同的研究方法。本文中的对比是将国内外的相关高校图书馆建筑改造设计案例进行比较，将改造方式、设计理念、空间构建等方面的经验整理分析，借鉴可取的经验，以完善设计方案。

1.5.4 归纳总结法

归纳总结法是将研究得到的内容按一定的标准加以归纳，然后经过对比分析，总结概括出属性和规律的方法。本文通过泉州信息工程学院图书馆改造设计，在有机建筑的理论指导下，归纳出师法自然的改造原则。

第2章 有机建筑理论的起源与发展

2.1 有机建筑的概念

"有机"原本为化学概念，指与生物体有关的或从生物体来的（化合物），尤指其中氢原子连接到碳原子上的化合物有机溶剂。《汉语大词典》对"有机"一词的解释为事物的各部分互相关联协调而不可分，就像一个生物体那样有机联系。

有机建筑理论是现代主义建筑理论中的一部分，最早把"有机"与"建筑"这两个词语结合到一起的是美国建筑设计师弗兰克·劳埃德·赖特。赖特师从摩天大楼之父路易斯·沙利文，在沙利文建筑设计事务所工作期间，赖特便开始展示出与众不同的思考，他刚刚开始设计的住宅具有倾斜大屋顶及纵向为主的立面特点，他称这些建筑为"屋脚住宅"。设计中强调横向的延伸感，保持大屋顶结构的同时，让屋顶有一种平阔简单的特色。赖特在公开演讲及诸多著作中曾多次提到"有机建筑"，但对"有机建筑"这一词语，赖特却从未给出明确的定义。最早以文字形式对"有机建筑"进行解释的是赖特的一篇名为《为了建筑》（*In the Cause of Architecture*）的文章，该文章于1908 年发表于美国著名建筑杂志《建筑实录》（*Architectural Record*）中。赖特在这篇文章中首次对自己的"有机建筑"思想简要进行了解释，并提出了"有机建筑"的六点特征。

2.2 有机建筑理论与实践的发展

2.2.1 古文明时期建筑思想的有机萌芽

古文明时期的人类与自然的连接是较为紧密的，早期的建筑与环境紧密依存，这些建筑以大地为基础，就地取材，结合着人的尺度进行建造。早期建筑主要考虑的是功能的实用性，包括结合当地的环境气候进行保暖或遮阴、阻挡野兽、遮风挡雨等人的基本生存需求，由于当时的社会生产力较为有限，因此，建筑中的装饰性较弱。罗马人维特鲁威（Vitruvius）撰写的《建筑十书》最早提出了人体与自然间的几何性联系，以及人的手足向外延伸能够巧妙地构成最完美的几何形状——圆形和方形。后人将维特鲁威的理论结合到实践上，建造出了拱和拱券，推动了新型建筑结构的产生与发展。

我国新石器时代晚期出现了"底层架空"的建筑，位于宁波余姚市的河姆渡遗址，是我国发现最早的新石器时期文化遗址之一，其中的木结构建筑是我国最早的干阑式建筑遗址。自古以来，我国南方气候炎热、湿热多雨、山高林密、蛇虫众多，这样的自然环境促使人类不得不改造原有的建筑形式，干阑式建筑正是古代劳动人民的智慧结晶。干阑式建筑以竹木为主要建筑材料，主要是两层建筑，下层放养动物和堆放杂物，上层住人。"底层架空"的建筑形式让人类远离了潮湿的地面，提高了居住的舒适度，直到今天，这种集实用性与艺术性为一体的建筑仍然是我国南方少数民族常见的建筑形式，在贵州、云南、广东和广西等地皆有广泛分布。如今，随着建筑技术的发展和新型材料的出现，其"底层架空"的高度已大大提高，干阑式建筑对地形适应性变得更强，在具备实用性的同时亦具有较高的艺术审美价值。中国的本土建筑中与干阑式建筑有着异曲同工之妙的建筑形式还有黄土高原的窑洞和北方满洲里的木刻楞。

不论是我国南方的干阑式建筑，还是黄土高原的窑洞，抑或是北方满洲里的木刻楞，都是建筑来源于自然，并依托于环境而存在的思想的集中体现，也是建筑思想的有机基础与萌芽。

2.2.2 文艺复兴时期的有机建筑思想

起源于意大利的文艺复兴运动，带来一段科学与艺术革命。新兴的资产阶级因不满宗教对精神领域的统治，开始在各个领域复兴古代希腊、罗马时期的艺术形式，由此提出了以人为核心的人文主义精神，并意识到人体本身具有与自然相协调的秩序性。莱奥纳多·达·芬奇根据维特鲁威《建筑十书》中的想法绘制了名画《维特鲁威人》，画面中人物的两个动作皆与方、圆产生联系，展现了人体所蕴藏的几何性。米开朗琪罗提出要想理解建筑设计的比例，就必须先理解与人体相关的知识。意大利建筑师和建筑理论家阿尔伯蒂（Alberti）也认为建筑应该像个有机的整体。

2.2.3 工艺美术运动时期的有机建筑思想

工业革命使人类的生产生活方式发生了巨大改变，建筑和产品设计开始由社会顶层的特权阶级专享逐步转向为社会大众服务，因此设计必须适应流水线式的生产方式，才能满足日益增长的社会需求。批量化的生产导致产品的工艺和设计都无法与手工艺品相媲美，在这样的社会背景下英国艺术家约翰·拉斯金（John Ruskin）率先对机械化大工业产生了不安，他认为工业与美术并不矛盾，但是机械化的工业生产导致产品的外形十分丑陋，因而拉斯金十分关注工业产品的艺术质量。拉斯金主张"回归自然"，提出设计要观察和显示自然，并且把这种观察贯穿到自己的设计中去。工艺美术运动的另一位创始人威廉·莫里斯（William Morris）受拉斯金"师承自然、忠实于传统材料"等思想的影响，对哥特式建筑兴趣浓厚。在与菲利普·韦伯合作设计的"红屋"的装修过程中，他将模块化的手工艺制作和自然图案与中世纪的传统结构在视觉上巧妙地融合在一起。对于形式与功能的关系，莫里斯认为，装饰应强调形式和功能，而不是去掩盖它们。红屋虽然是莫里斯对中世纪风格致敬，但其内部的空间布局却极具有机性。红屋空间形态上的不对称和材料的创造性运用都体现了莫里斯有机设计的初衷，即一幢建筑就应该像一个有机体一样具有活力。自此建筑设计逐渐摆脱了对古典繁复建筑结构的模仿，并对世界的设计思潮产生了广泛而深远的影响。

2.2.4 新艺术运动时期的有机建筑思想

作为工艺美术运动的延续，新艺术运动在世界各国进行了延伸与发展，如法国的"六人集团"、德国的"青年风格派"、比利时的"先锋派运动"和奥地利的"维也纳分离派"等都是新艺术运动在世界各国发展的具体体现。这一时期的建筑设计注重结构的自由流畅，将植物般蔓延生长同建筑结构相联系，将窗户视为透明的薄膜，将这一理念付诸实践的当属西班牙建筑师安东尼奥·高迪（Antonio Gaudi）。受中世纪、伊斯兰和加泰罗尼亚等多种文化体系的影响，高迪的艺术作品在有机艺术领域展现出了独特的神秘性和怪诞性。如坐落在西班牙巴塞罗那市的米拉公寓，就是高迪超现实主义设计作品的代表之一，米拉公寓将材料和结构进行如雕塑般的组合，一系列水平起伏的线条构成建筑的正立面，与建筑的垂直感相互辉映。米拉公寓的波浪形不仅仅呈现在外部，建筑的内部空间也是波浪形，甚至家具设计都找不到直角。由于柱子间的跨度不同，高迪采用抛物线式的拱来制造高低错落的房顶，整个屋顶景观结合建筑立面很像融化的冰淇淋。米拉公寓由于其外形过于风格化，受到了当地市民的指责，媒体一度称这个设计为大黄蜂的巢、蠕虫等。

"直线属于人类而曲线属于上帝"这句话贯穿于高迪的建筑设计作品中。位于西班牙巴塞罗那市中心的圣家族教堂就是其在总结自然形态的基础上对建筑结构可能性的极致探索，教堂主体为哥特式风格，建筑立面线条多为细长纵向线，圆顶和内部拱券及穹隆结构则显示出新哥特风格。这是高迪一生中最主要的作品、最伟大的建筑，这一建筑将自然的曲线运用到极致，是有机形态在建筑设计领域的积极探索。

2.2.5 现代主义设计时期的有机建筑思想

现代主义运动中最具代表性的四位大师分别为：弗兰克·劳埃德·赖特、瓦尔特·格罗皮乌斯、密斯·凡·德·罗和勒·柯布西耶。这四位建筑大师中，赖特以实际的建筑设计项目对有机建筑进行了最好的诠释。赖特的住宅设计在形式上颇受日本民间住宅风格的影响，比如大部分建筑都有整面的大玻璃窗，居住其中的人可以对室外景观一目了然，让室内外有一种和谐的视觉关系。赖特创新地将壁炉这个结构放置于房子的中央，以壁炉为中心延展出各种房间，然后再发展到室外。他后来将壁炉称为"有机建筑"的树干，所以有一种开枝散叶的生长感。在赖特的众多住宅设计中，流水别墅的设计是自然景观与建筑空间相融合的经典案例。赖特的建筑思想很大程度上受到中国老子哲学思想的影响，中国传统的"师法自然""天人合一"等思想都被赖特视为世界最好的建筑理论。流水别墅选址在美国熊跑溪的上游，那里远离市区和公路，周围树林茂密，巨大的石块散落在林间，这样的自然环境被赖特充分利用起来，与以往建筑设计不同，赖特并没有把溪流当作单一的视觉景观，而是将溪流视作建筑的一部分，将建筑建在溪流之上，使建筑与溪流融为一体。潺潺的溪水声由室外传到室内，无形之中打破了室内外的空间分隔，处在室内空间的人们亦可感受到置身溪水旁的空间体验。在材料的选择上，赖特就地取材，选用了当地的毛石进行砌筑，天然的石材纹理与周围的山体颜色相得益彰，宛若天成。赖特在流水别墅的设计中以实践证明了建筑与自然有机融合的可能性，为后世的有机建筑建造树立了典范。

芬兰现代建筑师阿尔瓦·阿尔托（Alvar Aalto）于 1935 年发表的《理性主义与人》中提出了"自然界、生物学在造型方面丰富多彩……人类的生活不能自外于生物界，否则就很难适应这个体系而没有人性……"的观点，强调自然与建筑间的联系是不可分割的。美国建筑师路易斯·沙利文（Louis Sullivan）提出了"形式追随功能"这一著名观点，对赖特的有机建筑理论的提出起到启迪作用。现代主义设计运动中有机建筑逐渐形成明确的理论并产生了大批有机建筑实例，对有机建筑的发展起到了积极的促进作用。

2.2.6 面向未来的有机建筑思想

面向未来，世界格局不断变革、生态环境持续恶化，与此同时随着人类科技水平的不断提高，建造技术与施工工艺都在不断发生变化，结合新型材料的出现，可持续与绿色设计已经成为设计领域的共识。面对未来世界，有机建筑理念依然具有现实价值，必将推动建筑设计朝着生态化、绿色化和有机化的方向不断前进。

2.3 有机建筑理论对建筑空间设计的启示

2.3.1 形态的有机组织

有机建筑的建筑形态可从自然中汲取灵感，这一过程并不是简单地模仿自然生物的外形，而是透过有机体运行的表面现象，探究其内部的特性与本质。让建筑如同自然中的一棵树、一株草或一块石头一样，与环境融为一体。有机建筑之间外在形态与其他建筑风格不同，有机建筑形态并无定式，这是因为自然界中的形态千变万化。一些连续的曲线与弧面可以构成有机建筑；简单的方形、圆形、三角形经过有序组合，内部会形成韵律，各组件构成了一个有机整体，亦是有机建筑的表现形式。有机建筑的核心理念，正是这种取自自然，建筑形态与自然形态相辅相成的有机演变过程。

2.3.2 环境的有机融合

有机建筑自始至终都离不开环境的依托，不同的自然环境中的有机建筑有不同的形态表现。建筑需从多种不同的角度与环境进行有机融合，如材料需就地取材、色彩要与环境相得益彰等。

2.3.3　空间的有机利用

有机建筑并不是一味地追求形式的美感，形式需要功能去引领，最终达到形式与功能的统一。有机建筑的空间形式应该是有机的整体，当建筑内外部协调统一、各空间形式构造合理时，温暖的阳光、新鲜的空气就会如同生命体的一呼一吸，自然而然地形成良好的功能体验。有机建筑的设计是一体化的，每一个看似无关紧要的细节都至关重要，正是这些小的空间和组件构成了有机的整体。在有机建筑设计中，需打破固有思维，打破学科界限，使建筑由内到外达到有机统一。

第3章　有机建筑理论下的高校图书馆改造设计策略

3.1　应用有机建筑理论的必要性

高校图书馆与其他类型的图书馆不同，高校图书馆空间规模不足的问题较社会性图书馆更加严重，逐年增多的高校师生与狭小、老旧的图书馆空间产生了直接矛盾，日益进步的科学技术也迫使传统图书馆不得不向着数字化图书馆进行转变，但高校图书馆受场地、历史因素等多重因素的影响，改造需从多重角度进行整体考虑，以实现高校图书馆的有机转型。

3.1.1　满足使用者对高品质体验的需求

随着人们物质生活水平的提高，人们对阅读空间高品质体验的需求也在逐渐增加。高校图书馆作为未来高校师生工作与学习的重要场所，提升高校图书馆的空间与服务品质，是高校图书馆提高自身吸引力的必要条件。在自媒体时代高速发展的今天，一座独具特色的高品质图书馆必定会成为"网红打卡圣地"，利用网络的传播必将带动图书馆多种功能的联动发展。对高品质体验的需求，并不是简单的对物质资源的极度消耗，而是通过建筑设计来提升高校图书馆的便捷性与舒适度，以使得使用者能够暂时脱离日常学习与工作的繁重压力，在相对平静的空间中进行身心放松。这与有机建筑理论所倡导的建筑与人之间的关系不谋而合，有机建筑倡导"天人合一"的建筑思想，强调建筑与环境、建筑与人之间的和谐统一，有机建筑理论下的高校图书馆建筑设计，不仅仅是形式上的有机生成，更是为使用者提供高品质的阅读与休憩环境，以满足置身其中的人们的生理与心理上品质需求。

3.1.2　促进未来高校图书馆建筑与环境的和谐共生

进入21世纪，人类无限制地破坏地球的环境与资源，使社会进入集约化时代。建筑设计亦是如此，施工材料的过度消耗、工艺的不环保、使用中的高能耗等都不符合可持续发展的建筑设计要求，更难以适应未来的自然环境。有机建筑理论始终把协调建筑与自然环境的关系放在首位，强调建筑是从自然之中生长出来的，用老子的"道法自然"的观点去解释有机建筑是最为恰当的，有机建筑并不是简单地对自然的模仿，而是以自然所启示的方法去做建筑设计。在材料的选择上，有机建筑倡导就地取材，在最低程度影响自然环境的基础上，更能实现建筑色彩与环境的统一。在通风与采光的问题上，有机建筑倡导将自然风与太阳光无动力引入室内空间，以实现能源的有效节约。绿化与景观不局限于室外空间，通过自然景观的室内引入，实现室内外空间的交融，从而实现建筑与环境的和谐共生。

3.1.3　延续高校图书馆建筑的文化记忆

高校图书馆建筑与所属高校的历史与文化有着密切的联系，不同地域的高校受地域文化的影响其建筑风格存在较大差异。高校图书馆受当地的气候条件、民俗风格、生活习惯等因素的影响，一些建筑具有鲜明的文化特质，这样的建筑在改造中就需要应用有机建筑理论，综合多方面因素进行思考，以实现植根于图书馆建筑中的传统文化与新时代思想的有机融合，从而延续高校图书馆建筑的文化记忆。

3.2　有机建筑理论下的高校图书馆改造设计原则

3.2.1　对既有图书馆空间的利用

1. 使用价值

进行高校图书馆改造首先应对既有图书馆的建筑现状进行评估，分析现有建筑的结构、使用年限、承重能力等技术指标。如结构稳固，能够满足改造过程中新结构嵌入或层数增加的承重要求，则可对原建筑进行合理保留，这样就减少了改造过程中的经济投入，同样也节约了社会资源，实现了空间的可持续利用。对既有图书馆建筑的利用也是有机建筑理论所倡导的"传统与现代对话"的现实体现。但如果既有图书馆的建筑年份过于久远且建筑结构存在很大的安全隐患，不具备在此建筑结构基础上进行改扩建的现实条件时，就需要考虑拆除既有图书馆建筑或另选场地进行图书馆的建造。完全新建的图书馆也应注意对原建筑历史文脉的传承，有机的改造不仅仅是空间与结构的有机，也包括社会和精神层面的有机传承。

2．历史价值

部分高校的既有图书馆建筑为20世纪80~90年代所建造，因此有些建筑具有很高的历史价值。在对这类图书馆进行建筑改造时，需对原始建筑的历史背景进行深入探究，分析校园的历史发展脉络、原图书馆的建造时间、原图书馆的建筑结构与风格、原图书馆与整个校园的空间关系等历史信息。挖掘旧图书馆的历史价值是实现加建建筑体量与原建筑空间有机融合的前提与基础，原图书馆建筑如具有特定历史研究价值或具有不可复制的艺术特性，那就必须采取"保护为主，修整为辅"的设计理念，此时图书馆建筑本身就是历史的讲述者，在改造过程中重点在于对原建筑的保护与修缮，以使其建筑风貌得以长久地为后世瞻仰。

3．文化价值

文化价值是高校图书馆最为核心的价值，高校图书馆肩负着引导当代大学生全面提高自身素养的重要使命。既有高校图书馆的建筑空间作为图书馆文化的重要载体，在无形之中影响着高校师生的价值取向与行为准则，因此对既有图书馆文化的有机传承，也是高校图书馆改造过程中不可或缺的一部分。

4．情感价值

对于其他不具备历史研究性图书馆建筑也需要辩证地进行改造，因为原图书馆建筑是全院师生学习与生活的重要空间，建筑中的每个角落都有使用者生活留下的印记，其中蕴藏着无价的情感价值。找到旧图书馆与新建图书馆的情感连接是高校图书馆建筑有机性的重要体现。在有机建筑理论的引导下对图书馆既有空间的多种功能与价值进行整体性考量与分析对图书馆的改造设计具有重要意义。

3.2.2　新旧功能的有机统一

1．数字化发展对高校图书馆功能的影响

早期的高校图书馆的功能以纸质书籍文献的借阅为主，随着社会进入数字化时代，人们的阅读方式与习惯发生了巨大变革，人们可通过智能手机、电脑、电子阅读器等多种终端进行阅读。这就导致高校图书馆的功能不得不做出转变与扩充，高校图书馆不再仅仅是可以查阅书籍的藏书阁，而是集阅读、休憩、会议等多种功能于一体的复合空间。数字化的信息技术能够把只能用眼睛看的纸质文献转变为可以听的音频文件，甚至可以转变为可以如同身临其境般的互通体验。检索相关书籍也变得容易得多。因此必须结合前沿技术，拓展高校图书馆的使用功能，更好地服务于广大师生。

2．个性化需求对高校图书馆功能的影响

近些年我国各领域都取得了长足的进步与发展，社会的进步使当代高校学生与20世纪的高校学生的成长环境产生了很大不同。当代高校学生的整体物质生活水平要远远高于20世纪的学生，当代高校学生对于物品更注重品质与质量，对于空间更加注重个性化的空间体验。因此当代的高校图书馆必须从学生的角度出发，因为当代高校学生才是图书馆的使用主体。针对当代高校学生的个性化需求，新型图书馆须提供与之相匹配的个性化服务，这样才能使高校图书馆更具吸引力。个性化服务的核心就是以师生为中心，根据师生的风格喜好、价值取向与行为习惯，制定相应的风格样式、空间形式和服务方式。通过提供个性化服务能够激活图书馆的新功能，也能够使改造后的图书馆恢复应有的生机与活力。

3．面向未来的高校图书馆

图书阅览是图书馆的基本功能，现在的文献类型主要分为纸质文献和电子文献两种。纸质文献具有电子文献难以替代的优势，自古以来，纸质书籍就是人类各学科知识的重要载体，纸张的强大性能是电子设备无法取代的，电子设备受到能源供给的制约，没有电能之类的能源做支持信息就变得难以提取。而纸质书籍则不同，纸质信息的提取不需要过多外在的技术支持，但纸质书籍也有自身的缺陷，如怕潮湿、怕阳光等物理特性的缺陷。电子设备以其体积小、便于储存与提取的特性，成功成为人类知识储存的新方式。目前纸质书籍与电子文献都是人类知识的重要载体，有学者认为纸质文献并不会被电子文献所取代，并会一直被使用下去，但笔者认为未来的某一天，图书馆内纸质书籍的主体地位一定会被电子书籍所取代。未来图书馆的阅览功能依旧会处于主导地位，但其内在运营方式必然会发生变革，做好新旧功能的有机统一是未来图书馆发展的必由之路。

3.2.3　形式与功能一体化

形式与功能一直是设计领域无法规避的两个词汇，关于形式与功能的关系，建筑师沙利文曾提出"形式追随功能"，认为建筑的外在形式受其功能的影响，不同的功能需求产生了不同的建筑形式。而沙利文的学生赖特则认为"形式与功能本来就是一个整体"，将形式与功能间的关系做了进一步的联结。有机建筑理论与中国老子的哲学思想有着异曲同工之妙，老子曾提出"凿户牖以为室，当其无，有室之用"，用现代汉语可以解释为：在建造房屋的时候，墙面上需要预留出洞，这样人才能从门进入，窗户才能开启，房屋才能具备居住的功能。在高校图书馆建筑的改造设计中应用有机建筑理论，也应注重形式与功能有机统一。功能上应考虑图书馆的固有功能以及在高科技的影响下产生的新型功能，多种功能的影响下建筑的外在形式必然要与功能相匹配。因此，实现形式与功能的一体化，才能实现高校图书馆建筑空间改造的有机生成。

3.3 有机建筑理论在高校图书馆改造设计中的应用方法

3.3.1 环境边界的消融

有机建筑理论被人们称为永不过时的"活的传统"，用有机建筑理论指导高校图书馆建筑改造设计，图书馆建筑与环境间的边界多消融于当地的自然环境之中。传统的图书馆建筑通常具有清晰的轮廓，有机建筑则需要弱化建筑的轮廓感，打破建筑中内与外的分隔，使室内与室外、建筑与景观实现边界上的消融，让模糊的边界发挥别样空间体验的重要作用。国内较早将有机建筑理论应用到高校图书馆设计之中的案例是1997年由关肇邺设计的西安欧亚学院图书馆，该建筑位于校园中心的巨大绿化区域，为了使建筑更好地与环境相融合，设计师采用了不规则形状的营造形式，使建筑的边缘之间产生了微妙的关联，屋顶、地面与墙面之间不再是一成不变的关联，建筑边缘之间以及建筑边缘与环境之间形成了动态性的融合，边界开始变得模糊，建筑成为地面的一部分，地面也成了建筑的横向延伸，最终建筑与环境已无法分清并融为一体（图1）。

图1　西安欧亚学院图书馆外景图（解霖、莫修权《西安欧亚学院图书馆》）

同年荷兰也有一座与地面产生密切关联的图书馆——代尔夫特理工大学图书馆。代尔夫特理工大学图书馆的建筑造型别致，远看建筑如同藏于草坪之下，但圆锥形的金字塔结构又使得其极具地标性。建筑有采光需求的立面皆为玻璃幕墙结构，屋顶设计为一个巨大的斜面并与地面合而为一，形成一个大草坪。夏天时整个建筑都隐藏在绿色的山坡下，学生们三五成群地在斜坡上进行露天活动。到了冬季，具有一定坡度的屋顶就变成了学生们滑雪的场地。从外侧看，山顶是一座透明的圆锥金字塔。在夜晚，这个高达40米的圆锥体会发出像灯塔一样的光芒，照亮周边的环境（图2）。

图2　荷兰代尔夫特理工大学图书馆外景（来自网络）

3.3.2　空间层次的丰富

传统高校图书馆的建筑空间较为死板，空间之间缺少交流。有机建筑理论认为空间上的内与外是一体的，在进行建筑设计时需协调内外空间的关系，同时建筑内部的各空间也应形成有机的整体秩序，以实现空间层次的丰富。格罗皮乌斯曾提出，"现代结构方法越来越表现出大胆的轻巧感，已经消除了与砖石结构的厚墙和粗大基础分不开的厚重感对人的压抑作用。随着它的消失，古来难以摆脱的虚有其表的中轴线对称形式，正在让位于只有不对称产生的生动、有韵律的均衡形式。"因此，要想实现高校图书馆建筑的有机改造，就必须考虑相邻空间之间的层高关系、封闭空间与开敞空间的衔接关系、动态空间与静态空间的转换关系、模糊空间与实体空间的流动关系等，最终达成图书馆建筑内部空间之间以及建筑与环境之间的协调。

3.3.3　建筑形式的扩展

有机建筑的图书馆建筑形式不再局限于传统意义上的图书馆固有形式，有机建筑没有固定的风格与形式，建筑的形式与所处地的既有环境具有密切联系，因此，有机建筑的建筑形式得以充分扩展。由赖特设计并建成于1959年的纽约古根海姆博物馆是有机建筑中不规则形式中的代表建筑。整个建筑虽然形式上犹如雕塑般独特，但结构上仍具合理性，正如赖特本人说："在这里建筑第一次表现为塑性的。一层流入另一层，代替了通常那种呆板的楼层重叠，处处可以看到构思和目的性的统一"。天井上的玻璃窗与墙壁上的高窗形成明亮的自然采光，加之白色墙壁使自然光反复进行漫反射，整个展馆的内部光线柔和又明亮。透明的玻璃窗将城市景色引入博物馆内，一年四季博物馆内部光线、色调千变万化，空间也随着时间在改变（图3）。

有机建筑有时也会以极其简洁的形式存在，如2012年新建的英国阿伯丁大学图书馆，斑马条纹是其最大的特色，这样的设计不仅是为了美观，更是为了环保。斑马状条纹是隔热面板，白天削减能源成本，晚上还可以发光，照亮学生。中央的挑空穿越8层，直达屋顶，其有机的形式与外表干净的轮廓体量形成鲜明对比。高校内的建筑设计不是单纯的平面规划，更不是单纯的建筑空间设计，而是二者加上景观和外部空间形态，形成情感空间的综合体。在阿伯丁大学图书馆设计过程中，建筑、环境和人相结合，被看作一个整体进行设计，使大学校园成为一个完整的结合体（图4）。

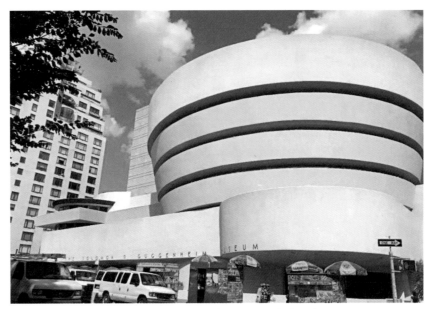

图3 纽约古根海姆博物馆外景（来自网络）

图4 英国阿伯丁大学图书馆外景（来自网络）

第4章 有机建筑理论下高校图书馆改造设计实践

4.1 泉州信息工程学院图书馆调研分析

4.1.1 概况分析

1. 校园概况

泉州信息工程学院位于福建省泉州市丰泽区，校园总面积达152000平方米，总建筑占地面积22218平方米，总建筑面积89653平方米，共分为宿舍区、图书馆区、教学办公区、运动场区、山体区、水景区和草坪区。宿舍区包括学生宿舍、教师公寓和专家公寓，其中学生宿舍总建筑面积57229平方米、教师公寓总建筑面积11052平方米、专家公寓总建筑面积5140平方米，均为现浇钢筋混凝土框架结构。教学办公区包括教学楼和实训楼，总建筑面积分别为4333.82平方米和28329平方米。校园因地制宜，依山而建，自然山体景观优美，可登至山顶俯瞰校园景观。校园内的植被覆盖较好，绿化率高达70%，且植被茂盛、种类多，生长状况好。教学楼和实训楼后侧有大块闲置草坪，植被维护良好。 校园内交通体系清晰，主干道围合成一个环形交通，各功能建筑沿环形道路分布；学生宿舍区位于校园东侧，正大门入口交通道路实行人车分离，进入校园左侧为人行道，右侧供车辆行驶。校园内的垃圾桶、公共座椅数量较少，且缺乏地域特色（图5）。

2．图书馆概况

泉州信息工程学院图书馆建于2002年，图书馆总建筑占地面积3291平方米，总建筑面积9101平方米，建筑总高度16.95米。图书馆位于泉州信息工程学院中心山体绿地之中，是泉信师生日常工作和学习的最佳公共场所。现有建筑结构为钢筋混凝土框架结构，环形轴网。环形空间的中心为首层玻璃框架内庭，同时作为主入口的过渡空间。建筑主体为地上四层空间，二、三、四层均设有屋顶平台，外立面为花岗石贴面。图书馆现藏图书96.96万余册，中外文电子书刊折合121.8万册。纸质图书约80.11册、电子图书约102.33册，中外文纸质报刊450种。读者可通过图书馆网站、微信公众号等多媒体平台进行参考咨询、座位预约、网上预约借书、续借图书、个人研究室预约申请等自主操作服务。同时在书库管理上实行藏、借、阅合一的"大流通大阅览"模式，优化读者服务流程，延长开放时间，每周开放时间达98小时，极大地方便了读者借阅。

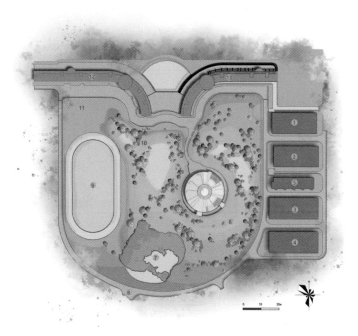

图5 泉州信息工程学院总平面图

3．历史与人文概况

泉州信息工程学院有着鲜明的办学特征，学院的国际商务研究中心和创意设计发展研究中心被评为福建省高等学校人文社会科学研究基地。泉州市历史悠久，是国家"一带一路"战略海上丝绸之路的起点，也是首批国家历史文化名城。作为滨海城市的泉州自古以来就与外界有着密切的文化交流，泉州的古民居、古寺庙、古街巷都极具地方特色。

4.1.2 调研范围与调研目的

主要的调研区域为泉州信息工程学院的校园园区及其周边环境，重点调研区域为泉州信息工程学院内的图书馆建筑及周边景观。调研的目的是为了掌握现场情况，发现具体的问题，为之后的改造设计做准备。

4.2 有机建筑理论下泉州信息工程学院图书馆建筑改造的设计要点

4.2.1 对原建筑结构的合理保留

现有图书馆的建筑结构为钢筋混凝土框架结构，环形轴网，建造年份较近，结构稳定，具有很高的空间利用价值。但建筑与环境缺少联系，交通可达性差也是现实存在的问题（图6）。

4.2.2 协调新建构造与环境的关系

新建构造体计划在原建筑的基础上进行加建，提取原建筑设计中逐层螺旋式上升的建造形式，在原建筑结构的基础上加建4层实体建筑空间、3层开放的玻璃观景与活动平台，改造后的建筑总高度为48米，为校园内最高的单体建筑。加建的实体建筑可为图书馆新功能的引入提供必要的室内活动空间，相对开放的玻璃平台为室外的学习与娱乐提供了新空间体验的可能性，也使得图书馆周围的自然景色更好地与建筑有机融合，人们登上顶层的开放平台凭栏远眺，园区周边的风景便可以尽收眼底。

4.2.3 面向未来的智能化图书馆

未来的世界是万物互联的时代，未来的图书馆也必定是能够实现多领域互联互通的智能图书馆。若想在功能上实现互联，就必须改变原有建筑形式，通过中庭玻璃天井的向上"生长"，使得人们可以通过乘坐观光电梯便捷地到达任意楼层，各层之间也建有天桥，可步行至建筑中心的玻璃天井，较好的交通可达性是未来高校图书馆增强吸引力的前提与基础。空间之间联系的建立与强化，将成为未来智能化图书馆的基本要求。

4.3 有机建筑理论在泉州信息工程学院图书馆改造设计中的应用

4.3.1 打破建筑边界

有机建筑理论下建筑的内外空间是一体的，但受建筑墙体存在的影响，室内与室外在空间上的联结必然受到影响，为实现泉州信息工程学院图书馆建筑与环境的有机融合，就必须打破现有的建筑边界，将自然景色引入图书馆建筑的内部空间。在泉州信息工程学院图书馆改造设计中，首先通过增设两处出入口的方式，增强图书馆的

图6　泉州信息工程学院图书馆鸟瞰图（来自泉州信息工程学院图书馆官网）

交通可达性，便捷的交通是恢复图书馆活力的基本前提。增设的东侧入口可缩短三号及四号学生宿舍楼与图书馆入口的直线距离，缩短在校学生步行至图书馆所需的时间，让图书馆的舒适学习环境更具吸引力。其次中庭的玻璃天井设置使得新鲜的空气与明亮的光线可无动力引入室内，在任意楼层工作或学习的师生都可来到玻璃天井进行交谈与休憩。最后在顶层的观景平台是整个校园中的制高点，在观景平台上凭栏远眺，视线向四周无限蔓延，周边自然景色尽收眼底，建筑与环境的边界也开始变得模糊，最终实现泉州信息工程学院图书馆建筑边界的消失。

4.3.2　激活新型功能

若要激活泉州信息工程学院图书馆的新型功能，首先需要对图书馆的传统功能进行有机延续。图书借阅等基础功能被保留在原建筑的一至四层中，一层是相对开放的空间，可为展览、典礼等活动提供场地；二层的主要功能为藏书与图书阅览；三层除阅览空间外还有部分区域可提供餐饮服务，为整天在图书馆内学习的师生创造了相对便捷的就餐可能；四层为泉州信息工程学院图书馆的藏书空间，相对重要的纸质书籍在此层集中存放。五至八层为加建的实体空间，所承担的功能并不固定，小型的学术会议、电子书籍的阅览、团体活动等皆可在这一空间进行。九至十一层为加建的相对模糊的空间，主要承担着观景台的功能，顶层的露天区域也为户外运动提供了场地。总之，通过建筑空间上的有机生成，泉州信息工程学院图书馆的新旧功能得到了较好的融合，也为未来图书馆的更多新型功能的引入建立了基础。

4.3.3　统一内外空间

有机建筑理论倡导空间上内外的一体化，因此空间上的内与外都是相对的。在泉州信息工程学院图书馆改造设计中，必然要整体考量内外空间的关系，在相对封闭的空间需设法将自然风与自然景色引入室内，在开敞空间要协调不同区域间的交通流线，以丰富空间体验。在实体空间上建设屋顶花园，将本地植物种植在不同的平面上，在室内空间中可通过不同的角度欣赏窗外的风景。随着季节的变换，屋顶花园的色彩也会不断变化，从而与周围自然景观达成有机统一，最终空间与时间、内部与外部如同自然界的生命体般形成运动中的协调一致。

结语

我国的高校众多，各高校图书馆的建筑风格也千差万别，对待不同类型建筑的改造设计方法注定不尽相同，但在有机建筑理论下，都应秉承着师法自然的改造原则。这一原则并不是简单地自然的模仿，而是让我们向自然学习，按照自然的启示去设计，在自然中寻找材料，将原建筑、加建建筑与自然景观三者融为一体，以顺应自然的发展。结构的合理性是建筑改造过程中的重中之重，在高校图书馆建筑改造设计中要对原建筑结构进行深入调研与考量，以为加建结构提供技术参考。实现原建筑与加建结构上的有机统一也是功能间协调统一的基础。未来的高校图书馆必然会朝着智能化建筑的方向发展，但科学技术的不断进步并不意味着人类与自然之间的距离越来越远，科技的进步恰恰为智能化建筑与自然之间的沟通与融合提供了新的可能性。

参考文献

[1] 王受之．世界现代建筑史[M]．北京：中国建筑工业出版社，1999．

[2] 项秉仁．国外建筑师丛书——赖特[M]．北京：中国建筑工业出版社，1992．

[3] （英）哈特．赖特筑居——国外建筑大师力作书系[M]．李蕾，译．北京：中国水利水电出版社，2002．

[4] 孔宇航．非线性有机建筑[M]．北京：中国建筑工业出版社，2012．

[5] 张广媚．赖特与贺林的有机建筑理论与形态解析[J]．华中建筑，2015（3）．

[6] 周逸湖，宋泽方．高等学校建筑·规划与环境设计[M]．北京：中国建筑工业出版社，1994．

[7] 关肇邺．百年书城、一系文脉[J]．建筑学报，1998（5）．

[8] 张国峰．高校旧建筑更新改造设计与再利用研究[D]．北京：中央美术学院，2010．

[9] 翟君建．高校图书馆建筑空间改造项目实践与探讨——以山东工艺美术学院为例[J]．美与时代·城市，2020（5）．

[10] （日）芦原义信．外部空间设计[M]．尹培桐，译．北京：中国建筑工业出版社，2007．

[11] （英）皮尔逊．新有机建筑[M]．董卫，等译．南京：江苏科学技术出版社，2003．

[12] （美）布伦特·C·布罗林．建筑与文脉新老建筑的配合[M]．翁致祥，等译．北京：中国建筑工业出版社，1988．

泉州信息工程学院图书馆改造设计
Reconstruction Design of Library of Quanzhou University of Information Engineering

区位分析

本项目所在地
高速公路
铁路
市内道路

鸟瞰图

西立面图

剖面图

5G背景下高校智慧图书馆改造设计研究
Research on Renovation Design of University Smart Library under the Background of 5G

5G背景下泉州信息工程学院图书馆改造设计
Library Renovation Design of Quanzhou University of Information Engineering under the Background of 5G

青岛理工大学艺术与设计学院
李珂
Qingdao University of Technology
Li Ke

姓　名：李珂　硕士研究生三年级
导　师：贺德坤　副教授
学　校：青岛理工大学艺术与设计
　　　　学院
专　业：设计学
学　号：1821130500710
备　注：1. 论文　2. 设计

5G背景下高校智慧图书馆改造设计研究

Research on Renovation Design of University Smart Library under the Background of 5G

摘要：图书馆作为古往今来获取知识的重要场所，承担着收藏资源、传播知识的重要责任。在社会飞速发展的时代，人们开始注重个性化需求的体验，对图书馆的要求除了吸取知识外，还对环境品质、社会交往功能等作出要求。智慧图书馆开始建设发展，随着5G时代的来临，高速度、低功耗、低时延、泛在网的新一代移动通信技术支持使一切变得可能。高校图书馆在校园扮演教学育人的重要角色，应当紧跟时代发展，提升自身建设，为师生提供个性化需求和智慧服务，做好教学发展的职业担当。

本文通过对国内外智慧图书馆研究情况进行总结，以泉州信息工程学院为研究对象，通过文献研究、实地调研，对其图书馆空间功能、建筑形态进行分析，提出5G背景下高校智慧图书馆改造的必要性，在泉州信息工程学院图书馆改造设计中，注重新旧功能空间的组织，结合其优美的地理位置打造观景平台，创建师生共享的复合型文化空间。

关键词：5G；智慧图书馆；改造设计

Abstract: As an important place in the past dynasties, library shouldered the important responsibility of collecting resources and disseminating knowledge. In the era of rapid social development, people begin to pay attention to personalized experience needs, in addition to the requirements for library learning knowledge, there is also requirements for environmental quality, social interaction, and so on. With the advent of 5G era, the new generation of high-speed, low power consumption, low latency, ubiquitous network mobile communication technology support, makes the construction and development of intelligent library possible. University library plays an important role in university teaching and student education. We should keep up with the development of the times, improve our own construction, provide teachers and students with personalized needs and intelligent services, and fulfill the professional responsibility of teaching development.

This paper summarizes the construction of the library of domestic wisdom, takes Quanzhou University of Information Engineering as the research object, through literature research, on-the-spot investigation, analyses the function of the library space, architectural form, puts forward the necessity of smart library reform, in Quanzhou University of Information Engineering library design, pays attention to the old and new functional space organization, combined with its beautiful location, makes it a viewing platform, creates a multiple cultural sharing space between teachers and students.

Keywords: 5G; Smart library; Renovation design

第1章　绪论

1.1　研究背景

1.1.1　万物互联时代的到来

万物互联是指将人、流程、数据和事物通过网络连接变得息息相关，将信息转化为行动，给万物创造新的功能，为使用者带来更加丰富的体验感，为社会带来更大的经济发展机遇。5G技术与3G、4G相比，除了促进人与人之间的联络外，更加注重人的需求体验，强大的传输速度、容量和时延性，使得人与物、物与物连成一体。4G时代下我们已经感受到物联网带来的便利性，但由于4G技术其容量有限，不足以支持万物互联。在5G技术支持下，物联网技术做大做强，汽车、家具、垃圾桶……任何物体都可进行相互连接，不仅是手机，眼镜、手表、电脑等都可成为终端，5G的到来使得人们生活方式发生剧烈的变化。

1.1.2 社会发展对图书馆建设提出新要求

随着新的移动通信技术的到来，人们的阅读方式也发生了彻底的改变，图书馆的传统功能不足以支持现如今人们汲取知识的活动方式，因此，图书馆需要配合5G技术，探索传统功能外的新用途，以期更好地贴近使用人群现实和潜在需求，做到在新技术、新服务的配合下，人们灵活使用空间、便捷交流资源，做好自身的文化教学目标。

1.2 研究的目的和意义

1.2.1 研究目的

本文旨在讨论高校智慧图书馆的改造设计，其研究的目的主要在于：

（1）通过对国内外智慧图书馆的研究情况进行分析，总结智慧图书馆的建设特点和不足之处。

（2）通过对建筑案例的调研分析，针对建筑的现状问题，提出改造设计的手法，以期补充高校智慧图书馆空间建设方面的理论。

1.2.2 研究意义

（1）补充理论体系：根据智慧图书馆空间改造现状案例和理论分析，提出高校智慧图书馆空间改造设计方法，补充智慧图书馆空间建设理论体系。

（2）自我突破：笔者出自景观设计专业，通过此次课题研究，从建筑设计学角度丰富自己的学识，了解并掌握建筑的基本知识，学习从建筑整体出发，考虑新旧建筑的结合、功能空间的传承和再生，在建筑改造设计方面加强建筑与周围环境及景观的融合。

1.3 研究概念界定

1.3.1 5G

第五代移动通信技术（5th generation mobile networks或5th generation wireless systems、5th-Generation，简称5G或5G技术）是最新一代蜂窝移动通信技术，也是继4G（LTE-A、WiMax）、3G（UMTS、LTE）和2G（GSM）技术之后的延伸。无论是第一代技术还是第五代技术，它们的划分是人为进行的，它的定义主要取决于速率、业务类型、传输时延以及各种切换成功率等方面具体实现的不同技术。从1G到5G不是简单的数字延伸，既是数字通信质量、速度和带宽进一步的提高，又是技术和应用革命性的改变。

从 1G 到 5G 的技术演变与应用场景 表 1

	诞生日期	技术特点	应用场景
1G	1980年前后	模拟技术，无线电波传播，只能打电话且信号不稳定	电话通信
2G	1990年前后	无线传输数字技术，具备一定的保密性和更大的系统容量，但网络不稳定、网速慢	电话通信、短信通讯、上网冲浪
3G	2009年前后	数字信号技术，提升了传输数据的速度，但流量费用高、网速较慢	智能手机、电子商务、视频通话、刷微博
4G	2013年前后	速度更快，通信灵活，智能性高，高质量通信，费用便宜，但在人们日益增加的需求面前，仍存在不足	智能手机APP、两微一端、移动支付
5G	2019年	传输速率更高，低延时、高可靠，真正意义上的通信技术与互联网的融合，改变了人们的生活方式	无人机、无人驾驶、物联网技术、智能技术

1.3.2 5G的特点

1. 高速度

5G技术下，带宽将由4G时代的100Mb/s提高到10Gb/s，峰值速率更要大于20Gb/s。随着速度的大幅提升，各种虚拟现实（VR）、超高清业务将不受任何限制，用户将获得前所未有的实际体验，而对网络速度要求极高的超高清视频、云桌面等各种高级业务也将得到广泛的推广和应用，从而促进诸多行业新业务的发展。

2. 低功耗

由于通讯和能源的制约，目前的智能设备用户体验感较差。NB-ioT（窄带物联网）是万物互联的重要分支，作为5G网络体系的组成部分，不但可以降低部署成本，实现系统的平滑升级，而且能够降低设备的能源消耗，极大延长设备的待机时长。

3. 低时延

5G技术的应用场景包括无人驾驶、工业自动化、智能家居等，这些场景对5G网络提出了极高的要求，对时延的要求是低于或等于1毫秒。只有达到这个要求，才能在设备高速运行时保证信息的迅速传递、系统的及时反应及周边环境的安全。同时，通过在感知层配置智能传感器，实现降低能源消耗、保护用户数据安全等目标。

4. 泛在网

随着网络业务的飞速发展，各种业务对网络覆盖规模及程度的要求逐渐扩大和深入。所谓的泛在网，除了实现横向覆盖，还应实现高品质的纵深覆盖。如地下停车场、洗手间、高山峡谷等信号较差的区域如果实现了5G覆盖，将能对场地的实时变化、场所的空气质量、地理地貌的变化等进行监测，得到极其精准且极具价值的监测数据。

1.3.3 智慧图书馆

智慧图书馆中的"智慧"主要体现在两方面：首先，它可以为人们提供自助式服务，如自助售卖机、无人超市等。再者，它可以分析用户的行为数据，根据用户的需求提供精准服务。相比数字图书馆对文献资源的数字化储存、管理和应用，智慧图书馆属于它的升级版，它的侧重点在于更加注重分析文献数据和用户行为，将图书馆以藏书为主转变为以人为主的智慧型、服务型。智慧图书馆以物联网、大数据、区块链及智能计算等设备和技术为基础，有效、精准、快捷地为用户提供所需的文献、信息、数据等资源，以及为用户进行知识研习和休闲交流提供现代化特色空间。以人为主的图书馆决定了其在空间建造上注重根据人的需求去开展各项服务，包括阅读学习之外的如交友、娱乐等服务，将现代化图书馆升级为大型文化会客厅。智慧图书馆的营造包括虚拟空间和物理空间，虚拟空间包括上述的各种新型资源技术与设备在图书馆中的应用，物理空间包括以人为主要服务对象展开的实体空间。智慧图书馆是对现有图书馆的更新升级，为图书馆的使用者（学生、教师、馆员等）提供各种近似于人工的知识服务是智慧图书馆的最终目的。

本文所研究的高校智慧图书馆改造设计，是针对高校图书馆物理空间的改造及功能拓展，不包括其虚拟空间方面的改造。

1.4 国内外研究现状

2003年，Markus Aittola在*Smart Library-location-Aware Mobile Library Service*中首次提出了Smart Library这一概念，这篇文章被图书馆学界普遍认为是智慧图书馆的开端，其后几年都少有此方面的研究，国内以CNKI数据库为数据源，以"智慧图书馆"为搜索关键词进行检索，截止到2020年12月21日，共检索到1500篇文献。国内智慧图书馆研究从2010年开始逐渐成为热点，发文数量逐年增长，严栋（2010）将智慧图书馆定义为图书馆、物联网、云计算和智能化设备的有机结合体，要实现智慧化的管理与服务主要是借助物联网，这是一种从感知计算的角度提出的定义。董晓霞（2011）等认为，智慧图书馆结合了智慧化的感知和智慧化的图书馆服务，优化了当时数字图书馆的服务功能。王世伟（2011）认为，智慧图书馆的核心要素是人与物的互联互通；其技术基础包括智慧化、网络化和数字化；它的外在特征是泛在，内在特征是以人为本的可持续发展；而智慧图书馆的根本要求是方便读者、绿色发展、以人为本。Yusof.M.k（2015）认为，智慧图书馆是一个基于人工智能的图书馆管理系统，并且引入了近场通信（Near Field Communication，简称NFC）技术，而智慧图书馆中"智慧"的意思是，图书馆的用户可以借助集成了近场通信技术的移动设备完成任何相关的图书馆事务。Noh.Y（2015）则对未来的图书馆4.0进行了更广泛层面的解读，他认为未来的智慧图书馆新形态就是这种广义的图书馆4.0，可以用智能化、情境感知、开放资源、大数据、云服务、增强现实和图书馆员4.0这些关键词来描述它的特征。总的来说，从技术的角度来看，智慧图书馆是图书馆、物联网、云计算和智能化设备有机结合的产物，要实现智慧化的管理与服务主要是借助物联网；从数字图书馆服务的角度来看，智慧图书馆是指充分利用信息与通信技术，借助集成了近场通信技术的移动设备完成任何相关的图书馆事务的数字图书馆。M.Buscema（2006）等站在图书馆用户的视角，认为智慧图书馆可以被当作社会的学习场所，它的服务模式应该以非正式、合作化的形式展现。Byung-Won Min（2012）认为智慧图书馆应不仅仅有传统图书馆的服务功能，它需要充分发掘用户的创造性与逻辑性，同时要给用户呈现一个集体和交互式的形态，并且图书馆需要一个在线的知识学习系统来增加用户数量。张楠（2016）认为智慧图书馆不仅要实现馆舍的"智慧化"，如采用人脸识别方式进出等，还要实现资源的"智慧化"和服务的"智慧化"。莫尧菊（2017）认为，智慧图书馆是一种图书馆智慧服务方式，它基于云计算和无线网络；智慧图书馆通过运用云计算技术，可以处理大量的数据，并且只需要用较短的时间；它为了避免本地服务器数据不同步的问题，采用云端来保存数据，用户只需要一台电脑就能有效地使用图书馆内的资源；而智慧图书馆的核心技术中也包括大数据技术，智慧图书馆的智慧化服务可以通过利用大数据分析技术来实现。

经过多年的研究与探索，智慧图书馆所需的功能基本可以归为以下五点：①获取资源的功能；②整合、维护、发布资源的功能；③存贮和代理资源的功能；④元数据目录功能；⑤智慧服务平台。其中智慧服务平台这个功能是智慧图书馆与传统图书馆区分的核心功能，在建设智慧图书馆的过程中，用户的真实数据需求是一定要被重点关注的，要借助于智慧图书馆的整体架构，为用户整理各个来源的信息，并且提供更加智慧化的服务，帮助用户实现方便、舒适的资源共享，使得资源的利用可以达到最大化。

柯平（2008）认为图书馆服务共有三个阶段：第一个阶段是文献服务阶段、第二个阶段是信息服务阶段、第三个阶段是知识服务阶段，而现在随着物联网、大数据、云计算等技术的发展，图书馆服务需要增加第四个阶段：智慧服务阶段（Giyeong Kim，2010），智慧图书馆需要市场模式和评估模式两种服务模式，市场模式明显具备选择的特性，它能使用户与馆员之间的沟通更加畅通、有效；而评估模式潜在的有评价的特性，它可以先观察用户的现状，然后再预测用户未来可能的选择。张芳宁（2012）探讨了智慧图书馆的服务路径及方向。BilandzicM（2013）分析了智慧图书馆并总结出来一套它的信息服务模式，他使用调查问卷等调查方法，调查分析了数字资源对于读者的学习利用率，得出结论：图书馆应该能够被当作一个公开的、可以免费获取资源的社会学习场所，这也是图书馆特有的功能。张延贤、王梅（2013）提出智慧图书馆需要用户与馆员进行共同合作，才能达到智慧服务的效果。显然，智慧图书馆的服务模式是向着"智慧化"的方向变化的，而图书馆智慧服务也不是对现有图书馆服务的全盘否定，而是新型智能技术和人才支持下图书馆服务的升级和变革，现有服务类型、内容和手段只会不断扩展和更新，但基本的服务理念是不会改变的。

1.5　研究方法

1.5.1　文献研究法

通过对国内外智慧图书馆现有理论的研究，总结智慧图书馆建设可借鉴的经验及不足，为接下来提出图书馆空间改造策略提供理论支撑。

1.5.2　实地调研法

通过对泉州信息工程学院的实地调研，从整体校园环境上分析建筑物的建筑形态以及与周围环境的联系；进入建筑内部切身了解建筑内部空间的优点与不足之处，为下一步改造设计做充分的数据收集工作。

1.5.3　归纳分析法

总结设计过程中发现的问题，对问题进行分析，归纳智慧图书馆建筑在高校中改造的特殊性。

1.6　研究内容及研究框架

1.6.1　研究内容

（1）第一章：进行了对课题研究的背景、目的及意义的阐述以及研究概念的界定，提出论文研究方法。

（2）第二章：进行了相关概况阐述，梳理智慧图书馆的空间特征、空间设施、5G与图书馆之间的关系等。

（3）第三章：分析高校智慧图书馆改造的必要性，总结高校智慧图书馆的改造原则，在此基础上提出高校智慧图书馆的改造策略。

（4）第四章：理论指导实践，从实际项目的基础概况出发，运用智慧图书馆理论进行泉州信息工程学院图书馆的改造设计，以创建复合型文化共享空间为设计目的改造图书馆空间。

1.6.2 研究框架

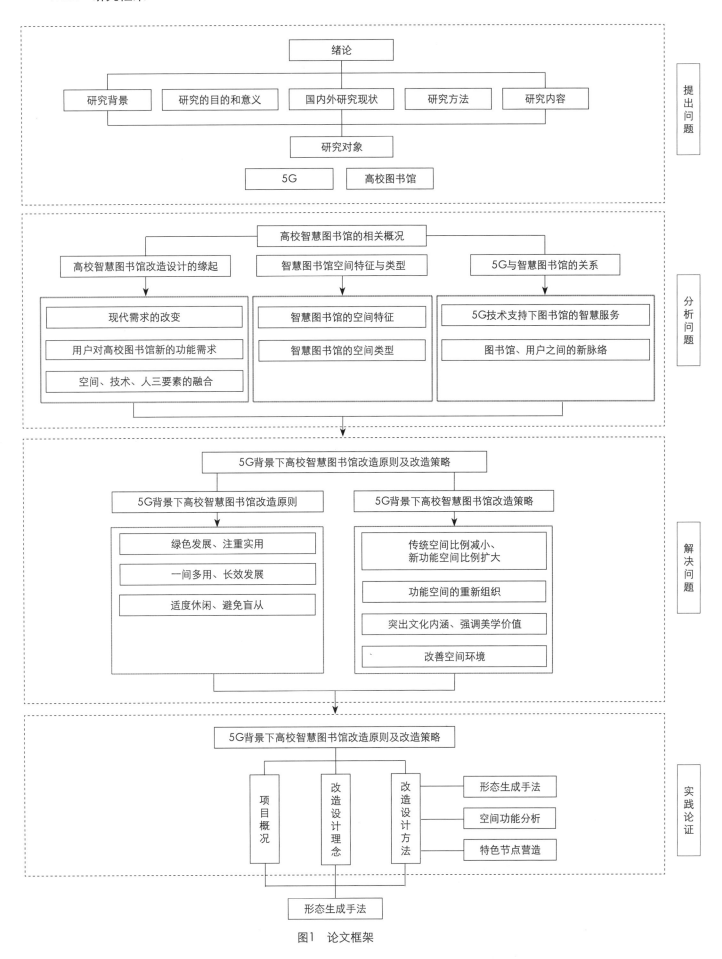

图1 论文框架

第2章 高校智慧图书馆的相关概况

2.1 高校智慧图书馆改造设计的缘起

2.1.1 现代需求的改变

1. 形象更新的需求

在我国众多高校的老校区中，在设计建造时一般具有形式雷同、形象单一、色彩单调等特点，随着时间的推移和校园周边新的建筑物和环境的更新发展，高校既有图书馆在形象上稍显落后，无法更好地代表校园文化和形象，在千篇一律的内部空间中，可能导致无法承办一些个性化活动。图书馆内部设备老化，如桌椅破损、墙皮脱落、影像设备老旧等，需要进行建筑形象上的更新设计。

2. 空间规模的不足

如今，随着毕业压力的不断增大，越来越多的本科应届毕业生选择通过考研增加自己的学识，提高就业选择能力。

日渐增多的高校师生所需空间与藏书量所需空间的矛盾、满足日渐增多的不同使用者的多样使用需求所需要的空间规模的提升、人群扩大导致空间规模过小而舒适度的不足、为满足图书馆新功能而配置的越来越多的新型设备所需的空间等，使得高校图书馆空间问题日趋严重。

3. 5G技术支持下服务模式的转变

虽然在2000年以后建设的图书馆属于新型图书馆，在图书馆建筑中已经考虑到了藏书功能的灵活运用以及电子文献资源的利用，并且目前有部分高校已经在某些空间上建立了智慧服务型设备，但整体上无法满足第三次信息技术革命带来的高校教学科研的深层次需求和使用者多层次的需求。需要对高校图书馆虚拟空间和物理空间整体上进行双重再造，以迎合用户多种需求所带来的更新升级和技术发展带来的创新变化。

2.1.2 用户对高校图书馆新的功能需求

1. 知识共享需求

从就业角度来讲，如今社会的飞速发展，要求学生不仅要做到具备扎实的个人专业知识技能，同时还需要掌握多种其他技能，成为复合型人才，提高自己的竞争力以及在工作中应对不同任务的能力。从学生个人角度来讲，作为充满精力和求知欲的青年，他们对各种专业领域充满好奇心，想要尝试不同领域的知识。这要求高校图书馆需要配备足够数量的、拥有配套专业设备的功能空间，为使用者进行各方面知识技能学习提供专业场所。

2. 休闲交友需求

图书馆作为大学校园中的重要场所，使用者对其的需求不再仅限于知识摄取，开始追求图书馆的社交功能，高校图书馆承担起校园会客厅的新型角色。大学校园作为学生24小时生活的场所，从生活角度出发，图书馆应具备聊天交友、小组会面的功能，融入使用者的生活当中。增加交往空间在图书馆空间中的比例，同时提高环境的美感和舒适度，让使用者把图书馆当作日常生活的一部分，增加其心里对图书馆的情感归属。

3. 担当校园公共空间职能的需求

高校图书馆具有传播校园文化的功能，是向外展示校园文化的窗口。作为校园文化的精神支柱，需具备承接大、中、小型会议及各种展览、演出等活动的能力。除了基本的文化展览，校园文化在图书馆中的体现还包括建筑的色彩、肌理、周围环境与建筑的关系等。作为校园公共空间，图书馆应履行其公共职责，为使用者在图书馆进行活动提供适当场所。

图书馆拥有丰富的纸质和数字资源，因此，藏书空间占有图书馆的大部分面积，而智慧图书馆的特点是以使用者为导向，以人为主的现代化空间，这是图书馆发展变革的必要结果。

2.1.3 空间、技术、人三要素的融合

随着5G技术的发展，图书馆必然要跟随科技的进步进行更新升级，虚拟空间和物理空间双重发展，虚拟技术的建设离不开物理空间的承载，物理空间的建设离不开虚拟技术的融合，两者的革新共同建立在掌握用户信息、分析用户行为的基础上。因此，新时代的智慧图书馆是空间、技术、人三要素融合的产物，物理空间的建设需要跟进技术的发展，打破布局单一、缺乏美感等现状，做好空间改造，与时俱进，承载5G技术带来的智慧服务变革。

2.2 智慧图书馆空间特征与类型

2.2.1 智慧图书馆的空间特征

1. 互联互通

智慧图书馆为24小时服务模式，方便读者根据需求随时进行资源阅读，同时，智慧图书馆通过互联网技术、大数据技术等技术手段，将资源整合在统一的平台上，方便读者的资源获取。智慧图书馆资源大部分采用电子资源的形式，进行实时更新。

2. 智慧化

智能图书馆空间智慧化体现在两个方面：首先是图书资源智慧化。借助 RFID 技术，可以及时、准确地搜寻到读者所需资源，实现图书检索的智慧化。再者是智慧化互动。借助于图书资源网络共享平台、个人数字图书馆、图书馆网站和微信公众号等服务平台，读者可以线上借还图书、预约占座、及时了解图书馆相关活动等。此外，图书馆借助大数据和云计算技术还能够根据读者的往期资源搜索借阅记录及时推送最新、读者最感兴趣的馆藏资源，使读者服务更加自主化和个性化。

3. 智能化

智慧图书馆采用RFID无线射频技术用于图书馆图书资源管理。例如，一些珍贵的图书资源和历史书籍，很容易受到潮湿空气的影响，采用RFID进行空间环境监测，准确获知湿度、温度的变化，有利于进行文献资源的智能化保存。

2.2.2 智慧图书馆的空间类型

目前的高校图书馆存在用户黏性不强、空间混乱等特点，用户需求无法得到满足。智慧图书馆需要从源头出发，了解用户、细分用户需求，为用户打造多种类的空间类型。除了传统的藏书区、学习空间、咨询借阅服务区、技术设备空间和内部工作空间外，新的功能空间还包括：

1. 知识共享空间

知识共享空间的建设目标有以下三点：一是为使用者提供开放的、专业的、硬件设备齐全的学习空间。如视频制作间、产品设计工作室等满足个人学习和小组合作活动的空间。二是在提供专业化设备的基础上，为使用者提供专业化的辅导和咨询服务。三是满足使用者多元化的需求，建立私人阅读、开放空间阅读等不同形式的阅读活动所需的不同类型的学习空间。

2. 创新创意空间

智慧图书馆需要创建一个开放性平台，使用者通过其分享艺术、科学、技术、文学、数理的观点，并提供相互合作、动手实践的机会。在这个平台上，智慧图书馆首先要做到创建平台和谐、包容的氛围，再者要提供丰富的资源信息和物理支持，为每位使用者的创新创意观点提供稳定的成长环境。

3. 文化交流空间

作为文化传播的重要角色，图书馆不仅要传播校园文化，更是作为各种文化的宣传平台，为使用者提供优质资源。要善于运用高度发达、互联互通的互联网技术，通过大数据技术、云计算、虚拟现实技术等将图书馆推向智慧化传播文化平台。通过先进技术，使用者可以更加透彻地了解文化、触摸文化、应用文化、感受文化。

2.3 5G与智慧图书馆的关系

2.3.1 5G技术支持下图书馆的智慧服务

5G技术带来的普遍连接从速度、范围和成本上来看相比过去有了质的跨越和提升，它极大地促进了万物互联的发展，从而刺激各类应用的开发和普及。随着技术的发展，图书馆的虚拟空间功能愈发强大，物理空间质量越来越高，虚拟空间和物理空间双重再造下，图书馆变得愈发智能。

1. 超清全景互动直播

直播作为内容播放形式在近两年快速发展，从短视频播放平台（如抖音、快手等）到网络购物平台（如淘宝网、阿里巴巴等）再到专业的新闻门户（如央视、凤凰网等），直播形式存在于人们生活的方方面面，随着5G技术的发展，直播技术加速升级，带给用户更加成熟和创新性的观看体验。超清全景互动直播的发展使得用户在观看直播时速度更快、更流畅，多视角的直播内容带给用户多种观看视角，颠覆观众的观看感受。通过超清全景互动直播，配合AR技术，人们可以模拟现场购物、模拟试穿衣物、与主播模拟互动、欣赏世界各地的美景等等。可以说，直播技术的升级促进社会方方面面的发展。

2．智慧场馆

运用信息和通信技术感测、分析、整合图书馆运行的各个核心系统的各项关键信息，能够对各种需求做出智能响应。5G能够将智能楼宇与图书馆各业务系统以及用户的智能终端互联互通，实现空间的智慧管理和智能设备的自动连接，配合APP，用户可轻松查看场馆地图，得知各个场馆的人流情况、座椅的空置率，预约图书馆的活动，借还各种工具，发现设施毁坏及时报修等，为读者和用户创造更好的体验环境。智能灯光系统可以在进行娱乐活动时自动调节氛围灯，配合空间和时间调节灯光的强度和颜色，在图书馆即将闭馆时，自动关闭非主要光源、调暗亮度，温馨提示用户即将闭馆的消息。同时，图书馆通过先进技术设备进行管理运营，降低了图书馆的人力成本和运营成本。

3．云课堂

在图书馆中，讲座、会议、展览等可以以VR的形式进行直播，实体空间和虚拟空间同时举办。课件以AR的方式进行呈现，与传统授课相比，AR技术的运用可以将复杂的知识内容通过AR技术讲解演示变得易于理解，学生可以很好地掌握课程所授内容，身临其境地感受课程知识。5G的超宽带高速传输能力可以解决VR、AR渲染能力的不足、互动能力不强等问题，增强用户的体验感。

4．智能安防

智能安防机器人可以在空间内根据规划地图自助巡逻执勤，自动避障，实时进行设备检测以及公共空间的全景监测；智能安防还包括利用5G视频分析技术，对湿度、粉尘、烟尘进行实时监测，做到危险来临时第一时间监测成功并予以处理；智能摄像头通过面部识别技术，对黑名单人员、违法犯罪人员予以识别，及时处理，做到对公共空间的有效安防；除此之外，还可以进行校内人员管理和保护、实时监控人流量、识别突发事件等。

5．机器人服务

机器人服务已在市场上具备一定的规模，如在2020年新冠疫情中，为了提高防疫工作的效率以及避免防疫工作人员的感染，巡逻机器人、智能服务机器人、消毒机器人等走进抗击疫情工作一线，5G时代的到来推进服务型机器人进入4.0时代。4.0时代的机器人拥有远超4G时代的人机交互反应速度。在图书馆的应用中包括互动、商用、送货、医疗等服务。

2.3.2　图书馆、用户之间的新脉络

1．用户与用户之间

智慧图书馆在5G技术的支持下，更加强调用户间的互联。智慧图书馆将聚集旺盛的人气成为用户的交流中心和学习中心，同时也为用户提供优质的交友、交际和学习环境。

2．用户与图书馆之间

智慧图书馆为用户提供智能化、个性化和极具体验的应用和业务，如用户可以及时获取图书馆各个活动室信息、阅览室座位的使用情况、已定制业务的动态信息（专家讲座、图书馆活动、展览活动等）、24小时自习室和自助休息室，即使是用户临时的需求，图书馆也能给予及时响应。通过对用户个性化需求的满足，提高用户的满意度。

3．图书馆与图书馆之间

进入5G时代，图书馆之间的互联将突破传统的局限，尤其是区域图书馆联盟成员馆之间的互联将得到极大的加强。如各成员馆所有数据实时获取信息资源，互通有无，馆际电子资源及时请求、及时传递等，随着图书馆智能化、智慧化的发展，图书馆将成为物物互联的物联网中心。移动智能终端可以根据用户需求进行资源和服务的匹配，提醒用户选择适宜的图书馆服务。用户也可以及时获取各图书馆的实时信息并进行对比，从而选择最适合的图书馆。

图书馆、用户之间的新脉络 表2

用户－用户	交友	交际	学习	共享
用户－图书馆	个性化	智能化	即时性	极致体验
图书馆－图书馆	资源互通	实时获取	及使请求	及时传递

2.4 相关理论

2.4.1 无缝学习理论

库（Kuh，1996）最先在高等教育领域提出无缝学习环境的概念，认为无缝学习指正式学习和非正式学习的融合。随着移动技术的发展和普及，2006年我国台湾学者陈德怀教授首次在移动学习基础上提出无缝学习的概念和框架，并呼吁其他学者对这一领域开展研究。陈教授认为，无缝学习代表了学生可以使用移动设备，在不同的情境下进行学习活动，在不同学习情境下可以轻松切换，不受物理环境的影响。学习情境包括个人学习、小组之间学习、社区范围学习等，还包含教师、家长、图书馆员或其他团体的介入；这些学习情境可以是面对面，也可以是远程的，地点包括校园、教室、工作场所、咖啡厅、图书馆、公园等。在无缝学习环境中，每位用户至少用一台或一台以上的设备进行学习，这是陈教授提出的一对一科技辅助下的无缝学习概念，它是以交际学习（social learning）、情境学习（situated learning）和知识构筑（knowledge building）为理论基础的。交际学习理论认为，学习是一种在社交环境下发生的认知过程。移动技术上的连通支持线上线下的无缝社交环境，使学生能够自由选择合适的时间以及自由地点开展交流，促进学习行为的发生。在2012年第七届IEEE国际会议上，陈德怀教授提出了无缝学习的十个特性：正式学习和非正式学习的融合、个人学习和社会学习的融合、跨越时间、跨越空间、泛在的学习资源、真实世界和虚拟世界的融合、运用多种设备、多种学习任务之间的无缝转换、知识综合以及多种教学法和学习活动的融合。

2.4.2 用户画像理论

用户画像，作为一种勾画目标用户、联系用户诉求与设计方向的有效工具，用户画像在各领域得到了广泛的应用。用户画像最开始是在电商领域进行应用的，在大数据时代的背景下，用户信息在网络中存在于各个方面，将用户的具体信息标签化，利用这些标签将用户形象具体化，从而为用户推送针对性的服务。用户画像可以使产品的服务对象更加具有针对性，在图书馆中，通过收集用户基本信息、订阅业务情况、文献搜索信息等进行数据分析，将数据标签化，使得计算机能够程序化处理与人相关的信息，甚至通过算法模型能够"理解"人。当计算机具备这样的能力后，无论是推荐资源、推荐活动还是其他应用型服务，将能进一步提升精准度，提高信息获取的效率，更好地对用户进行个性化服务。

第3章 5G背景下高校智慧图书馆改造原则及改造策略

3.1 5G背景下高校智慧图书馆改造原则

3.1.1 绿色发展、注重实用

绿色发展要求在图书馆的改造设计中，使用天然建筑材料和可生物降解产品以及负责任的废物处理方式等，最大限度地减少图书馆对自然环境的负面影响，并最大限度地提高图书馆室内环境质量，如使用太阳能电池、高科技收集雨水等。

现代图书馆的发展已从过去的以书本为主发展到如今的以人为本，因此，在图书馆的建设中应充分考虑人的根本需求。注重实用原则，要求图书馆在改造设计当中要充分考虑使用者的诉求，通过分析使用者的学习行为和空间需求，在为使用者提供阅读、交流等基础空间的同时，也要提供使用者进行休闲活动所需的空间，创建动静皆宜、舒适自由的学习环境，同时避免形式上的浮夸和材料上的浪费，最大化提升使用者的体验感。

3.1.2 一间多用、长效发展

在图书馆的改造设计过程中，要考虑到空间复合化利用，做到一间多用的效果，提高空间利用率，节省经济成本。如在开放学习区，放置可自由组合的移动沙发，在满足使用者个人学习的情况下，通过沙发组合与挪动，同时满足小组讨论、沙龙活动等条件。在信息共享空间中，除了研讨学习外，还可以供教师进行MOOC录制。图书馆中心区域的开放空间，不仅可以进行展览布置，也可以举行小型音乐会、活动开幕式、颁奖仪式等。

3.1.3 适度休闲、避免盲从

作为将知识、创意、创新、交流、娱乐集为一体进行打造的文化空间，图书馆在支持学习研讨活动的同时，也支持使用者休闲活动的发生，但要分清行为主次以及休闲活动的类型，作为图书馆还要侧重学习性活动，在休闲空间的改造当中，容纳正能量的、具有积极意义的活动，目的是在舒适放松的环境下向使用者传递有品位、有文化的休闲活动，避免过度娱乐化。

3.2　5G背景下高校智慧图书馆改造策略

3.2.1　传统空间比例减小、新功能空间比例扩大

在社会飞速发展的时代，图书馆中的传统功能依旧承担重要角色，所以仍然将图书馆储藏书籍以及围绕书籍展开的各项服务空间保留。另一方面，要迎合当前使用者需求情况，需要超越传统功能，为使用者提供大量的新型服务性空间。在这里，传统空间如藏书区、借阅服务区等的比例减小并不意味着空间面积减小，而是相对图书馆空间整体面积的占比减小，对于技术设备空间，要为它保留足够的位置，为以后技术设备的不断更新留出余地。传统空间中的阅览区、自习室虽然属于原有空间，但在功能、布局的设计上要做出适当现代化改造。部分使用频率较低的书籍可将其运往距离较近的储存图书馆进行储藏，腾出的空间用于新功能空间的营造。

新功能空间主要有两大类，一是作为课堂教学延伸的空间，合理利用校园公共空间开展教学活动，是教室教学功能的延伸，随着教育理念的发展，有些学科的教学已不能局限于教室内，需要鼓励学生个人求知学习和开展小组学习，在高科技智能设备、多样化设施的空间中进行问题探讨，深入学习。如通过虚拟现实和增强现实技术探讨秦始皇兵马俑的人物泥塑工艺特点。二是服务于用户休闲交友、文化共享的空间。图书馆的发展与升级必然建立在迎合用户需求的基础上，因此，智慧图书馆在新型功能空间的营造上提供自助餐饮、休息室、生活用品借还、休闲娱乐等服务。

1. 新功能空间可以利用既有建筑的空间进行升级改造

（1）天台空间

天景平台可以在不改变建筑结构的情况下容纳更多的用户，并且还能为图书馆增添一处美丽的观景平台，具有光线好、视野佳、风景优美、空气良好等特点，还可以作为学校优美风景的一个打卡点。对于学生来说，他们偏向于将平台作为娱乐活动地点，如室外舞台、空中花园、咖啡吧、露天电影院等。在天台空间设计中，需要避免中央空调机、设备间等出现在视野中心位置；在绿植的选择中，也要避免将高大型植物放置在空间中心区域，从而影响使用者的观赏视野。

图2　天台空间参考图（图片来源于网络）　　　图3　户外绿地参考图（图片来源于网络）

（2）户外绿地

风景园林师罗伯特·宰恩于1963年5月在纽约公园协会组织的展览会上提出的"为纽约服务的新公园——口袋公园"理论。类似口袋公园，高校图书馆的户外绿地具有选址灵活、面积小、斑块状分布于图书馆内及校园与图书馆之间等特点，能够缓解高峰期读者对图书馆的需求，这种缓解作用是通过将原始、自然的环境引入高校图书馆，加强人与自然的亲近程度，在自然环境下可以放松心情、松弛神经，达到缓解紧张情绪、消除郁闷心情、恢复健康精神的目的。在互联网技术作用下，户外绿地可以成为图书馆场所重要的补充，满足读者休闲交流、游憩放松、数字阅读等需求，将文化氛围延伸至户外，有利于校园整体文化氛围的建造。在改造设计中，要注意绿地的尺度，合理的尺度会促进人与人之间的互动行为的产生。合理的尺度要求空间界定领域和归属性质，领域不确

定的空间会给人一种不安、散漫的感觉。所以当我们改造户外绿地时，要有明确的围合和限定。限定空间中，不同的围合方式所带来的特征带给人不同的心理感受，围合空间的开放与封闭带给人不同的心理影响。围合性强的空间，带给人向心感、安全感，而围合性弱的空间，给人一种散漫感和离心感。对于大尺度绿地需要进行空间围合与分割，限定空间的元素是多样的，可以是实体建筑，也可以是树木、花丛、矮墙、水体等。除实体建筑外，其余元素属于柔软性限定，除了可以划分领域外，还给人一种空间与空间相互渗透的感觉。

空间的单调与变化也会给人带来不一样的心理影响，在改造户外绿地时，要注意丰富它的层次性。注重空间内容和形态的变化，满足人在空间内的新鲜感和体验感，使人愿意在此停留，随着停留时间的增长来增加互动行为发生的频率。芦原义信曾在《外部空间设计》中指出"每20～25米，或是有重复的节奏感，或是材质有变化，或是地面高差有变化，那么，即是在大空间里可以打破其单调感，有时会一下子生动"。

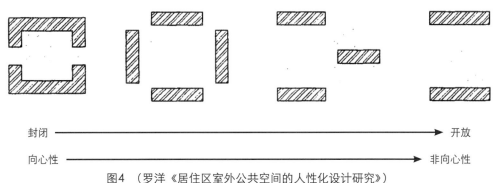

图4 （罗洋《居住区室外公共空间的人性化设计研究》）

（3）入口空间利用

图书馆作为高校内的文化空间，其建筑体量庞大，入口空间面积也是可观的。作为图书馆的"门面"，入口空间展示了高校所要表达的文化、理念和品位。如今国内图书馆的入口空间大多数为集散广场，并没有合理地利用。和上述户外绿地空间类似，图书馆入口空间也可作为图书馆文化氛围的延伸，在入口空间中，注意遮阳构筑物的使用，保证其在有遮阳作用的条件下，不遮挡图书馆建筑的中心视线。入口空间的氛围应是轻松愉快、便于交谈的，因此也要注意桌椅的摆放，要有利于交流行为的发生，同时用花坛、灌木丛等进行空间划分，便于私密性交谈。

2．新旧空间的承接

除了既有建筑的空间加以重新利用外，直接的加建和扩建是建筑改造中常见的手法，在不破坏原有建构的基础上，根据建筑体量和空间情况进行新旧建筑的连接，注意保持整体环境的和谐和统一。

（1）外部空间的梳理

在高校图书馆改扩建过程中，首先注意不要破坏周围建筑与图书馆的整体一致性，影响建筑的外部环境要素主要有原有图书馆建筑、校园的文化和肌理、周边的其他建筑、周边地理环境等，这些要素会影响图书馆改造设计的最终面貌。所以，在建筑的改造设计当中，应当重视外部环境的影响，在改扩建方案的设计初期，认真考虑如何在不影响整体环境的情况下，做到新旧建筑之间、建筑与周围环境之间的和谐统一的效果。

（2）地下空间的拓展

受制于原有结构的基础条件和校园内建筑物限高等因素，相对于在既有建筑上直接加建的措施来说，增添地下空间的方法既保证了原有建筑的结构不受影响，同时增加了空间面积，提升场地利用率。并且，这种扩建方法对地面上的环境不会产生太大的影响。在我国的建筑设计当中，对拥有一定历史价值的建筑物有限高要求，但对于地下空间的建筑开发没有太多的限制，因此，原有建筑地下空间的拓展具有比较可行的现实意义。

3.2.2 功能空间的重新组织

在老旧图书馆中经常存在动静分区混乱，大厅的展览、活动被投诉的情况。因此，在图书馆的改造设计中，功能空间的重新组织可以使图书馆焕发新活力。首先，根据用户的行为习惯、功能、流线，按照楼层自下而上、人流从多到少的金字塔式走向进行布局，即在布局上遵循将人流量较大的功能区放在图书馆的低楼层，人流量较小的功能区放在图书馆的高楼层，如借还书机器，方便用户无需上楼直接进行借还书籍服务；将大众服务型空间

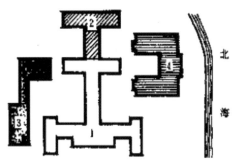

1. 1929年建管
2. 1954年扩建书库
3. 1960年扩建生活办公区
4. 1972年扩建阅览室
北京图书馆旧馆（文津街）

1. 旧馆
2. 扩建新馆

重庆市图书馆

图5 （《建筑设计资料集》第二版）

放在比较开放、较低的大空间中，有助于用户服务的便捷性，可根据用户的行为习惯，将查阅、借书、浏览、还书、自习室等系列行为空间放在一起，方便用户开展一系列的借阅和学习活动；同时，将特色服务、专藏特藏放在相对封闭的、高楼层的小区域里，保障空间的安静、封闭。

传统图书馆主张"三分开"原则：内部办公区和服务区域分开、"闹区"和"静区"分开、不同读者的阅览室分开。智慧图书馆增加了大量特色空间之后，"三分开"原则需要在当前图书馆空间内有所调整，保证各功能区能满足用户的体验需求，得到高效的利用。其中不同读者的阅览室分开这一原则已经不再适用于现代图书馆，图书馆经过该改造设计，空间趋向复合化、多元化，很难再通过不同的读者进行区域的划分。

3.2.3 突出文化内涵、强调美学价值

文化和内涵支撑图书馆进行可持续发展，因此在进行智慧图书馆改造设计过程中，要考虑顶层设计，赋予图书馆意义和价值，高校图书馆作为文化传承中心，传承和弘扬中华优秀传统文化，推动其创造性转化和创新性发展是不可推卸的责任。在图书馆设立传统文化传承空间，支持各种形式的传统文化展示和交流，如名家讲座、音视频播放、艺术展和活动等等，展现蕴藏在优秀传统文化中的思想精华和道德精髓。图书馆还可以依托高校的优势专业，融合特有的传统资源，打造特色传统文化空间，如建筑类高校的传统建筑文化空间，为特色专业的纵深发展提供智慧源泉。无论图书馆经历怎样的变迁，历史感、文化感始终是这座传统建筑的独特魅力，因此在适当的空间中，要注重历史厚重感的氛围营造，让读者静下心来感受厚重的、敬畏的文化魅力。

3.2.4 改善空间环境

在传统的高校图书馆中，阅读设施摆放整齐单一，给人庄重又单调的感觉，缺乏高校内该有的自由感和活泼。在智慧图书馆的改造过程中，力求带给使用者自由舒适、休闲开放的空间氛围，在空间内，有方便读者进行个人学习、配置阅读灯、白噪音设计、带有舒适座椅的私人阅读空间；有设置相对隐私的长型情侣学习桌；有让读者自在阅读，随意躺下休息的多人组合沙发；有不设置座椅，只设置藤编坐垫，鼓励读者席地而坐的木地板。空间内有的台阶宽度较大，放置坐垫，既可以走路也可用来随时坐下休息。这些桌椅有的是木质材料、有的是金属材料；颜色有大气白色、自然原木色，也有鲜艳活泼的彩色，配合空间氛围放置风格相符的设施。阅览书架的高度以及每层书架的高度也应该更人性化，适当高度的书架便于读者的拿取，同时，设计可调节高度的书架，书的摆放会更加美观。将有机的环境融入图书馆也是十分有必要的，自然环境为人们带来的美是其他东西无法替代的。在长时间的学习阅读后，同学都会感到疲惫，大自然的美丽风光会帮助读者净化心灵、开阔视野、消散疲惫。高校图书馆应在空旷的空间，多种植或摆放花草，增强绿化面积，给读者提供良好的阅读环境，将屋顶以及室外的走廊过道利用起来，创造出屋顶花园以及室外的休息场所和阅读场地，使图书馆与有机环境更好地融合。

图书馆不仅需要满足用户使用过程中对空间的便利性、舒适性、安全性、私密性和隐私性等的要求，并用专业的视野审视和安排空间内，提供噪音隔离、整体颜色、家具材质、气味、温度和通风等细节因素，还应该强化读者空间认知教育工作、完善读者空间利用行为评价与评估体系，以及加快用户空间行为数据的挖掘与应用，以建立契合利益相关者需求的图书馆空间。

第4章　5G背景下泉州信息工程学院智慧图书馆改造设计

4.1　项目概况

4.1.1　基地分析

1.地理位置

泉州信息工程学院位于福建省泉州市丰泽区博东路249号，周围有福建电力职业技术学院、福建经贸学校等四所学校，在校园的东北处是国家重点风景名胜区——"清源山"，校园南面为泉州博物馆和西湖公园。校园总面积为152073.04m²，总建筑占地面积22218.06m²，校园依山而建，因地制宜，属山体景观，可登至山顶俯瞰校园景观。校园植被覆盖率较高，绿化率达70%以上。且植物茂盛、种类多，生长状况好。教学楼和实训楼背后有大块闲置草坪，植被日常维护、修剪与管理情况极佳。泉州属亚热带海洋性季风气候，温度较高，大部分地区年平均气温为19.5～21.0℃，最热月平均气温达26～29℃，最冷月也有9～13℃，降水量充沛。

2.道路交通

整体校园交通道路脉络清晰，校园主干道围合成一个环形交通，各功能建筑沿环形交通主干道分布。学生宿舍区位于校园东侧，交通道路为主干道分支出来的三条次干道，平行分布汇成一主干道可通往校园东北正大门，与博东路相接；正大门入口交通道路实行人车分离，进入校园左侧为人行道，右侧供车辆行驶。校园西南边设有校园后门，通往博后路。

3.图书馆现状

图书馆位于泉州信息工程学院中心山体绿地之中，是泉信学子日常工作学习的最佳公共场所。总建筑占地面积3291.5m²，总建筑面积9101.32m²，建筑总高度16.95m。建筑层数为地上4层，现有建筑结构为钢筋混凝土框架结构，环形轴网。环形空间的中心为首层平层玻璃框架内庭，同时作为主入口的过渡空间。二、三、四层均设有屋顶平台，外立面为花岗石贴面。

4.1.2　问题总结

首先，由于既有图书馆的地理位置位于山体上，所以前往图书馆的道路多蜿蜒曲折，坡度较大且有多级阶梯，对来往图书馆的用户来说多有不便，这会导致图书馆的使用频率降低，在改造设计中应注重加强图书馆的可达性，使其成为日常生活中的一部分。

再者，既有图书馆的建筑形态呈向内包围状，造型封闭，与周围景观的联系性不足，无法很好地利用其地理条件的优势。在改造设计中，需要在建筑形态上加以改造，加强与景观的互动。

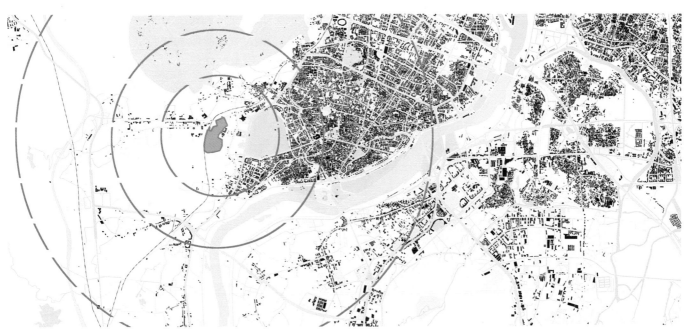

图6　泉州信息工程学院校园区位

图7　周边设施分布

图8　泉州信息工程学院图书馆

最后，图书馆作为师生工作和课余生活学习的重要场所，在传统的藏书功能之外，必须要增加数字信息功能阅读以及大量的研究空间，增设服务一体化包含餐饮、会议、活动等不同功能的服务型空间，从而增加其利用率与活跃度，而如何协调各空间类型便是重点与难点所在。

4.2 改造设计理念

4.2.1 复合型文化共享空间

希望通过对既有图书馆建筑形态和空间的改造、新型功能的添加去强调"共享"这一理念，打造一个以交流、分享为前提的文化平台，在这里使用者可以根据自己的兴趣选择内容去学习，图书馆内的设备都是专业、高配置的，空间内环境是舒适、自由、轻松的，打造一个自由交流、乐于共享的"文化客厅"。

4.2.2 优化学习和生活路线

将图书馆与其北面的教学楼、东面的宿舍楼三区通过空中走廊连接起来，图书馆位于中间位置，在既有建筑屋顶平台建造环型走廊，用来中转来自宿舍和教学楼的人流，加强三区之间的联系，优化学生学习和生活的路线，增加图书馆的使用频率。人们行走在空中走廊上，脚下和周围是随地形起伏的草坪和茂密的树木，加强了人与景观之间的互动关系。

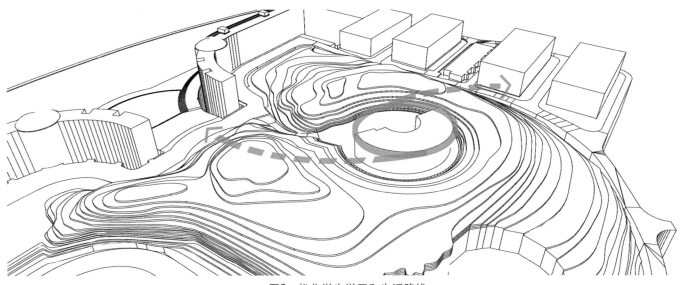

图9 优化学生学习和生活路线

4.3 改造设计方法

4.3.1 形态生成手法

1．扭转

原建筑形态为圆柱形，为使建筑造型更加现代化以及增加建筑物的开放性，打破传统，将圆柱进行扭转变形。

2．架起

由于建筑红线为9m，范围有限，所以将变形建筑架到既有建筑上方，新旧建筑上下架空，由核心筒结构贯通整体建筑。

3．包围

为使整体建筑形态和谐，旧建筑外围9～16.95m高度处用环形建筑进行包围。

4．联系

建造空中走廊，连接教学楼、图书馆和宿舍楼。

4.3.2 空间功能分析

既有建筑内的空间功能基本不变，继续承担大部分的传统功能，圆环建筑为相对安静的展览空间和私人空间。因圆环建筑包围老建筑，下面架空，所以其空间相对安静，将展览厅、私人阅读室、自助休息室放在建筑空间内，保证了使用者的安静需求。圆环建筑还有两处通过与既有建筑屋顶平面连接形成的空中花园。

圆环建筑屋顶平面为承接空中走廊人流往来的中转空间，同时结合原图书馆的屋顶平面形成架空空间，包括花园、瞭望台、小型空中餐厅和非机动车的停车区。

架空建筑一层空间相对动态，多为互动式学习和生活服务型空间。包括个人工作区、联合办公区、健身室、生活服务区等。空间内没有过多使用硬性元素阻断，注重功能区与功能区之间的融合渗透，旨在创造和谐自由、想法碰撞的学习氛围。

架空建筑二层为共享知识中心，此层空间为保证不同学习空间内的相对安静，多有墙壁进行空间分割，将空间划分为多间功能各异的文化工作室，如VR体验馆、产品设计工作室、原画工作室、敦煌艺术工作室等。用户根据自己的兴趣需求选择空间进行专业的学习和交流。

架空建筑屋顶平面为休闲空间，包括多功能户外平台、小型咖啡厅、空中电影院。独特的地理位置使得屋顶平面拥有美丽的风景视野，使用者可以在此进行班级活动、小组联谊、节日庆祝等，在此活动既不影响图书馆的内部空间，也可以得到充分的娱乐和休息，为高校校园寻得一处风景佳、地段好的休闲场所。

4.3.3 特色节点营造

（1）整个建筑无论环形建筑，还是围绕建筑的环形构筑物，都在强调横向线条感，增加建筑的层次感。

（2）架空建筑一层的联合办公区处有一户外休闲平台，有一方格造型组成的遮阳隔栅笼罩在平台上方，特色的造型在阳光的照射下，会在地面上出现格子造型的光影，随着阳光的照射角度改变而发生变化。平台设置休闲沙发座椅，支持人们在此处休闲交流，打卡拍照。

（3）在架空建筑内有一大型木质螺旋坡道，连接建筑的一层、二层以及屋顶平台，人们通过坡道进入屋顶平台，坡道围绕一球形屏幕，可以播放各种活动及直播赛况，也可以作为LED地球仪使用。螺旋坡道下方的空间可以作为小型展览厅使用。

结语

今天，在信息化社会的带动下，高校图书馆的服务模式、服务内容以及服务思想都在发生转变。图书馆作为校园的知识载体，既有图书馆的改造是时代发展下的必要行为，在改造过程中，现有资源的整合、新旧功能的搭配、新旧建筑整体的统一性是改造当中的重点。同时，图书馆作为高校知识的殿堂与文化代表，它的更新升级直接影响着学生汲取知识的便捷性和体验感，为学生掌握知识和获取资源提供帮助，为高校学子建设发展祖国间接做出贡献，它的意义是伟大又神圣的。本文以高校智慧图书馆的改造研究，得出基本结论如下：高校图书馆的改造设计，应当关注图书馆与周围环境的联系、图书馆与用户之间的需求关系以及新旧建筑之间的联系，并对今后的高校智慧图书馆改造提供一定的设计参考，把握建筑改造的原则与用户需求，未来智慧图书馆才会朝着更加完善的角度发展。

参考文献

[1] 岳和平. 5G技术驱动的图书馆智慧服务场景研究[J]. 图书与情报，2019（04）：119-121.

[2] 李玉海，金喆，李佳会，等. 我国智慧图书馆建设面临的五大问题[J]. 中国图书馆学报，2020，46（02）：17.

[3] 黄佳，李静，张县. 图书馆空间再造的思考——以西安欧亚学院图书馆为例[J]. 内蒙古科技与经济，2019（16）：114-115.

[4] 张文竹，邵波. 我国高校图书馆空间建设现状分析及对策[J]. 高校图书馆工作，2018，38（005）：58-62.

[5] 肖奕夏. 5G环境下的智慧图书馆研究[D]. 华中师范大学，2020.

[6] 刘炜，陈晨，张磊. 5G与智慧图书馆建设[J]. 中国图书馆学报，2019，45（05）：42-50.

[7] 梁荣贤，张兴龙. 图书馆5G技术应用策略探讨[J]. 图书馆工作与研究，2019（12）：81-85.

[8] 晁明娣. 面向图书馆精准服务的用户画像构建研究[J]. 图书馆学刊，2019，041（004）：106-111，130.

[9] 刘瑶. 高校图书馆智慧转型中的管理问题研究[D]. 山东大学，2019.

[10] 徐喆，张凌超. 功能维度视角下的高校图书馆实体空间再造策略研究[J]. 吉林农业科技学院学报，2019，28（03）：23-25+116-117.

[11] 肖珑．后数图时代的图书馆空间功能及其布局设计[J]．图书情报工作，2013，57（20）：5-10.

[12] 罗洋．居住区室外公共空间的人性化设计研究[D]．西安建筑科技大学，2005.

[13] 卢原义信．外部空间设计[M]．北京：中国建筑工业出版社，1985.

[14] 马凯．高校既有图书馆空间改造及功能拓展设计研究[D]．山东建筑大学，2018.

[15] 李景怡，韩礼红，张苗苗．高校智慧图书馆服务生态系统构建模式与实践研究——以兰州财经大学智慧图书馆服务平台为例[J]．图书馆工作与研究，2020（07）：64-69+108.

5G背景下泉州信息工程学院图书馆改造设计

Library Renovation Design of Quanzhou University of Information Engineering under the Background of 5G

区位介绍

　　泉州信息工程学院位于福建省泉州市丰泽区，总面积为152073.04m²，靠近市中心位置，地理环境优越，周围有医院、博物馆、购物中心以及国家重点风景名胜区——"清源山"。校园总建筑占地面积为22218.06m²，依山而建，因地制宜，属山体景观，可登至山顶，俯瞰校园景观，校园植被覆盖率较高，绿化率达70%以上，整体校园交通道路脉络清晰，校园主干道围合成一个环形交通，各功能建筑沿环形交通主干道分布。

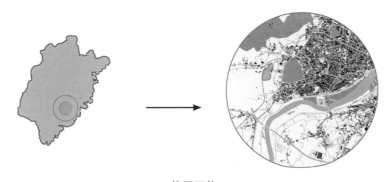

校园区位

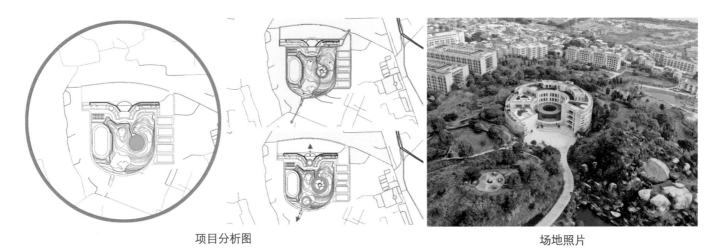

项目分析图　　　　　　　　　　　　　　　　场地照片

场地调研

原图书馆总建筑占地面积：3291.5m²，总建筑面积：9101.32m²，建筑总高度：16.95m，建筑层数：地上4层。图书馆作为校园内的重要建筑物之一，在传承校园文化激发校园新活力上起着重要作用。

建筑位于山顶，前往建筑的道路蜿蜒曲折，高差明显。

地理位置在校园最高点，因此视野范围广阔，可欣赏校内风景与周围山川之美。　原建筑造型封闭，呈向内包围状，与周围优美景观缺乏联系。

周边设施

公园　　　　　　　　医院　　　　　　　　学校　　　　　　　　景点

图书馆空间行为

设施老旧，学习空间局促，无法满足用户多方面需求

人群需求分析

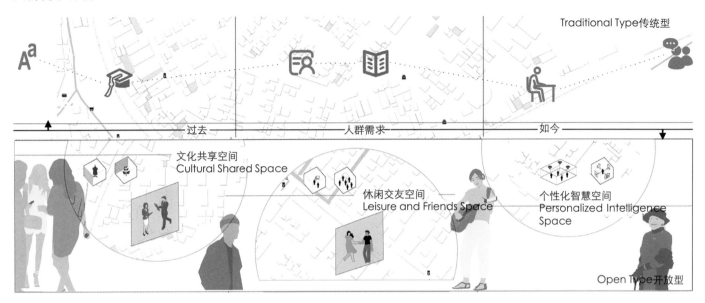

Traditional Type传统型

文化共享空间
Cultural Shared Space

休闲交友空间
Leisure and Friends Space

个性化智慧空间
Personalized Intelligence Space

过去　　　　人群需求　　　　如今

Open Type开放型

设计思想

5G时代的到来　　　场所与场所之间快速互联，实现共享　　　获取海量资源，定制个性化需求

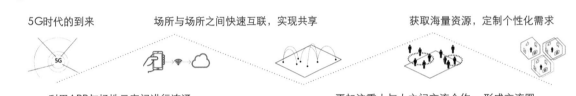

利用APP与场地云空间进行连通　　　更加注重人与人之间交流合作，形成交流圈

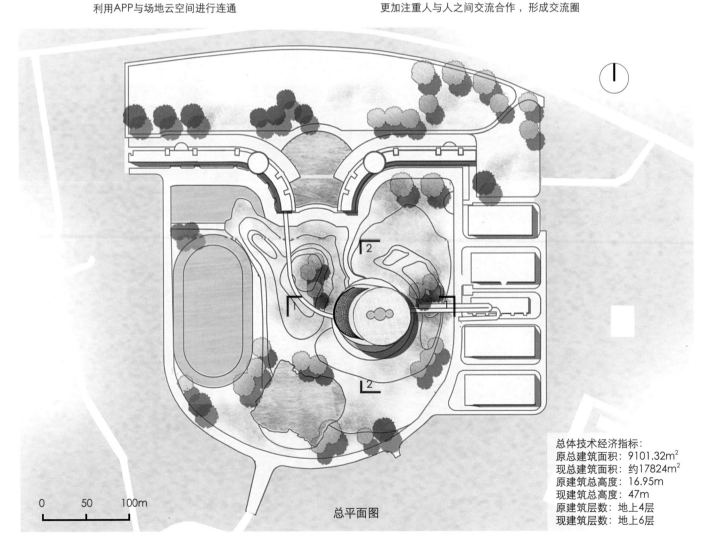

0　50　100m

总平面图

总体技术经济指标：
原总建筑面积：9101.32m²
现总建筑面积：约17824m²
原建筑总高度：16.95m
现建筑总高度：47m
原建筑层数：地上4层
现建筑层数：地上6层

体块生成

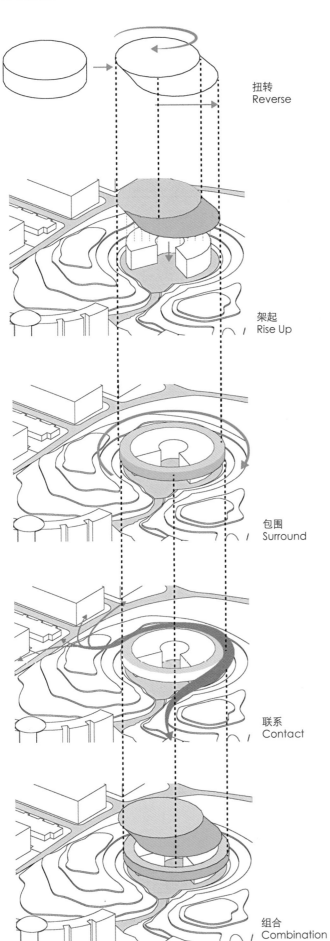

扭转
Reverse

架起
Rise Up

包围
Surround

联系
Contact

组合
Combination

设计目的

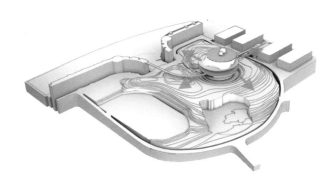

教学楼—宿舍楼—图书馆三区联合

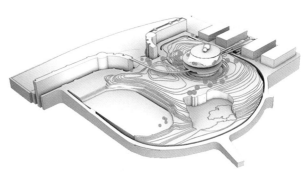

激发图书馆新活力

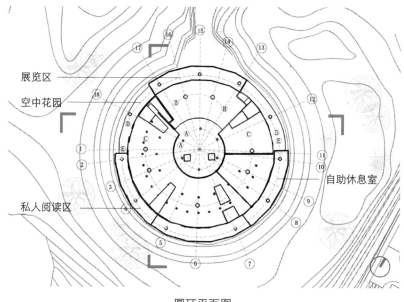

展览区
空中花园
私人阅读区
自助休息室

圆环平面图

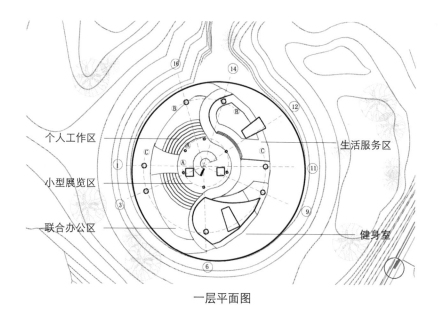

个人工作区
小型展览区
联合办公区
生活服务区
健身室

一层平面图

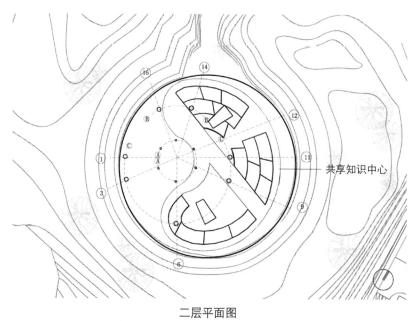

共享知识中心

二层平面图

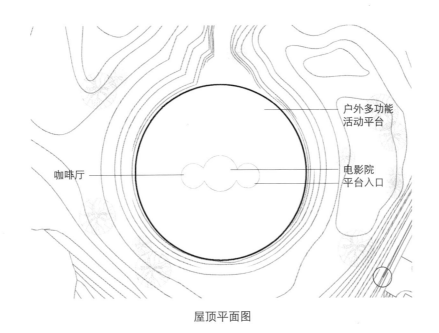

户外多功能
活动平台

咖啡厅

电影院
平台入口

屋顶平面图

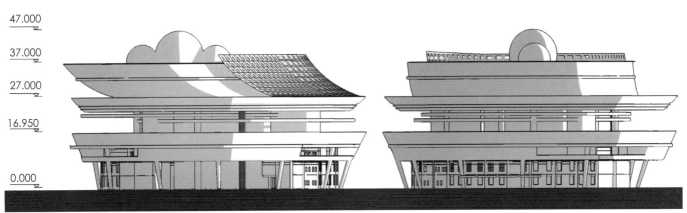

正立面图

左立面图

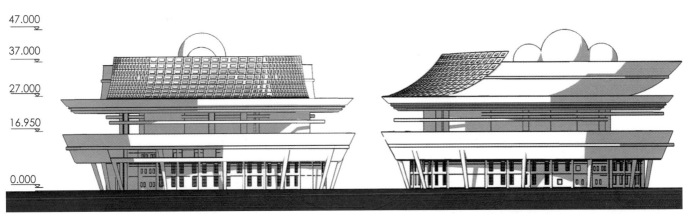

右立面图

背立面图

支撑结构

构筑物

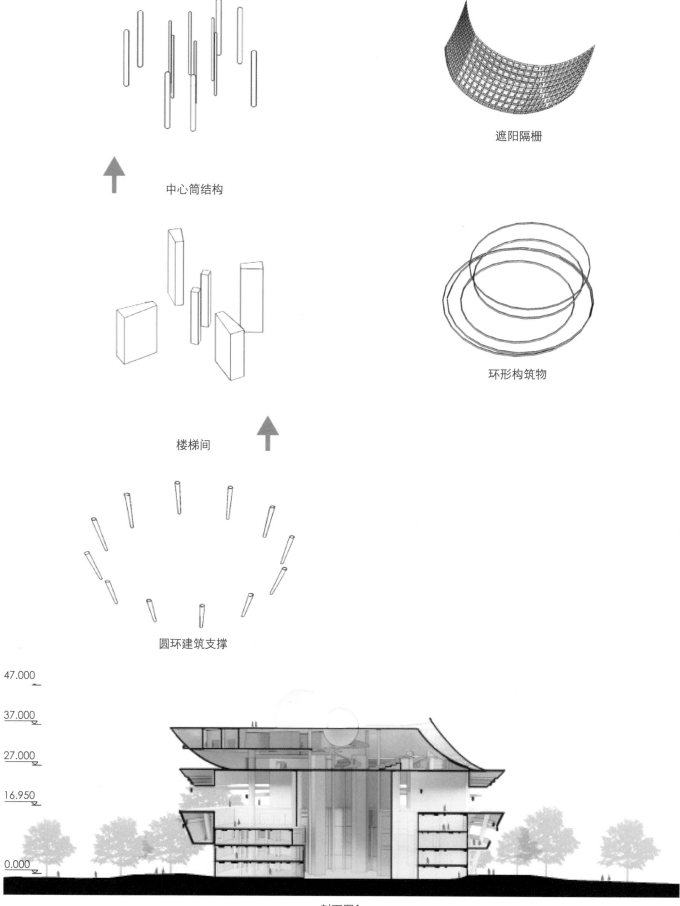

遮阳隔栅

中心筒结构

环形构筑物

楼梯间

圆环建筑支撑

47.000

37.000

27.000

16.950

0.000

剖面图1

312

空间内的活动行为

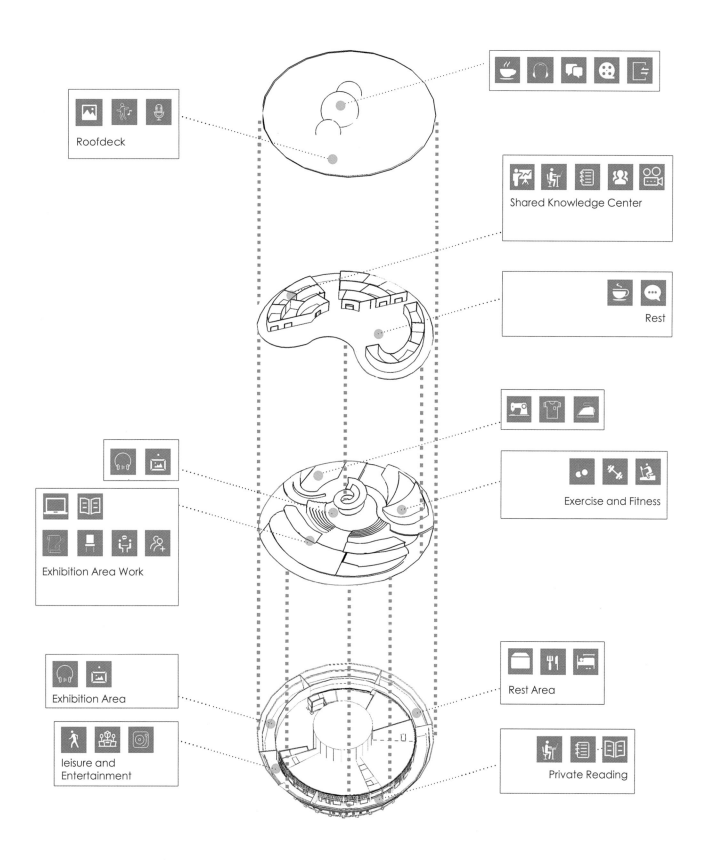

Roofdeck

Shared Knowledge Center

Rest

Exhibition Area Work

Exercise and Fitness

Exhibition Area

Rest Area

leisure and Entertainment

Private Reading

动静划分

按空间面积大小划分

空间动静划分

展览区	自助休息室	私人阅读区	空中花园

生活服务区	个人工作区	健身室	联合办公区

共享知识中心

咖啡厅　电影院　户外多功能休闲平台

静　　　　　　　　　　　　　　　　　　　　　　　　　　动

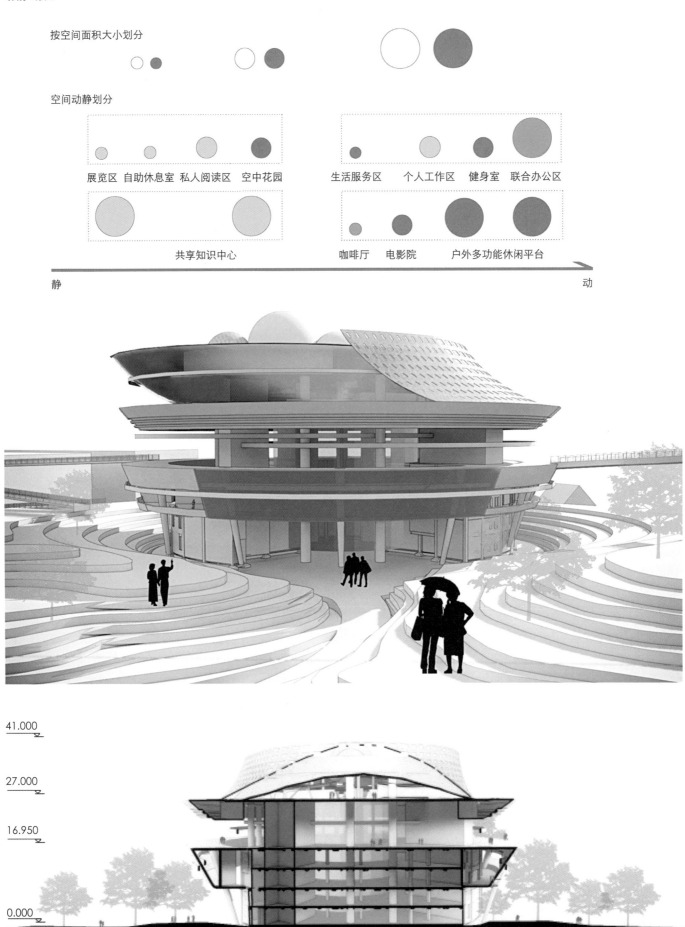

41.000

27.000

16.950

0.000

剖面图2

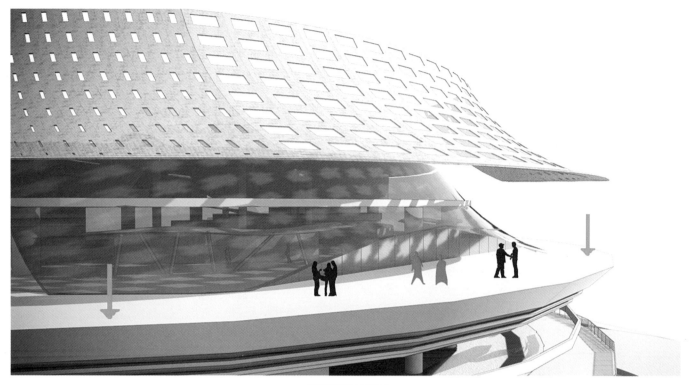

遮阳隔栅效果图

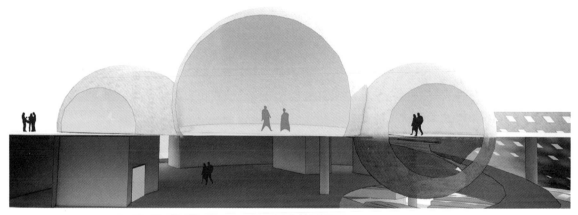

屋顶平台效果图

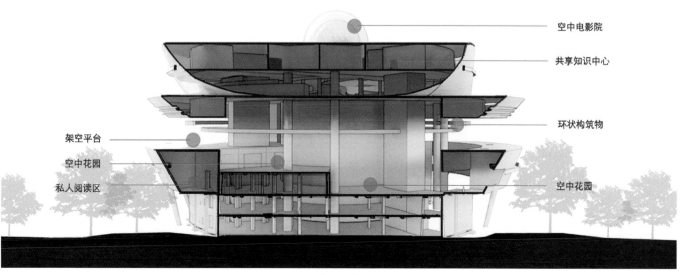

空中电影院

共享知识中心

环状构筑物

架空平台

空中花园

私人阅读区

空中花园

剖面图3

建筑傍晚效果图

空中走廊

架空平台

展览区

空中图书馆

个人工作区

户外休闲平台

空中花园

小型展览区

空中花园

建筑效果图1

建筑效果图2

校园图书馆建筑模块化设计应用研究
Application Research on Modular Design of Campus Library Building

泉州信息工程学院图书馆扩建设计
Extension Design of Quanzhou University of Information Engineering Library

北京林业大学艺术设计学院
张子慧
Beijing Forestry University College of Art and Design
Zhang Zihui

姓　名：张子慧　硕士研究生三年级
导　师：赵大鹏　讲师
学　校：北京林业大学
　　　　艺术设计学院
专　业：艺术设计
学　号：7180808
备　注：1. 论文　2. 设计

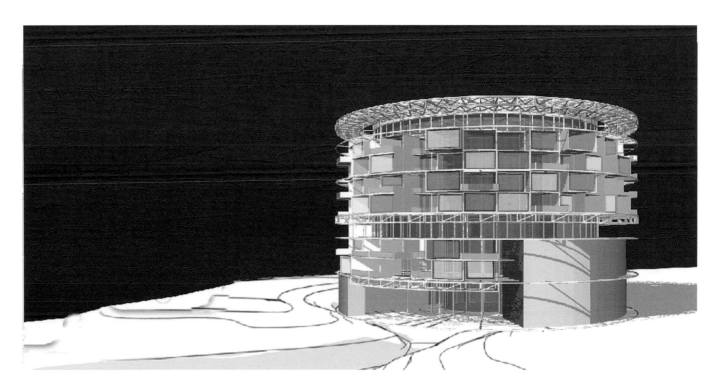

校园图书馆建筑模块化设计应用研究

Application Research on Modular Design of Campus Library Building

摘要：在科技快速发展的背景下，校园环境建设越来越得到重视，无论是"智慧校园""数字校园"还是"模块化"理念的提出，无不与校园建设息息相关。当下，智能化和网络成为新工具，改变了校园教学空间，数字传输为教学提供多种无限使用前景。校园图书馆作为校园内活动密集区域，新型图书馆将成为新知识教育场所。然而，当前我国校园图书馆仍面临一些紧迫问题：读者流失，图书馆留不住人，服务质量低；资源利用率低，基础设施功能单一，无法满足更多可能的活动；馆内馆际服务效率低，信息获取渠道跟不上社会科技的发展。这一系列问题都大大阻碍了数字校园的建设，如何把图书馆的无限服务和满足有想象力的新探索人群变为可行，成为本研究的出发点。本文将引入模块化理念来解决校园图书馆建设过程中所出现的问题，通过对模块化理念的解读，有针对性地解决问题，归纳总结出校园图书馆建筑模块化设计的方法体系，并将其应用到具体的设计项目中。本研究丰富了校园图书馆建筑模块化设计的理论基础和实践经验，为后续的研究提供参考价值。

关键词：校园图书馆；模块化；建筑模块化

Abstract: Under the background of rapid development of science and technology, campus environment construction has been paid more and more attention. The concept of "smart campus" "digital campus" and "modularization" are all closely related to campus construction. At present, intelligence and network become new tools to change the campus teaching space, and digital transmission provides a variety of infinite use prospects for teaching. As an area with intensive activities on campus, the new library will become a place for new knowledge education. However, at present, campus libraries in China are still facing some pressing problems: the loss of readers, the library can not keep people, the service quality is low; Low resource utilization, single infrastructure function, unable to meet more possible activities; The efficiency of inter-library service is low, and the access to information can not keep pace with the development of science and technology in society. This list of problems has greatly hindered the construction of the digital campus, and how to make the unlimited service of the library and satisfy the imaginative new exploration crowd become the starting point of this study. This paper will introduce the concept of modularization to solve the problems in the process of campus library construction, through the interpretation of the concept of modularization, targeted to solve the problems, summed up the campus library building modular design method system, and it will be applied to specific design projects. This research enriches the theoretical basis and practical experience of the modular design of campus library buildings and provides reference value for the follow-up research.

Keywords: Campus library; Modular; Building modularization

第1章 绪论

1.1 研究背景

1.1.1 社会需求与研究的迫切性

近年来，在"互联网+"背景下，校园图书馆建设积极朝着数字化、自动化的方向发展，传统图书馆管理和服务向数字阅读服务和智能阅读服务转变。信息时代下，读者群体的信息诉求日益提升，电子阅读、碎片阅读、网络阅读等成为主流。传统的图书馆设计方案已经不能满足时代发展和读者获取多元化信息的需求，新型图书馆的建设成为时代发展的必然趋势。

1.1.2 阅读模式演变和信息科技的发展

在信息时代，纸质书籍的阅读已不再是唯一的阅读方式，伴随着数字图书、数据库和多媒体技术的出现以及广泛应用，读者可以选择的阅读方式越来越多。阅读需求的变化让阅读模式越来越趋向于网络化、智能化。同时，科技智能感应、5G技术等新兴技术的快速发展，将为图书馆空间融入更多技术要素。让读者获取阅览资源更加便捷，并可以随时跟踪用户的学习状态和阅览行为，找到用户在使用过程中存在的问题，然后通过网络反馈跟进等方式帮助他们解决问题，全面提升用户体验，为图书馆设计提供了新理念和新思路。

1.1.3 校园图书馆设计方式变化研究的必要性

随着高等教育理念由精英化转为大众化、封闭教育转为社会开放式教育，图书馆空间结构与布局也发生了很大的变化，高校图书馆逐渐从功能单一的"藏借阅管"传统模式，发展为综合多功能的复合模式，不仅提供借阅书籍的服务，同时也成为科研学术交流及学生活动的重要平台，更多的休闲空间、交流空间以及多媒体体验厅等都成为图书馆空间布局中不可缺少的部分。这种建筑功能性的变化将直接影响图书馆建筑的设计原则、空间组织以及平面布局等要素的更新迭代。另外，随着高等院校公共性、开放度的增强以及多媒体信息技术的普及，需要对高校图书馆建筑空间的可能性重新进行评估，探索和突破新的建筑设计方式，以适应图书馆建筑更多的可能性。

1.2 课题研究目的及意义

图书馆作为校园重要的公共场所，校园图书馆建设对于推动高等院校建设发展有着举足轻重的作用。但在快速发展的校园公共空间建设过程中，人们不假思索地套用既定的某种模式以寻求快速的发展，加上人们的生产和生活方式的转变，读者追求更丰富的功能需求与现有图书馆条件之间出现发展不平衡，导致了现有校园图书馆功能配置、服务管理的严重滞后。如何有效改善与合理设计校园图书馆成为人们关注的焦点。尽管人们已经意识到形势的严峻，但实际操作中关于校园图书馆建筑设计的理论却缺乏与时俱进的系统性和可操作性，对于校园图书馆建筑模块化设计研究得还不够透彻和深入。唤醒人们对校园图书馆建设的关注，便成为本文研究的目的和意义所在。

本研究将深入总结模块化的相关理论，从中总结出经验，将校园图书馆建筑的设计要点与模块化理念相结合，探讨模块化理念下的校园图书馆设计模式，探索出一种适用于校园图书馆的设计策略和方法体系。最后结合本次课题设计内容——泉州信息工程学院图书馆扩建设计，进行相关的调查分析和研究，总结现状问题，并有针对性地提出相应的解决策略和措施，对高校现有图书馆建筑进行空间改造。进而探索出一种高效、复合、可持续发展的校园图书馆建筑模块化设计的技术策略与可行性发展道路，将模块化理念与校园图书馆设计有效结合起来，为未来高校新型图书馆的建设提供理论依据和实践措施。

1.3 研究内容

本文研究内容主要分为三个部分：

第一部分基础研究，为文章的第1章和第2章。首先通过分析研究背景、探寻研究意义，然后对模块化理念进行概述，了解国内外对模块化理论的研究动态和相关建筑模块化设计案例。

第二部分理论研究，为文章的第3章。总结和归纳校园图书馆的发展变化及发展趋势，并对模块化理念的介入下对建筑设计的影响做深入分析和研究。

第三部分案例实践，为文章的第4章。本文以泉州信息工程学院图书馆扩建设计作为实践项目，通过实证研究来探索模块化理念在具体设计中的应用，希望能为未来校园图书馆建设提供参考。

1.4 研究方法

1.4.1 文献整理与归纳法

笔者首先查阅相关资料，整理国内外关于模块化理念的概念和实际案例，对国内外研究现状进行分析，并整合收集的文献资料，通过分析、整合、概括、对比，摘录可用信息。进而分析归纳出基于模块化理念的校园图书馆设计原则，探讨相应的设计策略和措施。为泉州信息工程学院图书馆扩建设计做好理论知识方面的准备。

1.4.2 多学科融合研究法

本文研究涉及理论覆盖面广，跨学科间的知识较多，故在研究校园图书馆建筑的同时，结合城市规划学、生态学以及设计美学等多学科知识，以求达到多学科知识相互交叉，支撑研究。

1.4.3 实地调研法

通过实地调研泉州信息工程学院图书馆，整理相关数据，结合现实场地的建筑需求，分析模块化概念在实际建筑设计中的设计策略与措施。

第2章 相关概念和理论基础

2.1 相关概念的界定

2.1.1 模块

模块的概念起源于20世纪初德国的工业生产，现已广泛运用于我国很多工业领域、高科技领域。普遍意义上对模块的定义是：模块是独立存在的一个单元，可以大规模的工业生产，具备交通运输、拆装方便等特定功能。独立的模块可以通过不同的组合与装卸方式，形成新的系统，成为一个新的整体，它们之间既可互相联系又可独立工作。

2.1.2 模块化与建筑模块化

有关模块化的概念始于20世纪60年代，由西蒙（Simon，1962）首次提出。模块化是指在解决一个复杂问题时，将系统自上而下逐层分解成若干子模块的过程。模块化思想最早应用在工商管理层面，后在建筑装饰装修、产品研发设计和制造等领域推广。

建筑模块化则是以建筑为研究主题，运用模块化的策略对建筑整体进行详细分析，按照不同功能需求，将建筑空间、构建等元素进行分类、统一归并形成"集成块"，最终在设计时通过一定方式将这些集成块进行组合拼接，形成一个新的建筑整体。

2.2 建筑模块化特征

2.2.1 建筑功能可变性

建筑模块化强调建筑功能的可变性，建筑空间基于时间、环境和使用需求的变化进行不同的功能转换。具体体现在三方面：空间界面结构体变形与互换、空间功能的可变性，以及应用多媒体技术带来的空间视觉效果的可变性。建筑功能变化性使建筑具备多项复合功能，空间布局更自由灵活，有利于实现建筑的多样化发展。

2.2.2 空间利用高效性

建筑模块化强调空间更加合理高效地利用和发展，旨在用最简单的方法获取最大效率的空间，通过模块化的设计在有限的空间内更加高效地创造出舒适的空间环境，提升空间利用效率，做到建筑空间复合、集中、有序，以满足建筑空间利用最优化的设计需求。

2.2.3 环境适应灵活性

建筑模块化具有适应环境的特征，它具有灵活的可调节性，能够适应外部环境的变化。在任何地方、任何环境和天气下都可以采用自由灵活的建造方式，根据不同时期、不同的需求，对可移动组装的模块单元进行组合拼接，为人们提供所需要的理想空间。

2.3 国内外建筑模块化设计研究状况

2.3.1 国外研究状况

模块化概念被逐渐应用在城市规划、建筑设计、园林景观等领域。20世纪初，国外兴起现代主义和极少主义风潮，早期建筑模块化的研究主要以盒子体系为主，集约空间布局，简化施工。1947年勒·柯布西耶提出了"抽斗式住宅"的设想，在坚固材料形成的框架格子里，插入或抽取预制的模块单元。1972年，日本黑川纪章通过更换拆卸模块且改变楼体的结构实现了建筑的可变形原则。近年来，随着科学技术的发展，建筑模块化逐渐向施工细节等方面深入研究。

2.3.2 国内研究状况

建筑模块化在一些发达国家中已成为建筑设计领域的发展主流，国内对于建筑模块化的研究近几年才被关注，起步较晚。20世纪90年代以来，一些高校和科研院所，将模块化运用到建筑设计与施工等领域。2004年，张弘、李珺杰等人提出采用标准化模块的办法来解决城市住宅老化问题，并取得了一定的成绩。近年来，随着大量标志性建筑建成后续面临高额的维修费用问题的出现，许多具有传承价值的社会资源消失在我们面前并无法挽回时，建设者们逐渐开始采用具有空间集约优势的建筑模块化设计方式，促进了建筑模块化设计的发展。

第3章 校园图书馆的发展及模块化的介入

3.1 当前校园图书馆发展变化

校园图书馆作为承载校园文化精神与历史发展变迁的文化建筑，主要服务对象是在校师生，主要目的是满足知识生产、信息咨询、学术交流等场所需求。随着大量新兴信息技术、媒介与传播途径的产生与兴起，促使校园图书馆从传统的"藏书阁"转变成符合数字时代需要的"多功能盒子"，同时为满足师生更加多元化的阅读和学习需求，图书馆的设计观念和空间思维正在急剧转变。"虚拟"空间与"现实"空间相互渗透、融合、解构和重组，多种空间类型和时空模式相应衍生。

3.2 校园图书馆建筑的发展趋势

3.2.1 功能的复合化

图书馆作为校园文化精神的载体，也是校园公共建筑中学生活动最为频繁、停留时间最长的重要场所。图书馆已不再是具备单一借阅功能的特定建筑，而是复合多种功能的文化空间。更多的相对世俗的功能逐渐融合到图书馆中，除了传统的阅览、交流功能，餐饮、商业、休闲健身、临时住宿等功能也可以出现在图书馆中。随着校园空间逐渐向市民开放，更多的附加功能也将面向社会人员使用，功能的多样互补也更加便于使用者开展形式多样的公共性活动。

位于芬兰首都赫尔辛基市中心的颂歌图书馆，是一间面向所有市民免费开放的城市"大客厅"。该图书馆设计的出发点仍是考虑其功能性，希望它是个永远服务于公众的公共建筑。图书馆的室内功能分为三个层次，一层为底层开放大厅，也是整栋图书馆最嘈杂的部分，首层空间与市民广场无缝衔接，除了信息服务台、还书借书，还有咖啡厅、餐厅、电影院和多功能报告厅，可在这里举办读者活动、开讲座以及音乐会和演出活动，如同市中心的免费大客厅；图书馆二层作为功能更加具体的中央空间，汇集各种图书馆的黑科技和特色服务，设有各式各样的工作间、会议室、手工制作工作室、专业厨房。同时配备了3D打印机、胸章机、缝纫工作台等设备。孩子们可以在这里体验网络游戏，大人们可以在这里缝纫衣服、烹饪料理、玩乐器、看电影；三层安静的顶层空间是最充满艺术气质的空间，白色的天花板配以大面积的落地窗，为读者带来了360度全景式的空间视野。作为城市公共空间，这栋建筑不仅是一个图书馆，更是一个城市居民的"大客厅"，它以开放、包容和有温度的设计向人们分享了书香理念，让阅读融入生活，真正成为生活的一部分（图1、图2）。

3.2.2 既有建筑改造

随着校园图书馆发展规模的不断扩大，使许多现有图书馆需要面对更多的扩展与改造要求。新旧建筑的合理组合，让建筑结构更新方面衍生出多种创新设计。原有建筑本身具有的结构特点也为后期的改造提供了极大的适应性和灵活性。同时，校园图书馆的改造也带动了校园的更新，为校园注入新的生机和活力。

科罗拉多大学Tutt图书馆，原建筑为Walter Netsch于1962年设计建造。扩建项目将图书馆转变成了一个功能更加多样的空间。建筑加建部分如同红色的"缎带"，从建筑西立面开始缠绕整个旧图书馆，在新图书馆中形成了一条图像化路径，顶点延伸至新增的四层阅览区，此处可以俯瞰整个校园。附加的空间打断了原建筑的体量，重新强化了室内外的空间特质，利用了旁边的山脉景观资源并建立起物理上的连接，加强建筑与环境联系的同时增加了可用的室外空间（图3）。

| 图1 | 图2 | 图3 |

3.2.3 形态的多元化

随着其他功能空间的融入，校园图书馆的外在形象日趋多元化，建筑的内在空间意向也发生了翻天覆地的变化。随着现代科学技术的融入，许多造型更加灵动的图书馆建筑出现在大众视野中。而校园建设者们也更希望独特的校园建筑外观和多重的内部空间体验能够成为校园名片，吸引更多人走进图书馆，为校园注入生机。

科特布斯勃兰登堡工业大学图书馆是校园的焦点。这座图书馆由瑞士赫尔佐格·德梅隆（Herzog & De Meuron）建筑事务所设计。图书馆建筑外观设计仿佛一座修长的独自耸立的高塔，建筑平面形状类似变形虫，建筑立面呈波形，如同新时代的"通天塔"。建筑表面采用运用丝网印刷技术的双层玻璃幕墙，外墙镶嵌着由不同语言写就的单词和字母。在夜晚，室内灯光透过玻璃朦胧的倾泻出来，犹如一座灯塔。建筑内部设计风格极具大胆而现代特色，建筑师在内部建立了色彩鲜艳、明亮的导向系统，大面积色带平行涂满各个区域，仿佛在室内打造了一首色彩和空间的交响曲，极具个性化特色（图4、图5）。

图4　　　　　　　　　　　　　　　　　　　　　图5

3.3 模块化操作的介入

3.3.1 空间集约

空间集约化设计具有集约空间与土地和提高内部空间利用率的优势。校园图书馆作为校园内的地标性建筑，建设面积多占据校园大面积土地空间，使用模块化的设计操作可以让建筑功能高度复合，使建筑空间利用率最大化。同时使向外的占据空间相对减少，节约出来的土地增加了其他公共空间使用面积，为校园师生提供更多的绿地以及校园活动空间。

模块化的设计集中整合了空间中的类似功能，将较之分散的功能紧密联系起来，简化空间的类型和布局，提高功能实体使用率，大大缩短了使用者在各项使用功能转换间花费的时间，有利于改善读者阅读环境，也间接提高了建筑内部空间利用率。

3.3.2 功能灵活

模块化的操作手法更容易实现空间的灵活性。模块化组合可以打造出丰富多样的空间场景，集工作、居住、娱乐于一体，其场景随意切换。模块中的功能与摆放位置可根据使用需求进行灵活拆卸和组装。模块内空间可通过内置伸缩进行扩大和缩小以满足各种使用习惯，配合智能家居，实现无家具化。模块的可替换性也使建筑本身在未来具有可变性，在有限的空间中尽可能地容纳未来的使用情况。

3.3.3 经济适用

模块化的操作手法能够提高建造工程的经济效益，特别是在现有建筑的改造工程中，若使用传统建造手段，成本将会十分高昂。特别是优化历史建筑的能源系统时，可能伴随无法预见的额外成本。而模块化的操作则是与原有结构脱开，在建筑内部或外部植入了独立的模块构件，建筑的柱距和层高等要素可以单独地设计，该操作仅对现有结构进行微小改动，能够减少材料的损耗和结构工程成本。同时建造遵循模块化网格，减少工作时间，节约人工成本。

3.3.4 环境适用

模块化设计是一种能够适应环境变化的可持续手段。模块均由参数化设计生成，以优化的数字技术制作。在使用过程中可以特制模块构件来适应不同场合的需求。模块化建筑不再受地域环境的限制，使建筑具有改变其环境的可行性，适应建造过程中的各种变化和不同环境需求。未来新的建筑将以灵活变化的形式不断增长、变化并适应新的需要。

第4章　泉州信息工程学院图书馆建筑空间模块化设计

4.1　项目概括

4.1.1　项目背景

该项目属于笔者参与的2020创基金4×4—带一路中外实验教学课题项目，从前期调研到中期概念设计、后期深化设计全程参与其中。通过这次图书馆建筑扩建设计实践，不仅对校园图书馆建筑设计的内涵有了更加深刻的认识与理解，也对模块化设计有了更加深入的体会。所以本章节将该课题设计作为校园图书馆建筑模块化设计应用研究的案例加以详细分析解读。

4.1.2　项目选址

本次扩建的图书馆基地位于福建省泉州市泉州信息工程学院校园内。泉州信息工程学院是一所全日制应用型本科大学，该校园总面积为152073.04m²，小区内建有教学楼、实训楼、图书馆、专家楼、综合宿舍楼、混合宿舍楼教师公寓、运动场等。整体校园交通道路脉络清晰，校园主干道围合成一个环形交通，各功能建筑沿环形交通主干道分布。校园植被覆盖率较高，绿化率达70%以上，且植物茂盛、种类多，生长状况好（图6、图7）。

图6

图7

4.1.3　项目现状

图书馆位于泉州信息工程学院中心山体绿地之中，是泉信学子日常工作学习的最佳公共场所。图书馆现有建筑占地面积为3291.5m²，建筑面积为9101.32m²，建筑总高度为16.95m，层数为四层。结构体系为现浇钢筋混凝土框架结构或钢筋混凝土框架结构，环形轴网。环形空间的中心为首层平层玻璃框架内庭，同时作为主入口的过渡空间。建筑主体为地上四层空间，二、三、四层均设有屋顶平台，外立面为花岗岩贴面。纵观校园内建筑景观，地形起伏旷远，路网布局清晰，但现状图书馆建筑体量过大，且不同功能建筑及活动场所间的距离较远，交通流线被拉长，因而导致时间增耗；同时，现状建筑相对封闭，建筑空间功能及外立面形式较为传统，缺乏与环境相呼应，在不断扩招的压力下有效利用容积率，增建不足的教学功能是当务之急。

目前，图书馆主要服务人群为在校大学生，一般对图书馆的需求为查阅、借阅书籍，自习等。教师、科研人员所占比例较小。另外，还有部分工作人员、校外人员到图书馆借阅。从垂直布局方向看，馆内每层内部空间在功能配置上都不尽相同。一层主要以展览展厅、电子阅览室以及办公空间为主；二层和三层主要以满足书籍阅览、书籍储存、学生自习等需求为主；四层则设有沙龙、咖啡厅、多功能厅等空间。

4.2　设计前期分析

4.2.1　设计目标

本次建筑扩建设计在现有已使用的图书馆建筑基础上，对其进行升级改造设计。为满足智慧城市、智慧校园融媒体时代需求，拓宽图书馆功能适应教学发展，拟扩建的标准设定为达到应用型本科大学的常态使用为目的。在模块化理念的指导下，以多重视角构建多元功能的校园公共开放空间，满足师生工作和课余生活学习的多重需求。加强数字信息技术的作用，结合功能与美学进行设计表达。致力于打造一个融合科技、生态、生活、文化、运动、避灾、展示、体验、游憩的综合性公共建筑。

4.2.2 设计原则

对现有图书馆建筑进行扩建改造是为了更好地以使用者为核心组织校园活动空间，那么在图书馆建筑空间模块化设计中，如何进行改造，需要遵循以下几个原则：

1. 重视图书馆的功能定位

图书馆作为学校师生使用最为频繁的公共空间之一，它应具备借阅、藏书、交往、休憩等多种复合型功能。在满足师生获取信息资源的基础上，图书馆可以提供更多的生活类、休闲类服务。这些新设的公共服务对空间利用率、建筑空间环境、设施齐全度等方面有极大的要求。在进行图书馆空间设计时，要将功能与形式并重，充分考虑馆内活动特征，协调好各类行为活动与建筑空间供给的配比，让校园生活乃至城市生活在图书馆中得到延续。

2. 满足多样的使用需求

伴随着校园的开放，校园图书馆不再只面向师生这类单一群体使用，图书馆需要发掘更多的空间可能性。校园图书馆应当满足学校师生在空间中的物质需求和精神需求，为其提供舒适便捷的室内环境和丰富多样的活动空间及设施，关注人在公共空间中心理及感官的真实感受。

3. "以人为本"的控制理念

图书馆是承载校园活动的重要场所，图书馆设计应以满足师生服务为前提，以提高效率为基础，建筑需体现以学校师生为主体的公共属性。建筑新增部分应当遵循以人为本的控制理念。在空间上，以师生的实际需求为设计导向，打造高效灵活的空间及功能多样的活动场所；在建筑尺度的控制以及对建筑材料的选择上，注重人的尺度和感受，为使用者提供舒适宜人、丰富多样的空间体验。在公共服务配置上，根据功能需求和空间灵活布置，使设施服务与建筑空间产生最大效益。

4. 新旧建筑的协调考虑

建筑改造的设计重点在于要充分考虑原有图书馆建筑体量、旧与新的巧妙结合。在保证原有钢混框架结构不变的前提下，对新建筑构造体的结合作为重点。扩建部分与原有建筑的结构、功能、形式互动关系都要协调设计，内外空间在功能分区和构造体设计上做到完美匹配，外立面表现必须考虑当地地形气候条件、交通可达性等现状。以置入模块的操作方式提升原有建筑吸引力，延续空间的活力。

4.3 图书馆建筑模块化设计分析

4.3.1 设计理念

在互联网高速发展的背景下，人们在图书馆的行为变得更加丰富，更加复杂。在这样的背景下，图书馆应该是一个更加新型的建筑综合体，能够承担更多的校园功能甚至是社会功能，能够在脆弱的校园环境中应对多种突发问题。建筑需要具备更大的弹性，能够通过自身的模块重组形成多样的公共空间，拥有超大容量的弹性空间，空间利用可以更加高效。白天可以是适宜阅读、办公的通用空间，夜晚可以制造出小型休息室、青年公寓等。

建筑在模块化的操作下将变得更加精细化、数字化。互联网成为建筑的纽带，借助新型科技，通过网络互联，建筑可以被远程编程操控，使用者可以通过网络预约使用和定制空间。建筑交出管理机构负责运营，通过自动化科技，在网络云端就可以对建筑进行重组。在建筑结构框架的支撑下，通过对墙面的旋转和移动、框架的变化，以及模块的拆卸，建筑可以实现快速的功能变化。运营平台将建筑动态实时联网并反馈给用户，校园内的师生可以通过提前一天网络预约，选择单元格定制专属阅读空间。社会群体则可以通过这种预约方式完成对场地的中长期的租借或购买。

4.3.2 框架结构

建筑扩建设计在原有建筑外置入了一个大型框架结构，在一级框架内可继续划分二级框架、三级框架，墙面和楼板墙板可以移动、拆卸。整个框架里可以注入多个不同大小的单元格构件，它独立在框架体系中，根据实际需求可以围合出不同形态的空间，满足不同人群的需求。以一级框架结构进行分析，一层作悬空处理，不设置单元格，从二层开始设计单元格，高度保持和原有建筑一致的3.9m高，单层最大使用面积可达3000m²。从六层开始到建筑顶部，空间都不再受原有建筑限制，单层最大使用面积可达5800m²。

4.3.3 功能设置

设计将各楼层之间的功能分区进行了扩充。其中，二层至五层空间基本是对原有图书馆的功能的配合与补充，包括科技体验阅读的开放教室、休闲自习室等。六层以上扩展了更多可能性的功能，包括餐厅、青年公寓、运动区等等。并在此基础上预设了一些单元格模块的可能性，包括不同类型的自习室、不同规模的阅读体验室、不同风格的青年公寓，甚至更大的球场空间也可以通过参数化的预设置入建筑模块之中。为满足学生群体、创新人群的需求，打造社交互动沟通空间，设计置入了大学生"孵化"基地、创客中心等；为提升图书馆日常活跃度，打造艺术氛围，开设有展厅、校史馆、发布会场等，用于展示校园文化及艺术宣传，亦可以作为学生群体的停留空间。

4.3.4 专项设计分析

建筑的模块组合将在预设程序下进行。每天固定的时间段，所有单元格将恢复初始化，再通过前一天用户的定制记录，各个模块单元以圆轴为中心进行旋转，自由组合生成新的空间模式，没有被选择的空间将生成楼板，可以作为各楼层的公共活动空间。同时为保证人的通行，以及应对季节和气候变化，监管者一方将预设固定的几种模式，以限制部分单元不可被用户所选定，来保障通行、通风和采光。

结语

目前我国校园环境的建设，依然停留在单纯的改善空间环境的方面，容易忽视了校园建筑自身的功能复合性和空间多样性。刚性的校园建筑难以满足未来社会发展的需要，模块化设计作为新一代建筑设计的概念，是解决当前校园图书馆面临的问题的有效途径，能使现有图书馆在适应环境变化和抵御外界干扰因素时发挥出良好的弹性，模块化设计将成为新阶段图书馆建设与更新的重要方法。

文章首先通过分析选题背景展开，提出模块化理念相关概念，分析国内外研究动态，为后续理论和方法研究打下基础。其次归纳当前校园图书馆发展变化和趋势，总结分析模块化介入建筑设计中的影响。最后运用模块化理念对泉州信息工程学院图书馆进行扩建设计，从模块化理论切入，探讨校园图书馆的模块化建筑设计方法，希望能为未来的校园图书馆建设提供可鉴之处。

参考文献

[1] 赵莹．模块化理念下基于图书馆小数据的用户服务研究[J]．图书馆工作与研究，2019（08）：77-81+107．

[2] 肖逸熙．多媒体时代下图书馆室内环境的转型研究[D]．东南大学，2019．

[3] 李静姝．基于模块化操作的文化建筑设计方法探研[D]．大连理工大学，2018．

[4] 董兵，吴秀玲．基于模块化设计的数字图书馆[J]．晋图学刊，2008（02）：36-39+53．

泉州信息工程学院图书馆扩建设计
Extension Design of Quanzhou University of Information Engineering Library

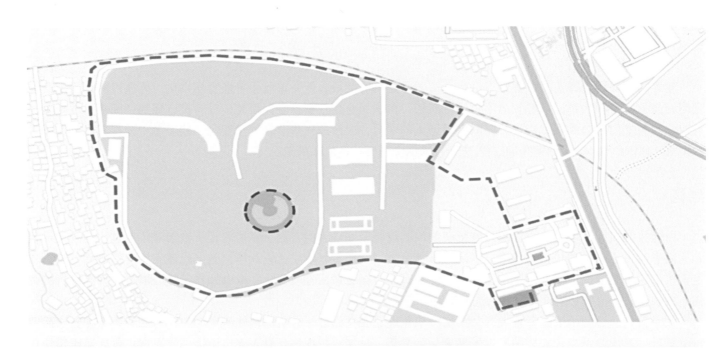

设计说明

在互联网高速发展的背景下，人们在图书馆的行为变得更加丰富，更加复杂。互联网技术就像一双无形的手，从各个方面改变、颠覆、重构我们的生活。在这样的背景下，图书馆应该是一个更加新型的建筑综合体，能够承担更多的校园功能甚至是社会功能，能够在脆弱的校园环境中应对多种突发问题。图书馆应该有更大的弹性，它更加数字化，能够通过自身的模块重组形成多样的公共空间，拥有超大容量、更大弹性的空间，同时它是可以被远程编程操控的，使用者可以通过网络预约使用，定制个性化的空间。

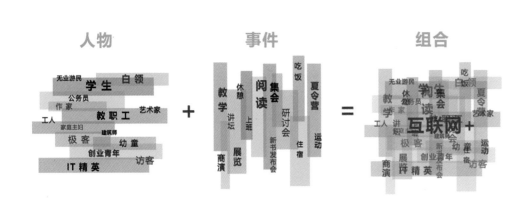

自由组合的单元格

多种不同尺寸的胶囊单元

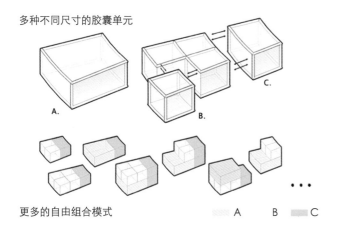

更多的自由组合模式　　　A　B　C

　　在这样一个图书馆它的受众更加广泛，有学生、教室、青年创客……这些人在建筑里可以发生更多的事情，在这样一个环境里，建筑和互联网是紧密相连的，整个建筑将承载着更多的功能。设计预设了一些单元格模块的可能，但不仅限于此，不同类型的自习室、不同的阅读体验室、不同的青年公寓，甚至更大的空间的功能，还可以有更多的形式……甚至球场也可以置入进来。

根据空间调节的墙板

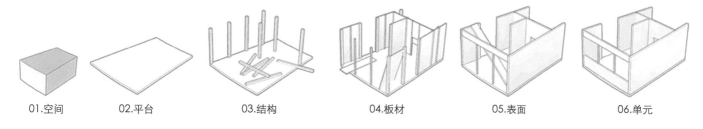

01.空间　　　02.平台　　　03.结构　　　04.板材　　　05.表面　　　06.单元

模块单元更多的可能性

01.自习室　　　02.图书角

03.私密自习室　　　04.VR图书体验

05.科技体验室　　　06.楼板之间的楼梯

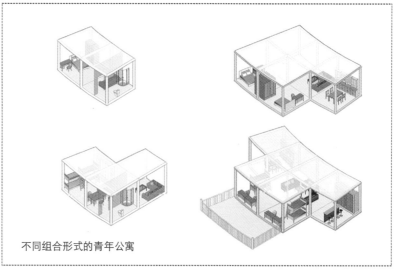

不同组合形式的青年公寓

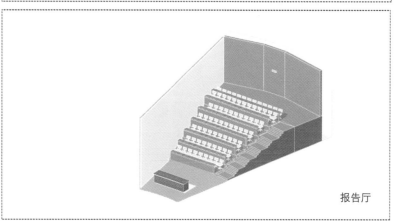

报告厅

平面图

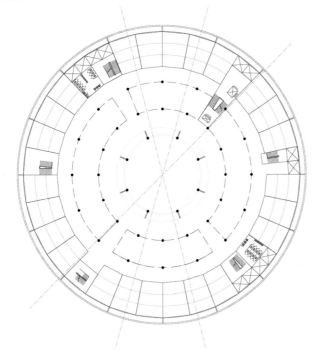

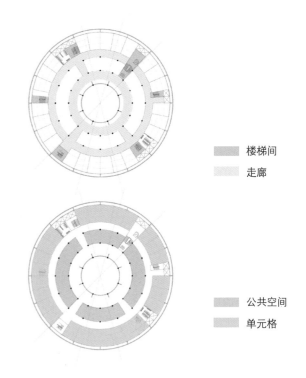

楼梯间
走廊

公共空间
单元格

效果图1

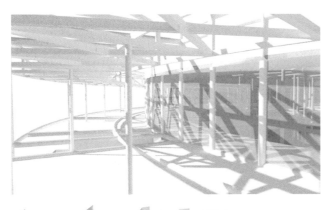

框架结构

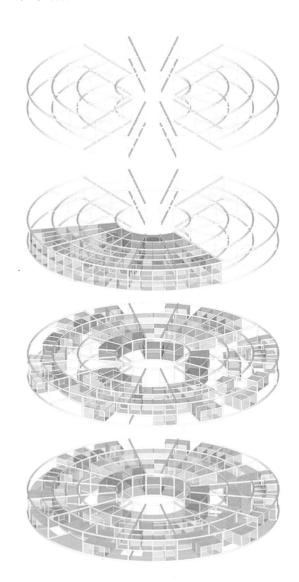

效果图2

佳作奖学生获奖作品
Works of the Fine Prize Winning Students

高校校园图书馆建筑设计在场性研究
——以泉信图书馆改造为例
A Study on the Site Design of University Campus Library
—Taking the Renovation of Quanxin Library as an Example
云场：泉信图书馆建筑改造
Cloud Field: Renovation of Quanxin Library Building

湖南师范大学美术学院
张志成
Fine Arts Academy Hunan Normal University
Zhang Zhicheng

姓　名：张志成　硕士研究生三年级
导　师：刘伟　教授
学　校：湖南师范大学美术学院
专　业：艺术设计
学　号：201870170897
备　注：1．论文　2．设计

高校校园图书馆建筑设计在场性研究
——以泉信图书馆改造为例

A Study on the Site Design of University Campus Library
—Taking the Renovation of Quanxin Library as an Example

摘要：在图书馆发展的历史进程中，由于信息化数字化时代的全面到来，图书馆的发展也迎来崭新的局面。而高校图书馆作为整个高校校园获取信息最为集中的场所，面对知识承载方式由纸质变为数字化、信息获取方式越来越便捷和多样化，作为传统意义上的高校图书馆，对其现有的物理空间进行改造升级已经成为当下高校图书馆无法规避的问题。而云计算的飞速发展对传统图书馆建筑的模式更新起到强有力的推动作用。高校图书馆更应该注重使用者的情感诉求，营造出具有艺术性、时代性、特色性的物理空间环境，将云计算的不在场性同建筑空间的在场性紧密结合，以此对未来高校图书馆改造带来新的发展趋势。本文将分析当前我国高校校园图书馆发展的时代背景及发展状况，主要分析高校图书馆建筑改造及使用功能的完善，提出高校校园图书馆改造的必然性和可行性。通过对现有的高校校园图书馆所存在的普遍问题，结合云计算发展的大背景，指出高校校园图书馆的建筑改造及使用功能的完善是图书馆建筑改造的重要思路。从环境应对策略及校园文脉的承载与延续、图书馆功能更新与空间形象的重塑、新技术对于高校既有图书馆更新设计的支撑等方面，并结合泉州信息工程学院图书馆所进行的改造设计，在实践中进一步探讨完善高校既有图书馆更新改造设计的方法，以期提出更具有科学性和推广应用价值的设计模式。

关键词：高校校园图书馆；云计算；在场性；建筑改造；功能复合化

Abstract: With the development of library for hundreds of years, the development of library is about to usher in a new situation due to the comprehensive arrival of information and digital age. University library in the university campus is the most centralized place to obtain information, facing the knowledge load mode changed from paper to digital, information access is more and more convenient and diversification, to upgrade the existing physical space has become the question that the current university library can't evade. The rapid development of cloud computing has played a strong role in promoting the renewal of the traditional library building model. This paper analyzes the historical background and development status of the development of university campus libraries in China, mainly analyzes the renovation of university library buildings and the improvement of the function, and puts forward the inevitability and feasibility of the renovation of university campus libraries. Based on the general problems existing in the existing university campus library and the background of the development of cloud computing, this paper points out that the improvement of the building transformation and the function of the university campus library is an important idea for the library building transformation. This paper analyzes and summarizes the specific principles and methods of the renewal design of the existing libraries in colleges and universities from the aspects of the environmental coping strategies, the carrying and continuation of the campus context, the renewal of the library functions and the reconstruction of the spatial image, and the support of the new technology for the renewal design of the existing libraries in colleges and universities. Combined with the renovation design of the library of Quanzhou University of Information Engineering, this paper further discusses the method of perfecting the renovation design of the existing library in colleges and universities in practice, in order to put forward a design model with more scientific and popularization value.

Keywords: College campus library; Cloud computing; On-site; Building reconstruction; Complex function

第1章 绪论

1.1 课题研究背景

在科技与信息技术高速发展的时代背景之下，通信技术正由4G迈向5G发展的时代，世界朝着万物互联的发展模式逐步前进。新的时代精神要求文化艺术在当前技术变革中找寻新的栖身之所，建筑与环境艺术专业作为技术与艺术共同衍生的相伴学科，是展现艺术与技术相交融的重要载体。现代化图书馆将结合大数据、云技术，以及信息数据的挖掘得到快速发展。图书馆引进先进的技术进行管理，很大程度上为其他传统行业的改革与创新创造了有利的条件。

1.1.1 云计算的发展为信息的传递和收取提供更多选择

云传播是产生于云计算技术条件下的一种信息传递与分享的模式，它以"共享"作为传播的机制，以云服务作为传播的媒介平台，传播活动及其过程基本在云端完成。云传播在4G时代便已成型并初具规模，但是由于技术条件的限制，其并未发挥真正价值。在5G网络技术条件下，这些限制有望获得解除，使云传播释放新的活力。

针对当前图书馆信息检索系统存在信息检索误差大、工作效率低等难题，云计算的飞速发展促使信息的传递方式更加多样，从而使得接收信息的模式发生较大转变。通过对数据进行比较分析转换等操作来掌握相关数据规律，从而使大数据有价值部分被挖掘出来。大数据处理模式可以更好地保障智慧校园建设，使高效的管理更具智慧化，促进智慧校园管理水平和教学质量的提升。

1.1.2 智慧校园带来校园建筑改造新契机

智慧校园的模式为校园建筑改造提供了新契机。随着高校教育信息化建设的不断深入，智慧校园中的各种软硬件资源越来越多，面对智慧校园日趋复杂的应用需求，如何对资源进行整合，提供优质的校园服务已经成为智慧校园亟需解决的问题。

智慧图书馆建设其实是智慧教育建设的重要部门，智慧校园建设可以为智慧图书馆建设提供基础环境和条件，两者是相辅相成、互相成就的关系。智慧校园的建设本质是基于5G通信技术、边缘智能、传感技术、大数据、云计算和物联网技术的智能化综合应用服务平台的搭建过程，要围绕打造智慧环境、智慧教学模式和智慧学习模式展开。智慧图书馆是智慧校园的重要功能模块，其地位与智慧教学模块、智慧财务模块、智慧后勤模块、智慧人事模块、智慧学习档案管理模块同样重要。

1.1.3 泉信图书馆改造的顺应时代诉求

泉信图书馆改造顺应时代发展的新诉求。在经济增速迅猛、信息高速发展的时代，包括公共图书馆在内的公共文化服务体系应不断顺应时代发展，积极进行自我革新，不断提高服务效能，以更好地保障人民群众的基本文化权益。

泉州信息工程学院以电子信息工程类专业为内核并不断拓展，承载了当下与未来的时代精神，校园面貌也应与之相匹配，给予景观与建筑新的诠释。纵观校园内建筑景观，地形起伏旷远，路网布局清晰，但现状建筑体量过大，且不同功能建筑及活动场所间的距离较远，交通流线被拉长因而导致时间增耗；为此研究校园景观环境有助于加强开拓校园美，但现状建筑却相对封闭，建筑空间功能及外立面形式较为传统，缺乏与环境相呼应，在不断扩招的压力下有效利用容积率，增建不足的教学功能是当务之急。

1.2 课题研究阐述

1.2.1 课题研究目的

互联网时代下，传统图书馆的地位进一步下降，数字图书馆得到进一步普及和发展。从中长期来看，读者进馆的人数还会持续下行。不少高校图书馆甚至演变成了学生自习场所。要想改变现状，需要加快转型，充分把握智慧校园建设实际，将图书馆打造成为服务于教育和科研的综合智慧体。

图书馆在众多高校的校园建设规划中一直以来都是举足轻重的，作为高校教师和学生学习交流的主要场所，为高校师生提供了教学研究和科研资源，是学生在校学习最为集中的场所之一。因此图书馆的设计至关重要，图书馆的建筑设计不仅要考虑到图书馆的整体外立面影响，同时要注重对于使用者的整体体验感，更加人性化的设计会给使用者以不同的身心感受和不同的阅读环境。图书馆的设计更应当契合时代的科技，不同时代背景的图书馆应该具备一定的时代特征。

1.2.2 课题研究意义

图书馆在高校校园中体量较大，功能泛化混杂。高校校园图书馆也是高校师生日常在校生活、学习、交流中最为重要的公共场所之一。而正是因为图书馆是一个师生需要长时间在其内部工作与学习的建筑空间，改进图书馆建筑的物理环境成为提高图书馆建筑空间整体品质、满足新的使用需求的重点工作之一。在大量的高校图书馆的新建工程和改建工程之中，其主要着力点仍然集中在选址位置和规模大小的合理性以及空间的功能要求等方面。但是在建筑空间的物理环境以及空间的生态性以及人性化设计方面还有诸多不足。建筑物理环境，包括了空间中的声环境、光环境和热环境。此外室内空间的物理环境也与室内环境的舒适性有关，学习空间的尺度或装饰色调，对长时间在这个空间中的自习人员的行为和心理都有不同程度的影响，其直接导致了这个空间是否能够担当其相应的功能需求。通过对信息时代背景下校园图书馆建筑与科技发展无法契合现象的调研，重新定义与研究"在场性"这一概念，剖析其对建筑物理空间衍化的深层意义，论述其在校园图书馆中体现的重要意义。同时收集最近几年具有象征性和代表性的图书馆建筑改造作品，对校园图书馆建筑改造的类型与设计方式进行理论与案例分析。希望能在这个研究的基础上提出具有普世性的建筑在场性的设计方式与思路，提升设计者与使用者对该类空间的认知并指导实践，为信息时代校园图书馆建筑更好地发挥其社会职能提供具有较强参考性的建议。

1.3 国内外研究现状

1.3.1 国外研究进展

高校既有图书馆空间改造及功能拓展设计，属于既有建筑更新的范畴，其所依据的理论基础主要基于既有建筑再利用的理念。图书馆建筑的更新，是旧建筑改造和校园建筑更新领域的研究分支，同时涉及图书馆学中的藏书、运作、管理等相关研究。国外的旧建筑改造与校园建筑更新领域发展较早、体系健全，涉及从校园规划、单体设计到技术构造各个分支，以及相关学科如经济策划学、生态学、心理学等等。为此，相关研究也分为三个大的方面，一类是侧重于既有建筑更新改造的理论研究，一类是针对高校图书馆建筑改扩建的实践研究，另外还有图书馆学、图书情报学等学科对于图书馆空间的使用，提出了专业的需求原则。

本文以Web of Science（SCI/SSCI/A&HCI）数据库作为对国外图书馆空间改造相关文献研究的数据来源依托，将检索词设定为"'Space Transformation' or 'Space Renovation' or 'Space Reconstruction' or 'Space Expansion' or 'Building Transformation' or 'Building Renovation' or 'Building Reconstruction' or 'Building Expansion' and 'Library'"，检索时间为1950年至2020年，文献采集时间为2020年12月，检索共获得外文文献3780篇，进行去重处理后，最终得到与本文研究相关联的有效外文文献共1069篇。

1. 国外旧建筑更新改造的理论研究

关于旧建筑更新方面的研究，有肯尼斯·鲍威尔的《旧建筑改造和重建》（*Architecture Reborn: The Conversion and Reconstruction of Old Buildings*）。其按照不同的建筑类型，通过设计实例分别论述了建筑更新改造设计的方法，介绍了国外旧建筑改造的现实情况。该著作通过国内译本，对国内建筑更新实践具有重要的借鉴意义。布伦特·C.布罗林所著的《建筑与文脉——新老建筑的配合》一书，研究的主要是在历史建筑旁边或历史环境中进行建造时，新老建筑如何建立协调关系的问题，作者提出了用"装饰"建立视觉连续性，或多或少地在新建筑中重复从旧建筑中引申出来的风格。

2. 国外既有图书馆更新的理论研究

针对高校图书馆的更新，享有"校园规划之父"之称的美国建筑理论家理查德·多贝尔（Richard·Dober）的四本关于校园建筑方面的研究，其中涉及高校图书馆更新的有：《校园规划》（*Campus Planning*），从校园层面总结了第二次世界大战后各国大学新建扩建的经验；《校园设计》（*Campus Design*）与《校园建筑》（*Campus Architecture*）侧重于不同类型校园建筑的研究。来自斯坦福大学的美国建筑师与规划师戴维·纽曼在《学院与大学建筑》一书中，通过大量的项目设计方案图纸与后期实景照片，翔实描述总结了国外在不同地域条件下，包括高校图书馆在内的各类大学校园建筑从新建到改建、扩建的各类案例。

3. 高校图书馆建筑改扩建的相关实践研究

在创作实践方面，国外图书馆建筑的发展比较迅速，主要体现在适应信息技术发展的图书馆功能模式探讨和既有图书馆的更新改造方面。从美国图书馆建筑设计奖（Library Building Awards）历届获奖作品中新建馆与改扩建馆的比例来看，包括高校和城市公共图书馆在内，图书馆更新案例达到50%的比例。说明在美国图书馆改扩建设计已经非常普遍。其中比较有代表性的有2003年的莎德山学院图书馆改扩建项目；2005年罗森和克鲁斯梅尔建筑事务所主持的卡内基图书馆改扩建项目；2007年的圣莫尼卡学院图书馆改扩建项目。

4. 基于图书馆学、图书情报学等学科的图书馆空间理论研究图书馆空间

美国乔治城大学教务长杰姆斯在2011年的IFLA会议上指出，图书馆未来的服务出现了新的空间，即教育、指导和帮助人们"阅读"的空间，不仅包括传统的安静、独立的阅读空间，也包括在新环境下利用新的方式进行开放、合作、展示与实验的阅读空间，使图书馆成为实验与展示的空间，使阅读变成文字、思想、生活相交互的过程。杰姆斯提出了"图书馆空间规划"这一崭新的概念，并引领图书馆界不断做出大胆的改变。

1.3.2　国内研究进展

相比于国外，近几年国内的研究已经得到了飞速的发展，但是仍然处于起步阶段。图书馆空间改造是国内外业界的热点问题。随着时代的变化，图书馆空间的改造理念、布局与设施以及功能空间的建设都随之发生变化。

对于国内相关文献的统计分析，本文选用CNKI数据库进行文献检索。文献类型限定为期刊、博硕论文和会议论文，文献采集时间为2020年12月。本文将检索条件限定为"'空间改造'或'空间再造'或'空间改建'或'空间扩建'并含'图书馆'"。为避免疏漏，将检索条件再次设定为"'建筑改造'或'建筑再造'或'建筑改建'或'建筑扩建'并含'图书馆'"，采用精确匹配模式。经过两次检索，共获得文献265篇，经过逐篇浏览去除重复及不相关文献，最终得到与本文研究相关联的有效文献186篇。

相比国外研究情况，我国有关图书馆空间改造的文献于1991年出现，之后几年发展缓慢，从2006年开始文献增长加快。究其原因，主要因为这一时期网络和计算机应用的普及、图书馆用户需求的变化、数字化文献大幅增长、我国经济的高速发展，以及2005年"Information Commons"的概念被引入国内，引起了国内学者们的广泛关注。2013年之后有关图书馆空间改造的研究呈快速增长趋势，于2017年达到最高值56篇，并有持续增长趋势。通过对有关文献进行分析，按照时间和主题的不同，对国内发展现状和研究主题进行以下分类。传统图书馆主要对馆藏空间规划和功能设计方面进行改造；数字图书馆主要在实体空间的基础上融合虚拟空间建设；复合图书馆吸取传统图书馆和数字图书馆的优势，信息共享空间、学习共享空间、学术共享空间和创客空间等新型功能空间逐渐兴起；智慧图书馆利用人工智能技术、物联网技术、虚拟现实技术等，迎来智能化、人性化、现代化的智慧图书馆变革。

图书馆空间改造的研究逐渐得到业界的广泛关注，相关领域研究的学者不断增加，研究的深度和广度也不断丰富。图书馆空间改造从以实体空间为主，延伸至实体空间与虚拟空间相结合的改造方式，从偶然性发展至计划性、系统性的空间改造。

1.4　研究内容及方法

1.4.1　研究内容

高校校园图书馆建筑改造的在场性和与云计算结合的不在场性对于未来高校校园图书建筑空间的物理环境、相关设计因素以及改造策略，是本文的研究内容。

其中，高校校园图书馆建筑改造的在场性主要包括建筑对环境的在场性、形式对功能的在场性、感官对行为的在场性。论文共由三个主要部分组成：

论文的第1章绪论部分作为整个论文的概述，阐述了课题研究背景、课题研究阐述，以及课题研究的意义。通过对国内外现有的高校校园图书馆建筑改造的理论和实践案例的研究成果，提出论文的研究内容、方法和结构框架。

论文的第2章、第3章、第4章为论文的主体部分。第2章首先介绍校园图书馆建筑改造在场性的相关基础研究，分析校园图书馆改造的底层逻辑。其次提出在场性对于建筑改造的有利性——建筑对环境的在场性、形式对功能的在场性、感官对行为的在场性，并描述三方面的影响。通过查找相关的设计规范，得出相关建筑改造的在场性特征。第3章详细介绍了本论文实际项目的选择和现场实地调研。并说明调查对象的特点以及其在改造过程中会产生什么样的利弊。最后，通过调研报告和技术分析得到本项目建筑改造在场性的概念物化，得出读者对现有物理环境的主观感受，找出使用过程中发现的环境痛点，进而推测出其空间的物理环境可能存在的问题。第4章主要是根据前期的理论依据及实践调研分析所得到的设计策略进而提出详细的建筑改造方式，从建筑外立面改造到室内空间的重组。对项目所在的高校图书馆学习空间提出具体的优化和设计方案，通过应用各优化策略，分析出相关空间的设计和优化的路线，并总结不同学习空间的设计优化建议。

第三部分为本文的结论与展望。总结前面各部分得出的结论，并分析工作的不足，提出进一步完善的建议。

1.4.2 研究方法

1. 文献计量法

文献计量法是文献计量学的方法之一，它以数学和统计学的定量分析为基础，研究对象是文献的外部特征，利用数学与统计学来介绍、评论和预测研究内容的现状与趋势。本文通过筛选，确定一定数量的有效样本文献，以定量分析为依据，力争用数据说话，详细介绍国内外高校校园图书馆相关研究成果。

2. 文献分析法

通过对数据库的检索，尽可能地广泛收集文献，之后对文献进行筛选分类及分析统计，取得最终数据，从而得到初步结论。本文在广泛收集有效样本文献的基础上，分析讨论了关于国内外高校校园图书馆的研究成果，确立了研究架构，明确了当前研究的主要成就及存在的一些问题，进而为未来发展提出建议。

3. 案例分析法

通过对国内外高校校园图书馆改造现有的案例进行收集分析，通过实际案例支撑本文的研究观点，依托实践展开理论研究。

4. 比较研究法

论文通过对相关文献内容的梳理，针对国内外高校校园图书馆相关领域中不同作者的不同观点进行对比，给出更加合理的论述与评价，使得研究内容更加具有说服力。

5. 实地考察法

本人对我国部分图书馆进行考察，参观了空间改造后的现代图书馆，对本文的实际项目进行实地现场调研，整理了图书馆改造后的环境、功能、设备等，为本研究提供充足现实依据。

6. 归纳法

搜集国内外高校校园图书馆研究成果，将这些研究成果进行归类整理，并进行数量统计，从而掌握国内外高校校园图书馆的建设历程、研究内容、主要成果、研究特点、存在的问题等，同时提出自己的看法及建议。

1.5 结构框架

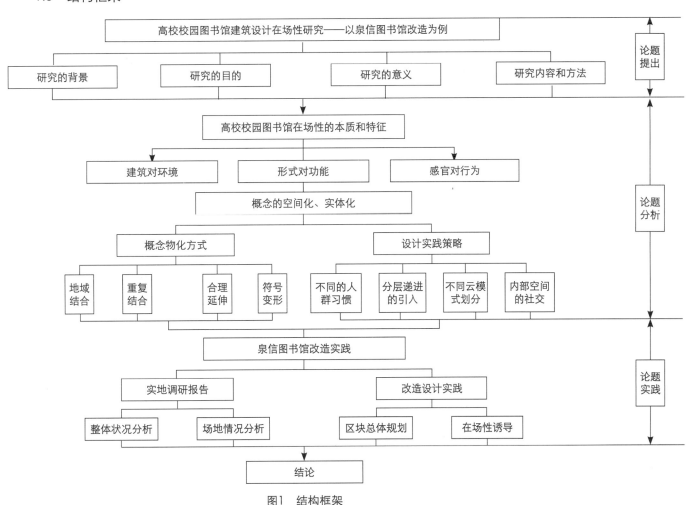

图1 结构框架

第2章　高校校园图书馆建筑改造在场性基础研究

2.1　高校图书馆建筑的相关研究

2.1.1　高校图书馆发展历程

图书馆起源于古希腊、古罗马时期，早期的图书馆是由皇室出资建立的皇室贵族图书馆，起初只限于皇室内部成员和贵族成员使用，后来逐渐向普通市民开放，但是读者只能在图书馆内浏览图书，不允许外借，阅览和藏书一体。这一时期的图书馆规模不大，功能也比较单一，但建筑设计非常华丽，大多位于神庙里。

我国古代图书馆的雏形出现于商周时期，当时是甲骨库房，被看作是早期的图书馆。此后，各个朝代都有专门的藏书机构。宋朝的藏书机构是古代图书馆发展的全盛时期。我国古代的藏书机构以藏书为主要功能，一般不能借阅。明朝嘉靖年间，开始在藏书机构内部设置阅览空间，清朝初期，以"文渊阁"和"文汇阁"为代表的藏书机构开始允许上层人士阅览藏书，还可以抄录，这被认为是真正意义上的图书馆的萌芽。

2.1.2　近代高校图书馆发展

国外近代高校图书馆的发展分为三个时期。第一个时期为意大利文艺复兴后，欧洲各国高校开始设计图书馆，这个时期的图书馆建筑设计风格大多借鉴了教堂的设计风格，在内部空间的设计上注重实用性，图书馆的藏书有限，图书馆的面积也不大，布局比较简单，藏书区、借书区和阅览区相互独立，每个区域的功能划分明确且固定。后来，随着印刷术的发展和滚筒印刷术的应用，出版的图书数量大量增加，高校图书馆的藏书数量也逐渐增多，西欧地区开始出现了设计模式不同的一些高校图书馆，这些图书馆将阅览区和藏书区合二为一，将供读者阅览使用的座椅和书架穿插布置在同一空间，方便读者的阅读。这种模式得到了延续，许多高校图书馆都是将阅览区和藏书区布置在同一区域。19世纪以后，欧美国家开始建立新的图书馆，为了适应图书馆读者数量增加和不同需求，保持图书馆业务和服务工作的有序进行，藏书区与阅览区合一的模式无法满足读者的需求，高校图书馆开始将阅览室和藏书区进行分离，读者和书籍分离形成了专门用来藏书的书库和提供读者阅读的大厅阅览室，通过借书区相连接，这样虽然在设计上是将藏书区、借书区和阅览区三者分开，实际上形成了内部联系有序的整体，这种区域布局能够使藏书、借书和阅读有序进行，合理分配图书馆内部空间。因此，近代以来西方大学大多数以这种模式设计高校图书馆。由于时代的发展，这种设计模式也逐渐显示出了不合理性，阅览空间圆形不利于座位的放置，浪费了大量的空间，同时藏书分布在四周，借阅并不方便。因此，一些大学新建的图书馆进行了改变。

第二个时期为20世纪40~90年代，这一时期部分高校图书馆又将藏书区、阅览区布局在一个区域。科学技术的进一步发展促进了学科的细分，书架上的数目分类划分越来越细，为了方便读者从众多书籍中快速查找到需要的书籍，高校图书馆根据学科的设置来设计藏书间，不同的房间放置不同科目的图书，每个房间集中了一个学科的书籍，形成了分部制图书馆。这种模式的图书馆需要将整体的藏书区分制为不同的空间，楼梯、设备管井等尽量设在墙边，以此来获取尽可能大的空间。第二次世界大战以来的图书馆大多数都采用了这种模式。

第三个时期为20世纪90年代至今，随着电子计算机技术信息化的发展，高校图书馆的功能发生了转变，高校图书馆不再只是藏书、借书、阅览书籍的场所，同时也成为信息传播、交流的渠道和载体。高校图书馆是大学的心脏，是高校的信息中心，对外代表了高校的地位。90年代开始，我国高校图书馆进入繁荣发展时期，建筑布局多样化，其空间组织形式分为以下模式：第一，中厅式。图书馆内部各空间围绕中庭进行组合，解决采光和通风的问题，中庭空间也可以作为公共交往空间，读者可以在此进行休闲活动；第二，院落式。图书馆内部各个空间为了节约资源，解决采光和照明，以院落的形式组织各个空间区分；第三，综合室。在布局上兼有两种或两种以上的布局形式，满足图书馆多功能需求，这种形式也是当前高校图书馆布局最多的一种形式。

2.1.3　高校校园图书馆建筑特点

高校图书馆有着被称为"大学的心脏"的美誉，它既是学校的信息中心，又是莘莘学子交流沟通的地方。总而言之，图书馆在大学中的地位举足轻重，跟其他类型的图书馆比较起来，大学的图书馆显得尤为特殊。

第一，教育性。高校的学习、教育、科研，离不开图书馆的存在。师生们除了可以在课堂上学习大量的知识之外，还可以利用学校图书馆中丰富的书籍、期刊、文献和互联网资源，从而拓宽自己的知识面，学习更加丰富的知识。与此同时，广大学生也能充分利用主观能动性去学习自己感兴趣的知识。随着社会的发展，高校图书馆服务的范围也越来越广泛，除了为传统的在校师生服务之外，还能向城市市民公开开放，使得资源的利用效率越来越高。此外，不同高校图书馆之间的合作交流，也促进了高校间学术和科研的传播和交流。

第二，科学性。现代高校图书馆的管理工作讲究很强的科学性，包括文献资料的收集、整理，以及信息技术的运用。高校图书馆不仅仅要提供种类齐全的书籍、期刊，还要通过对其进行分类整理和加工，使得广大师生能更加高效便捷地从文献资料中得到自己所需的资源。

第三，服务性。高校图书馆在给广大师生提供教育、教学资源的同时，也给老师与学生之间、学生与学生之间的交流提供了一个很好的平台。图书馆给读者提供的公共服务，比如借阅、辅导、知识和信息的收集和整理，都是图书馆的重要组成部分。就连图书馆建筑本身，也是一项重要的影响因素，其良好的结构、设计、布局，都在影响着读者的用户体验。

2.2 高校校园图书馆改造缘由

2.2.1 空间功能不足对高校校园图书馆改造的促动

实际空间规模的不足是促成高校图书馆建筑进行空间改造的首要原因。首先是日渐增多的高校师生与日渐增多的藏书量对空间需求的矛盾难以调和；其次是使用者日渐增多的功能需求而带来的空间规模增量的需求；最后是使用者对空间舒适度的诉求所带来的空间规模增量的需求。在以上多种因素的共同促进下，使得高校图书馆空间改造成为高校既有图书馆更新的首要矛盾。图书馆的空间改造设计与使用者人数、藏书量以及设备的增长直接相关。我国高校在校生人数的持续增加是导致高校图书馆馆舍面积增量需求的直接因素。而我国近年来出现的高校合并、重组等发展模式所带来的图书馆馆舍面积需求的增长，也成为目前国内高校图书馆更新设计的主要原因之一。

西方发达国家在其发展过程中针对此类问题进行了积极探讨。以英国为例，20世纪70年代前后，英政府及联邦大学拨款委员会就曾提出从控制各高校图书储量的问题入手，从源头上解决高校图书馆的扩张需求的方案。1976年提出"自行更新"模式，试图达到"藏书零增长"的目标。然而，这类貌似超前、大胆、近乎理想化的措施，在经过短时间的实施后便举步维艰。根据相关统计，即便是一些经过长期发展而图书储量达到近乎完善水平的发达国家高校，其图书馆书库依然保有百分之二左右的更新，40年左右其图书储量就要近乎翻倍，这一现象在一些社会图书馆中亦有体现。

2.2.2 空间实用性和内部设备老化促使高校图书馆改造

既有馆舍的空间实用性降低也是高校图书馆改扩建的重要促动因素之一。相较之前的建筑标准，如今的高校图书馆建设在内部功能分区、空间塑造、环境氛围、人性化建设等方面都发生了显著改变。原有标准化的阅读空间、储藏空间的分隔模式已逐渐被摒弃。高校图书馆内部各空间功能划分在遵循一定秩序的统领下变得越来越有弹性，很多空间区域都具有了多重属性，多个空间体块之间亦存在有交集，从而共同营造出通透、开放的空间划分模式。随着高校图书馆长时间超负荷使用，尤其既有图书馆中某种功能开始逐渐侵占其他功能空间的情况下，会直接导致图书馆内部空间秩序混乱不堪，图书馆使用体验、建筑使用标准都会随之迅速降低。随着时间的推移，如若既有图书馆暴露出实体结构问题，进而影响到承载力问题时，还需要进一步考虑是推倒重建还是加固使用。

由内部设备老化而产生的更新需求，在我国众多的高校图书馆尤其是老校区或者使用年限较长的图书馆中较为常见，随着信息时代的到来和数字图书的发展，更是加速了图书馆内部的设备更新换代的频率。而摆脱了纸质书束缚的读者，势必会对既有馆舍的空间使用产生新的诉求，这在一定程度上对高校图书馆空间改造起到了促动作用。另外，由于国内高校图书馆在早期设计中对建筑能耗的关注度不足，维护结构保温隔热性能不佳，造成了如今很多高校图书馆能耗过高的问题。而如今，绿色节能意识的提升、建筑节能技术的成熟也成为高校既有图书馆更新的重要促成因素。

2.2.3 现有图书馆外部形象与时代新功能导致的更新诉求

通常在一所高校内，图书馆往往因其自身的可辨识度，占据着校园内较为重要的地位。如今大多数新建的校园在设计建造过程中，也会强化图书馆的地位和标志性。但在我国众多的高校老校区中，尤其是一部分新中国成立初期兴建的高校图书馆，由于设计建造时受政治因素影响较大，形式雷同、形象单一，随着时间的推移和周边校园建筑物的更新发展，高校既有图书馆出现了形象更新的需求，这也成为高校图书馆更新的重要原因之一。

已建成于20世纪50年代的南京航空航天大学图书馆和建成于80年代的北京航空航天大学图书馆、北京大学医学部图书馆等为例，这类图书馆建筑整体形象比较简单、形式单一，既无法较好地体现校园文化的传承，又与当下校园环境的现代化建设趋势不符。

高校图书馆的功能随着使用要求的变化而呈现出功能多样化的趋势，图书馆因其具有的公共属性和自身特有的学术氛围，往往成为师生交往、活动的中心，早期的图书馆设计建造重心多以藏书、借阅功能为主，无法提供这些随时代发展而带来的功能需求。因此，高校师生对于图书馆新的使用诉求促使图书馆增加新的使用功能，这形成了高校既有图书馆功能拓展的直接推动因素。

2.3 高校图书馆建筑改造在场性理念研究

"在场性"这一概念是出自德语哲学，后来渐渐被西方当代哲学所接受。康德将在场性理解为"物自体"；黑格尔说其是"绝对理念"；在尼采思想中，它指"强力意志"；而在海德格尔那是指"在""存在"。法国哲学家Pierre Bourdieu（皮埃尔·布迪厄）在《实践与反思》一书中提出了"场域理论"。这一理论的中心论点即"人的所有行动均被行为所发生的场域所影响"，这一"场域"词汇包括人的行为和周围物理环境及其他诸多与此相连因素。"在场性"是一个状态名词，就是直接呈现在面前的事物，经验的直接性。与单纯的视觉接受的方式不同，沉浸式的艺术体验、观众的参与与介入是作品的意义所在。

2.3.1 建筑对环境的在场性

1. 建筑对环境的影响

建筑的出现，是对原有环境的改变，所以不管建筑形式如何，都会对原有环境产生一定的影响，总体而言，建筑对环境的影响，包括有利影响和不利影响。

建筑对环境的有利影响，就是通过建筑来改善原本的环境，而有利影响的实现，一般对建筑设计人员有较高的要求。一方面，建筑设计人员需要充分了解建筑所处环境，对建筑所处环境中存在的不利因素进行科学分析；另一方面，建筑设计人员需要在保证建筑整体要求不变的情况下，通过对建筑结构的调整，将建筑结构融入自然环境中，减轻自然环境中不利因素的影响。此外，建筑对环境的有利影响，有时也指建筑与周围环境相得益彰，为环境的美学效果提高分值。一个典型的例子就是布达拉宫，可以说，布达拉宫的设计，充分考虑了周围环境，实现了建筑与山的融合，极大地丰富了原本的环境美感。

除了对环境的有利影响之外，很多情况下，建筑对环境也会产生一些不利影响。第一，建筑影响周围环境的自然气候。建筑对周围环境的气候，会产生一定的影响，比如在有些环境下，流动的风是保证环境自然气候的重要因素，但是有些建筑的出现，可能因为建筑太高，或者建筑本身宽度的问题，会影响风的流动，进而影响到周围环境。总之，建筑影响周围环境的自然气候，是建筑对环境不利影响的一个重要体现。第二，建筑对周围环境的美学影响。建筑对周围环境的美学影响是最直接的，也是最直观的。建筑设计本身就不应当是脱离环境而单纯地就建筑谈设计，这样只能导致建筑与周围环境格格不入，影响周围环境的整体视觉效果。因此，建筑对周围环境的美学影响，同样是建筑对环境不利影响的一个体现。

2. 减小建筑对环境不利影响的措施

在我们不断强调人与环境和谐相处的过程中，我们必须注意到，减小建筑对环境的不利影响，是人与自然和谐相处的必然要求，同时，也是人类能够长久生存的必然要求。笔者认为，减小建筑对环境的不利影响，主要可以通过以下途径实现：

首先，在建筑设计过程中，应当充分考虑周围的自然气候。建筑设计人员不能只考虑建筑，也应当充分保障周围自然气候环境不变，不能过度索取周围环境中的自然能量，也不能影响周围环境中的基本环境因素。这就要求建筑设计人员对基本的地理知识有一定的掌握，特别是能够了解建筑与气候之间的关系，在保证建筑对气候影响最小的同时，提高建筑功能，使建筑功能丰富，通过建筑功能改善周围恶劣环境对居住的影响。

其次，注重将建筑结构与周围环境相统一。将建筑作为自然的一部分，实现建筑与自然和谐完美的统一，实现建筑的锦上添花功能。因此，在建筑设计过程中，要格外注意通过对建筑立面的分析，找准建筑与环境融合中可能产生的视觉效果，实现二者在视觉上的协调。

2.3.2 形式对功能的在场性

校园图书馆空间的功能与形式，内部的尺度、特性等几个方面是密不可分的，通过各个层面的科学结合而形成完整的图书馆建筑空间。对于建筑改造而言，内部的空间尺度反映了它的功能形态大小，较大空间的尺度部分可以作为图书馆的公共开放区域，以此来提供师生较为聚集的功能性场所等，较小空间的尺度更适合做学生自主学习自主交流的场所。空间设计的形式上要结合功能，将师生的日常学习活动和空间形式相互结合，强调空间中的可参与性与趣味性，对建筑外立面的改造和形象的把控上可以规划一些功能型空间，这样可以让在校师生更加便捷地参与在图书馆的学习氛围中，也有助于提升整体空间的使用质量，使空间的形式感更加契合空间的功能诉求。

高校图书馆是以"物理空间＋机构＋平台"三位一体的形式存在，实体上的物理空间是有限的，但是用户的信息需求是动态的，目前兴起的创客空间、信息共享空间、阅读空间等新型空间都是需要客观存在的场所，因此为了使空间布局更加符合用户需求，需要对整个空间进行重新设计与规划，在空间资源的重新布局上，是图书馆"在场性"与"不在场性"空间功能的博弈。"收藏"空间即图书馆信息存取空间，高校图书馆要有足够空间发展基础业务，如图书借还、报刊阅览等，借阅区必不可少；用户可以充分利用公共活动区域的空间开展信息交流、共享以及创新，可以称之为信息行为空间。在高校图书馆总空间有限的条件下，"在场性"与"不在场性"的空间是动态变化的，如一些高校图书馆彻底取消了报刊阅览室，将其改为信息共享空间，还有一些高校图书馆改造电子阅览室，将其作为借阅空间。空间的博弈实际上是各高校图书馆为满足大部分用户需求、馆藏资源形式的不断变化对空间再造的驱动以及针对空间开发和改造策略各维度之间关系进行的选择，图书馆的政策和最终空间布局是空间博弈的展现形式。

2.3.3　感官对行为的在场性

通过对格式塔心理学理论的研究，人对建筑环境的感官认知具有一种整体的完型效应，是一种经由对若干个别空间场所，各种知觉元素的体验叠加的结果。对校园图书馆建筑改造的围合、重复、变形，仍无法消除人物已产生的知觉心理行为的认知结果，所以在做图书馆建筑改造的时候，应该把图书馆现有的所有空间当作一个整体，这样才能从改造的源头上真正做到人性化改造的诉求。学生和老师是图书馆空间中最为重要的使用和体验的主要对象，不同属性的空间对人的影响有所不同，校园图书馆改造要营造鲜明的特色环境，重新塑造图书馆的形象，利用建筑景观的形态、材质、符号、色彩等诸多要素影响在校园中师生的官能感受。

第一代、第二代图书馆是"藏书"与"用户"之间的博弈，第一代图书馆的空间设计以更好地收藏图书为理念，图书馆的重心在收藏，用户对图书馆的需求也是基于其所收藏的文献；第二代图书馆实行了开架，但是用户在开架的过程中对文献的能动作用是比较弱的，图书馆在空间建设中考虑了用户的使用需求；第三代图书馆将发展的重心转移到交流和分享信息中来，人与人、人与信息之间的交流通过共享空间得以实现。高校图书馆相较于公共图书馆，信息的"存取"比"拥有"更加重要，很多高校图书馆没有收藏古籍等特殊文献，文献的保存职能相对弱化，因此高校图书馆空间再造可行性较高，能够对已有空间进行改造以满足用户需求。高校图书馆的用户群体相对单一，主要是本科生、研究生、研究人员、教师以及学校的管理人员，前四类用户是影响高校图书馆决策和活动的决定性因素。高校图书馆用户多元化的信息需求，从文献资源到数字资源和纸质资源并重，从被动接受文献信息到要求图书馆主动提供服务，从对文献的需求扩展到对空间的需求，高校图书馆的用户需求一直是动态变化的，用户已经不满足于图书馆传统的服务模式，用户更加在意个人空间所属性、隐私性，对图书馆空间设计有了新的要求。

2.4　校园图书馆建筑改造的在场性特征

2.4.1　在地符号的表达性

校园图书馆相较于一般的社会性图书馆来说，它的空间风格更加鲜明，使用的手法更加简单。不同地区的建筑风格往往截然不同，内部空间大多针对使用者所处的环境"度身定制"。空间设计标新立异的同时也需要兼顾使用者的场所共鸣，因此迎合场所的"在地符号"就成了拉近图书馆与使用者之间距离的工具。

在日本，众多设计师选择使用玻璃营造充满通透质感的建筑。不仅因为日本现代审美偏好原木和玻璃材质，各位设计师也不约而同地提到了"希望建筑外立面能够反射周围环境、隐去较大的体量"。这一出发点是日本社会环境的在地需求，或者说"环境友好"建筑本身就是当代日本设计的在地符号。韩国首尔的建筑通过塑造曲线外形迎合当地审美。选择这一不同于此前日本的风格设计手法是为了迎合韩国当地的审美，空间结构考察了周边建筑环境后决定的。因此在韩国的部分空间中，设计师都选择了迎合当地人审美的流线型建筑结构作为韩国的在地符号。美国纽约的设计中擅用拼贴画面达到快速更新。纽约是一个聚集了各国人员的快节奏大都市，接收到的新信息多，更替速度快。同时用阶梯、大空间、大块面色彩等夸张化的手段给使用者留下深刻印象。

从东京到首尔再到纽约，建筑师按照当地文化、社会情况改变空间设计，融合了各个城市的审美、使用特点。这一类的在地符号不仅表现出了本文研究的材质符号、建筑符号、图案符号，更隐藏在图书馆的使用方式中。通过空间设计的调整，意图使图书馆更快得到使用者的认同感。

2.4.2　形式场所的共通性

每刻都在"体验"，希望拥有"特殊体验"而被某些空间吸引。雄安园图书馆中突出的形式感与不同于生活常态场所感就是为了迎合这一需求。

网络时代，高校图书馆也应该逐步迈入沉浸式阅读时代。营造符合时代理念的空间气氛成为图书馆空间改造的主要目标。图书馆内的空间营造一般有两种：用脱离现实、夸张的手法表达向往空间；或是用熟悉的材料表现理想化生活的宁静舒适。

对于场所的观看是一个双向过程，人被场所吸引是源于其文化背景和经历，本质上都是一定程度的自我"投射"。设计师费尽心机地在空间上还原精致的场景也是希望空间的在场感能够投射于每一个使用者，希望引导使用者与建筑的内部空间重合，提高对图书馆的向往。场域内的共感使得使用者产生共鸣，因此对形式和符号的选择也是对于使用者的共同性选择。

2.4.3　诱导互动的趣味性

互动诱导决定着与用户交流中的价值和他们的体验质量。互动设计更像是一种感知而不是仅仅是实物。互动设计处理着无形的过程，适应个人的需求和喜好，这是一种完全新型的设计。人与空间的真实互动包括了实物和过程，是无法被网络或其他媒介替代的。因此空间与使用者的互动是加深图书馆形象在使用者脑海中印象的重要方式，也是在场性的重要表现形式。

图书馆空间中的互动诱导可分为以下三类：

首先是视觉诱导，引导解读。"人需要幻想，幻想是人之所以为人的原因。"对于概念空间的解读行为更像是一种想象，将自己与空间联系起来，产生共鸣。概念空间的设置是有一定规律的，建筑或是室内空间常被放置在一个与自身形态完全不同的环境中。从环境到建筑周边到建筑体再到室内环境，一般会呈现一个循序渐进的视觉诱导状态。　其次是行为诱导，引导动作。校园图书馆空间应该越来越多地注重对使用者的身体互动，预留一部分的内容让使用者自己完成。这样的身体行为加深了使用者是空间内主体的暗示，加深图书馆对使用者的印象度，增加参与的意愿。　最后是交往诱导，引导社交。空间内社交行为和网络社交行为直接和间接地促使使用者与建筑产生互动。建筑结构可变换的装置性体验店为不同功能预留了社交空间，满足了不同使用者群体的需求，引导社交行为发生。

第3章　泉信图书馆设计研究

3.1　泉信图书馆项目背景

3.1.1　区位和环境

基地位于国家首批历史文化名城、东亚文化之都、海上丝绸之路起点——泉州市。泉州，简称"鲤"，别名"鲤城""刺桐城""温陵"。

学校旨在建设园林式校园，四季飘香，开窗即景，是"泉州市最美单位庭院绿化"。学院地处海峡西岸经济区、历史文化名城泉州市中心市区，坐落于风景秀丽的国家重点名胜——清源山南麓，与著名的中国闽台缘博物馆、泉州市博物馆、西湖公园相隔咫尺，坐拥湖光山色，极目古港沧澜，丰富的自然景观与人文景观相得益彰，是理想的求学治学佳境。

校园依山而建，因地制宜，属山体景观，可登至山顶俯瞰校园景观。校园植被覆盖率较高，绿化率达65%以上。且植物茂盛、种类多，生长状况好。教学楼和实训楼背后有大块闲置草坪，植被日常维护、修剪与管理情况极佳。

3.1.2　历史文化背景

泉州历史悠久，周秦时代就已开发，公元260年（三国时期）始置东安县治，唐朝时为世界四大口岸之一，宋元时期为"东方第一大港"，被马可波罗誉为"光明之城"。是国务院首批历史文化名城、东亚文化之都、联合国唯一认定的"海上丝绸之路"起点，拥有著名的"泉州十八景"，联合国教科文组织将全球第一个"世界多元文化展示中心"定址泉州。

泉州信息工程学院是经教育部批准成立的全日制应用型本科院校。学院自创办以来，全面贯彻党的教育方针，严把教学质量关，始终贯彻"以人为本，以德为先，全面发展"的办学理念，重视师生实践技能，近年来在全国、全省各类竞赛中屡屡获奖。

3.2 泉信图书馆现状与功能需求

3.2.1 泉信图书馆整体概况

泉州信息工程学院图书馆建于2002年，现有馆舍建筑面积近1.79万平方米，普通阅览室座位1475位，多媒体电子阅览室拥有250台电脑终端供读者访问图书馆资源和网络资源。图书馆采用"全开放、大流通、藏借阅合一"的管理模式，每周开放时间98小时，图书馆每周开馆7天，周一至周日从早8:00至晚22:00开馆（除节假日外）。目前馆藏纸质图书67万册，中外文纸质报刊625种，电子图书90万册，电子期刊4000多种。

图书馆位于泉州信息工程学院中心山体绿地之中，是泉信学子日常学习的最佳公共场所。现有建筑结构为钢筋混凝土框架结构，环形轴网。环形空间的中心为首层平层玻璃框架内庭，同时作为主入口的过渡空间。建筑主体为地上四层空间，二、三、四层均设有屋顶平台，外立面为花岗岩贴面。

3.2.2 基础剖析

校园总面积152073.04m²，图书馆总建筑占地面积22218.06m²，总建筑面积89653.88m²，建筑限高24 m（相对），建筑结构形式为现浇钢筋混凝土框架结构或钢筋混凝土框架结构。校园依山而建，属山体景观，可登至山顶俯瞰校园景观。校园植被覆盖率较高，绿化率达70%以上，整体植被优良。校园交通道路脉络清晰，主干道围合成一个环形交通，各功能建筑沿环形交通主干道分布。学生宿舍区位于校园东侧，交通道路为主干道分支出来的三条次干道，平行分布汇成一主干道可通往校园东北正大门，与博东路相接。正大门入口交通道路实行人车分离，进入校园左侧为人行道，右侧车辆行驶。校园西南边设有校园后门。校园内照明情况较差，因为属于山体景观，道路转弯拐点比较多，路灯设置的数量还不够，夜晚有很多盲点易造成安全隐患。校园主干道上的垃圾桶、公共座椅和遮阳设施数量较少，且缺乏地方特色。

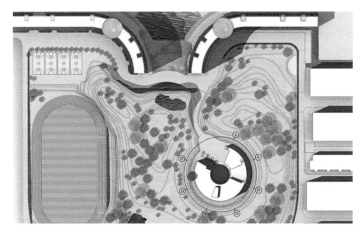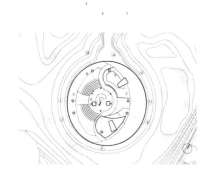

图2　图书馆平面图

3.2.3 功能需求与转化

根据调研的实际情况，选择现有已使用的图书馆建筑，对其进行升级改造设计。已有建筑基本上是一般性图书馆功能，为满足智慧城市、智慧校园融媒体时代扩建图书馆，拓宽功能以适应教学发展，拟扩建的标准设定为达到应用型本科大学的常态使用为目的。

在整体的功能需求上，主要是为了满足当下信息化飞速发展的时代背景下，结合云计算打造出智慧校园中的智慧图书馆模式。在原有图书馆的功能上增添更多具有趣味性及可参与性的建筑空间——新功能空间、创客空间和新功能体验空间三种空间。这三者之间有共同之处也略有差异。共同之处：都是动态的开放式、交互式功能性空间；都是以网络化、新智能工具装备的实验空间；都是为集聚专业与兴趣爱好相同的读者；都是实体空间、数字空间、信息平台和技术团队的改造融合。不同之处：新功能体验空间是将"体验"直接冠于名称中，旨在注重和强调空间的功能以"体验"为主，暗示读者不仅是学习新功能，更是一种轻松愉悦的体验，可起到减轻心理负担、开展愉快学习的效果；新功能空间和创客空间名称中无"体验"二字，新功能空间则凸显了空间所发挥的新作用；创客空间强调了创意与创造，二者实践中不等于缺乏体验过程，但它相对给予读者一种严肃和沉重感。所以在对于泉信图书馆改造项目上更侧重于营造一种新功能体验空间，使在场性与不在场性更加完美契合。

3.2.4　改造要点

图书馆的建筑改造设计要在了解现有校园的基础上进行扩建设计，景观设计以图书馆为中心进行配套设计，图书馆建筑体量、旧与新的巧妙结合是设计重点，内外空间在功能分区和构造体设计上都要考虑协调，外立面表现必须考虑周边环境，需要关注以下方面。

建筑设计改造以现有图书馆建筑承重结构为参考，新扩建部分基础为独立基础，与旧建筑构造体采取标高连接，竖向交通考虑同平层新旧建筑共用，结构形式可以根据设计条件进行选择。依据以现有图书馆建筑外墙为起点向外9m，详见平面图；竖向设计，现有图书馆建筑限高24m，扩建部分构造体限高35m，非构造体可以进行调整，总控高度48m。自然地面与建筑标高以现有图书馆建筑限高±0.000为基准定位，与新扩建的标高同属于一个层面。出于视觉美观设计需求，可达构造体限高48m。

3.3　泉信图书馆建筑改造在场性概念物化

针对本文前期的背景论述到理论梳理以及对于整个泉信图书馆的现场调研报告和前期的设计研究，对于整个泉信图书馆改造在场性概念的物化体现得出了"地域结合、重复结合、合理延伸及符号变形"四种设计方式。

3.3.1　地域结合

找到不同地域生活特点、当地传统、街区气氛在概念物化中十分重要。对于校园图书馆的改造，首先要关注校园生活节奏、寻找缺乏的元素（也就是校园学习环境内无法达到的空间诉求），借此拉近与使用者距离，诱导师生对于校园图书馆更加关注。

图书馆位于泉州信息工程学院中心山体绿地之中，是泉信学子日常学习的最佳公共场所。在对于泉州地区的实地调研走访后，发现地域性的差异是在经行建筑改造的时候最为重要的一个因素。整体的地域文化、地理位置、气候、温度、湿度、人体舒适度等一系列的差异都影响着建筑改造的每一步。为了让整个建筑看起来更加现代且更加符合当下的时代潮流，在设计构思上应该更加注重极少与艺术的策略，并且结合泉信图书馆人员使用密集、公共空间稀缺的特性在图书馆中增设了传达公共性的区域，空间界面完全透明的阅读交流区域的友好型设计，结合现代设计语言中有趣形式的符号转译，建筑前预留出下沉式公共区块，同时建筑应当适当和周边环境产生延伸，强调了建筑的地域在场性。

3.3.2　重复结合

具有特点的建筑形态的优势在于形象特征明确，通过解构手法重现的场景能起到强调或诱发联想的效果。重复再现手法的意义有三，一是场景再现；二是动作再现；三是时间再现。

首先是场景再现。将一个具有特点的符号元素与建筑形态相互结合，还原到建筑物理空间形态上，使画面特点和建筑语言联系起来，诱导参与者形成标志性的印象，在潜意识中产生移情效果。其次是动作再现。动作上的重复再现可以从另一角度表现建筑对于当下时代背景概念的理解，相似的行为和活动在媒体传播上会形成重复深化效果。最后是时间再现。将一个特定元素作为整个建筑改造中的主要特性，运用在不同的空间中，使参与者在一次次重复观看的过程中加深印象，形成画面符号和建筑形象的对应。这样建筑的形象特性与各个部分体现的特点就完美地融合在一起。

3.3.3　合理延伸

物化概念中对于主题的合理延伸是激发参与者想象力的重要步骤。经过发散想象的形象引导参与者对空间进行探索，对建筑内部产生期待。建筑概念延伸不仅限于展示手段或是装饰道具，也应该要将周遭环境和用户真正的使用诉求进行合理延伸。

在建筑改造的合理红线范围内可将建筑的部分元素向景观区域延伸，在提升整体建筑形态张力的同时也要完善整个建筑同环境之间的关系。让整个建筑的可参与性和趣味性在建筑的整体外表皮上就能达到吸引参观者的点。建筑的内部空间上也需要对于建筑外部的设计元素进行内部呼应，达到设计整体统一的同时，也能给参观者一个深刻的印象。这种跳脱传统空间设定的安排让内部空间的价值由物理形态延伸到每个参与者的心中。

3.3.4　符号变形

建筑改造从概念到实际的落地应用是通过将抽象的概念具象化、艺术化，增加视觉冲击力，激发参观者的猎奇心理。这一类的艺术化手段制造超脱日常生活的体验，诱导参与者主动关注。对于建筑改造中特有的符号变形手法能表达出感性的概念，抽象化特点更能为参与者的自主解读预留空间。一味地抽象化论述概念的表达方式反而会适得其反。

当下的校园图书馆建筑的最大参与者的人群还是以年轻人居多，通过对年轻人消费方式的转变的深入解读，一样可以把年轻人喜欢猎奇、新鲜感的心理状态运用在图书馆建筑改造上，这样会极大提升在校学生对于整个图书馆的参与性，提升图书馆建筑在每个校园参与者内心的接受度和喜爱度。

3.4 泉信图书馆建筑改造在场性设计策略

我国图书馆空间改造策略分两方面阐述，一是实体空间改造策略，二是虚拟空间改造策略。依据上述改造原则和第三空间等理论，提出盘活图书馆空间资源、设备资源、建设功能空间、多元化空间、创新空间等实体空间改造策略。在虚拟空间改造中，要加强网络信息资源建设、图书馆间资源共享、图书馆泛在服务、构建自学习系统、构建创新社区等虚拟空间改造策略。

3.4.1 泉信图书馆改造在场性策略

1. 对文献资源合理布局，有效盘活图书馆空间资源

在图书馆实体空间改造中，应注重文献的分布。阅览室应按照主题尽量将相同主题的书刊集中放置，减少门禁。设立适当的开放式书库区域，重视文献的利用率分析，避免将大量利用率较低的文献陈列在阅览室。此外，充分利用图书馆文献资源，尤其是特色资源，形成不同的空间特色。

2. 根据不同用户需求，建设多元化功能空间

不同功能的空间布局可以为用户提供多元化的服务。第一，支持合作学习，充分利用图书馆用户这一重要的资源，强化、提升、丰富用户的合作学习经历，激励用户将信息转化为知识和智慧。设置充足的小组讨论室、电子教室、小组视听室、合作学习区等。第二，充分考虑教育的因素，提供讲座、展览、音乐欣赏等文化欣赏及素质教育的空间。第三，充分考虑休闲空间的设置。休息是学习、研究过程中重要的调节环节，咖啡厅、休息室、书吧等休闲空间不容忽视。第四，充分考虑交往空间的设置。读者在图书馆不仅可以实现人与书本的交流，更重要的是实现人与人之间的学习讨论、自由交流。第五，要考虑多层次的学习需求，可设立视听单间、多媒体工作站、个人研究室等。

3. 选择合理模式，构建新型功能空间

服务理念的创新使图书馆空间在改造中，要加强信息共享空间、学习共享空间、创客空间等新型功能空间的建设。构建新型功能空间的途径多种多样，但构建模式必须与实现目标和发展战略相适应，可以在现有图书馆空间中进行改建与扩建，也可以根据图书馆发展战略需要构建新的建筑空间。以馆藏文献、数字技术、创新工具为支撑，激活读者智慧，营造创新氛围，实现创新灵感与设计的对接，构建一个学习交流、信息共享的复合型新空间。

3.4.2 泉信图书馆改造不在场性策略

1. 加强图书馆资源互通，实现区域信息共享

通过对我国图书馆空间改造的发展状况分析，我国图书馆空间改造存在着比较严重的不平衡发展状况。有些图书馆通过空间改造已经跻身于世界先进图书馆行列，比如我国一线城市的公共图书馆和排名靠前的高校图书馆。而有些图书馆空间改造还停留在初始阶段，比如经济不发达的市、县级公共图书馆和小型中小学图书馆。这种发展不平衡状况，已经严重影响了我国图书馆整体建设及功能作用的发挥。为了更好地解决这个不平衡问题，有必要加强全国图书馆间资源、技术、服务等的共享，可以系统地建立一个有效的信息资源共享平台，通过平台可以共享图书馆建设和空间改造的成果，提供培训和咨询，实现先进技术、资源的共享，以先进的建设和空间改造经验为落后的图书馆提供有效帮助。

2. 引入无间断服务理念，创新图书馆泛在化服务

泛在图书馆在 1999 年由 Michael Keller 首次提出，泛在图书馆包含了物理图书馆和数字图书馆两种模式，强调了图书馆无处不在、无时不在的服务功能。泛在图书馆打破了人们对图书馆的传统认识，真正从用户及其需求出发，适应用户的行为变化，将图书馆的服务融于用户科研和学习中，形成了图书馆服务与用户空间和过程有机结合的平衡状态。除此之外，24 小时自助图书馆系统和图书馆服务联盟、社区图书馆以及农家书屋等都从不同角度诠释了泛在图书馆的跨越时空界限、协同共建的延伸服务理念。

3. 基于云平台关联性搜索，构建自主化图书馆

图书馆自主学习系统是自主化图书馆的重要表现形式。该系统是在云计算环境下，为用户提供学习资源的云服务平台，如模拟实验环境、电子图书资源、电子课件等各种学习资源。可为用户提供存储个人学习资料，

制定学习计划和目标，和其他用户共同交互学习等服务。自学习系统通过大数据处理等技术，对用户的使用情况、行为特点和学习状态进行跟踪、分析和归纳。这相当于在自主学习系统中，每个用户都有属于自己的信息知识库，系统会主动为不同用户推荐有针对性的学习规划、书目推送等相关服务，是一个智能化服务平台。促进实体空间与虚拟空间的相互融合，共同合作。创新社区为集体智慧的发挥提供了非常有利的条件，用户不仅可以通过计算机网络获取信息与知识，更是通过虚拟和实体空间的融合来促进读者用户进行协同学习，拓展创新思维。

第4章　泉信图书馆改造设计实践

4.1　兼顾建筑与环境的在场性表达

改扩建中的重要的一点就是与环境协调共生，即处于不同的时代背景下的各类建筑在同一环境下可以相互协调，共生共存。建筑是人与环境交流的媒介，建筑的形式与特点应当与其所处城市环境、文化相适应。好的图书馆设计应当使建筑与使用者及其所处校园环境和谐共处。在图书馆更新设计中，必须重视图书馆与周围建筑之间的协调性，环境条件是设计中首先要考虑的要素。它包括周围既有建筑、道路、环境设施；也包括自然地形地势及绿色植被，以及自然及人工环境构成的环境秩序、脉络肌理。图书馆建筑的更新要与上述要素以及要素间的构成序列形成有机和谐的整体。

4.1.1　注重不同人群的参与体验

随着社会的发展和人们认识水平的变化，人的需求也在不断地提升。人性化体现为人的生理需求和精神满足。强调"以用户为中心"的人性化理念是新时代图书馆空间改造的主流趋势，力求实现灵活自由的空间形式和崭新的建筑形态，从而为读者提供方便、舒适的阅览环境。人性化理念主要体现在便捷的借阅流程、舒适的空间感受、物理空间的人性化设计以及虚拟空间的人性化设计。

图书馆的人文氛围影响着图书馆的建筑形象和内部布局。丰富的情感是图书馆空间的必要元素之一。在图书馆空间的改扩建的过程中，旧馆的某些立面与新建筑衔接的同时，应保留原建筑的界面信息，形成历史与现代共存的空间感受，共同围合成质感对比强烈、富有人文气息的图书馆核心空间。例如美国哈佛大学图书馆中庭空间的界面形式，就是从建筑使用的材料、色彩中提取界面信息，创造和谐的空间环境。除此之外，还可运用装饰手法和色彩的灵活搭配来营造人文氛围。

4.1.2　分层递进式的引入模式

图书馆实体空间是图书馆建筑所包含的空间和建筑外壳共同构成的物理实体，是物质化的信息资源存储空间。实体空间是与虚拟空间相对的概念，也是在场性同不在场性相对的概念。高校图书馆建筑主体修缮是目前最主流的空间再造方式，以实现图书馆室内使用面积的增加和利用功能的拓展，给用户舒适的体验环境。传统的图书馆空间注重"拥有"文献，对实体空间的需求很大，现代图书馆借助于网络、文献传递等资源共享手段，节约了资源存储空间，用户的可利用空间增大。相较于公共图书馆，高校图书馆的用户对空间有更加强烈的开放意识，用户倾向于大开间、灵活的隔断方式。

虚拟空间延伸了高校图书馆服务，使高校图书馆实现了 24 小时服务并串联了图书馆的实体空间，弥补了实体空间服务的不足，优化了实体空间服务方式。信息技术的发展使得高校图书馆不再局限于物理空间，虚拟空间的发展可以使服务突破时间和空间的限制，最大化方便用户。高校图书馆虚拟空间不再只是以存储数字资源的形态存在，不要拘泥于资源，要充分利用虚拟空间实现信息传递网络化和信息资源共享化，构建虚拟馆藏，发展空间服务。

通过虚实相互结合的方式层层引导师生进入图书馆，最大限度地便捷师生们对于资源的收集以及得到最真实的智慧图书馆。

4.2　建筑功能与形式的在场性表达

4.2.1　利用不同的云服务进行功能划分

云概念是指电脑、手机、电视等电子应用产品能够通过互联网提供包括云服务、云空间、云搜索、云浏览、云社区、云应用等一系列资源分享应用。云服务是基于"云计算"技术，实现各种终端设备之间的互联互通。手机、电视机等都只是一个单纯的显示和操作终端，它们不再需要具备强大的处理能力。

在整个建筑改造上，为了更好地契合时代精神，将云概念传递方式由四周汇聚中心再由中心发散服务于四周的形态模式进行设计语言表达。对于既有的限定建筑空间内，杂糅进有关不同的云服务模式，以便于用户体验达到最佳状态。将云服务、云空间、云搜索、云浏览、云社区、云应用进行区域划分，每个板块都有属于它自己的特定空间类型的同时又相互串联在一起。既方便了用户体验的同时也能最大限度地进行人员行为的模式规范。

4.2.2 构建建筑空间的多元化

"空间有内外之分，内部空间是人们为了某种目的（功能）而用一定的物质材料和技术手段从自然空间中围隔出来。"图书馆的空间功能体系是一个相对复杂的功能合集，多种功能形态共存，其形式也呈现多样化与多元化特点。随着使用需求的不断升级，对图书馆内部空间的升级改造与建筑空间的拓展增建，是图书馆适应时代发展和人们使用需求的必要途径。空间要素与空间特征呈现对应关系，功能空间的形态、尺度、功能应用与空间的形式、秩序和空间氛围呈现对应关系。

对于不适应现代使用需求的图书馆空间要从功能使用的角度出发，有针对性地选择适用的改造方案。应当在尽量保留既有图书馆的空间格局特征的前提下，进行空间更新改造，使其空间脉络与历史感得到传承。

4.3 内部空间的改造

4.3.1 建构学习中心为主导的藏书布局模式

1. 设立密集藏书区

在馆内中间部位设置密集书库区。在藏书越来越开放的形式下，将老图书馆中一些特殊且不常借阅的书进行统一储存。新馆地下一层集中设置藏书空间，充分利用平面中间采光不利的部位，设置为对采光要求低的密集书库，并紧密结合其他的阅读区域，方便小部分的使用者借阅。

2. 多样的开架藏书模式

将藏书区集中管理成一个区域。在各个楼层的平面中间部分集中设置藏书区，与周围其他阅览区的楼层高和楼层数互相配合，以方便馆员和读者取书。书区与阅览室结合布置，放在阅览区的中间。各楼层的开架阅览藏书区布置在靠近采光部位并结合中庭分散布局，通过灵活的设计手法取得良好的通风和采光效果。

4.3.2 打造适宜的复合型阅览空间

1. 设置可与书库功能互换的阅览区

设计时对所设的开架式的阅览室以及可能成为储藏图书的承载板都做成500kg/m²，这样的设计不仅可以满足图书馆藏书对于储藏空间的适应性，而且可以满足书库改变的需求。当开架图书馆的藏书达到饱和的时候，图书管理人员就可以做相应的调整，将使用频率高的图书保留在原有的书架上，将使用频率低的图书收藏起来，以满足图书馆不断发展的需求。

2. 具有私密性的个人阅览空间

设计中对图书馆中的坡道、楼梯等特殊的廊空间打造成具有特色的空间形态。沿着中庭周边布置的廊空间具有鲜明的方向感以及动态感，长条形的区域设置具有个性多样化的个人阅览设施。为阅读者提供一个神秘有趣的阅读空间，并在开放性的共享厅空间设置阅览区，相比廊空间有更强的静态性。

4.3.3 营造多样的创新研究学习空间

1. 灵活配置室内设施：研究工作区能够给在使用的团队和个人提供信息获取平台，室内随时随地可以连入信息网络平台，布置了移动的工作使用座椅，并将网络全部覆盖在馆内，可以适应不同的团队及个人使用要求做出相应的调整。

2. 透明开放空间划分：室内的灵活空间划分采用透明的分隔，使不同使用者能够直接观察他人的工作状态，相互激励营造工作氛围。在休闲交流的过程中可以为他人提供开放的交流环境，使用者在放松之余可以无障碍地分享。

3. 跨学科协作连接结构：各层公共庭院之间用连廊联系，中间围合的公共开放部分可以作为演讲的展示平台，营造联系不同学科之间的聚集场所。多媒体室、研讨室、计算机信息平台都对不同使用者开放，为团队之间提供了可共享的高利用率的工作空间。

4. 多功能复合整体空间：把不同专业的使用研讨式围绕公共中庭布置，并以交流的开放学习区作为串联研究空间的连接，促生不同学科间的合作交流。

结语

1. 研究结论

在信息化的影响下，高校图书馆发生了一系列变化，主要表现为四个方面，第一，阅读介质多元化，电子资源和传统纸质文献并存；第二，信息技术的发展使图书馆资源共享成为现实；第三，网络技术的应用使高校图书馆管理和服务方式变化；第四，信息化冲击了高校图书馆的发展，动摇了图书馆的地位，但也为高校图书馆的发展带来了新的机遇。图书馆作为高校的标志性建筑，是校园的知识载体，是学习、交流和研究的媒介。今天，在信息化社会潮流带动下，高校图书馆的服务模式、服务内容都在不停地发生变革。同国内大规模的高校图书馆新建潮流相比，既有图书馆的更新改造始终是一种充满理性的建筑行为——它所面临的制约性很大，首要解决的是现有各方面资源的优化、整合与重组。

本文针对当前信息化背景下高校校园大学图书馆建筑改造设计进行了系统化、对策化研究。论文从时代背景下高校创新、研究的发展特征角度切入，对高校校园图书馆设计进行理论探索，并对信息化背景下大学图书馆的功能需求及适宜的设计策略进行了较为深入的研究。论文的主要结论包括以下几个方面：

（1）基于对高校校园图书馆发展历程的研究，得出其功能特征、影响因素及发展趋势。对于现有高校校园图书馆的改造必行性总结出了三点主要因素：

①空间功能不足对高校校园图书馆改造的促动。

②空间实用性和内部设备老化促使高校图书馆改造。

③现有图书馆外部形象与时代新功能导致的更新诉求。

（2）基于信息化背景下图书馆现存问题的分析，提出信息化对高校校园图书馆功能改变及未来设计趋势的影响。在快速发展的信息化时代，现有图书馆建筑都存在类似的突出问题：公共服务区设置无法满足多样化需求、藏书区面积设置过大、缺少能够研究学习的空间，以及信息化的设施无法添加等，基于以上，提出了将在场性的概念引入，在对未来高校图书馆建筑改造中应当注重在场性的三点特征：

①在地符号的表达性。

②形式场所的共通性。

③诱导互动的趣味性。

（3）将在场性与不在场性相互结合，针对本文实践案例泉州校园图书馆建筑改造在场性提出以下7点设计策略（①-③为在场性策略，④-⑥为不在场性策略）：

①对文献资源合理布局，有效盘活图书馆空间资源。

②根据不同用户需求，建设多元化功能空间。

③选择合理模式，构建新型功能空间。

④加强图书馆资源互通，实现区域信息共享。

⑤引入无间断服务理念，创新图书馆泛在化服务。

⑥基于云平台关联性搜索，构建自主化图书馆。

2. 创新点

（1）论文基于大数据时代，针对其科研信息的主要来源地——图书馆空间构成的影响进行深入系统的研究，具有较强的时代性。文章从信息化背景与高校校园图书馆改造作为切入点对图书馆设计进行在场性表达研究，不但突破了以前图书馆设计研究的关注点，也使本研究在信息化创新时代的背景中具有一定的时效性。本文收集分析了近10年高校图书馆改造案例，对信息时代图书馆功能空间的改变进行了研究，还进行了各种实地访谈、调研，针对如何应对未来发展趋势，结合使用现状进一步总结了具体的设计策略。这不但使本研究得以验证而更具说服力，而且将补充完善现有的设计理论。

（2）提出功能空间整合的新视角。本文将学习交流、科研创新空间与原有的图书馆功能空间整合，将创新、知识形成的各种信息流动、成员交流、知识协作因素考虑在内，形成多元复合特征，有利于交流与协作联系的整体设计手法。同时提出将在场性与不在场性进行融合，从使用者的视角出发，注重于时代背景与功能上的契合，去发掘如何让在校师生在图书馆内更好地参与、体验。

3．研究展望

希望此文一方面能够填补国内高校既有图书馆建筑空间改造与功能拓展相关课题研究的空白，所提出的设计策略以及相关的分析、实践案例，可为设计提供方法上的指导。而信息化背景下高校校园图书馆改造设计策略研究，是对大数据时代作为图文信息中心的图书馆新形式的补充研究，不足之处还将在今后的工作和学习中补正。另一方面能够抛砖引玉，以引起更多学者对高校既有图书馆建筑更新改造课题的关注与支持。

参考文献

[1] （美）戴维·迈尔斯．社会心理学[M]．侯玉波，乐国安，张智勇，等译．北京：人民邮电出版社，2006.

[2] （挪威）诺伯舒兹．场所精神：迈向建筑现象学[M]．施植明，译．北京：中国建筑工业出版社，2010.

[3] （法）卡特琳·格鲁．艺术介入空间[M]．广西：广西师范大学出版社，2005.

[4] 勒·柯布西耶．走向新建筑[M]．陈志华，译．西安：陕西师范大学出版社，2004.

[5] 李道增．环境行为学概论[M]．北京：清华大学出版社，1999.

[6] 黑川纪章．新共生思想[M]．覃力，等译．北京：中国建筑工业出版社，2008：39-40.

[7] 鲍家声，朱赛鸿．图书馆建筑设计手册——现代建筑设计系列手册[M]．北京：中国建筑工业出版社，2005.

[8] 付瑶，吕列克．图书馆建筑设计[M]．北京：中国建筑工业出版社，2007.

[9] 刘先觉．生态建筑学[M]．北京：中国建筑工业出版社，2009.

[10] 钟毅．虚拟空间艺术装置的在场性诱导研究[D]．中国美术学院，2018.

[11] 郑闯．从埃利亚松的作品谈起——论述艺术的感知方式[D]．中国美术学院，2013.

[12] 马凯．高校既有图书馆空间改造及功能拓展设计研究[D]．山东建筑大学，2018.

[13] 刘丽群．基于使用者特殊需求的旧建筑改造优化设计研究[D]．山东建筑大学，2016.

[14] 张忠彦．高校既有图书馆更新改造设计研究[D]．华南理工大学，2016.

[15] 刘辉．现代高校图书馆公共活动空间的人性化设计研究[D]．西安建筑科技大学，2011.

[16] 朱京辉．高校"老建筑"改造及其生态技术研究[D]．山东建筑大学，2010.

[17] 张国峰．高校旧建筑更新改造设计与再利用研究[D]．中央美术学院，2010.

[18] 张荣冰．北方寒冷地区公共建筑形体被动式设计研究[D]．山东建筑大学，2017.

[19] 张莉娜．高校数字图书馆中当前技术和未来趋势[J]．甘肃科技纵横，2019，48（07）：7-9.

[20] 田苗．大数据背景下高校数字图书馆数据化研究的实现[J]．科教文汇（中旬刊），2019（03）：166-167.

[21] 姜颖．我国移动图书馆服务现状及发展对策——中美移动图书馆服务的比较分析[J]．图书馆建设，2011（12）：75-78.

[22] 张兴旺，石宏佳，王璐．孪生图书馆：6G时代一种未来图书馆运行新模式[J]．图书与情报，2020（1）.

[23] 张兴旺，王璐．数字孪生技术及其在图书馆中的应用研究——以雄安新区图书馆建设为例[J]．图书情报工作，2020（9）.

[24] 贾佳，陈晶晶，郭思琦．论高校图书馆空间建设在学生培养中的作用[J]．中国中医药图书情报杂志，2019，43（5）：46-48.

[25] Elisa Negri, Luca Fumagalli, Marco Macchi. A Review of the Roles of Digital Twin in CPS-based Production Systems[J]. Procedia Manufacturing, 2017.

[26] 郭红英．云计算环境下高校图书馆用户服务模式发展研究[J]．图书馆理论与实践，2011（02）：84-85.

[27] 郝媛玲，张伟．高校图书馆数字阅读环境下的云服务模式研究[J]．情报科学，2011（07）：1054-1057.

[28] Robert Fox. Library in the Clouds [J]. OCLC Systems &Services, 2009（3）：156.

云场：泉信图书馆建筑改造
Cloud Field: Renovation of Quanxin Library Building

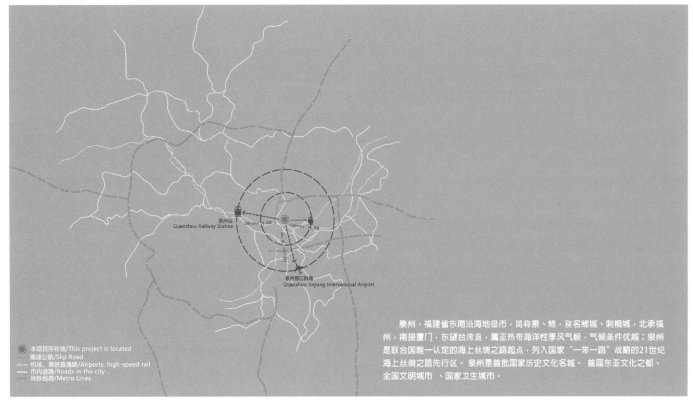

区位分析图

泉州信息工程学院图书馆建于2002年，现有馆舍建筑面积近1.79万m²，普通阅览室座位1475位，多媒体电子阅览室拥有250台电脑终端供读者访问图书馆资源和网络资源。图书馆位于泉州信息工程学院中心山体绿地之中，是泉信学子日常学习的最佳公共场所。现有建筑结构为钢筋混凝土框架结构，环形轴网。环形空间的中心为首层平层玻璃框架内庭，同时作为主入口的过渡空间。建筑主体为地上四层空间，二、三、四层均设有屋顶平台，外立面为花岗岩贴面。

基地现场照片

自我实现

尊重需求

社交需求

安全需求

基地现状分析图

基于对基地的现场调研，发现主要有以下三个问题：建筑与环境的关系单一；室内功能不齐全；缺少可参与性与趣味性。

概念来源：

田园城市理论是由英国著名社会活动家、城市学家埃比尼泽·霍华德提出。它旨在解决大城市过度拥挤以及乡村日益凋敝的问题。田园城市理论提出的是一个有限规模、拥有良好环境、自给自足、重视社会联系的城市模型。

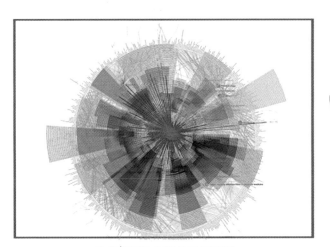

信息传递的多样性及无序性

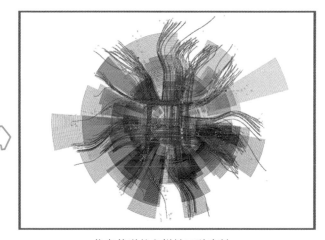

信息传递的多样性及秩序性

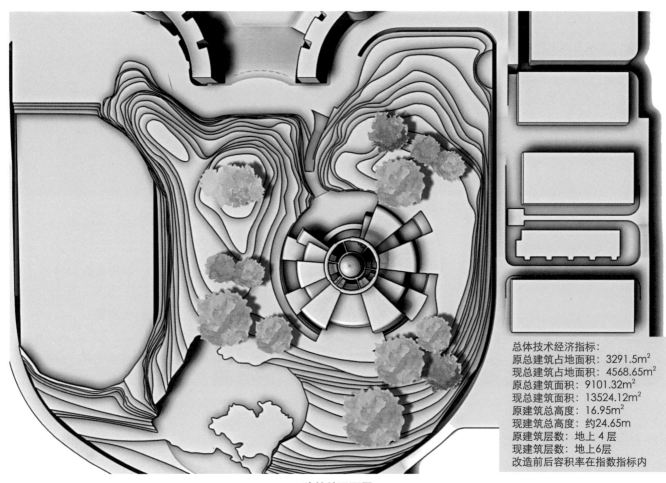

总体技术经济指标:
原总建筑占地面积: 3291.5m²
现总建筑占地面积: 4568.65m²
原总建筑面积: 9101.32m²
现总建筑面积: 13524.12m²
原建筑总高度: 16.95m²
现建筑总高度: 约24.65m
原建筑层数: 地上 4 层
现建筑层数: 地上6层
改造前后容积率在指数指标内

建筑总平面图

建筑草图

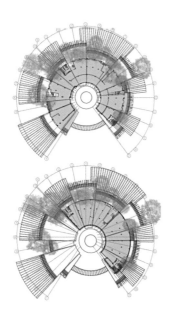
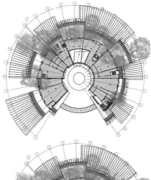
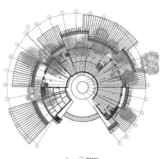
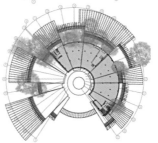
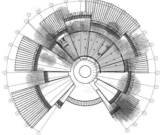

改造后各层平面图

效果图展示

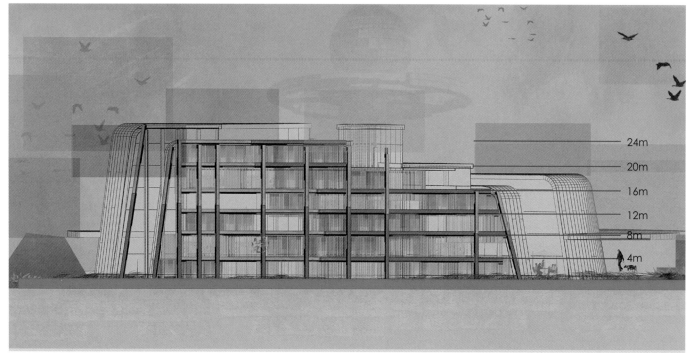

24m

20m

16m

12m

8m

4m

基于"智慧校园"构建下高校图书馆改造设计研究
——以泉州信息工程学院为例
Research on the Transformation Design of University Library
Based on the Construction of "Smart Campus"
—Take Quanzhou University of Information Engineering as an
Example

齐齐哈尔大学
丛焘
Qiqihar University
Cong Tao

姓　名：丛焘
导　师：焦健 副教授
学　校：齐齐哈尔大学

基于"智慧校园"构建下高校图书馆改造设计研究
——以泉州信息工程学院为例

Research on the Transformation Design of University Library Based on the construction of Smart Campus
—Take Quanzhou University of Information Engineering as an Example

摘要：随着互联网的快速发展、物联网技术和云计算技术的迅速普及、教育信息化的需求不断增加，智慧校园的建设受到了国内外教育界的广泛关注，国家教育部开始大力推进智慧校园建设，而目前高校建设的主要问题是校园智能化程度低，数字校园内并存着不同系统的独立数据，这些问题都成为高校未来必然面临的挑战。

本文分析了智慧校园构建下高校图书馆发展的现状，对高校图书馆的定义、特点等进行了阐释，分析了我国智慧校园构建下高校智慧图书馆建设面临的问题，并提出了相应的解决方案。最后，以泉州信息工程学院图书馆改造为例，对我国高校图书馆智慧化建设进行了具体的剖析，展望了我国高校智慧校园构建中图书馆的发展前景。

关键词：智慧校园；高校图书馆；智慧化；改造设计

Abstract: With the rapid development of the Internet, the rapid popularization of Internet of things technology and cloud computing technology, the demand for education informatization is increasing. The construction of smart campus has been widely concerned by the education circles at home and abroad. The Ministry of education of the people's Republic of China has begun to vigorously promote the construction of smart campus. At present, the main problem of the construction of colleges and universities is the low degree of campus intelligence, and there are different systems in digital campus independent data, these problems have become the inevitable choice of future challenges for colleges and universities.

This paper analyzes the current situation of the development of University Library under the construction of smart campus, explains the definition and characteristics of university library, analyzes the problems faced by the construction of University Library under the construction of smart campus in China, and puts forward the corresponding solutions. Finally, taking the library transformation of Quanzhou University of Information Engineering as an example, this paper analyzes the intelligent construction of University Library in China, and looks forward to the development prospect of the library in the construction of University intelligent campus in China.

Keywords: Smart campus; University library; Smart; Transformation design

第1章 绪论

1.1 研究背景与研究意义

1.1.1 研究背景

在现代社会，人工智能和数字化媒体的兴起与普及已然成为这个时代的重要方面与主导特色，并给社会与人类生活的方方面面植入了不可忽视的影响。高校图书馆在大学共享设施中处于核心地位。高校图书馆无论是作为书籍借阅点还是个体或者集体学习、讨论的场所，都为各学科至关重要的学习研究活动提供核心的资源和服务。

21世纪AI、AR、VR、5G、边缘计算等科技浪潮在各个领域中带来了深刻的影响。一个新的时代正在使生活发生翻天覆地的改变，高校也面临着从数字校园到智慧校园的过渡，对于高校图书馆而言，在智慧校园构建中如何发展新型图书馆建设，探索未来高校图书馆发展模式和功能需求，使图书馆更好地服务于师生是今后图书馆建设的方向。高校图书馆作为文化传承和信息传播的枢纽，人们对于图书馆建筑空间功能和环境的需求日趋多元化，高校图书馆不再是单纯借阅空间和学习空间，而是具有广泛含义的信息资源中心和公共活动场所。因此，在智慧校园构建中，如何运用科技浪潮进行校园图书馆建筑空间设计成为推动校园发展和改革的契机。随着智能化对生活的影响，传统高校图书馆空间设计正向着一种新型图书馆空间模式发展。

1.1.2 研究意义

本研究立足于智慧校园构建中我国高校图书馆的特点，深入研究高校图书馆的转型，有利于构建一个更加全面化、立体化的转型研究体系，有利于促进高校图书馆向着更加科学的方向转型、发展。我国图书馆发展经历了两次质的飞跃，第一次飞跃学习了西方图书馆管理模式，功能从单向的收藏发展成收藏与借阅同等重要；第二次飞跃使我国图书馆数量、质量上都有了质的飞跃，提出图书情报一体化的服务理念，为满足用户多种需求服务。现今，我国经济的发展、科学技术的进步和移动互联网的发展，也影响了作为校园公共设施的高校图书馆，传统高校图书馆的管理方式已经无法满足师生的需求、适应社会的需要，智能化、数字化的新型图书馆的建立已迫在眉睫，高校新型图书馆建设已成为时代发展的必然趋势。智能化和数字化使高校图书馆内图书载体形式发生了改变，电子存储形式逐渐替代纸质印刷形式，这使得图书收藏载体内容更加丰富多样，含量更加海量；高校图书馆的服务形式及空间模式上也发生了很大变化，高校图书馆不再是单纯借阅和学习的场所，而是可以满足师生学习、生活、娱乐一体化的集聚地。

1.2 "智慧校园"概念

"智慧校园"是指在互联网基础上，通过多种应用系统把教学、科研、服务融为一体的智能化和智慧化教学、学习和生活环境。主要通过利用云计算和物联网等技术，将人与物理设施进行结合，实现对环境的动态感知和智能监控，将学校的教学、科研、一卡通等数据信息进行统计分析，给领导提供决策分析。

1.3 国内外研究现状

1.3.1 国内研究现状

目前，在中国已有把智慧服务高校图书馆关联起来的相关探索，但我国这方面的理论研究确实是刚刚起步，与高校图书馆有关联的文献资料数量较多，但对于智慧校园构建中图书馆的探索数量较少。通过知网对2010年之后在智慧校园背景下构建新型图书馆方面的理论探索情况进行了查找，时间截止至2020年11月26日，内容涉及互联网环境下的高校图书馆的资源建设、高校图书馆用户网络信息交流、互联网环境下的图书馆服务转型与发展、互联网思维视野下的高校图书馆跨界服务思考、高校图书馆延伸服务实践与展望、浅析高校图书馆信息共享空间服务价值、我国高校图书馆的概念与思维探讨等方面。分析后能够了解到，2010年中国开始有关智慧图书馆相关服务的研究，在之后越来越多的人开始注意到这项研究，同时所发表的文献也越来越多。但总体来说，我国对智慧图书馆的研究目前仍处于初级阶段。

《基于物联网的智慧图书馆》一文中定义了基于物联网的智慧图书馆的内涵，智慧图书馆实际上是智能设备和技术与物理图书馆的有机结合，同时探讨了建设智慧图书馆在实践中可能遇到的一些关键问题（严栋，2010）。《论智慧图书馆的三大特点》论述了智慧图书馆所具有的三大特点，三大特点的内容包括便利、高效、互联。北京邮电大学的张若林、龚向阳、董晓霞等学者也在智慧图书馆的特征方面有类似的见解，他们认为智慧图书馆具有三个特点：广泛的互联、智能的服务和管理、深刻的感知，并将其视为与其他类型图书馆的根本区别。董晓霞等学者还对智慧图书馆的概念下了定义，提出智慧图书馆是将数字图书馆的服务和感知智慧化的一种综合模式，并以北京邮电大学的智慧图书馆为例对其从设计到实现的过程进行了研究。智慧图书馆是未来图书馆发展的高级形式，它利用物联网等智能传感技术实现智能管理，为图书馆用户提供智慧服务。

1.3.2 国外研究现状

国外研究主要是对智能化下校园图书馆发展方式及模式的研究。在 2003 年的人机交互移动设备国际研讨会上由芬兰奥卢大学的Aittola M.发布的*Smart Library——Location-Aware Mobile Library Service*中提到"智慧图书馆"一词。他认为智慧图书馆作为一个可被感知、不受空间距离限制的图书馆，同时也是移动图书馆。美国麻省理工学院自动识别中心于 1999 年对网络射频识别系统（即射频识别系统）进行了最早的研究，2005年该技术首次在图书馆的管理实践中得以实施。在此基础上，洛克菲勒大学率先完成了图书馆网络射频系统的实践，起到了带头作用，并使其他图书馆也相继使用了这一技术。"2015 智慧国"策略是在2006年由新加坡政府提出的，在构建智慧城市的背景下，新加坡成为全球中首个把无线射频识别系统在图书馆标签中加以利用的国家，使得图书馆用户获得了更大的满足，促进了高效借阅模式的形成，也让图书馆功能被最大化地发挥出来。同时，该国实现了移动互联网背景下高校图书馆发展方式及模式的研究。*As We May Think*是最早出现有关数字图书馆内容方面的文献（V.Bush, 1945）。1965~1973年美国麻省理工学院研发了Intrex数据库，进行计算机辅助标引实验，对图书馆的目录和索引进行检索；1969年美国国会图书馆正式颁布LCMARC机读目录，标志图书馆开始进入自动化的阶段；美国学者首次提出了Electronic Library的概念（R.W.Christian, 1975）；英国学者提出了"虚拟图书馆"这个术语（A.J.Harley, 1979）；英国学者维克托·迈尔·舍恩伯格和库克耶所著的《大数据时代》(浙江人民出版社，2013年1月）就以大数据作为一个新时代的标志向人们展示了大数据对于生活、工作与思维所带来的大变革。

第2章　智慧校园背景下高校图书馆服务概述

2.1　高校图书馆的性质及职能

2.1.1　高校图书馆的性质

高校图书馆的性质是由其在高校中的作用所决定的。1981年我国教育部颁布的《高等学校图书馆工作条例》明确指出："高等学校图书馆是为教学和科研服务的学术性机构。"这是我国对高校图书馆性质的明确规定。其作为高校教学与科研的服务性学术性机构，服务性质表现为两种。

（1）高校图书馆是学术研究的场所。这种性质从内容、形式与表现上都与其学术性有着紧密联系。随着高等教育体制改革和社会科技的飞速发展，高校图书馆的性质也随之发生改变。首先，高校图书馆的使用人群为师生，科研形式与内容的变化使高校图书馆对科研配备的要求提升。其次，高校图书馆本身就是学术整理与汇集的场所，是一种把知识有序化的工作，在高校图书馆内，为具有一定文化水平的大学生和教师提供参考咨询、查阅书籍等服务更能体现其学术性内涵。最后，高校图书馆作为高校内部学术交流的中心，不同学科专业的师生可以在其中进行交叉学科探讨，高校图书馆的学术性将会得到进一步的加强。

（2）高校图书馆是一个服务机构。就高校图书馆而言，不能脱离了服务性质而单纯地谈其学术性。高校图书馆的使用对象是师生，服务意识是贯穿于高校图书馆的所有日常工作中的。只有不断提高图书馆的服务能力，才能使师生在其中更好地从事学术研究；而在提供服务的同时总结不足，经过总结研究并拿出科学的解决办法，也是高校图书馆深化体制改革、加强服务职能的一贯做法。

2.1.2　高校图书馆的职能

1975年法国里昂召开的IFLA上，图书馆的职能被明确界定为四个方面：①保存人类文化遗产；②开展社会教育；③传递科学情报；④开发智力资源。我国高等教育的目的是为国家培养德智体美劳全面发展的高素质人才，总的来讲，高校图书馆的职能分为信息传递职能和教育职能两种。

（1）信息传递职能。图书馆作为高校的信息资源中心，不仅要充分开发与利用图书馆的信息资源，满足读者需要，同时也要为教学和科研提供高质量的文献信息，充分发挥其情报职能。

（2）教育职能。高校图书馆是根据教学和科研需要，为广大师生提供各种信息资料服务的，自然就是师生进行学习、研究活动及学校开展校园文化活动的重要场所。且在专业教育方面，高校图书馆又是教师备课的后盾和学生学习的第二课堂。所以高校图书馆还承担着对学生进行品德教育、配合教学对学生进行专业教育、扩大学生知识面并进行综合教育、对读者进行信息素质教育的职能。

2.2　"智慧校园"构建下高校图书馆的特点及功能定位

2.2.1　"智慧校园"构建下高校图书馆的特点

"智慧校园"构建中高校图书馆除了包括现实中的空间之外还应包括了虚拟空间，例如社交网站、交流的氛围以及阅读氛围等。通过智能化的服务使师生有更好的服务体验。"智慧校园"构建中高校图书馆应紧跟科技的脚步，运用虚拟现实、人工智能、云计算、大数据技术、物联网、互联网等科技使师生能够打破时空的局限，将虚拟现实与空间阅读知识场景相结合，以获得视听触觉的阅读乐趣。通过智慧网络、智慧资源、智慧家具、智慧建筑、智慧用户、智慧馆员、智慧治理、智慧服务等多维度实现高校图书馆改造设计。利用"互联网+"、移动计算、云计算、移动终端生成架构的信息处理科技，使用各种移动客户端、无线网把服务信息传达到学校的每个地方，让服务信息渗透到校园之中，使图书馆遍布在学校各个角落，实现移动图书馆自由移动，甚至在此之后遍布社会。因此，"智慧校园"构建中高校图书馆具有跨越时间和空间、便捷、泛在的特点。

2.2.2 "智慧校园"构建下高校图书馆的功能定位

"智慧校园"构建下高校图书馆可以打破时间和空间的制约，用户可以以多种方式来得到图书馆中的资料。利用手机以及电脑等智能联网设备来进入图书馆的资源库，这相当于图书馆全天候都可以为用户提供实时的服务。把高校图书馆建设得更好是为了满足师生的这种心理状态，让师生们可以不用在意时间和空间，为他们提供优质的、智慧的信息资源服务，在使用图书馆时可以随时随地就能享受到图书馆的服务。利用信息检索查找信息，为他们创建出一个更加智能、更加人性化的图书馆。

2.3 "智慧校园"构建下高校图书馆服务建设的目标和意义

2.3.1 "智慧校园"构建下高校图书馆服务建设的目标

高校图书馆在提高我们国民素质方面是很关键的一环，因此建设智慧图书馆有着一个非常不错的发展空间。结合"智慧"的理念，运用网络技术例如大数据、人工智能等对高校图书馆进行改造，对智慧图书馆的本质进行更进一步的思考。智慧化图书馆服务研究进程在逐渐推进的过程中，现在，我们所获得的研究已经逐渐开始触及智慧化图书馆建设的本质和核心，越来越多的图书馆把"以人为本"作为自己的服务理念，然而，这些研究目前来说还不够成熟，还需要时间去发展度过初级阶段，并且关于智慧图书馆在很多方面还有问题需要我们去探索和解决。

2.3.2 "智慧校园"构建下高校图书馆服务建设的意义

高校图书馆也要适应新时代社会的发展。党的十九大明确提出要建设"智慧社会""智慧校园"。高校图书馆作为社会文化服务体系的有机组成部分，需要加快谋划，努力向智能化、智慧化方向转型，不断提升信息和知识服务的能力，提高高校图书馆的服务质量和服务水平。近年来对高校图书馆投资增加，高校图书馆的馆藏资源不断丰富，但由于缺乏有效的集成和管理方式，特别是在爆炸性信息和用户多样化、个性化信息需求的背景下，高校图书馆应用智慧的数据信息服务整合图书馆文献资源，为其丰富的资源优势以及学校科研和教育工作提供资源保证和智慧化服务。智慧图书馆服务的建设不仅能使设备之间通过智慧图书馆实现立体互联，也能为大数据分析奠定基础，加强"互联网+"背景下个性化定制服务的产业结构链改革，优化用户阅读体验。智慧图书馆服务的建设依托图书馆技术和空间资源，为用户提供基于生态场景的智慧图书馆智慧服务，如匹配场景信息和个性化阅读习惯的多形式资源及馆内导航服务。

第3章 "智慧校园"构建下高校图书馆现存问题

3.1 高校图书馆服务存在的问题

3.1.1 智慧化借阅服务欠缺

从智慧借阅服务的本质来说，数据本身并不产生价值，大数据也不产生价值，有价值的是对数据的整合、清理、加工、分析，并最终应用到实际场景中，为馆员或者用户带来增值服务，尽管大部分高校图书馆都结合有关技术开通了自助借阅功能，但其中以超高频 RFID 标签为主要信息处理中心的图书馆占比较大，因为不同学校图书馆之间的标签类型不一致，以及存在RFID技术运用范围小、技术发展不成熟等问题，导致跨馆借阅功能带来的增值服务无法实现，结果表明大部分图书馆在智能技术应用层面仍需进一步完善和加强，手机借阅以及刷脸服务等仍需进一步普及。

3.1.2 智慧化学科服务仍需提升

图书馆作为各类资源的集合体，发展趋势应当体现在助研、助管、学科建设以及传承学校精神等方面；在发展目标上应尽可能实现图书资源的均等化和公平化。但结合目前调研报告来看，虽然已有部分高校开通了科研查新、学科索引、查重等功能，但整体覆盖率仍然很低，有关总分管制、信息化、数字化制等服务并没有普遍性，进而表明了当下高校图书馆在智能、立体、可行性方面的学科服务建设程度较低，相应的技术引用与信息整合功能仍不够系统全面。

3.1.3 智慧化推荐服务开发程度较低

在硬件设施方面，目前绝大部分高校图书馆已经开始智慧化图书馆建设，然而在智慧应用方面，高校图书馆还不能在已有基础设施的基础上达到智慧图书馆的要求。大部分高校在针对用户个性化服务方面仍处于较为浅显、落后的状态，个性化功能开发程度不高，推送效率以及内容质量不能与日益增长的用户需求相匹配。缺少用户属性收集分析；缺少挖掘用户数据；缺少精准推荐服务。

3.2 高校图书馆的服务资源有待丰富

3.2.1 资源发现形式不够丰富

大多数师生表示图书馆在资源的表现形式方面需加以完善。图书馆是一个不断生长的有机体，馆内的资源是其开展服务的基础，高校图书馆在长期的资源建设过程中面临重复建设资源等问题。高校图书馆蕴含着丰富的资源，不仅纸质图书的种类和数量十分多，电子资源也增加了许多，用户无法或者不愿意获取此类形式的图书，馆内资源的内容和形式在智慧技术手段的不断引入下需进行不断地改变和革新，智慧图书馆应更为关注用户对资源服务的需求，最终以需要的资源形式呈现给师生。

3.2.2 资源内容时效性需加强

在网络技术和数字技术飞速发展的时代，网络信息资源以其存取方便、易于获得、新颖准确等优点，使得读者们不再仅仅依靠图书馆而是利用网络资源来满足自己的信息需求。高校智慧图书馆资源建设的时效性和连接性由读者对于信息需求求新、求快的心理决定，读者希望能够得到现阶段有价值的包括网络信息在内的各种有效信息，经过图书馆精心挑选和加工整合出与当前社会发生的时事新闻、热点资讯等有关的信息，使他们可以随时随地得到所需符合当下的资料内容。

3.3 高校图书馆智慧服务设施提供不到位

3.3.1 信息交流服务提供不到位

与用户交流是高校图书馆开展信息服务的基础，在当前信息环境下，高校图书馆应开展有效的用户交流，是高校图书馆智慧服务建设的重要工作。高校图书馆未提供读者用户之间进行信息交流的服务，虽尽力地加强与用户的互动，但只有少数到馆用户和重点用户才有真正的交流，用户的意见不能得到反映和处理，因没有良好的交流手段和途径所以收效甚微，久而久之，致使高校图书馆的服务落后，无法满足用户需求。

3.3.2 智慧服务设施普及程度不高

高校图书馆提供新型服务，如图书馆 3D 导航、网上展厅以及全景 VR 等。通过调查，可以得知智能化设施创新服务在高校图书馆日益得到重视，但普及程度不高，有多所高校图书馆在智能化创新技术设施方面，都在加大投入，向智能化设施进一步发展。

第4章 "智慧校园"构建下高校图书馆改造设计策略

4.1 高校图书馆智慧服务优化设计

4.1.1 传统服务的集散式处理

建设智慧化高校图书馆服务的目的是为师生更好地提高智慧服务质量，对师生负责是提供该服务的关键所在，并提供满足师生需求的服务。传统服务包含藏书阅览、参考咨询、信息咨询、媒体服务、教学支持等各种信息交流服务。以往的图书馆服务基本上只集中在一个区域内部，这是由于服务手段和内容都比较简单，集中服务能够很好地解决用户借阅咨询等需求。高校图书馆服务内容更加专业复杂，服务方式更加科技多样，服务理念上也更加注重用户的需求和感受，因此服务区域上需要结合"集中式"与"分散式"两种处理方式。

由于移动设备的便捷性，需要普及智能移动终端设备。现在人们往往想通过便捷的、可移动的电子设备比如电脑、平板、手机以及电子阅读设备获取信息。由于这些电子设备是便捷的、可移动的，所以不会受限于空间、时间，所以用户可以在任何时间、任何地点、任何方法查阅自己所需的信息和资料，从而真正实现信息获取的便捷性。因此需要构建图书馆 APP，以便用户随时随地均可以查阅资料，开发移动图书馆是未来图书馆发展的趋势。智慧化图书馆的另一个比较突出的特点是可以随时随地提供服务，也就是所谓的泛在服务。这需要利用用户的智能移动终端设备，从而突破时空的界限，根据用户的个人特点为其提供个性化的推荐，最终拓宽智慧图书馆的服务方式以及服务领域。在智慧服务方式下通过物联网等各类信息技术、智能移动终端以及云计算来将数字图书馆和实体图书馆从给用户供以单个方向服务转变成给用户供以双重方向智慧服务网络的泛在服务。所以，智慧服务模式泛在化体现在开发以及研讨独立高校智慧APP服务。

4.1.2 拓展多样化"第三空间"服务

高校图书馆不仅仅提供传统的咨询检索等图书馆服务，也为用户提供更加多样化的休闲服务，让用户能够产生强烈的归属感，同时也创造出更丰富的交流机会。以国外的一些优秀的实际场馆设置做对比，其具有服务性质空间的设置，咖啡、商铺、中庭等都不仅仅是单一的休闲，而是营造一种平等的、舒适的、自主的空间氛围，其对环境在使用过程中的动静控制、空间规模的变化和环境气氛的营造都有所不同。各个专业的研究人员在放松休息的同时，还能够自由地分享与交流，相互探讨各自领域的研究思想，完成相互启迪的多学科合作。图书馆空间的发展方向就是由"书的聚集"变为"人的聚集"，这些聚会、活动、娱乐的区域可以成为各专业人员间交流的创新平台，融合各个学科领域的科研人员创建知识交往网络。

4.2 高校图书馆智慧化藏书优化设计

4.2.1 引入智能化密集书库

与开架藏书相比，闭架藏书的效率更高，只是传统的闭架藏书大大增加了用户在图书借阅环节的时间，图书馆领域的相关技术都有了长足的进步，这使得图书馆可以在采用闭架藏书方式的同时不影响其他环节的运行，甚至可以缩短借阅等行为的时间，与此同时，新形式的闭架藏书较于以往闭架模式，其藏书效率更是有了极大的上升。随着技术的进步，更加人性化的密集藏书智慧型电动密集书库开始进入大众视野，书库藏书区与OPAC检索电脑连接，读者检索到书籍后，电脑提示书籍所在位置，并且密集书库内书架的指示灯会亮，方便读者寻书。

4.2.2 设置专业的存储图书馆

目前许多高校开始在主馆外设立二级学科图书馆和专业图书馆，比较典型的是芝加哥大学，在其主馆外的校园广场地下新建了专门用于藏书的存储图书馆，可以存储多达800万册藏书，采用的也是自动存储和检索系统，由于其整个馆舍存储的专业性以及地下设计的可行性，它将室内储存环境进行严格控制，以达到最佳的温度60度和湿度30%RH。为了充分利用空间，在下层存储空间的地上部分设置了自助式阅览空间，并且每个阅览台都设置了网线接口，可以方便地使用馆内丰富的数据馆藏。

4.2.3 围绕空间功能布置开架藏书

开架藏书是最能够接近用户的，所以即使是围绕藏书功能本身，那些利用率较高的各学科书籍和工具书依然最适合采用开架的方式进行存储。传统的开架藏书模式一般都是集中放置在固定区域，占据大部分的楼层内部空间，缺少对其他活动行为空间的考虑，如何将更多的高利用率书籍进行更有效率的布置，并且能够兼顾合理化、人性化、灵活化的使用要求，总结起来主要有两种：①结合阅览座位集中摆放在统一区域内部；②采用纵向联通的方式，在多层空间区域内设置联通整体的书库空间。

4.3 高校图书馆智慧化学习优化设计

4.3.1 多样化的阅览学习空间设计

传统高校图书馆内部的学习功能空间基本就是阅览空间，并且大都与书库具有依附关系，根据书库的不同分为人文类阅览室、工具书阅览室、报刊阅览室等，其空间形式非常单一，与教学区域内的自习空间非常接近，高校图书馆未来发展应考虑为用户提供多样化的阅览学习选择，阅览区转变为复合型空间，不仅要保证读者到达的清晰和便捷，还要与藏书空间保持联系。阅览区域的空间应该具有适应性，满足各种阅览活动所需的设施要求，一方面要保证使用者能够完成私密性的阅读，另一方面也要提供灵活性的、开放性的公共阅览空间。在原有图书馆阅览空间设置上引入了很多新形式的阅览空间。除了阅览空间设置的多样化之外，针对高校图书馆使用人群结构，还应当设置专门的学科阅览区、本科生阅览区、硕士生阅览区、博士生阅览区和教职工阅览区等，根据不同学科的专业需求和各研究层次的阅览需求，设置对应的阅览书目、配套设施和服务内容。

4.3.2 复合型协作学习空间设计

从高校中学习行为的发展趋势来看，跨学科、团队型、协作式学习是越来越多的具有科研创新任务的标准人员配置。在科研实践过程中也发现，复合型协同学习和知识创新行为，需要多专业多层次人员组成的团队去完成。因此，在图书馆学习空间中建立有利于协作学习，帮助团队有效完成成员、知识和信息之间的交流与联系的复合型空间，是高校图书馆学习空间的重要发展方向。建立协作学习空间首先要为团队合作设立研讨空间，满足团队内部的学习讨论需求，例如研究室和讨论室等。这类空间一般都是较为封闭，对外界的声音干扰有较高要求，在视线设计上也有一定的要求，可以通过采用落地玻璃隔断配合百叶窗帘等方式的设计来保证空间的通透性。

4.3.3 新型创新学习空间设计

阅览学习空间和协作科研空间属于高校图书馆内典型的学习空间，是每个图书馆必不可少的组成部分。创新型学习空间属于近些年出现的受教育界和图书馆界普遍认可的学习空间类型。一些新的学习空间理念，例如创客空间、VR体验中心、多媒体制作体验中心等逐渐出现在高校图书馆学习空间区域内。国内外很多高校都在图书馆中设立了创新学习空间，目前来看没有固定的模式，可以在馆内设置，也可依附主馆空间单独设置。以创客空间为例，图书馆创客空间常见的构建方式是与较成熟的创客组织、公共服务机构、教育机构达成合作关系，图书馆提供空间和设施，用户凭校园卡等证件可以进入享受创客服务。创客空间主要由创客服务台、创意产品展示区、创客制作区、数字媒体空间、个人及小组制作区、团队制作区等部分构成。

4.3.4 图书馆文化空间设计

高校图书馆具有馆舍空间资源和文献资源两方面优势，同时还可以依托数字技术和泛在化网络建立虚拟文化空间。高校图书馆文化空间包括多种空间功能：作为文化展览空间，可以举办主题活动，展示器物文化、校园作品、优美书画等具有特色的文化产物；作为文化知识交流空间，可以提供与主题相关的纸质文献、相关设备、电子文献和便捷的专业咨询；作为文化学习推广空间，可以为用户创造了解、学习、体验和交流的机会。图书馆的各类文化展览空间大都具有时间周期性，在某些特定时间或事件背景下展出相关的文化，或以月、季度、年为时间周期展出图书馆的某一推广主题。但是有一类文化展示空间与其他不同，校史馆宣传展览是较固定的文化空间，虽随着时间的推移一直会有新的内容增加，但是其主题是不变的，并且展示氛围要相对正式。因此，大部分的展示空间具有开放性、灵活性和流动性，但是校史展区更适合独立设置，一方面能够方便用户寻找，另一方面有利于创造严谨的环境氛围。

第5章 高校图书馆智能化设计探索——泉州信息工程学院图书馆改造

5.1 项目概况

5.1.1 区域分析

1．地理区位

泉州市，别称鲤城，是福建省地级市，福建省人民政府批复确定的海峡西岸经济区中心城市之一、现代化工贸港口城市。全市共辖4个市辖区、3个县级市、5个县，总面积11015平方千米，总人口874万人。泉州位于东经117°25′～119°05′，北纬24°30′～25°56′，地处福建省东南沿海、台湾海峡西岸，离台湾最近处仅97海里，距金门最近处仅5.61海里，东西宽153千米，南北长157千米，陆域面积11014.78平方千米（包括金门岛），约占全省陆地面积的9.08%。泉州地处中国华东地区，北承福州，南接厦门，东望台湾岛，属亚热带海洋性季风气候，气候条件优越；闽南话为主要方言，常住外来人口达204万人。

2．地理环境

泉州市大地构造位于华南褶皱系的东南部，闽东火山断拗带的中南段。地势西北高，往东南呈阶梯状下降，构成由中低山向丘陵、台地至平原递变的多层状地形地貌景观。泉州市地处低纬度，东临海洋，属亚热带海洋性季风气候，气候条件优越，气候资源丰富。泉州市气候有3个基本特征：一是气温高，光热丰富；二是降水充沛，但时空分布不均匀；三是季风气候显著。泉州市境内溪流密布，发源于本市境内流域面积100平方千米以上的河流有34条，总长度1549千米，其中晋江水系15条，九龙江水系5条，闽江水系9条，单独入海5条；流域面积50平方千米及以上河流81条，总长度为2156千米。晋江、洛阳江为泉州市主要河流。

图1　泉州信息工程学院图书馆1（来自网络）

图2　泉州信息工程学院图书馆2（来自网络）

5.1.2 图书馆现状分析

泉州信息工程学院图书馆建于2002年，现有馆舍建筑面积近1万平方米，普通阅览室座位1220位，多媒体电子阅览室拥有250台电脑终端供读者访问图书馆资源和网络资源图书馆，采用"全开放大流通、藏借阅合一"的管理模式。目前馆藏纸质图书59.86万册，中外文纸质报刊625种，电子图书24万册，电子期刊4000多种。图书馆建筑形态为圆弧状，总建筑占地面积3291.5m²，总建筑面积 9101.32m²，建筑总高度16.95m，建筑层数为地上4层，结构为钢筋混凝土框架结构，校园绿化率达70%。

5.1.3 图书馆调研分析

总体来说，图书馆功能设置比较传统，功能过于单一，服务功能基本停留在借阅咨询等传统服务范围，并且服务空间过于集中，都设置在入口区域。此外还缺少第三空间化的服务类型，服务的吸引力不够，行政办公区与用户使用区域没有明显的分隔；主馆内部大量的藏书区基本都是开架管理的形式，藏阅面积比约为1:1，阅览形式相对简单，缺少对人性化与个性化的考虑。在所有学习空间中，缺少复合协作学习和创新型学习空间；馆内缺少休闲放松空间，师生除了阅览座椅外，只有中庭部分少量的沙发区，造成整体进馆感受比较压抑；服务和展示空间设计得过于简单；校园各区域与图书馆之间缺乏联系。

5.2 图书馆优化改造设计探索

5.2.1 图书馆建筑功能优化探索

建筑形态以图书馆原有形态为基础，从校园空间的特色出发，借鉴福建围楼以及中国传统建筑以"庭院"虚空间为中心的布局模式，力求创造出立体开放、多重构成的创新型图书馆核心空间形态。建筑物的外轮廓基本为圆弧形，通过对角线的切割产生线形、圆弧形的内部空间，并以围合、半围合等手段来对比强调中心空间的灵活开放，达到建筑物外实内虚的外部完整性和内部聚合性。主体建筑体量主要分为藏阅合一的阅览空间、非纸质阅览空间、学术交流空间以及综合区四个部分。

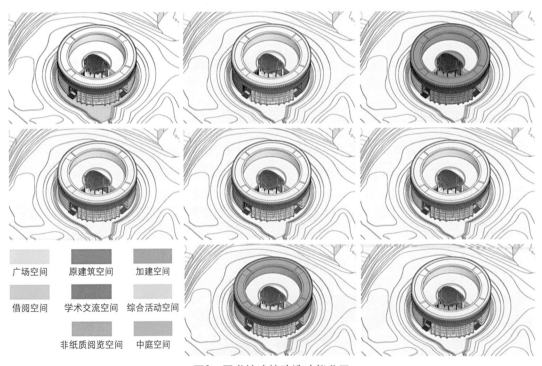

图3 图书馆建筑改造功能分区

5.2.2 图书馆空间功能优化探索

1．图书馆空间功能设置

图书馆一层是藏书空间，主要功能是图书的储存和借阅；二层为图书馆入口，将主馆分隔出来，根据图书馆的功能需求，二层空间有三个空间入口，分别连接学习空间、学术交流空间及综合活动空间，师生可以通过图书馆提供的内部交通去往校园的各个区位；三层空间根据建筑形态分为借阅空间、办公空间，设置了一个多功能阅览室（共享学习室），内部设有综合服务台、电子阅览区、普通阅览区、小组讨论区和团队讨论区，因为阅览室单独设置，内部产生的噪声不会干扰到主馆阅览师生；四层空间为科研空间、自习空间及电子阅览空间，南北两个阅览区、中庭以及中庭西侧的封闭式学习区，图书馆内部自习占座情况比较严重，一方面影响正常阅览需求的学生使用，另一方面导致桌椅使用效率低。图书馆四层将自习空间集中设置，打造了不同形式的自习环境；五层为学术交流空间和屋顶花园；六层为展示空间及讨论学习空间。

2. 内部空间形态的优化

图书馆建筑共六层，总建筑面积约16825m²，建筑总高度26m，空间体量较大，需创造更好的采光和通风环境，原有空间内部中庭区域也是"筒体"，但是由于各层设置的连接廊道，使得低层的采光环境受到了很大的影响。优化后的中庭区域减少了连接廊道的面积，且由于采用垂直导向秩序，随空间上升中庭区域逐渐放大，创造了更加适宜的"筒体"形式。内部空间形态优化的另一个方面就是消解功能空间界限，图书馆现状中除中庭区域外，所有空间都被墙体或玻璃隔断，每个功能空间都是封闭型的，这样就导致了各个功能分区之间的用户被完全隔断，不仅增加了空间的压抑感，而且减少了用户交往的可能。内部空间优化后，除噪声干扰较大或功能完全独立的空间外，大部分空间都是进行了开放型处理，区域内部隔而不断，保持与外部的视觉联系，有些空间利用书架等设置做了阻隔，有些用玻璃隔断的区域也没有完全封闭，为了减弱可能带来的噪声干扰，学习空间内部地面使用了吸声材料地板。

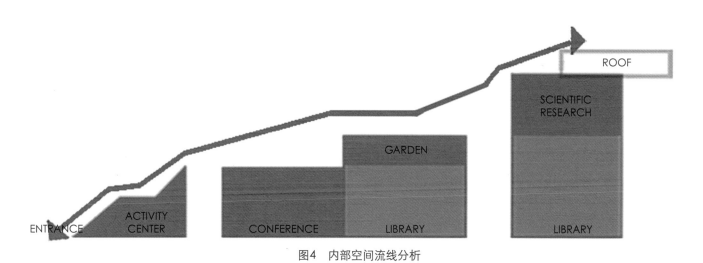

图4　内部空间流线分析

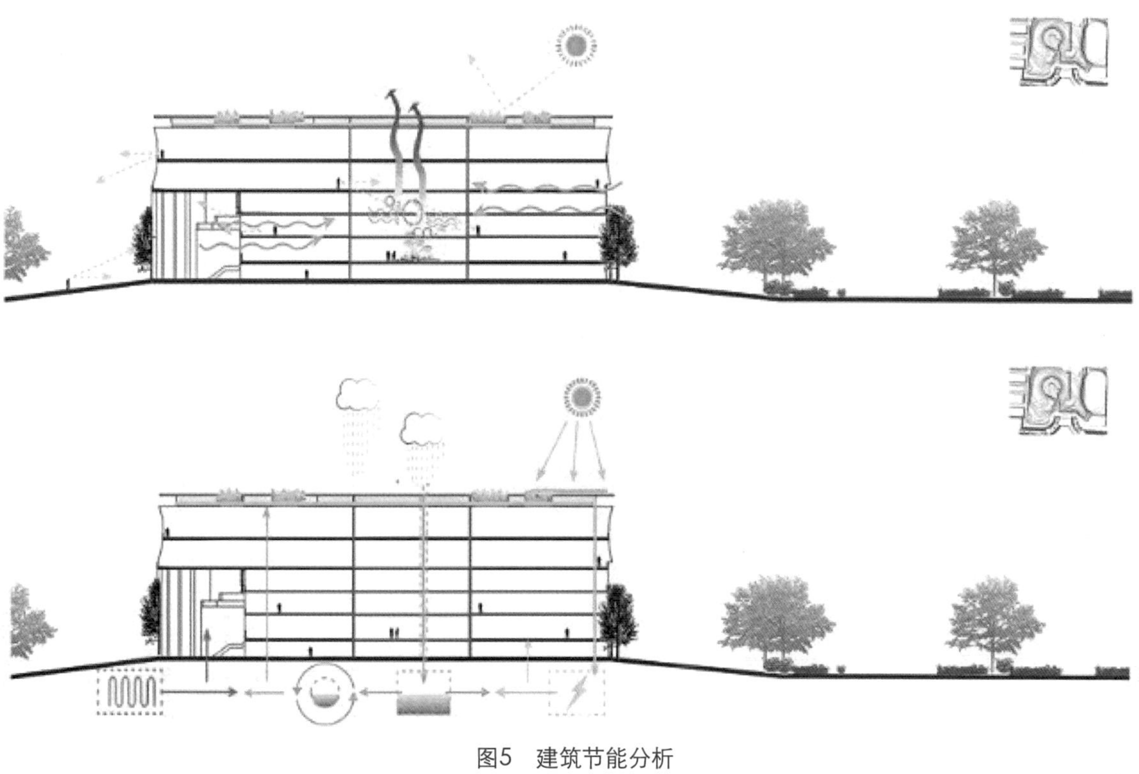

图5　建筑节能分析

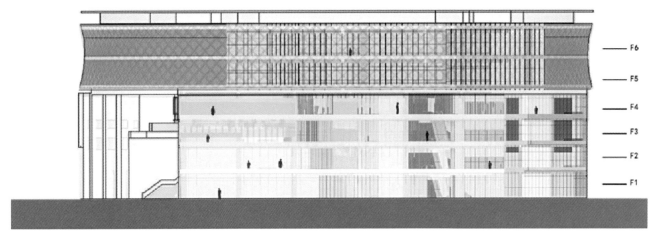

图6　图书馆剖面图

3．周边环境优化探索

在校园环境区位上，图书馆位于校园中心，从景观区位来看，图书馆拥有良好的景观朝向，北侧邻近教学楼，南侧是断崖景观和南门，西侧是运动场，东侧是学生宿舍楼。从校园功能区位来看，图书馆位置是学校的枢纽，通过图书馆可以很好地把其他校园功能区域连接起来，校园为园林式校园，图书馆位于山坡顶部，在周边环境上设计坡道，以最近的距离把校园不同功能区域连接起来，使师生在校园里出行更加便捷，图书馆设有两个主出入口，两个次出入口，使图书馆从四面都能通往校园各处。

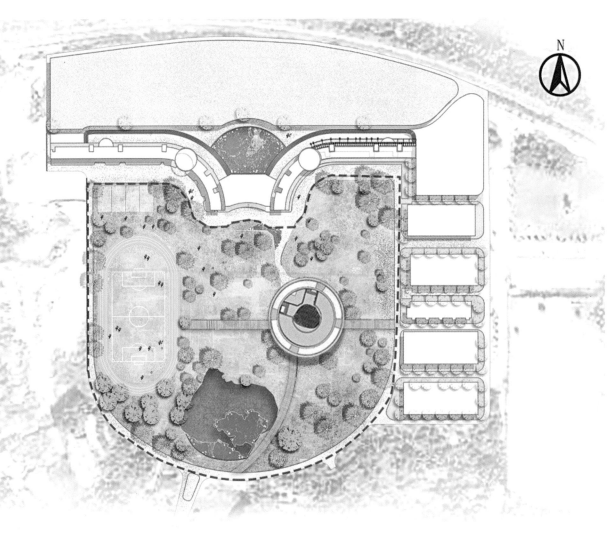

图7　总平面布局图

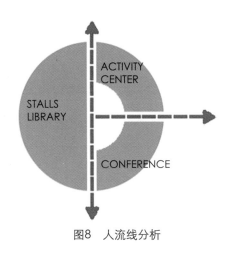

图8 人流线分析

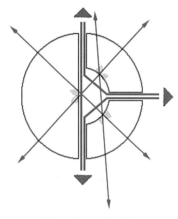

图9 入口流线分析

结语

经过以上对高校图书馆定义和特征的分析后，本文总结出图书馆空间优化的方式，依照上文对空间的理解，分别对功能、形态和环境三大部分做了优化研究：在功能优化方面，根据之前对馆内功能构成的分析，将功能划分为服务功能、藏书功能、学习功能、文化功能四大类，并具体对各个类型功能的优化方式做了理论研究；在空间形态方面，首先将图书馆的校园责任和空间秩序这些在宏观层面上决定形态的因素做了研究，然后对内部空间的具体营造方式也做了理论研究；在空间环境方面，分别对整体环境体验和环境细节布置做了优化研究。

本文最后通过假题设计的方式对学校图书馆空间做了优化探索，这也契合了本文研究的最初目的，满足对高校图书馆应有空间存在方式的探索。在优化设计上，依旧按照功能、形态和环境三大方面着手，先是对现有空间做了现状分析，进而对优化后的空间做了深入介绍，通过一前一后的对比，可以发现即使在同样的区位和结构形势下，利用本文理论结果可以得出更加适合的图书馆空间。

参考文献

[1] 周芸熠. 基于"第三空间"的图书馆范式转换[J]. 情报资料工作，2013（3）.

[2] 黄幼菲. 泛在知识环境下后数字图书馆的发展趋势及走向[J]. 图书馆工作与研究，2011（10）.

[3] 王文友. 关于普通高等学校图书馆建筑的思考[J]. 建筑学报，1997（8）.

[4] 沈国务，高稚. 高校图书馆的读者空间[J]. 建筑学报，1997（8）.

[5] 肖禹，陈清慧. 后数字图书馆时代的图书馆建筑. 2007中国科协年会论文集.

[6] 陈道亮. 基于使用状况评价的高校图书馆交往空间设计策略研究[D]. 合肥工业大学，2011.

[7] 董晓霞，龚向阳，张若林，严潮斌. 智慧图书馆的定义、设计以及实现[J]. 现代图书情报技术，2011（2）.

[8] 韩丽. 物联网环境下智慧图书馆的特点、发展现状及前景展望[J]. 现代情报，2012（5）.

[9] 王世伟. 未来图书馆的新模式——智慧图书馆[J]. 图书馆建设，2011（12）.

[10] 李丽宾. 物联网催生智慧图书馆[J]. 四川图书馆学报，2012（6）.

[11] 阮孟禹. "智慧"语境下的智慧图书馆刍议[J]. 中共福建省委党校学报，2011（12）.

[12] 王世伟. 论智慧图书馆的三大特点[J]. 中国图书馆学报，2012（4）.

[13] 王海燕. 以双码并存方式建设高校物联网智慧图书馆的策略分析[J]. 图书馆学研究，2012（9）.

高校图书馆公共功能活动空间设计研究

Research on the Design of Public Function Activity Space of University Library

广西艺术学院
徐帅
Guangxi University of Arts
Xu Shuai

姓　名：徐帅　硕士研究生二年级
导　师：江波　教授
学　校：广西艺术学院
专　业：西南民族传统建筑与
　　　　现代环境艺术设计
学　号：20181413421
备　注：1. 论文　2. 设计

高校图书馆公共功能活动空间设计研究
Research on the Design of Public Function Activity Space of University Library

摘要：图书馆建筑作为高校校园最为核心的组成部分，往往是校园建设的重点，随着多媒体、计算机、网络等新技术的发展，图书馆的功能和布局也发生了改变。传统封闭的以藏书阅览为主要功能的图书馆已经不能满足现代图书馆的需求，图书馆从单一的、封闭的功能空间转变为多样的、开放的复合型功能空间，现代图书馆是综合性多功能的信息服务中心，是为读者提供各方面的情报、咨询服务的机构和学习科研、交往、休闲的场所。现代图书馆的开放性要求使得开放空间成为图书馆的重要组成空间，为读者提供了读书、休息、交流、展示、思考的场所，增加了图书馆的开放度和趣味性。

关键词：高校图书馆；公共功能；空间

Abstract: As the core component of university campus, library buildings are often the focus of campus construction. With the development of new technologies such as multimedia, computers, and networks, the functions and layout of libraries have also changed. The traditional closed library with book reading as the main function can no longer meet the needs of modern libraries. The library has changed from a single, closed functional space to a diverse, open and composite functional space. The modern library is the comprehensive and multifunctional information service center, an institution that provides readers with various aspects of information, consulting services, and a place for studying, scientific research, communication, and leisure. The openness requirements of modern libraries make open space an important part of the library. The courtyard space provides readers with a place to read, rest, communicate, display, and think, which increases the openness and interest of the library.

Keywords: University library; Public function; Space

第1章 绪论

1.1 研究目的

高校图书馆公共活动空间是指在校园学习、生活中，学生和教师公共活动、交流信息、沟通感情的一种活动空间，是在图书馆中方便使用者使用的公共空间。它与校园活动、校园生活、校园文化息息相关。当前国内对于高校图书馆建筑的公共空间设计在外形上设计得非常丰富，如果只是一味地追寻它的外部建筑设计，而不去注重它内部的结构，忽略了内部空间的使用结构、使用率，忽略了人们使用时的心理感受，就会进而发展为没有感情的冰冷建筑。目前很多设计都只针对公共功能活动空间的具体形式，很少关注公共功能空间和校园文化内涵的融合，而这校园文化内涵恰恰正是高校图书馆建筑所具备的特性。通过对高校图书馆公共功能活动空间的研究，可以改善我们的学习、生活环境，使之适应当今人性化的校园环境氛围发展的要求。

本文通过相关资料文献、高校图书馆案例的研究分析，探讨现代高校图书馆的设计方法，总结适合我国高校图书馆的功能、空间布局模式、设计手法等，为相关高校图书馆的建设改造提供参考，同时结合对任务书的解读，对场地的分析，不断优化泉州信息工程学院图书馆方案设计，希望能够设计一个传承泉州信息工程学院文脉的、开放的、舒适宜人的、绿色的图书馆，进而结合实际的设计过程，对高校图书馆的设计研究进行总结深化。

1.2 研究背景

我国高等教育事业现在步入一个上升阶段。高校的建筑发展尤为显著，尤其是图书馆作为学校的标志，它的重要地位不言而喻。高校图书馆公共活动空间作为服务于图书馆、提供交流和休闲的空间对图书馆建筑空间使用的需求是至关重要的。

1.3 研究意义

随着国家的不断发展，高等学校的校园建设也在随着时代的脚步不断前进。高校校园对校园内的环境规划建设都有了不同程度的提高。虽然通过对学校校园环境进行了适当的提升和改建，但是，随之而来的问题是建筑施工速度的提高导致了建筑设计周期过短，内部空间结构不够完善明确，空间没有得到有效的利用，部分空间功能使用率不够高而造成资源浪费。图书馆在设计之时除了考虑最基本的功能之外，而忽略了一个极为重要的空间——公共功能活动空间。由于公共功能活动空间的缺失，使得图书馆的活力和使用率都有所下降，高校图书馆应该怎样适应新的环境下公共功能活动空间的需求，并能充分地提高其利用率，是高校图书馆当前需要解决的问题。面对高校图书馆设计多样化、管理开放化、建筑规模不断扩大的情况，应该合理地应用图书馆的公共空间，提高图书馆的使用率，使其成为获取知识、交流、休闲的综合性场所。

1.4 研究内容和范围

本次设计所研究的对象是泉州信息工程学院中的图书馆，具体的是研究学校图书馆中的公共功能活动空间，具体研究内容包括图书馆公共功能活动空间的位置、适合的空间尺度、空间的排列组合以及人群的范围，包括公共功能活动空间和其他功能之间的联系作用。

在图书馆中的公共功能活动空间可以分为两个类型：专用型和临时型。

专用型的公共活动空间指的是门厅、中庭、共享空间、研究室以及讨论室等场所。尽管这一类公共活动空间有着完整的空间形式和相对完备的服务设施，但由于它们的设计主要是以满足第一类公共活动形式为出发点，因此也有着不可避免的局限性。首先，它们在图书馆中的数量有限，且形式较单一，不能很好地适应与读者日常生活、学习更为息息相关的第二类交往的需求；其次，它们占用面积较大，一次性投入较高，而且有些还因为家具摆放、光线的原因，不能吸引人流，因此效率较低。

临时型的公共活动空间则是指结合楼梯休息平台、走廊、电梯间等其他功能空间创造出的用于使用者进行公共功能活动的空间。它属于随意的、自发的公共活动，在图书馆建筑设计中应具体问题具体分析，为可能发生的公共功能活动行为设计最优的空间环境，尽管可能它没有专用型公共活动空间的设施完善，却有着与专用型公共功能活动空间不可替代的优点。首先，它不是单独占用一部分空间，而是将空间重新整合，增加功能，从而节省了建筑面积，减少了投资；其次，它的位置就选取在读者日常公共功能活动发生的地方，而不是限于一角，只要设计合理就不存在空间利用不高的问题。

1.5 研究方法

1. 文献研究方法

在文章论述的过程中，为了使论证更深入，力图获得与研究、园林、建筑、植物、文化和图书馆密切相关的文献，相关书籍将为本文提供丰富的理论基础。

2. 案例研究

在研究过程中，不仅有大量的文献，而且尽可能广泛地实地调查，将尽可能多地审查和研究本文中所涉及的许多图书馆实例。通过实地考察，了解这些作品在设计图书馆方面的成功经验。

3. 案例分析比较法

通过收集、阅读、分析和比较国内外类似或相似的案例，分析其各自的优缺点和特点，总结出图书馆设计的一般思路和方法。

4. 论证分析

作为一种感性和合理性，结合抽象和比喻专业，对校园文化现象的研究需要上升到理性思维的高度。在文献综述和案例分析的基础上，从校园设计的角度分析了功能。图书馆对校园文化有着强烈的影响。

5. 实践与思考

本文旨在探讨大量的阅读与图书馆空间设计相关的材料，从中获取图书馆空间设计的现状和理念的基础知识，针对图书馆公共功能活动空间研究进行深入调查，并针对人性化设计进行相关资料分析。

第2章　相关概念和理论基础

2.1 人性化设计

人性化设计是指在设计过程当中，根据人的行为习惯、人体的生理结构、人的心理情况、人的思维方式等，在原有设计基本功能和性能的基础上，对建筑和展品进行优化，使体验者参观、使用起来非常方便、舒适。这是设计对人的心理生理需求和精神追求的尊重和满足，是设计中的人文关怀，是对人性的尊重。

2.2　图书馆的产生与发展

图书馆是记录人类历史文明和发展的履带，高校图书馆则是反映一所大学的文化内涵的核心，因此图书馆需要体现该学校的人文内涵和文化底蕴。

2.2.1　国外图书馆的产生与发展

图书馆作为人类文明的标志，是随着人类社会的发展而产生的。在文明起源最早的四大文明古国中，就出现了图书馆。早在公元前1250年，埃及的拉美西斯二世就曾在迪比斯城建造过图书馆。古罗马时期的图书馆是人类历史上最早的对市民开放的图书馆。文艺复兴时期建造了各种类型的图书馆，高校图书馆就在此时诞生，此时的图书馆由于藏书量不大，采用了藏阅一体的布局形式，14世纪建造的英国牛津大学麦尔通（Merton）图书馆就是这一时期的代表作。这时期的图书馆都还是古代图书馆。

19世纪，滚筒印刷术的普及，藏书量大幅增加，藏阅一体的布局已经不能满足要求，于是产生了"藏阅分离"的图书馆，"借、藏、阅"三部分功能分区的形成，意味着西方近现代图书馆的诞生。

目前，国内外对于图书馆的研究发展主要是针对数字化对图书馆影响和图书馆的人性化两个方面的研究。复合型功能研究的主题是图书馆的人性化设计，在图书馆就需要交流，交流就需要空间，图书馆的公共功能活动空间研究也将成为重要的一部分。

2.2.2　国内图书馆的产生与发展

古代图书馆、近代图书馆和现代图书馆是我国图书馆的一个发展趋势。

在封建社会时期设立的最高学府是国子监，是国家最为重要的教育和管理政府部门。与官府相对应，古代最重要的教育机构是书院，书院具有现代高校所具有的讲学、著书、藏书等功能。书院有着悠久的历史，产生于唐朝，图书馆成为藏书楼，主要是专为统治者服务，在宋朝得到很好的发展，在清朝末年完成了它的历史使命。在宋朝，由于书院的发展，诞生了大批的著名书院，例如应天府白鹿洞书院、嵩阳书院等。

我国历史上的近代图书馆是出现在鸦片战争之后，是从传统图书馆走向现代图书馆的发展阶段。这可以说是一个革命性的变化，自20世纪20年代到50年代是我国近代图书馆开始形成并走向成熟和发展的时期。从那时起，真正开始按欧美近代图书馆设计模式进行设计和建造，成为我国第一批近代图书馆之代表，在这历史演变的过程中具有里程碑意义的代表性图书馆有清华堂图书馆、东南大学孟芳图书馆、北京图书馆。上述里程碑式的图书馆的建设标志着近代图书馆在我国的诞生和发展，并走向成熟。它们的特点就是突破了我国古老的藏书楼的建筑模式，将藏书、阅览和借书、办公等明确分区，实行藏阅并重和藏阅分开的近代图书馆的闭架管理模式。但是这一时期的图书馆建筑中鲜有公共功能活动空间的存在。

在新中国成立初期至20世纪末，这一时期的高等教育基本属于知识传授型，当时的大学校园是讲授知识的场所，这时的高校图书馆也随高等教育事业的发展而发展，这时期图书馆的发展历程应理解为图书馆的职能正在从文献、资料的存储单一功能向文献、咨料存储、学习和查阅转变，从闭架图书馆发展成开架图书馆的过程。改革开放之后，国家经济飞速发展，市场对高水平、高素质人群的需求增加，90年代末期迎来了高校学生的扩招，这时的大学生已经不能满足于单纯的传授式知识获取，因此图书馆在高校校园的地位越来越高，而且越来越多的人意识到知识的获取方式不单是教师的传授和图书的阅读，人与人之间的交流已成为知识的一个重要手段之一，在这时才产生了高校图书馆公共活动空间，图书馆公共活动空间也从单独提供的封闭式的空间向半开放、开放的空间转变，相信在未来图书馆有可能发展成为一个"综合体"，公共活动空间将覆盖和融入其他的功能空间，"借—阅—藏"的布局形式或许将不存在。

2.3　本章小结

国外图书馆建筑已经历经了3000多年的历史，图书馆的发展趋势也是日益开放化和人性化，对于图书馆的研究也日趋深入，国外高校图书馆有的已经对社会开放。国外的图书馆有着先进的设计理念和管理模式，有很多值得学习和借鉴的理论和设计。国外图书馆建筑设计首先注重的是图书馆的功能和使用者的舒适度，在满足这两个条件的前提下再对图书馆进行优化设计，图书馆的使用才会非常方便。国外发达国家的高校图书馆作为校园建筑的核心，对于图书馆建筑的投资非常大，充足的资金支持使得图书馆建筑对于建筑环境和空间舒适度得到充分提升。

第3章 高校图书馆公共功能活动空间现状分析

3.1 图书馆公共功能空间设计的理论和实践研究

在目前图书馆设计的相关理论研究中并没有单独针对公共功能活动空间的研究，不过现在越来越多的研究的趋势在往这方面发展。公共功能活动空间正成为图书馆建筑中必不可少的空间因素。获取知识和人与人的交流活动都是现代图书馆应该具备的条件。

我国高校图书馆的设计实践非常之多，但图书环境相对滞后，图书馆中的公共功能活动空间较少，有的在设计之初就没有考虑公共活动空间，在有了需求之后改造增设的效果不佳。近几年新建的高校图书虽然加入了公共功能活动空间，但公共活动空间大多被设计师设计成大空间，有的纯粹为了造型的要求而设计，空间的利用率不能达到预期值。

3.2 高校图书馆公共功能活动空间

（1）从使用者对图书馆的使用状况分，是指有两个或两个以上图书馆使用者共同参与活动的空间，这里的空间是指所有图书馆使用者在进入图书馆大门之后，除了卫生间和交通空间以外对所有人开放，可以不受任何限制便能进入的空间。

（2）从建筑功能上分，是指除了阅览空间、藏书空间、办公空间、交通空间等最基本的功能空间以外的供读者使用或为读者提供方便的空间。公共活动空间具有功能不定性，具体如共享大厅、展厅、音乐茶室、咖啡厅、室外庭院、图书超市、大学生活动中心。

公共功能活动空间是提升图书馆建筑品位的必不可少的空间。本文中所涉及的图书馆公共活动空间主要是只为读者提供的交流、交谈的空间，这种空间并不一定是专属空间，可以是利用走廊、楼梯间休息平台等扩大形成的用于人们驻足交谈、交流的空间。

公共功能活动空间又可分为两部分：服务型空间和交流型空间，两种类型的公共活动空间的设计都应该遵循以人为本的原则，最大限度地满足读者的需求和为读者提供最大的方便，但是这两种类型的空间又有各自的呈现形式。

服务型空间是为方便学生使用图书馆而设计的，方便从阅览空间、交流空间等到达。例如图书馆中小卖部的设置方便读者的购买文具等，能很好地提高图书馆的使用效率。此种空间在现有的图书馆设计中已经很成熟，存在的问题不大，故本文将不作为重点研究对象。

3.3 人体工程学原理

人体工程学（Human Engineering），也称人类工程学、人体工学、人间工学或工效学（Ergonomics），是探讨人们劳动、工作效果、效能的规律性的学科。人体工程学是由6门分支学科组成，即：人体测量学、生物力学、劳动生理学、环境生理学、工程心理学、时间与工作研究。

人体工程学在室内空间环境的应用可以理解为：以人为中心，通过人体计测、人的生理和心理计测等方法和手段，研究人体的生理结构、心理需求等方面对空间环境之间的相互影响关系，以使得该空间符合人的生理和心理活动的需求，获取空间利用的最佳效能，其目的是使人们在室内空间中更加健康和舒适，使得空间利用更加安全和高效能。

人体基础数据有人体构造、人体尺度和人体的动作区域等相关数据，这些数据尤为重要。因为它是确定人和人际在室内活动所需空间的主要依据；确定家具、设施的形体、尺度及其使用范围的主要依据；提供适应人体的室内物理环境的最佳参数；对视要素的计测。运用以上的数据对高校图书馆公共活动空间的存在形式、空间大小需求和公共活动空间的家具尺寸和摆放方式等需求进行深入地分析研究。

3.4 环境心理学

环境心理学是将心理学和社会学的知识运用到建筑设计中，它主要是对人与环境进行研究，研究人对建筑环境的需求，以及建筑环境对人的反作用，是围绕人的活动和建筑环境之间的相互影响进行研究的一门学科。环境的变化反过来作用于人，环境和生活在其中的人之间处在一个互动的过程中，人们为了营造更舒适的环境，需要利用环境心理学的理论来作为依据进行环境设计。

第4章 泉州信息工程学院图书馆建筑设计

4.1 课题任务书

（1）构建具备当代人文内涵的智慧校园；

（2）打造校园丰富的学习环境；

（3）感知校园时代精神。

4.2 研究指导思想

（1）主题特色：在现有园林建筑特色基础上，体现出特色化、生态化、艺术化、科技智慧化。

（2）品质追求：讲究品质化、卓越化、经典化。

（3）设计理念：艺术化的科学性场所景观。

4.3 项目区域环境

泉州信息工程学院地处国家首批历史文化名城、东亚文化之都、海上丝绸之路起点——泉州，与中国闽台缘博物馆、泉州博物馆、西湖公园相隔咫尺。学校旨在建设园林式校园，四季飘香。古树名木随处可见，校园绿化率达70%以上，是"泉州市最美单位庭院绿化"。

4.4 设计基础性技术指标要求

课题选择现有已使用的图书馆建筑，对其进行改造设计。已有建筑基本上是一般性图书馆功能，为满足智慧城市、智慧校园融媒体时代扩建图书馆，拓宽功能适应教学发展，拟扩建的标准设定为达到应用型本科大学的常态使用为目的。

4.5 泉州信息工程学院图书馆现状

总建筑占地面积：3291.5m²

总建筑面积：9101.32m²

建筑总高度：16.95m

建筑层数：地上4层

结构体系：钢筋混凝土框架结构

校园绿地率：65%

图书馆内设计公共功能活动空间的区域非常少，在读者使用部分中没有公共功能活动空间的存在。功能比较单一，忽略了公共功能活动空间在图书馆的重要使用地位，图书馆室内布局景观单一、无生气。图书馆功能单一，公共功能活动空间缺少层次，缺乏集体趣味性。这一层次的划分组合，使得使用者很少在公共功能活动空间做长时间的停留，在空间的层次上需要营造多样性空间，只有形成丰富的多层次空间才能满足图书馆使用者复杂多样的需求。图书馆的舒适性也是非常重要的，公共功能活动空间的具体尺度、长短的距离对于人的心理也会产生不一样的影响，所以在公共功能活动空间的舒适度上需要满足人的心理需求。

4.6 设计内容分析

图书馆作为师生工作和课余生活学习的重要场所，在传统的藏书功能之外，必须要增加数字信息功能阅读，增加大量的研究空间，增设服务一体化智慧校园包含餐饮、会议、活动等不同功能的服务型空间，从而增加其利用率与活跃度，而如何协调各空间类型便是重点与难点所在。在保证原有钢混框架结构不变的前提下，对新建筑构造体的结合成为重点。出入口空间、交通流线与内部空间、外围护结构、屋顶平台等都需要进行再设计。

4.7 现存问题

（1）建筑周围的景观未成系统，景观配套系统和建筑不呼应；

（2）现有的景观一定程度上破坏了原有的环境系统，缺乏一定的参与度；

（3）图书馆位于核心位置，具有标志性；

（4）周围环境较为简单，可改造、可操作性强；

（5）现有建筑设计感强，比较符合地方特色；

（6）建筑依山傍水，具有一定的独特性；

（7）建筑与周围环境不够融合；

（8）建筑配套设施功能不齐全。

4.8 使用功能分析

图书馆作为校园中的最高活力点是校内一切活动的发生器和中转站，图书馆将一部分空间作为公共空间，成为人流量突变时的缓冲地带，实现分时共享。同时，作为走班制学校中的重要的中转节点，学生也将在这个空间中，获得属于自己的私人空间，图书馆周围的活动资源，可以随时成为学生的自主资源，培养学生对学习的探索和对生活的热情。

4.9 构思过程

图书馆是知识的海洋、智慧的圣地、学子的智者、学校的标准、扬帆的港湾，是大学里面比较重要的建筑空间。在建筑需求上力求创造出立体开放、多重构成的创新型图书馆核心空间形态。在造型的构思上借鉴仿生学的形态构成，进行重组再构成的一个组合。

自然界中有许许多多的东西都是呈螺旋形存在的，优美、舒适、充满力量、无限延伸的螺旋形，藏着不简单的大秘密。发现螺旋的美妙与神奇，感受蕴于自然之中的无穷美感与力量。螺旋结构似乎是大自然十分偏爱的形态结构。实际上，在自然界存在着大量美丽、神奇的天然螺旋结构。就连我们赖以生存的银河系也是一个巨大的螺旋形，这些都是来自大自然的精妙设计。伟大的建筑设计师高迪曾经说过"直线属于人类，而曲线归于上帝"。螺旋的形态在生活中并不少见，小到弹簧、贝壳，大到旋转楼梯，其渐变的秩序激发着建筑师的创作灵感。相较于正交的直来直去，螺旋建筑中视角被迫不断变化，似乎更能让人感知周围被界定出的空间。

随着时代的发展，现代的科学技术逐渐地渗入图书馆的发展，时代在进步，就像阶梯式上升一般，一步一步走向更高的世纪，所以在造型上引用阶梯式上升的形式，隐喻技术的发展。在不断上升的阶梯中采用螺旋上升的视角，隐喻未来的不断进步，不断上升，大面积的玻璃幕墙所产生的通透感进一步加强了图书馆的公众亲和力。

4.10 功能布局

入口与门厅组成的入口处是图书馆的一个交通核心，人流进入图书馆后便捷地达到所使用的空间，富有造型感的楼梯也会丰富入口的空间层次，休息交往是入口区重要的功能之一，配合舒适的座椅再结合绿植，营造轻松愉悦的环境氛围。入口区的复合功能为高校图书馆使用者提供了多种便利，同时在垂直方向上扩大了空间纵深感，延伸其空间影响范围。

传统学习布局优点是学习空间安静，有利于个人静心学习。缺点是学习模式单一，不符合新时代学生学习模式；而混合型学习布局是不同的功能之间无明确的边界，空间上更加自由化，不同功能之间相互交叉融合，空间多以功能区的概念而不是功能房间的概念划分。

4.11 校园景观现状概述

总绿化率：校园依山而建，因地制宜，属山体景观，可登至山顶俯瞰校园景观。校园植被覆盖率较高，绿化率达65%以上。且植物茂盛、种类多，生长状况好。教学楼和实训楼背后有大块闲置草坪，植被日常维护、修剪与管理情况极佳。

道路交通：整体校园交通道路脉络清晰，校园主干道围合成一个环形交通，各功能建筑沿环形交通主干道分布；学生宿舍区位于校园东侧，交通道路为主干道分支出来的三条次干道，平行分布汇成一主干道可通往校园东北正大门，与博东路相接；正大门入口交通道路实行人车分离，进入校园左侧为人行道，右侧车辆行驶。校园西南边设有校园后门，通往博后路（该后门景观视觉效果较差）。

景观照明：照明情况较差，因为属于山体景观，道路转弯拐点比较多，路灯设置的数量还不够，夜晚有很多盲点，易造成安全隐患。

公共设施：校园主干道垃圾桶、公共座椅和遮阳设施数量较少，且缺乏地方特色。

4.12 图书馆功能介绍

一层区域主要功能为大学生活动中心、美术活动、摄影活动、课外拓展、多功能厅。

二层区域主要功能为大学生活动中心、社会活动、学生服务。

三层区域主要功能为阅览区、普通阅览、数字阅览、藏书区、阅览休息室、信息检索中心。

四层区域主要功能为公共活动区、休闲娱乐、学习阅览、上网、信息查询、小组学习、交流中心。

五层区域为庭院花园，庭院花园位于建筑中间位置直接与室外自然环境相连接，通过图书馆的空间设计，可以形成室内室外混合型空间，营造充满自然阳光和新鲜空气的环境，使读者们好像置身于公园之中，为学生营造良好的体验。

六层区域主要功能为技术服务区、云办公区、书库、设备。

七层区域主要功能为观展区，展览空间可以利用完整的大空间，也可以利用曲线建筑走线，布置不同类型的空间布局，可以沿墙布置，组成小型展厅，也可以通过连续的展板，组成大型的展区布置，灵活性比较强。

顶层区域为屋顶室外庭院，室外庭院是位于建筑外的，直接与自然相连接的建筑空间，通过建筑的室外空间，直接与自然形成连接，氛围更好，更亲近自然。

第5章　公共功能活动空间设计研究

5.1　公共功能活动空间与竖向交通相结合

竖向交通是最常见的公共活动空间存在形式之一，是连接各层功能空间的必要的手段，竖向交通分为两大部分：楼梯和电梯，竖向交通空间是非单层建筑所必要存在的空间，在图书馆建筑中则成为图书馆使用者的必经区域，公共活动空间结合楼梯间和电梯间这两种必要的图书馆建筑空间设计，可以很好地提升图书馆的学习交流氛围，形成立体的公共活动空间。这种结合竖向交通设计的公共活动空间多结合楼梯的休息平台和电梯间的电梯等候区。

5.2　公共功能活动空间与绿化景观结合

绿色植物对于改善空间的微气候作用是极其显著的，建筑通常都结合绿化景观设计，图书馆也不例外，公共活动空间作为图书馆使用者闲暇的休息交谈空间主要是在忙碌的学习生活中获得片刻休闲，公共活动空间应具有开放性、通透性，结合绿化景观可以给使用者带来较好的心理感受，使得心情愉悦，更好地提高学习效率。

5.3　公共功能活动空间在图书馆中的作用

通过对公共功能活动空间的设计策略来引导高校图书馆建筑设计的理念更新，创造出更舒适、更人性化的高校图书馆。

5.4　公共功能活动空间与水平交通相结合

水平交通空间是联系同一平面的各功能空间的必要的联系工具，水平交通在建筑中具有举足轻重的地位，正从单一的交通空间向复合型交通空间转变。例如在办公建筑中经常出现的是在扩大的走廊一侧放置沙发座椅，用于会客或等待，既充分地利用了空间，同时也实现了会客不影响办公，可有效提高办公效率。

5.5　进一步的研究方向

在高校图书馆建筑设计的不断深入中，图书馆建筑的空间设计不仅仅受公共活动空间的影响，其他的影响因素还包括图书馆阅览空间、办公空间、书库空间等，以及这些空间之间的相互影响，这些均可以作为进一步研究的课题方向。

智慧校园下校园景观改造设计研究

Research on Campus Landscape Reconstruction Design under Smart Campus

智慧校园下校园景观改造设计

Campus Landscape Reconstruction Design Under Smart Campus

齐齐哈尔大学
穆展羽
Qiqihar University
Mu ZhanYu

姓　　名：穆展羽 硕士研究生三年级
导　　师：焦健 教授
学　　校：齐齐哈尔大学
　　　　　美术与艺术设计学院
专　　业：环境艺术设计
学　　号：2018918261
备　　注：1. 论文　2. 设计

智慧校园下校园景观改造设计研究
Research on Campus Landscape Reconstruction Design under Smart Campus

摘要：此次4×4中外实验教学课题的题目是以5G信息技术背景下对泉州信息工程学院的图书馆建筑及校园周边景观进行改造更新设计。为了充分发挥校园景观空间环境特点，构建校园数字化环境，基于此，本文主要就智慧校园下校园景观改造设计进行阐述，积极推进智慧园区、智慧教育、智慧新媒体等功能，构建数字化环境，打造智慧校园景观，以此对智慧校园下校园景观改造设计提供借鉴。

关键词：5G时代；智慧校园；校园景观；改造设计

Abstract: The topic of this 4&4 Workshop Experiment Project is to renovate and design the library building and the surrounding landscape of Quanzhou University of Information Engineering under the background of 5G information technology. In order to give full play to the characteristics of campus landscape space environment, build digital campus environment, and based on this, this article mainly elaborates the wisdom campus of campus landscape design, actively promote wisdom park, wisdom education, new wisdom media, and other functions, to build the digital environment, build wisdom campus landscape, to provide reference for the reconstruction design of the wisdom of campus landscape.

Keywords: 5G era; Smart campus; Campus landscape; Reconstruction design

5G时代下，校园景观改造设计围绕新型网络构架、编译码、高效传输、射频芯片、微波器件，进一步实现对5G关键共性技术的攻关。基于一带一路4×4实验教学课题应用型高校景观规划研究课题的开展，为培养应用型大学生提供实践锻炼平台和机会，激发了大学生的创新、创造、实践能力。

第1章　绪论

1.1　校园景观改造设计背景

2020年是不平凡的一年，面对新的国际形势和信息化下5G应用时代的来临，以及此次全球疫情的出现，给各行各业发展敲响了警钟。将人工智能技术应用于各行业的发展建设上已经迫在眉睫。对于智慧校园建设，将建筑智能化理念融入学习和生活中，驱动教学研究向更加科学和高质量的方向迈进，并基于安全校园的理念完成校园景观改造设计研究目标。

2020"4×4"一带一路中外实验教学课题是站在智慧时代和智能校园的高度，以高校校园建设为研究基地，开展当代大学智慧校园设计和研究课题活动。以大数据、物联网、人工智能和区块链等为标志的信息新技术背景下，为高校智慧校园建设带来了前瞻性的建设蓝图。

1.2　国内外研究现状

1.2.1　国外研究现状

西方发达国家基本上实现了智慧校园建设，相关的硬件、软件设施配备完善，创造了交际性的校园学习环境，推动了西方发达国家教育发展。构建的智慧校园社交平台，运用了SNS、Facebook等设计媒体手段，实现了跨平台社交网站建设，拓展了校园社交网络。运用云计算技术，构建云平台，提供了便利的学习空间；借助互联网构建可监控校园，保障校园的安全，不断提高智慧校园建设水平。

1.2.2　国内研究现状

国内对于智慧校园的建设，近些年国家出台了一些相关规范标准，部分省市对于智慧校园的改造建设也出台相应的建设指南。其中广东省江门市对全市68所中小学作为智慧校园建设区域性样本，打造"绿色"智能技术智慧型校园，为智慧校园建设得更"智慧"提供参考。

第2章　智慧校园下的校园景观改造设计分析

2.1　基于5G智慧校园专网建设

智慧校园建设以"统筹、统建、统维"思想为指导，积极构建云网络、云安全等校园云服务平台，实现资源存储和分配。以5G为代表的前沿技术，拥有较大技术潜能，变革了传统数字校园各类应用场景，实现5G网络全覆盖，通过将物联网、人工智能技术、边缘计算等前沿技术应用在校园专网建设中，驱动智慧校园变革发展，一定程度上冲击了传统教育教学场景，促使教学场景更加智能化，实现人才培养个性化、教学评价多元化目标。在5G技术支持下，构建了高宽带场景、大连接场景、低延时场景的应用场景；在高宽带场景建设中，提供高清远程教学、VR教学，实现了对校园安全行为的分析，课堂交互性较强。5G技术支持下，借助智能化的终端设备实现数据信息的采集，经过分析处理后，提供了智能化的教学服务，保证高清视频信息传输的稳定性，推动远程教学的开展；在边缘计算支持下，实现网络低延时，支持多地教室同步授课，提供了更加多元化的教学方式，呈现了虚拟实验课、游戏化学习等教学形式，带给学生沉浸式的学习体验，增强学生视觉传达效果。在实际进行校园景观规划设计中，可利用分布式的高清摄像头加强对敏感人群的检测，提供全天候安全保障服务，确保打造健康、安全的智慧校园环境。针对5G网络构建的大连接场景，为校园终端设备提供全场景、全方位的监控和管理，包括设计火灾自动预警、无接触智能门禁、管网自动检测等场景；低延时场景，实现了远程共享，包括远程控制、智能设备远程控制等。5G技术与物联网的结合，为校园实验教学带来全新的契机，大大提高了校园移动信息化程度，促进优质的教育资源共享，彰显了5G新一代网络技术给教育信息化带来的革命。高校在网络建设上，建成双核心万兆骨干校园核心网，接入宽带达到2Gbps以上，出口宽带达到了千兆以上，实现校园网络全覆盖，建立网审计、入网身份认证管理系统，为智慧校园师生提供了网络空间环境。

2.2　智慧场景设计

2.2.1　设计门禁考勤

加强对学生迟到早退现象的记录，并在出现异常情况时及时反馈，访客来访时，通过手机端权限二维码记录访客的出入记录。门禁考勤可实时拍摄考勤动态，加强对人脸的识别，教师和家长通过PC端、客户端了解学生当前的考勤状态。

2.2.2　校园消费

针对校园消费环节，结合新技术营造了校园支付场景，为智慧校园建设提供真实的场景，保证学生生活的便捷程度，在食堂场景中，学生利用智能手环，实现餐费支付，支持家长通过微信、支付宝等APP进行充值，便于家长掌握学生在学校的用餐情况。在午休选位场景中，学生可通过PC端选择并支付费用，凭借智能手环签到和付费。

2.2.3　平安校园

在学校主干道、教学楼出入口、楼道等位置布设监控点，提供检测报警、集中监控、存储服务，切实构建智慧安全校园，加强师生安全保障。

第3章　智慧环境设计

3.1　智慧环境设计

智慧校园建设下，实现了基于统一校园卡管理的校内消费结算、门禁考勤管理、图书管理、校园安全监控等；结合一卡通和视频监控，融合校内水控、电控、监控等遥控手段，逐步完善校园各个信息管理系统。在现代化信息技术支持下，搭建了业务应用系统，实现对信息的采集，加强对用户身份的认证和管理，实现数据共享，在智慧校园整体环境设计中，提供了智能教学硬件、智能手环、一卡通、门禁、电子图书馆等，对虚拟校园卡进行实名认证，利用人工智能技术、云技术，构建以内容为连接、以平板为媒介的云平台，为教育教学提供生态化服务，以课堂教学为中心，还原课堂真实场景，增强学生的体验。同时，智慧校园开展了"一卡通"业务，扩充了电子交易业务，实现消费、水控、电控等一体化业务。构建了图书借阅子系统，并通读卡器、扫码枪实现对图书的借阅，学生可使用一卡通扫描图书，在还书时系统将自动判断归还的图书是否与借阅的图书一致，并将相关信息记录在数据库中，智慧图书馆为学生借阅图书提供便利。

推出停车管理子系统，设计车辆检测器、智能道闸和停车系统等校园停车管理软件，实现对车牌的识别，加强对校园临时车辆和收费车辆的管理。另外，加强对智慧教室的规划和设计，配备相应的教学仪器，提供特色教育装备，在教师设立吊麦，为实验教学提供便捷，创新智慧校园人才培养路径和手段。创建网络教学平台，加强智慧教学资源的整合，创造主动式、交互式的智慧学习环境；加强智慧管理，搭建协同管理信息体系，保证校园信息流畅通，充分尊重学生的个性化发展。

同时，构建综合的教学管理智慧环境，优化教育教学资源配置。在信息管理与服务系统方面，建设了完善的信息管理平台，实现办公自动化目标、实现教务管理信息化，健全了教学质量监控体系，构建多元化人才培养评价体系。加快实现网络教学资源、网络课程资源建设，建设共享性专业教学资源管理平台，搭建中心播控室、数字图书馆、数字化仿真实验室，建设精品课程上网工程，并在实际教学应用中，产生良好的教学成效。大大提高了高校教职工人员的信息化素养，并积极应用在教育教学中，切实提高校园信息化管理水平，加强信息技术与教育的融合，加快推动了数字资源建设。加快实验实习、项目实训基地建设，开发数字化实训软件，实现教育资源信息共享，构建了GIS平台、统一的通信平台和校园移动平台，加强对物联网的应用，提高校园信息感知化能力，打造成为具有特色的智慧校园。

3.2 校园景观文化的传承与发展

智慧校园环境建设下，以期构建便捷、高效、健康的智慧环境，在保证校园网络安全程度的基础上，建立共享数据中心、统一门户平台，营造科学合理的智慧环境。确保实现一站式智慧校园建设，将管理、教学、生活集成在同一战线上，提高智慧校园服务水平。为强化5G信息技术下对校园景观文化的传承与发展，在设计上基于校园人流量大角度考虑，建立一个景观装置，保证通行顺畅，在绿植配置上，加强对种植位置和花草树木品种的控制，注重色彩上的搭配，加强与校园整体环境之间的联系。同时，在新技术支持下，采用光影设计，利用光影虚实搭配效果，提升区域的观赏性和功能性，采用半封闭半开放式的木栅栏，构成光影效果，打造绿色、生态、健康的校园环境。

在区域顶部设计上，利用校园内绿植的光合作用，对绿植漫射光影进行设计；同时，在教学区进行光影智慧化设计，在地面布置LED灯带，以红蓝色调为主，倡导健康、绿色以及回归自然的理念；在观赏平台设计上，利用自然式的光源进行设计。在住宿区，加强对光影伸展性、弯曲性和堆叠性设计，以期起到缓解学生心理情绪的作用；在休闲区设计围合的光带，对功能区进行明确的区分，同时，通过光影设计辉映了环境色与本体色，大大提升了光影效果，提高休闲区的观赏性，营造轻松惬意的休闲氛围，描绘出校园中美丽的画卷。在校园空间分布上，加强对校园空间单一性设计，提升空间利用率，避免造成空间浪费，以期通过设计增强交互体验，加强景观小品和景观空间设计。

结语

5G新技术必将有力推动高校智慧校园和学科建设与改革，在校园景观规划和设计中融合智慧校园理念，助推校园向网络化、数字化、个性化智慧教育方向发展，实现新技术与产学研的深度融合，为激发高校学生创新精神，营造良好的校园环境，进一步提高学校教育信息化水平，更好为学校环境及师生的学习生活提供便利，有效赋予其校园文化精神和色彩，为校园景观注入人文活力和文化归属感，同时加强校园化与景观设计的实践和反思，坚持"以人为本"的设计理念，使校园景观保持持久的传承与发展。

参考文献

[1] 徐欢，王子豪，邵苗苗. 基于海绵城市理念的大学校园绿地景观改造设计[J]. 建设科技，2020（07）：64-67+81.

[2] 包蕾. 突破瓶颈 让智慧校园更"智慧"[J]. 教育与装备研究，2020，36（11）：10-14+9.

[3] 李佩，郭灏. 可持续发展的校园生态景观研究——以静心湖设计改造为例[J]. 大众文艺，2020（04）：91-92.

[4] 杨凯波，卢燕. "生态共融与人文相生"理念下的当代大学校园环境改造实践研究——以扬州市职业大学图书馆周边环境改造为例[J]. 园林，2020（02）：76-82.

[5] 焦健，穆展羽．地域性文化在新旧城区街区景观的应用研究[J]．绿色环保建材，2020（09）：193-194.

[6] 张春生．基于智慧校园的高职院校就创业大数据信息化建设路径研究[J]．河北软件职业技术学院学报，2020，22（04）：26-29.

[7] 杨宏伟，滕建，刘淑梅．智慧校园背景下高校信息化建设的研究与实践[A]．中国计算机用户协会网络应用分会．中国计算机用户协会网络应用分会2020年第二十四届网络新技术与应用年会论文集[C]．中国计算机用户协会网络应用分会：北京联合大学北京市信息服务工程重点实验室，2020：4.

[8] 丁胜和．AI智慧校园一体化工程设计方案——大数据+人脸识别[J]．电子制作，2020（24）：85-87+67.

[9] 杨小庆，周建．智慧校园背景下高校公共空间景观特质设计研究[J]．广西民族师范学院学报，2020，37（03）：88-90.

[10] 邹小飞．基于智慧场所特质上的校园景观设计研究——以武汉大学为例[J]．艺术教育，2018（06）：114-115.

[11] 魏芳．智慧校园系统在高校学生体质心理管理中的应用[D]．山东建筑大学，2020.

[12] 陈博文．基于智慧校园的行人轨迹分析系统的设计与实现[D]．安徽大学，2020.

智慧校园下校园景观改造设计
Campus Landscape Reconstruction Design under Smart Campus

基本概况

　　福建省（简称闽）位于中国东南沿海，东经115°50′~120°40′，北纬23°33′~28°20′之间，地形以山地、丘陵为主，地势总趋势是西北高，东南低。

　　泉州地处福建省东南部，山地、丘陵占土地总面积的80%，依山面海（台湾海峡），西南临晋江，戴云山脉从东北部向西南延伸。泉州属亚热带海洋性季风气候，温暖湿润，四季如春，地跨中南两个亚热带。亚热带季风气候夏热冬温，四季分明，雨热同期，季风发达。最热月平均气温一般高于22℃，最冷月气温在0~15℃之间。湿季分明，平均降雨量1400~2000mm，水资源充沛。

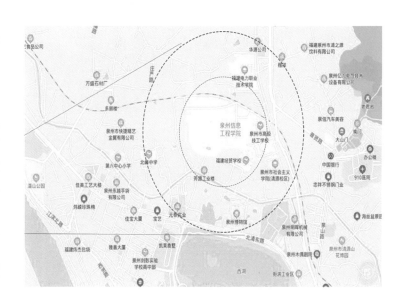

　　学校地处国家首批历史文化名城、东亚文化之都、海上丝绸之路起点——泉州市市区，与中国闽台缘博物馆、泉州博物馆、西湖公园相隔咫尺。

　　学校建设园林式校园，四季飘香，开窗即景，古树名木随处可见，校园绿化率达70%以上，是"泉州市最美单位庭院绿化"。

　　在校师生8500人左右。

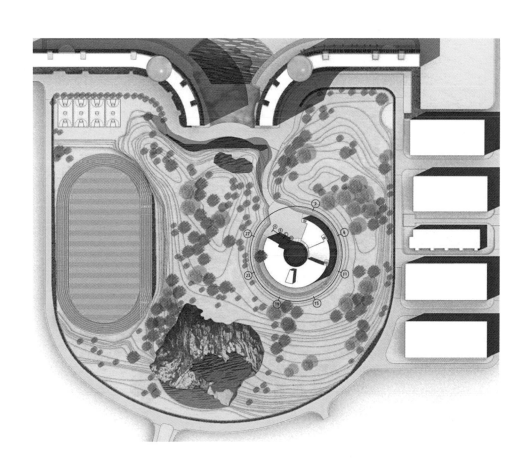

该后门景观视觉效果较差。

照明情况较差，路灯设置的数量还不够，夜晚有很多盲点，易造成安全隐患。

校园主干道垃圾桶、公共座椅和遮阳设施数量较少，且缺乏地方特色。

植被分析

0～50m	此海拔段地貌类型属于沿海平原滩涂，除受保护的小片区域外，原生性植被遭到极大破坏，人类活动对环境起主导作用
50～200m	此海拔段地貌类型属于沿海平原台地类型，主要以人工植被为主，包括亚热带果树、作物，人类活动影响显著
200～500m	此海拔段地貌类型属于丘陵，植被类型以人工林为主，局部地区残存小面积分布的亚热带雨林，环境受人类活动影响较大
500～1000m	此海拔段地貌处于中山向低山过渡阶段，典型植被类型是亚热带常绿阔叶林，同时也是人工发展经济林、薪炭林、用材林和竹林的主要栽植地段，环境受到人类活动一定的影响，人为干扰开始减少
1000～1250m	地貌类型上属于中山，植被类型为山地矮曲林和常绿阔叶林，有少量人类活动，人为干扰较少
1250～1856m	地貌类型上属于中山，主要分布黄山松、草本灌木和草甸植物群落带，基本无人类活动影响

泉州地区鸟类共计307种

（单位：种）

海拔段	区系			居留型				
	古北种	东洋种	广布种	留鸟	夏候鸟	冬候鸟	旅鸟	迷鸟
0～50m	37	54	5	42	9	39	4	2
50～200m	48	65	7	55	11	45	4	5
200～500m	41	89	5	76	9	39	4	7
500～1000m	48	108	6	87	17	46	4	8
1000～1250m	11	43	2	40	5	10	0	1
1250～1856m	3	9	1	10	0	3	0	0

规划与设计
以"水"为设计元素

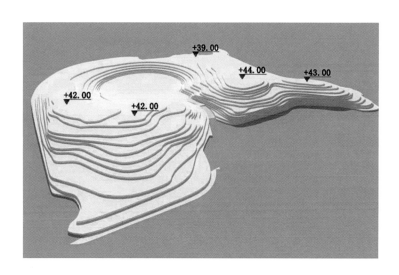

原有路线

后期规划路线

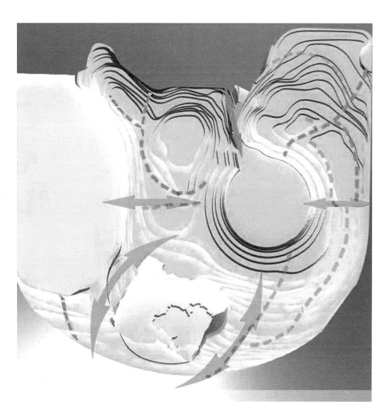

387

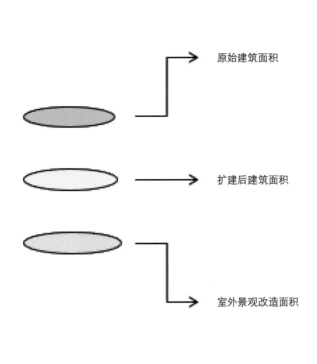

原始建筑面积

扩建后建筑面积

室外景观改造面积

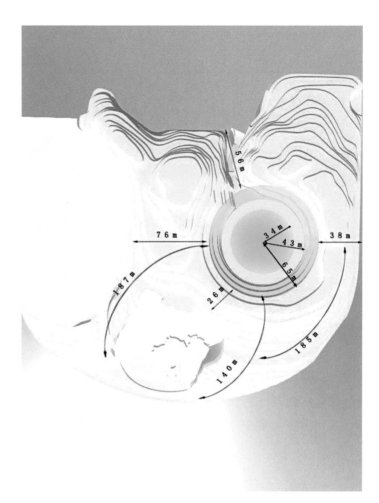

原有水景

后期设计水景

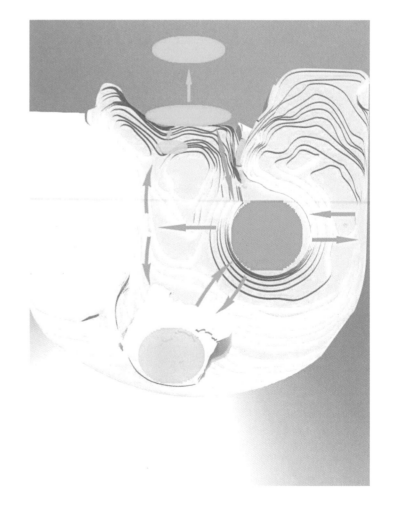

图书馆

原始建筑面积: 9101.32m²

原始占地面积: 3291.5m²

扩建后占地面积: 6324.64m² < 6361.7m²

土方量: 546.75m²

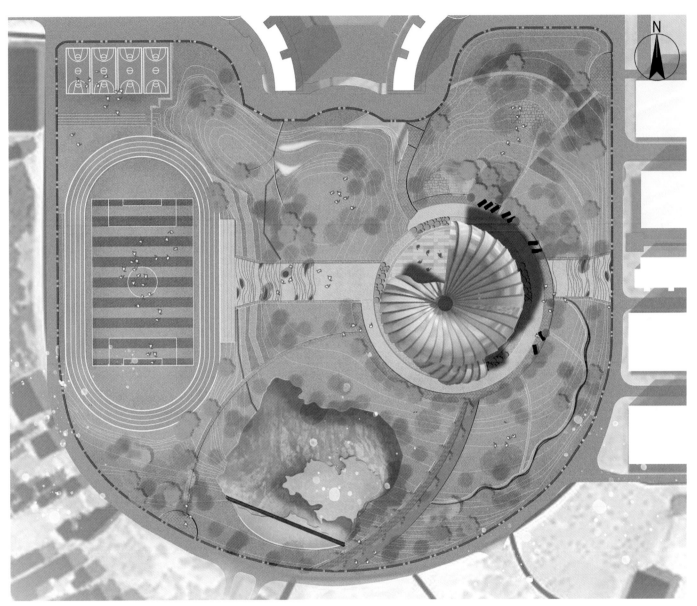

平面图

俯视图（手绘）

图书馆外侧景观效果图（手绘）

操场一侧步行石阶效果图（手绘）

操场一侧休憩处效果图（手绘）

景观廊道效果图

亲水平台效果图

宿舍一侧剖面图

后山亲水平台剖面图

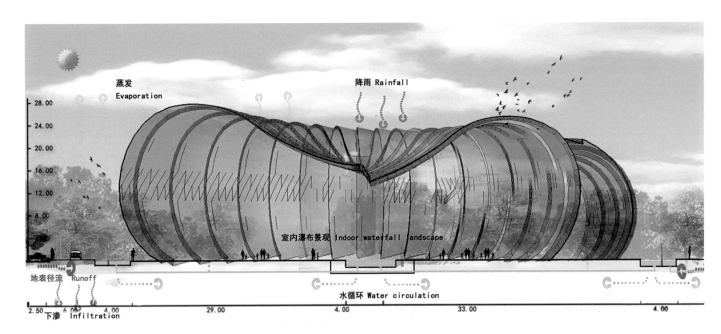

宿舍一侧剖面图

后山亲水平台剖面图

高校校园图书馆建筑空间社区化营造研究
——以泉州信息工程学院图书馆改造为例
Research on the Community Construction of Campus Library Building Space
—Taking the Library Transformation of Quanzhou University of Information Engineering as an Example

泉州信息工程学院图书馆改造设计
Reconstruction Design of the Library of Quanzhou University of Information Engineering

湖南师范大学美术学院
刘旺达
Fine Arts Academy Hunan Normal University
Liu Wangda

姓　　名：刘旺达 硕士研究生二年级
导　　师：刘伟 教授
学　　校：湖南师范大学美术学院
专　　业：环境设计
学　　号：201870170886
备　　注：1. 论文　2. 设计

泉信图书馆鸟瞰

高校校园图书馆建筑空间社区化营造研究
——以泉州信息工程学院图书馆改造为例

Research on the Community Construction of Campus Library Building Space
—Taking the Library Transformation of Quanzhou University of Information Engineering as an Example

摘要：高校校园图书馆建筑作为大学校园里最重要的学习交流场所之一，承担着储藏知识资源与向学生提供学习环境的两项基本功能。随着我国经济及现代化信息技术的不断发展，人们获取知识的途径和方式正在逐渐发生变化，图书馆作为一个空间灵活的开放平台，新的学习需求与学习方式对图书馆空间提出了新的要求。图书馆不再是书的容器，而是从具备借阅藏功能的传统图书馆演变为集信息化、数字化、服务化、社交化为一体的复合型学习中心，进而广泛地服务于广大在校师生。

社区化是随着社区体系的不断发展从而产生的新事物，因其共享性、多样性、灵活性的特征广受关注。本文通过强调高校校园图书馆作为城市中一个重要的社会单位，作为校园知识学习交流的重要载体，引入社区理念指导高校图书馆建筑空间规划，为高校适应新型教育理念改革、与城市共生发展提供了可行有效的途径，具有较强的前瞻性。

文章首先对高校校园图书馆社区化进行了基础研究，总结其发展动因，并以城市与校园发展的内在关联、未来高校校园图书馆空间行为模式的变化作为切入点，对高校校园图书馆建筑空间社区化规划设计进行理念建构与规划策略研究。本研究试图通过改变高校既有图书馆的现状问题，以使用人群空间需求为切入点，对泉州信息工程学院图书馆进行改扩建设计，拓展建筑公共职能，打造一个多层次、开放共享的社区化图书馆建筑空间，激发校园活力，为后续的研究奠定基础。

关键词：图书馆；改扩建；建筑空间；社区化

Abstract: As one of the most important learning and communication places in the university campus, the campus library building undertakes two basic functions: storing knowledge resources and providing learning environment for students. With the continuous development of China's economy and modern information technology, people's ways and means of acquiring knowledge are gradually changing. As a flexible open platform of space, the new learning needs and learning methods put forward new requirements for library space. The library is no longer the container of books, but from the traditional library with the function of borrowing and collecting, it has evolved into a compound learning center integrating information, digitization, service and socialization, and then widely serves the teachers and students.

With the development of the community, the flexibility and diversity of the community are paid more and more attention. By emphasizing that the university campus library is an important social unit in the city and an important carrier of campus knowledge exchange, this paper introduces the concept of community to guide the architectural space planning of university library, which provides a feasible and effective way for universities to adapt to the new education concept reform and symbiotic development with the city.

Firstly, this paper makes a basic research on the community based planning of university campus library, summarizes its development motivation, and studies the concept construction and planning strategy of the community based planning and design of the architectural space of university campus library from the perspective of the internal relationship between the development of city and campus and the change of the spatial behavior mode of university campus library in the future. This study attempts to change the current situation of the existing library in colleges and universities, takes the space needs of users as the breakthrough point, to carry out the reconstruction and expansion design of the library of Quanzhou University of information engineering, expand the public functions of the building, create a multi-level, open and shared community library building space, stimulate the vitality of the campus, and lay the foundation for the follow-up research.

Keywords: Library; Reconstruction; Building space; Community

第1章　绪论

1.1　研究背景

1.1.1　校园图书馆改造浪潮

随着各地高校近几年不断地扩大招生规模以及学科的交叉发展，校园建筑的使用现状逐渐迎来挑战。人类教育始于书房书院，经过各种各样的办学模式和实验过程，分阶段达到有序升级走进全学科架构的国际模式。伴随世界高等教育的互动交流，当下国家和地区的教育交流已经成为常态，但同时遇到了共同要面对的问题，探索合作改变了教学场所的传统观念。近几十年来，国内掀起了一股大学图书馆建设的热潮。因其时代的变更以及当时建筑设计水平的制约，众多高校图书馆内部空间暴露出功能相对单一、灵活性较差、适用性较差、体验性不佳等问题，其建筑构造形式及空间模式已经不能够满足当下教育功能的新需求。因此，高校图书馆作为大学生的典型共享空间，既有图书馆的复合化、社区化、多元化成为关注热点，在原有建筑中实施空间改造及功能拓展成为高校图书馆更新建设的重要思路。

1.1.2　校城共生理念的兴起

从20世纪中叶开始，一些发达国家和地区的大学校园与城市中的社区空间产生了一定的互动关系，直至20世纪末，部分大学与周边社区已经开始了更深层次的互动融合。随着高校校园的服务设施与社会衔接的不断推进，大学不再是一个独立与封闭的系统，而是一个与周边社区发生紧密联系的开放性空间单元。同时，校园与城市的互动过程中也促进了资源的高效利用，避免了不必要的资源浪费。

20世纪70年代，联合国教科文组织国际教育发展委员会发表的重要报告《学会生存——教育世界的今天和明天》提出："人类要向着学习化社会前进"，强调了"终身教育与学习化社会"两个概念。在学习型社会构建的实践中，原本封闭、孤立的学校逐步向社会开放，成为社区居民新的聚集场所，融入社区生活中。学生要从大学的知识殿堂融入社会，不仅要在学术研究方面有高度，同时应该积极参与社会实践，孤立于城市的校园环境虽然营造了良好的学术氛围，但学生与社会环境难以形成良性互动，不利于学生社会责任的培养，因此一些学校开始重视校园与城市的融合。总而言之，校园与城市应紧密联系、互相配合、共享资源，高校与城市融合发展是适应高等教育理念改革与协同城市发展的必经之路。

1.1.3　图书馆空间形态社区化的演变

美国图书馆协会于2019年4月在"美国图书馆周"庆祝活动期间发布了《2019年美国图书馆状况报告》，在这份报告中对美国不同类别的图书馆发展情况进行了数据统计，图书馆提供的教育和终身学习，使得图书馆在强化社区方面发挥着非常关键的作用，提出"图书馆＝强大社区"的观点。图书馆在服务社区中发挥着重要而独特的作用，它的价值不仅仅是传统的图书借阅服务模式，而是为社区中的各类人群提供不同的咨询服务，成为促进社区建设的推动力。高校图书馆拥有丰富的信息资源、高素质的人才队伍、先进的技术设备和相对完善的服务体系等优势，因此具备面向社区提供高质量、针对性的延伸服务的能力。

1.2　研究目的及意义

1.2.1　研究目的

本文是为了探讨未来高校校园图书馆建筑空间模式的实验课题项目。通过对当代高校校园图书馆的空间功能与国内外既有图书馆建筑空间改造案例进行研究，结合相关理论，总结设计原则，寻求适合未来高校校园图书馆使用人群的空间设计策略。

通过对高校图书馆社区化规划策略的研究，希望适应时代发展需求，为高校图书馆规划设计提供一些新的思路，并以城市与校园发展的内在关联、未来高校校园图书馆空间行为模式的变化作为切入点，提出规划策略。寻求更好的设计策略，在提升校园建筑品质的同时形成高效、多元、复合、可持续性的空间模式。希望该文能够为高校既有图书馆改造与研究提供一些有意义的借鉴和思考，为空间设计以及建筑更新提供理论依据和实践措施。

1.2.2　研究意义

将社区化的理念运用于国内高校校园图书馆建筑空间规划实践中，将有利于推动我国学习型社会建设的步伐，规避我国现有高校校园规划粗放型开发模式所带来的弊端，加强师生对校园空间的归属感与认同感，提升校园活力、凝聚力，对校园文化与学院精神的建设具有重要意义，使大学回归"人的解放""人的完善""人的发展"的本质。

（1）理论应用价值：由于社区化校园建筑空间理论发源于西方，国内对于社区化校园建筑空间理论的研究也是对国外理论的转述，现实意义中社区化校园建筑空间的设计概念研究篇幅较少，国内对于其实际应用的研究，尤其是实践项目的设计探讨更如凤毛麟角，少之又少。本文的赘述不但能够丰富社区化建筑空间理论的研究成果，更能够得到其理论的适应性与可操作性。

（2）现实应用价值：图书馆空间作为高校校园的知识共享中心，对其进行深入研究，在理论和实践上具有重大的意义。通过图书馆建筑空间规划中注重培养人与人、人对环境和人对地域的归属感和强调人与社会的和谐发展的原则，落实并展开到校园的空间环境设计指导中，构建一种图书馆建筑空间新模式，旨在加强人对校园空间的归属感和校园空间本身的凝聚力和人性化，进而提升校园的活力，营造独具特色的校园文化和学院精神。

1.3　国内外研究现状、文献综述

1.3.1　国外研究现状

西方国家在其城市更新发展的过程中，针对既有图书馆建筑的适应性更新改造问题，渐渐积累形成较为系统的研究成果。图书馆建筑的更新，是旧建筑改造和校园建筑更新领域的研究分支，同时涉及图书馆学中的藏书、运作、管理等相关研究。国外的旧建筑改造与校园建筑更新领域发展较早、体系健全，涉及从校园规划、单体设计到技术构造各个分支，以及相关学科如经济策划、生态、心理等等。而对图书馆建筑改造更新的具体研究，多划归于改造案例，或作为图书馆建筑工程案例来分析。

国外图书馆建筑研究现状　　　　　　　　　　　　　　　　　　　　　表 1

建筑师 / 事务所	著作名称	年份	主要内容与观点
肯尼斯·鲍威尔	《旧建筑改造和重建》	2013	建筑更新改造设计的方法分析
G．汤普逊	《图书馆建筑的计划与设计》	1990	对图书馆的改扩建提出了很多建设性的意见
布伦特·布罗林	《建筑与文脉——新老建筑的配合》	1988	新老建筑关系问题研究
戴维·纽曼	《学院与大学建筑》	1982	各类大学校园建筑从新建到改扩建的案例

1.3.2　国内研究现状

（1）图书馆更新方面的研究

1994 年，由清华大学周逸湖、宋泽方两位教授编著的《高等学校建筑·规划与环境设计》一书，是我国对于大学校园规划设计进行研究的早期专著，其中部分内容涉及了校园更新的问题。20世纪80年代至90年代，关肇邺先生先后于《建筑学报》发表了《尊重历史、尊重环境、为今人服务、为先贤增辉》《重要的是得体，不是豪华新奇》《百年书城、一系文脉》等文章，阐述了在高校图书馆更新中，尊重历史、尊重环境、体现时代精神的主旨观念，主张建筑要符合功能和性质，不盲目追求豪华新奇。近年来，我国高校图书馆更新设计也越来越多见于学术刊物中。如吴杰的《建筑之"间"——同济大学图书馆改建实录》与《同济大学图书馆改建》；曹涵促的《北大赋予更新改造的旧建筑以新的生命——北京大学图书馆旧馆改造》；包莹的《新旧融合，重塑活力——浅析北京工业大学图书馆改扩建方案设计》；陈识丰的《旧与新——中国地质大学图书馆改扩建设计》；王绍森的《厦门大学图书馆二期扩建设计》等，从不同视角对相关高校图书馆改扩建项目进行了实践研究。

（2）图书馆内部空间设计的研究

荆晶的论文《信息时代大学图书馆空间环境艺术设计与研究》，从高校图书馆阅览室环境艺术的角度出发，提

出了在信息极度膨胀的时代特征下，具有当前时代特征的设计方法和概念；苏铁的《适应高层形式的高校图书馆设计策略探讨》，对国内高校越来越多且体量巨大的、区别于一般多层图书馆的高层图书馆的内部空间设计进行了策略研究，提出了多样性空间的设计策略。

（3）基于图书馆学、图书情报学视角的研究：21世纪10年代，清华大学黄东翔的《复合型大学图书馆读者空间研究》以图书馆学基本理念和空间研究作为理论基础，从信息技术和传统图书馆空间的复合化、多样的读者行为需求和传统教学及学习空间的复合化，丰富的建筑设计手法和传统空间布局的复合化，读者空间的外部营造和校园空间及校园群体的复合化等几个方面，归纳和总结了国内外大学图书馆读者空间复合化特征；章迎庆在《当代文化建筑意义的休闲化倾向》一文中，就数字信息时代对城市空间形态和人的文化意识等方面的巨大影响进行了阐述，并说明了文化建筑也受数字时代的影响发生了巨大的变化，博物馆、图书馆等文化建筑场所开始从文化教化空间逐步发展为人文社会中心。

1.4 论文研究范围、内容与方法

1.4.1 研究范围

本文的研究适用范围主要对国内新建校园规划提供适应校园图书馆未来发展趋势的策略，为校园图书馆的多元化发展提供新的思路。由于既有校园图书馆在功能组织以及空间形态等因素上具有较大的限制，因此文章的研究成果可能对其社区化转型仍存在一定局限，但可根据校园图书馆自身情况进行适应性的改造与调整。总体而言，本文的研究内容对于社区化图书馆规划思想的建立和普及是具有重要意义的。

本文中所研究的图书馆空间进行的更新改造，是指对图书馆进行空间改造及功能方面的提升与拓展，结合现状建筑的设计需求，可适当在红线范围内对建筑进行改扩建设计。

1.4.2 研究内容

本文以信息时代和教育改革为背景，对校园图书馆社区化进行理论研究，总结出社区化图书馆空间在职能以及空间形态上的表现形式，同时结合我国传统高校图书馆空间使用的不足以及高校图书馆使用者的使用需求以及潜在需求进行研究，对我国社区化图书馆空间设计策略进行探讨总结，并以泉州信息工程学院图书馆为例，将所研究的社区化图书馆空间设计成果应用于该图书馆的建筑环境空间设计中。

本文重点研究以下几个方面的内容：

（1）新城市主义与社区化相关基础理论研究；

（2）校园图书馆社区化理论的内涵、相关特征；

（3）新城市主义理论下图书馆建筑空间"社区化"的相关功能与特征；

（4）具体探讨校园图书馆社区化规划策略，并从基本原则、功能组织、空间设计、形态设计四个方面展开论述；

（5）以泉州信息工程学院图书馆为例提出社区化图书馆适应性改造的建议。

1.4.3 研究方法

1. 文献研究法

本文通过收集相关学术研究的理论数据和资料，总结国内外高校图书馆的发展历程、现状，以及高校图书馆更新改造设计措施，收集可供参考借鉴的案例，通过和实际案例的参照对比，可以加大课题研究的广度和深度，使研究成果更加全面。对研究中存在的与未来校园社区化图书馆构建相关的理论进行文献查询研究，界定相关概念，确定研究的范围以及理清理论依据。

2. 实地调查法

理论指导实践，从实际项目的基础概况出发，通过摄影、绘图等手段获取相应的图形图像资料，为之后的研究做好准备。通过实地调研，进行背景分析、现场拍照、图纸搜集以及数据整理，对目前接受改造的图书馆建筑有了较为深入的了解。

3. 案例分析法

充分研究国内外相关案例，并针对其中一些极具代表性的案例进行实地考察分析，总结其建设经验教训。

4. 归纳总结法

结合理论和实际案例分析，对调研结果和数据进行分析归纳，探索校园图书馆社区化的理论建构与规划设计，提出基于新城市主义理论的、针对泉州信息工程学院图书馆进行升级改造的基本方针，并讨论社区化在今后校园图书馆适应性发展中的重要地位。

1.5 论文研究框架

本文结构分为四章：

第一章，主要阐述了论文选题的时代背景与现实意义，明确了本文研究的对象与范围，简单罗列与课题有关的研究现状与成果，明确本文的研究方法和研究框架。

第二章，重点讲述了新城市主义与社区化相关的基础理论研究、校园图书馆社区化理论的内涵、相关特征以及新城市主义理论下图书馆建筑空间"社区化"相关功能与特征，探讨总结出未来高校图书馆社区化空间的发展动因。

第三章，着重分析了高校校园图书馆社区化的校城共生策略，具体探讨校园图书馆社区化规划策略，并从基本原则、空间改造方法、形态设计、功能组织、空间设计、交通规划等方面展开论述。

第四章，以笔者参与改造设计的泉州信息工程学院图书馆课题项目为例，分析研究成果在该设计实践过程中的具体运用，夯实本文的研究结论。

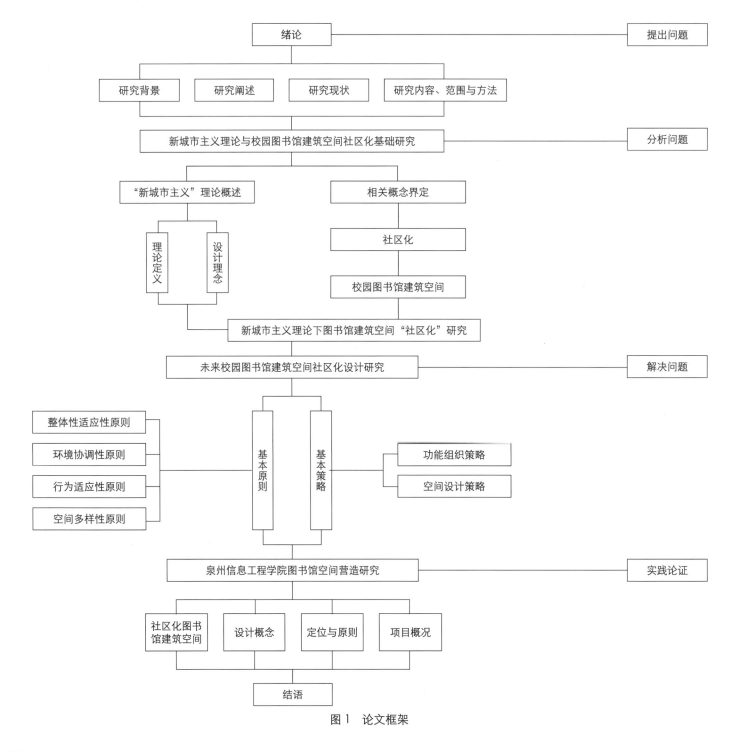

图1 论文框架

400

第2章 校园图书馆建筑空间社区化基础研究

2.1 新城市主义理论阐述

2.1.1 "新城市主义理论"基本概念与原则

第二次世界大战后城市急速扩展，以低密度平房和小汽车交通为主体的近郊发展给城市带来了交通拥塞、空气污染、土地浪费、内城破坏等问题并使邻里观念淡薄。作为一种以再造城市社区活力的设计理论和社会思潮，"新城市主义"于20世纪80年代末期在美国兴起，是对被忽视了近半世纪的美国社区传统的复兴。1993年的"新城市主义大会"抨击了1933年的雅典宣言，其基本理念是从传统中发掘灵感，并与现代生活的各种要素相结合，重构一个被人们所钟爱的，具有地方特色和文化气息的紧凑型邻里社区。

新城市主义者基于一个十分简单的原则：社区的规划与设计必须坚持公众价值比私人价值更重要的原则。首先，邻里中心应当由公共场所来界定，由地方的公共设施和业主设施为之活跃氛围；其次，每个街区都应当有不同的住房类型和土地使用方式，足够的灵活性是为了便于有需要时能很容易地改变功能；再次，土地使用模式、街道布局和密度都应当有助于使步行、骑自行车、乘坐公共交通成为代替私人机动化交通方式的选择；最后，建筑物不应被看作是独立于周围环境的摆设，它们应当与街道、公园、绿地、庭院和其他开放空间保持一致，并为空间限定作出贡献。

2.1.2 新城市主义设计理念

"新城市主义"独特的设计理念突出地反映在对社区的组织和建构上。邻里、分区和廊道成为"新城市主义"社区的基本组织元素；其构筑的未来社区的理想模式是紧凑的、功能混合的、适宜步行的邻里；空间和内涵适当的用地功能分区；能将自然环境与人造社区结合成一个可持续发展的整体功能化和艺术化的廊道。新城市主义强调传统、社区性、邻里感、场所精神，全面、整体、有机、持续发展和主张恢复城市人文价值以提高城市生活品质的设计观念，对我国当代城市及城市建筑社区化建设有着直接而现实的借鉴意义。通过对新城市主义思潮进行分析认识与思考，以期从中得出有益于我国大学校园图书馆社区化建设的借鉴和启示，并探索在相应发展层面上的应用开发模式和原则、方法。

1. 理想"邻里单位"理论

"新城市主义"把佩利于20世纪30年代提出的"邻里单位"理论发扬光大，并归纳了一个理想邻里的基本设计准则：有一个邻里中心和一个明确的边界，每个邻里中心应该被公共空间所界定，并由地方性导向的市政和商业设施来带动；最优规模——由中心到边界的距离为1/4英里（约400米）的空间；各种功能活动达到一个均衡的混合——居住、购物、工作、就学、礼拜和娱乐；将建筑和交通建构在一个由相互联系的街道组成的精密网络之上；公共空间应该是有形的而不是建筑留下的剩余场地，公共空间和公共建筑的安排应优先考虑。

2. 分区

随着信息革命和环境技术的发展，严格的功能分区思想已不再被尊为唯一的经典，在土地使用中允许多种功能活动来兼容支持，用地功能分区的结构则是按照与邻里结构相类似的方式组织；有清晰的边界和尺度，有明显特征的公共空间，有互相联系的环路服务行人，并通过公交系统与更大的区域发生联系。

3. 廊道

廊道既是邻里与功能分区之间的连接体又是隔离体。在郊区化模式中，廊道仅仅是保留在细分的功能地块和商业中心之外的剩余空间；但"新城市主义"将其视作连续的具有视觉特征的城市元素，由与之相邻的功能分区和邻里所界定，并为它们提供出入的路径。

2.2 社区化相关概念及理论研究

2.2.1 社区

"社区"（Community）的概念最早由德国社会学家 F. 腾尼斯（Ferdinand Tonnies）提出，其含义为"有共同价值观念的同质人口组成的关系密切、守望互助、人情浓厚的社会团体"，而中文"社区"一词是国内社会学者在20世纪30年代自英文意译而来。因与区域相关联，所以社区有了地域的含义，意在强调这种社会群体生活是建立在一定地理区域之内的，这一术语一直沿用至今。由于社会学者研究角度的不同，社区这个概念在社会学界尚无统一的定义，但无论所指侧重哪边，社区一词都是强调人群内部成员之间的文化维系力和内部归属感。因此通过对比研究，本文中社区的定义将引用现代社会学中相对具有代表性的阐述即"社区是在一定范围内，以一定数量的人口为主体形成的具有认同感与归属感、制度与组织完善的社会实体。"社区是社会的基本分子单位，不同规模与不同类别的社区构成了全社会，居住社区只是其中的一个主要类型之一。

2.2.2　社区的构成要素

社区的构成要素主要包括以下5个方面：

（1）地域。社区是处在一定地理位置、一定资源条件、生态环境与气候条件中的地域性社会，为人类的社会活动提供了自然条件及具体的空间。

（2）人口。社区是以一定数量的人口形成的生活共同体，没有一定数量的人口，社区就无法担负起满足人们生活需求的职能。

（3）生产生活设施。社区是一个相对独立的社会生活单位。因此，其须具有一套为社区使用者生活所需要的服务、教育、文化等系统和设施，以及一套物质生产和精神生产体系。

（4）组织制度。社区须具有适应社区生活的制度及相应的管理机构。

（5）共同的社区意识。社区中的人们长期生活在共同的地域环境中，互相依赖的生活和频繁地交往促使形成了共同的理想目标、价值观点、信仰、归属感、认同感、风俗习惯，即共同的社区意识。在以上要素中，社区的主体是人群；社区的物质基础是地域及生活服务配套；社区的中枢是社区制度及管理机构；社区文化、社区认同感与归属感既是人共同营造的结果，同时也成为凝聚社区成员的黏合剂与纽带。

2.2.3　社区化相关特征

社区具有以下两个总体特征，具体如下：

（1）社区主要以聚落作为依托以承载人类社会活动。聚落是指人类各种形式的居住场所，其包含了居住建筑以及相应的生产生活设施。因此，建筑学对社区的研究多集中在居住社区这一范畴，但实际上社区还包含工业、行政、文化、商业等不同类型，其中校园属于文化社区的范畴。

（2）社区是具有相对完整意义和相对独立意义的社会单位。社区需具备相对齐全的生活服务设施，相适应的制度、规范及管理体系，这是评价一个区域性的社会是否可看作一个社区的重要标准。纵观国内外的校园规划模式既有像哈佛大学、宾夕法尼亚大学这样位于城市中心，形成"城市街区型校园"的格局，也有位于城郊独立于城市社区外相对封闭的校园规划模式，但由于校园本身具有一定规模与构成社区的条件，因此无论是开放型校园还是封闭型校园都拥有将其作为社区研究的可行性。

图2　社区概念图

2.2.4　社区化设计策略

社会资源兼容共生是"和谐社会"的四大特征之一，其含义是指和谐社会应当给各类人谋取一定的物质利益，提供生存与发展的条件，从而把各类社会资源联合起来，形成合力。高等教育管理社区化是符合和谐社会的这个要求的。在高校教育改革的过程中，高校与社区的关系将变得越来越密切，高校教育的扩散效应正在不断地融入社区，高校与社区融合是高校发展的必然方向，"大社区化"的研究理念在和谐社会的呼声中应运而生。这一理念要求将高校与社区紧密结合起来，从而达到双方资源共享共生的理想状态。在未来的研究中，除了应当深入挖掘有形资源、无形资源在高校教育管理社区化中的价值和作用，也应当关注社区资源如何为高校所用的问题。

把社区与社区化理念引入高校教育管理，主要基于以下观点：一是从我国目前高等教育的现状看，高校仍然是一个小社会。大学生进入校园，学校要提供学习、生活、消费、娱乐等等一切服务。高校既相对于大社会独立，它本身又是一个功能比较齐全的小社会；二是从现代管理科学的角度看，重视行为科学、重视文化在管理中的作用是一个趋势。高校教育管理应当与高校育人目标相一致，紧密联系学生的文化特质；三是随着高校管理体制改革的深入，学分制的全面实行，系、专业、班级的概念越来越淡化和模糊，学生作为主体活动的空间拓宽了，发展的弹性增强了，社区化管理的优势较原来的班级管理等传统管理方式显得更加突出了。

校园空间环境设计社区化是高校社区化管理的开端。这一问题的研究主要集中于建筑学领域。该领域学者从社区理论在建筑领域的影响出发，结合社区的构成要素，切实地分析了新形势下校园社区化的可行性，在大学空间环境设计及其研究中，引入社区和社区化理念。从构筑校园社区的物质空间环境的角度出发，探讨了富于社区氛围的校园空间环境的设计原则、设计内容和设计手法，提出了在建构满足师生日常活动需求的校园空间的同时，增强校园主体人群的共同意识与社区归属感，营造大学校园的社区氛围，弥补现阶段校园建设中存在的人文感缺失的问题。

2.3　校园图书馆建筑空间概述

2.3.1　图书馆建筑空间定义

图书馆是"搜集、整理、收藏图书资料，供读者阅览参考的机构"。在西方语言中有两种说法，一种是"Library"，另一种是"Bibliothek"。"Library"一词源自拉丁语的 Liber ，意为树皮。因为树皮被用作书写的材料。"Bibliothek"一词源自希腊语Biblos，即书籍，由书写材料"纸莎草"(Papyrus)的希腊语读音而来 。"图书馆"在中国是个外来名词和近代文化现象。中文"图书馆"一词的直接来源出自日文"図書館（ライブラソー）"。在我国，"图书馆"一词首次出现于 1894 年《教育世界》第 62 期中所刊出的《拟设简便图书馆说》。

图书馆建筑空间是人们为了满足校园使用人群需要，运用各种建筑主要要素与形式所构成的图书馆内部空间与外部空间的统称。它包括墙、地面、屋顶、门窗等围成建筑的内部空间，以及建筑物与周围环境中的树木、山峦、水面、街道、广场等形成建筑的外部空间。

2.3.2　图书馆建筑空间研究分析

1．图书馆建筑空间设计理论及应用性

合理的图书馆建筑空间设计应有效利用非弹性空间和弹性空间的穿插，合理地将非弹性空间布设在弹性空间中，使整体空间得到良好的运转。一些馆因忽略对建筑空间的合理安排，往往对此关注度不够，大多数只关注卫生间的隐蔽、交通流线的通畅等。但往往这些看起来不起眼的地方，却使整体的设计构建"因小失大"。如功能空间的过于集中有可能在人流较多的时候造成拥堵、滞留现象，众多的人声、走路声就会严重干扰阅览室的读者阅览，使之产生烦躁不安的情绪。空间形态最终存在的方式和过程不但体现着设计师的创作成果，也体现着图书馆员们参与建造活动的作用和影响。因此如何提高馆内空间适应的能力，充分体现人文关怀的理念是双方共同关注的问题。图书馆功能空间界限的弱化及单元功能空间的相互渗透，是当前图书馆空间组合的重要特征之一。

2．图书馆建筑空间未来发展趋势

图书馆在我国正在经历转变和过渡，图书馆的用户需求、社会职能和技术装备都在随着科技和现实的需求变化和发展。对于图书馆功能的现实需求决定了馆内空间的安排具有动态开放性的特点。原先藏、借、阅三大空间

图3　西交利物浦大学（图片来自于网络）

图4　西雅图中央图书馆

的严格划分模式被打破，较为灵活、紧凑而多样化的布局取而代之。为了适应这样的现实需求，这就要求图书馆的开间布局、层高设定、荷载量，图书馆的工艺和功能要突破旧有模式。世界当代的图书馆，尤其在西方国家，受到建筑多元化思潮的影响，现代图书馆形式多样，既有现代建筑特点，又有地方色彩，它们多元共存，不拘一格。营造提供方便、高效、舒适的阅览环境，使图书馆不仅是一个藏书、借书与阅览的容器，同时也是一个人与人交流的场所。以用为主、以人为主的图书馆构建理念将是今后图书馆发展的主流趋势。

2.4 高校校园图书馆社区化发展动因分析

2.4.1 当代高等教育理念改革

（1）终身教育（Lifelong Education）指贯穿人一生的教育形态，是为了应对素质教育急功近利的狭隘，力求使学生经历大学教育，但不限于大学所学，而是以此转化为终生自我学习的能力，成为未来奠定长期自我发展与引领社会整体风气的基础。大学教育的重点向重视人的自我发展，培养学生自我内化能力为中心转化。

（2）创新教育（Innovative Education）理论提倡"教是为了不教"，主张学生独立学习、学会学习，正所谓"授之以鱼不如授之以渔"。创新教育提倡学生不能仅限于满足书本上或生活中得到的知识和经验，还需要培养学生的创新欲望、创新意识，组织学生开展创新行为，鼓励学生发现问题、解决问题。因此这就要求学校开创特殊的教育环境，通过新颖的教学手段使学生的创新能力得以发挥。

（3）信息化教育（Informational Education）是指运用现代信息技术，开发教育资源，优化教育过程，以培养和提高学生信息素养为目标的新型教育方式。实施信息化教育，利用广播电视、卫星电视、计算机网络等向学校、家庭、社会传播教育课程，从而课堂不再限制在校园中，大街小巷皆课堂。信息化教育为建设全民学习、终身学习的学习型社会提供了有力的支持。

2.4.2 大学职能的转变

随着高等教育的不断发展，大学职能从最基本的教育职能朝着更全面的方向转变。当今的大学具有人才培养、科学研究、社会服务、文化传承四大职能，而随着大学与社会联系的日益紧密，其社会职能也愈发受到关注。一方面，大学的教育设施及公共服务设施参与到社会生活中，极大程度能将校园资源与文化辐射到城市当中，甚至带动城市的发展；另一方面，大学校园培育的人才也终将走入社会，因此学校与社会的良性互动有利于学生进行社会实践活动，在服务社会的同时也为自身积累社会经验，并在潜移默化中培育自身的社会责任感。而在规划层面上，大学社会职能得以充分发挥的基本条件就是需打破原有封闭的格局，积极回应社会的需求，高效地进行资源组织，最终形成校园社区与城市社区互利共生的和谐景象，共同促进城市的发展。

2.4.3 与城市协同发展的需求

由于城市地价与用地规模的限制，绝大部分新建校园会考虑依循城市发展态势在城郊选址，而城郊基础设施建设不足，周边环境脏乱、人群结构复杂等问题促使学校采用封闭的形态独立于周边城市环境。随着城市的快速发展，大学与其区位关系也在发生变化，一些原本位于城市边缘的校园被逐级扩大的城市圈所包含，甚至成为城市新的发展核心，这类大学可称为被动回归城市的大学，其城市化进程是城市与大学双向适应的过程，虽然不具备必然性，但是回归城市的大学所带动的双赢发展实效仍使其成为一种有价值的探索。

此外，一些大学逐步意识到校园与城市隔离所带来的生活不便以及教育不利等问题，与此同时，城市也意识到缺乏大学社会职能参与，大学智慧源泉对城市的能效无法得到施展，于是一些大学在政府的鼓励下也开始主动回归城市，这类校园称为主动回归城市的大学。无论是被动回归城市的大学还是主动回归城市的大学，其校园建设的历史经验都体现出校园与城市共生发展的必然趋势，对社区化校园的选址研究具有一定参考价值。

2.5 新城市主义理论下图书馆建筑空间"社区化"研究

2.5.1 图书馆建筑空间"社区化"

1．概念

高校校园图书馆社区化是指通过完善校园这一特殊社区的各构成要素及其相互之间的内在联系，从图书馆社会结构、功能组织结构、空间形态结构、交通网络体系、生态可持续系统等多方面着手，加强各系统间的联系与完整性，同时突出学生与教师的主体地位，注重人与人之间的关系，营造具有强烈归属感与校园文化的校园环境。

2．研究界面

图书馆建筑空间社区化在研究界面上并不是孤立的，是同城市发展与其所在区域紧密相关的。作为城市的智慧力，大学以多层次的社会职能发挥作用直接或间接地影响着周边社区乃至整个城市的发展，而城市社区在为校园补充生活配套设施的同时，培养学生的社会责任意识，从而达到社会教育的目的。因此，校园图书馆社区化也意味着与城市社区联动，并体现在与城市功能复合、资源共享、共生发展中。

3. 目标

图书馆建筑空间社区化建设的目标是追求校园社会空间与校园自身物质形态空间良性互动，构建高效、有序、可持续发展的校园图书馆体系，适应不同时期教育理念，从而创造出良好的学术环境与育人环境，弥补传统校园规划设计的不足。

2.5.2 社区化图书馆建筑空间特征

校园社区化图书馆空间一般具有以下三种基本特征：

1. 整体性与层级性

社区化图书馆建筑空间作为一个空间体系，其重要特征是整体性与层级性。首先，从空间结构上看，社区空间体系同城市一样，是一系列不同规模空间组成的系统，其中存在着严格的层级组织关系，这种层级组织中的各类空间具有形态上的多样性及结构性特点。其次，社区空间体系中的各个局部与整体之间呈现一种结构和形态颇为近似的关系，即社区各类空间及整个城市空间体系在不同的规模尺度上呈现一种"同构"现象，可以由此肯定，在各具特色的各类社区空间之中，必然有某种规律在支配着这一方式，从而存在某种共同性的社区空间联系和相互作用的基本模式。

2. 自然性与社会性

社区化图书馆建筑空间环境是自然性与社会性的结合。自然的地形条件和生态景观在塑造社区形体环境的过程中起着重要的作用，形成社区空间环境独特的构成形态，如地形的起伏、蜿蜒的水面、富有特色的植被；同时，人是社区社会文化活动的主体，其社会文化属性使社区空间的外在表现与内部体验之间也具有一定的联系，因而社区空间形态又具有明确的社会性。

3. 动态性和稳定性

社区化图书馆建筑空间形态演变的内在机制是形式不断适应功能变化的过程，这一过程具有两个特征：继承与创造。社区空间系统中内蕴的自发调节机制使社区保持着一种稳定、平衡的状态，它适应环境，直接改变环境、柔化环境。这在某种程度上解释了场所感、交往空间、互动模式给社区带来生机的根本原因。而形态——功能的相互适应机制，则促使社区空间环境不断变化发展，正是在这两种机制的作用下，社区空间环境保持稳定状态并不断趋向新的有序。

2.5.3 社区化图书馆建筑空间环境分类

从校园社会关系——空间网络形态特征和校园可意象环境的认知两方面入手，我们可以从中总结出基于社区理念的社区化图书馆建筑空间结构描述：由一组给定核心（场所）、若干连接这些中心（场所）的连线（路径），以及这些中心和连线的边缘（界限）所构成的网络化的图书馆建筑空间结构。本文认为，从社区理念出发的图书馆建筑空间环境可以分为中心、边缘、路径、邻里四种类型。

1. 社区中心空间

这里所谓的"中心"概念，并不是指一定空间内的几何中心，也不是指"功能"的中心，而是指"行为的场所"，也就是特别活动发生的场所。最初与人有关的"中心"就是"家"，中心即意味着一个场所被创造，因而"中心"应该是最需要也是最能让人产生归属感的地方，一个被人所认同的"中心"应该能让人产生类似于"家"的体验。对于图书馆而言，中心是某种社会内聚力在物质空间上的体现。中心可以是一个实体的标志物，也可以是一个围合起来的空间，或兼而有之。校园图书馆的特色主要就是依靠中心区环境形象来体现。中心可以是一个实体的标志物，也可以是一个围合起来的空间，或兼而有之。

2. 社区边缘空间

边缘的定义：《辞海》上注解"边"和"缘"同义，指事物的周缘或跨着界限的部分。事实上，所谓的边缘综合了边界和区域两方面的概念。在城市设计和建筑设计的意义上，边缘空间向人们传达了残余的、非功能的、不确定的空间感受，属于公共空间。边缘是相对于中心而来的概念，不同等级的中心产生不同的边缘。中心意味着活动的集中与密集，边缘意味着活动的层叠和交流。其实对于中心或路径来说，真正能被人深切感知并反映其特征的是边缘，或称界面。边缘往往是空间中最受人欢迎的区域。而场所的意义，也主要是由其边界而表达出来。所以，边缘不仅仅是一个"面"或者"线"的概念，而是一种空间概念，不仅仅具有视觉限定的意义，更常常成为人活动的场所。

3. 社区路径（道路）空间

人从一个空间到达另一个空间都需要通过一定的"路径"，而"路径"的性质是根据与"中心"的关系而确定的，两者之间是相互依赖的关系。"中心"是路径的目标，没有目标的路径是没有意义的。而路径表明了"中心"的方向性，使各个"中心"（场所）相互连接起来，并形成了校园图书馆建筑空间结构的基本骨架。校园社区道路系统是整个社区得以存在和发展的主要结构和骨架。作为主要的公共空间，它不仅担负着校园主要的交通功能，而且还常常成为视觉的通道、景观的走廊以及提供社区成员进行社会互动以及观景、游憩、健身、认知等方面的场所与路线。社区环境道路系统设计的一个重要任务就是要将道路重新成为维系师生间交往等互动行为的主要场所和纽带。

4. 社区邻里空间

邻里概念是受到现阶段居住社区空间理论中邻里单位的启发，它是一个集合整体的场所概念。也就是说各个子题元素（质感、空间、形态、细部、符号、建筑物类型、使用、活动等）在一个邻里中组合成一个整体，这些特征共同形成了一个区域的组织结构，这种已经被界定的区域就是社区邻里。因而中心、边缘、路径的特质是在一定邻里空间中表现出来。校园图书馆建筑空间的集群性质特别明显，其中邻里空间就是校园社区集群化的集中反映。为了使理论能落实于具体的实践，我们所关注的大学校园环境设计就不仅仅只是空间的结构，还应对各个局部、各个元素进行分析。

第3章 校园图书馆建筑空间社区化设计研究

3.1 校园图书馆社区化建筑空间设计基本原则

3.1.1 整体适应性原则

整体适应性原则是指在保留旧建筑特色的前提下，使原建筑适应新时代下各种职能要求，从而达到延长建筑使用寿命，实现图书馆更新改造的目的。首先，高校既有图书馆建筑本身由于时代久远，不能够适应新时代的发展需求。在更新设计中，应以积极的态度响应最新的时代需求，满足使用者所需的新职能，纳入提升图书馆效率的新技术，即对时代新功能、新需求、新技术纳入的适应性；其次，新功能介入时的空间设计应遵从旧建筑内部的既有的空间布局规律，尽量争取更高的旧馆空间利用率，即对原有空间结构、空间组织规律、空间尺度的适应性；最后，图书馆更新设计要在充分调研原有建筑的特征的基础上，进行技术可能性分析，遵从原有受力特征，针对原有结构体系进行适度的更新设计，避免超出原技术条件下的结构承载能力，即对原有技术条件、结构设备条件的适应与改变的适应性。

3.1.2 环境协调性原则

图书馆是整个校园环境的重要组成部分，图书馆的改扩建要注意与校园周边环境的统一，从而保持校园整体风格的一致。图书馆在改造设计中应考虑与建筑的生态、可持续等因素的结合，使老建筑更新后仍然可以归到整体的校园气氛当中。评价较高的图书馆一般具有良好的硬件配套和软实力。良好的硬件配套是指图书馆具有宜人的室内室外环境，室外环境主要是指图书馆周边的植物景观，通过植物配置创造一个宜人的环境；室内环境主要是指图书馆的室内设计、色彩搭配以及各种室内设施。良好的室内室外环境会提高读者的使用体验，为读者带来美好的享受。图书馆在改扩建过程中要考虑到原有建筑的设计理念、形式等的保留与传承，一方面可以延续建筑所传承的历史信息；另一方面，在更新过程中的新技术、新材质等的运用，要注意保持与原有建筑的协调与统一。

3.1.3 行为多元性原则

图书馆更新设计应深入研究图书馆使用者以及图书馆工作人员对图书馆的使用和舒适性所产生的新的需求，针对新的需求置入新的功能，从行为需求出发，遵从行为适应性原则，尽可能地满足高校师生对图书馆新功能的需求。为使用者以及图书馆工作人员带来更好的体验。

3.1.4 空间多样性原则

图书馆改扩建的重要原因主要是由于现有图书馆在功能上不能满足现有的使用功能，在对图书馆进行改扩建的时候，功能是否符合图书馆的使用是评价图书馆改扩建效果的重要标准，同时，注意对图书馆原有功能和新置功能的有机结合，在保持图书馆的传统功能的基础上，通过新功能空间的植入，注重新建空间的创新性营造，使新建空间成为图书馆建筑空间中的亮点。

3.2 校园图书馆社区化建筑空间改造的方法

3.2.1 内部空间的重构

"空间有内外之分，内部空间是人们为了某种目的（功能）而用一定的物资材料和技术手段从自然空间中围隔出来。"图书馆的空间功能体系是一个相对复杂的功能合集，多种功能形态共存，其形式也呈现多样化与多元化特点。随着使用需求的不断升级，对图书馆内部空间的升级改造与建筑空间的拓展增建，是图书馆适应时代发展和人们使用需求的必要途径。空间要素与空间特征呈现对应关系，功能空间的形态、尺度、功能应用与空间的形式、秩序和空间氛围呈现对应关系。通过对图书馆改扩建工程项目的分析，我们发现需要进行内部空间改扩建的图书馆建筑大约有两类。第一类是比较老旧的图书馆内部空间，一般使用闭架管理模式，馆内空间形式较为局促，其结构形式较为落后，跨度较小。这类状态下的图书馆空间灵活性不足，空间改造受到的限制较大。第二类是图书馆在建筑设计中已经使用了框架式大空间设计的内部空间形式，此类图书馆具备现代图书馆的空间自由、灵活度高的特点。对于不适应现代使用需求的图书馆空间要从功能使用的角度出发，有针对性地选择适用的改造方案。应当在尽量保留既有图书馆的空间格局特征的前提下，进行空间更新改造，使其空间脉络与历史感得到传承。

3.2.2 边界空间的拓展

建筑位于环境中，并与环境形成三个物理的界面：外墙、屋顶、地面。它们在满足内部功能的同时与外部环境隔离，是建筑与环境的中介体。当然为了其他的需求我们又对其进行处理，以实现某种沟通并赋予环境以特定的意义和氛围（例如门、窗、阳台等）。当我们在显微镜下观察时，这些界面呈现出异常复杂的形态，它们承载着各种物质、信息交流的功能，生机勃勃，异彩纷呈。

通过多维度、多功能的拓展，使边界突破传统建筑简单的形式和功能，并使内部空间与外部环境深度融合。以既承载地方传统，又结合当代空间模式和生活方式的设计策略，通过建筑与环境边界围合和联结的不同作用方式，实现对功能环境诸矛盾的选择和平衡，探索建筑边界的多种可能性。以边界为出发点去探讨建筑和环境，以及建筑中间的空间关系，从而拓展建筑的新疆界。

3.2.3 新旧空间的承接

改扩建设计中最常用的手法是直接的加建和扩建，利用场地内合理位置，依托原有建筑，加入新的体量。新老建筑体量在满足使用环境制约条件的前提下，通过合理的方式进行承接，能够使既有建筑发挥最大的价值。

3.2.4 外部空间的梳理

在高校图书馆改扩建中，应该着重协调图书馆和周围建筑的关系，使其在整体上保持一致。影响图书馆的外部环境要素主要有原有图书馆建筑、校园的文化和肌理、周边的其他建筑等，这些制约因素会共同影响着图书馆改造的最终方案，并达到和谐的局面。所以，图书馆在改扩建时，应该把外部环境的影响当作方案设计的重点之一，与外部环境达到和谐共处的结果。

3.3 校园图书馆社区化建筑空间基本策略

3.3.1 校园图书馆社区化空间设计策略

1. 校园邻里单位

邻里单位是由美国社会学家克拉劳伦斯·佩里最先提出的，其是为适应现代城市因机动交通的迅速发展而带来的规划结构的变化，将居住区从属于以道路划分的方格中，形成一个个以居住为主的细胞单元，从而创造出一个居民生活舒适、安全、设施完善的居住社区环境。居住区邻里单位一般由六个要素组成，分别是：规模、边界、开放空间、机构用地、地方商业、内部道路系统。

校园邻里单位的概念，是在校园规模扩大以及校园开放程度增大的趋势下，城市交通进入校园，校园原有步行环境受到机动交通的压迫，师生在校园中的安全感与舒适度受到威胁的情况下所能采取的一种有效解决方式。借鉴城市居住区中"邻里单位"的规划思想，通过研究师生必要性行为活动主要发生于教学、工作、生活、运动等功能区的特点，以化整为零的方式重塑师生学习生活空间的主要单位，将它作为社区化校园中的一个综合功能的细胞，改变大学总体平面简单功能分区的模式，以一个复合功能的组团作为大学建构的重要因子，通过行为发生的适宜距离来控制社区化校园的空间体系，紧凑必要性活动的发生环境，从而减少校园中各类活动发生的时间损耗，提高行为效率。适宜的师生邻里距离控制也可进一步鼓励实现以步行为主的校园交通，减少对机动车的依赖，增强安全感与交往的舒适性，营造人性化的校园空间。

2. 校园邻里单位的特点

（1）相对完整的功能混合

校园邻里单位将师生学习、生活服务、体育运动等功能汇聚成一个个便于营造亲切交往氛围的社区小环境，其自身具备一定的功能完整性，以便于师生基本行为活动不需要通过校区的整体环境就可得以实现，于是便可以创造更多自发性与社会性的交往行为，在紧凑的布局下营造亲切和具场所感的单元归属感，形成各院系自身的学科特色。同时，师生邻里单位间又可通过适宜邻里距离内的广场、绿化、道路或者公共服务设施加以联系，形成单元外上级空间层次的邻里环境。

（2）多样不规则的空间围合

校园规划的空间组织不可避免地会涉及空间建构的形式，校园空间的图案化并不一定能带来和构图一样具形式美感的实际体验，反而在实际的建设进程中，越完整性的图案就越容易受到建设环境变化的制约而使最初理想化的构图支离破碎。而邻里单位的空间组织具有小组团的组织特点，因此，对于不同校园规模和空间环境都可以具备灵活的适应能力，可根据用地状况、功能特点、使用性质等因地制宜地呈现自由多样的不规则组织方式和各具特色的地域适应特点。邻里单位既可以是一个院系单位，也可以是几个院系聚合的紧凑格局，而单元院落的不规则多样性也可创造出不可预知的空间体验，为师生的使用注入空间活力。

（3）有机生长的机制

复合功能的邻里单位既可以是一个相对完整的细胞，又可利用多个单元灵活集聚的形态对所处区域的地理环境具有较大的适应能力。山地、河道等自然地形地貌的外部条件在很大程度上将成为各单元组合秩序的依据，表达出地域性原生生长的形态。以师生行为尺度为依据的人性化空间有利于交流的舒适性，功能活动相对完整的综合体系构建出亲切交融的小型群体环境，私密、半私密和开放空间的小尺度转换加强了空间的稳定感、安全感与归属感。学生邻里单位的校园空间组织将表现出类似传统村落生长的拟态，自由、不规则的空间动态暗示出未完成区域多向的发展适应能力，单元的组织方式又统一了整体性肌理，创造出自然有机的生长模式。

3.3.2 校园图书馆社区化功能组织策略

现代建筑国际会议（CIAM）在 1933 年通过的雅典宪章奠定了功能主义的地位，明确功能分区的理念，理性地改善了一定时期城市机能混乱的问题，然而功能至上的机械理性却忽视了人性化的使用与交流的情感诉求。随后，Team10、马丘比丘宪章分别对功能主义提出了质疑，他们指出倡导人际结合是城市存在的根本，并应努力创造一个综合、多功能的城市环境的改良思路。简·雅各布斯在《美国大城市的死与生》中犀利地批评了传统城市规划理论指引下城市土地的低效利用及单一功能的活力减退，提出多种功能复合、小尺度街道、不同类型的建筑均匀混合以及足够人流密度这四个丰富城市多样性的原则，成为推动城市复兴的积极力量。

随着学科横向联系与信息交流的密切，学科间的相互独立被交叉渗透所代替。模糊了功能分区的明显界限，满足多学科共享、交流的功能布局逐步成为大学功能组织的发展趋势。符合当代教学理念与师生行为需求的大学功能组织，其目的已由满足师生生活、学习、运动的基本需求，提升到适应师生行为交往、促进学生全面素质提升的更高层次要求。社区化校园的概念便是适应这种发展趋势应运而生，其并不是对传统校园功能分区的完全颠覆，而是在其基础上对功能组织进行合理优化，通过校园自身功能完善、对同质功能进行复合、与城市资源共享共建的方式，实现资源的优化重组，发挥更大的资源效应。

1. 功能多样性原则

师生是大学校园的主体，其各类行为活动构成了大学活动的人文环境。单一的教学、生活空间已不能满足师生同时存在多种行为方式，其迫切需要在各类校园设施中共享多途径的学习、生活空间。作为社区化校园将不仅在功能类型和数量上深度贴合师生行为需求与物质需求，以人性化的设计创造便捷、齐全的学习、工作、生活服务设施；同时也需要关注营造促进、引导、激发师生交往的场所，满足其在精神、人际上的交往需求。如在校园中增添创客中心、24小时阅览室、24 小时便利店、社区服务中心等新类型的功能设施。并且随着信息时代的发展，智慧型社区的时代也即将到来，因此，社区化校园也可根据自身需求建立智慧平台，达到为师生提供快速、便捷的网络服务的目的。

2. 功能高效原则

功能高效原则是指通过将不同层次与等级的功能单元进行重组，对一些具有同质、互补、共生特质的功能进行高效整合，保证既能发挥分散的多功能效应，也能发挥功能集聚的综合效应，以科学的调配完善、补充原功能单元，避免资源重复建设以及对功能单元的随意叠砌，使功能的设置与分配达到一个高效状态，形成整体机能的最优化。

3. 可达性原则

可达性原则是指人们以步行为主，能便捷、安全、舒适地进入相应的功能区。良好的可达性可提高师生使用各功能区的频率，增加师生接触、交流的机会，提升师生的行为效率和校园活力。同时，也能便于城市居民通过引导快捷地进入校园的公共设施空间，有利于校园的开放。

4. 弹性原则

弹性原则是指功能布置的灵活性与可持续性。社区化校园的规划应避免追求全范围、高强度的一次成型开发模式，而应采取持续演进，不断适应变化的动态规划方式。在空间设计上也应发挥功能单元的组合效益，以多义、灵活变换的空间避免同质单元的重复建设。

5. 城市共享原则

城市共享原则指把握校园与城市互动关系，在规划中充分考虑同城市设施、机构的联动，如与城市周边社区基础设施共享，与城市科研、企业合作，与城市公共交通设施衔接，搭建与城市便捷互动的平台，做到紧凑而不孤立，开放而不无序。

第4章　泉州信息工程学院图书馆空间营造研究

4.1　项目概况

4.1.1　项目背景

新的时代精神要求文化艺术在当前技术变革中找寻新的栖身之所，建筑与环境艺术专业作为技术与艺术共同衍生的相伴学科，是展现艺术与技术相交融的重要载体。泉州信息工程学院以电子信息工程类专业为内核并不断拓展，承载了当下与未来的时代精神，校园面貌也应与之相匹配，给予景观与建筑新的诠释。纵观校园内建筑景观，地形起伏旷远，路网布局清晰，但现状建筑体量过大，且不同功能建筑及活动场所间的距离较远，交通流线被拉长因而导致时间增耗；为此研究校园景观环境有助于加强开拓校园美，但现状建筑却相对封闭，建筑空间功能及外立面形式较为传统，缺乏与环境相呼应，在不断扩招的压力下有效利用容积率，增建不足的教学功能是当务之急。

因此，本项目以扩建图书馆及周边的建筑景观改造设计为切入点，对上述思考进行理性回应。图书馆作为师生工作和课余生活学习的重要场所，在传统的藏书功能之外，必须要增加数字信息功能阅读，增加大量的研究空间，增设服务一体化智慧校园包含餐饮、会议、活动等不同功能的服务型空间，从而增加其利用率与活跃度；而如何协调各空间类型便是重点与难点所在。

4.1.2　区位分析

项目位于福建省泉州市，泉州简称"鲤"，别名鲤城、刺桐城，隶属福建省。泉州位于福建省东南沿海，南临台湾海峡，地处闽东山地中段和闽东南沿海丘陵平原中段。被马可波罗誉为"光明之城"，被列入国家"一带一路"战略的21世纪海上丝绸之路先行区，海上丝绸之路的重要起点，首批国家历史文化名城，被评为"国际花园城市""国家园林城市"。

4.1.3　用地现状分析

学校的图书馆位于学校的中部位置，北面是实验办公综合楼、教学科研综合楼；南面为研发办公楼；西侧是校园操场；东侧是学生宿舍楼。其所处的地理位置极大地方便了师生的学习与生活。本项目为泉州信息工程学院图书馆建筑与景观更新设计。图书馆位于泉州信息工程学院中心山体绿地之中，是泉信学子日常工作学习的最佳公共场所。

图5　泉信图书馆实景图1

图6　泉信图书馆实景图2

图7　泉信图书馆实景图3

整体校园交通道路脉络清晰，校园主干道围合成一个环形交通，各功能建筑沿环形交通主干道分布；学生宿舍区位于校园东侧，交通道路为主干道分支出来的三条次干道，平行分布汇成一主干道可通往校园东北正大门，与博东路相接；正大门入口交通道路实行人车分离，进入校园左侧为人行道，右侧车辆行驶。校园西南边设有校园后门，通往博后路（该后门景观视觉效果较差）。

校园依山而建，因地制宜，属山体景观，可登至山顶俯瞰校园景观。校园植被覆盖率较高，绿化率达70%以上。且植物茂盛、种类多，生长状况好。教学楼和实训楼背后有大块闲置草坪，植被日常维护、修剪与管理情况极佳。

校园总占地面积152073.04m²，总建筑占地面积：22218.06m²，建筑限高：24m，地形高差相对较大，最大高差约为17m，建筑位于校园的制高点，通往建筑的道路只有由北向南一条。南北两侧皆有一处假山石水景观。设计中应考虑建筑高度与整体校园的关系，如何结合地形、地势展示出建筑与校园的景观关系，是设计中最需要解决的问题。

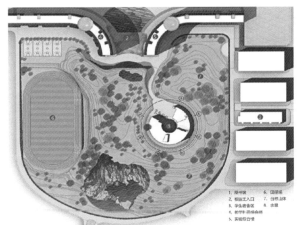

图8　泉信校园总平图

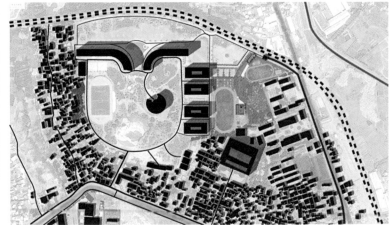

图9　泉信校园平面肌理图

泉州信息工程学院图书馆建于2002年，现有馆舍建筑面积近1.79万平方米，普通阅览室座位1475位，多媒体电子阅览室拥有250台电脑终端供读者访问图书馆资源和网络资源。图书馆采用"全开放、大流通、藏借阅合一"的管理模式。现有建筑结构为钢筋混凝土框架结构，环形轴网。环形空间的中心为首层平层玻璃框架内庭，同时作为主入口的过渡空间。建筑主体为地上四层空间，二、三、四层均设有屋顶平台，外立面为花岗岩贴面。

4.2　定位与意义

4.2.1　设计定位

项目定位于构建一个开放性、个性化、多元化的社区化图书馆。共生、共享、绿色创新和社会互动是未来大学的发展方向，整个图书馆采用开放性、个性化、多元化式空间营造，在校园空间中极力塑造应对教育诉求的复合型空间。以终身学习理念为指导，为学生、企业和社会创建一个集聚、整合和共享优质教育资源的开放环境，培育一个充满活力的学习型社区。大圆环是学习超市的主体，是一座360度不间断的共享教学设施。圆环与外围的加建构造体及服务于教学的功能用房都拥有便利的联系。在这个360度的学习超市中，学习空间无处不在，不仅包含各种教室、讨论室，也有许多舒适的开放空间，供师生和企业交流讨论。同时也包括了户外空间，尤其是二层屋顶平台，是自由可达的室内学习空间的延伸。

4.2.2　设计意义

（1）通过场地、场馆等仪式感强烈的物化元素，让学生在潜移默化中感受到强烈的校园文化特色，以及校园文化精神。

（2）打造国内为数不多的社区化图书馆建筑形式，更多地去探讨如何让学生更加爱上图书馆，参与到图书馆。

4.3　图书馆建筑空间的多样性设计研究

4.3.1　交流活动空间的设计分析

1．交流活动空间的开放性设计

交流活动空间是伴随着图书馆服务模式的"人本位"理念应运而生。在崇尚开放式、自由化交流学习的当代，多样化空间的开放式设计是时代要求。目前，公共图书馆中新增的展览厅、多功能厅、多媒体空间等交流活动空间大多会结合门厅等公共空间设置，方便读者的使用。

OMA 设计的 Alexis de Tocqueville 图书馆将展览厅、多功能报告厅等为读者增设的交流活动空间置于首层，结合建筑入口开放式大厅布置，方便读者的便捷性使用。

2．交流活动空间的独特性设计

需要注意的是，根据读者需求增设的交流活动空间除了需要满足公共空间应有的读者便捷可达性之外，还要注意自身一些独特性特征，比如空间的独特形状、独特性采光需求、声学需求、空间尺度需求以及疏散需求等。而读者自修空间、研究室等还需要营造出不同于其他公共空间的静谧氛围。

3．交流活动空间的人性化设计

随着城市公共图书馆的功能空间拓展，未来公共图书馆中为读者需求增设的交流活动空间比例将会提升，也将随时考验着建筑师的多样化空间设计能力。不管空间如何发展演变，最终都要回归到"以人为本"的设计理念，只有做出更加人性化的空间，公共图书馆才能更好地为读者提供便捷性服务。

4.3.2　"第三空间"引入建议

随着公共图书馆中休闲文化功能的提升，"第三空间"的功能越来越重要。公共图书馆需要引入咖啡休闲区、休闲书店、茶室等功能空间来满足读者的个性化需求。目前泉信图书馆新功能空间设计中引入的"第三空间"还比较缺乏，笔者建议可以结合大堂、展厅空间来设置开放式咖啡休闲阅读区和休闲书店，可独立开放。例如营造日本"茑屋书店"那样的休闲阅读氛围。此外，可结合屋顶花园设置休闲茶吧，营造幽静的休闲氛围。结合开放式阅读大厅顶部的屋顶花园，营造幽静的禅意空间，用作茶室或者休闲型交流阅读空间，营造独特的空间氛围。

4.3.3　"中介空间"的设计分析与引入建议

泉信图书馆建筑入口之前有大面积的入口广场，同时在周边有节点休闲广场，所以笔者认为"中介空间"的设计尤为重要。

1．主入口广场的功能空间优化

对于图书馆入口前的广场外部空间，笔者认为可以通过与首层以及二层空间在功能上形成融合渗透与互补，共同营造开放式室内外一体化读者场所。可以结合地形高差，迎合首层的阅读空间，营造室外休闲活动场地；可以迎合展览空间，营造室外展场；可以迎合咖啡休闲阅读空间，营造悠闲的室外阅读场所。

2．呼应公园景观的"中介空间"营造建议

应对基地东侧和北侧的场地景观，笔者认为可以结合图书馆二层与三层东北侧的成人读者阅读空间架设室外观景平台，同时可以兼作室外活动场地、室外展场、读者交流聚会活动场地。

3．平屋顶区域顶层阅览空间中边庭"中介空间"营造建议

为营造室内外空间的互动以及阅览空间的开放性，笔者建议可以在平屋顶区域顶层阅览空间分隔出多个边庭"中介空间"，营造顶层丰富的阅览体验，吸引更多的读者利用顶层的藏阅空间，提升顶层馆藏资源利用率，解决公共图书馆上层空间利用率低的不利现状。

4.3.4　"屋顶平台"的功能置入

泉信图书馆屋顶平台面积很大，如果纯粹作为屋顶绿化景观布置或者弃之不顾对于建筑自身来说都是较大的

浪费。结合论文前期的理论研究与项目功能空间特征分析，笔者认为在图书馆的功能优化设计中，可以为"屋顶平台"置入以下几种功能：

1. 阅读公园

西班牙穆尔西亚自治区的公共图书馆及阅读公园因其开放式露天阅读场所的营造为读者提供了集阅读、休闲、交流以及活动功能于一体的独特体验。笔者认为，泉信图书馆亦可利用大面积的屋顶平台营造阅读公园场所，辅助室内阅读场所，为读者提供个性化、休闲化以及多元化阅读体验。

2. 露天讲堂

鉴于当代城市公共图书馆建筑举办的交流活动越来越频繁，目前一些公共图书馆建筑内部交流活动场所已难以满足读者的交流活动需求。笔者认为：泉信图书馆可以利用屋顶平台设置露天交流活动场所，举办户外知识讲堂、户外文化艺术展览、户外电影放映以及音乐、戏剧活动的举办，拓展图书馆的文化功能范畴，为读者提供多样化休闲阅读活动，同时提升邻里关系。

3. 创意工坊

高校图书馆建筑的功能越来越多元，目前国外部分图书馆已经引入了"创客空间"等新型创意功能。笔者认为：鉴于我国悠久的历史传统和代代传承下来的非物质文化遗产，高校图书馆可引入"创意工坊"来让更多读者能体验我国悠久的非物质文化遗产。

4. 运动设施

20世纪50年代，柯布西耶在马赛公寓的设计中，为建筑的屋顶平台置入了许多功能，其中一项便是运动设施的引入，来应对城市发展所带来的露天活动场所的缺失。笔者认为：泉信图书馆也可以利用屋顶平台设置部分户外运动场地，为不同年龄段的读者提供阅读之余的休闲运动体验。

结语

1. 主要研究结论

近年来，随着信息时代与知识经济的蓬勃发展，国民对于教育的重视程度越来越高，国内高校图书馆建设无论在规模和数量上都急剧增长，然而新图书馆"千篇一律，千园一面"的粗放型建设现状也让人不禁开始担忧与思考什么样的校园图书馆才能适应时代发展的需求？纵观国内外依旧生生不息的大学图书馆发展历程，图书馆形态大致经历"开放—封闭—开放"的过程，大学图书馆在选址上也呈现了从"城市—郊区—城市"的趋势，究其主要原因，是为了适应教育理念的不断变革以及承担大学的日益彰显的社会职能，同时也为了满足校园主体人群的行为需求，便利其日常学习与生活，形成如同城市社区般具有良好交往氛围与归属感、舒适、安全的校园环境。因此笔者结合大学图书馆的建设经验与发展趋势，提出了高校校园图书馆建筑空间社区化的规划思想，为国内高校图书馆规划建设提供一些新的思路。

2. 展望

（1）在信息化、网络化时代下，学生获取知识的方式与老师的教学方式都会随之改变，对于校园中学习、生活等功能区的使用也会产生变化，如何运用先进的信息技术来优化社区化校园的各个规划要点仍具有很大的研究空间。

（2）在写作过程中，笔者意识到社区化图书馆的建设不仅仅只是考虑设计层面上的问题，对于以人为本，自下而上公众参与设计的规划模式，以及社区化图书馆在处理与城市互动所带来的一系列问题中应制定的管理方法等内容，由于笔者专业研究范围的限制，无法展开深入讨论。

参考文献

[1] 王记成. 基于当代教育理念的高校教育建筑空间适应性研究[D]. 湖南大学，2013.

[2] 杜瑛. 大学与社区互动发展机制探析[J]. 教育发展研究，2017，7：78-81.

[3] C. 亚历山大，等著. 俄勒冈实验[M]. 赵冰，刘小虎，译. 北京：知识产权出版社，2002.

[4] Stefan Muthesius. The Postwar University: Utopianist Campus and College[M]. Yale University Press, 2000.

[5] Richard P. Dober. Campus Planning[M]. John Wiley & Sons, Inc.U.S.A, 1992.

[6] Richard P. Dober. Campus Architecture[M]. Copyright by The Mc Graw -Hill Companies, Inc. U.S.A,1996.

[7] 陈威. 景观新农村[M]. 北京：中国电力出版社，2007.

[8] 王铁，等. 踏实积累——中国高等院校学科带头人设计教育学术论文[M]. 北京：中国建筑工业出版社，2016.

[9] 舒尔茨著. 存在·空间·建筑[M]. 尹培桐，译. 北京：中国建筑工业出版社，1990.

[10] 郭逢利. 社区化的大学校园空间环境探讨[D]. 天津大学，2007.

[11] 宋泽方，周逸湖. 大学校园规划与建筑设计[M]. 北京：中国建筑工业出版社，2006:93-110.

[12] 王彦辉. 走向新社区——城市居住社区整体营造理论与方法 [M]. 南京：东南大学出版社，2003.

[13] 查晓鸣，杨剑，邓莉. 校园社区空间结构规划的思辨 [J]. 工程与建设，2013(6).

[14] 黄全乐. 李涛. 大学与城市：法国大学校园变迁的启示[J]. 新建筑，2004（5）.

[15] （美）美国建筑师学会. 学校建筑设计指南[M]. 周玉鹏，译. 北京：中国建筑工业出版社，2004.

[16] 寿劲秋. 基于学生行为的大学校园集约化规划策略研究[D]. 华南理工大学，2014.

[17] 郑德高. 校区、园区、社区：三区融合的城市创新空间研究[J]. 国际城市规划，2017，4：67-75.

泉州信息工程学院图书馆改造设计
Reconstruction Design of the Library of Quanzhou University of Information Engineering

区位介绍

　　项目位于福建省泉州市，泉州简称"鲤"，别名鲤城、刺桐城，隶属福建省。泉州位于福建省东南沿海，南临台湾海峡，地处闽东山地中段和闽东南沿海丘陵平原中段。被马可波罗誉为"光明之城"，被列入国家"一带一路"战略的21世纪海上丝绸之路先行区，海上丝绸之路的重要起点，首批国家历史文化名城，被评为"国际花园城市""国家园林城市"。

场地照片

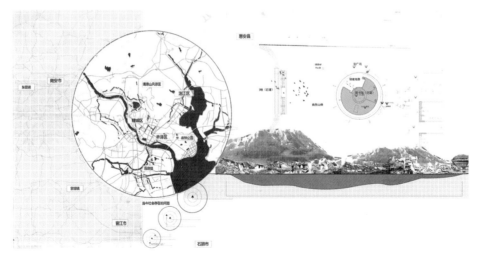

区位分析

　　本项目为泉州信息工程学院图书馆建筑与景观更新设计。图书馆位于泉州信息工程学院中心山体绿地之中，是泉信学子日常工作学习的最佳公共场所。现有建筑结构为钢筋混凝土框架结构，环形轴网。环形空间的中心为首层平层玻璃框架内庭，同时作为主入口的过渡空间。建筑主体为地上四层空间，二、三、四层均设有屋顶平台，外立面为花岗岩贴面。

人群分析

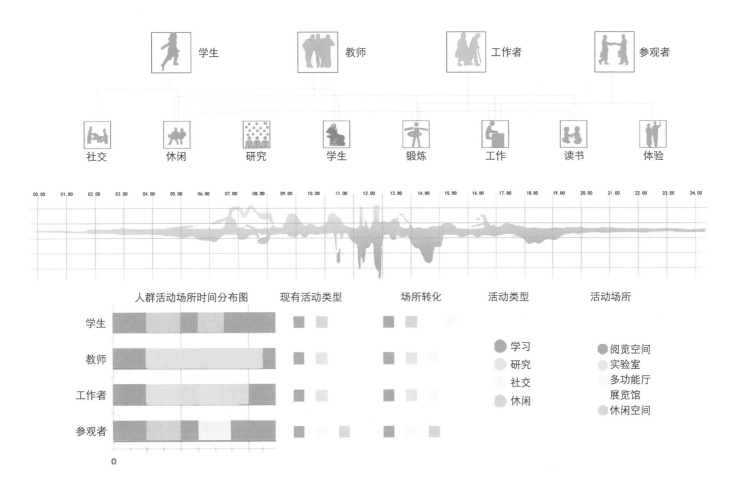

	人群活动场所时间分布图	现有活动类型	场所转化	活动类型	活动场所

学生
教师
工作者
参观者

学习　　阅览空间
研究　　实验室
社交　　多功能厅
休闲　　展览馆
　　　　休闲空间

空间模式探究

互联网交往的特点	互联网对空间提出要求	人们对空间提出要求	未来空间应有特点	空间复兴	未来交往方式

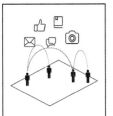

优点：人们可迅速获取大量资讯，远距离交往方便且迅速。

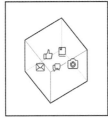

传统空间应具有互联网多元化、资讯共享的特点。

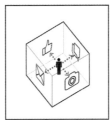

传统空间应为人们提供信息发布的界面。

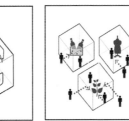

空间的主题性导致人群的倾向性。

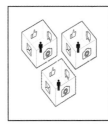

互联网时代下空间应具有自我展示的特性。

人们交往趋向圈子化，更加注重个人价值的自我实现。

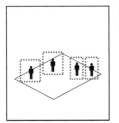

缺点：过多地依赖与关注网络阻碍某些短距离交流。

传统空间应强化人与人的面对面交集。

传统空间应为人们提供人际互动的界面。

主题性的空间给其他主题性空间提供展示。

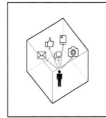

互联网时代下空间应易于获取大量资讯。

利用互联网线上线下互动联通，人与人之间交流通畅、快速准确。

社区元素提取

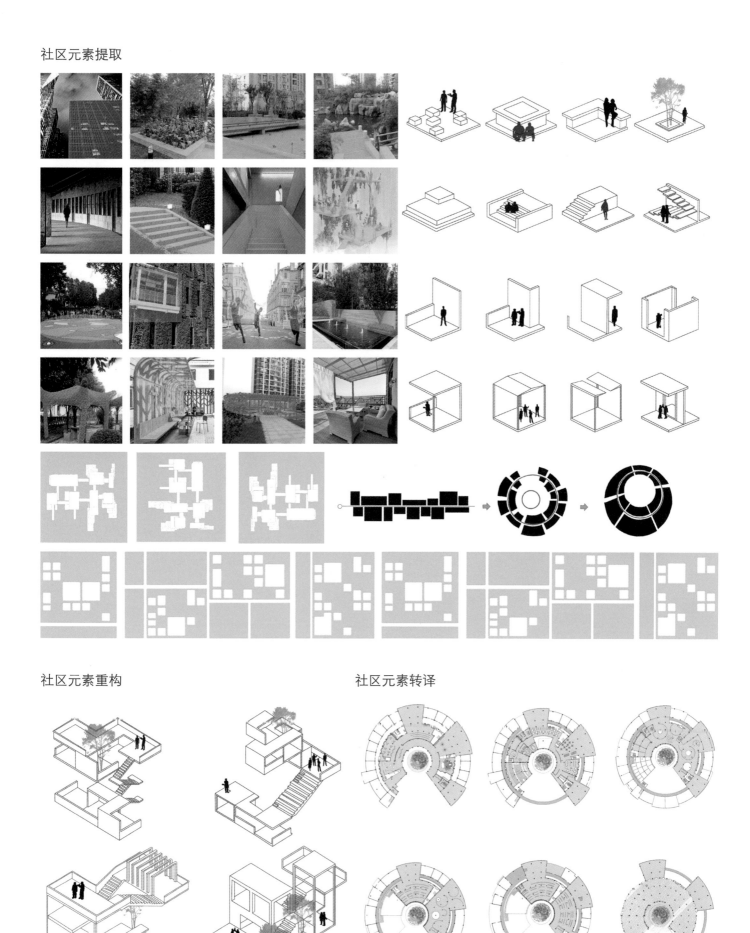

社区元素重构   社区元素转译

方案设计

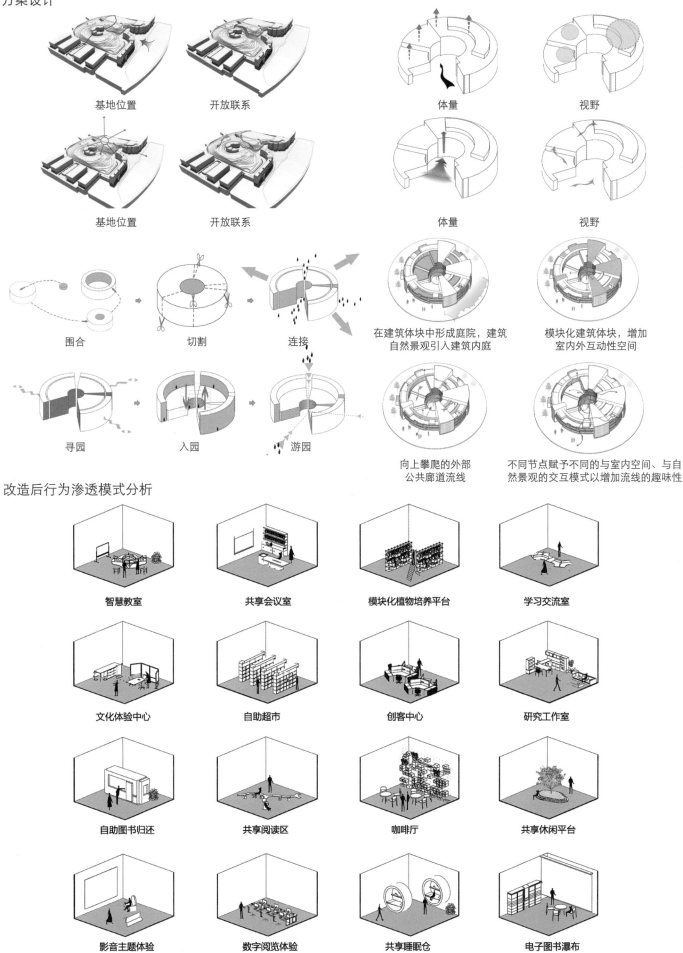

基地位置　　　　　开放联系　　　　　　　　　体量　　　　　视野

基地位置　　　　　开放联系　　　　　　　　　体量　　　　　视野

围合　　　　切割　　　　连接

寻园　　　　入园　　　　游园

在建筑体块中形成庭院，建筑
自然景观引入建筑内庭

模块化建筑体块，增加
室内外互动性空间

向上攀爬的外部
公共廊道流线

不同节点赋予不同的与室内空间、与自
然景观的交互模式以增加流线的趣味性

改造后行为渗透模式分析

智慧教室　　　共享会议室　　　模块化植物培养平台　　　学习交流室

文化体验中心　　　自助超市　　　创客中心　　　研究工作室

自助图书归还　　　共享阅读区　　　咖啡厅　　　共享休闲平台

影音主题体验　　　数字阅览体验　　　共享睡眠仓　　　电子图书瀑布

建筑总平面图

　　建筑平面加强其水平延展性，将其形态与场地融合，重新规划，将其形态整合统一于建筑系统与景观系统之中，为整个校园建筑系统设计创造更多事件发生的可能性。

　　通过对建筑地景化设计方法的研究，使泉信图书馆建筑设计具有以下特点：

　　（1）建筑界面的消隐性；

　　（2）空间的体验性、交互性；

　　（3）功能的共享性。

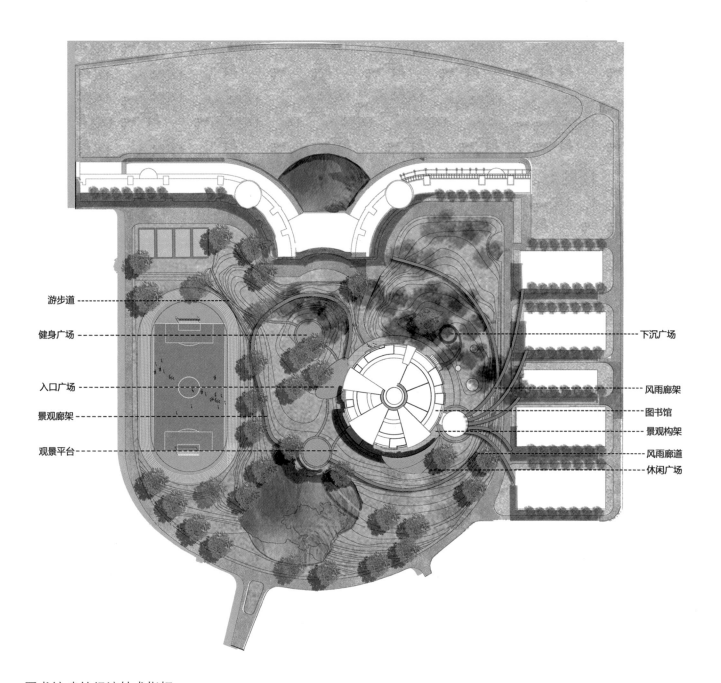

图书馆建筑经济技术指标

现状：

总建筑占地面积：3291m²

总建筑面积：9100m²

容积率：2.77%

建筑层高：16.9m

改造后：

总建筑占地面积：5250m²

总建筑面积：18770m²

容积率：3.5%

建筑层高：30m

景观节点分析

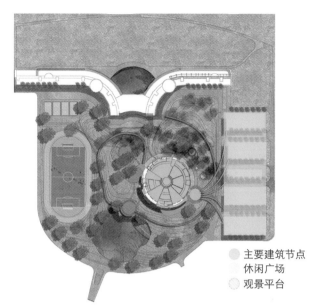

主要建筑节点
休闲广场
观景平台

景观轴线分析

景观视线分析

建筑竖向体块分析

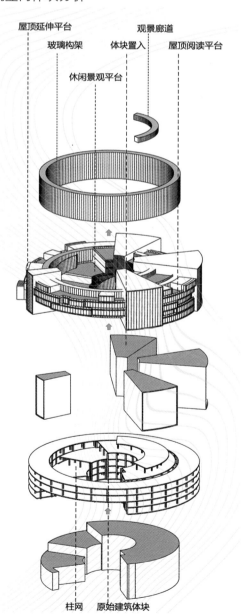

屋顶延伸平台
玻璃构架
观景廊道
体块置入
休闲景观平台
屋顶阅读平台

柱网　原始建筑体块

景观行为分析

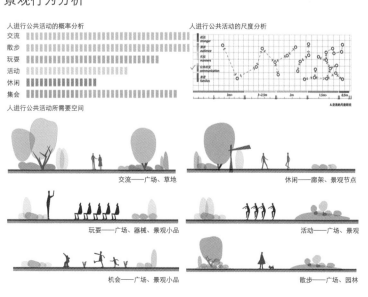

人进行公共活动的概率分析
交流
散步
玩耍
活动
休闲
集会

人进行公共活动的尺度分析

人进行公共活动所需要空间

交流——广场、草地
休闲——廊架、景观节点
玩耍——广场、器械、景观小品
活动——广场、景观
机会——广场、景观小品
散步——广场、园林

建筑平面分析

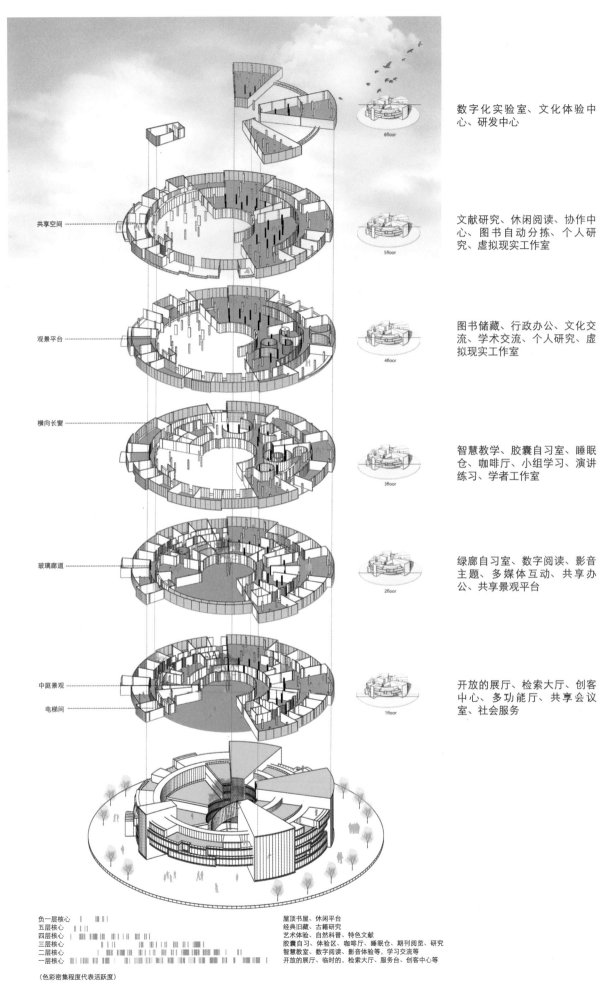

数字化实验室、文化体验中心、研发中心

共享空间

文献研究、休闲阅读、协作中心、图书自动分拣、个人研究、虚拟现实工作室

观景平台

图书储藏、行政办公、文化交流、学术交流、个人研究、虚拟现实工作室

横向长窗

智慧教学、胶囊自习室、睡眠仓、咖啡厅、小组学习、演讲练习、学者工作室

玻璃廊道

绿廊自习室、数字阅读、影音主题、多媒体互动、共享办公、共享景观平台

中庭景观
电梯间

开放的展厅、检索大厅、创客中心、多功能厅、共享会议室、社会服务

负一层核心
五层核心
四层核心
三层核心
二层核心
一层核心

屋顶书屋、休闲平台
经典旧藏、古籍研究
艺术体验、自然科普、特色文献
胶囊自习、体验区、咖啡厅、睡眠仓、期刊阅览、研究
智慧教室、数字阅读、影音体验等、学习交流等
开放的展厅、临时的、检索大厅、服务台、创客中心等

(色彩密集程度代表活跃度)

建筑图纸

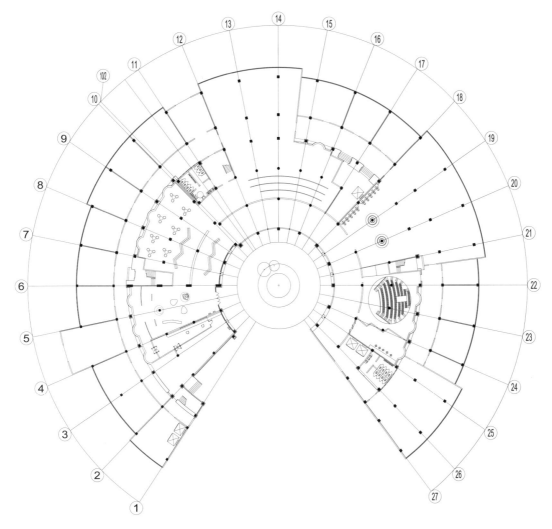

一层平面图

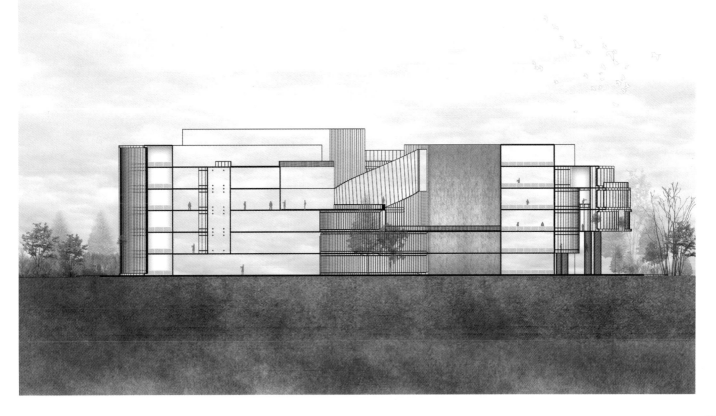

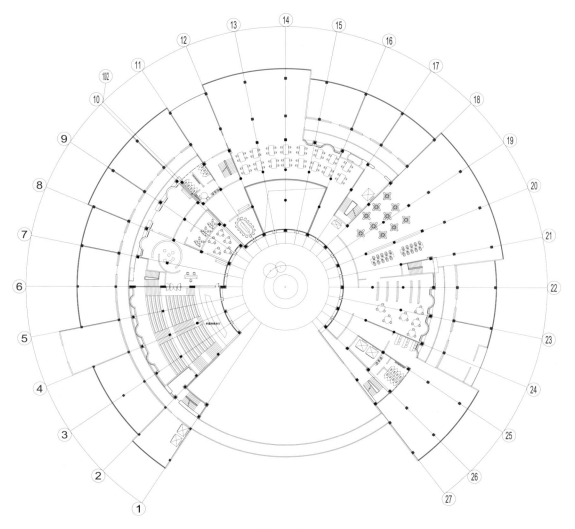

二层平面图

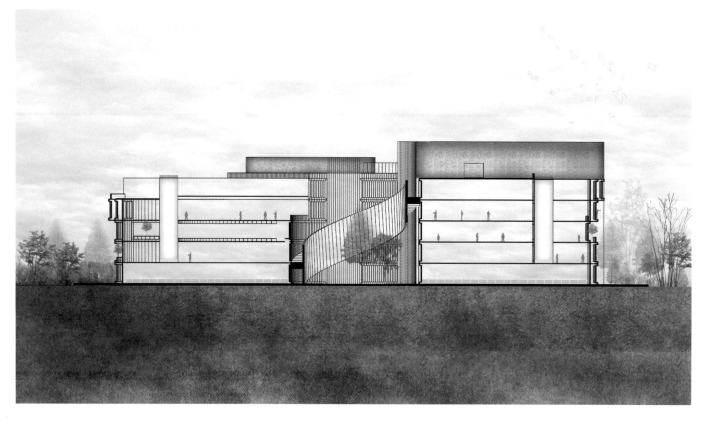

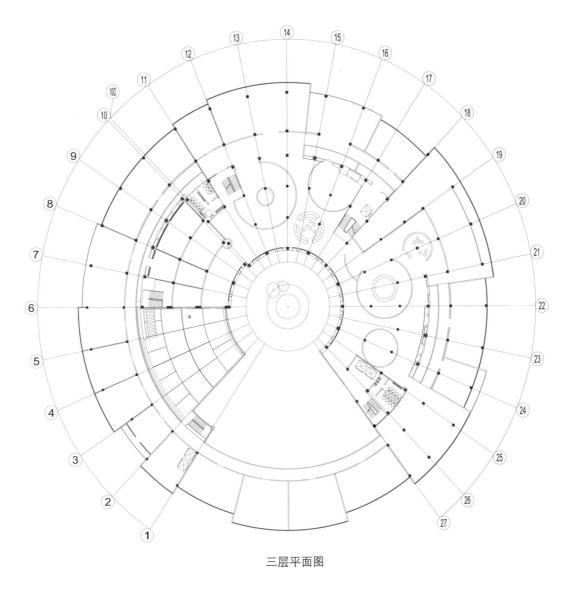

三层平面图

423

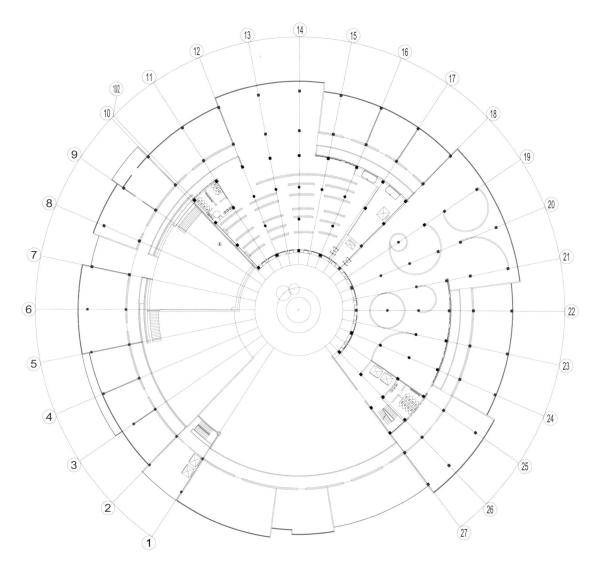

四层平面图

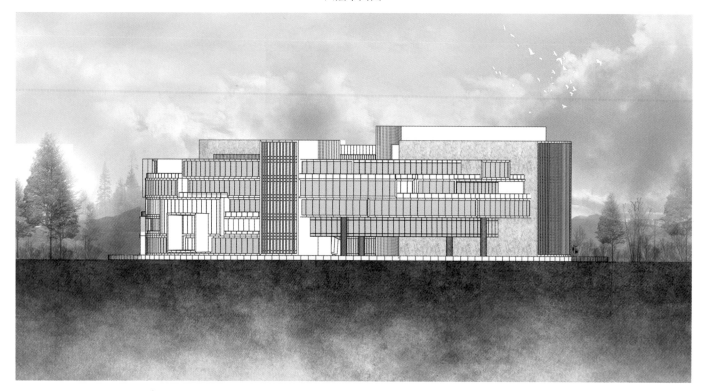

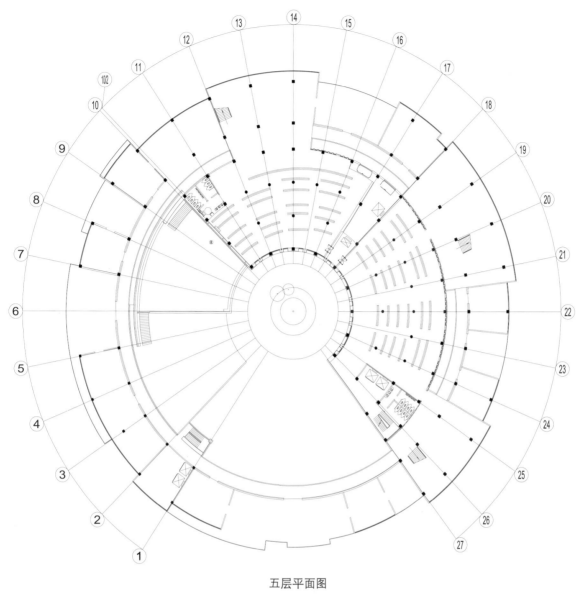

五层平面图

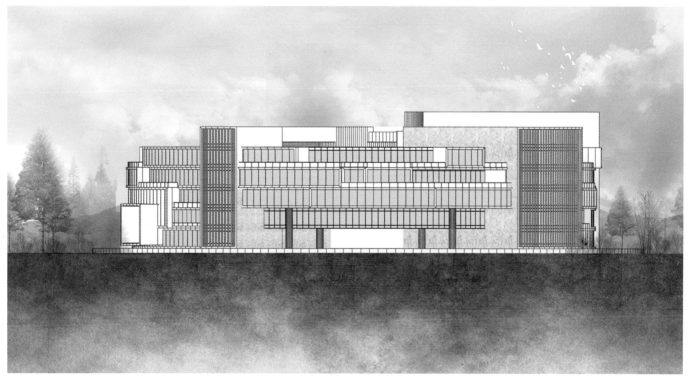

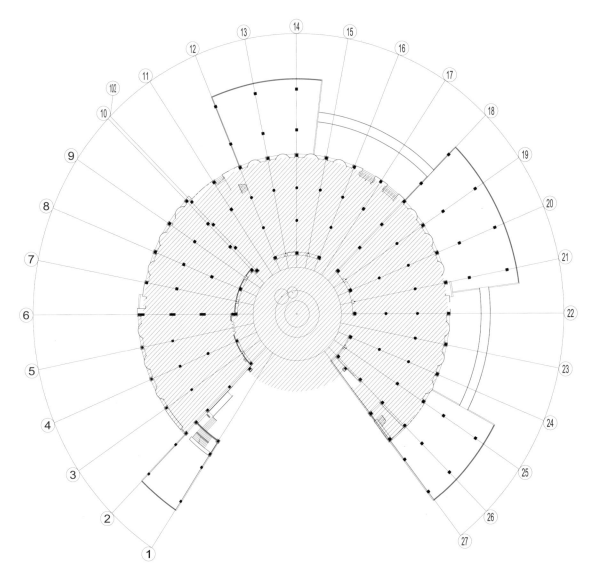

六层平面图

效果图1

效果图2

效果图3

效果图4

效果图5

效果图6

效果图7

建筑景观细节

高校图书馆学习空间再造设计研究
Research on the Design of Learning Space Reengineering in University Library
泉州信息工程学院图书馆设计
Library Design of Quanzhou University of Information Engineering

广西艺术学院
闻可欣
Guangxi Arts Institute
Wen Kexin

姓　名：闻可欣 硕士研究生三年级
导　师：江波 教授
学　校：广西艺术学院
　　　　建筑艺术学院
专　业：艺术设计
学　号：20181413422
备　注：1. 论文　2. 设计

高校图书馆学习空间再造设计研究
Research on the Design of Learning Space Reengineering in University Library

摘要：近年来，信息技术高速发展，直接或间接地影响着人们的生活，以及影响着高校的教学模式，高校图书馆的空间利用率也受到了冲击。图书馆作为高校中的重要组成部分，应该随着时代科技的进步而发生改变，因此对于高校图书馆的学习空间再造设计是十分必要的。本文通过2020年四校四导师实验教学课题的思考，以泉州信息工程学院图书馆设计为案例开展研究，就高校图书馆的学习空间进行重新设计，研究图书馆空间再造设计的原则方法，希望能够提高高校图书馆的学习空间利用率，使图书馆焕发新的生命力。

关键词：高校图书馆；学习空间；空间再造

Abstract: In recent years, the rapid development of information technology directly and indirectly affects people's lives, affects the teaching mode of colleges and universities, and the space utilization rate of university library has also been impacted. As an important part of colleges and universities, the library should change with the progress of science and technology, so it is very necessary for the re-design of learning space of university library. Based on the thinking of the experimental teaching project of 4&4 workshop in 2020, this paper takes the library design of Quanzhou University of information engineering as a case to carry out the research, adjusts and redesigns the learning space of university library, and studies the principles and methods of library space reengineering design, hoping to improve the utilization rate of learning space of University Library and make the library radiate new vitality.

Keywords: University library; Learning space; Space reconstruction

第1章 绪论

1.1 研究背景

21世纪是一个数字信息技术高速发展的时代，5G、大数据、物联网等信息技术的产生不断地丰富着我们的生产生活，影响着我们的生活方式，同时也冲击着我们对于传统空间的认知结构，使得我们不得不重新思考人与空间、人与人之间的关系。图书馆是人类智慧的宝库，对人类的发展进步具有重要的意义，高校图书馆更是大学校园中极为重要的组成部分。高校图书馆不仅为学校师生提供了学习的空间和环境，更是除了宿舍、教室以外的能够实现社交的"第三空间"，承载着传统的藏阅和公共交流的双重功能。高校图书馆的服务也为大学实现整体目标起到支撑作用，在图书馆服务中空间这项物理条件，对于实现学习和交流起着至关重要的作用。

信息时代的到来，高校图书馆的空间开始经历变革和重新思考。科技的发展使得纸质图书逐渐向电子形式的图书转变，图书馆原有的藏阅功能已经不能满足读者的需求，电子阅览室逐步走入人们的生活。对于阅读空间的探索促使信息共享空间产生，随之出现了学习共享空间、创客空间、第三空间等一些新的图书馆空间形式。这些空间与之前的传统阅读空间有所不同，它们增添了电脑室、影音室、新型阅览室等功能，在服务模式上得到了丰富和创新。近些年人们对于图书馆空间进行了不断的探索，逐渐将对于空间的思考变为现实。

分析总结变化才能迎接未来的挑战，高校图书馆空间必须顺应时代的变化，立足于之前的变革与探索，展望未来，迎接未来，主动思考高校图书馆的空间再造原理，为空间的调整做好充足的准备。高校图书馆的空间再造设计不仅仅是其图书馆本身的内部力量所决定的，还是在各种新兴的技术、新的理论等多种外界因素共同推动下所实现的。分析高校图书馆空间再造的推动动力，研究高校图书馆学习空间的设计原则，才能更加准确地把握高校图书馆未来空间设计的趋势。

本文的研究将立足于三个方面的研究：第一，大数据时代高校图书馆如何突破传统空间的局限，得到学习空间的再造；第二，如何建立高校图书馆学习空间与学生学习行为的关系；第三，在未来的高校图书馆空间中会呈现哪些新趋势。

1.2 研究目的与意义

近年来许多高校图书馆为顺应时代发展的需求进行了改造或扩建，但是在建设过程当中往往追求了量而忽视了质，出现了许多问题，如图书馆使用率不高、对图书馆的空间定位不够明确等等。因此引发了我对高校图书馆学习空间再造的思考，如何去营造符合时代要求的图书馆学习空间从而提高图书馆的使用率。

由于科技的进步和信息技术的发展，高校师生对于图书馆空间的要求不断改变，新兴技术的更新也使得图书馆空间出现了进一步的变革。目前研究表明大多数新建和改造的高校图书馆空间在未来几年中还是以创客空间为重点，但是随着5G、虚拟现实技术、人工智能等一系列新技术的出现，对于未来的高校图书馆学习空间设计的概念应该有新的思考和探索，结合新兴技术的发展，对未来高校图书馆空间建设进行展望。

无论是基于理论研究还是实践方面，本研究都具有重要意义。理论方面：一方面对高校图书馆的发展变革进行回顾和总结，整理出主要的空间变化原理，对其进行部分整理和补充；另一方面，对推动高校图书馆学习空间再造设计的动力进行分析，研究其设计方法。实践方面：本文最终是着眼于未来高校图书的学习空间，对现实的图书馆空间再造具有重要意义。高校图书馆应该把握时代的发展趋势，顺应潮流对现有空间进行再造设计，这样才能为高校师生营造一个更好的学习环境，促进高校教学和研究的发展。

1.3 核心概念界定

本研究中涉及的核心概念包括高校图书馆、学习空间、空间再造。

1. 高校图书馆

图书馆的分类有很多种，按照其服务对象可以分为高校图书馆和公共图书馆两类，高校图书馆是图书馆建筑中的重要组成部分，也是使用率较高的一类图书馆。高校图书馆与公共图书馆所要求的普及性教育不同，它所承担的使用人群和服务内容都有很大的区别，图书馆的人流量受到学校教学安排的影响较大。高校图书馆对比于公共图书馆，更加倾向于"学习空间"。因此对于高校图书馆来说，研究学习空间的营造十分关键。

2. 学习空间

2006 年 JISC（Joint Information Systems Committee）定义学习空间为能够激励和促进学习者的学习，支持协作学习的开展，能够同时提供个性化和包容性的环境，并且能够灵活地满足不断变化的需求。学习空间由字面可理解为提供学习的场所，是一个以多种物理条件为基础的学习环境，是一个配合教学活动开展面向全体师生所营造出的学习场所。学习空间主要包括正式学习空间、非正式学习空间和虚拟学习空间三种。

3. 空间再造

空间再造本质上是通过改变图书馆空间布局增加新的使用功能，满足高校师生的更多使用需求。图书馆的再造空间随着技术发展和使用人群需求的改变而改变。于国英提出高校图书馆在改造时要满足六点要求，充分保证阅读空间、发展网络空间、提高读者的参与度和交流、设计制作与灵活布局设备设施、变革资源存储和使用的布局以及注重绿色环保的建筑使用功能。

1.4 创新观点

在信息科技迅猛发展的时代，大数据、5G、VR技术等数字化手段不断涌现，高校图书馆也开始从传统走向数字化的综合空间，图书馆空间的发展模式也从单一的阅读空间逐步转向复合型空间。国外高校的图书馆对于学习空间的理论研究以及实践已经趋于成熟完善，国内的一些高校也进行了探索，相关研究工作在逐步深入，但在设计中的实践和应用不够充分得当。本文将立足现有的理论基础，以泉州信息工程学院图书馆的扩建改造设计为例，分析高校图书馆学习空间的变革动力，探索学习空间的再造设计方法和策略，为校园建筑的未来发展做出畅想和规划。

1.5 研究方法与研究框架

1.5.1 研究方法

首先通过梳理国内外高校图书馆的发展过程，分析发展现状，对高校图书馆学习空间的营造进行多角度的研究。图书馆学习空间的再造从理论到实践需要多个学科的融合和协作。本文最终落实到空间再造的物理层面，需要对其理论、经验、方法、实际等多方面进行思考和理解，基于此文章研究方法主要有以下几种：

1. 文献资料收集与归纳法

通过搜集图书馆学、建筑学等方面的相关资料，查阅高校图书馆的相关文献，为课题的研究奠定坚实的理论基础。深入研究关于"学习空间"营造的资料，从高校图书馆的发展出发，通过国内外高校图书馆学习空间的现状研究，总结理论，加强研究的深度，得到新的思考和展望。

2．案例分析法

通过对国内外已建成的高校图书馆的案例进行分析，了解其中的设计方法和空间构建方式，对其学习空间的使用情况深入了解，分析总结现有高校图书馆学习空间存在的优缺点，为下一步的设计提供参考依据。

3．实地调研法

通过对不同类型的高校图书馆学习空间进行实地调研，从使用主体的需求出发，采用观察记录、访谈与问卷调查等方法，深入了解适用人群的心理，从而设计出更加符合主体需求的学习空间。

4．图解分析法

在研究高校图书馆再造的设计方法方面，采用专业图示语言使研究内容更加清晰直观，从而对所论述的内容有一个更加形象的表达。

1.5.2　研究框架

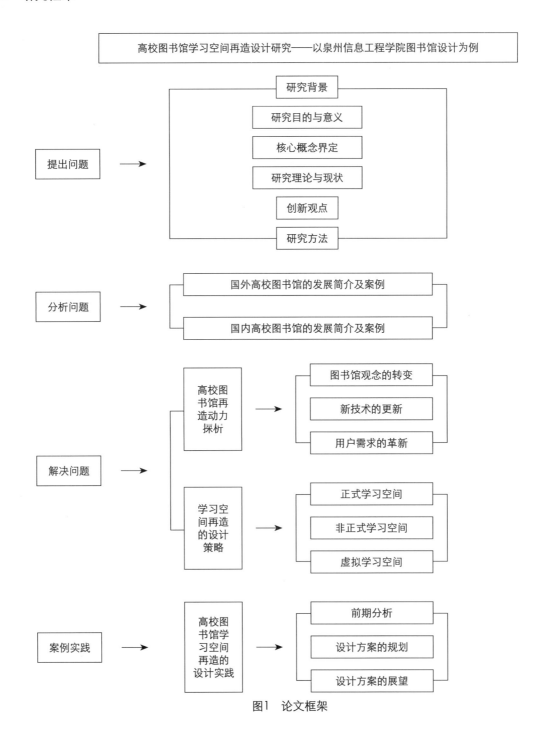

图1　论文框架

第2章　国内外高校图书馆学习空间再造发展概述

2.1　国外研究综述

文章以"Google Scholar"和"Emerald"为数据源来获取相关文献，通过阅读相关文献并对其进行归纳总结后发现，国外图书馆界有关高校图书馆实体空间再造问题的研究主要集中在以下几个方面。

2.1.1　图书馆功能空间研究

1. 信息共享空间研究

信息共享空间（Information-commons，简称 IC），这一概念最早由美国学者唐纳德·比格（Donald Beagle）在 20 世纪 90 年代后期正式提出。唐纳德提出了两种信息空间的概念：一种是独特的在线环境，在此环境下，用户可以通过 GUI（用户图形界面）获取多种信息资源服务，此外用户还可以利用安装在终端上的搜索引擎对馆藏资源和其他数字资源进行检索；另一种是新型的物理设施和空间，该类空间可以在整合数字环境下为工作空间提供管理和服务，并将图书馆员的服务添加到第一种模式的基础上。美国学者罗素·贝利（Russell Bailey）和巴巴拉·蒂尔尼盖（Barbara Tierney）将比格的后一种概念进一步分为三类：第一种是巨型信息共享空间（Macro-commons），即信息世界，主要指来源于网络的数字信息；第二种是微型信息共享空间（Micro-commons），即计算机网络设施、外设、软件与数字技术高度集中的区域；第三种是整合信息共享空间（Integrated-commons），即用于研究、教学和学习等的特殊场所，尤为重视数字信息。美国学者罗伯特·西尔（Robert Seal）在对图书馆环境变化进行简要概述的基础上，对信息共享空间的各种模式和特点进行了研究，然后着重探讨了信息共享空间与计算机中心和其他信息中心建立伙伴关系的整合模式。

2. 学习共享空间研究

随着信息技术的发展，读者的学习和研究行为越来越多地由传统媒介转向互联网，读者通过互联网学习，其学习的自发性和主动性增强，逐渐由被动接受知识转向主动创造知识。高校也经历着从传统的知识传递到新型的以"MOOC"和翻转课堂为代表的引导型教学模式的重大转变。图书馆的信息共享的服务模式也因为学生对知识由获取到创造改变以及新兴教学方式的广泛使用而产生变化。学习共享空间（Learning-commons，简称 LC）作为信息共享空间的一种发展形式逐渐流行起来。

3. 创客空间

美国学者艾伦·兰奇（Ellen Range）和杰西卡·施密特（Jessica Schmidt）介绍了美国研究生开设创客空间的经验。创客空间是一种带有典型美国车库文化色彩的共享空间，在高校图书馆建设创客空间需要考虑学生应如何科学地管理、信息如何安全地存储、设备如何支持项目等许多因素；卡洛琳·富特（Carolyn Foote）指出高校图书馆创客空间与图书馆的使命相得益彰，高校图书馆创客空间所提供的设备帮助学生在实践中成长，培养学生自主学习与自主探索的能力。同时随着培养学生 STEAM（科学、技术、工程、数学、艺术）技能的教学理念的流行，创客空间可以很轻松地将其与学生日常所学课程或者正在参与的项目结合起来，对培养学生的 STEAM 技能很有帮助。

2.1.2　图书馆空间再造的设计研究

理查德·白泽林（Richard Bazillion）指出高校图书馆空间再造项目是一项非常复杂的工程。在设计方案时一定要充分考虑各方面的意见包括建筑师、读者代表和馆员等。无论是机构选择传统的设计—投标—构建策略还是新的设计—构建方法，读者代表和图书馆馆长都是从设计开发到项目运行的关键人物，如果一个项目从最开始就拥有一个有着强大凝聚力的团队，那么这个项目很有可能达到或者超出预期效果；斯科特指出了对高校图书馆空间再造影响最大的五个因素，即馆藏量的增长、学生对学习空间需求的改变、先前空间功能设计的失调、图书馆教学计划的变化与改进公共服务重点的变化，并表示通过对图书馆空间进行再造应达到容纳不断增长的馆藏数量、纠正以前图书馆空间功能失调的设计、提高传统运营的效率并检修过时系统的目的。基于此种目的，作者为两类读者即对图书馆建设和改造项目负有重要责任的学术图书馆员以及希望实质性参与到图书馆空间设计以期推进其机构核心学习和教学任务的校园学术人员提供了详尽的设计方案；美国学者玛丽·索麦维（Mary Somerville）和玛格丽特·布朗（Margaret Brown）参与了一项为期 18 个月的参与式行动研究（Participatory Action Research，简称 PAR），并指出空间再造取得成功主要基于以下两点：一是给建筑师明确的工作范围，他们指导参与者反复设计并改进，最终确定了最佳空间再造方案；二是在确定空间再造方案之前仔细研究各种数据并加强各方探索性交流，确保了人们对预期结果可以达成共识。

2.1.3 图书馆空间再造评估研究

美国学者妮达·阿巴斯（Neda Abbas）等介绍了迪肯大学 TEALS（Tool for Evaluation of Academic Library Spaces，高校图书馆空间评估工具）项目。TEALS项目组提出 10 条评估标准，这些标准主要用于评估空间再造的设计理念和设计思想。TEALS 项目实施分三个阶段，第一阶段，TEALS 评估工具形成和发展的阶段；第二阶段，评估组将该评估工具应用于墨尔本校区图书馆空间价值评估中；第三阶段，将评估结果结合实践，作为参考来指导墨尔本校区图书馆即将进行的大规模空间改造；美国学者劳伦·瑞荷（Lauren Rayhe）和凯瑟琳·梅西（Katharine Macy）介绍了美国华盛顿大学科研共享空间评估项目，华盛顿大学图书馆研究共享中心自开放以来，就一直采用定性及定量的评估方法对其空间、服务和项目进行评估，评估工作围绕用户展开，目的是使工作人员更好地了解读者对空间使用的偏好，在满足用户需求的基础上，改进并完善科研共享空间设计及服务设计，以便提供更好的服务。

2.2 国内研究综述

通过对我国有关图书馆空间再造研究主题的相关文献进行阅读分析，可以发现图书馆空间再造主要集中在以下几个方面。

2.2.1 图书馆空间再造案例介绍

图书馆实体空间外部包含图书馆建筑与图书馆周围环境，内部包含提供传统服务、空间服务和休闲服务的空间。空间再造一词的本意是对旧建筑物的内部空间进行改造，进而使原建筑物具有全新的功能。

2.2.2 图书馆空间布局设计

图书馆建筑的平面和空间组织构成了图书馆的空间布局。传统图书馆的空间布局设计需要在明确图书馆的性质、要求及管理方式的基础上确定藏、阅、借、管的空间，比如，如何规划读者和馆员的活动路线更合理；如何在提高工作效率的前提下，增加图书馆有效的使用面积从而达到使各个区域之间既联系方便又互不干扰的目的。

随着数字图书馆技术体系逐渐成熟，并且被广泛应用于图书馆的各项服务，现代图书馆开始超越以藏书为核心的传统服务，并向空间服务拓展。空间服务的发展，对图书馆空间的规划与设计提出了新的要求。肖珑提出未来大学图书馆新空间应包括：借阅服务区、藏书区、学习空间、共享空间、创意空间以及内部工作空间等。在设计原则上减少藏、借、阅的空间，增加空间服务的区域，处理好藏书、借书、阅览服务与现代图书馆空间服务的区域关系，坚持"内外分开"和"闹静分开"，强调建设多元化、复合式的图书馆空间。使用户在使用图书馆的过程中感受到亲和、舒适、灵活，管理方面则强调智能、科学、绿色环保；于国英提出，高校图书馆需要在六个方面进行改造与重新设计：变革资源存储与使用布局、拓展网络空间、充分保证阅读空间、设计并制作灵活的设备、提高读者的参与度和交流机会、建筑功能注重绿色环保；杨文建提出，未来图书馆的藏书空间必定会被压缩，图书馆需要找到藏书与空间服务之间的平衡点，也要合理调整"三分开"原则，图书馆要按最优服务效果分配空间，遵循模块式设计原则和特殊性原则。

2.2.3 图书馆空间再造与服务转型研究

如今图书馆正处于转型期，未来图书馆的存在形式、服务模式、发展方向等都在变化当中，因此对图书馆的空间进行再造显得尤为重要。图书馆空间再造的主要目的是让图书馆能够主动适应信息时代的种种变化，更好地为读者服务。

第3章 高校图书馆学习空间再造的动力因素与设计策略

3.1 高校图书馆再造动力探析

3.1.1 图书馆观念的转变

传统图书馆与现代图书馆区别的重要标志就在于是以人为中心还是以书为中心，传统图书馆多以藏书为主，是书的图书馆，而现代图书馆则不同，是人的图书馆。人既是图书馆的使用主体，也是一种资源，现代图书馆更加注重人头脑的能动性与静态馆藏书籍的互动性，形成新的知识互动模式。"以人为本"的现代图书馆理念也推动着高校图书馆学习空间发生了变化。

首先，图书馆的服务应该是围绕着读者需求出发，因此图书馆的使用空间也应以读者为中心。随着图书馆的藏书功能减弱，空间也随之缩小，读者的活动空间逐渐成为图书馆的主要空间。因此为了满足使用者的需求，增添了许多新的功能空间，如咖啡吧、茶吧、电影院等新的空间。由此可见以用户需求为主体的图书馆理念十分重要，高校图书馆的学习空间再造也应围绕着用户的需求变革。

其次，为了满足读者与信息资源之间的互动，出现了多种交互空间，如信息共享空间、学习共享空间等新的图书馆学习空间，近几年这类新的学习共享空间在高校中也受到了欢迎。同时为了增强人与藏书之间的互动，图书馆当中的藏书也逐步得到了开放，摆放到了读者触手可及的位置，让藏书不再只是"藏"书。图书馆从强调图书馆典藏的系统性和服务的完整性发展到重视图书的信息流通，充分发挥各类馆藏的作用，增强了人与书之间的互动。

最后，注重人与人之间的互动，学习共享空间再造也更要人性化。虽然信息技术不断地发展，但面对面的交流也是必不可少的，高校图书馆的空间也是信息交换的重要场所，因此在近几年的高校图书馆空间当中研讨空间和社交空间等一些非正式学习空间变得越来越重要。

图书馆的使用主体是人，是动力和源泉，只有当人作为图书馆空间设计的第一要素，图书馆才能显现出真正的活力和意义。人作为图书馆使用者的同时自身也是一种资源，充分利用人作为调动图书资源的动力，才能使图书馆彻底从以藏书为主的传统模式中脱离出来，实现以人为本的新型图书馆理念。高校图书馆的改造也应顺应现代图书馆的发展理念，充分考虑师生的需求，以及一些学术活动、科研工作的需要，为师生提供一个更加方便、高效、舒适的学习空间，使高校图书馆成为"读者的图书馆""动态的图书馆"。

3.1.2 新技术的更新

信息技术的飞速发展，各类电子产品应运而生，计算机和互联网等信息载体和传递媒介的出现，为信息传播提供了新的途径和手段，改变了人们获取和交换信息的方式，推动了信息共享空间的产生，也使得信息共享空间得到发展，从而逐步出现了学习共享空间等新的图书馆空间。传统的图书馆以藏书为主，收藏的都是纸质印刷书籍，而现在图像、声音、视频等都成为信息的载体，不再是仅仅局限于从纸质图书中获取知识，在计算机和网络资源出现后逐步代替了书本，读者通过任何一台计算机都能随时随地的获取知识和信息。20世纪90年代中期，最早的信息共享空间就是从爱荷华大学的信息拱廊和南加州大学的莱迪图书馆中，14名图书管理员和信息技术人员联手设计了一套应对信息技术革命的新服务开始出现的。信息共享空间不仅是物理层面的空间重新构建，还是为适应不断发展的数字信息技术和研究方法而出现的概念空间。这不仅是简单的信息提供和指导，还包括更加复杂的信息技术支持和研究支持，需要图书馆的工作人员和技术人员之间进行新的合作，共同支持高校师生的学习和研究。

3.1.3 用户需求的革新

时代的变革，信息技术的发展，使得师生可以在校内外任何地点获取信息，不再局限于图书馆的空间内，但是高校图书馆仍然是传统书籍知识资源和电子信息资源的汇集之地，对于高校的教学和研究都起到重要的支撑作用。近年来，高校的教学模式顺应时代的改变而更新，高校图书馆不再单单只是阅览功能，还是承载高校学生学习和学术活动的重要空间，读者对于图书馆使用需求的多元化也成为高校图书馆学习空间多样化的直接动力。

高校的教学方式发生了变化，从原来的以教学为主转向了以自主学习为主。高等教育中的新教学模式受到社会建构主义学习理论和自我发现学习实践的影响。建构主义学习理论提倡教师指导下的、以学生为中心的学习。建构主义学习环境包含情境、协作、会话和意义建构等四大要素。这些理论可以看出个人参与社会学习活动的重要性，当这种协作学习的出现，就对高校图书馆的学习空间产生了新的需求，需要更多样的协作互动空间，不仅需要正式的学习空间，同时也需要增加更多的非正式学习空间。

顺应时代的发展，高校师生对于图书馆的使用也有新的需求。使用需求是指用户在使用图书馆空间时对空间的一些需求，其中包括隐私性、开放性、舒适性等等。这些使用需求也是推动高校图书馆空间设计更加趋于人性化的动力所在。通过对图书馆空间的设计再造，为师生提供一个兼顾私密性和开放性，协调舒适性和美观性的空间。

3.2 学习空间再造的设计策略

3.2.1 正式学习空间

正式学习空间也可以看作是传统学习空间，原有图书馆的阅读学习功能，强调相对封闭的学习模式，包含个人形式、小组形式以及群体形式，承载这样的学习行为的空间就是正式学习空间。图书馆通过一定封闭或开放的空间建立人与资源的对话，在高校图书馆中也体现为一些传统的阅览区域、自习室等安静的阅读空间，随着教育模式的转变以及时代的变化，高校图书馆也推陈出新，逐渐出现一些更加灵活的学习区域，如一些自由的讨论区、非安静的学习区域。

3.2.2 非正式学习空间

非正式学习空间又是一种社交型学习的交流空间，是非组织的、偶发性的且不具有目的性，在任意地点都具有发生的可能性。在"第三空间"理论的影响下，近年来国内高校图书馆中出现越来越多的休闲社交空间，例如咖啡吧、茶吧、书吧等等，有的还包括书店。在学习之余，读者可以在咖啡吧吃点东西，休息片刻，以便更好地投入学习。咖啡吧也是较为典型的非正式学习空间。所谓的非正式学习空间指的是学习者根据自我需求和学态开展自主探索、沉浸式学习的场所空间。非正式学习具有成员开放、时间灵活、内容自主、方式自由、过程非结构化等特点。

浙江大学紫金港基础馆就在一楼和四楼分别建设了咖啡吧和茶吧。一楼的咖啡吧提供饮料与甜品，也配备了舒适的座位。读者可以在学习疲惫之时到此吃点甜品或者喝点饮品，稍作休息，也可以在此与朋友交谈沟通。旁边的长条沙发除了为读者提供休息的座位之外，也可以作为非正式学习空间使用，常常有读者携带电脑在此进行学习。四楼的茶吧除了提供饮料、甜品之外，还提供可以饱腹的汉堡等餐饮，读者可以在感到饥饿时在此用餐，安静的环境也能够使读者获得较好的休息。

3.2.3 虚拟学习空间

虚拟学习空间是基于多媒体学习空间所产生的一种空间形式，虚拟学习空间是近些年数字时代后出现的一个空间形式，现在不仅可以通过文字图片进行学习，还可以通过声音、动画与影片学习到有用的知识，目前有的高校图书馆中开设了相对较为基础的虚拟学习空间。例如清华大学逸夫图书馆的三层设有一个音乐图书馆，于2018年12月12日面向广大读者试运行。它面积约500平方米，设有100个座位，提供静音电脑、音频解码器、高品质耳机、液晶电视等设备，为读者提供高清无损音乐赏析、多媒体电子阅览、团体音乐试听、音乐图书阅览等服务。

第4章　高校图书馆学习空间再造的设计实践

4.1　前期分析

4.1.1　项目概况

泉州信息工程学院位于福建省泉州市丰泽区，是经教育部批准成立的全日制应用型本科院校。学校地处国家首批历史文化名城、东亚文化之都、海上丝绸之路起点——泉州市市区，与中国闽台缘博物馆、泉州博物馆、西湖公园相隔咫尺。学校建设园林式校园，四季飘香，开窗即景，古树名木随处可见，校园绿化率70%以上，是"泉州市最美单位庭院绿化"。

4.1.2　基地现状

1．交通现状：整体校园交通有一条环形主干道路，主干道分支出来的三条次干道，平行分布汇成一主干道可通往校园，主入口位于校园东北方，与博东路相接；校园西南边设有校园后门，通往博后路。图书馆建筑周围缺少到达其他功能区的景观步道，交通通达性较差。

2．建筑现状：泉州信息工程学院图书馆的总建筑占地面积为3291.5平方米，总建筑面积为9101.32平方米，建筑总高度16.95米，位于泉州信息工程学院中心山体绿地之中，是泉信学子日常工作学习的最佳公共场所。现有建筑结构为钢筋混凝土框架结构，环形轴网。环形空间的中心为首层平层玻璃框架内庭，同时作为主入口的过渡空间。建筑主体为地上四层空间，在建筑的第二、三、四层均设有屋顶平台，外立面为花岗岩贴面。

3．气候特征：泉州市地处低纬度，东临海洋，属亚热带海洋性季风气候，气候条件优越，气候资源丰富。终年温和，雨量充沛，四季常青，泉州年平均气温20.5℃。泉州市气候有3个基本特征：①气温高、光热丰富；②降水充沛，但时空分布不均匀；③季风气候显著。

4．植物分析：校园依山而建，因地制宜，属山体景观，可登至山顶俯瞰校园景观。校园植被覆盖率较高，绿化率达70%。

4.1.3　功能分析

泉州信息工程学院原有建筑配有藏书区、阅读区、办公区、自习室以及配套的交通空间和公共空间，基本上已具有一般性图书馆功能，能够满足师生需求以及为日常教学提供基础的使用功能，但其现有功能仍有缺失，无法吸引师生学习停留，使得图书馆的使用率降低，失去了原本图书馆作为高校核心建筑的意义。

4.2 设计方案的规划

4.2.1 设计理念

从城市文化的角度出发，泉州是一座港口城市，泉州的航海史，最早可以追溯到南北朝时期，但跃升为"东方第一大港"，甚至超越当时的亚历山大港，跻身世界名港的地位的文献，却源于一个外国游客的游记。泉州港曾经是海上丝绸之路的始发港。当年马可波罗在泉州港待了一个月，他的游记中涉及中国的海港只有泉州港。海上丝绸之路，是古代中国与外国交通贸易和文化交往的海上通道。

根据文化解读分析，整体设计以"桥"为设计灵感，这座桥是实体的桥也是虚拟概念的桥，书籍是人类获取知识的桥梁，如今时代发展，那么信息的传递便成了交流的桥梁，泉州信息工程学院的图书馆在绿地中心，缺少建筑与环境的沟通，以及与后山景观的联系，在此次图书馆建筑的改造当中，不仅考虑到学习空间的改造，也考虑增加实体桥梁的设计，以达到景观与建筑的互动沟通，实现建筑与景观的有机统一。

4.2.2 设计内容

基于对原有图书馆的使用空间的思考，新的图书馆空间的学习空间再造设计充满着无限的可能性，在学习空间再造设计当中计划增加非正式学习空间和虚拟学习空间的比重，从而丰富图书馆的使用功能，提高图书馆的使用利用率，使高校图书馆与师生的学习生活联系更加紧密。

建筑的整体改造当中，将不改变现有建筑结构的环形钢筋混凝土框架，基于原有的建筑框架在其上增加两层的建筑面积，从而增加新的使用功能，并且将原有建筑的空间进行重新的安排布局。图书馆一层的空间当中在保留一部分的传统藏阅空间之外，增加一个咖啡餐吧作为非正式的学习空间，同时增加多功能影印室，丰富一层的使用空间；图书馆二层保留一半的阅读区域，另一半空间则设计改造为线上学习空间，提供更加快捷的网络环境和线上学习资源，作为虚拟学习空间的存在；图书馆三层与四层的中庭部分改造为一个二层的多功能云会议厅，在三层设置一个小型餐吧，四层增加休憩空间，为师生学习和工作之余提供休息功能也可作为非正式学习空间；图书馆的五层和六层中庭部分为云放映厅，为高校教学提供更加完善的先进设备和虚拟空间，六层则为一个开放的聚会空间和屋顶花园，满足师生的更多使用需求。在建筑的四层部分增加一条通往后山景观的廊架，以达到建筑与景观的有机结合，在廊桥上设置休憩的场所，拓展图书馆的非正式学习空间，同时也将室外的景观引入室内空间。

4.3 设计方案的展望

泉州信息工程学院的图书馆改造，是基于对现代高校图书馆的分析与研究基础上进行的，从正式学习空间、非正式学习空间和虚拟学习空间的构建三个部分展开思考，以原有建筑为基础进行改造设计，结合泉州信息工程学院的校园绿化面积优势，充分将建筑与景观有机统一，以达到学习空间的优化设计，使泉州信息工程学院新图书馆能够达到应用型高校图书馆的使用需求，更加吸引师生，增加使用利用率，发挥其中心地位，适应时代科技的发展。

结语

通过对高校图书馆学习共享空间再造设计的研究，笔者得出以下结论：

1. 构建学习共享空间三个出发点

在泉州信息工程学院图书馆设计中，笔者综合了理论研究和实际调研情况，以"以人为本"的现代图书馆理念为基础，注重学习者在学习活动中协作学习和隐性知识的挖掘，并概括出高校图书馆学习共享空间再造的三个出发点。第一，服务对象的重新定义。图书馆的服务对象不再以书籍为重点，而是以学习者为中心。在空间上，改造之前的图书馆的大部分面积用于保存书籍，可考虑采用更加智能的书籍挑选系统，压缩图书储藏空间。将节省的空间转而服务于学习者的学习活动。在资源上，要符合高校科研的特点，及时更新学科知识和前沿科研信息，整合资源。在服务上，配合学习者的需求，配备个性化的学习设备和学习空间。 第二，功能分区重新调整。在重新定义服务对象后，调整为以人为本，功能便随之调整。图书馆在高校的功能便不再仅仅是学习者借阅图书的地方，更是帮助学习者更高效、更积极进行交流知识、共享知识、创造知识的中心。图书馆所具备的功能是围绕着如何促进师生的学习科研活动的展开，在学习、交流、合作中提供集成资源、空间和服务。 第三，学习空间的重新布局。传统的图书馆内部空间显然不能满足多元化的学习需求，针对个性化、定制化的学习活动，图书馆的空间需要重新布局。从学习共享空间、非正式学习空间、虚拟空间出发，从学习者学习方式和学习状态的改变、内部空间之间的动线和空间形态都要重新考量。

2．不足之处

第一，自身因素。在调研过程中对部分空间存在观察误差，同时对学习者学习活动和学习习惯的研究还不够深入。第二，物理空间因素。泉州信息工程学院图书馆受到地理位置、建筑体量和地形因素的限制，部分设计和空间未能在此方案中得到体现。 笔者对于高校图书馆学习共享空间的理解、分析以及设计实践或许不够成熟，但希望通过对此课题进行研究后引发更多的人对学习共享空间再造设计进行思考和重视。

参考文献

[1] Robert A. Seal. "The Information Commons: New Pathways to Digital Resources and Knowledge Management" [R]. In Proceedings of the 3rd China-U.S. Library Conference：67-75.

[2] Range E, Schmidt J. Explore, Plan, Create: Developing a Makerspace for Your School Community[J]. School Library Monthly, 2014, 30(7):8-10.

[3] Foote C. Making Space for Makerspaces[J]. Internet@Schools, 2013, 20(4):26-27+4.

[4] Heather Michele Moorefield-Lang. Makers in the Library: Case Studies of 3D Printers and Maker Spaces in Library Settings[J]. Library Hi Tech, 2014, 32(4):583-593.

[5] Kimberly Sheridan, Erica Rosenfeld Halverson, Breanne Litts, Lisa Brahms, Lynette Jacobs-Priebe, Trevor Owens. Learning in the Making: A Comparative Case Study of Three Makerspaces[J]. Harvard Educational Review, 2014, 84(4):505-531.

[6] Richard J. Bazillion. Academic Library Construction [J]. Journal of Library Administration, 2002,36(4):49-65.

[7] Scott Bennett. Libraries Designed for Learning [M]. Council on Library and Information Resources, 2003.

[8] Mary M. Somerville, Margaret Brown-Sica. Library space planning: a participatory action research approach[J]. The Electronic Library, 2011,29(5):669-681.

[9] TEALS (Tools for Evaluation of Academic Library Spaces Project[EB/OL]. http://dro.deakin.edu.au/eserv/ DU:30048261/abbasi-tealsproject-2013. pdf, 2017-12-21.

[10] Assessment in Space Designed for Experimentation: The University of Washington Libraries Research Commons[EB/OL]. 2017-12-21.

[11] 肖珑．后数图时代的图书馆空间功能及其布局设计[J]．图书情报工作，2013（20）：5-10.

[12] 于国英．高校图书馆空间布局改造与重新设计[J]．图书馆建设，2014（05）：71-73+70.

[13] 杨文建，李秦．现代图书馆空间设计的原则、理论与趋势[J]．国家图书馆刊，2015（05）：91-98.

[14] Russell B, Tierney B. Information Commons Redux: Concept, Evolution, and Transcending the Tragedy of the Commons[J]. Journal of Academic Librarianship, 2002, 28(5): 277- 286.

[15] 鲍京声．创造有中国特色的现代化图书馆建筑[J]．建筑学报，1995（10）.

[16] 何克抗．建构主义的教学模式．教学方法与教学设计[J]．北京师范大学学报（社会科学版），1997（5）：74-81.

泉州信息工程学院图书馆设计
Library Design of Quanzhou University of Information Engineering

区位介绍

    泉州信息工程学院位于福建省泉州市丰泽区，是经教育部批准成立的全日制应用型本科院校。学校地处国家首批历史文化名城、东亚文化之都、海上丝绸之路起点——泉州市市区，与中国闽台缘博物馆、泉州博物馆、西湖公园相隔咫尺。学校建设园林式校园，四季飘香，开窗即景，古树名木随处可见，校园绿化率70%以上，是"泉州市最美单位庭院绿化"。

基地概况

    校园依山而建，因地制宜，属山体景观，可登至山顶俯瞰校园景观。校园植被覆盖率较高，绿化率达70%。

植物分析

龙柏　　　　莿桐树　　　美丽异木棉　　毛杜鹃　　　三角梅　　　龙船花

气候分析

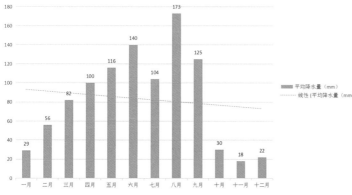

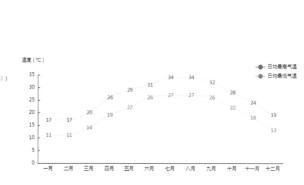

    泉州市地处低纬度，东临海洋，属亚热带海洋性季风气候，气候条件优越，气候资源丰富。终年温和，雨量充沛，四季常青，泉州年平均气温20.5℃。泉州市气候有3个基本特征：

    （1）气温高、光热丰富；

    （2）降水充沛，但时空分布不均匀；

    （3）季风气候显著。

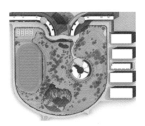

地块面积

红线面积: 77053.51m²
水体面积: 2518.52m²
建筑占地面积: 3291.5m²

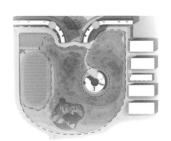

地块高程

场地内最高点的相对高度为44m，最低点为16m，图书馆建筑被山体包围。

交通分析

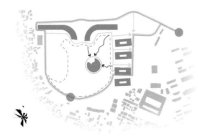

　　整体校园交通有一条环形主干道路，主干道分支出来的三条次干道，平行分布汇成一主干道可通往校园，主入口位于校园东北方，与博东路相接；校园西南边设有校园后门，通往博后路。

　　图书馆建筑周围缺少到达其他功能区的景观步道，交通通达性较差。

　　海上丝绸之路，是古代中国与外国交通贸易和文化交往的海上通道，海上丝路萌芽于商周，发展于春秋战国，形成于秦汉，兴于唐宋，转变于明清，是已知最为古老的海上航线。泉州作为古代"海上丝绸之路"的起点城市，自唐代开始，即为中国南方四大对外通商口岸之一。宋元时期，泉州港跃居四大港之首，以"刺桐港"之名驰誉世界，成为与埃及亚历山大港媲美的"东方第一大港"，曾呈现"市井十洲人""涨海声中万国商"的繁荣景象。

原有建筑功能分区 Original building functional zoning

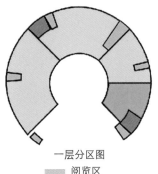

一层分区图
　阅览区
　办公区
　交通区
　卫生间

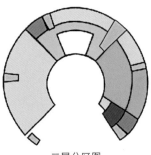

二层分区图
　阅览区
　休闲区
　走廊通道
　卫生间
　交通区
　办公区
　办公通道

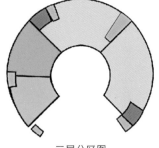

三层分区图
　阅览区
　休闲区
　交通区
　卫生间
　天台

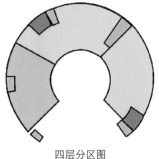

四层分区图
　阅览区
　交通区
　卫生间
　天台

442

方案设计

设计理念

(1) 传统教育模式下的高校图书馆，如何突破空间上的局限性？

(2) 如何让图书馆成为读者不可或缺的一部分？

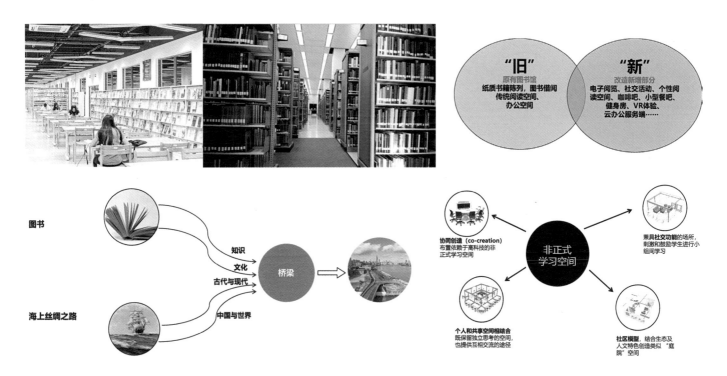

非正式学习空间是"学生经常光顾的进行自律学习活动的空间。"这些空间是填补安静的图书馆或者课后学习空间与繁忙严肃的教室空间之间的空白的学习环境。

模型生成

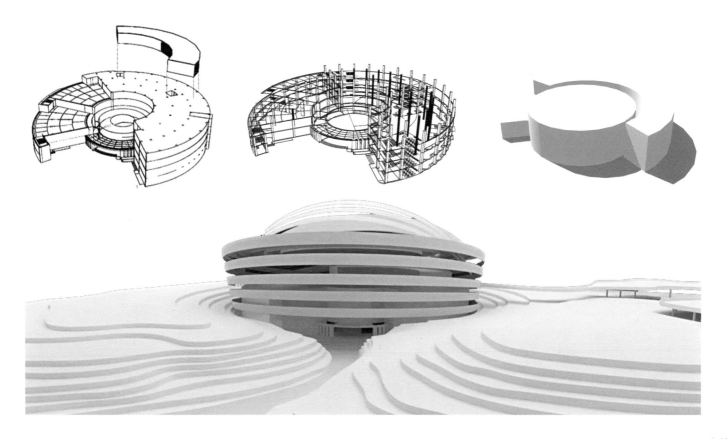

总平面

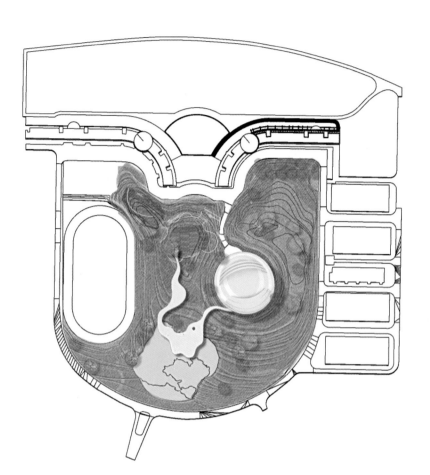

平面图及功能分区

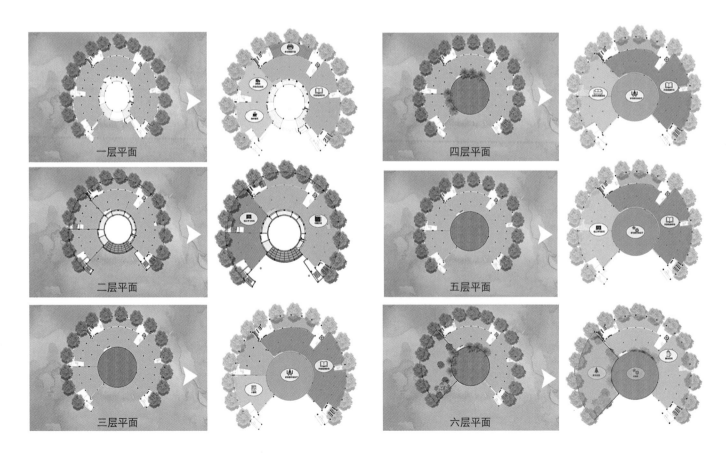

一层平面

二层平面

三层平面

四层平面

五层平面

六层平面

效果图1

立面图

445

效果图2

建筑入口

效果图3

效果图4

后 记
Postscript

在疫情防控常态化模式进入人们生活的背景下，2020创基金4×4实验教学课题完成了第十二届收尾工作。从多角度讲，课题已经是非常成熟的中外"一带一路"高等院校课题，特别是对于疫情下城市大生态理念公共卫生的对策和思考有着共同的价值，如何选题摆在中外高等院校学术研究的首位，课题组综合分析疫情中最脆弱的公共环境，发现高等院校是重中之重。机遇加主题，2020创基金实验教学课题选择了泉州信息工程学院校园中的图书馆作为题目。课题组从编写教学大纲到课程管理流程计划分段严谨可行，全体师生在解读任务书和现场调研后，在梳理资料阶段下了大功夫，有序做到各个阶段高质量计划可控是课题组经过11年磨炼总结得出的经验，是完成课题质量的保证。

今年是第十二届4×4实验教学课题，近70名师生的庞大团队管理是首要，从12年公益教学经验展望未来，可以自信地说4×4实验教学课题值得信赖。特别值得点赞的是与匈牙利国立佩奇大学、布达佩斯城市大学的合作体现了中国教育市场的巨大吸引力和不断开放的国门，公平公正的评选也反映出4×4实验教学课题在国际上的影响力和可信度。通过六年来与匈牙利国立佩奇大学的合作可以看到，中国与中东欧学生所呈现的优秀建筑设计作品和创意互补双赢，能够感受到东西方在逐渐对万物互联下的智慧城市建设进行探索，走向未来科技时代的目标。在全球化背景下，整个世界不同地区和国家高等教育差异化正在逐步缩小，特别是在应试教育方法的大课堂上各国都在进步趋同，这是网络文化和科技所带来的万物互联，一切向科学要答案的第一步。面对智能科技时代，在环境和能源方面东西方逐步走向一致的目标，探索在智能科技时代的新高等教育，如何培养人才将落实到人类命运共同体理念上。

回想从第一届实验教学开始到第五届课题组完成国内驱动阶段，为提出转折打下基础，第六届开始走出国门与中东欧洲名校合作探索课题国际化和外驱动，目前为止已完成中外"一带一路"高等实验教学的初步计划，为下一步拓宽合作内容打开通道，高质量教学指导是4×4的集体含金量，事实告诉我们不忘初心涵盖双循环前瞻性的含义，第十二届4×4实验教学课题成果表现出师生不断进取的态度。我参与了国内外很多课题的评审工作，最初几年看到国外学生作品的时候确实有惊喜，伴随着不断的学习和中国巨大教育市场的开放和坚持探索设计教育的决心，综合对比国内高等教育设计板块教育，4×4实验教学课题已经取得高质量成果，从获得的点赞模式可以显示出其价值。

席卷全球的新冠疫情以及动荡的世界局势，面临百年未有之大变局，高等教育急需补强提出新目标，发挥国家所强调的体制的优越感。参加课题学生如期递交了自己的作品和论文，使得本年的创基金4X4实验教学课题在评选优秀作品时竞争更趋激烈。这不仅体现了创基金4×4实验教学课题在全球教育界的影响力，也反映出课题影响力的不断提升和中外师生的巨大进步。公平、公正、公开，更保证了专业性、学术性和严谨性。这就是我们一直强调的，无论世界怎么变化，创基金4×4实验教学课题始终坚持做自己应该做的事，不受政治和经济的影响，用心做纯粹的实验教学课题服务于社会，以科学严谨的评价体系，发掘评选出最佳的学生设计作品和论文。重要的是通过课题培养出更多的青年教师，树立标杆和影响力的模板，引领中外建筑设计和环境设计教育走向更美好的未来。从近百幅高质量作品看十二年的初心，这在中国设计发展史上也是前所未有的中国实验教学骄傲。

在"建构未来"即将出版之际我为创基金4×4实验教学课题桥梁作用点赞，为创基金4×4实验教学课题的教授、学术委员会专家、评审团队和兢兢业业的学生以及组委会全体成员点赞。

王铁教授　课题组长
2021年7月26日北京